ABHANDLUNGEN DER DEUTSCHEN AKADEMIE
DER WISSENSCHAFTEN ZU BERLIN

Klasse für Bergbau, Hüttenwesen und Montangeologie

Jahrgang 1958, Nr. 2a

INTERNATIONALE GEBIRGSDRUCKTAGUNG 1958

Leipzig, 14. bis 16. Oktober 1958

VORTRÄGE

AKADEMIE-VERLAG · BERLIN

1958

Vorgelegt von Hrn. Bilkenroth in der Gesamtsitzung vom 22. Mai 1958
Zum Druck genehmigt am gleichen Tage, ausgegeben am 15. Oktober 1958

Erschienen im Akademie-Verlag GmbH, Berlin W 8, Mohrenstraße 39
Lizenz-Nr. 202 · 100/510/58
Kartengenehmigung: MdI der DDR Nr. 4216
Gesamtherstellung: IV/2/14 · VEB Werkdruck Gräfenhainichen · 953
Bestell- und Verlagsnummer: 2001/58/VI/2a
Preis: DM 37,50
Printed in Germany

INHALTSVERZEICHNIS

A. SAŁUSTOWICZ

Krakau/Polen

Neue Anschauungen über den Spannungs- und Formänderungszustand im Gebirge in der Nachbarschaft bergmännischer Hohlräume

Eines der ersten Probleme, für welches sich die bergmännische Wissenschaft interessierte und zu dessen Lösung theoretische Untersuchungen eingeleitet wurden, war die Ermittlung der Größe des Druckes, den das Gebirge auf den Ausbau von Strecken und Tunneln ausübt. Dieses Interesse war durch das praktische Bedürfnis bedingt, die Abmessungen des Ausbaues berechnen zu können. Die Forscher, die sich mit diesem Problem befaßten (*Kommerell, Forschheimer, Engesser, Protodjakonow, Zimbarewitsch* u. a.) stützten sich hierbei ausschließlich auf die Erddrucktheorie. In diesen Arbeiten wurde also das Gebirge als rolliges Medium behandelt.

In der folgenden Etappe wurde das Gebirge als elastisches Medium angenommen und auf Grund dieser Annahme die Frage nach Verteilung und Größe der Spannungen im Gebirge in der Nachbarschaft bergmännischer Hohlräume gelöst. Es wären hier die Arbeiten von *Schmid, Olszak, Kühn, Fenner* und *Sawin* zu erwähnen. Das Problem des Verhaltens des Gebirges während der Herstellung bergmännischer Hohlräume wurde von *Budryk* in Anlehnung an die Theorie der Durchbiegung eines Balkens auf elastischer Unterlage gelöst.

Versuche, Erscheinungen der dynamischen Geologie, insbesondere die Faltung der geologischen Schichten mit Hilfe der Elastizitätstheorie zu behandeln, wurden auf theoretischem Wege unter Anwendung von geistreichen Modellen von *Smoluchowski* und später von *Seidl* unternommen.

Die späteren Arbeiten behandelten das Gebirge als plastisches Medium (*Fenner, Sokolowski*).

Das elastische Modell des Gebirges ist von der Wirklichkeit ziemlich entfernt, hauptsächlich aus zwei Gründen:

Erstens ist das Gebirge von einer Reihe von Spalten, Rissen und Sprüngen durchzogen, bildet also kein kontinuierliches und homogenes Medium, und zweitens haben die im Gebirge auftretenden Erscheinungen rheologischen Charakter, das heißt, sie sind von der Zeit abhängig.

Den ersten Umstand hat *Litwiniszyn* in seinen Arbeiten berücksichtigt, der ein rolliges Medium annahm und die Gleichung der Verschiebungen des Gebirges in Anlehnung an die Gleichung der stochastischen Prozesse ableitete.

Das Thema vorliegender Arbeit betrifft das zweite Problem, nämlich die Rolle der Zeit in den Erscheinungen des Gebirgsdruckes.

Beobachtungen aus der bergmännischen Praxis zeigen, daß diese Erscheinungen von der Zeit abhängen. Im Verlaufe der Zeit erleidet das Gestein Verschiebungen, es entstehen darin Risse und Klüfte, der Querschnitt der bergmännischen Grubenbaue vermindert sich manchmal bis Null, das heißt bis zur vollkommenen Zusammendrückung. Insbesondere in Salzbergwerken tritt eine vollkommene Ausfüllung der unterirdischen Baue durch die Masse des

Salzes in Erscheinung. Der Ausbau steht unter der Einwirkung des stetig wachsenden Gebirgsdruckes und wird manchmal nach einiger Zeit vollkommen zerstört.

So ist also der Spannungs- und Formänderungszustand des Gebirges, der infolge bergmännischen Abbaues entsteht, eine Funktion der Zeit.

Diese Feststellung wird durch Untersuchungen im Laboratorium bestätigt. Die Druck- und Biegeversuche von *Philips* mit Proben aus verschiedenen Karbongesteinen haben erwiesen, daß die Verformung der Proben in den meisten Fällen nicht gleich nach der Belastung die Endgröße erreicht, sondern in zwei Etappen erfolgt; teilweise treten die Verformungen gleichzeitig mit der Belastung auf, die weitere Verformung der Probe tritt jedoch bei gleichbleibender Belastung allmählich mit der Zeit ein. Das Größenverhältnis dieser Verformungen ist für verschiedene Gesteinsarten gleichfalls verschieden, jedenfalls ergeben sich Werte derselben Größenordnung.

Diese Ausführungen zeigen, daß die Annahme des Gebirges als elastisches Medium, in welchem die Verformungen gleich nach dem Auffahren der bergmännischen Hohlräume eintreten, nicht der Wirklichkeit entspricht. Es müssen deshalb die Untersuchungen des Gebirgsdruckproblems auf die Grundsätze der Rheologie gestützt werden. Die Rheologie befaßt sich mit dem Fließen und Verformen der Körper. Diese Erscheinungen sind die Folge der gegenseitigen Bewegung der Teilchen des Körpers. Den Körpern, mit deren Bewegung sich die Mechanik befaßt, wird von uns eine Reihe von idealen Eigenschaften zugeschrieben. So untersucht die theoretische Mechanik die Bewegung des materiellen Punktes und eines steifen Körpers, des sogenannten *Euklid*-Körpers.

Die Elastizitätstheorie befaßt sich mit ideal elastischen Körpern, das sind solche, die sich infolge Belastung deformieren, aber nach Aufhören der Belastung zu ihrer ursprünglichen Form zurückkehren. Ideal elastische Körper deformieren sich sofort, wenn sie belastet werden, und gleichzeitig mit der Entfernung der Belastung verschwindet bei denselben auch die Deformation. Das Grundgesetz für elastische Körper ist das *Hooke*sche Gesetz, nach welchem die spezifischen Formänderungen lineare Funktionen der Spannungen sind. Man nennt auch deshalb einen elastischen Körper einen *Hooke*schen Körper. Als mechanisches Modell eines *Hooke*schen Körpers kann eine Feder angesehen werden, deren Dehnung der Zugkraft proportional ist (1). Die Deformationen eines *Hooke*schen Körpers sind umkehrbar und von der Zeit nicht abhängig. Die Außenkräfte leisten bei der Deformation eines *Hooke*schen Körpers eine gewisse Arbeit, die in dem Körper als potentielle Elastizitätsenergie aufgespeichert wird. Nach Aufhören der Belastung wird diese Energie wieder gewonnen.

Nach der Hypothese von *Huber* kann jeder Körper Elastizitätsenergie nur bis zu einer bestimmten Grenze aufspeichern. Wenn die Arbeit der Außenkräfte größer ist, wird der Überschuß zur Überwindung der Reibungswiderstände im Körper verbraucht, welcher in diesem Falle bleibende plastische Deformationen erleidet. Mit den bleibenden Deformationen, welche nach Überschreitung der Fließgrenze eintreten, beschäftigt sich die Plastizitätstheorie. Ein Körper, der dauernde Formänderungen erleidet, wird *St. Venant*-Körper genannt. Ein solcher Körper verhält sich bis zur „Plastizitätsgrenze" als ideal elastischer Körper, nach Überschreitung dieser Grenze erleidet er jedoch dauernde Formänderungen bei gleichbleibender Belastung.

Als Modell eines *St. Venant*-Körpers kann ein Gewicht angesehen werden, das auf einer waagerechten Unterlage ruht und in Reihe mit einer Feder verbunden ist. Bei eintretender Belastung deformiert sich zunächst nur die Feder, und erst wenn die Zugkraft den Reibungswiderstand des Gewichtes auf der Unterlage überschreitet, beginnt sich das Gewicht zu verschieben, was der bleibenden Deformation entspricht.

Die Bewegung der Flüssigkeiten ist Gegenstand der Hydromechanik. Man unterscheidet hier die ideale Flüssigkeit *Paskals* sowie die der Wirklichkeit nähere viskose (zähflüssige

Flüssigkeit. Nach dem *Newton*schen Gesetz sind in der viskosen Flüssigkeit die Spannungen der Verformungsgeschwindigkeit proportional. Als mechanisches Modell einer viskosen Flüssigkeit kann ein Kolben mit Öffnungen betrachtet werden, welcher sich in einem Zylinder bewegt, der mit einer viskosen Flüssigkeit gefüllt ist.

Die reellen Körper haben sowohl die Eigenschaften von festen elastischen oder plastischen Körpern wie auch die Eigenschaften von viskosen Flüssigkeiten. Mechanische Modelle dieser Körper kann man durch Kombination der einzelnen vorher beschriebenen Modelle erhalten.

Eine parallele Verbindung einer Feder und eines Kolbens ergibt das Modell eines viskoelastischen Körpers, des *Kelvin*-Körpers. Ein derartiger Körper deformiert sich nicht sofort nach der Belastung, sondern erst allmählich im Verlaufe der Zeit, wobei die Spannung eine lineare Funktion sowohl der spezifischen Formänderung wie auch ihrer Geschwindigkeit ist. Dieses Modell eines *Kelvin*-Körpers gibt im allgemeinen die Erscheinung der elastischen Nachwirkung gut wieder.

Durch Verbindung einer Feder und eines Kolbens in Reihe erhält man ein Modell einer *Maxwell*schen Flüssigkeit. Außer der durch den Fließvorgang hervorgerufenen Deformation treten in einer solchen Flüssigkeit auch elastische, d. h. umkehrbare Deformationen auf. Dieses Modell erklärt die Erscheinung des Kriechens.

Die Zusammenstellung Feder, Gewicht auf Unterlage und Kolben in einem Zylinder mit viskoser Flüssigkeit ergibt das Modell des *Bingham*schen visko-plastischen Körpers. Die elastischen Deformationen sind in einem solchen Körper von der Zeit unabhängig, die plastischen Deformationen jedoch sind mit den Bewegungen des Kolbens verbunden und demnach eine Funktion der Zeit.

Außer dem *Kelvin*- und *Bingham*-Körper sowie der *Maxwell*schen Flüssigkeit, welche die einfachsten Modelle wirklicher Körper sind, gibt es unendlich viele Typen von zusammengesetzten Modellen, die man durch Superposition der einfachen Modelle erhält.

Das Gebirge als visko-elastisches Medium

Nach den Forschungen von *Philips* treten Deformationen von Gesteinsproben in zwei Etappen auf: der erste Teil der Deformation tritt sofort nach der Belastung in Erscheinung, der zweite Teil allmählich bei gleichbleibender Belastung. Er ist also eine Funktion der Zeit.

Dieselbe Erscheinung wird in der Praxis des Grubenbetriebes beobachtet. Daraus läßt sich folgern, daß ein Modell des Gebirges als das eines rein elastischen Mediums nicht den Anforderungen genügt. Es muß daher ein Modell eingeführt werden, das den Faktor Zeit berücksichtigt. Das einfachste Modell, das mit den Versuchen von *Philips* im Einklang steht, ist das Modell auf Bild 2. Es besteht aus der Feder A, welche den sofort nach der Belastung auftretenden Deformationen entspricht, und dem Modell eines *Kelvin*-Körpers (Feder B und Kolben C) entsprechend den von der Zeit abhängigen Formänderungen. In den Ergebnissen der Versuche von *Philips* wäre noch eine Erscheinung von Interesse. Gewisse Proben, die einer ziemlich großen, im Vergleich zu ihrer Festigkeit jedoch geringen Belastung ausgesetzt wurden, wiesen bleibende Deformationen auf und zerfielen nach einiger Zeit. Daraus geht hervor, daß die Ursache des Zerfallens der Proben nicht die Spannungen sein können, denn diese konnten ja bei konstanter Belastung nicht wachsen, sondern allein der Zuwachs an Elastizitätsenergie, welche sich in der Probe bei ihrer Belastung und nachfolgenden Deformation aufspeichert. Unmittelbar nach der Belastung hat die spezifische Elastizitätsenergie einen gewissen Wert Φ_0. Bei wachsender Formänderung wird diese Energie immer größer. Ihr Endwert sei Φ. Wenn nun Φ_0 den kritischen Wert überschreitet, so erfolgt der Zerfall der Probe noch während der Belastung. Wenn jedoch

$$\Phi_0 < \Phi_k < \Phi$$

ist, so zerfällt die Probe im nachfolgenden Stadium, in dem die Belastung konstant bleibt, die Deformationen aber wachsen. Wenn $\Phi < \Phi_k$ ist, so tritt kein Zerfall der Probe ein.

Es seien hier noch Versuche im Laboratorium des Lehrstuhls für Gebirgsmechanik der Berg- und Hüttenakademie in Krakau angeführt, welche mit würfelförmigen Kohleproben und anderen von *Filcek* durchgeführt wurden. Proben harter Duritkohle beanspruchte *Filcek* in einer hydraulischen Presse auf Druck unter Anwendung verschiedener Deformationsgeschwindigkeiten bis zum Bruch. Bei kleinerer Geschwindigkeit ist auch der Wert der Spannung, bei dem die Probe zerfällt, kleiner, die Deformation jedoch größer (3). Charakteristisch ist der sanfte und ruhige Verlauf des Bruches. Bei großer Verformungsgeschwindigkeit ist der Spannungswert im Momente des Zerfalls beträchtlich höher, die Deformation jedoch kleiner. Der Verlauf des Bruches ist ausgesprochen schlagartig. Daraus läßt sich folgern, daß eine plötzliche Belastungsänderung in hohem Maße Gebirgsschläge begünstigt.

Diese Versuche zeigen gleichfalls, daß die Annahme des Gebirges als rein elastische oder plastische Körper nicht genügt. Die wichtige Rolle, die hier der Faktor Zeit spielt, fordert die Annahme eines visko-elastischen bzw. visko-plastischen Modells des Gebirges.

Nehmen wir eine Strecke in einem visko-elastischen Medium an, so zeigt die mathematische Lösung des Problems des Spannungs- und Verformungszustandes um die Strecke herum, daß die Spannungen in jedem Punkte einen konstanten Wert haben, der sich mit der Zeit nicht ändert, daß die Deformationen dagegen eine Funktion der Zeit sind. Sie ändern sich von einem gewissen Anfangswert bis zum Endwert. Die auf Grund der Elastizitätstheorie erhaltene Lösung des Problems behält also seine Gültigkeit, es ist nur die Größe der Deformationen mit der Zeitfunktion zu multiplizieren, welche folgende Gestalt hat:

$$\varepsilon = \varepsilon_s \left[1 - \left(1 - \frac{G}{G_0} \right) e^{-\frac{G}{\eta} \cdot t} \right]. \tag{1}$$

In dieser Formel bezeichnet:

ε_s die Enddeformation, erhalten auf Grund der Elastizitätstheorie
G_0 Gleitmodul für die gleich nach der Belastung auftretenden Deformationen ($G < G_0$)
G Gleitmodul für die später eintretenden Deformationen
η Viskositätskoeffizient
t Zeit.

Die Elastizitätsenergie im Gebirge wächst nach der Herstellung der Strecke von ihrem Anfangswert Φ_0 zum Endwert Φ.

Der Zerfall und die Zerklüftung des Gebirges treten entweder gleich nach dem Auffahren des Hohlraumes ein, wenn $\Phi_0 > \Phi_k$ (kritischer Wert) ist, oder nach einer gewissen Zeit, wenn

$$\Phi_0 < \Phi_k < \Phi$$

ist, oder das Gestein zerfällt nicht, wenn

$$\Phi < \Phi_k$$

ist. Diese Schlußfolgerung stimmt vollkommen mit den Beobachtungen in der Praxis überein.

Das Gebirge als visko-plastisches Medium

Nehmen wir an, daß im Gebirge rund um einen Grubenbau von kreisförmigem Querschnitt die Fließgrenze überschritten wurde. Es entsteht in diesem Falle rund um den Bau eine plastische Zone von kreisringförmiger Form, die sich im Verlaufe der Zeit asymptotisch vom Umriß des Grubenbaues bis zu einer gewissen Grenzlinie ausdehnt. Die Endgröße des Halbmessers dieser Zone beträgt

$$R_n = a \cdot e^n, \tag{2}$$

wo a der Radius des Grubenbaues ist und

$$n = \frac{p - 0{,}58\,\sigma_{pl}}{1{,}16\,\sigma_{pl}}. \tag{3}$$

σ_{pl} Fließgrenze des Gesteins bei Druck
p Größe der primären Spannungen im Gebirge.

Der Spannungszustand im Gebirge ist durch die Radialspannungen σ_r und die Tangentialspannungen σ_t bestimmt. Jede dieser Spannungen besteht aus zwei Teilen, der statischen und dynamischen Spannung.

$$\begin{aligned} \sigma_t &= \sigma_t^s + \sigma_t^\tau \\ \sigma_r &= \sigma_r^s + \sigma_r^\tau \,. \end{aligned} \tag{4}$$

Die statischen Spannungen bestimmen den Spannungszustand, der im Gebirge infolge der darin wirkenden elastischen Kräfte entsteht. In elastischen Systemen sind diese Spannungen im Einklang mit dem *Hooke*schen Gesetz eine lineare Funktion der Deformationen. In einem plastischen Gebirge müssen diese Spannungen natürlich die Bedingung der Plastizität erfüllen. Die dynamischen Spannungen entstehen während der Bewegung der Elemente des Gebirges zum Grubenbau und sind der Ausdruck der Viskosität des Materials. Dem *Newton*schen Gesetz entsprechend sind sie der Geschwindigkeit der spezifischen Deformationen proportional. Die dynamischen Spannungen sind das Wesentliche der Erscheinung, welche der Bergmann Gebirgsdruck nennt, denn die Bewegung des Gesteins in der Richtung der Grubenbaue, dessen Entspannung u. dgl. lassen sich mit dem Auge beobachten, während der statische Spannungszustand sich der Beobachtung entzieht.

Nach der Herstellung eines Grubenbaues im Gebirge leisten die äußeren Kräfte, welche auf diesen Teil des Gebirges wirken, eine gewisse Arbeit. Ein Teil dieser Arbeit wird im Gebirge in Gestalt von potentieller Elastizitätsenergie aufgespeichert, was durch die entstehenden (elastischen) Spannungen zum Ausdruck kommt. Der Überschuß an Arbeit wird zur Überwindung des durch die Viskosität des Materials bei der Bewegung zum Grubenbau hervorgerufenen Widerstandes verbraucht; dem entsprechen die dynamischen Spannungen.

Die Verteilung und Größe der Spannungen sind theoretisch von den primären Spannungen P im Gebirge und von der Plastizitätsgrenze des Materials unter Druck σ_{pl} sowie von dem Bereich der plastischen Zone R im gegebenen Moment abhängig. In der Entfernung r von der Mitte des Grubenbaues betragen diese Spannungen:

statische Spannungen

$$\begin{aligned} \sigma_t^s &= p + \frac{\sigma_{pl}}{\sqrt{3}} - \frac{2\,\sigma_{pl}}{\sqrt{3}} \ln \frac{R}{r} \\ \sigma_r^s &= p - \frac{\sigma_{pl}}{\sqrt{3}} - \frac{2\,\sigma_{pl}}{\sqrt{3}} \ln \frac{R}{r} \end{aligned} \tag{5}$$

dynamische Spannungen

$$\begin{aligned} \sigma_t^\tau &= \frac{a^2}{r^2}\left[p - \frac{\sigma_{pl}}{\sqrt{3}} - \frac{2\,\sigma_{pl}}{\sqrt{3}} \ln \frac{R}{a}\right] \\ \sigma_r^\tau &= -\frac{a^2}{r^2}\left[p - \frac{\sigma_{pl}}{\sqrt{3}} - \frac{2\,\sigma_{pl}}{\sqrt{3}} \ln \frac{R}{a}\right] \end{aligned} \tag{6}$$

Es bezeichnet:

p die primären Spannungen im Gebirge
σ_{pl} die Fließgrenze
R den Bereich der plastischen Zone im gegebenen Moment
a den Radius des Grubenbaues
r die Entfernung eines gegebenen Punktes von der Mitte des Grubenbaues.

Das Spannungsdiagramm ist auf Bild 4 ersichtlich. Die zweite Linie von oben gibt die Größe der statischen Tangentialspannungen an. Das Maximum dieser Spannungen liegt nicht an den Begrenzungen des Grubenbaues, sondern an der Grenze der plastischen und elastischen Zone. Wenn wir zu den statischen Tangentialspannungen die dynamischen Spannungen addieren, erhalten wir die Gesamtspannungen (obere Linie). Die zweite Linie von unten stellt die statischen Radialspannungen dar. Wir subtrahieren von diesen die dynamischen Spannungen (mit negativem Vorzeichen) und erhalten auf diese Weise die radialen Gesamtspannungen (untere Linie).

Im Verlaufe der Zeit nimmt die plastische Zone an Ausdehnung zu. R wächst

$$R = a + (R_n - a)\left(1 - e^{-\frac{G}{\eta}\cdot t}\right)$$

$$R = a e^{-\frac{G}{\eta}\cdot t} + R_n\left(1 - e^{-\frac{G}{\eta}\cdot t}\right). \qquad (7)$$

Es bezeichnen:

G den Gleitmodul
η den Viskositätskoeffizienten des Gebirges.

Mit der Veränderung von R ändert sich gleichfalls die Verteilung der Spannungen. So sind also im visko-plastischen System nicht nur die Verformungen, sondern auch die Spannungen eine Funktion der Zeit. Bild 5 gibt die Spannungsverteilung zu einem späteren Zeitpunkt an, wo R schon zugenommen hat. Das Maximum der statischen Spannungen hat sich in die Tiefe des Gebirges verschoben. Die dynamischen Spannungen haben sich verkleinert. Daraus ergibt sich, daß im Verlaufe der Zeit die Verformungsgeschwindigkeit des Gebirges in der Richtung zum Grubenbau abnimmt.

Innerhalb der plastischen Zone in der nächsten Nachbarschaft der Stöße des Grubenbaues wird das Gestein zerklüftet, und es entsteht die Spaltenzone. Es bilden sich also rund um den Grubenbau nach Überschreitung der Fließgrenze drei Zonen: die zerklüftete Zone, in der die Spannungen kleiner geworden sind, die plastische Zone, in der die Spannungen ihr Maximum erreichen, und die elastische Zone, in der die Spannungen kleiner werden und ihrem ursprünglichen Werte zustreben.

Wenn beim Abbau eines Flözes der Streb mit einer gewissen Geschwindigkeit stetig fortschreitet, nähert sich die Grenze der plastischen Zone um so mehr dem Stoß des Strebes, je schneller der Streb vorrückt. So liegt also das Maximum der Tangentialspannungen der Strebfront um so näher, je schneller der Abbau fortschreitet. Die Spannungen im Strebstoß sind in diesem Falle gleichfalls größer. Die Formänderungen im Streb sind gleichfalls von der Verhiebgeschwindigkeit abhängig: bei schnellem Verhieb sind die Deformationen zwar kleiner, aber die Verformungsgeschwindigkeit ist größer. Das Flöz ist also bei schnellem Verhieb in einem Zustand intensiver Formänderung und Entspannung, läßt sich also leichter abbauen. Dies ist in dünnen Flözen von Wichtigkeit. In mächtigen Flözen, die sich von Natur aus durch größere Abbaufähigkeit auszeichnen, ist eher langsameres Vorrücken zu empfehlen, um die Bewegung des Flözmaterials nach dem Streb zu weniger intensiv zu gestalten, was der Sicherheit förderlich ist.

Wir haben kurz gewisse Probleme der Gebirgsmechanik unter Annahme eines visko-elastischen beziehungsweise visko-plastischen Mediums als Modell des Gebirges besprochen. Diese Annahme ermöglichte es, die Zeit als Faktor zu berücksichtigen.

Es wäre zum Abschluß zu erwähnen, daß die besprochenen Modelle die möglichst einfachen sind. Genauere Resultate wären durch Superposition der einfachen Modelle zu erhalten, und in dieser Richtung wäre in Zukunft die wissenschaftliche Forschungsarbeit zu lenken.

H. HOFFMANN

Aachen/DBR

Untersuchungen an Karbongesteinen unter dreiaxialem Druck zwecks Berechnung von Gebirgsspannungen

Die Gebirgsdruckforschung hat sich in den letzten fünf Jahren organisatorisch und verfahrenstechnisch grundlegend geändert. Früher liefen die rein empirischen und meßtechnischen Untersuchungen in den Bergwerken nebeneinander her. Die gebirgsmechanisch interessierten Fachleute arbeiteten auf ihrem eng begrenzten Sektor zeitlich und örtlich unabhängig voneinander. Sie wurden erst durch ihre veröffentlichten Arbeiten aufeinander aufmerksam. So interessant die Untersuchungsergebnisse auch waren, so hatten sie doch wegen des komplexen Gebirgsverhaltens günstigstenfalls nur qualitativ für die Praxis eine Bedeutung.

Man erkannte allmählich, daß dieser Art der Forschung allzu enge Grenzen gezogen waren. Ein grubensicherheitlich gefährdeter Abbau in dem gebirgsschlaggefährdeten Flöz Girondelle gab den letzten Anstoß zur Gründung einer Forschungsgemeinschaft von Berg- und Bauingenieuren, Markscheidern, Geologen und Geophysikern, deren Untersuchungen von dieser Gemeinschaft gesteuert und auf die Lösung einer ganz bestimmten Aufgabe ausgerichtet waren. Es handelte sich um die quantitative und qualitative Bestimmung durch Abbau verursachter gebirgsmechanischer Vorgänge innerhalb eines geologisch, betrieblich und vermessungstechnisch günstig zu beurteilenden Abbaufeldes mit mächtigen Sandsteinschichten im Hangenden und Liegenden. Die Lösung der scharf abgegrenzten Aufgabe wurde nun gleichzeitig von ganz verschiedenen Fachgebieten aus unter dem Vorsitz des Oberbergamts Dortmund in Angriff genommen. Nicht ein Forschungsgebiet allein war richtungweisend oder gar ausschlaggebend, sondern die sich wechselseitig ergänzende und befruchtende gemeinsame Arbeit der vorerwähnten Fachleute. Spezielle Aufgaben wurden zeitweilig auch an andere Wissenschaftler und Institute übertragen. In dieser Verbindung sind zu nennen: die Gutehoffnungshütte in Oberhausen (Rheinland), die Rheinisch-Westfälische Berggewerkschaftskasse in Bochum, die Institute für Bergbaugrundlagen und Kohleveredlung beim Steinkohlenbergbauverein in Essen, die Technische Hochschule Aachen, die Universität in Göttingen und das Ingenieurbüro für Geologie und Bauwesen von Dr. *L. Müller* in Salzburg (Österreich). Damit wurde die gesamte Gebirgsdruckforschung einheitlich ausgerichtet und auf eine breite Grundlage gestellt.

Der rege Gedankenaustausch vorgenannter Forschungsgremien führte zunächst zur Vervollkommnung der herkömmlichen Untersuchungsverfahren. Die Genauigkeit der geodätischen Meßmethoden konnte wesentlich gesteigert werden. Es ist heute möglich, auch unter Tage Höhenmessungen mit einem mittleren Fehler der doppelt gemessenen Kilometerstrecke von $\pm 0{,}6$ mm zu erreichen. Die Abstände von etwa 10 m auseinanderliegenden Beobachtungspunkten in Abbaustrecken, also unter recht ungünstigen Meßbedingungen, können heute auf $\pm 0{,}5$ mm genau bestimmt werden (1). Es ist hierbei jedoch zu bemerken, daß jeder weitere Genauigkeitsgewinn bei den geodätischen Messungen mit einem kaum noch zu vertretenden Arbeitsaufwand erkauft werden muß. Daher war man darauf bedacht, die Meßmethoden möglichst zu mechanisieren. Überlegungen in dieser Richtung führten zur Konstruktion des Konvergenzgebers mit eingebauter Zugkraftdose System *Maihak* (2). Mit dem Konvergenzgeber sind Abstandsänderungen zwischen Flözhangendem und -liegendem auf 0,2 mm genau zu ermitteln. Sogenannte Hangendgeber können die Längenänderung einer 0,9-m-Basis auf wenige Tausendstel Millimeter angeben (3).

Andere Meßvorrichtungen und Meßverfahren erschließen uns heute Gebirgsteile, die früher für Messungen unzugänglich waren. In diesem Zusammenhang ist das Bohrlochlängungsmeßgerät zu erwähnen, mit dem man in Verbindung mit einem Nivellierinstrument die Aufblätterung der hangenden Schichten bis zu einer Höhe von 2,2 m auf Bruchteile eines Millimeters genau messen kann (4).

Unser Bestreben, das von bergmännischen Hohlräumen möglichst unbeeinflußte Gebirgsverhalten kennenzulernen, führte zur Konstruktion der Bohrlochlängs- und -quergeber nach *Maihak*. Sie werden in bis zu 50 m langen vertikalen, schrägen und horizontalen Bohrlöchern eingeführt und geben dort fernelektrisch die Bohrlochverformungen durch den Zusatzdruck an (5). Mit dem fernelektrischen Meßverfahren werden auch Konvergenz- und Druckmessungen im Versatz vorgenommen (6). Mit diesen kurzen Hinweisen glaube ich die Entwicklung der Gebirgsdruckforschung in Westdeutschland in den letzten fünf Jahren hinreichend charakterisiert zu haben.

Aus der Fülle der vorliegenden Untersuchungen werden nunmehr die gesteinsmechanischen Messungen an Bohrkernen im Triaxialgerät herausgegriffen. Diese Untersuchungen sind die unabdingbare Voraussetzung für die Lösung jedes Gebirgsdrucksproblems, denn ohne Kenntnis der mechanischen Kennziffern der Gesteine unter dreiaxialem Druck ist die Auswertung von Bohrlochverformungsmessungen, d. h. also die Umrechnung in Gebirgsspannungen nicht möglich.

Über die Spannungsermittlung aus Bohrlochmessungen hat *Everling* auf der Gebirgsdrucktagung in Essen im Oktober 1956 in einem bisher nicht veröffentlichten Vortrag berichtet. Ich sehe darin einen Vorteil, kann ich doch das Untersuchungsverfahren und einige von ihm gebrachte Ergebnisse als weitgehend bekannt voraussetzen und das Hauptgewicht auf die Teile der in Aachen abgelegten Doktorarbeit legen, die noch völlig unbekannt sind. Auch bleibt mir Zeit, einige kritische Betrachtungen über den Grad der Zuverlässigkeit dieser sehr wichtigen Untersuchungen anzuknüpfen.

Mit dem Triaxialgerät (7) waren Längsdrücke bei Probendurchmessern von 32 mm bis zu 8000 kg/cm² und Manteldrücke bis zu 2000 kg/cm² zu erzielen. Alle Versuche mit verhinderter Querdehnung reichten nicht zu einer plastischen Verformung der Sandsteinkerne aus. Was die Schiefertonkerne anbetrifft, so konnten nur 3 Proben bei einem Längsdruck zwischen 2200 und 3300 kg/cm² und einem Manteldruck von 1500 kg/cm² vor Eintritt der Bruchverformung um etwa 0,5 mm bleibend verkürzt werden. Rechnet man einmal, um ganz sicher zu gehen, an Stelle des Manteldrucks mit einem Längsdruck von 1500 kg/cm², so entspricht dieser Wert einer Teufe von 6000 m. Wir können also bestätigen, daß in bergmännisch erreichbaren Teufen die Gesteine nicht plastisch werden. Entsprechende Versuche an Kohlenproben konnten nicht durchgeführt werden, da sich aus dem Flöz keine unbeschädigten Bohrkerne gewinnen ließen. Vielmehr war bei allen diesen Versuchen mit verhinderter Querdehnung eine steigende Festigkeit in Verbindung mit einem steigenden E-Modul festzustellen, wobei die aufgewandte Formänderungsarbeit als potentielle Energie gespeichert wird. Diese Feststellung bestätigt das große Speichervermögen besonders der Sandsteine für elastische Formänderungsenergie und läßt den Gedanken aufkommen, die Auswertung von Bohrlochverformungsmessungen nach der Elastizitätstheorie vorzunehmen, obwohl, wie später erörtert wird, die Versuche ergaben, daß keine lineare Elastizität entsprechend dem *Hooke*schen Gesetz vorliegt.

Wurde der Längsdruck bei gleichbleibendem Querdruck erhöht, trat der Bruch meist schlagartig mit laut hörbarem Knall ein. Um die Hüllkurve der *Mohr*schen Bruchspannungskreise möglichst genau zu erhalten, wurden die Längsdrücke so gesteigert, daß der Bruch der aufeinanderfolgenden Bohrkerne desselben Bohrlochs bei verschiedenen Manteldrücken (z. B. $p = 0$, 400, 800, 1200 kg/cm²) eintrat. Es ergab sich, daß die Streuungen der Festigkeitswerte bankrecht durchbohrter Schichten (Streubereich der Hüllkurve) auffallend gering waren, obwohl der Gesteinstyp der Bohrkerne recht uneinheitlich war (8). Auch Sandsteine und Schiefertone aus dem Bereich anderer Flöze und Gruben wiesen Festigkeitswerte der gleichen Größenordnung auf. Lediglich die Kerne mit schräg zur Bohrlochwandung stehenden Sedimentationsflächen gingen bei erheblich niedrigeren Längsdrücken zu Bruch (9). Organische Einlagerungen im Bohrkern, verwachsene Klüfte und erkennbare Risse setzten die Kernfestigkeit ebenfalls wesentlich herab. Demnach hängt die Gesteinsfestigkeit ganz wesentlich von der Inhomogenität des Gefüges und seines Bindemittels ab, während der Einfluß des mineralogischen Aufbaues zurücktritt.

Abhängigkeit der Bruchformen und -winkel vom Bruchspannungszustand im Druckversuch waren nur bei den bankrecht gebohrten Kernen zu erkennen, und zwar wächst der gegen die Vertikale gemessene Bruchwinkel mit der Größe des Manteldrucks (10). Auch die Bruchwinkel waren weit mehr eine Funktion der Gefügeanisotropie, der Kluftrichtungen und anderer Ungleichförmigkeiten (Kohleschmitze, Driftholz, Fusitlinsen), so daß die Berechnung von Gebirgsdrücken aus beobachteten Bruchwinkeln, wie sie *Torre* für isotrope Gesteine aufgestellt hat, hier nicht anwendbar ist.

Die Genauigkeit der Druckspannungsmessungen im Triaxialgerät hängt lediglich von der Anzeigegenauigkeit der geeichten Meßuhren ab. Diese wiesen keine ablesbaren Streuungen auf, so daß der Fehler mit Sicherheit unter $1\,^0/_0$ lag.

Waren die Bruchzustände von dem Verhältnis Manteldruck : Längsdruck abhängig, so war diese Abhängigkeit von 2 Druckgrößen in noch viel weitgehenderem Maße bei der Messung der Elastizitätsmoduln zu beachten, denn der E-Modul hängt nicht allein von dem Spannungszustand ab, sondern auch von der Art, wie dieser erreicht wird. Der Verfasser hat in der Mehrzahl aller Fälle p und σ abwechselnd stufenweise erhöht, denn dieses Schema erwies sich wesentlich unempfindlicher gegen kleine Ungenauigkeiten der Meßwerte und gestattete beliebig viele Belastungswege sowie größere Laststufen. Vereinzelt war die Versuchsanordnung dergestalt, daß auf jede Erhöhung des Manteldrucks zwei Steigerungen des Längsdrucks folgten. Es ergab sich durchweg ein größerer E-Modul unmittelbar nach einer Erhöhung des Manteldrucks und ein Abfallen des E-Moduls bei der zweiten Längsdrucksteigerung. Es war notwendig, die Meßergebnisse für jeden Belastungsweg getrennt aufzutragen und die Manteldrücke p zusätzlich auf der Abszisse zu vermerken. In anderen Fällen erschien es zweckmäßig, als Abszisse die Hauptspannungsdifferenz $\sigma - p$ zu wählen. In beiden Fällen ist die Darstellung in Diagrammform zwar eindeutig, jedoch sind nicht alle Kurven miteinander vergleichbar. Bild 11 zeigt durchschnittliche Meßwerte für die Elastizitätsmoduln von Sandstein, Schieferton und Kohle.

Alle Messungen bestätigten das elastische Verhalten von Sandsteinen bis weit über die Proportionalitätsgrenze hinaus. Der E-Modul steigt mit wachsendem Druck bei Sandstein auf 400000 bis 500000 kg/cm² und fällt dann mit Annäherung an den Bruchzustand um 20 bis $40\,^0/_0$ auf 300000 bis 200000 kg/cm² ab. Die Schiefertonkerne zeigen grundsätzlich ein ähnliches Verhalten. Die Werte liegen jedoch durchweg niedriger, etwa zwischen 300000 und 400000 kg/cm². Bei den Kohlenproben betragen die entsprechenden Zahlen $^1/_{10}$ des Sandsteins, also 40000 bis 50000 kg/cm². Die eindeutig geringeren Festigkeitswerte und Elastizitätsmoduln der untersuchten Schiefertonproben gegenüber dem Sandstein stehen im Gegensatz zu Angaben von *Stöcke, Hermann* und *Udluft* (1934). Auch konnte nicht bestätigt werden, daß der Elastizitätsgrad mit steigender Korngröße abnimmt.

In dieser Verbindung muß das elastische Verhalten noch etwas näher definiert werden. Es gibt bekanntlich keinen Werkstoff, der streng elastisch ist, denn seine Druck- und Zugverformung geht bei Entlastung nie restlos auf dem gleichen Wege und ohne zeitliche Verzögerung zurück. *Everling* hat festgestellt, daß die bleibende Verformung der Gesteinsproben im allgemeinen unter 5% der Gesamtverformung lag. Diese Prozentzahl wird als Grenze des elastischen Verhaltens bezeichnet. Die bleibende Verformung erwies sich stets als Folge eines Gleitens auf echten Bruchflächen.

Die Elastizitätsmoduln wurden noch auf eine andere Weise, nämlich aus den Laufzeitkurven longitudinaler und transversaler Ultraschallwellen bestimmt. Die Beschallung der Proben mit Piezoquarzkristallen nach der Reflexions- und der Durchschallungsmethode ist an sich nichts Neues, jedoch waren derartige Versuche bisher nur unter atmosphärischem Druck durchgeführt worden. *Everling* gelang es m.W. erstmalig, Laufzeitgeschwindigkeiten bei wachsendem Triaxialdruck zu messen. Ein Vergleich der mechanisch ermittelten Elastizitätsmoduln mit denen aus Ultraschallmessungen zeigt, daß letztgenannte schon bei geringen Drücken meist erheblich höher lagen und im Gegensatz zu dem mechanischen E-Modul mit Annäherung an den Bruch die einmal erlangten hohen Werte konstant beibehielten.

Die gemessenen großen Unterschiede beruhen sehr wahrscheinlich auf dem Porenvolumen der Gesteinsproben. Bei den statischen Gesteinsbeanspruchungen bewirken die Drücke zunächst eine Schließung der Poren und Mikroklüfte, wodurch im Vergleich zu dynamischen Beanspruchungen zu große Verformungen in Längsrichtung und zu kleine Querdehnungen erhalten werden. Diese Kritik an dem statischen Verfahren mag für Laboratoriumsversuche zutreffen; wenn man aber die Verformungsverhältnisse im statisch belasteten Gebirge berücksichtigt, so ist der statischen Methode eine größere Anpassungsfähigkeit an diese Verhältnisse zuzusprechen.

Wie im vorigen Abschnitt scheint also auch nach diesen Beobachtungen der inhomogene Aufbau von Gesteinen aus Körnern, Bindemitteln und Poren entscheidenden Einfluß auf das elastische Verhalten zu haben. Einlagerungen größerer oder geringerer Härte wirken sich nur aus, wenn sie gedrungene Gestalt haben. So ist z. B. der Druck in einer zylinderförmigen Einlagerung mit nur halb so großem Elastizitätsmodul wie der ihrer Umgebung etwa 20% niedriger als in dem umgebenden Gestein. Eine flache Linse oder gar eine horizontale Schicht aus weicherem Gestein in härterem Gebirge stören dagegen den lotrechten Druck nicht; nur wenn diese Schichten wie beim Abbau seitlich angeschnitten sind und außerdem verschiedene *Poisson*zahlen haben, tritt ein Druckunterschied auf. Da schichtförmige Inhomogenitäten gegenüber solchen von gedrungener, beispielsweise zylinderförmiger Gestalt bei weitem überwiegen, kann man schließen, daß trotz aller Ungleichförmigkeit die für die Gebirgsdruckforschung wichtigen Drücke, insbesondere die Zusatzdrücke in lotrechter Richtung, doch in größeren Abschnitten des Gebirges gleich sind.

Wichtig für die Zuverlässigkeit von Spannungsberechnungen ist weiterhin die Feststellung, daß die elastische Anisotropie infolge des Vorhandenseins von Sedimentationsflächen und Klüften ebenso wie der Einfluß des mineralogischen Aufbaues der verschiedenen Sandsteine und Schiefertone unwesentlich ist.

Zur Berechnung von Drücken aus gemessenen Bohrlochverformungen müssen außer dem variablen E-Modul auch noch die zugehörigen Werte für die Querdehnungszahl (*Poisson*sche Zahl oder auch Querkontraktionszahl) bekannt sein. Da die Formeln für die meisten von *Everling* aufgestellten Belastungsfälle recht unempfindlich gegen Unsicherheiten in der Bestimmung der Querdehnungszahlen sind, genügt es, wenn die Verfahren zur Bestimmung der Querkontraktionszahlen in Abhängigkeit vom Druck der Größenordnung nach übereinstimmen. Wird beispielsweise für die *Poisson*sche Zahl $m = 5$ fälschlicherweise $m = 10$ gesetzt, so ergibt dieser Unterschied einen Fehler in E, wenn man die Ultraschallmessungen zugrunde legt, von nur 4%.

Die Querkontraktionszahlen wurden im Triaxialgerät auch auf direkte Weise mit Dehnungsmeßstreifen ermittelt, wobei die Längenänderung eines elektrischen Leiters aus der Widerstandsänderung erhalten wird. Die Streuung der Ergebnisse aus obigen Verfahren waren nicht so groß, daß sie das Ergebnis der Druckberechnung wesentlich beeinflußten. Bei Sandstein und Schieferton lag die *Poisson*sche Zahl m zwischen 4 und 8, bei Kohle ließ sie sich nur grob auf rund 3 schätzen.

Aus den Messungen der mechanischen Eigenschaften der Gesteine geht hervor, daß die Verformungen von Sandstein und Schieferton – und in gewissem Grade auch der Kohle – bis zu den höchsten unter Tage zu erwartenden Drücken elastischer Natur sind. Nichts liegt daher näher, als die Elastizitätstheorie zur Grundlage der Spannungsberechnungen im Gebirgskörper zu machen, zumal die Elastizitätsanisotropie infolge der Klüftung und der Inhomogenitäten des Materials mit verschiedenem E-Modul nachweisbar nur in besonders ungünstigen Fällen Fehler von störender Größenordnung verursacht.

Wenn man jedoch für die Berechtigung dieses Vorhabens weitere Gründe sucht, so stößt man auf Schwierigkeiten, die nicht außer acht gelassen werden dürfen.

Ist es schon im unverritzten Gebirge kaum möglich, die Gesetze der Mechanik anzusetzen, so wird dies im Bereich von Abbauwirkungen noch problematischer, da hier die Beanspruchungen nicht mehr überall innerhalb der Festigkeit der Gesteine liegen, sondern oftmals das Verhalten nach Eintritt des Bruchs maßgebend wird.

Grundlage für die Betrachtung von Gebirgsdruckproblemen bildet der Spannungszustand im unverritzten Gebirge. Man nimmt zunächst einmal an, daß hier eine Rechnung nach der Elastizitätstheorie kleinere Fehler bringt als im Wirkungsbereich des Abbaues. *Kühn*, *Fenner* und *Labasse* rechnen daher nach der Elastizitätstheorie den seitlichen Druck bei völlig verhinderter Querdehnung nach der Formel $p_2 = p_3 = \frac{p_1}{m-1}$, wobei p_1 der Schweredruck aus dem Eigengewicht der auflagernden Schichten ist. Dieses Ergebnis setzt voraus, daß jeder betrachtete Gebirgsteil bereits bei Beginn der nachfolgenden Belastung durch die jüngeren Schichten elastisches Verhalten zeigte, und daß dieser Druck ausschließlich von der Auflast herrührt. In Wirklichkeit muß aber vor der Verfestigung des Gesteins ein Horizontaldruck in Höhe des Schweredrucks $\gamma \cdot h$ als ursprünglich wirksam angesehen werden. Da dieser hydrostatische Spannungszustand als einziger keine plastischen Verformungen und Brucherscheinungen hervorrufen kann, ist er besonders stabil und kann nach *Everling* theoretisch sehr wohl Endzustand sein. Bestärkt wird diese Auffassung durch *Labasse*, *Spackeler* und dem Verfasser, wonach sich unterschiedliche Spannungen durch Gleitbewegungen abgebaut haben und demzufolge der Endzustand nicht nach der Formel $p_2 = \frac{p_1}{m-1}$ berechnet werden kann, weil diese ja gerade elastisches Verhalten voraussetzt.

Etwas anderes ist es, wenn man nicht nach den Drücken im unverritzten Gebirge, sondern nach den späteren Änderungen des Gebirgsdrucks infolge des Bergbaues fragt. Bekanntlich setzt sich der Druck in der Umgebung bergmännischer Hohlräume aus dem Schweredruck und dem abbaubedingten Zusatzdruck zusammen. Man kann also den allseitig gleichmäßigen Spannungszustand des unverritzten Gebirges als Ausgangszustand ansehen und die Wirkung des Zusatzdrucks unabhängig davon betrachten. Da die Einflußbereiche des Zusatzdrucks nur kleine Ausschnitte des Gebirges umfassen, spielt die Möglichkeit der großräumigen Kluftverschiebungen eine geringere Rolle als bei der Ermittlung des Spannungszustandes im unverritzten Gebirge. Deshalb ist es nun eher zulässig, für die Ermittlung des Zusatzdrucks die Elastizitätstheorie anzuwenden, insbesondere dann, wenn es sich um die Berechnung des Spannungszustandes um Streckenprofile oder gar Bohrlöcher handelt.

Everling hat nun auf der Grundlage der von *Kirsch* aufgestellten Formeln für die Verformung kreiszylindrischer Bohrungen in einer druckbelasteten unendlich ausgedehnten Scheibe 10 Belastungssonderfälle mit eindeutig definierten Randbedingungen durchgerechnet. Die Sonderfälle D und E sind in Bild 12 dargestellt. Im Fall D handelt es sich um einen aus der Längsdehnung ε_x zu berechnenden Spannungszustand, der bei verhinderter Querdehnung ($\varepsilon_y = \varepsilon_z = 0$) durch den lotrecht wirkenden Druck p_x auf ein horizontales Bohrloch verursacht wird. Die Spannungen im Fall E herrschen in einem Körper bei verhinderter Querdehnung in x- und y-Richtung und Belastung in z-Richtung. Der Fall E erlangt praktische Bedeutung bei lotrecht stehenden Bohrlöchern und Belastung in Richtung der gleichfalls lotrecht angenommenen z-Achse. Aus den entwickelten Formeln geht auch der Einfluß eines Bohrlochs auf die Spannungen in seiner Umgebung hervor. In einem Abstand $r = 10\,a$, also außerhalb eines Bereichs vom fünffachen Durchmesser, ist dieser Einfluß so weit abgeklungen, daß dort der ursprüngliche Spannungszustand vor Herstellung des Bohrlochs zu mindestens 96% wieder erreicht ist.

Da die Rechnungen bekanntlich nur für einen elastischen homogenen und isotropen Körper gelten, hat *Everling* auf des Verfassers Anregung Versuche mit durchbohrten und druckbelasteten Natursandsteinen unter zweiaxialem Druck durchgeführt und damit wenigstens einen Teil der den Sonderfällen entsprechenden Formeln auf ihre Zuverlässigkeit nachprüfen können. In Bild 13 sehen wir eine Prinzipskizze des Prüfstandes, und Bild 14 zeigt uns die Änderungen der Bohrlochdurchmesser als Funktion des Vertikaldrucks P_v und des Horizontaldrucks P_h. Die berechneten Werte stimmen gut mit den gemessenen überein. Unterschiede machen sich nur gegen Ende des Druckversuchs bemerkbar, wo P_v gegenüber P_h sehr groß wird. Auch durch diese Modellversuche wurde bestätigt, daß Inhomogenitäten und Anisotropien im allgemeinen keine große Wirkung auf den Spannungszustand haben.

Da durch Bohrlochmessungen nur Spannungsänderungen nach Einbau der Meßgeräte festgestellt werden, müssen die Gebirgsspannungen im Auflager, die sich bekanntlich aus den Spannungen infolge des Schweredrucks und denen des Zusatzdrucks zusammensetzen, auf indirekte Weise ermittelt werden. *Everling* beschreitet hierbei folgenden Weg: Befindet sich die Meßstelle an einem vom Abbau noch nicht beeinflußten Punkt, so kann man dafür einen allseitig gleichen Druck in Höhe des Schweredrucks (Überlagerungsdruck), also z. B. 200 kg/cm² in 800 m Teufe annehmen und hierfür aus dem Meßprotokoll der betreffenden Bohrkerne die Werte E und m entnehmen. Über die Berechtigung für diese Unterstellung ist bereits alles Erforderliche gesagt worden. Aus den ersten gemessenen Bohrlochverformungen wird darauf die zugehörige Druckänderung errechnet und zu dem ursprünglichen geschätzten Spannungszustand hinzugezählt. Man erhält einen neuen Spannungszustand, für den E meistens etwas höher liegt. So kann man stufenweise weiterrechnen, und man erhält ein gutes Bild über den Spannungsverlauf in Abhängigkeit von Zeit und Strebabstand. Das Ergebnis einer solchen Berechnung ist u. a. auch der Zusatzdruck. Er beginnt zwischen 100 und 200 m vor der Strebfront und erreicht etwa 10 m vor dem Abbaustoß 600 kg/cm². Das entspricht zusammen mit dem Überlagerungsdruck (200 kg/cm²) einem lotrechten Druck von 8000 t/m² auf das Flöz, also das Vierfache des Überlagerungsdrucks. Beim Abbau eines Restpfeilers wurden sogar 10000 t/m² berechnet (15). Für die Zuverlässigkeit dieser sich auf Messungen gründenden Berechnungen spricht die Tatsache, daß *Jacobi* aus Messungen des

Drucks im Versatz und daran angeknüpften Gleichgewichtsbetrachtungen einen Zusatzdruck erhält, der der Größenordnung nach mit dem von *Everling* berechneten übereinstimmt.

Ein weiteres Ergebnis der Untersuchungen ist eine Druckabminderung im Hangenden nach dem Strebdurchgang, womit eine elastische Entspannung des vorher stark gedrückten Gesteins im Bereich des Bohrlochs nachgewiesen ist.

Während meiner Ausführungen habe ich mich bemüht, auch den Zuverlässigkeitsgrad der Untersuchungen zu umreißen, indem ich mich über die Anwendung der Elastizitätstheorie kritisch äußerte und prozentuale Angaben über die Unsicherheit der Beobachtungswerte machte. Ich möchte Ihnen nicht einige weitere, möglicherweise recht wesentliche Fehlerquellen vorenthalten, über deren Größenordnung vorläufig gar keine Angaben gemacht werden können. An erster Stelle steht hierbei der nicht abzuschätzende Einfluß der Zeit. Wegen der weiten Spanne zwischen den Laständerungsgeschwindigkeiten im Laboratorium, den mit dem Abbau verknüpften Geschwindigkeiten und schließlich den langfristigen geologischen Vorgängen dürfte diesem Einfluß eine nicht unerhebliche Bedeutung zukommen. Ähnliches gilt für den Einfluß der Feuchtigkeit auf Formänderungs- und Bruchverhalten des Gesteins. Hier dürften wertvolle Ansatzpunkte für Anschlußarbeiten liegen.

Ich habe Ihnen nur einen ganz kleinen Ausschnitt der Ergebnisse unserer Untersuchungen vortragen können. Alle unsere meßtechnischen Bemühungen haben ein charakteristisches Merkmal gemeinsam. Wir haben uns bisher ausschließlich mit den Gebirgsdruckauswirkungen befaßt und versuchen, über diese zu den Ursachen vorzustoßen. Der umgekehrte Weg wäre eigentlich natürlicher. Wir sind ihn bis jetzt nicht gegangen, weil uns die rein geophysikalischen Verfahren, wie beispielsweise die Seismik, im Bergwerk angewandt, mit unseren zur Verfügung stehenden Mitteln zu wenig erfolgversprechend erschien. Wir würden gern zur Kenntnis nehmen, wenn wir in diesem Punkte geirrt hätten und eines Tages auf den Erfolgen anderer Wissenschaftler weiterbauen könnten, denn das Gebirgsdruckproblem ist im Bergbau der ganzen Welt von überragender Bedeutung.

H. G. DENKHAUS

Pretoria/Südafrikanische Union

Über die Bedeutung einiger Eigenschaften des Gesteins für das Problem der Gebirgsschläge in Gruben großer Teufe

1. Einleitung

Die Goldfelder des Witwatersrand in Südafrika sind eines der am häufigsten von Gebirgsschlägen heimgesuchten Bergbaugebiete. Es wurde daher einem dringenden Anliegen entsprochen, als vor einigen Jahren in Südafrika eine Forschungsgruppe [1] aufgestellt wurde, deren Aufgabe es ist, die Ursachen der Gebirgsschläge in Gruben großer Teufe aufzuspüren und Wege suchen zu helfen, die zur Abwehr oder zumindest Verringerung dieser Gefahr führen können. Die Arbeit dieser Gruppe ist bei weitem noch nicht abgeschlossen, und es wäre verfrüht, an dieser Stelle über den gesamten Umfang der Untersuchungen und die bisherigen Ergebnisse zu berichten. Es sollen daher hier nur einige Gedanken zu einem Teilgebiet der Gebirgsmechanik behandelt werden, nämlich die Bedeutung der Gesteinseigenschaften für das Problem der Gebirgsschläge.

Die Teufe der Gruben des Witwatersrand ist beträchtlich. Die wirtschaftlich bedeutendsten Flöze fallen im mittleren Teil des Gebietes, d. h. bei Johannesburg, mit 30 bis 40° nach Süden ein und werden in etwa 1200 bis 3000 m Teufe abgebaut. Da alle Anzeichen darauf hindeuten, daß die Flöze auch in größeren Teufen noch ergiebig bleiben, ist in der Zukunft mit Vorstößen zu noch größeren Teufen zu rechnen.

Eine typische Grubenabteilung ist in Bild 1 dargestellt. Da die Flöze häufig dicht beieinander liegen, werden sie meist in einem Streb abgebaut, jedoch ist Über- bzw. Unterbauen in einem zweiten oder dritten Horizont nicht unbekannt. Wie aus Bild 1 ersichtlich, wird entweder das Flöz durch Strecken und Aufhauen in Blöcke aufgeteilt, die dann je nach ihrer Würdigkeit abgebaut werden (verstreuter Abbau oder scattered stoping), oder es wird von tonnlägigen Richtstrecken aus nach dem System des Langfront- oder Stufen-Strebbaues (longwall bzw. stepped stoping) abgebaut. Der Langfront- bzw. Stufen-Strebbau wird nach Möglichkeit vorgezogen.

Da Strecken im Flöz oft schlecht stehen, werden meist Förderstrecken auf gleicher Sohle im Liegenden, gelegentlich auch im Hangenden, gefahren und durch Stich-Querschläge mit der Strecke im Flöz verbunden, wie in Bild 1 angedeutet.

Das Erz wird durch Bohr- und Schießarbeit gewonnen; geschossen wird nur einmal täglich am Ende der Schicht. Der Abbaufortschritt eines etwa 100 m langen Stoßes mit 1,20 m Firsthöhe liegt in der Größenordnung von 3 m je Monat. Zum Ausbau der Streben werden Stempel und Standholzpfeiler eingebracht. Wenn das gebrochene Erz so bald wie möglich nach dem Schießen gefördert wird, bleiben diese, abgesehen von zwei oder drei Wettermauern je Streb und gegebenenfalls Stützmauern unter abgebauten Diabasgängen oder Verwerfungen, der einzige Ausbau. Die Berge für die Mauern müssen meist aus dem Hangenden oder Liegenden des Strebs geschossen werden. Häufig wird statt dieses „offenen Abbaues" (open stoping) das sogenannte Shrinkage-Verfahren (Magazinbau) angewendet, bei dem 60% des gebrochenen Erzes (60% ist das Verhältnis der spezifischen Volumina von festem zu gebrochenem Gestein) als regionaler Versatz zu zeitweiligem Ausbau verwendet und später in einem zweiten Arbeitsgang gefördert werden. Die restlichen 40% werden unmittelbar nach dem Schießen zu Tage gebracht. Die Auswirkungen der beiden genannten Verfahren und ihrer zahlreichen Zwischenstufen auf die Gebirgsschlaggefahr sind noch umstritten und können im Rahmen dieser Arbeit nicht behandelt werden.

2. Grundlegende Auffassungen über den Gebirgszustand in der Umgebung von Abbauräumen in großer Teufe

Bruchflächen, im allgemeinen parallel zum Stoß verlaufend, werden im Hangenden, Liegenden und Stoß fast aller Abbauräume beobachtet. Man muß daraus schließen, daß der bergmännische Hohlraum von einer Zerrüttungszone umgeben ist, die beim Abbau in großer Teufe nicht notwendigerweise bis zur Tagesoberfläche reicht. Während die Existenz einer solchen Zone außer Zweifel steht, ist über ihre Form und Ausdehnung wenig bekannt. Es ist auch eine offene Frage, ob eine scharf ausgebildete Grenzfläche zwischen dem zerrütteten und unzerrütteten Gebirge besteht oder ob die Bruchflächen in einer Übergangszone allmählich auslaufen. Wichtig ist jedoch die Erkenntnis, daß zwei verschiedene Strukturen des Gebirges bestehen, nämlich die Zerrüttungszone und der sie umgebende unzerrüttete Gebirgskörper.

Das unzerrüttete Gebirge kann in erster Annäherung als ein kontinuierlicher elastischer Körper angesehen werden und die Spannungsverteilung in demselben auf Grund der Elastizitätstheorie zumindest angenähert ermittelt werden [2].

Die Zerrüttungszone besteht aus unregelmäßigen Blöcken, die durch Schub- oder Reißbrüche des ursprünglich zusammenhängenden Gesteins als Folge des Abbaues geformt wurden. Die Zone ist vom Druck der darüberliegenden unzerrütteten Schichten entlastet. Das Eigengewicht der Blöcke bewirkt eine Absenkung des Hangenden in der Zone, bis eine Verkeilung zwischen den einzelnen Blöcken und dem unzerrütteten Gebirge an der Zonengrenze erreicht ist. Durch diese Verkeilung zerlegt sich die Eigengewichtskraft der Blöcke in Komponenten in der Richtung von Drucklinien, die in ihrer Gesamtheit Druckgewölbe bilden, wie in Bild 2 schematisch dargestellt. Die Druckgewölbe stützen sich ab vor dem Stoß und an Stellen, wo sich das Hangende auf das Liegende abgesenkt hat bzw. der Versatz Druck aufnimmt.

Entsprechend den beiden Strukturtypen des Gebirges in der Umgebung bergmännischer Hohlräume muß man auch zwei Typen von Gebirgsschlägen unterscheiden, nämlich „Schläge aus dem Festen" (extradosal bursts) und „Schläge aus der Zerrüttungszone" (intradosal bursts).

Schläge aus dem Festen stellen einen plötzlichen Bruch des festen, unzerrütteten Gesteins an der Grenze der Zerrüttungszone dar und verursachen mithin eine plötzliche Vergrößerung dieser Zone. Sie treten an Stellen auf, wo das Gestein zu sprödem Bruch unter Freigabe großer Energiemengen neigt und der Gebirgsdruck im festen Gebirge über einen verhältnismäßig großen Bereich vor dem Stoß erhöht ist. Solche Spannungserhöhung kann verursacht sein durch unregelmäßige Form des bergmännischen Hohlraums oder durch die Anwesenheit von Klüften, Diabasgängen mit oder ohne Verwerfung oder anderer geologischer Störungen.

Schläge aus der Zerrüttungszone treten entweder als örtlicher Zusammenbruch eines Druckgewölbes im Hangenden an Stellen auf, wo das Hangende infolge von abgebauten Diabasgängen, Klüften oder anderen Fehlstellen zur Instabilität neigt, oder als Zusammenbruch eines „Druckgewölbepfeilers“ in der Zerrüttungszone am Stoß oder im „Alten Mann“.

3. Gesteinseigenschaften

Es ist offensichtlich, daß die Kenntnis der Eigenschaften des Gebirges in der Umgebung bergmännischer Hohlräume eine der Voraussetzungen für eine Untersuchung des Problems der Gebirgsschläge ist. Entsprechend den erwähnten beiden Strukturtypen des Gebirges müssen auch zwei Eigenschaftstypen unterschieden werden, nämlich Stoffeigenschaften (Gesteinseigenschaften), die das Verhalten des festen, unzerrütteten Gebirges bestimmen und damit zu den „Schlägen aus dem Festen“ in Beziehung stehen, und Verbandseigenschaften der Zerrüttungszone, die in Beziehung zu den „Schlägen aus der Zerrüttungszone“ stehen.

In diesem Hauptabschnitt der Abhandlung sollen die Gesteinseigenschaften behandelt werden, die nach Ansicht des Verfassers die Neigung eines gegebenen Gesteins zu Schlägen aus dem Festen bestimmen, während die Bedeutung der Verbandseigenschaften am Ende kurz besprochen werden soll.

3.1. Die Bruchfestigkeit

Da „Schläge aus dem Festen“ auf einen plötzlichen Bruch des Gesteins zurückzuführen sind, ist es offensichtlich, daß die Bruchfestigkeit des Gesteins eine wichtige Kenngröße ist. Es muß jedoch beachtet werden, daß sie keine Materialkonstante ist, sondern von einer Reihe äußerer Bedingungen abhängt, von denen der Spannungszustand, d. h. die Gesamtheit der Spannungskomponenten verschiedener Größe in verschiedenen Richtungen, die wichtigste ist.

Wegen der Mannigfaltigkeit der unter Tage auftretenden Spannungszustände ist es notwendig, sich einen Überblick über den Einfluß des Spannungszustandes auf die Bruchfestigkeit eines Gesteins zu verschaffen. Dies geschieht am einfachsten mit Hilfe eines dreidimensionalen Schaubildes nach dem Vorbild des Bildes 3. Werden die drei Hauptnormalspannungen, durch die ein Spannungszustand vollständig gekennzeichnet ist, auf den drei Achsen des Schaubildes aufgetragen, so entspricht jeder Punkt des räumlichen Schaubildes einem Spannungszustand. Wenn dann für ein bestimmtes Material alle Punkte, die Spannungszuständen beim Bruch entsprechen, verbunden werden, erhält man eine räumliche Fläche, die der geometrische Ort aller Bruchspannungszustände ist. Diese räumliche Fläche, nicht ein einzelner Wert, kennzeichnet die Bruchfestigkeit. Um die Bruchfestigkeit eines Gesteins zu erhalten, ist es daher notwendig, Versuche für verschiedene Spannungszustände durchzuführen, z. B. reine Zugversuche [3], reine Druckversuche [4], Schub- oder Torsionsversuche [5] und mehrachsige Druckversuche [6]. Die Bruchspannungen für beliebige Spannungszustände können dann durch Interpolation des Schaubildes erhalten werden, in dem die Ergebnisse der oben genannten Versuche aufgetragen wurden.

3.2. Die beim Bruch freigesetzte Energie

Obwohl die Bruchfestigkeit wichtig für die Beurteilung des Gesteinsverhaltens in der Umgebung bergmännischer Hohlräume ist, ist sie nicht die einzige Kenngröße der Neigung eines Gesteins zu Gebirgsschlägen. Zerrüttung des Gesteins, d. h. Überschreiten der Bruchgrenze, tritt täglich beim Schießen ein, ohne daß man jedesmal von einem Gebirgsschlag sprechen kann. Zerrüttung als solche ist mithin ein alltäglicher Vorgang beim Abbau, während ein Gebirgsschlag eine Ausnahmeerscheinung darstellt, die gekennzeichnet ist durch eine heftige Zerrüttung, bei der Energie in solcher Menge frei wird, daß Zerstörungen im Streb angerichtet werden.

Es erhebt sich nun die Frage, ob eine Kenngröße definiert und bestimmt werden kann, in der die Neigung des Gesteins zu Zerrüttung unter Abgabe großer Energiemengen zum Ausdruck kommt. Zweifellos ist die beim Gebirgsschlag freiwerdende Energie um so größer, je größer das Gesteinsvolumen ist, über das sich die Zerrüttung erstreckt, und je größer die je Volumeneinheit freiwerdende Energie ist. Das zerrüttete Gesteinsvolumen hängt offensichtlich von der Spannungsverteilung im Gebirge ab, während die je Volumeneinheit freiwerdende Energie eine Eigenschaft des Gesteins ist. Man ist zunächst geneigt, anzunehmen, daß die beim Bruch freiwerdende spezifische Energie gleich ist der Energie, die kurz vor dem Bruch je Volumeneinheit aufgespeichert ist. Es wird jedoch gezeigt werden, daß dies nicht immer der Fall zu sein braucht.

Bekanntlich kann im Falle eines einachsig beanspruchten rein-elastischen Körpers die aufgespeicherte spezifische Verformungsenergie durch die Fläche unter der Spannungs-Verformungs-Kurve gemessen werden, wie in Bild 4 dargestellt. Im Falle eines elastoplastischen Körpers wird jedoch nur ein Teil der zugeführten Energie als potentielle Verformungsenergie gespeichert, während der andere Teil zur Erzeugung plastischer (bleibender) Verformung verbraucht und dabei in Wärme umgewandelt wird.

Die Frage, ob die kurz vor dem Bruch aufgespeicherte (elastische) Verformungsenergie gleich der beim Bruch freigesetzten Energie ist, kann durch einen Demonstrationsversuch beantwortet werden: Eine Aluminiumprobe und eine Quarzitprobe von gleicher Form und Größe und annähernd gleicher Festigkeit wurden unter einachsigem Druck geprüft. Wie aus den in Bild 5 wiedergegebenen Spannungs-Verformungs-Kurven ersichtlich, zeigte das Aluminium erhebliche plastische Verformung beim Bruch, während der Quarzit sich bis zum Bruch praktisch vollkommen elastisch verhielt. Die Quarzitprobe ging mit großer Heftigkeit zu Bruch und erschütterte die Prüfmaschine, während die Aluminiumprobe ohne jede Heftigkeit zerbrach. Dennoch ersieht man aus Bild 5, daß die aufgespeicherte elastische Verformungsenergie des Aluminiums größer war als die des Quarzits. Die beim Bruch freiwerdende Energie ist also nicht gleich der kurz vor dem Bruch gespeicherten. Eine Erklärung dieses scheinbaren Widerspruchs kann aus *Griffith's* Bruchtheorie [7] gefunden werden. Danach wird der Bruch eingeleitet durch Bildung oder Weiterschreiten bereits im Material vorhandener feiner Risse. An den Spitzen solcher Risse entstehen Spannungserhöhungen, die ein Weiterreißen bis zur Beendigung des Bruchvorganges verursachen. Durch plastisches Fließen im Material werden die örtlichen Spannungsspitzen jedoch abgebaut, so daß der Reißvorgang aufgehalten oder verzögert wird. Diese örtliche plastische Verformung verbraucht nun einen Teil der aufgespeicherten elastischen Energie, die dann nicht mehr nach außen abgegeben und Arbeit leisten bzw. Zerstörung anrichten kann.

Man kann mithin schließen, daß die kurz vor dem Bruch aufgespeicherte spezifische Verformungsenergie nicht immer, nur bei vollkommen elastischen Stoffen, ein Maß ist für die Neigung eines Gesteins zum Bruch unter Freigabe großer Energiemengen, d. h. zu Gebirgsschlägen. Um die Verformungsenergie, die beim Bruch wirklich in äußere Arbeit (z. B. Zerstörungsarbeit) umgesetzt wird, zu messen, hat der Verfasser die folgende Methode angewandt.

Wenn eine Probe bricht, so erregt die freiwerdende Energie in Form eines Stoßes die Prüfmaschine zu Schwingungen. Die Energiebilanz ist

$$e_k = {}^1/_2\, m\, v^2 = e_r,$$

wobei e_k die kinetische Energie ist, in welche sich die von der Probe abgegebene Energie e_r umsetzt; m ist die bewegte Masse der Maschine und v die Stoßgeschwindigkeit. Die Geschwindigkeit v kann mit Hilfe des in Bild 6 gezeigten Gerätes ermittelt werden. Das Gerät ist ein Schwingungssystem mit der Masse b und der Feder c. Wenn ein Stoß auf die Prüfmaschine, an der das Gerät befestigt ist, ausgeübt wird, so führt die Masse b freie, gedämpfte Schwingungen aus, deren Anfangsamplitude A der Stoßgeschwindigkeit v proportional ist [8]. Nach Eichung des Geräts kann die Amplitude A mit Hilfe von Dehnungsmeßstreifen an der Feder c gemessen werden. Wenn nun noch die bewegte Masse in der Prüfmaschine und das Volumen der Probe bekannt sind, kann die beim Bruch freigesetzte spezifische Energie ermittelt werden. Wenn alle Versuche an derselben Maschine mit gleichgroßen Proben durchgeführt werden, genügt es, nur die Amplitude A zu messen. Sie wurde bei Versuchen des Verfassers als Vergleichswert für die beim Bruch freigesetzte spezifische Energie verschiedener Gesteine benutzt und als „relative Bruchheftigkeit" bezeichnet.

3.3. Das plastische Verformungsvermögen

Es ist aus dem Vorhergehenden offensichtlich, daß eine enge Beziehung zwischen der beim Bruch freigesetzten spezifischen Energie und dem plastischen Verformungsvermögen des Materials besteht. Je größer das plastische Verformungsvermögen (häufig als Zähigkeit oder Schmeidigkeit oder gegensätzlich als Sprödigkeit gekennzeichnet) eines Gesteins ist, desto geringer ist die beim Bruch freiwerdende Energie, d. h. seine Neigung zu Gebirgsschlägen. Gebirgsschläge treten im allgemeinen in sprödem Gestein, d. i. Gestein mit geringem plastischem Verformungsvermögen, auf. Der Goldbergbau am mittleren Witwatersrand, wo die meisten und schweren Schläge auftreten, geht in hartem, sprödem Quarzitgestein um. Im Gebiet des „fernöstlichen" Witwatersrand dagegen, wo das Liegende aus plastisch verformbarem Tonschiefer besteht, sind Gebirgsschläge fast unbekannt.

Der günstige Einfluß der plastischen Verformbarkeit auf die Gebirgsschlagneigung beruht einmal auf der bereits erwähnten Umwandlung aufgespeicherter Verformungsenergie in Wärme beim Abbau örtlicher Spannungsspitzen im mikroskopischen Bereich, zum anderen auf dem Abbau makroskopischer Spannungserhöhungen im Gebirge vor dem Stoß, wie in Bild 7 dargestellt.

Wie die Bruchfestigkeit hängt auch das plastische Verformungsvermögen eines Stoffes vom Spannungszustand ab. Zur Veranschaulichung kann man das Bruchzustandsschaubild (3) eines Stoffes zu einem Zähigkeitszustandsschaubild erweitern, indem man weitere Flächen einzeichnet, die geometrische Örter für alle Spannungszustände sind, bei welchen die plastische Verformung bestimmte Werte (z. B. 0, 0,1, 0,2, 0,5, 1, 2, 5, 10%) usw.) annimmt.

In Bild 7 sind die Zähigkeitszustandsdiagramme eines „spröden" und eines „zähen" Gesteins skizziert, zwar nicht die vollständigen räumlichen Schaubilder, sondern nur Schnitte, die Spannungszuständen entsprechen, bei denen zwei der Hauptspannungen einander gleich sind. Aus solchen Diagrammen kann unmittelbar abgelesen werden, wie groß bei einem gegebenen Spannungszustand das plastische Verformungsvermögen vor dem Bruch ist, d. h. ob der Bruch zähe oder spröde verläuft. Sie sind daher sehr nützlich für die Beurteilung eines Gesteins hinsichtlich seiner Gebirgsschlagneigung bei gegebenen Spannungszuständen.

Es darf nicht außer acht gelassen werden, daß die plastische Verformbarkeit von der Vorgeschichte des Gesteins abhängt. Eine Probe, die unter Tage entnommen wurde, hat bereits unter Spannung gestanden und wurde mithin bereits verformt. Der elastische Anteil dieser Vorverformung verschwindet bei der Entnahme, der plastische Anteil jedoch bleibt und kann im nachfolgenden Laboratoriumversuch nicht mehr entdeckt werden.

Es ist die Meinung ausgesprochen worden [9], daß die plastische Vorverformung (fälschlich oft als mechanische oder elastische Hysterese bezeichnet) eine Ursache der Gebirgsschläge sein könnte. Es ist nämlich vorstellbar, daß der Druck auf einen bestimmten Stoß im Laufe des Abbaues vorübergehend abnimmt, und zwar als Folge des Abbaufortschritts an einem anderen Stoß desselben Hohlraums und der dadurch bedingten Neuorientierung der Spannungsverteilung im Gebirge um den Abbauraum. Wenn das Gestein elasto-plastisch ist, wird bei dieser örtlichen Entlastung ein Teil der Verformung nicht zurückgehen, so daß *elastische* innere Spannungen zwischen entlasteten und nicht entlasteten Bereichen der Abbaukante hervorgerufen werden. Die zusätzlichen Spannungen können unter Umständen Gebirgsschläge auslösen oder begünstigen. Das gleiche gilt übrigens für geologische Restspannungen, die ja auf einem ähnlichen, jedoch zeitlich weit zurückliegendem Vorgang beruhen. Man kann diese Theorie, die vieles für sich hat, jedoch nur dann überzeugend beweisen, wenn es gelingt, entweder die inneren Spannungen oder die plastische Vorverformung des Gesteins zu messen.

Eine Behandlung der Spannungsmeßmethoden liegt außerhalb dieses Referates; die unmittelbare Bestimmung der plastischen Vorverformung des Gesteins im Gebirge erscheint fast unmöglich. Eine Möglichkeit, indirekt zu bestimmen, ob der Gebirgsdruck das Gestein plastisch verformt hat, wäre, Proben aus Bohrlöchern im unverritzten Gebirge zu entnehmen und deren im Laboratorium zu messendes plastisches Verformungsvermögen zu vergleichen mit dem von Proben, die am Stoß (wo der Gebirgsdruck erhöht ist) entnommen wurden.

3.4. Elastizitätskennwerte

Die Kenntnis der Elastizitätskennwerte des Gesteins ist eine notwendige Voraussetzung für die Behandlung des Problems der Spannungsverteilung im Gebirge. Wenn die Spannungsverteilung durch Messung der Durchmesseränderungen in Bohrlöchern ermittelt wird, ist die Kenntnis der Elastizitätswerte notwendig zur Auswertung der Meßergebnisse. Weiterhin kann die beim Bruch freigesetzte Energie errechnet werden aus der Bruchfestigkeit und den elastischen Konstanten, vorausgesetzt allerdings, daß das Gestein bis zur Bruchgrenze elastisch ist, wie es z. B. beim Quarzit der Fall ist (8).

Die Methoden zur Ermittlung der Elastizitätskonstanten dürfen als bekannt vorausgesetzt werden [10].

3.5. Der Einfluß der Zeit auf die Festigkeit

Bei manchen Stoffen setzt sich der elastische Anteil der durch plötzliche Belastung hervorgerufenen Verformung aus zwei Komponenten zusammen, nämlich einer elastischen Verformung, die unmittelbar bei Belastung auftritt, und einer elastischen Verformung, die trotz gleichbleibender Belastung allmählich zunimmt, wie in Bild 9 dargestellt.

Die „elastische Nachwirkung" verschwindet nach einer gewissen Zeit, d. h. die Verformung erreicht einen der Belastung entsprechenden Endwert. Eine ähnliche Nachwirkungserscheinung tritt bei Entlastung auf (9). Die elastische Nachwirkung gehorcht einem Überlagerungsgesetz, d. h., ein Körper, der belastet und kurz darauf entlastet wird, kann zunächst eine allmähliche Verformungsabnahme infolge der Entlastung und nach einer gewissen Zeit eine allmähliche Verformungszunahme infolge der vorherigen Belastung zeigen. Der Stoff besitzt also ein „Gedächtnis".

Es muß grundsätzlich unterschieden werden zwischen „elastischer Nachwirkung", d. h. umkehrbarer zeitabhängiger Verformung, und der Zunahme an plastischer (bleibender) Verformung unter gleichbleibender Last, dem „Kriechen". Während die elastische Nachwirkung nach einer gewissen Zeit aufhört, setzt sich das Kriechen über lange Zeiträume fort und kann schließlich zum Bruch führen. In einem belasteten Körper, dem Gebirge etwa, können sich jedoch Kriechen und elastische Nachwirkung überlagern. Das Kriechverhalten eines Materials kann durch einen Kennwert, die Viskosität, beschrieben werden. Sie ist definiert als das Verhältnis von gleichbleibender Spannung zur Verformungsgeschwindigkeit. Da sich jedoch die Verformungsgeschwindigkeit mit der Zeit ändern kann, ist die Viskosität nicht notwendigerweise eine Konstante.

Zweifellos treten Kriecherscheinungen im Gebirge in bergmännischer Teufe auf; die Konvergenz ist eine Kriecherscheinung, die zu den Verbandseigenschaften der Zerrüttungszone in Beziehung steht. Es ist jedoch auch wichtig zu erfahren, ob festes, unzerrüttetes Gestein zeitabhängige Verformungseigenschaften besitzt, d. h. ob Kriechen und elastische Nachwirkung auch an kleinen, aus dem Gebirge entnommenen Proben beobachtet werden können. Versuchsergebnisse verschiedener Forscher [11] zeigen, daß solche Eigenschaften an Gesteinen auftreten können. Obwohl schlüssige Versuchsergebnisse für Witwatersrand-Gestein noch ausstehen, haben vorläufige Untersuchungen gezeigt, daß auch hartes Gestein Kriecheigenschaften besitzt. Da das Kriechverhalten stark von der Temperatur abhängt, müssen Kriechversuche bei konstant gehaltenen Temperaturen, die den unter Tage herrschenden entsprechen, durchgeführt werden. Sie sind daher teuer und zeitraubend.

Dauerstandversuche, d. h. Langzeitversuche bei gleichbleibender Belastung, sind besonders bedeutungsvoll für das Gebirgsschlagproblem, da sie die Bedingungen, denen das Gestein unter Tage unterworfen ist, besser widerspiegeln als Kurzzeitversuche.

Der Einfluß des Kriechens und der elastischen Nachwirkung auf das Auftreten von Gebirgsschlägen kann zwiefältig sein. Einerseits kann das Kriechen, wie jede plastische Verformung, einen allmählichen Abbau der Gebirgsdruckspitze vor dem Stoß und damit eine Verringerung der Gebirgsschlaggefahr bewirken (7). Andererseits bieten Kriechen und elastische Nachwirkung eine Erklärung für die Tatsache an, daß die Mehrzahl der Schläge am Witwatersrand zwischen den Schichten auftreten, d. h. zu einer Zeit spätnachmittags oder nachts, wenn keine bergbaulichen Einflüsse auf das Gebirge einwirken. Für Schläge, die während der Schießarbeit (gewöhnlich zwischen 13 und 15 Uhr) oder der Bohr- und Abräumarbeit auftreten, kann die Erklärung gefunden werden, daß die Gebirgsspannungen infolge der Veränderung des Abbauraumes beim Schießen oder Abräumen einen kritischen Punkt überschreiten. Die Schläge zwischen den Schichten können jedoch nur durch das Wirken eines Zeitfaktors befriedigend erklärt werden. Dies aber führt unausweichlich zu Untersuchungen über elastische Nachwirkung und Dauerstandfestigkeit. Die Dauerstandfestigkeit, die man als jene konstante Spannung definiert, bei der nach einer festgelegten Zeit Bruch durch Kriechen eintritt, kann erheblich niedriger liegen als die Bruchfestigkeit beim normalen Kurzzeitversuch.

4. Verbandseigenschaften des zerrütteten Gebirges

Die bisherigen Betrachtungen bezogen sich auf die Gesteinseigenschaften, die an verhältnismäßig kleinen Proben bestimmt werden können. Wenn das feste Gebirge ein kontinuierlicher Körper ist, gelten die Eigenschaften dieser Proben auch für den gesamten Gebirgskörper.

Ein anderer Standpunkt muß jedoch eingenommen werden, wenn die Frage nach den Verbandseigenschaften der Zerrüttungszone gestellt wird [12]. Diese Zone besteht zwar aus Gesteinsblöcken, die dieselben Eigenschaften wie das feste Gestein haben und darum als Proben zur Bestimmung von Materialeigenschaften verwendet werden können; diese Eigenschaften sind aber für das Verhalten der Zerrüttungszone kaum von Bedeutung. Die Verbandseigenschaften des zerrütteten Gebirges beruhen vielmehr auf Form, Größe und Gewicht der Einzelblöcke, der Reibung zwischen ihnen, ihrer Orientierung und der Bildung von Druckgewölben.

Man kann der Zerrüttungszone, die vom mechanischen Standpunkt aus ein Haufwerk ist, sehr wohl eine Festigkeit und Elastizitäts-, Plastizitäts- und Viskositätswerte (Kriecheigenschaften) zuschreiben, diese Eigenschaften beruhen jedoch auf anderen Grundlagen als bei kontinuierlichen Körpern. Dennoch lassen sich gewisse Parallelen zeigen. Ähnlich wie die Plastizität und Viskosität eines festen Metalls auf Gleiterscheinungen in den Kristallen und Korngrenzen zurückzuführen sind, beruht die Plastizität eines Haufwerks auf Vorgängen, die sich an den Berührungsflächen der einzelnen Blöcke abspielen. Im Grunde besteht auch der Verband der Zerrüttungszone aus „Körnern" wie ein fester kristalliner Körper, die Körner des Verbandes sind jedoch loser gefügt und haben Abmessungen in der Größenordnung von Zentimetern oder gar Metern.

Ebenso wie sich die Festigkeit und andere technische Eigenschaften eines Metalls nur an Proben bestimmen lassen, deren Abmessungen erheblich größer sind als die Korngrößen der Kristalle, können die Verbandseigenschaften der Zerrüttungszone nur an „Proben" bestimmt werden, die erheblich größer sind als die Einzelblöcke, aus denen die Zone besteht. Das bedeutet, daß die Verbandseigenschaften nur unter Tage, in der Zerrüttungszone selbst, gemessen werden können. Man muß also ein genügend großes Versuchsgebiet abstecken, ähnlich wie es die Forschungsgemeinschaft Neumühl am Flöz Girondelle im Ruhrgebiet getan hat [13].

Die Verbandselastizität, -plastizität und -viskosität kann von Konvergenzmessungen abgeleitet werden, wobei die Abmessungen des Hohlraums, Art des Ausbaues und andere Faktoren zu berücksichtigen sind. Die Kräfte in Druckgewölben können mit Hilfe eingebauter Druckzellen gemessen werden. Das von *Jahns* [14] vorgeschlagene Verfahren zur Messung des Ausbauwiderstandes und der von *Potts* [15] entwickelte „Modulusmesser" sind in diesem Zusammenhang auch erwähnenswert.

In Südafrika sind Arbeiten im Gange, um den „Grad der Zerrüttung" in der Zerrüttungszone zu bestimmen. Bei diesem Verfahren werden Schall- oder Ultraschallwellen über verhältnismäßig kurze Strecken durch das Gebirge geschickt. Sowohl die Schallgeschwindigkeit als auch die Dämpfung sind ein Maß für den „Grad der Zerrüttung". Je stärker das Gebirge zerrüttet ist, um so geringer ist die Schallgeschwindigkeit und um so stärker die Dämpfung. Da das Verfahren jedoch noch im Entwicklungsstadium ist, kann über seine Zweckmäßigkeit noch nicht berichtet werden.

5. Schlußbemerkung

Zusammenfassend muß festgestellt werden, daß die Gesteinseigenschaften an Proben im Laboratorium ermittelt werden können, während zur Bestimmung der Verbandseigenschaften Großversuche unter Tage notwendig sind. Die Ergebnisse von Laboratoriumsversuchen können jedoch unter Umständen irreführend sein, wenn die Eigenschaften der Proben durch die Temperatur- und Feuchtigkeitsänderungen während des Transports der Proben vom Entnahmeort unter Tage zum Laboratorium stark beeinflußt sind. Überdies erfordern die Laboratoriumsversuche teuere Prüfmaschinen und zeitraubende Vorbereitung der Proben. Es erscheint daher wünschenswert, Verfahren anzuwenden, die einfacher sind und gegebenenfalls die Messung der Festigkeits- und Verformungseigenschaften des Gesteins unter Tage zulassen.

Bisher sind keine Verfahren zur Ermittlung der Bruchfestigkeit, des plastischen Verformungsvermögens und verwandter Eigenschaften des Gesteins unter Tage bekannt geworden. Die Elastizitätskonstanten können jedoch durch seismische Methoden unter Tage bestimmt werden, da sie in Beziehung zur Fortpflanzungsgeschwindigkeit von seismischen Wellen (Schallwellen) stehen [16].

Bestrebungen sind im Gange, die Bruchfestigkeit des Gesteins in Beziehung zu bringen mit Kennwerten, die mit geringerem Aufwand gemessen werden können, wie z. B. Dichte, Feuchtigkeitsabsorptionskoeffizient, petrographischer Struktur und verschiedenen Arten der Härte [17]. Obgleich solche Beziehungen zweifellos bestehen, ist es bisher noch nicht möglich gewesen, allgemeingültige Gesetze zu finden, die eine praktische Verwertung der Zusammenhänge erlauben. Solange entsprechende Bemühungen nicht erfolgreich sind, wird man auf die zeitraubenden Festigkeitsversuche zurückgreifen müssen.

Da die meisten und schwersten Gebirgsschläge am Witwatersrand Schläge aus dem Festen sind, war der Hauptteil dieser Arbeit den Eigenschaften festen Gesteins, die für diese Art Schläge von Bedeutung sind, gewidmet. Die Bedeutung der Verbandseigenschaften zerrütteten Gebirges, die im Zusammenhang mit den Ursachen der Schläge aus der Zerrüttungszone stehen, wird jedoch keineswegs verkannt. Der Verfasser ist der Ansicht, daß die Schläge aus dem Festen eine typische Besonderheit von Revieren ist, in denen Bergbau in großer Teufe in einem harten, spröden Gestein umgeht, wie am Witwatersrand und wohl auch im Kolar-Goldfeld in Indien. In Europa und Amerika ist die Gesteinsformation meist anderer Art; dort wird in einem Gebirge abgebaut, das in seiner Struktur einer „Zerrüttungszone" vergleichbar ist, die bis zur Tagesoberfläche reicht. Dies erscheint bestätigt durch die Tatsache, daß in diesen Revieren oft erhebliche Senkungen der Tagesoberfläche über Abbauräumen beobachtet werden. Solche Bergschäden an Gebäuden und Verkehrswegen sind, von Ausnahmefällen abgesehen, am mittleren Witwatersrand nicht bekannt.

Die Erforschung der Ursachen der Schläge aus dem Festen ist daher ein typisch südafrikanisches Anliegen, während hinsichtlich der Schläge aus der Zerrüttungszone die Erfahrungen aus anderen Revieren nutzbar gemacht werden können. Dies zeigt auch, wie wichtig der Austausch von Ergebnissen und Auffassungen ist, die in verschiedenen Ländern und wohl auch von verschiedenen Standpunkten aus erarbeitet wurden.

LITERATUR

[1] An investigation into the problem of rockbursts: An operational research project.
Part I: *Hill, F. G.*: The approach to the problem and analyses of the rockbursts that have occurred on the E.R.P.M. during the years 1948–53.
Part II: *Roux, A. J. A.*, and *Denkhaus, H. G.*: An analysis of the problem of rockbursts in deep level mining. J. Chem. Metall. Min. Soc. S.Afr., Vol. 55, p. 63/124, 1954.

[2] *Fenner, R.*: Untersuchungen zur Erkenntnis des Gebirgsdruckes. Glückauf, Jg. 74, S. 681–695, 705–715, 1938. – *Caudle, R. D.*, and *Clark, G. B.*: Stresses around mine openings in some simple geologic structures. Univ. Illinois Engng. Expt. Stat. Bull. 430, May 1955.

[3] *Wuerker, R. G.*: Measuring the tensile strength of rocks. Min. Engng. p. 157, February 1955.

[4] *Dreyer, W.*: Über das Festigkeitsverhalten sehr verschiedenartiger Gesteine. Bergbauwissensch. Bd. 2, S. 183–191, 1955. – *Windes, S. L.*, and *Blair, B. E.*: Physical properties of mine rock. U.S. Bur. Min. Rep. Inv. 4459 (1949); 4727 (1950); 5130 (1955); 5244 (1956).

[5] *Cameron, L.*: Physical properties of some Canadian mine rocks. Trans. Canad. Inst. Min. Metall., Vol. 57, p. 506–509, 1954.

[6] *Robertson, E. C.*: Experimental study of the strength of rock. Bull. Geol. Soc. Amer., Vol. 66, p. 1275–1314, 1955. – *Bredthauer, R. P.*: Strength characteristics of rock samples under hydrostatic pressure. Trans. Amer. Soc. Mech. Engrs., Vol. 79, p. 695–708, 1957.

[7] *Griffith, A. A.*: The theory of rupture. Proc. 1st Internat. Congr. Appl. Mech., Delft, p. 55–63, 1924.

[8] *Klotter, K.:* Messung mechanischer Schwingungen. S. 138–145, Springer-Verlag, Berlin 1943.

[9] *Weiss, O.:* The theory of rockbursts and the possibilities of geophysical methods in predicting rockbursts on the producing mines of the Witwatersrand. J. Chem. Metall. Min. Soc. S. Afr., Vol. 38, p. 273–329, 467–471, 491–505, 562–570, 1937/38; Vol. 39, p. 56–57, 188–197, 1938/39.

[10] *American Society for Testing Materials (ASTM):* Symposium on determination of elastic constants. Spec. Techn. Publ. No. 129, 1952.

[11] *Griggs, D.:* Creep of rocks. J. Geol., Vol. 47, p. 225–251, 1939.

[12] *Evans, W. H.:* The strength of undermined strata. Trans. Instn. Min. Metall., London, Vol. 50, p. 475–532, 1940/41.

[13] *Janssen, K.:* Abbauführung und Entwicklung der Untersuchungsarbeiten auf Neumühl. Internat. Tag. Gebirgsdruckforschg., Essen, 1956.

[14] *Jahns, H.:* Der Ausbauwiderstand, eine neue Rechengröße der praktischen Gebirgsdruckforschung. Internat. Tag. Gebirgsdruckforschg., Essen, 1956.

[15] *Potts, E. L. J.*, and *Jenkins, J. D.:* A study of rock pressures around mining excavations. Internat. Strata Control Congr., Essen, 1956.

[16] *Evison, F. F.:* The seismic determination of Young's modulus and Poisson's ratio for rock in situ. Geotechnique, p. 118–123, 1956.

[17] *Wuerker, R. G.:* The status of testing strength of rocks. Min. Engng., p. 1108–1113, Nov. 1953.

K.-H. HÖFER

Freiberg (Sachsen)/DDR

Die Gesetzmäßigkeiten des Kriechens der Salzgesteine und deren allgemeine Bedeutung für den Bergbau

In der Gebirgsdruckforschung spricht man oft von dem pseudoplastischen Verhalten des Gebirges. Durch Messungen im Kalibergbau hatten wir Gelegenheit, dieses Verhalten, das ich als „inelastisches Verhalten" bezeichnen möchte, zu studieren. Als „inelastisch" sei nach *Freudenthal* [1] ein jegliches Materialverhalten gekennzeichnet, das nicht rein elastisch ist.

In den Kaligruben Mitteldeutschlands, wo die Messungen durchgeführt wurden, wird bei fast söhliger Lagerung im Kammerbau abgebaut. Bild 1 zeigt den Grundriß eines Baufeldes. Bei diesem Abbauverfahren mit Stützung des Hangenden unter Belassung von Pfeilern wurde die Verformung dieser Pfeiler als besonders geeignetes Meßobjekt erachtet und die Querdehnung der Pfeiler rechtwinklig zur Kammerachse gemessen. Bild 2 zeigt die schematische Darstellung einer Meßstelle. Die Ergebnisse dieser Arbeiten sind in dem Freiberger Forschungsheft A 100 veröffentlicht [2].

Da wir glauben, daß die neuen Erkenntnisse aus unseren Versuchen über den Kalibergbau hinaus für alle Bergbauzweige Bedeutung haben, sollen hier die wichtigsten Punkte erörtert und ihre Anwendbarkeit auf andere Bergbauzweige geprüft werden.

Die erste Auswertung der Pfeilermessungen im Kalibergbau brachte Hinweise, daß die Vorgänge in den Pfeilern eng mit Fließ- und Kriecherscheinungen verknüpft sein müssen. Dies wurde durch die weiteren Messungen, durch Laborversuche und durch die Auswertung der rheologischen Literatur bestätigt.

Hier sollen nicht die Einzelergebnisse dieser Arbeiten im Kalibergbau dargelegt werden, sondern die gefundenen Erkenntnisse über das Kriechverhalten der Salzgesteine, wie man es unter Dauerbelastung beobachten kann. Im voraus soll schon bemerkt werden, daß das Kriechen der Salzgesteine denselben Gesetzmäßigkeiten unterliegt, wie sie aus der Metallkunde und der Plastizitätsforschung bekannt sind.

Unter dem Begriff „Kriechen" sei die Verformung unter gleichbleibender Last verstanden.

Ein Kriechen tritt auf, wenn in einem Körper eine gewisse kritische Schubspannung überschritten wird. Diese Grenze ist praktisch eine Energiegrenze, bei der eine Verformung nach einer endlichen Zeit nicht wahrnehmbar ist. Dies ist strenggenommen die Elastizitätsgrenze, bis zu der die aufgebrachte Energie im Körper gespeichert werden kann. Darüber hinaus beginnen die inelastischen Verformungen. Das Kriechen ist nur ein Sonderfall dieser Deformation bei einer bestimmten Belastungsart, nämlich bei Dauerbelastung.

Die besondere Bedeutung des Kriechens im Bergbau beruht darauf, daß hier die Dauerbelastung eine große Rolle spielt. Für die Gebirgsdruckforschung ist es wichtig, daß bei den Gesteinsuntersuchungen mit konstanter oder langsam zunehmender Spannung grundsätzliche Verformungsmerkmale offensichtlich werden, die bei relativ hoher Belastungsgeschwindigkeit verschleiert werden.

Dies sei am Beispiel eines Salzgesteins erklärt. Carnallit z. B. wurde von verschiedenen Autoren als ein sprödes Material bezeichnet. Bei den Versuchen mit den im Laboratorium üblichen Belastungsgeschwindigkeiten verformte sich dieses Gestein nur sehr wenig und brach dann plötzlich mit heftigem Knall. Die Pfeilerquerdehnungsmessungen in der Grube hingegen ergaben viel größere Verformungen, die mit diesem Verhalten in keinerlei Übereinstimmung standen. Die daraufhin durchgeführten Dauerstandversuche ergaben nunmehr Verformungen, die bis zum Bruch etwa das Dreifache gegenüber zügiger Belastung betrugen; der Bruch erfolgte allmählich. Dies zeigt, daß der Ausdruck „spröde" keine Materialeigenschaft kennzeichnet, sondern nur ein Materialverhalten. Als erste Bedingung für das Einsetzen des Kriechens nach Überschreitung der kritischen Schubspannung ist es also nötig, daß der Körper hierzu die nötige Zeit hat. Hat er diese durch einen weiteren Lastanstieg nicht, so kommt es zu einer Verzögerung der Verformung, die zum Sprödbruch führen kann.

Das Kriechen unter Dauerlast soll an Hand der in Bild 3 gezeigten idealisierten Kriechkurve nach *Späth* [3] veranschaulicht werden. In dem Diagramm zeigt der Abschnitt AB den nicht von der Zeit abhängigen elastischen Bereich. Daran schließen sich die drei Kriechstadien an.

Diese sind:

das Übergangsfließen,	Abschnitt BC
das stationäre Fließen,	Abschnitt CD
das Bruchfließen,	Abschnitt DE.

Das erste Kriechstadium des Übergangsfließens ist gekennzeichnet durch eine verhältnismäßig große Kriechgeschwindigkeit, die aber logarithmisch mit der Zeit abnimmt. Diese Art des Kriechens hängt sehr eng mit den als „elastische Nachwirkung" bekannten Erscheinungen zusammen. Sie ist identisch mit dem von *Griggs* [4] als „elastic-flow" oder von *Pomeroy* [5] als „pseudoelastic-flow" bezeichneten Verformungsverhalten. Ist die wirkende Spannung klein, so nähert sich die Verformungsgeschwindigkeit dem Werte Null, und es herrscht schließlich doch Gleichgewicht zwischen den inneren und äußeren Kräften.

Ist aber die Spannung oder die Versuchstemperatur hoch, so verläuft die Verformung mit konstanter Geschwindigkeit weiter. Dies ist dann das zweite Kriechstadium, das Stadium des stationären Fließens. Die Grenze, bei der dies auftritt, kann als wahre Fließgrenze bezeichnet werden. Es handelt sich jedoch nicht um ein rein viskoses Fließen, wie später noch an Hand der Abhängigkeit der Verformungsgeschwindigkeit von der Spannung gezeigt werden wird. Daher spricht man auch im Englischen von einem „quasi-viscous creep".

An dieses Stadium schließt sich notwendigerweise das dritte Stadium des Bruchfließens an. Das heißt, daß jeder Körper, der in den Bereich des stationären Fließens kommt, in Abhängigkeit von der Zeit bricht. Es ist, wenn die Temperaturen unberücksichtigt bleiben sollen, also nur von der Größe der wirkenden Spannungen abhängig, ob das dritte Kriechstadium, das durch den Bruch abgeschlossen wird, früher oder später erreicht wird. Das Bruchfließen deutet aber mit seiner zunehmenden Verformungsgeschwindigkeit den Bruch schon vorher an. Man glaubte eine Zeitlang, daß dieses beschleunigte Kriechen nur ein Merkmal für Versuche bei konstanter Last sei. Dies ist aber nicht der Fall. Das beschleunigte Kriechen tritt sowohl bei konstanter Last als auch bei konstanter Spannung auf.

Auf eine theoretische Deutung der sich bei der inelastischen Verformung kristalliner Körper abspielenden Vorgänge sei im Rahmen dieses Beitrages verzichtet.

Es ist aber wichtig, darauf hinzuweisen, daß bei der inelastischen Verformung keine Energie gespeichert, sondern in Wärme und andere Energieformen umgewandelt wird, womit die für den Bruch verfügbare Energie klein bleibt. Der Bruch nach großer inelastischer Verformung erfolgt demnach meist ohne Heftigkeit.

Die Erörterungen über das Kriechen zeigen aber auch, daß der Bruch eines Körpers weit unterhalb der normalerweise bestimmten Bruchfestigkeit eintreten kann, wenn nur das zweite Kriechstadium erreicht ist und die Belastung lange genug wirkt.

Die an verschiedenen Salzgesteinen durchgeführten Kriechversuche zeigten bei allen bis zum Bruch führenden Versuchen den erwähnten S-förmigen Verlauf der Kriechkurven. Die drei Kriechstadien können in den Kurven deutlich unterschieden werden.

Bild 4 zeigt den Verlauf der Verformung einer Carnallitprobe in Abhängigkeit von der Zeit bei konstanter Last. Nach der Belastung mit 160 kg/cm^2 betrug zur Zeit Null die Verformung 0,82%. Die Deformation verlief dann zuerst mit abnehmender Verformungsgeschwindigkeit etwa 1 Stunde lang, stabilisierte sich auf eine etwa gleichbleibende Kriechrate, und nach 3 Stunden kam das dritte Kriechstadium. Diesem folgte nach einer Probenzusammendrückung von fast 5% der Bruch.

Im Bild 5 sind Versuche an Hartsalz dargestellt, bei denen die Probe jeweils 20 Minuten lang einer konstanten Last unterworfen war. Bei den unteren vier Kurven wurde das dritte Kriechstadium innerhalb der Versuchsdauer nicht erreicht. Aus der Darstellung ist aber zu sehen, wie mit steigender Belastung die Verformungsgeschwindigkeit immer schneller wächst. Bei einer Belastung von 9 t entsprechend 360 kg/cm^2 setzt dann nach einer Versuchsdauer von 13 Minuten das Bruchkriechen ein, und nach 15 Minuten 30 Sekunden erfolgte der Bruch.

Es ist verständlich, daß es in der Grube schwierig ist, solch ideale Kriechkurven bei der Messung der Querdehnung der Pfeiler zu erhalten. Werden die Meßstellen nicht von Anfang an beobachtet, so kann man das erste Kriechstadium nicht erfassen und beobachtet oftmals nur eine nahezu konstante Querdehnungsgeschwindigkeit. Erfolgt eine Belastungssteigerung durch neu hinzukommende Abbaue, so äußert sich dies durch eine sprunghafte Änderung der Querdehnungsgeschwindigkeit. Das dritte Kriechstadium ist in den meisten Fällen überhaupt nicht zu erfassen, da die Meßstellen durch Brüche im Hangenden oder durch Versetzen der Abbaue unzugänglich oder aber durch Beschädigungen unbrauchbar werden. Unter Bezug auf die im Freiberger Forschungsheft A 100 gezeigten Kurven sei hier auf eine Wiedergabe verzichtet [2].

Eine wichtige Frage ist, in welcher Weise beim stationären Kriechen die Verformungsgeschwindigkeit von der Spannung abhängt. Beim rein viskosen Fließen steigt die Fließgeschwindigkeit mit der Last proportional an. Bei kristallinen Festkörpern nimmt jedoch die Kriechgeschwindigkeit stark beschleunigt mit der Last zu. Bild 6 zeigt die Ergebnisse der von *Ludwik* [6] durchgeführten Versuche an Zinnkristallen. Auf der Ordinate ist die Spannung und auf der Abszisse die Verformungsgeschwindigkeit aufgetragen. Die Kriechgeschwindigkeit zeigt eine logarithmische Abhängigkeit von der Spannung.

Für Hartsalzpfeiler verschiedener Kaliwerke fand ich eine ähnliche Gesetzmäßigkeit, die aus Bild 7 zu ersehen ist. Die durchschnittlichen Spannungen für die einzelnen Pfeiler wurden aus den jeweiligen Verhältnissen von Kammer- und Pfeilerbreite sowie der Teufe berechnet. Die Verformungsgeschwindigkeiten stammen aus den Meßwerten der Pfeilerquerdehnung. Die einzelnen Punkte der Kurve entsprechen jeweils einem Meßpfeiler mit den gegebenen Werten. Das Auffinden dieser Kurve war der Anlaß zur Beschäftigung mit den Problemen der Plastizitätstheorie, was für den Kalibergbau sichtlich zum Erfolg geführt hat. Erwähnt sei noch, daß Meßstellen, die in der Nähe des Baufeldrandes lagen, bei sonst gleichen Verhältnissen geringere Verformungsgeschwindigkeiten hatten, als sie der Kurve entsprechen. Dies läßt auf geringere Belastungen der Pfeiler am Rande des Baufeldes schließen.

Aus den bisherigen Betrachtungen folgen unter Berücksichtigung des inelastischen Verhaltens drei Belastungszonen, nämlich:

Die erste Zone des rein elastischen Verhaltens. Hier sind die Verformungen mit der Aufgabe der Last abgeschlossen, und es sind ohne äußere Einflüsse keine weiteren Veränderungen zu erwarten.

Die zweite Zone ist die des Übergangsfließens. Infolge Überschreitung der Elastizitätsgrenze treten noch zeitlich verzögerte Verformungen auf, die jedoch zum Stillstand kommen, so daß auch ein Gleichgewicht zwischen inneren und äußeren Kräften erreicht wird.

Die dritte Zone ist die des stationären und Bruchfließens bis zum Bruch.

Die bisherigen Betrachtungen bezogen sich auf Salzgesteine. Es ist gar nicht erstaunlich, daß bei ihnen eine gute Übereinstimmung mit den aus der Metallkunde und Plastizitätsforschung bekannten Gesetzmäßigkeiten gefunden werden konnte; denn die Grundgesetze der Plastizität wurden an Steinsalzkristallen erforscht, und die Salzgesteine bestehen zu einem großen Prozentsatz aus Steinsalz.

Welche Bedeutung können aber diese Gesetze über den Kalibergbau hinaus für andere Bergbauzweige haben? Es ist festzustellen, daß bei gebirgsmechanischen Betrachtungen dem pseudoplastischen Verhalten des Gebirges immer mehr Aufmerksamkeit geschenkt wird. Dies trifft sowohl für den Steinkohlenbergbau als auch teilweise für den Erzbergbau zu. Erinnert sei nur an die letzte internationale Gebirgsdrucktagung in Essen, wo das „pseudoplastische Verhalten" von mehreren Vortragenden [7; 8] angeschnitten wurde. Bei einer im Vorjahr durchgeführten Studienreise durch die Sowjetunion konnte ich in den Forschungsinstituten in Moskau und Leningrad sehen, daß man sich dort auch mit dem Kriechen der Gesteine befaßt. Vielleicht können uns die sowjetischen Fachkollegen einige Angaben über die inzwischen erzielten Ergebnisse machen.

Aus der Literatur sind aber schon einige Versuchsergebnisse bekannt. In den USA führte bereits 1939 *Griggs* [4] Kriechversuche u. a. an Solnhofener Kalkstein, an Conchas-Schiefer und an Alabaster durch. Wie aus Bild 8 zu ersehen ist, war das Kriechen bei dem Kalkstein gering und blieb während einer Versuchszeit von 560 Tagen im Bereich des Übergangsfließens. Die Belastung betrug 1400 kg/cm² bei einer vergleichsweisen Druckfestigkeit von etwa 2500 kg/cm². Interessant ist der Versuch an einem Conchas-Schiefer, der bei einer Belastung von 10,4 kg/cm² auch nur primäres Kriechen zeigte, wobei die Verformungsgeschwindigkeit gleich Null wurde (9). Dieses Aufhören der Verformungen wurde damals wegen der Unkenntnis der Kriechgesetze nicht verstanden. Heute kann gesagt werden, daß mit einer größeren Belastung das zweite Kriechstadium mit dem anschließenden Bruchfließen und Bruch erreicht worden wäre.

Zum Vergleich sind in Bild 10 unsere Versuchsergebnisse mit dem sogenannten Tonanhydrit dargestellt. Im Mining Research Establishment in Isleworth, Großbritannien, hat *Pomeroy* [5] Kriechversuche an Anthrazit und Fettkohle durchgeführt, die beim ersten kein Kriechen ergaben, aber bei der Fettkohle wurde innerhalb der Versuchszeit das stationäre Kriechen erreicht. Bei noch längerer Versuchsdauer wäre auch hier der Bruch eingetreten.

Aus dem französischen Kohlenbergbau hat *Schwartz* [9], [10] die Ergebnisse von Konvergenzmessungen mitgeteilt. Diese zeigen eine logarithmische Abhängigkeit der Konvergenz von der Zeit. Es liegt mir fern, alle möglichen Meßwerte mit Kriecherscheinungen erklären zu wollen. Im vorliegenden Falle jedoch erscheint es mir zumindest ratsam, die Werte von *Schwartz* auf die Möglichkeit, daß bei ihm das Kriechen eine Rolle spielt, zu untersuchen. Ich denke hierbei zuerst einmal an die Messungen in den Strecken. *Schwartz* fand, daß mit dem Vortrieb einer Strecke die Konvergenz logarithmisch mit der Zeit und ebenfalls bei Stundung des Vortriebes zunimmt, jedoch dann mit einer geringeren Konvergenzgeschwindigkeit. Eine gleiche Erscheinung wurde in manchen Fällen bei einer gewissen Entfernung von der Ortsbrust gefunden. Man könnte sich nun vorstellen, daß der Vortrieb einer Lastaufgabe auf die Streckenstöße entspricht, die sich bei einer bestimmten Entfernung einem vorläufigen Grenzwert nähert oder bei Stundung abgeschlossen wird.

Die Konvergenz besteht nun aus drei Einzelfaktoren, nämlich der Absenkung des Hangenden infolge der Nachgiebigkeit der seitlichen Auflager, der Durchbiegung der Hangendschichten und der Hebung der Sohle. Wird nun im Hangenden, in den Stößen oder im Liegenden die Elastizitätsgrenze überschritten, so müssen unter Dauerlast die Verformungen weitergehen. Eine etwa gleichbleibende Last aber kann ab einer gewissen Entfernung von der Ortsbrust oder bei Stundung des Vortriebes angenommen werden. Vorher jedoch besteht die Wahrscheinlichkeit, daß sich die Konvergenz aus einer Verformungszunahme durch die Belastungssteigerung infolge des Streckenauffahrens und, wenn die Elastizitätsgrenze schon überschritten ist, aus einem Kriechanteil zusammensetzen. Bestimmt das Kriechen bei gleicher Last dann die weiteren Verformungen, so muß bei Stundung eine plötzliche Abnahme der Konvergenzgeschwindigkeit eintreten. Die neue Konvergenzgeschwindigkeit ist dann bestimmt durch die Materialeigenschaften und durch die Höhe der Belastung. Diese Deutung erschien mir wegen der Ähnlichkeit der Konvergenzkurven und dem Kriechverhalten im ersten Kriechstadium zweckmäßig. Sie könnte leicht durch Dauerstandversuche mit den entsprechenden Materialien überprüft werden.

Schließlich möchte ich noch auf die Ergebnisse von Beobachtungen im sowjetischen Erzbergbau hinweisen. *Arsentew* [11] beobachtete, daß der Verbruch von Erzschweben aus Martit[1]) und Hämatit in Abhängigkeit von ihrer Breite direkt von der Zeit abhängt, und bemerkt, daß der Prozeß der Verformung einer Erzschwebe unter der Einwirkung des Eigengewichts der Schwebe und des Gewichts verbrochener Massen in seinem Charakter dem Fließen des Materials unter einer ständigen Auflast analog ist. In Bild 11 ist auf der Ordinate die Breite der Schweben in m und auf der Abszisse die Zeit in Monaten aufgetragen. Die eingetragenen schwarzen Punkte geben jeweils für eine Schwebe die Zeit ihres Bruches nach ihrer Freilegung in Monaten an. Die eingezeichneten Kreise gelten für solche Fälle, wo kein direkter Verbruch, sondern ein sichtbares Absenken der Schwebe beobachtet wurde. Die Kurve zeigt, daß die Standdauer der Schweben etwa gleicher Mächtigkeit direkt von der Breite der Schwebe abhängt, und somit kann man auf eine Abhängigkeit der Verformungsgeschwindigkeit von der Spannung schließen, wie sie auch bei unseren Pfeilerquerdehnungsmessungen gefunden wurde. Bei Kenntnis dieser Gesetzmäßigkeiten wird es verständlich, warum frühere Berechnungsversuche für notwendige Pfeilerbreiten oder Schwebenstärken, die auf der Elastizitätstheorie beruhten, mit der Praxis nicht in Übereinstimmung standen. Man rechnete mit einer Abhängigkeit der Verformung von der Spannung, hatte aber in Wirklichkeit eine Abhängigkeit der Verformungsgeschwindigkeit von der Spannung.

Zum Schluß möchte ich noch auf zwei Punkte bei der inelastischen Verformung aufmerksam machen. Der erste betrifft die Wirkung von Wasser und Feuchtigkeit. Bei Steinsalz ist unter der Bezeichnung *Joffé*-Effekt bekannt, daß Salzkristalle unter Einwirkung von Wasser eine erhöhte Plastizität haben. Auch bei anderen Materialien wie Gips oder Tonschiefer tritt eine ähnliche Erscheinung auf. Bild 12 zeigt die Ergebnisse von Kriechversuchen nach *Griggs* [4] an Alabaster. Die untere Kurve zeigt das Kriechen der trockenen Probe, die obere das der nassen Probe, das wesentlich intensiver ist. Ob diese Erscheinung auf denselben physikalischen Grundlagen wie der *Joffé*-Effekt beruht, sei dahingestellt. Für den Bergbau ist sie aber wichtig. Einerseits, weil überall dort, wo Kriecherscheinungen auftreten, eine Energieumwandlung stattfindet, die einen plötzlichen spröden Bruch verhindert, und andererseits weil durch das Fließen z. B. der Sohle das Zusammenwirken von Ausbau und Nebengestein stark beeinflußt wird.

---

[1]) Martit ist ein aus Magnetit entstandener Eisenglanz.

Der zweite Punkt betrifft die Wirkung eines dreiachsigen Spannungszustandes. Das Kriechen verläuft hier genau wie im einachsigen Zustand. Dies ist aus Bild 13 nach *Griggs* [12] bei Versuchen mit 10000 kg/cm² Manteldruck zu erkennen. Die Versuche wurden mit Solnhofener Kalkstein durchgeführt, der normalerweise nur ein ganz geringes Kriechen zeigte. Unter der Wirkung des dreiachsigen Druckes kriecht er, wenn auch erst unter wesentlich höheren Drucken, sehr stark und macht große Verformungen bruchfrei mit. Besondere Aufmerksamkeit ist der oberen Kurve zu widmen, die zeigt, daß auch bei dreiachsiger Beanspruchung die drei Kriechstadien auftreten. Diese Versuche veranschaulichen, daß in der Umgebung bergmännischer Hohlräume wesentlich größere bruchfreie Verformungen auftreten können, als man nach den üblicherweise festgestellten Festigkeitswerten erwartet.

Die Erforschung des Kriechverhaltens der Gesteine ist noch im Anfangsstadium. Bisher liegen nur Werte von wenigen Gesteinen vor. Es ist notwendig, die Arbeiten weiterzuführen und sowohl einachsige als auch dreiachsige Untersuchungen anzustellen. Bei den dreiachsigen Versuchen sollten jedoch die bergmännisch interessierenden Bereiche des Manteldruckes mehr beachtet werden. Diese Arbeiten werden ein wichtiger Beitrag zur Kenntnis der Gesteinsfestigkeit im Gebirge werden und mithelfen, die Frage zu lösen, inwieweit die Ergebnisse von Laborversuchen auf die Verhältnisse unter Tage angewendet werden können.

Darüber hinaus ist das Wissen über das Kriechverhalten der Gesteine für die Gebirgsdruckforschung auch noch in einem anderen Sinne von Bedeutung. Es gibt uns wichtige Hinweise zur Erfassung des ominösen Zeitfaktors. Diesen Faktor muß man sich aus zwei Einzelfaktoren bestehend vorstellen. Der erste, der mit der Kenntnis der Kriechgesetze erfaßt wird, ist der, der die Bewegung der Massen um den Grubenraum vor dem Bruch, also vor der Rißbildung und Zerklüftung bestimmt. Der zweite wird beherrscht durch die Gesetze, denen die zerbrochenen klastischen Massen unterliegen.

Da nun, wie gezeigt werden konnte, das Kriechen nicht nur bei den Salzgesteinen, sondern auch bei vielen anderen Gesteinen eine Rolle spielt, ist die allgemeine Bedeutung der Kenntnis der Kriechgesetze für den gesamten Bergbau offensichtlich. Im Kalibergbau waren wir in in der Lage, auf Grund dieser Kenntnisse ein Schema zur Dimensionierung der Pfeiler zu entwickeln, das mit der Praxis in guter Übereinstimmung steht. Einen Nachteil haben diese Berechnungen allerdings. Sie erlauben nämlich nur eine Dimensionierung „auf Zeit", d. h., wir können sagen, wann unter den gegebenen Verhältnissen der Bruch der Pfeiler in Form einer sichtbaren Zerklüftung und Abschalung eintritt. Eine absolute Dimensionierung ist nur für den elastischen Bereich und für den Bereich des Übergangsfließens möglich. Bei letztem ist dies aber schon schwerer, da die Grenze zwischen erstem und zweitem Fließstadium, also die wahre Fließgrenze, für die Verhältnisse im anstehenden Gebirge noch nicht ermittelt werden konnte. Für den Kohlenbergbau und manchmal auch für den Erzbergbau haben wir durch das Wissen um das Kriechen ein gutes Mittel, um z. B. die bruchfreie Standzeit von Strecken u. ä. abschätzen zu können. Nötig hierzu ist, daß man die den verschiedenen Spannungen zuzuordnenden Kriechgeschwindigkeiten und das ungefähre Maß der bruchfrei möglichen Verformungen für die verschiedenen Gesteine kennt. Hierzu reichen meist weder die im Laboratorium ermittelten Werte, noch die in der Grube gemessenen allein aus. Beide zusammen können jedoch zumindest Anhaltspunkte für eine Abschätzung geben.

Die rechnerische Behandlung der Probleme wird allerdings durch die neuen Kenntnisse nicht leichter. Wurde früher nur mit der Abhängigkeit der Verformung von der Spannung gerechnet, so genügt das jetzt nicht mehr, denn beim Kriechen bestimmen die Spannungen die Verformungsgeschwindigkeiten.

Für die mathematische Behandlung der gebirgsmechanischen Fragen ist diese Kenntnis aber auch sehr wichtig. Unsere Mathematiker sind nämlich in der Lage, die schwierigsten Differentialgleichungen zu lösen. Ob sie aber dem Bergbau etwas nützen, hängt mit von uns ab, indem wir ihnen die Randbedingungen als Ergebnisse unserer Forschungen angeben müssen.

Das Kriechen der Gesteine hat also große theoretische und praktische Bedeutung für den Bergbau. Es ist nicht nur wichtig für Fragen des Zeitfaktors oder der Dimensionierung von Pfeilern oder Schweben oder der Abschätzung der Standdauer von Strecken. Es ist auch wichtig für Fragen der Spannungsverteilung, für Unterschiede in der Spannungsverteilung bei langsamem und schnellem Verhieb bei Strecken und Abbauen. Damit hat es auch für Gebirgsschlagprobleme große Bedeutung. Da das Ziel des Bergmannes nicht nur die Bekämpfung des Gebirgsdruckes, sondern die Beherrschung des Gebirges ist, hat man durch das Kriechen auch einen Verbündeten, indem mit geeigneten Maßnahmen, wie gezeigt werden konnte, auch die Eigenschaften der Gesteine verändert werden können.

LITERATUR

[1] *Freudenthal, A. M.:* Inelastisches Verhalten von Werkstoffen. VEB Verlag Technik, Berlin, 1955.

[2] *Höfer, K.-H.:* Beitrag zur Frage der Standfestigkeit von Bergfesten im Kalibergbau. Freib. Forschungsh. A 100.

[3] *Späth, W.:* Das Fließen und Kriechen der Metalle. Metall-Verlag, Berlin, 1955, S. 107–123.

[4] *Griggs, C. D.:* The creep of rocks. Journal of Geology Bd. 47, S. 225–251, 1939.

[5] *Pomeroy, C. D.:* The Observation of Creep in Coal at Room-Temperature. M.R.E. Report Nr. 2031, Dezember 1955.

[6] *Ludwik, P.:* Über den Einfluß der Deformationsgeschwindigkeit bei bleibenden Deformationen mit besonderer Berücksichtigung der Nachwirkungserscheinungen. Phys. Zeitschr., Bd. 10, S. 411 bis 417, 1909.

[7] *Hoffmann, H.:* Entspannungsbewegungen des Flözes und seines Nebengesteins in der Nähe des Strebstoßes. Internat. Tagung über Gebirgsdruckforschung, Essen, 1956.

[8] *Jacobi, O.:* Druck auf Flöz und Versatz. Internat. Tagung über Gebirgsdruckforschung, Essen, 1956.

[9] *Schwartz, B.:* Die Gebirgsbewegung in Abbaustrecken. Bergbauwissenschaften, Bd. 4, S. 208–214, 1957.

[10] *Schwartz, B.:* Die Bewegungen des Nebengesteins im Streb. Bergbauwissenschaften, Bd. 4, S. 228–231, 1957.

[11] *Arsentev, A. J.:* Über die Standfestigkeit der Schweben beim Kammerbau. In „Fragen der Zerstörung der Gesteine und des Gebirgsdrucks“, Ugletechisdat, Moskau, S. 243–251, 1955.

[12] *Griggs, C. D.:* Deformation of Rocks under High Confining Pressure. Journal of Geology, Bd. 44, S. 527–570, 1936.

R. KVAPIL

Prag/ČSR

Zur Theorie der Gesteinszerstörung

In Abhängigkeit von den Gesetzen der Akkumulation und der Umwandlung der Potentialenergie unterscheiden wir im wesentlichen drei Formen der Gesteinszerstörung:

A. Zerstörung durch Zerklüften,
B. Zerstörung durch Plastizität,
C. Zerstörung durch Zersplittern.

Diese Einteilung der Zerstörungsformen der Gesteine entspricht nicht nur den energetischen Gesetzmäßigkeiten, sondern auch der Abhängigkeit der mechanischen Eigenschaften von der Art und der Geschwindigkeit der Beanspruchung. Bei dieser Einteilung wird auch die Wirkung des Gesteinszusammenhanges völlig berücksichtigt.

A. Zerstörung der Gesteine durch Zerklüften

Vom energetischen Standpunkte ist die Gesteinszerstörung durch Zerklüften eine ganz gesetzmäßige Erscheinung, die folgendermaßen gekennzeichnet ist: Wird ein Gestein bis zu seiner Elastizitätsgrenze beansprucht, so reichert sich im beanspruchten Gestein die Potentialenergie an. Die so akkumulierte Potentialenergie wandelt sich über der Elastizitätsgrenze in Arbeit um, welche das Gestein durch Zerklüften zerstört.

Der Einfluß des Gesteinszusammenhanges auf die Zerstörung der Gesteine durch Zerklüften bedingt die Einteilung in zwei Hauptgruppen. Sie sind nicht nur durch die Hauptzonen der akkumulierten Potentialenergie und durch den Verformungsverlauf gegeben, sondern auch durch die Endfestigkeit des Gesteins und durch den unterschiedlichen Charakter der Zerklüftung.

Maßgebend für die Einteilung dieser Zerstörungsform in zwei Gruppen ist die Größe der Reibung an den Druckflächen des belasteten Körpers. Der vollen Reibung an den Druckflächen entspricht voller Zusammenhang; die Unterbrechung des Gesteinszusammenhanges entspricht dem Ausschluß der Reibung an den Druckflächen. Auf diese Weise ist die Charakteristik beider Gruppen im wesentlichen bestimmt.

Wir unterscheiden also:

1. Zerstörung des Gesteins durch Zerklüften bei voller Reibung an den Druckflächen;
2. Zerstörung des Gesteins durch Zerklüften bei Ausschluß der Reibung an den Druckflächen.

Hier können jedoch nicht alle möglichen Fälle der Gesteinszerstörung durch Zerklüften bei voller Reibung und bei Ausschluß der Reibung an den Druckflächen angeführt werden. Daher sollen diese Zerstörungsformen an den einfachsten Fällen, die aber für beide angeführte Möglichkeiten genügend charakteristisch sind, erörtert werden.

1. Zerstörung des Gesteins durch Zerklüftung bei voller Reibung an den Druckflächen

Wir haben einen Gesteinskörper, an dessen gegenüberliegenden parallelen Druckflächen volle Reibung besteht, und beanspruchen diesen Gesteinskörper zwischen zwei Druckplatten. Im Prinzip gleicht der so beanspruchte Gesteinskörper einem Pfeiler, dessen Gestein mit dem Massiv in Firste und Sohle zusammenhängt.

Unter Belastung verformt sich der Gesteinskörper, wobei die größte Querschnittsverformung in der Mitte zwischen den Druckflächen liegt. Die geringste Verformung erleidet der Probekörper im Mittelpunkt seiner Berührungsflächen mit den Druckplatten. Das Quantum der angereicherten Potentialenergie ist in den einzelnen Teilen der Probe um so größer, je mehr die Beanspruchung der Gesteinsteilchen den Charakter eines allseitigen Druckes annimmt. Die Potentialenergie akkumuliert sich deshalb am meisten in der Mitte an den Druckflächen, in deren Umgebung und kegelförmig zur Mitte des Probekörpers. Am kleinsten ist die Menge der angereicherten Potentialenergie in den Teilchen, die sich in der Mitte der Randzonen des beanspruchten Probekörpers befinden. Die Hauptzone der akkumulierten Potentialenergie hat also annähernd die Form zweier Kegel, die sich mit ihren Spitzen berühren.

Kennzeichnen wir in einem Schnitt des unter Last stehenden Probekörpers die Menge der angereicherten Potentialenergie durch unterschiedliche Punktdichten, so erhalten wir ein symbolisches Schema für den Verlauf der Akkumulation der Potentialenergie (1a).

Bei einer bestimmten Beanspruchung erfolgt die Zerstörung des Gesteins durch Zerklüften, und zwar in erster Linie an den Stellen, wo der Unterschied zwischen der akkumulierten Potentialenergie und der Verformung am größten ist, also an den Randzonen der Probe (1b).

Bei steigender Beanspruchung rückt die Zerstörung von den Randzonen zur Mitte des Probekörpers vor, bis schließlich die Gesteinsprobe in zwei Kegel zerfällt.

2. Zerstörung des Gesteins durch Zerklüften bei Ausschluß der Reibung an den Druckflächen

Wir betrachten jetzt eine ähnliche Gesteinsprobe wie im vorigen Falle. Bei dieser sei aber an den gegenüberliegenden parallelen Druckflächen die Reibung mittels einer Paraffinschicht weitgehend vermindert. Beanspruchen wir diese Gesteinsprobe auf Druck, so stellt sie im Prinzip einen Pfeiler dar, der vom Massiv in Firste und Sohle durch eine Lehmschicht oder eine ähnliche als Schmiermittel wirkende Schicht getrennt ist.

Bei steigender Belastung verformt sich auch in diesem Falle die Gesteinsprobe. Die Verformung hat aber einen ganz anderen Charakter. Da an den Druckflächen keine Reibung besteht, ist die Querdehnung über die ganze Probenhöhe gleich. Die Körperteilchen längs der senkrechten Achse der Probe und in deren unmittelbarer Nähe haben in bezug auf den Zusammenhang mit den umgebenden Gesteinsteilchen einen günstigeren Verformungscharakter als die Körperteilchen in den Randzonen des Probekörpers. Dies ist bedingt durch die unterschiedlichen Möglichkeiten zur Akkumulierung der Potentialenergie. Am ungünstigsten ist die Verformung der Körperteilchen an den Seitenwänden. Bei steigender Belastung akkumuliert sich deshalb die Potentialenergie am meisten in der Mittelzone des Probekörpers, und zwar entlang der senkrechten Achse der Probe.

Bezeichnen wir die Menge der gespeicherten Potentialenergie hier in gleicher Weise wie im vorigen Falle durch unterschiedliche Punktdichten, so erhalten wir eine schematische Darstellung gemäß Bild 2a.

Bei Erreichung der kritischen Beanspruchungswerte wird das Gestein durch Zerklüften zerstört. Die entstehenden Risse laufen durch die Zonen, in denen gleiche Quanten von Potentialenergie akkumuliert sind. Demgemäß verlaufen die Risse senkrecht zu den Druckflächen, wie dies die Aufnahme einer so beanspruchten Probe in Bild 2b zeigt.

Es muß betont werden, daß der Verformungscharakter des Gesteinskörpers, an dessen Druckflächen die Reibung ausgeschlossen ist, für die Akkumulation der Potentialenergie weniger günstig ist als der Verformungscharakter eines Körpers mit voller Reibung an den Druckflächen. Deshalb ist auch in einem Gesteinskörper ohne Reibung an den Druckflächen die Menge der akkumulierten Potentialenergie wesentlich kleiner als in einem Gesteinskörper mit voller Reibung an den Druckflächen. Hiermit ist auch die sich bei diesen Versuchen ergebende niedrigere Endfestigkeit eines Körpers aus dem gleichen Gestein eng verbunden. Bei einer Probe ohne Reibung an den Druckflächen ist die Endfestigkeit um 35 bis 45% kleiner als bei einer Probe mit voller Reibung an den Druckflächen.

Die Reibung braucht nicht an beiden Druckflächen und über deren ganze Erstreckung, sondern nur an einer Druckfläche oder auch nur an einem Teil derselben ausgeschlossen zu sein. In solchen Fällen tritt der erwähnte Effekt in einer Kombination auf. Mit den Prinzipien der beiden Hauptformen der Gesteinszerklüftung und deren Kombination können wir alle Erscheinungen der Gesteinszerstörung durch Zerklüften, die wir laufend in der Grube feststellen, begründen.

Als Beispiel sei hier das Bild 3 gegeben, in welchem das Abschalen des Gesteins an einem Streckenstoß gut sichtbar ist. Das Prinzip dieser Zerstörungsform wird an Hand der Bilder 4a und 4b näher erläutert.

Vermindern wir an einem würfelförmigen Probekörper die Reibung durch Schmierung nur an einem Streifen der unteren Druckfläche, so werden bei steigender Belastung vom Probekörper kammförmige Schalen abgespalten. Bild 4a zeigt das Schema der Versuchsdurchführung, Bild 4b das Ergebnis eines solchen Druckversuches.

B. Zerstörung der Gesteine durch Plastizität

Die Gesteinszerstörung durch Plastizität ist die höchste Form der Gesteinszerstörung, denn dabei ändern sich die mechanischen und physikalischen Grundeigenschaften der Gesteine.

Die Plastizität des Gesteins ist durch die Wirkung eines allseitigen Druckes über der Elastizitätsgrenze bedingt, wobei sich die angereicherte Potentialenergie in kinetische Energie und Strahlungsenergie umwandelt.

Vor der Beschreibung der Zerstörung der Gesteine durch Plastizität ist es nötig, einiges über den Energiezustand in Gesteinen zu sagen.

Die Potentialenergie arbeitet für die Stabilität des Kristallgitters, die kinetische Energie dagegen für dessen Labilität.

Das Eintreten der Plastizität ist durch einen solchen Zustand gegeben, bei welchem unter allseitigem Druck die Wirkung der kinetischen Energie wenigstens denselben Wert hat wie die Wirkung der Potentialenergie.

Vergrößert man den allseitigen Druck, so wird auch die Wirkung der kinetischen Energie verstärkt. Die Teilchen bleiben nicht mehr auf Gleichgewichtslagen im Kristallgitter gebunden, und das Kristallgitter beginnt sich allmählich aufzulösen. Je größer der allseitige Druck ist, desto größer ist der Plastizitätsgrad des Gesteins, d. h. desto plastischer ist das beanspruchte Gestein. Der Plastizitätsgrad ist durch das Verhältnis der Wirkung der kinetischen Energie einschließlich der transformierten Strahlungsenergie zur Wirkung der Potentialenergie gegeben.

Proportional dem Plastizitätsgrad steigt auch der Druckwiderstand des Gesteins. Bei absoluter Plastizität ist der Plastizitätsgrad unendlich groß und damit ebenso der Druckwiderstand des Gesteins.

Bei verschiedenen Gesteinen ist der zur Erreichung der Plastizität nötige allseitige Druck verschieden groß.

Bei einem bestimmten allseitigen Druck sind die weniger festen Gesteine plastischer und weisen einen größeren Druckwiderstand auf als in gleicher Weise beanspruchte sehr feste Gesteine.

Unter natürlichen Bedingungen kann deshalb ein plastisches Gestein dicke Schichten harter und fester Gesteine nicht nur verformen, sondern auch zerdrücken, und zwar immer in Richtung des kleinsten Widerstandes.

Der Einfluß der Zeit auf den Plastizitätsgrad kann kurz so erklärt werden: Denselben Plastizitätsgrad kann man entweder durch eine langdauernde, aber kleine allseitige Beanspruchung oder durch eine kurzwirkende, aber große allseitige Beanspruchung erzielen.

Der Einfluß der Temperatur ist ähnlich wie der Einfluß der Zeit. Bei höheren Temperaturen, bei denen die Schwingungsbewegungen der Teilchen intensiver sind und daher auch die kinetische Energie größer ist, ist auch die Plastizität des Gesteins größer.

Das Gestein befindet sich nur so lange im plastischen Zustand, wie die die Plastizität bedingende Beanspruchung wirkt. Bei Entlastung stellt sich das Kristallgitter wieder her, d. h. das Gestein rekristallisiert. Die Rekristallisation wird durch eine stärkere Wirkung derjenigen Energieformen hervorgerufen, die für eine Stabilität des Kristallgitters arbeiten.

Unter natürlichen Bedingungen wird die Plastizität des Gesteins meist durch die Wirkung eines allseitigen, aber ungleichmäßigen Druckes hervorgerufen. Da hierbei auch die Entlastung ungleichmäßig ist, führt die Rekristallisation zu einer bleibenden Verformung des Kristallgitters, wobei das rekristallisierte Gestein verfestigt wird. Will man ein rekristallisiertes Gestein wieder in den plastischen Zustand überführen, so ist daher die Wirkung eines höheren allseitigen Druckes als vor der Rekristallisation nötig. Die Änderung der Eigenschaften des Gesteins durch Rekristallisation gibt also die erste natürliche Hysteresis der Gesteine.

Die neuen Erkenntnisse über die Plastizität der Gesteine nützen wir in unserem Laboratorium für die Lösung verschiedener Probleme aus; unter anderem auch für die Erforschung des Mechanismus tektonischer Erscheinungen. Mit der Problematik dieses Forschungsgebietes sind auch Fragen der Gebirgsdruckforschung eng verbunden.

In den folgenden Bildern sind Schnitte einiger Modelle gezeigt, mit denen die Prinzipien einiger tektonischer Erscheinungen nachgebildet wurden. Für die Untersuchungen wurden die Probekörper aus Schichten natürlicher Gesteine zusammengestellt. Mittels eines Bleiblockes, in den die Proben eingesetzt wurden, wurde ein allseitiger, ungleichmäßiger Druck erzeugt. Der Bleiblock mit dem Probekörper wurde in einem stählernen Belastungsgehäuse unter einer hydraulischen Presse belastet. Der allseitige, ungleichmäßige Druck mußte so groß gewählt werden, daß die Gesteinsschichten des Probekörpers in den plastischen Zustand überführt werden konnten. Die Plastizität verursachte dann Formänderungen der Gesteinsschichten und führte zu einer Auswölbung der Schichten in Richtung des kleinsten Widerstandes. Die Gesteinsschichten lagen vor der Versuchsdurchführung bei allen Modellen horizontal und waren in ihrer ganze Länge gleich stark.

Bild 5 zeigt den Querschnitt eines Modells, in dem die Nachbildung eines Salzstockes, der aus dem Hochpressen von einigen Salzschichten entstand, zu sehen ist. Aus dem Bild ist ersichtlich, daß sich die ursprünglich waagerechten und in ganzer Länge gleich dicken Schichten im plastischen Zustand verformt und in Richtung des kleinsten Widerstandes ausgewölbt haben.

Bild 6 stellt den Querschnitt eines anderen Modells der Salzstockbildung dar. Die unteren Schichten des Modells sind aus Steinsalz (NaCl), die oberen aus Anhydrit ($CaSO_4$), der aus

Gips ($CaSO_4 \cdot 2\,H_2O$) durch Verdrängen des Kristallwassers mittels eines allseitigen, ungleichmäßigen Drucks künstlich hergestellt wurde.

Das Modell in Bild 7 wurde aus vier ursprünglich waagerechten und in ihrer ganzen Länge gleich dicken Gesteinsschichten gefertigt. Von unten nach oben bestanden die Schichten aus: 1. Steinsalz (NaCl), 2. Anhydrit ($CaSO_4$), 3. Steinsalz, 4. Sylvinit (NaCl + KCl). Da das Modell zweimal belastet wurde, sind an den Seiten Brekzien entstanden, die auf dem Bild gut sichtbar sind.

Durch die Änderung des allseitigen, ungleichmäßigen Druckes und durch wiederholte Be- und Entlastung wurde eine mehrmalige Plastizität und Rekristallisation erzielt und im Laboratorium das Prinzip der Schichtenfaltung nachgeahmt. Das Ergebnis ist in Bild 8 zu sehen. Das Modell wurde aus sieben Schichten zusammengestellt. Die einzelnen Schichten von unten nach oben sind: 1. Schiefer, 2. Anhydrit, 3. Schiefer, 4. Sylvinit, 5. Steinsalz, 6. Schiefer, 7. Anhydrit.

Eine Schichtenverwerfung von acht Schiefer- und Anhydritschichten zeigt das Bild 9. Als das Modell das erstemal in den plastischen Zustand gebracht wurde, haben sich die Schichten durchgebogen und ausgewölbt. Nach der Rekristallisation wurden die Schichten durch Änderung der Belastung verworfen. Die ganze Schichtengruppe wurde dann noch einmal in den plastischen Zustand gebracht.

Es muß bemerkt werden, daß es möglich sein wird, den Verlauf tektonischer Erscheinungen im Laboratorium nachzuahmen und zu überwachen. Voraussetzung dabei ist, daß für die Untersuchungen solche Geräte und Einrichtungen verwendet werden, mit denen nicht nur der Einfluß der Beanspruchung, sondern auch die energetischen Einflüsse (z. B. der Wärme) festgestellt werden können. Die Anwendung solcher Apparate und Einrichtungen würde sicher die Lösung vieler Probleme erleichtern.

C. Zerstörung der Gesteine durch Zersplittern

Die Zerstörung der Gesteine durch Zersplittern kann sehr verschiedenartig sein. Diese Zerstörungsart kann in all den Fällen festgestellt werden, wo eine schnelle, dynamische Beanspruchung wirkt wie z. B. beim Bohren, Brechen und Mahlen oder bei der Schießarbeit.

Leider kann hier nicht die ganze Problematik der Gesteinszerstörung durch Zersplittern bis ins einzelne gehend behandelt und erläutert werden. Hier soll deshalb nur das gesagt werden, was mit Gebirgsdruckfragen und besonders mit dem Problem der Gesteinszerstörung bei Gebirgsschlägen zusammenhängt. Die Zerstörung der Gesteine durch Zersplittern, wie sie bei Gebirgsschlägen vorkommt, kann in zwei Hauptgruppen eingeteilt werden:

1. Zerstörung durch Zersplittern infolge schneller Belastung,
2. Zerstörung durch Zersplittern infolge Änderung des Verformungscharakters.

1. Zerstörung durch Zersplittern infolge schneller Belastung

Die Zerstörung durch Zersplittern bei schneller Belastung ist dadurch gekennzeichnet, daß als Folge der schnellen Belastung eine Verzögerung der Verformung eintritt, wobei sich im beanspruchten Gestein die Potentialenergie vorübergehend auch über der Elastizitätsgrenze akkumuliert. Da aber dann die Gleichgewichtsbedingung zwischen Potentialenergie und Verformung nicht erfüllt ist, wandelt sich die Potentialenergie bei Beanspruchung über der Elastizitätsgrenze plötzlich in Arbeit um, durch welche das Gestein regelrecht zersplittert wird. Auf diesem Prinzip beruhen Gebirgsschläge, die durch schnelle Belastung verursacht werden.

Hier sei kurz der Mechanismus solcher Gebirgsschläge erörtert: In der Umgebung eines Grubenbaues sei das anstehende Gestein, die Kohle oder das Erz fast bis zur Elastizitätsgrenze beansprucht. Durch eine schnelle, dynamische Beanspruchung, die z. B. von der seismischen Wirkung aus dem Zentrum einer konzentrierten Schießarbeit in der Nähe des Grubenbaues ausgehen kann, wird das Gestein durch Zersplittern zerstört, und es kommt zu einem Gebirgsschlag. Große Gebirgsschläge, verursacht durch schnelle Belastung, kommen relativ selten vor. Häufig haben aber Spannungsschläge oder Bergschüsse ihre Ursache in der schnellen Belastung.

2. Zerstörung der Gesteine durch Zersplittern infolge Änderung des Verformungscharakters

Diese Art der Gesteinzserstörung ist dadurch gekennzeichnet, daß hier eine „positive Verformung", bei welcher das Gestein bis zur Elastizitätsgrenze beansprucht ist, in eine „negative Verformung" umgewandelt wird. Als positive Verformung sei eine solche verstanden, bei der das Gestein die Energiemenge E_1 speichern kann, als negative Verformung eine solche, bei der nur die Energiemenge E_2 kleiner als E_1 gespeichert werden kann. Bei Änderung einer positiven Verformung in eine negative wandelt sich die überschüssige Potentialenergie plötzlich in Arbeit um, wodurch das Gestein durch Zersplittern zerstört wird. Für eine positive Verformung ist charakteristisch, daß bei einer weiteren Beanspruchung auch die Fähigkeit des Gesteins, Potentialenergie zu akkumulieren, steigt.

Die negative Verformung, die durch eine Änderung der Art der Beanspruchung verursacht wird, ist durch die Änderung des Verformungscharakters gekennzeichnet, wobei die Fähigkeit des Gesteins, Potentialenergie zu speichern, wesentlich sinkt.

Vom energetischen Standpunkt kann diese Art der Gesteinszerstörung folgendermaßen erklärt werden. Ein erheblicher Teil der Potentialenergie, die sich im Gestein bei positiver Verformung und bei Beanspruchung bis zur Elastizitätsgrenze akkumuliert hat, ist bei Änderung der positiven Verformung in negative Verformung überschüssig. Diese überschüssige Potentialenergie wandelt sich sogleich in Arbeit um, durch die das Gestein durch Zersplittern zerstört wird.

Auf diesem Prinzip beruhen die Gebirgsschläge, die durch Änderung des Verformungscharakters verursacht werden. Es ist möglich, die Gesteinszerstörung durch Zersplittern infolge Änderung des Verformungscharakters und damit auch das Prinzip dieser Gebirgsschläge durch Laborversuche zu demonstrieren.

Bild 10 zeigt das Schema der Belastungseinrichtung. Die auf dem Bild angeführten Nummern bedeuten: 1 – Gesteinsprobe, 2 – Schiebeplatte, 3 – Rollenlager 4 – Unterlage.

Bei einer bis zur Elastizitätsgrenze belasteten Probe wird die Änderung der positiven Verformung in negative Verformung durch Verschieben der Platte 3 erzielt. Dabei wird der Körper durch Zersplittern zerstört.

Das gleiche Ergebnis erreicht man, wenn die Unterlage nicht verschoben, sondern mittels eines eingebauten Kugellagers ein wenig gedreht wird, wie dies auf Bild 11 gezeigt ist.

In den weiteren Bildern sind die Ergebnisse einiger Laborversuche zu sehen. Die verschiedenen Gesteinsarten wurden in allen Fällen durch Änderung der positiven Verformung in negative zerstört.

Bild 12 zeigt durch Zersplittern zerstörten Granit, Bild 13 zersplitterten graphitischen Schiefer mit Kiesimprägnation und Bild 14 zersplitterte Steinkohle.

Zum Vergleich ist in Bild 15 eine Grubenstrecke abgebildet, die durch einen Gebirgsschlag, verursacht durch Änderung des Verformungscharakters, beschädigt wurde.

Auf dieser Grundlage können auch solche Gebirgsschläge erklärt werden, wo ganze Gesteinsmassive oder Massive von Kohlen- oder Erzschichten (z. B. in Form von Pfeilern) plötzlich zerstört wurden, obwohl sie lange Zeit ganz unversehrt gestanden haben.

Mit dem Prinzip der Änderung des Verformungscharakters sind auch die Gebirgsschläge in Kohlenflözen begründet, die von einem plötzlichen Gasausbruch begleitet sind. Die Gasteilchen, die bei positiver Verformung im Kristallgitter gebunden sind, werden bei Änderung in negative Verformung aus dem Kristallgitter frei. Durch das expandierende Gas wird die Kohle zu Staub zermalmt.

Auf denselben Gesetzmäßigkeiten beruhen auch die Gebirgsschläge in Strecken, die in einem kompakten Gestein aufgefahren werden, dessen Belastung sich schon der Elastizitätsgrenze nähert. Durch das Auffahren einer Strecke ändert sich in ihrer Umgebung der Charakter der Beanspruchung, und die ursprünglich positive Verformung des Gesteins ändert sich in negative Verformung. Das Gestein wird in solch einem Fall durch Zersplittern zerstört, und es kommt zu einem Gebirgsschlag.

Der Kampf gegen die Gebirgsschläge muß unter Anwendung der Erkenntnisse über die Ursachen der Gebirgsschläge geführt werden. Das heißt, wir müssen die akkumulierte Potentialenergie mit Hilfe einer künstlich geregelten Verformung zerstreuen und eine Änderung der positiven Verformung in negative bei Beanspruchung unter der Elastizitätsgrenze erzielen.

Bei der Lösung der aufgeführten Probleme beschäftigen wir uns noch mit anderen wichtigen Aufgaben, z. B. mit der Erforschung der mechanischen Eigenschaften der Gesteine und deren künstlicher Veränderung in günstigere Formen, bei denen es nicht zu Gebirgsschlägen kommen kann. Dies kann auf verschiedene Weisen erzielt werden. Mittel hierzu sind u. a. die Verminderung des Winkels der inneren Reibung durch die Einwirkung von Wasser, was mit Erfolg in Kohlengruben benutzt werden kann. Auch auf chemischem Wege oder durch einen direkten Eingriff in den physikalischen Aufbau des Gesteins sind Änderungen der mechanischen Eigenschaften der Gesteine möglich, aber nur unter Anwendung der neuesten Erkenntnisse auf dem Gebiete der Physik.

S. G. AWERSCHIN

Leningrad/UdSSR

Erfahrungen aus der Gebirgsdruckforschung

I.

Die Wahl des Abbausystems, der Reihenfolge des Abbaues einer Gruppe von Flözen, des Verfahrens der Unterhaltung der Vorrichtungsbaue und der Beherrschung des Gebirgsdrucks erfordert eine ausreichende Berücksichtigung der verschiedenen Gebirgsdruckerscheinungen. Die Gebirgsdruckwissenschaft hat jedoch bis zum heutigen Tage keine rationellen Methoden zur Lösung der Mehrzahl der aufgezählten Aufgaben erarbeiten können.

Das betrachtete Problem ist äußerst umfangreich, die Aufgaben, die es uns stellt, sind zahlreich und vielgestaltig. Deshalb kann ich in meinen Ausführungen nur einen sehr kleinen Kreis der damit verbundenen Fragen berühren und begnüge mich mit der Bekanntgabe einiger Ergebnisse unserer Forschungsarbeiten auf dem Gebiet des Gebirgsdrucks, in der Hauptsache solcher, die mit Gebirgsschlägen und plötzlichen Kohlen- und Gasausbrüchen verbunden sind.

Für die Lösung praktischer Aufgaben müssen wir den Charakter des Spannungszustandes des den Grubenbau umgebenden Gebirges und das Verhalten des Mediums, d. h. des Gebirges unter den Bedingungen des gegebenen Spannungszustandes, oder mit anderen Worten, den Charakter der Verformung und Zerstörung des Gebirges kennen.

II.

Einige Worte über den Spannungszustand des Gebirges. Vor allem, welche Kenntnis besitzen wir von der Spannungsverteilung im unverritzten Gebirge?

Mit Hilfe theoretischer Überlegungen haben wir uns eine bestimmte Vorstellung über den Spannungszustand der Gesteine im unverritzten Gebirge geschaffen. Die bestehenden Hypothesen befriedigen uns jedoch nur in einigen Teilfragen. Die Mittelwerte der Spannungskomponenten im unverritzten Gebirge können wir uns in folgender Weise vorstellen:

$$\sigma_1 = \gamma \cdot H; \quad \sigma_2 = \sigma_3 = \frac{\mu}{1-\mu} \gamma \cdot H \quad \text{oder} \quad \sigma_1 = \sigma_2 = \sigma_3 = \gamma \cdot H,$$

worin μ die *Poisson*sche Zahl, γ das Raumgewicht des Gesteins und H die Teufe bedeuten.

Die letzte Abhängigkeit ist durch die Einwirkung des Kriechens und der Relaxationsprozesse bei dauernder Belastung bedingt.

In einem geschichteten Gebirge, dessen Schichten sehr unterschiedliche physikalisch-mechanische Eigenschaften aufweisen, kann innerhalb jeder Schicht sowohl die erste als auch die zweite (in weniger festen Schichten) Art des Spannungszustandes herrschen. Im Ergebnis langer Belastung nähern sich die tatsächlichen Werte für die Spannung im Gebirgskörper langsam den erwähnten Mittelwerten. Diese Hypothesen bedürfen jedoch noch einer Präzisierung. Es ist z. B. bekannt, daß in vielen Bergbaugebieten eine merkliche tektonische Tätigkeit beobachtet wird. Es ist offensichtlich, daß dabei das Gebirge eine zusätzliche Belastung erfährt. Wenn das Gebirge aus Gesteinen verschiedener Festigkeit besteht, so werden die festeren Gebirgsschichten stärker belastet als die zwischen ihnen lagernden weicheren.

Für den Ausgleich der entstandenen Spannungen ist eine gewisse Zeit notwendig, vielleicht eine sehr lange, in deren Verlauf die Spannungsverteilung sich von der ursprünglich gleichmäßigeren unterscheidet.

Sowohl im weichen als auch im festen unverritzten Gebirge, das aber durch Klüfte und Schlechten geschwächt ist, wird der Spannungszustand offensichtlich durch die Annahme

$$\sigma_1 = \sigma_2 = \sigma_3 = \gamma \cdot H$$

ausgedrückt.

Das folgt daraus, daß im Laufe der Zeit

$$\tau_{\max} = \frac{\sigma_1 - \sigma_2}{2} = \frac{\sigma_1 - \sigma_3}{2}$$

immer kleiner wird und sich einem gewissen sehr kleinen Grenzwert nähert, bei dem die Scherverformungen ausklingen oder, mit anderen Worten, $\sigma_1 - \sigma_2$ und $\sigma_1 - \sigma_2$ kleiner werden oder $\sigma_2 = \sigma_3$ gegen σ_1 strebt.

Der Vorgang des Spannungsausgleichs zerstört nicht den Zusammenhalt im Gebirgsinneren, der dessen elastische Eigenschaften bestimmt. Deshalb zeigt ein Gebirge, wenn es sogar aus sehr weichen Gesteinen besteht (z. B. Ton), ein sehr „elastisches" Verhalten nach einer langdauernden Belastung.

Wiederholte Be- und Entlastungen des Gebirges zeigen, daß in ihm plastische Verformungen entstehen, die man aber zum großen Teil zu den pseudo-plastischen zählen muß. Dabei ändern sich die Festigkeits- und Verformungseigenschaften der Gesteine in der Regel nicht nur von Gebirgsschicht zu Gebirgsschicht, sondern auch innerhalb der einzelnen Schichten.

Nachdem in einem solchen, seinen physikalischen und mechanischen Eigenschaften nach heterogenen Medium sich die Spannungen bei Dauerbelastung in gewissem Maße ausgeglichen haben, entstehen bei der Auffahrung eines Grubenbaues komplizierte Veränderungen im Spannungszustand.

Das durch einen Grubenbau gestörte Spannungsfeld im Gebirge ist schon seit vielen Jahren ein Forschungsobjekt. In welchem Maße kennen wir aber die Spannungsverteilung um bergmännische Hohlräume?

Unsere Vorstellungen vom Spannungszustand des Gebirges in der Nähe bergmännischer Hohlräume werden der Wirklichkeit um so näher kommen, je vollständiger und genauer wir seine physikalischen und mechanischen Eigenschaften kennen. Aus einigen Gründen reichen unsere Kenntnisse noch nicht aus, die Größe der wirksamen Spannungen zuverlässig zu errechnen.

Daraus folgt die Notwendigkeit der Durchführung von Spannungsmessungen im Gebirge selbst. Die ersten Versuche solcher Messungen lieferten uns interessantes Material, von dem später noch die Rede sein wird.

Mit Hilfe der Mechanik des kompakten Mediums sowie mittels spannungsoptischer Versuche wurde die Spannungsverteilung um einen Hohlraum in einem elastischen Medium ausreichend erforscht. Die Anwendung der Theorie des Grenzgleichgewichts gestattete uns in letzter Zeit, ähnliche Untersuchungen der Spannungsverteilung in plastischen und elastoplastischen Medien durchzuführen. Mit Hilfe mathematischer Modelle konnten wir uns eine Vorstellung von einigen Einzelheiten der Spannungsverteilung um bergmännische Hohlräume schaffen. Die erwähnten Methoden wurden jedoch bei der Lösung von Aufgaben über die Standfestigkeit des Gesteins bei seiner Freilegung sowie über die Entstehung von Verformungen und Brüchen im Gestein nur wenig benutzt.

Es wäre jedoch falsch zu sagen, daß uns bei der Erforschung des Spannungszustandes des Gebirges die Methoden der Mechanik des kompakten Mediums und spannungsoptische Versuche nichts gegeben haben. Durch derartige Untersuchungen haben wir eine Reihe wertvoller Hinweise bekommen. Einige davon seien aufgezählt.

Aus der Elastizitätstheorie liegen seit langem Angaben über die Lage von Spannungsspitzen und Zugspannungszonen vor. Das trug dazu bei, daß die Bergbaupraktiker eine im wesentlichen richtige Vorstellung vom Charakter des Spannungsfeldes in der Nähe von Grubenbauen erhielten.

Im Bergbauinstitut der Akademie der Wissenschaften der UdSSR wurden Untersuchungen der Spannungen in Pfeilern und Schweben bei verschiedenen Abmessungen der Pfeiler und Kammern sowie bei verschiedenen Verhältnissen von Pfeilerbreite zu Pfeilerhöhe durchgeführt. Die Untersuchungsergebnisse brachten wichtige Hinweise für die Spannungsverteilung in einigen wichtigen Pfeilerebenen. Zum Beispiel wurde festgestellt, daß in den mittleren sowohl horizontalen wie auch vertikalen Schnitten durch einen Pfeiler die Verteilung der Spannungskomponenten (σ_1, σ_2 und τ_{max}) bei Änderung des Verhältnisses $\frac{b}{a}$ und $\frac{c}{a}$ (b = Kammerbreite, c und a = Breite und Höhe des Pfeilers) sich nicht wesentlich ändert.

Für praktische Zwecke kann man annehmen, daß die Tagentialspannungen im Pfeiler ihr Maximum in dessen Mitte (vertikal gesehen) erreichen, obwohl in Abhängigkeit von $\frac{c}{a}$ und den Gesteinseigenschaften das Maximum der Spannungskomponenten etwas unterhalb der Mitte liegen kann.

In Bild 1 ist die Verteilung von τ_{max} bei $\frac{b}{a} = \frac{1}{3}$ und $\frac{c}{a} = \frac{1}{4}$ gezeigt. Das Modellmaterial (Igdantin) ist optisch aktiv und auf Gelatine-Grundlage hergestellt. Das Modell verformt sich unter seinem Eigengewicht. Der Elastizitätsmodul des Materials beträgt etwa $2 \cdot 10^3$ g/cm², das Raumgewicht 1,15 g/cm², der optische Koeffizient 4210.

Die Bilder 2 und 3 zeigen die Verteilung von σ_1 und σ_2 für die gleichen Schnitte.

Es ist leicht zu erkennen, daß längs des horizontalen Schnittes III–III in halber Pfeilerhöhe die Werte σ_1 und τ_{max} als konstant angenommen werden können. In dem gleichen Schnitt ist σ_2 sehr gering, weshalb $\tau_{max} = \frac{\sigma_1}{2}$ gesetzt werden kann.

In Abhängigkeit von den Werten für $\frac{b}{a}$ und $\frac{c}{a}$ sowie von der auf den Pfeiler wirkenden Auflast können in dem Pfeiler horizontale Zugspannungen entstehen (σ_2 ist positiv) (3).

Für die Verteilung der Komponenten σ_1, σ_2 und τ_{max} in der Schwebe und in der Sohle ergaben die Untersuchungen, daß sie sich nicht von den allgemeinen, schon früher bekannten unterscheidet.

Im Schnitt III–III werden σ_1 und τ_{max} von den Feldgrenzen zur Mitte des abgebauten Feldes zu merklich größer.

Bei $\frac{H}{L} \cong 1$ werden die Pfeiler im Mittelteil des Abbaufeldes durch das ganze Gewicht der überlagernden Schichten belastet (es bedeuten L die horizontale Erstreckung des Abbaufeldes und H die Abbauteufe).

Die Untersuchungen der Spannungsverteilung in elastischen Modellen haben bis jetzt keine Möglichkeit zur Schaffung praktischer Lösungsmethoden für Aufgaben der Standfestigkeit des Gebirges in der Nähe bergmännischer Hohlräume gegeben. Über die Nützlichkeit solcher Untersuchungen besteht jedoch kein Zweifel.

Uns scheint es, daß optisch aktive Modelle, die nur durch ihr Eigengewicht belastet sind, für die Klärung von Besonderheiten des Spannungszustandes von Pfeilern und Schweben in konkreten, praktischen Fällen nützlich sein können. Notwendig ist aber die Kenntnis der Beziehungen zwischen den wichtigsten Verformungskennziffern (dem Elastizitätsmodul und der *Poisson*schen Zahl) für das Gestein in den Pfeilern, in der Sohle, im unmittelbaren Hangenden und im Haupthangenden.

Die zweite Frage über die gegenseitige Beeinflussung mehrerer Grubenbaue interessiert auch weiterhin sowohl Bergbaupraktiker als auch Bergbauwissenschaftler. *Scherman* löste diese Aufgabe für zwei Grubenbaue von kreisrundem Querschnitt und verschiedenen Durchmessern im elastischen Gebirge. Er fand z. B., daß bei einem Verhältnis der Durchmesser $\frac{R}{r} = 3$ und einer Entfernung zwischen den Grubenbauen r die Spannungsspitze am Grubenbau kleineren Durchmessers den Wert 4 erreicht. Daraus folgt, daß bei großer Festigkeit und bedeutenden elastischen Eigenschaften der Kohle oder eines anderen nutzbaren Minerals die Spannungsspitze um einen Vorrichtungsbau in der Nähe eines Abbaues einer der Gründe neben anderen schon bekannten Folgen der Einwirkung der Abbaue auf die Vorrichtungsbaue für die Auslösung von Gebirgsschlägen sein kann.

In vielen Fällen hat die Theorie des Grenzgleichgewichts im Unterschied zur Elastizitätstheorie bei Problemen der Standfestigkeit zu Ergebnissen geführt, die der Praxis näher kommen. Dies besonders in der Frage der Standfestigkeit des Gebirges bei unterschiedlichem Freilegungscharakter.

Sokolowski wies nach, daß bei $a > c$ die Grenzintensität der Auflast auf einen Horizontalschnitt in Pfeilermitte durch folgende Formel ausgedrückt werden kann:

$$p = 2\,k\,(\operatorname{arctg}\frac{c}{a} + \frac{c}{b}\sin^2\mu_0)\,.$$

Aus der Gleichung bestimmt man

$$2\,\mu_0 - \sin 2\,\mu_0 = \frac{H}{k}\,,$$

in der $H = k \cdot \operatorname{ctg}\varrho$ ist. k bedeutet den Kohäsionskoeffizienten und ϱ den Winkel der inneren Reibung.

Für Pfeiler, bei denen $\frac{b}{a} > 1$ ist, können mit der Theorie des Grenzgleichgewichts die Grenzen der Grenzzustandszone bestimmt werden. In vielen anderen Fällen der Lösung von Aufgaben über die Standfestigkeit des Gesteins führt die Theorie des Grenzgleichgewichts ebenfalls zu für die Praxis nützlichen Werten.

Die Aufzählung einiger neuer nützlicher Ergebnisse, die dank der Anwendung der Mechanik des kompakten Mediums erzielt wurden, könnte fortgesetzt werden. Nichtsdestoweniger sind alle diese Anwendungen der Mechanik des kompakten Mediums ihrem Wesen nach keine Gebirgsdrucktheorie, d. h. die Wissenschaft, die den tatsächlichen rheologischen Zustand des Gebirges beschreiben soll. Insbesondere muß dafür, daß z. B. die Methoden der Theorie des Grenzgleichgewichts im Bergbau ihren Platz neben anderen praktischen rationellen Methoden einnehmen können, eine solche Gleichung des Grenzgleichgewichts des Gebirges gefunden werden, die mit ausreichender Genauigkeit die spezifischen Verformungs- und Festigkeitseigenschaften des Gebirges sowie deren zeitliche Änderungen widerspiegelt. Diese Aufgabe ist bisher noch ungelöst.

Es muß noch bemerkt, werden, daß über eine lange Zeitspanne die Belastung eines Gebirgsteilchens nur ganz selten als konstant angenommen werden kann. Die Auflast ändert sich in der Regel, und der Bereich der Geschwindigkeiten, mit denen diese Änderungen vor sich gehen, ist sehr groß. Er reicht von langsamen Änderungen während des Vorrückens der Ortsbrust bis zu plötzlichen dynamischen Änderungen, wie z. B. während der Sprengarbeiten, bei Zerreißen und Verbruch mächtiger fester Gebirgsschichten im Hangenden u. a. m. In Übereinstimmung mit den Auflaständerungen ändert sich auch der Spannungszustand des Gebirges, was jedoch durch keine der betrachteten Methoden zur Untersuchung von Spannungen beschrieben werden kann, da diese Methoden nur die Lösung statischer Aufgaben vorsehen.

Bei Dauerbelastung, sogar dann, wenn die Auflast konstant ist, wirken auf die Änderungen der Spannungsverteilung im Gebirge auch das Kriechen und die Relaxation ein.

Unsere mangelhafte Kenntnis der tatsächlichen Spannungsverteilung im Gebirge und dessen Verhalten bei verschiedenen Belastungen und Spannungszuständen wird auch in Zukunft der Ausarbeitung und Nutzung praktischer Methoden zur Lösung von Aufgaben auf dem Gebiet des Gebirgsdrucks hinderlich sein. Deshalb verdienen auch nach unserer Meinung die Organisierung und Durchführung von Untersuchungen rheologischer Prozesse im Gebirge, die durch Laboratoriumsuntersuchungen ergänzt werden, mehr Aufmerksamkeit als irgendwelche anderen Forschungsrichtungen.

III.

Wir teilen nun einige Ergebnisse von Forschungsarbeiten mit, die vom Allunions-Forschungsinstitut für Markscheidewesen (WNIMI) in den Gruben der UdSSR durchgeführt wurden.

1. Die Messung von Spannungen nach der Entlastungsmethode gestattet, die Änderung dieser Spannungen in dem die Grubenbaue umgebenden Gebirge zu bestimmen. Die Messungen wurden mit Hilfe einer eigens dafür von *Slobodow* entwickelten Apparatur (4) durchgeführt, und zwar in einem gebirgsschlaggefährdeten Kohlenflöz in 600 m Teufe (5) und in einem Brennschieferflöz in 30 m Teufe (6). Im ersten Fall hatte das Kohlenflöz eine Festigkeit von 300 bis 600 kg/cm^2 und das aus Sandstein bestehende Nebengestein eine solche von 1500 bis 2000 kg/cm^2. Im zweiten Fall besaßen die Gesteine geringere Festigkeiten.

Die Spannungsanhäufung und darauffolgende Entlastung (5) können sowohl in Form einer „Druckwelle" als auch als Folge des Vorhandenseins weniger fester Kohle im Abschnitt *bc*, der zwischen den Abschnitten *ab* und *cd* liegt, die sich durch festere, eine größere Auflast tragende Kohle auszeichnen, vor sich gehen (7a). Eine solche Spannungsverteilung wurde an zwei Stellen ein und desselben Flözes festgestellt. Zur vollständigen Klärung dieser Erscheinung sind natürlich zusätzliche Untersuchungen erforderlich, jedoch wird die bloße Tatsache der Existenz einer solchen Spannungsverteilung durch zahlreiche Bohrungen bestätigt. Während des Bohrens wird ein Festklemmen und Herauswerfen der Bohrstange beobachtet, wenn die Bohrkrone etwa 1,5 bis 3,0 m vom Stoß des Grubenbaues (auch des Abbaustoßes) entfernt ist; dem folgt ein leichtes Bohren wie in lockerer Kohle.

Im Fall eines Abbaues kann diese Erscheinung durch eine „Druckwelle" (7b) erklärt werden. Das Aufblättern des Hangenden wurde 7 bis 8 m vor dem Abbaustoß beobachtet (8a, 8b).

In einem Grubenbau, der dem Abbaustoß vorauseilt, wird die Wirkung der „Druckwelle" schon nicht mehr wahrgenommen. Ihre Wirkung wird offenbar durch die Verformungen verschluckt, die als Folge örtlicher Spannungen auftreten.

An dem Ort, wo σ_y sein Maximum erreichte (in 2 m Entfernung vom Stoß), wurde die *Poisson*sche Zahl zu 0,33 bestimmt, und dort, wo σ_y sein Minimum hatte, glichen sich die Spannungen aus, was offensichtlich durch die Auflockerung der Kohle erklärt werden kann.

Wenn unter diesen Bedingungen im Abbaustreb eine Kombine mit einem Ausleger von mehr als 2 m Länge arbeitet, so behindern die entstehenden häufigen Stöße (bis zu 10 in der Minute), die von einem Herauswerfen der Kohle aus dem Abbaustoß begleitet werden, ganz beträchtlich die Arbeit. Dabei ist Erschütterungsschießen erforderlich, die Schrämmaschine wird von der Strecke aus gesteuert, und der Ausbau erfolgt durch sehr starre Reihenstempel, die zur teilweisen Entlastung des Abbaustoßes gestellt werden.

Im zweiten Fall (6) erhöhten sich die Spannungen im Bohrloch gleichmäßig, wobei das Verhältnis der Spannungskomponenten $\sigma_x \simeq 0{,}5\ \sigma_y$ betrug. Die *Poisson*sche Zahl wurde auch hier zu 0,33 bestimmt und blieb konstant. An einer anderen Stelle betrug die *Poisson*sche Zahl unter den gleichen Bedingungen 0,25.

2. Es wurde festgestellt, daß die Verschiebungen im Kohlenflöz in der Nähe der Abbaue und Vorrichtungsbaue unter verschiedenen Bedingungen verschiedene Vorzeichen haben können.

In gebirgsschlaggefährdeten Flözen, in denen die Spannungsverteilung durch die Kurven auf Bild 6 dargestellt wird, werden Verschiebungen zum Grubenbau hin beobachtet, und zwar im Vorrichtungsbau in der Zone von 2 bis 4 m und im Abbau in der Zone von 3 bis 4 m. Außerhalb dieser Zone werden Verschiebungen zum Unverritzten hin beobachtet (9).

Im Abbaustoß entstehen in der Nähe der Wendepunkte der Verschiebungen bei der Schrämmaschinenarbeit Herde schwacher, aber häufig auftretender Gebirgsschläge.

Im Pfeiler zwischen dem Abbaufeld und den Vorrichtungsbauen entstehen Zonen der Nullverschiebungen und Null-„Zerrungen" des Flözes, weil beiderseits dieser Zonen die Verschiebungen entgegengesetzt gerichtet sind (9). In den Zonen der Nullverschiebungen treffen wir auf die größten Zusatzlasten, die die Kohle in Richtung des weniger belasteten Flözteils, also in Richtung geringerer Dichte, hinausdrücken.

3. Die Anwendung hydraulischer Kissen erbrachte uns wertvolle Verformungscharakteristiken für Kohlenflöze mit verschiedenen Eigenschaften. Unter den erzielten Ergebnissen verdienen besondere Beachtung die Vergleichscharakteristiken für gebirgsschlaggefährdete (10a) und nichtgefährdete (10b) Flöze. Im ersten Fall, bei Belastungen zwischen 30 und 80% der einachsigen Bruchlast, betrugen die bleibenden Verformungen 10 bis 30% der Gesamtverformung. In ungefährdeten Flözen hingegen betrugen die bleibenden Verformungen sogar bei geringerer Belastung 50 bis 75% der Gesamtverformung.

Derartige Verformungscharakteristiken können zur Beurteilung der Gefährdung des Kohlenflözes durch Gebirgsschläge benutzt werden.

Unsere Forschungsergebnisse zeigen, daß die Kohle im Anstehenden bedeutende elastische Eigenschaften beibehält. Viele andere Untersuchungen in Gruben der UdSSR geben uns die Möglichkeit, auch zu einigen anderen Vorgängen in der Zusatzdruckzone Stellung zu nehmen.

Im anstehenden Flöz bewirkt die Bildung einer Zone, in der die Spannungen ihr Maximum erreicht haben, die Kohle teilweise zerstört ist und ihre Tragfähigkeit verloren hat, die Verschiebung des Bereiches elastischer Verformungen vom Stoß weg in das Innere des Flözes. Die Kurve AB (11), die im elastischen Gebirge die Verteilung des Zusatzdruckes zeigt, verschiebt sich im Ergebnis der Bildung der Bruchzone in die Lage A_1B_1, während die Grenzzustände der Auflasten durch die Kurve NM dargestellt werden.

In dem Maße, wie die Front fortschreitet, verschieben sich die Kurven entsprechend in die Lagen A_2B_2 und N_1M_1 usw. Ebensolche, aber etwas ausgeglichenere Verschiebungen gehen auch nach Stundung des Abbaues noch einige Zeit vor sich.

Die Breite der Zone NM kann in weiten Grenzen schwanken, und zwar von 1 m bis 3–5 m, wobei unter m die Flözmächtigkeit zu verstehen ist. Die praktisch festzustellende Breite der Zone MB_1 schwankt zwischen 30 und 60 m, kann aber bei größeren Teufen (800 bis 1000 m und mehr) und bedeutender Mächtigkeit des festen Hangenden auch größer sein.

In gebirgsschlaggefährdeten Flözen im Becken von Kisel wurde bei einer Flözmächtigkeit von etwa 2 m die größte Zusatzlast des sich stützenden Gebirges in der Nähe von Strecken in etwa 2 bis 3 m Entfernung vom Stoß und in Abbauen etwa 2 bis 3 m, selten 4 bis 5 m, vom Abbaustoß festgestellt.

Bei solchen Verhältnissen ist es zweckmäßig, entweder Schrämmaschinen mit 3 bis 4 m langen Auslegern zu verwenden, wobei die Tiefe eines Schrames 1,5 bis 2,0 m betragen soll, oder kurze Ausleger zu verwenden, die nicht länger als 1,2 m sind. Es ist dabei nötig, eine richtige Vorstellung von der Entstehung elastischer Energie in der Nähe des Grubenbaues und von den möglichen Wegen ihrer ,,Bewegung" zu haben. Zu dieser Frage wurden schon ausreichend gewichtige Meinungen geäußert, die aber bisher nur allgemeinen Charakter trugen. Es ist leider nicht möglich, länger bei dieser Frage zu verweilen, und ich weise deshalb nur noch auf einen Umstand hin.

Wenn der Arbeitsablauf im Streb und das Verhalten des Hangenden in geregelte Bahnen gekommen sind, kann die gespeicherte elastische Energie in der Zusatzdruckzone in einem Streifen von 1 m Breite konstant und gleich $\int_0^m \int_0^L w \, dx \, dy$ angenommen werden, worin w die Menge elastischer Energie in der Volumeneinheit des Flözes, m die Flözmächtigkeit und L die Breite der Zusatzdruckzone ist.

Der Wert w ist gleich $w_a + w_z$, worin w_a die vor Auffahrung des Grubenbaues vorhandene elastische Energie und w_z die zusätzliche Energie ausdrückt, die sich unter der Einwirkung des Zusatzdrucks gebildet hat, der bei elastischem Zustand des Gebirges entstanden wäre (Kurve AB auf Bild 11).

Plastische und pseudo-plastische Verformungen wie auch die teilweise Zerstörung des Flözes im Abschnitt CD bewirken eine gewisse Verringerung der Menge angehäufter Energie. Im Zusammenhang damit, daß die Auflast ihre Größe nicht ändert und sich nur in das Flöz hinein verlagert, bildet sich im Abschnitt DE ein neuer Vorrat an Energie, der der verbrauchten Energiemenge gleich ist (Schraffur in Bild 12).

In Flözen mit fester und elastischer Kohle, z. B. im Becken von Kisel, ist der Verbrauch an Energie in der Nähe des Stoßes gering, wovon auch die mit Hilfe hydraulischer Kissen durchgeführten Untersuchungen der elastischen Eigenschaften der Kohlen zeugen.

4. Große praktische Bedeutung hat die Kenntnis der Gesetzmäßigkeiten, denen die Vorgänge in dem unter Abbaueinwirkung stehenden Gebirgsteil unterliegen.

Bild 13 zeigt die Einwirkung des Abbaues im mittleren Flöz auf die im oberen und unteren Flöz aufgefahrenen Grubenbaue (das Beispiel ist der Praxis des Donez-Beckens entnommen). Ähnliche Untersuchungen wurden sowohl in einer Reihe von Gruben als auch im Laboratorium an Modellen aus äquivalenten Materialien, die *Kusnezow* entwickelte, vorgenommen.

Oberhalb und unterhalb des Grubenbaues erstreckt sich eine Zusatzdruckzone von gewölbeartiger Form. Im Inneren dieser Zone wird das Gestein teilweise von dem ursprünglichen Druck entlastet, blättert auf und verhält sich wie eine Platte, die je ein Auflager in der Zusatzdruckzone und in der Verdichtungszone über dem abgebauten Flöz hat.

Solche Forschungsergebnisse, wie die in Bild 13 gezeigten, erwiesen sich als äußerst wertvoll. Sie gestatten, den Mechanismus der ,,Schutzwirkung" zu erklären, die Erscheinungszonen dieser ,,Schutzwirkung" zu bestimmen und einige Ursachen zu klären, die von Einfluß auf die Größe dieser Gebiete sind.

Die Pressung der oberen und unteren Flöze in der Zusatzdruckzone wird von einer Ausdehnung der Flöze in der Entlastungszone begleitet und führt zur Bildung von Spalten und zur Vergrößerung des Porenvolumens des Gesteins. Die früher vorhanden gewesenen Spalten und Schlechten machen eine Art ,,Wiederbelebung" im mechanischen Sinne insofern durch, als längs dieser Spalten eine Schwächung des ursprünglichen Zusammenhalts vor sich geht. Das Gebirge wird unter der Einwirkung der nachfolgenden Belastung beweglicher und gibt seine elastische Energie leichter für die Verformungsarbeit ab. Die mechanischen Eigenschaften des Gebirges in dieser Zone ändern sich derart, daß die Kohlenflöze weniger gefährdet oder sogar völlig ungefährdet für Gebirgsschläge sowie plötzliche Gas- und Kohlenausbrüche werden.

Die beste Schutzwirkung beim Unterbauen zeigt sich in einer durch die Bruchwinkel begrenzten Zone, während diese beim Überbauen durch die Normale zum Flöz begrenzt wird. Die Entfernung, auf die die Schutzwirkung noch wirksam ist, ist sehr unterschiedlich. Im Donez-Becken beträgt sie beim Unterbauen bis zu 100 *m* und beim Überbauen bis zu 70 *m*, wobei unter *m* die Flözmächtigkeit zu verstehen ist.

Das Vorhandensein mächtiger Schichten festen Gesteins zwischen dem schützenden und dem geschützten Flöz verringert die Schutzwirkung dadurch, daß der Zusatzdruck abgeschirmt, verteilt und dadurch vermindert wird.

Je größer die Versatzdichte ist, um so geringer ist die Schutzwirkung. Die größte Schutzwirkung wird bei Bruchbau erreicht, weil hierbei die maximale Konzentration des Zusatzdrucks durch eine maximale Entlastung abgelöst wird.

Beim Studium der Ergebnisse solcher Forschungen können wir noch eine ganze Reihe nützlicher Schlußfolgerungen ziehen. Wir verweisen noch auf eine von ihnen.

Die Gegenüberstellung der in Bild 13 dargestellten Angaben mit Ergebnissen von Über- und Untertagemessungen kann der Präzisierung unserer Vorstellungen über die in der Umgebung von Grubenbauen vor sich gehenden Prozesse dienlich sein. Zu dieser Frage wurden schon viele beachtenswerte Meinungen geäußert. Wir begnügen uns mit einigen Bemerkungen zu den schon bekannten.

Das Wesentliche unserer Vorstellungen kann durch die in Bild 14 gezeigten schematischen Darstellungen charakterisiert werden, die keiner langen Erläuterungen bedürfen.

Die Zusatzlasten stellen Orte der „Einspannung" von Gebirgsschichten dar. Linie 1 ist die Linie der größten Zusatzlasten, deren Wirkung eine Schwächung des Zusammenhalts hervorruft, die zur Entlastungszone hin anwächst und durch den Krümmungsunterschied in der Biegung der Schichten bedingt wird. Hier können sich auch Spalten bilden (Linie 2). Die sich durchbiegenden Schichten finden in der Bruchzone ihr Auflager (Linie 5).

Oberhalb und unterhalb der Kurve 1 entsteht ein Horizontaldruck, der in allen Fällen auf der sich verformenden Tagesoberfläche, in den dazwischenliegenden Grubenbauen und in Modellen aus elastischen Materialien (14b) beobachtet wird. Zwischen den Auflagern können Gebiete vollen Verlustes des Zusammenhalts, d. h. Aufblätterungsgebiete, entstehen.

Das Gleichgewicht der Gesteine im Gebirge, das durch die Auffahrung des Grubenbaues gestört war, wird durch die Bildung einer Reihe von mechanischen Systemen wieder hergestellt. Zuerst bildet sich ein Gewölbe relativen Gleichgewichts, und im Innern des Gewölbes, über den Hohlräumen sowie auch über dem abgebauten Feld, entsteht entweder ein aus Platten (Schichten großer Mächtigkeit) bestehendes Dachsystem oder ein System, das nach dem Vorschlag von *Kusnezow* als Dreigelenkbogen zu betrachten ist. Der mechanische Sinn eines solchen Bogens ist auf Bild 14 über den Abschnitten *ef* und *mn* dargestellt. Diese mechanischen Systeme bilden sich in bestimmten Stadien des Verformungs- und Zerstörungsprozesses. Hierbei muß beachtet werden, daß sich der Vorgang der Wiederherstellung des Gleichgewichts in der Bildung der erwähnten Systeme ausdrücken kann. Ihr folgen deren allmähliche Zerstörung, ein Spannungsausgleich und die Annäherung an den ursprünglichen Spannungszustand, der jedoch praktisch in keinem Fall wieder erreicht werden kann.

Bei Stundung des Vortriebs, besonders aber des Abbaues, kann eine derartige, durch die Bildung der erwähnten mechanischen Systeme hervorgerufene Wiederherstellung des Gleichgewichts von beträchtlicher Dauer sein.

Während des Vorrückens des Abbaustoßes befinden sich die mechanischen Systeme in einem labilen Zustand, bilden und zerstören sich mit dem Fortschreiten des Abbaustoßes.

Dabei ist die Gebirgsbewegung über dem fortschreitenden Abbaustoß derart, daß im oberen Teil der Bewegungszone stets ein Horizontaldruck existiert (15).

Die Grenzen der Bewegungszone und folglich auch die Zusatzdruckzone verlagern sich entsprechend dem Abbaufortschritt und nehmen nacheinander die auf dem Bild durch die Linien 3 und 4 bezeichneten Lagen ein. An der unbeweglichen Begrenzung des Grubenbaues verbreitert sich die Bewegungszone im Laufe der Zeit und nimmt nacheinander die in Bild 14 durch die Linien 6 und 7 gezeigten Lagen ein.

Die Verdichtung des bewegten Gesteins und die dadurch hervorgerufene Bildung eines dauerhaften Auflagers im Verbruch trägt zur Bildung und dem Wechsel mechanischer Systeme bei, die schematisch in Bild 14 gezeigt sind.

Den Vorgang des Wechsels zeigt schematisch das Bild 16. Wenn der „Schlußstein" des Gewölbes *I* in die Nähe der Tagesoberfläche gelangt und der Horizontaldruck zu klein wird, zerbricht das Gewölbe, die Kurven der Zusatzlasten im Verbruch (*a*) gleichen sich aus, und es kommt zu einem Ausgleich der Spannungsverteilung wie auch der Zusatzlasten hinter dem Abbaustoß (*b*). Das Gewölbe wird durch das in der Tiefe des Gebietes *I*, über dem abgebauten Flöz, entstandene Gebiet *II* mit der Zusatzlastlinie 1′, *a*′, *b*′ und dem inneren System aufgelagerter Platten (oder Dreigelenkbogen), das über dem abgebauten Feld liegt, abgelöst. Der Bruch der Gewölbe bei ihrer Annäherung an die Tagesoberfläche wird von einer in allen Fällen zu beobachtenden Erhöhung der Bewegungsgeschwindigkeit begleitet. Die Periode der Erhöhung oder Verminderung der Bewegungsgeschwindigkeit ist für verschiedene Bedingungen verschieden und ist eine der Charakteristiken dieser Bedingungen. Alle diese Vorstellungen wurden von uns schon vor mehr als 10 Jahren geäußert. Seit dieser Zeit hatten wir oft Gelegenheit, ihre Berechtigung durch Versuchsergebnisse zu erhärten.

Die Elemente der Systeme, durch die das relative Gleichgewicht des Gesteins wiederhergestellt wird, haben unterschiedliche praktische Bedeutung.

Die Wechselwirkung der Grubenbaue wie auch Belastungsgröße und -verteilung der Pfeiler hängen von den Gewölbeelementen ab, d. h. von der Verteilung des Zusatzdrucks.

Der Ausbau des Strebraumes ist unmittelbar von der Stabilität des mechanischen Systems aus Platten oder Dreigelenkbögen abhängig, das sich in der Nähe des Abbaustoßes bildet.

Die Lösung solcher Fragen, wie der Wahl der Reihenfolge des Abbaues mehrerer Flöze, des Kampfes gegen Gebirgsschläge und der Erleichterung der Kohlengewinnung erfordert die genaue Kenntnis des Mechanismus aller erwähnten Systeme.

Wir haben hier nur eine schematische Beschreibung des äußeren Bildes einiger Gesetzmäßigkeiten gegeben. In Zukunft macht sich ohne Zweifel eine eingehendere und konkretere Erforschung einzelner Elemente notwendig. Dabei ist es wichtig, Ergebnisse zu erreichen, die den in Bild 13 gezeigten ähnlich sind. Interessante Ergebnisse bei der Erforschung der Standfestigkeit des Gebirges und seines Drucks auf den Strebausbau erzielte *Kusnezow*, der das Hangende als Dreigelenkbogen betrachtete.

Man muß beachten, daß das System, das wir Gewölbe nannten, genauer als ein einem Gewölbe analoges System bezeichnet werden müßte. In unserem System entsteht ein Horizontaldruck analog dem Druck im Gewölbeschlußstein sowie eine Linie der maximalen Zusatzlasten, die der Gewölbelinie analog ist.

Die Kürze der Zeit erlaubt es uns nicht, etwas über die vielen anderen Forschungsergebnisse zu sagen, die von sowjetischen Fachleuten bei der Erforschung des Mechanismus des Gebirgsverhaltens und der mechanischen Gesteinseigenschaften erzielt wurden. Wir müssen uns deshalb mit einigen Hinweisen auf die Richtung unserer weiteren Forschungsarbeiten begnügen.

In den allernächsten Jahren werden rheologische Untersuchungen des Gebirges einen bedeutenden Raum in unserer Arbeit einnehmen. Im Zusammenhang damit ist es nötig, die bestehenden Methoden zu vervollkommnen sowie neue Verfahren und Geräte für die Messung von Spannungen und Verformungen und zur Erforschung der Gesetze der Gesteinszerstörung für Untersuchungen im Gebirge und im Laboratorium zu entwickeln. Unter ihnen verdienen die geophysikalischen Verfahren sowie die Entlastungsmethode in Verbindung mit der Methode der hydraulischen Kissen besondere Aufmerksamkeit.

Von den theoretischen Forschungen sind unserer Meinung nach die am aussichtsreichsten, bei denen das Gebirge als elasto-plastisches Medium aufgefaßt wird. Die Untersuchung der Festigkeit und des Drucks des Gebirges auf den Strebausbau muß von der Vorstellung ausgehen, daß sich über dem Ausbau als Ergebnis des Aufblätterns des Hangenden Platten oder Dreigelenkbögen bilden, deren Stabilität die Standfestigkeit des Gesteins über dem Grubenbau bestimmt.

LITERATUR

[1] Авершин, С. Г.: Горные удары. Углетехиздат, Москва, 1955.

[2] Динник, А. Н., Савин, В. Н. и Моргаевский: Распределение напряжений вокруг подземных выработок. Изд. Академии Наук СССР, 1938.

[3] Кузнецов, Г. Н.: Экспериментальные методы исследования вопросов горного давления. Труды Совещания по управлению горным давлением. Углетехиздат, Москва, 1948.

[4] Кузнецов, Г. Н.: Взаимодействие боковых пород и крепи в очистных выработках пологопадающих пластов каменного угля. Сборник исследований по вопросам горного и маркшейдерского дела, выпуск XXУП, Углетехиздат, 1953.

[5] Соколовский, В. В.: Теория пластичности. Гостехиздат, Москва, 1950.

[6] Руппенейт, К. В.: Некоторые вопросы механики горных пород. Углетехнздат, Москва, 1954.

[7] Шерман, Д. И.: О напряжениях в весомой полуплоскости, ослабленной двумя круговыми отвеерстиями. Серия «Приклацная математика и механика», том 15, выпуск 3, 1951.

A. D. PANOW UND K. W. RUPPENEIT

Moskau/UdSSR

Fragen der Gebirgsdruckforschung

Die Gebirgsdruckfragen werden vom WUGI in folgenden Hauptrichtungen bearbeitet: Erforschung der mechanischen Eigenschaften der Gesteine, ihrer Verformbarkeit und Festigkeit; Untersuchung der Spannungsverteilung und der Verschiebungen um bergmännische Hohlräume wie auch der Wechselwirkung von Nebengestein und Ausbau mit den Methoden der Mechanik des kompakten Mediums; Erforschung der Gebirgsdruckerscheinungen an Modellen aus äquivalenten und optisch aktiven Materialien; Gebirgsdruckuntersuchungen in der Grube unter Verwendung von Spezialgeräten.

Für die Erforschung der mechanischen Gesteinseigenschaften verfolgt man im WUGI zwei Richtungen:

1. Umfassende und tiefe Bearbeitung der Grundfragen (Festigkeitstheorie, Form der Zustandsgleichungen, Gesetzmäßigkeiten des zeitlichen Verformungsverlaufes usw.);
2. Vervollkommnung der Methoden zur Untersuchung der mechanischen Eigenschaften der Gesteine und Herstellung von Meßgeräten.

Durch die Arbeiten des WUGI [1] wurde festgestellt, daß die Festigkeitstheorie von *Mohr* die geeignetste Theorie zur Beschreibung der Festigkeitseigenschaften der Gesteine sowie der Prozesse ihrer Zerstörung, wie sie bei bergmännischen Arbeiten im Gebirge vor sich gehen, ist.

Bei aller Klarheit ihres physikalischen Inhalts hat aber die *Mohr*sche Theorie prinzipielle Mängel und ist im allgemeinen Falle des dreiachsigen Spannungszustandes nicht anwendbar. Bei der Lösung von Aufgaben der Bergbaupraxis haben wir es jedoch immer mit Sonderfällen des Spannungszustandes zu tun, nämlich mit dem flachverformten, flachgespannten und achsensymmetrischen. Deshalb wurde vom WUGI ein folgerichtiges Schema für die Konstruktion der Hüllkurve sowie des Überganges zur Plastizität oder zum Sprödbruch für diese Sonderfälle des Spannungszustandes ausgearbeitet. Eine derartige Auslegung bedeutet in ihrem Wesen eine Einengung des *Mohr*schen Standpunktes, wobei jedoch die Theorie von allen ihr anhaftenden Mängeln befreit wird. Die *Mohr*sche Kurve ist in dieser Deutung der Schnitt der Grenzfläche dreier beliebiger Invarianten des Spannungstensors im Raum, weil wir an Stelle der Grenzfläche deren Spur auf einer Fläche betrachten, die die Art des vorliegenden besonderen Spannungszustandes charakterisiert.

Es ist offensichtlich, daß sich die Art der Plastizitätsbedingung in Abhängigkeit davon ändert, welcher von zwei invarianten Größen abhängige Spannungszustand betrachtet wird.

Wenn man die mechanischen Gesteinseigenschaften untersucht, um Ausgangswerte z. B. für die Lösung von Aufgaben mit ebener Verformung zu erhalten, muß die *Mohr*sche Kurve auf Grund von Versuchen bei diesem Spannungszustand konstruiert werden. Bis jetzt existierte die Auffassung, daß für die einen Materialien nur der Sprödbruch charakteristisch ist, für die anderen jedoch nur das plastische Fließen. Eine solche Abgrenzung entspricht offensichtlich nicht der Wirklichkeit. Ein und dasselbe Material zeigt bei einem Spannungszustand plastisches Fließen, während es bei einem anderen durch Sprödbruch zerstört wird. Dabei gibt es keinen plötzlichen Übergang von einem Spannungszustand zum anderen.

Der Unterschied zwischen der Fläche des plastischen Fließens und der des Sprödbruchs wird allein dadurch bestimmt, in welchem Maß das Material an der Gleitfläche widerstandsfähig gegen Zerreißen ist.

Auf der Fläche des plastischen Fließens ist die Reibung bedeutend, während sie auf der Sprödbruchfläche fast völlig fehlt. Das Hauptmerkmal der Gleitfläche, nämlich Trennlinie für den Verschiebungsvektor zu sein, ist in beiden Fällen das gleiche.

Es ist deshalb natürlich anzunehmen, daß eine einheitliche Grenzkurve für den Übergang des Materials aus dem elastischen in den plastischen Zustand oder in den der Zerstörung existiert. Dabei müssen die plastischen Gleitlinien dauernd in Gleitlinien des Sprödbruchs übergehen, was auch beobachtet wird.

Bei logischer Weiterentwicklung dieser Auffassungen muß man anerkennen, daß die Gleichungen der Plastizitätstheorie und des Bruchs im wesentlichen auch nur verschiedene Seiten einer physikalischen Erscheinung ausdrücken sollen, die mit einer einheitlichen Theorie betrachtet werden kann.

Die dargelegten Anschauungen haben fundamentale Bedeutung. Sie sind die Grundlage aller zur Zeit vom WUGI zur Erforschung der mechanischen Gesteinseigenschaften und der theoretischen Untersuchung der Gebirgsdruckfragen durchgeführten Arbeiten sowie für die Modellversuche. Außer den Arbeiten über die Festigkeitstheorie wurde im WUGI eine Reihe von Fragen des zeitlichen Verlaufs der Verformung von Gesteinen erfolgreich gelöst. Für Gesteine von der Art des Sandsteins, Tonschiefers und Tones wurde die Form einer Zustandsgleichung gefunden. Für feste Sedimentgesteine wird im Falle des einachsigen Spannungszustandes folgende Gleichung empfohlen:

$$\dot{\varepsilon} = \frac{\dot{\sigma}}{E} + \frac{1}{t_0}\left[\alpha \frac{\sigma}{E} + \beta \left(\frac{\sigma}{E}\right)^2 - \varepsilon\right],$$

worin E, α und β Materialkonstanten sind und t_0 die Relaxationszeit bedeutet. Für Tone wurde die Richtigkeit des *Maxwell*schen Modells bewiesen. Zur Bestimmung der Konstanten wurde eine für praktische Zwecke genügend einfache Methodik entwickelt.

Die Arbeiten zur methodischen Vervollkommnung der Erforschung der mechanischen Gesteinseigenschaften werden unter Berücksichtigung des zusammengesetzten Spannungszustands durchgeführt, dem die Probekörper bei Prüfungen unterworfen sind. Diese Methode hat sich als fruchtbringend erwiesen, weil es in der Regel nicht gelingt, aus Gesteinen Probekörper optimaler Form (einer Form, die dem Charakter des Spannungszustandes Rechnung trägt) herzustellen und deshalb bei Auswertung der Prüfungsergebnisse nach den Formeln der Festigkeitslehre unverhältnismäßig große Fehler entstehen. Insbesondere ist es möglich gewesen, die technisch äußerst schwierigen einachsigen Zugversuche durch sehr einfache Untersuchungen von zylindrischen Platten auf Biegefestigkeit zu ersetzen. Die Zugfestigkeit wird hierbei mit einer Formel errechnet, die die Beanspruchungsbedingungen und die Dimensionen des Probekörpers berücksichtigt.

Die vom WUGI erarbeitete Methodik zur Untersuchung der Gesteinseigenschaften gestattet es, die Gesteine vollständig zu charakterisieren, d. h. ihre Verformbarkeit unter Berücksichtigung der Zeit sowie ihrer Festigkeitseigenschaften zu beschreiben. Diese Angaben sind für analytische Untersuchungen der Gebirgsdruckerscheinungen sowie für Modellversuche ausreichend.

Wir gehen nun zur Anwendung der Methoden der Mechanik des kompakten Mediums bei der Lösung von Problemen der Gesteinsbewegungen und des Druckes auf den Ausbau von

Grubenbauen über. Mit Hilfe dieser Methoden wurden vom WUGI folgende Hauptaufgaben gelöst:

Druck auf den Ausbau und Gesteinsverschiebungen in Strecken bei flacher Lagerung ohne Abbaueinwirkung auf diese Strecken;

das gleiche bei Abbaueinwirkung;

Druck auf den Ausbau und Gesteinsverschiebungen in Streben flacheinfallender Steinkohlenflöze;

Lösung der gleichen Aufgabe für Braunkohlenflöze mit vielfach und kompliziert geschichtetem Hangenden.

Alle diese Aufgaben wurden unter Berücksichtigung des Zeitfaktors gelöst. Außerdem wurde die Spannungsverteilung im Kohlenstoß mit Berücksichtigung dessen örtlicher Zerstörungen untersucht. Aus Zeitmangel soll an Hand nur eines Beispiels die Aufgabenstellung und die Lösung für Strebe flachgelagerter Steinkohlenflöze erörtert werden.

Die Berechnungsmethode beruht auf der Lösung einer elastoplastischen Aufgabe für den über dem Strebraum gelegenen Teil des Hangenden (1a, 1b).

Bei der Lösung wurde von folgenden Voraussetzungen ausgegangen:

1. In dem vom Strebausbau getragenen Gebirge kann sich eine Zone nichtelastischer Verformungen bilden, über der sich immer ein Gebiet elastischer Verformungen befindet.
2. Das Gebirge wird durch den Kämpferdruck zerstört, ehe der Streb heran ist.
3. Der Strebausbau kann hauptsächlich auf zwei Arten arbeiten, nämlich bei vorgegebener Auflast und bei vorgegebener Verformung (Konvergenz).

Diese Voraussetzungen genügen, um den Druck auf den Ausbau und die Verschiebungen[1]) des Hangenden durch die Lösung einer elasto-plastischen Aufgabe zu ermitteln und die Plastizitätsbedingungen auszuwählen. Das letztere bedingt die Wahl der Festigkeitsbedingungen in einer Form, die es gestattet, das Verhalten des Gesteins, das durch den Kämpferdruck teilweise zerstört ist, auf Grund der Gesteinscharakteristik vor dem Bruch auszudrücken. Diesen Forderungen genügt die *Mohr*sche Kurve in Form einer Hyperbel.

Um den Einfluß der bergmännischen Arbeiten im Streb sowie den der Vorgänge im Kohlenstoß und im abgebauten Feld festzustellen, wurden die Verschiebungen der Dachschichten U_0 in der Entfernung S vom Streb mit Hilfe der Dimensionstheorie errechnet. Im Ergebnis dieser Untersuchungen wurde am Beispiel von 20 Streben bewiesen, daß das zur Beherrschung des Hangenden angewendete Verfahren nur geringen Einfluß auf die Verschiebungen der Dachschichten über dem Strebraum hat. Die durch den Kämpferdruck im Anstehenden hervorgerufenen Erscheinungen können in ihrer Gesamtheit durch die Anfangsverschiebung des Daches über der Abbaukante U_0^+ erfaßt werden. Die mit Hilfe der Dimensionstheorie erhaltene Lösung hat folgende Form:

$$U_0 = S\sqrt{1{,}555\frac{\gamma h}{E} + \left(5{,}66\,\gamma \cdot h\,\frac{h_{Fl}}{E_{Fl}\cdot S}\right)^2} - 5{,}66\,\gamma \cdot h\,\frac{h_{Fl}}{E_{Fl}} \tag{1}$$

$$U_0^+ = 11{,}5\,\gamma \cdot h\,\frac{h_{Fl}}{E_{Fl}}, \tag{2}$$

worin h die Abbauteufe, h_{Fl} die Flözmächtigkeit, E und E_{Fl} die Elastizitätsmoduln des Hangenden und des Flözes bedeuten.

Aus den Darlegungen ist ersichtlich, daß es genügt, die elasto-plastische Aufgabe zur Bestimmung des Drucks auf den Ausbau und der Verschiebungen des Daches im Bereich des Strebraums für den über ihm gelegenen Teil des Gebirges zu lösen.

[1]) Als Verschiebungen werden die Bewegungen des Hangenden radial zum Nullpunkt des Koordinatensystems bezeichnet.

Für die Schaffung einer zufriedenstellenden Berechnungsmethode war es jedoch nötig, noch drei Annahmen zu machen:

1. Die Verschiebung eines genau über der Abbaukante gelegenen Punktes erfolgt genau senkrecht zur Schichtung.
2. Die Firste des Strebraums hat nach der Verformung die Form eines Kreisbogens.
3. Die Verschiebungsvektoren der Punkte im Hangenden sind zur Abbaukante gerichtet.

Bei Berücksichtigung dieser zusätzlichen Voraussetzungen wird die Aufgabe zu einer polar-symmetrischen. Die Lage des Symmetriezentrums wird durch die Bedingung bestimmt, daß die auf der Grundlage des Polarwinkels gemittelte physikalische Verformung an der Firste gleich der Verformung sein muß, wie die auf der Grundlage des gleichen Winkels gemittelte radiale Verschiebung an der Firste. Die weitere Lösung der Aufgabe bereitet keine Schwierigkeiten mehr und erfolgt in gewohnter Weise.

Die Berechtigung der ersten zwei Annahmen steht außer Zweifel. Überhaupt kann die erste Annahme gar nicht als solche bezeichnet werden, denn die markscheiderischen Messungen zeigen keine anderen symmetrischen Verschiebungen der unmittelbar über der Abbaukante gelegenen Punkte als die erwähnten. Die zweite Annahme ist ebenfalls offensichtlich genug, weil die Firste nach der Verformung einen Kreisbogen mit sehr großem Radius darstellt. Die dritte Annahme wird durch untertägige Beobachtungen bestätigt. Besondere Aufmerksamkeit wurde der Überprüfung der Methode durch den Vergleich von errechneten mit gemessenen Verschiebungen des Hangenden und mit Modellversuchen gewidmet. Es muß erwähnt werden, daß die vorgeschlagene Methode diese Prüfung bestand, wobei die Grubenmessungen von unvoreingenommenen Beobachtern ausgeführt wurden [3] [4].

Die Lösung der Aufgabe erfolgt unter Verwendung des in Bild 1b gezeigten Koordinatensystems. Sein Nullpunkt wird während der Lösung ermittelt. Deshalb ist es nicht möglich, endgültige Formeln anzugeben. Die Lösung wird durch schrittweise Näherung ermittelt. Bei geringen Teufen und festem Gestein ist das Berechnungsschema ziemlich einfach. Die Verschiebungen im Hangenden werden folgendermaßen ermittelt: aus Formel (2) wird U_0^+ bestimmt, dann wird die Verschiebung des Hangenden in der Entfernung S von der Abbaukante in erster Annäherung errechnet, und zwar nach der Formel

$$U_0 = 1{,}225\, S \sqrt{\frac{(2-\nu)(1+\nu)\gamma h}{3E} + \frac{3}{8}\left(\frac{U_0^+}{S}\right)^2} - \frac{3}{4} U_0^+ \,.$$

Danach bestimmen wir

$$R_0 = \frac{S^2}{2U_0} \cdot \frac{3U_0^+ + U_0}{3U_0^+ + 2U_0} \,.$$

Über U_0 ermitteln wir die Ausbaureaktion, wozu wir die Funktion $P = f(U_0)$ kennen müssen. Nach Bestimmung von P und R_0 finden wir die mittlere Verformung an der Firste:

$$\varepsilon_{\text{mittel}} = \frac{2(2-\nu)(1+\nu)\cdot\gamma}{3E}\left[h + \frac{R_0^2}{h+R_0} + \frac{(1-2\nu)R_0}{2(2-\nu)} - \frac{P}{\gamma}\right].$$

Anschließend errechnen wir in zweiter Annäherung die Verschiebung aus

$$U_0 = 1{,}5\, S \sqrt{\frac{1}{3}\varepsilon_{\text{mittel}} + \frac{1}{4}\left(\frac{U_0^+}{S}\right)^2} - 0{,}75\, U_0^+ \,.$$

Wenn nötig, können auch die dritte und die folgenden Annäherungen bestimmt werden. Berechnungsschemen sind für folgende Fälle aufgestellt worden:

1. Bestimmung der elastischen Verschiebungen bei homogenem Hangenden;

2. Bestimmung der elastischen Verschiebungen bei Hangendem, das aus zwei Schichten besteht;
3. Bestimmung der elastischen Verschiebungen bei aus drei Schichten bestehendem Hangenden;
4. Bestimmung der Bruchspannweite des Haupthangenden bei sekundären Absenkungen;
5. Bestimmung der elasto-plastischen Verschiebungen bei homogenem Hangenden;
6. Bestimmung der Verschiebungen des Hangenden und des Drucks auf den Ausbau beim Aufblättern des Hangenden;
7. Bestimmung der Verschiebungen des Hangenden und des Drucks auf den Ausbau beim Aufblättern eines aus zwei Schichten bestehenden Hangenden;
8. Bestimmung der elasto-plastischen Verformungen bei aus zwei Schichten bestehendem Hangenden.

Die theoretische Lösung der Aufgabe führte zur Feststellung einiger Gesetzmäßigkeiten der Gebirgsdruckerscheinungen. Die erhaltenen Ergebnisse bestehen in Folgendem:

1. Einfluß der Struktur des Hangenden. Vergleichende Berechnungen zur Ermittlung der Verschiebungen des Hangenden, die für verschiedene stratigrafische Verhältnisse angestellt wurden, zeigten, daß es bei der Ermittlung der Verschiebungen und Drücke genügt, die drei dem Streb am nächsten liegenden Schichten zu berücksichtigen. Die übrigen können in ihrer Gesamtheit in Rechnung gesetzt werden, d. h., für die übrigen Schichten kann ein mittlerer gewogener Proportionalitätsmodul (Elastizitätsmodul) angenommen werden. Dafür genügt es, den durchschnittlichen Anteil der verschiedenen Gesteinsschichten zu kennen (Sandstein, Kalkstein, Schiefer u. a.).

Tabelle 1 zeigt den Einfluß einer Sandsteinschicht, die in der Entfernung L vom Kohlenflöz liegt, auf die Größe der Verschiebungen des aus Schiefer bestehenden Hangenden bei einer Abbauteufe von 400 m.

Tabelle 1

L [m]	0	10	20	100	200	390	400
U_0 [mm]	103	106	109	112	113	114	114
%	9,7	7,1	4,5	2,0	0,35	0	0

Das Vorhandensein einer Sandsteinschicht von etwa 10 m Mächtigkeit wirkt sich nur in geringem Maße auf die Verschiebungen des Hangenden im Strebraum aus, wenn diese Schicht mehr als 20 m von der Firste des Strebraumes entfernt ist.

2. Einfluß der Abbauteufe. Bild 2 zeigt das Anwachsen der Verschiebungen des Hangenden in Abhängigkeit von der Abbauteufe. Die Berechnung zeigt das asymptotische Abklingen des Verschiebungszuwachses mit der Teufe und die nichtlineare Teufenabhängigkeit der größten möglichen Drücke auf den Ausbau.

3. Der Einfluß der mechanischen Gesteinseigenschaften. Vergleichende Berechnungen zeigen, daß die *Poisson*sche Konstante praktisch keinen Einfluß auf die Größe der Verschiebungen des Hangenden hat. Diese Größe hängt auch nur in ganz geringem Maße von dem Verhältnis der Druckfestigkeitsgrenze zur Zugfestigkeitsgrenze des Hangendgesteins ab. Der größte Druck auf den Ausbau hängt merklich von σ_{Druck} ab und ist um so kleiner, je größer σ_{Druck} ist. Die Abhängigkeit der Verschiebungen des Hangenden von σ_{Zug} ist gering, jedoch hängt der Druck auf den Ausbau in starkem Maße von σ_{Zug} ab. Allgemein gesagt hängt die Verschiebung nur in geringem Maße von den Festigkeitseigenschaften des Gesteins ab, denn der Hauptteil der Verschiebung wird durch elastische Verformungen hervorgerufen.

Der Maximaldruck auf den Ausbau ist stark von den Festigkeitseigenschaften abhängig, weil er durch den Sprödbruch der Gesteine im Hangenden beeinflußt wird. Die Abhängigkeit der Verschiebungen vom Proportionalitätsmodul der Gesteine zeigt Bild 3.

4. Einfluß der mechanischen Ausbaueigenschaften. In Teufen von mehr als 200 m hängt die Größe der Verschiebungen des Hangenden praktisch nicht von der Reaktion des Strebausbaus ab. Bei Aufblättern des Hangenden ist der maximal mögliche Druck auf den Ausbau gleich dem Gewicht des abgeblätterten Gesteins. Das Aufblättern kann bei relativ geringen Verschiebungen (in der Größenordnung von 60–100 mm) eintreten. Das Aufblättern kann durch relativ kleine Gegendrücke des Ausbaues verhindert werden. Deshalb sind starre bzw. frühtragende Stempel besser geeignet als Stempel von gleicher Tragfähigkeit, aber größerer anfänglicher Nachgiebigkeit. Dies bestätigt eine theoretische Analyse.

5. Einfluß der Flözmächtigkeit. Von der Flözmächtigkeit hängt der größte mögliche Druck auf den Ausbau bei Aufblättern ab (Tabelle 2). Je größer die Flözmächtigkeit ist, um so kleiner sind die relativen Verschiebungen des Hangenden, bei denen ein Aufblättern beginnt.

Tabelle 2

h_{Fl} [m]	0,7		1,0		1,5		2,0		3,0	
h [m]	U_0	p	U_0	p	U_0	p	U_0	p	U_0	p
400	95	8	88	9	79	10	69	13	55	17
600	115	14	105	16	90	20	79	24	61	34
800	138	18	120	22	102	28	88	34	68	47

6. Die Rolle des Abbaufortschritts wird durch Bild 4 veranschaulicht. Auf der Abszisse ist die Verhiebsgeschwindigkeit in m/Tag und auf der Ordinate die Verschiebung des Hangenden U_0 aufgetragen. Der Einfluß des Zeitfaktors verstärkt sich mit der Abbauteufe (siehe Tabelle 3; U_0 = statische Verschiebungen, $U_{0\infty}$ = Verschiebungen bei Stundung des Abbaues).

Tabelle 3

Gesteine im Hangenden	h [m]	Verschiebungen [mm]		$\frac{U_{0\infty}}{U_0}$ [%]
		U_0	$U_{0\infty}$	
Tonschiefer	200	68	86	126
	400	87	117	135
	800	109	169	155
Sandstein	200	50	50	100
	400	57	59	104
	800	66	77	112

7. Eine Gegenüberstellung der errechneten Werte und der unter Tage gemessenen enthält Tabelle 4. Bei der Berechnung wurden die vom WUGI für Gesteine des Donez-Beckens bestimmten Mittelwerte für die Proportionalitätsmoduln und die Bruchgrenzen eingesetzt.

Bei Gebirgsdruckuntersuchungen im Laboratorium werden im wesentlichen Modelle aus äquivalenten Materialien verwendet. Als äquivalent wird ein solches künstlich hergestelltes Material bezeichnet, dessen mechanische Eigenschaften zu den Gesteinseigenschaften in

Tabelle 4

Grube	h [m]	Verschiebungen U_0 in mm			Unterschiede in %	
		gemes-sene	errechnete			
			ohne	mit	ohne	mit
			Berücksichtigung der Zeit		Berücksichtigung der Zeit	
Annenskaja	120	71	59	70	17	1,0
Nr. 9	140	70	61	72	13	3,0
Nr. 2 und 2b	200	100	85	100	15	0,0
Nr. 27	220	90	71	84	21	7,0
Bokowskaja	220	54	56	56	4	4,0
Nr. 4–5	220	93	77	91	17	2,0
OGPU	230	88	80	94	9	7,0
Nr. 7–8 Karl	300	80	72	85	10	6,0
Prol. Diktatur	330	138	96	114	30	17,0
Nr. 3b	370	98	65	80	34	18,0
Artjom	450	150	110	135	27	10,0
Nr. 17–17b	600	124	105	136	15	10,0

einem bestimmten Verhältnis stehen, das vom Maßstab des Modells abhängt. Die im WUGI zur Zeit verwendeten äquivalenten Materialien gewährleisten eine Ähnlichkeit folgender Kennziffern: des Proportionalitätsmoduls, der Spannungen und Verformungen, der Bruchfestigkeit für Druck, Zug und Scherung (bei verschiedenen Normalspannungen auf der Scherfläche), d. h. mit anderen Worten, eine Ähnlichkeit des Verlaufs der *Mohr*schen Kurven. Für die Nachbildung von Sandstein, Sand- und Tonschiefer werden Mischungen aus Gips und Sand, für die von Tonen und Letten Mischungen von Sand und Paraffin verwendet. Der Ausbau wird in den Modellen durch besondere, hauptsächlich auf der Anwendung von Hebeln beruhende Meßvorrichtungen dargestellt, deren Nachgiebigkeit ebenfalls unter Berücksichtigung des Modellmaßstabes festgesetzt wird.

Bei der Darstellung von Abbauen in Modellen wird besondere Aufmerksamkeit auf die genaue Beachtung der Grenzbedingungen verwendet, also der Bedingungen des Überganges vom in der Natur herrschenden flachverformten Zustand zum flachgespannten Zustand des Modells u. a.

Für Modellversuche finden besondere Prüfstände Verwendung, von denen einer 10 m und zwei je 5 m lang sind. Gewöhnlich werden die Maßstäbe 1 : 10 und 1 : 20 benutzt. Für die richtige Darstellung relativ großer Abbauteufen wird das Modell noch mit einer auf seiner Oberfläche gleichmäßig verteilten Auflast belastet, deren Größe nach entsprechenden Berechnungen festgesetzt wird.

Modellversuche werden als eine Hilfsmethode betrachtet und sollen hauptsächlich die bei Grubenmessungen ermittelten Werte ergänzen. Diese Methode ist notwendig, weil es unmöglich ist, in der Grube über das Verhalten des Hangenden z. B. bei noch nicht erreichten Verhiebsgeschwindigkeiten Aufschluß zu erhalten oder den Druck auf den Ausbau und die Verschiebungen des Hangenden bei einer Starrheit des Ausbaues zu bestimmen, die über die heutzutage verwendete hinausgeht.

Durch Modellversuche erhielten wir wertvolle Hinweise für die Gesetzmäßigkeiten der Gebirgsbewegungen und die Spannungsverteilung im Anstehenden von Kohlenflözen. Außerdem wurden Modellversuche als zusätzliche Kontrolle der theoretisch erhaltenen Lösungen verwendet und bestätigten die so gefundenen Gesetzmäßigkeiten.

Die wichtigste Schlußfolgerung aus der langjährigen Arbeit des Laboratoriums der Gesteinsmechanik des WUGI ist, daß die Anwendung der Elastizitäts- und Plastizitätstheorie in Verbindung mit Modellversuchen und Grubenbeobachtungen bei der Lösung praktischer Aufgaben eine große Zukunft hat. Unsere nächste Aufgabe ist die Schaffung genügend einfacher Ingenieurtheorien des Gebirgsdrucks, die auf den erwähnten mathematischen Methoden basieren. Die schon erhaltenen Ergebnisse gestatten uns, die Auswahl der Parameter (Nachgiebigkeit und Tragfähigkeit) für die Konstruktion von Spezialausbau bei verschiedenen geologischen und bergtechnischen Verhältnissen zu begründen [5].

LITERATUR

[1] Руппенейт, К. В.: Механические свойства горных цород, Углетехиздат, 1956.

[2] Руппенйт, К. В.: Давление и смещение горных пород в лавах пологопадающих пластов, Углетехиздат, 1957.

[3] Давидянц, В. Т. и. Козелев, Г. Л.: Измерения проявлений горного давления на шахтах Донецкого бассейна, Углетехиздат, 1951.

[4] Ильштейн, А. М.: Закономервости проявлений горного давления в лавах пологопадающих пластов каменноугольных месторождений, Углетехиздат, 1958.

[5] Панов, А. Д.: Основные направления в создании механизированных крепей для шахт Донецкого бассейна, Москва, 1955.

F. MOHR

Essen/DBR

Beobachtungen in Schächten über Gebirgsbewegungen infolge des Abbaues

Allgemeines

Die Gebirgsbewegungen über einem Abbau an der Oberfläche sind von großem Interesse wegen der damit verbundenen kostspieligen Veränderungen an Bauten und der Wasserführung der oberen Schichten und daher weitgehend untersucht worden.

Das Verhalten des Gebirges in unmittelbarer Nähe eines Abbauraumes bildet immer wieder einen Gegenstand der heutigen Forschung der Gebirgsmechanik.

Die Vorgänge zwischen beiden Räumen sind zwar an horizontalen Hohlräumen – Strecken – häufig beobachtet worden. Eine Beziehung zum oberen und unteren Teil der Gesamtgebirgsbewegung ist aber allein schon wegen des überstarken Eigeneinflusses des vermessenen Hohlraumes auf das umgebende Gebirge kaum zu finden. Die bessere Möglichkeit hierzu bieten Untersuchungen in Schächten, die räumlich eine natürliche Verbindung zwischen unmittelbarem Einflußbereich eines Abbaues und der Oberfläche herstellen und durch die kreisförmige Querschnittsform und wegen der vertikalen Achsrichtung wohl eine Eliminierung des Eigeneinflusses dieses Hohlraumes auf das Gebirge vom Einfluß des Abbaues selbst auf das Gebirge gestattet. Der Wert, unsere Kenntnis durch Erforschung dieser Mittelzone zu erweitern (1), wird schon allein durch die heftigen Diskussionen über die Theorien der Art der Absenkung der Gebirgsschichten (Gewölbetheorie, Plattentheorie) unterstrichen.

Die Gebirgsbewegungen sind naturgemäß in der Horizontalen als auch in der Vertikalen sowohl nach der Höhe über dem Abbau als auch nach der horizontalen Lage des betrachteten Gebirgsteiles vom Abbau verschieden. Dementsprechend können nur Beobachtungen in Schächten, die einmal im Abbau selbst, als auch solche, die seitlich davon stehen, weitere Aufklärungen geben (2). Mit fortschreitendem Abbau geht die Lage des einen Schachtes in die des anderen über und gestattet dann die Beobachtung der jeweiligen Veränderung der Gebirgsbewegung. Die Schächte sind normalerweise mit einem Ausbau versehen. Er kann örtlich die Gebirgsbewegung beeinflussen, zum mindesten die Beobachtungen erschweren. Die Art des Ausbaues (Tübbinge mit Keilkränzen) täuscht zuweilen Gebirgsbewegungen oder -spannungen an anderen Stellen vor als dort, wo sie wirklich auftreten, und können dann zu irrtümlichen Schlußfolgerungen führen.

Die festgestellten Beobachtungen sollen nicht dazu benutzt werden, Grundsätze allgemeiner Art aufzustellen. Sie könnten aber brauchbare Hinweise für weitere Forschungsarbeiten bieten.

Die Bewegungen im großen

Schon im Jahre 1951 wies ich darauf hin, daß die Absenkungsgeschwindigkeit der Gebirgsschichten über einem Abbau je nach der Höhe verschieden ist [1]. Im Ruhrgebiet sind 200 bis 300 m solche ausgezeichneten Höhen. Das Verhältnis der Zeit bis zur Endabsenkung beträgt in Höhen von ~ 0 bis 200 m, 200 bis 300 m und denen darüber 1 : 2, 8 : 4. *Löffler* [2] machte gleiche Erfahrungen, das Verhältnis der Zeit betrug bei ihm 1 : 2 : 4 (3). Es liegt nahe, eine Erklärung hierfür in der besonderen Art der Absenkung zu suchen. Offensichtlich wird das Gebirge über 300 m zunächst durch Kräfte soweit unterstützt, daß eine volle Absenkung vorerst nicht erfolgen kann. Bei der Annahme, daß sich eine Gewölbewirkung einstellt, könnte diese Erscheinung eine Aufklärung finden. Die Scheitelhöhe eines Gewölbes (besser: Traggerüst nach *Terzaghi*) ist abhängig von seiner Stützweite. *Terzaghi* gibt 1,5 der Stützweite als Scheitelhöhe an [3]. Nach *Fenner* [4] errechnet sich das Verhältnis von Scheitelhöhe a zu Stützweite b aus $a = \frac{m-1}{2} b$ (gleiche tangentiale Normalspannung am Umfang m = *Poisson*sche Konstante).

Mit $m = 4$ ergibt sich daraus ebenfalls 1,5 b. Wenn man auf Grund gemessener Absenkungen [5] eine Spannweite von 140 bis 200 m annimmt, so käme man auf 210 bzw. 300 m Höhe über dem Abbau als Scheitelhöhe des Gewölbes. Die Größenordnung läßt vermuten, daß die zeitliche Verschiedenheit tatsächlich auf eine Gewölbebildung hinweist. Die gleichzeitig zu beobachtende geringe Senkung der darüberliegenden Schichten und die Beeinflussung des Gebirges über dem Vorfeld bis zu Tage spricht keineswegs gegen diese Vermutung.

Terzaghi erklärt die Tatsache, daß sich das Gewicht auf einen Teil einer Unterstützungsplatte verringert, wenn er abgesenkt wird, mit Gewölbewirkung [7]. Bei diesem Vorgang tritt auch eine Absenkung der Oberfläche des Sandes ein, während sich das gesamte Einflußgebiet über die Ränder der fest gebliebenen Unterstützungsplatte ausdehnt.

Aus den Beobachtungen in Schächten muß geschlossen werden, daß das Gewölbe durch das Maß der als Scheitelhöhe angesehenen Höhe schneller Absenkung über dem Abbau seine Begrenzung findet und damit auch die zugehörige Stützweite. Mit fortschreitendem Abbau muß es also mitwandern, während es hinter sich das Gebiet der Endsenkung zurückläßt. Damit käme man zur Darstellung über die Gewölbebildung, wie sie von *Spackeler* angegeben wurde (4).

Die Vorstellung erklärt auch die Randwirkung abgesetzter Strebe und zum Teil auch die Nachwirkung alter Baue.

Als scheinbar im Widerspruch zu einer Gewölbebildung stehend könnten die häufig auftretenden Scherknicke angesehen werden. Es wurde schon früher auf diese Erscheinung hingewiesen [1]. In der Zwischenzeit sind weitere beobachtet worden. Es handelt sich um eine gegenseitige Verschiebung zweier Gebirgsschichten, die sich im Ausbau durch ein Abscheren zeigt (5, 6).

Die Verschiebung beträgt wenige Zentimeter bis zu 50 cm (im Ausbau). Mit ihr ist immer eine Schiefstellung des Schachtes verbunden. Der obere abgeschobene Teil des Knickes springt entgegengesetzt der Schiefstellung zurück. Die Verschiebung zeigt sich auf größerer Erstreckung. Es ist fast immer festzustellen, daß zwei benachbarte Schächte üblicher Entfernung (80 bis 100 m) gleichzeitig davon betroffen werden, und zwar in der gleichen Gebirgsschicht.

Die Erscheinung ist offensichtlich auf eine infolge der Absenkung über dem Strebraum auftretende Biegung eines Schichtenpaketes zurückzuführen, bei der die Schubspannungen die Reibungskräfte zwischen zwei Schichten oder innerhalb einer Schicht überwinden und sich nun der untere Teil gegen den oberen nach der Richtung der größten Durchbiegung verschiebt, genau wie zwei schlecht aufeinander geleimte Bretter, die durchgebogen werden und sich in der geleimten Fläche verschieben.

Die Großflächigkeit der Bewegung unter Berücksichtigung der geringen Zugfestigkeit des Gebirges läßt jedoch vermuten, daß nicht reine Biegung der Ursprung ist, sondern auch die

Auswirkung der freiwerdenden Querdehnung. Vielleicht hat die letzte den größten Einfluß, so daß man eher von einem horizontalen Knickungsvorgang sprechen kann. Er bewirkt tatsächlich ganz ähnliche Auswirkungen. Plexiglasplatten unter vergleichbaren Beanspruchungen – Pressung der Randflächen – täuschen ebenfalls eine Biegung vor (7). Dabei zeigen sie die gleichen „Scherknicke", wie sie in Schächten beobachtet werden.

Bei gleicher Belastungsart, wie in Bild 7 angegeben, erhält man mit sprödem Tonschiefer „Scherknicke", die in gleicher Weise verlaufen (8). Daß sie der Annahme einer Gewölbebildung nicht widersprechen, ist aus der Abbildung gut zu erkennen, denn sie bilden gewissermaßen einen Teil des Gewölbes, das sich von einem „Auflager" zum anderen in Form von Scherflächen erstreckt. Aus der Abbildung ist auch der erhebliche horizontale Massenschub in das Gewölbe hinein ersichtlich, wobei die gegenseitigen Verschiebungen auftreten.

Die rechnerische Ermittlung eines Gewölbes zeigt ebenfalls den starken Anteil der Querverformung (m) in den gefundenen Formeln [4]. Andererseits ist die Bildung des Gewölbes, wie schon bemerkt, mit einer Senkung der darüber liegenden Schichten verbunden, so daß in ihnen auch Biegeerscheinungen eine Rolle spielen können.

Im allgemeinen behält ein Schacht in festem Gebirge trotz der Scherwirkung über und unter der Verschiebung seine Kreisform bei. Das trifft nicht immer in unmittelbarer Höhe über dem Abbau oder in den äußersten Grenzgebieten zu, wenn das beeinflußte Gebirge aus Tonen in Verbindung mit Sanden des Deckgebirges besteht. Scherknicke treten nämlich nicht nur in festem Gebirge, sondern, wenn auch seltener, in Tonschichten größerer Mächtigkeit in lockerem Schichtenverband junger geologischer Formation auf.

Bild 9 zeigt das Profil eines tertiären Deckgebirges, das aus einer Wechsellagerung von Sanden und Tonschichten besteht. Im Grenzgebiet eines Abbaues entstanden hier Scherknicke innerhalb der Tonschichten mit einer größten Verschiebung von etwa 8 cm (im Ausbau!). Der Verlauf der Schiefstellung ist im Grunde der gleiche wie in festen Schichten (5). Ein solches Gebirge kann aber keine Biegebeanspruchungen aufnehmen. Man muß daher, wie schon angegeben, vermuten, daß auch in festen Schichten das Freiwerden der Querdehnung einen größeren Einfluß ausübt als die Biegung.

In diesem Falle wurde der Ausbau (Tübbing) verformt. Der Kreisquerschnitt nahm eine elliptische Form an, deren große Achse zum Abbau hinzeigte [6]. Die relative Erhöhung der Kräfte senkrecht zur Abbaurichtung gegenüber denen in dieser Richtung kann nur durch eine Verformung bzw. Wanderung von Gebirgsschichten zum Abbau in Kreisform bzw. annähernder Kreisform eine Erklärung finden. Ein Gebirge um einen Schacht herum steht, wenn es nach Störung seines ursprünglichen Spannungsgleichgewichtes in ein anderes übergeht, unter tangentialen und radialen horizontalen Hauptspannungen, von denen die ersten in der Fließzone z. T. erheblich höher sind als die letzten. Wenn man sich den Abbau oder die senkrecht darüber liegenden Schichten in ihrer Wirkungsweise wie einen Schacht vorstellt, so ergäbe sich ein ähnliches Spannungsfeld (10). Der Schacht, der innerhalb der Fließzone des Abbaues liegt, müßte demnach unter seine Einwirkung kommen, und zwar so, daß senkrecht zur Abbaurichtung die Tangentialkräfte wirkten, die wesentlich größer sind als die in Richtung des Abbaues wirkenden Radialkräfte. Das eigene Spannungsfeld um den Schacht müßte zerfallen. Diese Vorstellung würde die erhebliche Ausdehnung eines bisher in kleineren Räumen gedachten Spannungsfeldes erkennen lassen. Die Entfernung vom Abbau bis zum Schacht in horizontaler Richtung gemessen, betrug im vorliegenden Fall rd. 500 m.

Scherknicke können am Durchtritt des Grenzwinkels oder Bruchwinkels durch die betroffenen Schichten auftreten, sind aber keinesfalls daran gebunden. Sie werden aber nur im Grenzgebiet beobachtet. Ihre Höhe über dem Abbau liegt meist über 200 m.

Es zeigt sich somit, daß über dem eigentlichen Abbaugebiet das Gebirge verschieden stark beansprucht wird. Innerhalb einer Höhe von 200 bis 300 m tritt eine erhebliche Kräfteverlagerung bis zum wiedergewonnenen Gleichgewicht ein (Hohlraumzone). Oberhalb dieser Höhe sinkt das Gebirge ohne erhebliche Kräfteverlagerung im wesentlichen geschlossen ab (Mittelzone).

Bild 11 zeigt eine solche typische Gebirgsbewegung in der Vertikalen. Man erkennt die Ruhe in der Absenkung von über Tage bis etwa 200 bis 300 m über dem Abbau, die der Endabsenkung gegenüber zurückbleibt, und die unruhigen Bewegungen in der Hohlraumzone. Dementsprechend sind auch die mechanischen Beanspruchungen innerhalb dieses Gebietes sehr stark, während sie in der Zwischenzone kaum feststellbar sind.

Die Bewegungsvorgänge im einzelnen

Wir haben eine bestimmte Vorstellung vom Absinken des Gebirges über einem Abbau, das wir rechnerisch im voraus bestimmen. Es berücksichtigt nicht die oben erwähnte zeitliche Verschiebung im Ablauf dieses Vorganges und daher nicht die möglichen örtlichen Spannungshäufungen durch die zwischenzeitlichen Beanspruchungen. Es werden dabei auch nicht die Spannungsspitzen in dafür anfälligen Gebirgsschichten erfaßt. Der Einfluß beider Erscheinungen kann so groß sein, daß sich die an einer Stelle auf Grund der Rechnung zu erwartende Beanspruchung in größerer oder geringerer Teufe zeigt bzw. sogar Streckungen auftreten, wo Stauchungen zu erwarten waren und umgekehrt. Diese Beobachtungen sind häufiger gemacht worden.

Als Nebenerscheinungen der Stauchungen innerhalb der Hohlraumzone können Horizontalverformungen eintreten, die durch ihre Art die Richtung der größten Kraftwirkung anzeigen. Dabei ist keinesfalls immer diese Richtung in der Erstreckung der kleinen Achse des sich zu einer Ellipse verformten Schachtausbaues zu suchen, wenn er aus Mauerwerk besteht. Versuche im Laboratorium zeigen, daß nicht immer die rechnerische Zugfestigkeit für den Bruch des Gebirges entscheidend ist, die ja bei verschieden großen horizontalen Hauptspannungen am Umfang in Richtung der größten Hauptspannung in Anspruch genommen wird, sondern die Schubfestigkeit. In der Gebirgsprobe (12) lag die Richtung der größten Hauptspannung in der Vertikalen. Der Bruch erfolgte auf elliptischen Gleitflächen, deren große Achse senkrecht zur Richtung der größten Hauptspannung liegt. Da sich aber das abgescherte Gebirge als Ganzes in den Hohlraum schiebt, besonders wenn er ausgemauert ist, erscheinen die größten Überschiebungsrisse in Richtung der größten Hauptspannung (oben und unten im Bild) – in Richtung des „Druckes" – und die Verringerung des Durchmessers senkrecht dazu. Dementsprechend wird dann leicht die Richtung der Verringerung des Durchmessers der des „Druckes", der größten Hauptspannung, gleichgesetzt. Der Irrtum, der sich daraus für die Gebirgsbewegungen ergibt, liegt auf der Hand.

Bild 13 zeigt eine Schalenbildung in einem Schacht unter Abbauwirkung. Die Druckrichtung kommt auf den Bildern vom Schalenrand her, wirkt also in Richtung NS, nicht etwa senkrecht dazu. Der Abbau lag im Westen, so daß die Druckrichtung auch hier senkrecht zur Abbaurichtung lag. Trotzdem ist die allgemeine Bewegung zum Abbau hin gerichtet.

Grenzwinkel

Der Grenzwinkel oder die Grenzfläche ist dadurch charakterisiert, daß außerhalb des durch sie begrenzten Gebirgskeiles oder -kegels keine Abbauwirkung mehr auftritt. Oberhalb seiner Fläche, im Grenzgebiet (1), treten Stauchungen auf. Sie müssen in der Grenzfläche oder in ihrer unmittelbaren Nähe am größten sein. Sie müßten sich in einem Schacht bemerkbar machen. Die Beobachtungen über diese Erscheinungen sind in der Tat sehr zahlreich.

Auf Grund der Verschiedenartigkeit des Gebirges konnte man vermuten, daß die Grenzfläche nicht eben ist und an den Schichtflächen treppenförmig absetzt [1]. Dieses Absetzen muß aber zum mindesten teilweise auf sehr großer Entfernung erfolgen, wie aus der Beobachtung in benachbarten Schächten hervorgeht. Bild 14 zeigt fünf Schachtgruppen, in denen jeweils zwei die gleiche Verschiebung auf Scherknicken in der gleichen Schicht erlitten haben. Die größte Entfernung zweier zusammengehöriger Schächte voneinander beträgt 100 m. Sie lagen in Abbaurichtung hintereinander. Wenn man den Grenzwinkel von 45° an den Abbau legte, traf der Schenkel den dem Abbau am nächsten liegenden Schacht an dem Scherknick. Über Tage werden Grenzwinkel von 50 bis 55° gemessen. Bei einem treppenförmigen Absetzen in der Horizontalen von mindestens 100 m wie in diesem Falle können beide Beobachtungen nicht mehr in Einklang gebracht werden, es sei denn, daß die Grenzfläche, im großen gesehen, keine Ebene darstellte, sondern eine nach oben konkave Form hätte (15). Die Zahl der Untersuchungen nach dieser Richtung scheint mir jedoch noch nicht ausreichend groß zu sein, um hieraus Folgerungen allgemeiner Art zu ziehen.

Sonderbewegungen des oberen Deckgebirges

Die Abweichungen der Schachtachse vom Lot verlaufen selten geradlinig oder in einer regelmäßigen Kurve. Im oberen Teil, in unmittelbarer Nähe der Tagesoberfläche, biegen sie häufig um. Die Abweichung verringert sich (5).

Eine Begründung dafür aus der Lage eines Abbaufeldes auf der anderen Seite des Schachtes zu finden, ist meist nicht möglich. Sie zeigt sich oft auch, wenn kein Abbau dort getrieben ist, wie im Falle des Bildes 5.

Eine Erklärung findet man hierfür in dem Unterlaufen leicht beweglicher Schichten (Fließsand) unter steifere. Nach der Abbaumulde zu vergrößert sich auf diese Weise die Mächtigkeit einer solchen Schicht und nimmt der darüberliegenden die Ursache, sich in ihrer Lage wesentlich zu verändern. Die letztgenannte bleibt in ihrer Bewegung der darunterliegenden festeren Schicht gegenüber zurück. Dort, wo ein Schacht zum Herauswachsen neigt, kann es auf diese Weise wieder aufgehoben werden. Es würde auch die Beobachtung verständlich machen, daß ein Abbau geringer Abmessungen nur sehr geringe Absenkungen an der Oberfläche erkennen läßt, wenn die Meßpunkte nicht weit genug über den Abbaurand hinausgreifen.

Wenn die obere Schicht aus festerem kohäsivem Material besteht, beispielsweise aus festem Lehm, muß der Schachtausbau eine echte Streckung erfahren. Tatsächlich sind im oberen Teil von Tübbingschächten mehrfach Dehnungen in vertikaler Richtung gemessen worden, die hierdurch ihre Erklärung finden können.

Schachtbeobachtungen und Abbau des Schachtsicherheitspfeilers

Exakte markscheiderische Messungen in Schächten, die die Längenänderungen in der Schachtröhre feststellten, sind häufiger vorgenommen worden. Die meist zu großen Abstände der Meßpunkte voneinander erschweren jedoch klare Erkenntnisse, insbesondere auch deshalb, weil eine genaue Beobachtung des hinter dem Ausbau anstehenden Gebirges nur selten möglich ist und alte Profile nicht immer zuverlässig sind. Untrügliche Anzeichen hoher Beanspruchungen sind aber immer auftretende Schäden im Ausbau, nur müssen sie unter Berücksichtigung aller Einflüsse richtig beurteilt und ohne Berechtigung nicht verallgemeinert werden, da sonst, wie in letzter Zeit häufig, irrtümliche Anschauungen über die Wirkung des Abbaues auftreten können. Vor allem darf aus den in Schächten aufgetretenen Schäden, die uns eine willkommene Quelle unserer Erkenntnisse bieten, nicht durchweg geschlossen werden, daß sie beim Abbau des Sicherheitspfeilers schlechthin immer auftreten müssen.

Sie dürften sich im Gegenteil nur bei Außerachtlassung unserer jetzigen Kenntnisse über die Gebirgsbewegungen zeigen.

Insofern könnten die vorstehenden Beobachtungen auch für den Abbau von Sicherheitspfeilern von Wert sein.

LITERATUR

[1] *Mohr, F.:* Einfluß des Abbaues bei überhangendem Gebirge mit besonderer Berücksichtigung der Einwirkungen bei Schächten. Bergbauarchiv 14 (1951) Heft 1, S. 1—22.

[2] *Löffler, W.:* Lageveränderung der Schachtsäule durch Abbau. Bergbauarchiv 12 (1951) S. 39.

[3] *Terzaghi, K.:* Rock defects and load on tunnel supports. Publications from the graduate school of engineering Haward University 1945/46.

[4] *Fenner, R.:* Untersuchungen zur Erkenntnis des Gebirgsdruckes. Glückauf 74 (1938) S. 681.

[5] *Hoffmann, H.:* Neue Erkenntnisse des Gebirgsverhaltens beim Strebbau auf Grund markscheiderischer Messungen. Internationale Fachtagung für Gebirgsfragen im Bergbau und Tunnelbau (1950) Urban-Verlag, Berlin.

[6] *Bals, R.:* Der Abbau von Schachtsicherheitspfeilern. Mitteilungen aus dem Markscheidewesen 54 (1943) S. 54–87.

[7] *Terzaghi, K.* und *Jelinek:* Theoretische Bodenmechanik. Springer Verlag, 1954.

J. VENTER UND P. STASSEN

Lüttich/Belgien

Druck und Bewegungen in weichem Gestein

Das Nebengestein der verschiedenen Steinkohlenvorkommen in Europa und der übrigen Welt scheint auf den ersten Blick überall ähnlich zu sein; trotzdem weist es sehr verschiedene mechanische Eigenschaften auf. So schwankt beispielsweise seine Festigkeit unter einfachem Druck zwischen 25 und 1500 kg/cm^2.

Diese Eigenschaften hängen von der Natur der Gesteine, den Abmessungen ihrer Bestandteile, dem Versteinerungsgrad, der Zerklüftung usw. ab. Gebirge, in dem der Sandstein vorherrscht, ist bis in eine große Teufe hinab hart und elastisch. Dort dagegen, wo das Gebirge einen hohen Anteil von Schiefer und Kohle aufweist, ist es weich und beginnt schon in geringen Teufen zu fließen. Mit anderen Worten: Die petrologische Beschaffenheit der Gesteine spielt die entscheidende Rolle. Daneben wird das Verhalten des Gebirges auch weitgehend von der Mächtigkeit der Schichten und der Art ihrer Lagerung bestimmt. Ein Paket dünner Gesteinsschichten verschiedener Art hat eine geringere Biegefestigkeit als eine einzige mächtige Schicht eines an sich weniger festen Gesteins.

Hinzu kommt, daß dünne Schichten dem Ausbau einen weniger festen Halt bieten als eine mächtige Schicht eines weicheren Gesteins. Unter der Wirkung der am Rande der Ausbauelemente auftretenden Scherkräfte geben nämlich die einzelnen dünnen Schichten nacheinander leicht nach, so daß Stempel oder Ausbaubögen in das Gestein eindringen können.

Um die Beschaffenheit der einen Grubenbau umschließenden Gesteinsschichten zu bewerten, genügt es nicht, daß man ihre inneren Eigenschaften im Laboratorium durch Messungen feststellt, sondern daneben müssen auch die mechanischen Eigenschaften der Schichten, ihre Festigkeit, ihre Gleichmäßigkeit, ihre Mächtigkeit und die entweder von Natur gegebene oder durch den Abbau hervorgerufene Zerklüftung berücksichtigt werden.

Es scheint, daß man bisher bei der Wahl der zweckmäßigsten Abbauverfahren diesen beiden Faktoren, der Eigenschaft der Gesteine als solcher und den Eigenschaften der Schichten, nicht die erforderliche Beachtung geschenkt hat. Zu oft sucht man die Erklärung für ein schlechtes Verhalten der Grubenbaue in der großen Teufe oder dem starken Druck des Gebirges.

Nun spielt ohne Zweifel die Teufe eine Rolle, aber sie ist nicht allein ausschlaggebend. Es kommt vor, daß Gesteine in großer Teufe besser sind als solche in mittlerer und sogar in sehr geringer Teufe.

Seit seiner Gründung ist INICHAR diesem Problem in theoretischen Forschungen und praktischen Versuchen nachgegangen. Heute glaubt es, das diese Erscheinungen beherrschende, höchst einfache Gesetz in folgende Worte fassen zu können:

„Der Schub der Gesteine in die Hohlräume, gleich ob in absteigender, aufsteigender oder seitlicher Richtung, hängt entscheidend von der Gesamtmächtigkeit der überlagernden Schichten, von deren Festigkeit und von der Festigkeit der den Hohlraum umschließenden Schichten ab.

Die wichtigste Rolle hierbei spielen die Gesteine in der Nähe des Hohlraums, doch üben auch die weiter entfernten überlagernden Schichten einen Einfluß aus. Dieser Einfluß kann, abhängig von den vorangegangenen bergmännischen Arbeiten, verschieden sein. Ein Gebirge, das bereits in der Vergangenheit durch den Abbau in Bewegung gebracht worden ist, übt auf tiefer liegende Betriebspunkte nicht mehr den gleichen Einfluß aus wie unverritztes Gebirge.

Auch Feuchtigkeit und tektonische Störungen können die Beschaffenheit der Gesteine in hohem Maße beeinflussen."

Die von INICHAR im Laufe der letzten Jahre durchgeführten Arbeiten haben weiter erwiesen, daß selbst unter den schlechtesten zur Zeit bekannten geologischen Verhältnissen eine wirksame Beherrschung des Gebirges im Streb wie in der Strecke durch zweckentsprechende Aus- und Vorrichtung und richtig gewählten Ausbau sichergestellt werden kann.

I. Grundregeln für die Ausrichtung der Lagerstätte in weichem Gestein

Zwischen 1920 und 1930 sahen sich die Zechen der Campine ernsten Gebirgsdruckproblemen gegenüber. Es zeigte sich, daß die in den südbelgischen Revieren bewährten Abbauverfahren hier nicht anwendbar waren, und man zweifelte sogar, ob sich das Campine-Vorkommen überhaupt abbauen lasse. Erst Anfang der dreißiger Jahre entwickelten sich die Auffassungen und Regeln, die die Nutzung des dortigen Kohlevorkommens möglich machten. Diese Grundsätze sind für den Abbau aller flach gelagerten Vorkommen in großer Teufe und auch für Flöze in geringerer Teufe mit weichem Nebengestein zu empfehlen. Unter weichem Gestein verstehen wir Schichten, deren Festigkeit, gemessen an den vom Überlagerungsdruck und vom Abbau hervorgerufenen Spannungen, nur gering ist. In Lagerstätten mit einem derart weichen Gestein ist eine ganz besondere Sorgfalt bei der Wahl des Ausbaues, der Ausrichtung und der Festlegung des Abbauplanes geboten, da diese Faktoren die Standfestigkeit des Streckennetzes wesentlich beeinflussen.

Einwandfreie Strecken aber sind die unumgängliche Voraussetzung für einen sicheren und gleichmäßigen Abbaubetrieb. Schlecht stehende Strecken führen zwangsläufig zu ernsten Störungen in der Förderung, in der Materialzufuhr zum Streb und in der Bewetterung. Man kann sagen, daß eine richtige Organisation des Untertagebetriebes ohne gute Strecken undenkbar ist.

In Lagerstätten mit weichem Gebirge genügt es nicht, einen ausreichenden Ausbau einzubringen, sondern es müssen darüber hinaus die nachstehenden, durch die Erfahrung gebotenen Regeln beachtet werden:

1. Grundsätzlich dürfen in der Kohle keine Sicherheitspfeiler stehenbleiben, da diese eine Zone des Überdrucks im Gebirgskörper darstellen, der sich auf größere Entfernungen auswirken kann. Die Standfestigkeit der Grubenbaue oberhalb, unterhalb oder längs derartiger Sicherheitspfeiler ist im allgemeinen bedroht (1, 2, 3).
2. Die Hauptstrecken müssen in entspanntem Gebirge aufgefahren werden. Bevor man beispielsweise eine Gesteinsstrecke über oder unter einem Flöz weitertreibt, baut man zweckmäßigerweise ein größeres Feld aus diesem Flöz ab, um so die gewünschte Entspannung zu erzielen (4, 5).

3. Die Abbaustrecken dürfen dem Streb höchstens um 4 bis 5 m vorgesetzt werden; andernfalls gerät die Strecke in die Zone des Zusatzdruckes im Vorfeld des Strebs.
   Nach den in Holland [1] und Deutschland [2] durchgeführten Messungen kann die dem Abbau vorauseilende Druckwelle $1^1/_2$ bis 4mal so stark sein wie der in dieser Teufe herrschende Überlagerungsdruck $H\,\delta$ (6).
4. Aus dem gleichen Grunde ist der gleichzeitige Abbau mehrerer gegeneinander versetzter Strebe in ein und demselben Flöz abzulehnen. Der dem hinteren Streb vorauseilende Zusatzdruck zerstört die Abbaustrecke des voraufgehenden Strebs.
5. Aus dem gleichen Grunde ist vom Rückbau abzusehen. Dieses Verfahren ist in geringer Teufe ohne Zweifel empfehlenswert, soweit die Standfestigkeit der Strecken es zuläßt. In Lagerstätten mit wenig festem Gestein dagegen ist seine Anwendung unmöglich.
6. Wiederum aus dem gleichen Grunde dürfen alte Abbaustrecken nicht für neue Strebe benutzt werden.
   Ist ein Streb an der Feldesgrenze ausgelaufen, so tut man gut daran, die Strecke vollständig auszurauben. Nimmt man dann die anschließende Bauhöhe in Angriff, so fährt man eine neue Strecke 4 bis 5 m neben der alten auf. Die Kohle zwischen den beiden Strecken wird abgebaut und der so geschaffene Hohlraum sorgfältig versetzt.
7. Unbedingt abzulehnen ist der gleichzeitige Abbau übereinanderliegender Flöze. In einer verhältnismäßig dichten Flözgruppe sollte man nicht zur gleichen Zeit zwei übereinanderliegende Flöze abbauen.
8. Der Abstand zwischen den gleichzeitig in Betrieb befindlichen Streben ist so zu bemessen, daß in allen mit größtmöglicher Sicherheit und raschestem Abbaufortschritt gearbeitet werden kann.
9. Die Strecken sollen keine Kurven und Winkel aufweisen, da diese stets besonders empfindliche Punkte darstellen. Aus diesem Grunde sollten die Strecken möglichst geradlinig verlaufen.
10. Streckennetz und Abbaubetriebe müssen dem störenden Einfluß eines in Abbau befindlichen Strebs entzogen werden. In ein und demselben Feld darf der Abbau eines zweiten Flözes erst beginnen, wenn das von dem voraufgegangenen Abbau gestörte Gebirge wieder ins Gleichgewicht gekommen ist.
    Die Regeln 7 und 10 sind noch aus einem anderen Grunde ganz besonders in schlagwetterführenden Flözen zu beachten. Die durch einen Abbau in den überlagernden Schichten hervorgerufene Spannung führt oftmals zu einer starken Ausgasung aus den Flözen und Schmitzen in der entspannten Zone. Aufhauen, Strecken, Betriebspunkte oder sonstige Grubenbaue in dieser Zone füllen sich mit Gas und wirken wie eine große Gasabflußleitung. Diese Erscheinung wird mit Gewinn in der Technik der Methanabsaugung ausgenutzt.
11. In weichem Gestein muß der Streckenausbau am Hangenden wie am Liegenden große Auflageflächen haben, um den spezifischen Druck an den Berührungsflächen zu verringern und zu verhindern, daß die Ausbauelemente ins Gestein eindringen und es aufspalten.
12. Ist das Gestein um einen Grubenbau sehr weich und seine Bruchlast unter einfachem Druck geringer, als die dem Überlagerungsdruck $H\,\delta$ in der betreffenden Teufe entsprechende, so ist ein geschlossener kreisförmiger Ausbau, etwa in Form von Betonsteinen, einzubringen, so daß sich um die Strecke ein Mantel von hinreichender Festigkeit bildet. Die Ausrichtung der Lagerstätte und der Abbauplan müssen stets zwei leitenden Gesichtspunkten Rechnung tragen, die in sämtlichen oben aufgestellten Regeln zum Ausdruck kommen:

a) Man darf in der Kohle keine Sicherheits- oder Restpfeiler stehenlassen, da sich in ihnen wie in einem Brückenpfeiler die Last konzentriert. Gefährlich ist es, Strecken in, unter oder sogar unmittelbar über derartigen Pfeilern aufzufahren.

b) Streckennetz und Abbaubetriebe müssen dem störenden Einfluß des einem Streb vorauseilenden Drucks entzogen werden, der wie eine Dampfwalze wirkt.

II. Untersuchung über den Ausbau

A. In Gesteinsstrecken

Im belgischen Campine-Revier besteht das Gebirge im allgemeinen aus sehr weichem Schiefer. Die üblichen Streckenbogen aus Stahl haben sich in den Gesteinsstrecken fast ausnahmslos als unzureichend erwiesen, selbst wenn man sie in Form eines geschlossenen Kreises einbrachte und die Baue sehr dicht (mit einem Abstand von 40 bis 60 cm von Mitte zu Mitte) setzte.

Das Gestein wirkt zunächst beim Auffahren der Strecken als fest, zersetzt sich jedoch rasch unter der Einwirkung der warmen und feuchten Grubenwetter, so daß es dem Druck des Gebirges keinen Widerstand entgegensetzt und wie Ton in die Hohlräume zwischen den einzelnen Ausbauelementen hineinfließt. Unter dem Druck dieser zentripetalen Kräfte verbiegen sich die Ausbaubogen, und kostspielige Unterhaltungsarbeiten in der Strecke werden erforderlich.

Auf Grund der Erfahrungen ist man dazu übergegangen, das Hauptstreckennetz der einzelnen Sohlen mit einem kreisförmigen Ausbau aus Betonsteinen auszumauern. Zur Zeit sind mehr als 60% der Gesteinsstrecken der Campine, d. h. 325 km, in dieser Weise ausgebaut. Die Druckfestigkeit der Betonformsteine liegt zwischen 750 und 900 kg/cm². Um diesem kreisförmigen Ausbau eine gewisse Elastizität zu verleihen, werden zwischen die einzelnen Steine Quetschhölzer von 3 bis 4 cm Stärke gelegt. Insgesamt entfallen auf den Streckenquerschnitt 50 derartige Einlagen, so daß die Umfangslinie des Ausbaues sich um 1 bis 1,40 m verkürzen kann. Eine derartige Nachgiebigkeit kann man mit gleitenden Metallbogen nur selten erreichen, da hier die Gefahr besteht, daß sich die Gleitelemente vorzeitig verklemmen.

Bei Versuchen im Laboratorium stellte man fest, daß mehrere Betonformsteine, die ohne Quetschholzeinlagen aufeinandergepackt waren, bei einem Druck von 450 bis 600 kg/cm² zu Bruch gingen. Die Druckfestigkeit der einzelnen Steine nimmt also erheblich ab, wenn man sie aufeinanderschichtet. Die Erklärung hierfür kann nur darin liegen, daß die Oberfläche der Steine ungleichmäßig ist, so daß, wenn sie aufeinandergepreßt werden, sich die Last ungleichmäßig verteilt.

Legt man zwischen die einzelnen Steine, wie dies unter Tage geschieht, Quetschhölzer, so sinkt ihre Bruchlast auf 100 bis 150 kg/cm², und die ersten Risse an den seitlichen Oberflächen treten bereits bei Drücken von 50 bis 75 kg/cm² auf. Infolge des Druckes wird das Holz zerquetscht und beginnt parallel zur Faserung zu fließen. Dadurch treten in den Flächen der Steine Zugkräfte auf, die Risse parallel zu den Fasern hervorrufen. Wird der Druck weiter erhöht, so gehen die Steine unter einer Belastung zu Bruch, die nur 12 bis 18% der Druckfestigkeit des Betons beträgt.

Dieser vorzeitige bei den Versuchen auftretende Bruch beruht wahrscheinlich auf einer Konzentration der Last in den Ästen des Holzes, d. h. auf einer mangelhaften Gleichmäßigkeit des elastischen Materials.

Verschiedene Forscher haben aus diesen Versuchen die Schlußfolgerung gezogen, daß es zweckmäßiger sei, auf Quetschhölzer zwischen den Steinen zu verzichten, um so ihre spezifische Festigkeit besser auszunutzen. Dagegen vertritt INICHAR die Auffassung, daß in derartig weichem Gestein der Ausbau verhältnismäßig elastisch bleiben muß. Bei sämtlichen Versuchen wurde beobachtet, daß die Quetschhölzer die Lastaufnahme der Betonsteine verzögern, dann jedoch ihre Zerstörung beschleunigen.

Dank der Quetschhölzer kann die Entspannung des Gebirges gleichmäßig aufgefangen und verteilt werden, ohne daß es zu starken Spannungen in den Steinen kommt. Ein Ausbau ohne Quetschhölzer dagegen, d. h. ein starrer Ausbau, gestattet keinerlei Entspannung des Gebirges. Der Druck wirkt rasch auf die Betonsteine ein und setzt sie Beanspruchungen aus, die in kürzester Zeit ziemlich nahe an die Grenze der Bruchlast herankommen.

Versuche in einer Campine-Zeche haben bestätigt, daß der Ausbau der Gesteinsstrecken in weichem Gebirge elastisch bleiben muß. Bild 7 zeigt zwei aneinandergrenzende Abschnitte der gleichen Gesteinsstrecke, in einem Falle mit Quetschhölzern zwischen den Steinen, im anderen Falle ohne. Wie man sieht, sind die Steine in dem Abschnitt mit Quetschhölzern unversehrt geblieben, im anschließenden Abschnitt dagegen zum größten Teil gerissen oder zerbrochen (8).

Immerhin waren die Versuche im Laboratorium insofern von großem Gewinn, als sie zu der Erkenntnis geführt haben, daß infolge der Schwäche der elastischen Einlagen die hohe spezifische Festigkeit der mit so viel Sorgfalt hergestellten Betonsteine nur unzulänglich ausgenutzt wird. Die Bemühungen sind deshalb darauf gerichtet, als Ersatz für die Quetschhölzer ein besseres Material ausfindig zu machen, das folgende Eigenschaften aufweisen muß:

1. Es soll soweit elastisch und gleichmäßig sein, daß es die Ungleichmäßigkeiten der Betonsteine aufnehmen und die Last gleichmäßig verteilen kann.
2. Es soll sich in Längs- und Querrichtung so wenig wie möglich verformen, damit nicht durch die Fließbewegung des elastischen Materials Zugkräfte auf die Fläche der Steine einwirken.
3. Seine Druckfestigkeit muß so hoch liegen, daß es nicht bereits unter zu geringer Last zermalmt wird, sondern sich unter zunehmender Belastung eine gewisse Elastizität bewahrt.
4. Es darf sich nicht unter der Einwirkung des Grubenwassers zersetzen.
5. Es soll nach Möglichkeit nicht brennbar sein, so daß der Ausbau eines derartig ausgedehnten Streckennetzes unbedingt sicher gegen Feuer ist.

Man hat im Laboratorium bereits Versuche mit verschiedenen Erzeugnissen angestellt, wie Preßholz, Nové, Linex (zusammengepreßte Flachsabfälle), und Ergebnisse erzielt, die wesentlich günstiger als bei Verwendung von Quetschhölzern waren. Die Bruchlast des Gesamtausbaues (Steine + Einlagen) stieg von 100 bis 150 auf 300 bis 400 kg/cm². Zur Zeit laufen in der Grube Versuche mit diesen verschiedenen künstlichen Produkten, die sämtlich billiger sind als gewöhnliches Holz. Die ersten Ergebnisse berechtigen zu guten Hoffnungen.

B. In Abbaustrecken

In Abbaustrecken kann und darf der Ausbau der allgemeinen Absenkung des Gebirges nicht entgegenwirken, sondern er muß diese Bewegung mitmachen, ohne ihr einen allzu großen Widerstand entgegenzusetzen, der zu einer Konzentration des Druckes und zu Rissen im Streckenmantel führen würde. Der Ausbau soll nach Möglichkeit gestatten, daß die Schichten im Hangenden der Strecke sich als Ganzes absenken und das anstehende Gebirge seine ursprüngliche Geschlossenheit bewahrt.

Dieses Ergebnis erreicht man am besten, indem man beiderseits der Strecke zwischen Hangendem und Liegendem einen verhältnismäßig nachgiebigen Ausbau von gleichem Widerstandsvermögen und mit sehr großer Grundfläche einbringt. Hierfür sind feste, 4 bis 5 m breite Versatzrippen beiderseits der Strecke und mit Bergen ausgefüllte Holzkästen längs des Streckenstoßes vorzüglich geeignet. Auf diese Weise wird die Last des Hangenden gleichmäßig zu beiden Seiten der Strecke und ohne seitliche Verschiebungen auf das Liegende übertragen (9).

Die beiden festen Versatzrippen bilden Überdruckzonen, die jedoch in diesem Falle die nützliche Aufgabe erfüllen, als feste Auflageflächen für die Bildung eines Entspannungsgewölbes quer zur Strecke zu dienen und so den Streckenraum von der auf die Teufe zurückzuführenden starken Last zu befreien. Diese Rippen sind der eigentliche Ausbau. Die Auskleidung ist im Grunde nur ein Verzug, der freilich bei großer Teufe wichtig ist.

Diese Art des Ausbaues mit großen Auflageflächen schont das Gebirge und beugt dem Eindringen der Ausbauelemente in das Nebengestein vor. Man braucht die Abbaustrecken, sogar in weichem und fließendem Gestein, während der gesamten Lebensdauer eines Betriebspunktes nicht nachzureißen, sofern nicht außergewöhnliche Umstände auftreten, wie etwa geologische Störungen, Einwirkungen eines benachbarten Betriebspunktes, Wassereinbrüche usw. (10).

C. Im Streb

Auch im Streb darf sich der Ausbau der allgemeinen Bewegung des Gebirges nicht entgegensetzen. Im Strebraum selbst und in seiner näheren Umgebung kommt es zu einer Annäherung des Nebengesteins und damit zu einer unvermeidlichen Durchbiegung von Hangendem und Liegendem; Größe und Ausdehnung dieser Bewegung hängen von natürlichen Faktoren und Betriebsbedingungen ab. Der Ausbau muß ihnen angepaßt werden und soweit Widerstand leisten oder nachgeben, wie es erforderlich ist.

Dieser Widerstand ändert sich kaum mit der Teufe und ist, gemessen am ursprünglichen Überlagerungsdruck $H\,\delta$, nur gering. Dagegen spielt die Festigkeit des Nebengesteins eine entscheidende Rolle. Sie nimmt mit zunehmender Teufe ab, und oftmals ist der Widerstand, den das Gestein dem Eindringen des Stempels entgegensetzt, geringer als dessen Widerstand. In einem solchen Falle dringt der Stempel ein, und es bilden sich Risse im Gebirge, so daß dessen Zusammenhang und Verhalten empfindlich gestört werden können. Die von INICHAR durchgeführten Untersuchungen über die Festigkeit des Liegenden haben gezeigt, daß in Teufen zwischen 700 und 1260 m das Liegende von 30% aller Flöze dem Eindringen der Stempel einen Widerstand von weniger als 5 t entgegensetzt, und in der Hälfte aller Flöze liegt die Zahl unter 10 t. Sie gilt für Stempelfüße von 120 bis 150 cm^2, wie sie in Westeuropa üblich sind.

In weichem Gestein, wie es in der Campine vorherrscht, hat die Verwendung starrer Stempel im Streb zu schweren Störungen im Nebengestein geführt und sogar die Mechanisierung der Gewinnung gehemmt. Die Abschaffung dieser Stempel mit einer Tragfähigkeit von 80 t und der Übergang zu hydraulischen Stempeln mit einer Tragkraft von nur 20 t hat eine erhebliche Verbesserung des Verhaltens des Hangenden zur Folge gehabt. Die breiten Risse und Absenkungsbewegungen des Hangenden im Ausmaß von 15 bis 20 cm sind völlig verschwunden, und der für den Hobelbetrieb unumgängliche Ausbau mit stempelfreier Abbaufront ließ sich ohne Schwierigkeiten durchführen. Die Erfahrung zeigt also, daß Stempel mit geringer, aber gleichmäßiger und gleichbleibender Tragkraft, die von der Sorgfalt des Stempelsetzers unabhängig ist, weit bessere Ergebnisse liefern als stärkere Stempel, die in das Gestein eindringen und seinen Zusammenhang zerstören.

Die starren Stempel nehmen hohe Lasten auf und dringen dann tief ins Liegende ein, was zu plötzlichen und erheblichen Senkungen des Hangenden längs der Abbaufront führt. Die hydraulischen Stempel geben stattdessen unter mäßiger Belastung nach, so daß sich das Hangende langsam und gleichmäßig absetzen kann. Offene Risse an der Abbaufront treten nicht mehr auf.

Schlußfolgerung

In weichem Gebirge muß der Druck des Gesteins in Richtung auf die Abbauhohlräume durch einen zwar festen, aber hinreichend nachgiebigen Ausbau beherrscht und geregelt werden. In sämtlichen Bauen, gleich ob Gesteinsstrecken, Abbaustrecken oder Streben, ist starrer Ausbau zu einer vorzeitigen Zerstörung verurteilt, oder aber er ruft Risse im Gestein hervor, das dadurch jeden Zusammenhang verliert.

In solchen Lagerstätten müssen die vom Ausbau aufgenommenen Lasten auf das Gestein durch breite Auflageflächen übertragen werden, damit der Ausbau nicht ins Gestein eindringen kann, sondern dieses unversehrt läßt. Niemals darf der Auflagedruck des Ausbaues größer sein als die Festigkeit des Nebengesteins.

Wird der Betrieb unter Beachtung der oben angegebenen Regeln für die Ausrichtung, die Vorrichtung und die Wahl des Ausbaues geführt, so gelingt es, den erforderlichen Querschnitt der Baue während der gesamten Lebensdauer eines Reviers oder einer Sohle ohne hohe Unterhaltungskosten offenzuhalten.

Als Beispiel führen wir lediglich die beachtenswerten Ergebnisse an, die eine Zeche der Campine mit einer Tagesförderung von 7000 t in der Unterhaltung ihres umfangreichen Streckennetzes erzielt hat. Auf 100 t Förderung entfallen nur drei Schichten für Unterhaltung von Gesteinsstrecken und Blindschächten, obwohl deren Gesamtlänge mehr als 80 km beträgt; in den Abbaustrecken sind für Unterhaltungsarbeiten 1,5 Schichten für je 100 geförderte Tonnen erforderlich. Diese Leistungen konnten unter den schwierigen Verhältnissen nur durch peinliche Beobachtung der oben angegebenen Grundregeln erreicht werden.

LITERATUR

[1] *Creuels, F. H.* und *Hermes, J. M.:* Messung von Gebirgsdruckänderungen in der Nähe der Abbaufront. Intern. Tagung über Gebirgsdruckforschung; Essen, 1956.

[2] *Jacobi, O.:* Druck auf Flöz und Versatz. Intern. Tagung über Gebirgsdruckforschung; Essen, 1956.

B. SCHWARTZ, R. BUISSON UND R. DUBOIS

Nancy/Frankreich

Anwendung statistischer Methoden zur Charakterisierung der Wirksamkeit des Ausbaues und der Festigkeit der Sohle

I. Das Problem der Festigkeit des Nebengesteins

1. Praktische Bedeutungen der Untersuchungen

Die Wahl eines optimalen Stempeltyps für einen Abbau setzt die vorherige Untersuchung der Festigkeiten des Nebengesteins voraus.

Es ist widersinnig, ein Material zu verwenden, das z. B. einer Belastung von 60 t standhält, wenn die Stempel mit normaler Fußplatte schon bei einer Belastung von 5 t in die Sohle oder Firste eindringen. Das Material ist überdimensioniert, also zu schwer und zu teuer. Seine Verwendung für den Abbau kann sogar sehr ungünstig sein, da nämlich infolge seines Eindringens in das Gestein die Gefahr einer Zerstörung des Gebirges gegeben ist.

Daher ist der Komplex von Stempel + Kappe + eventuellem Quetschholz + Firste + Sohle in bezug auf seine Widerstandsfähigkeit als Ganzes zu betrachten. Das stellt mit aller Klarheit die große Bedeutung des Problems der Festigkeit des Nebengesteins heraus. Andererseits bedingt die Bestimmung der mittleren Festigkeitswerte einer Lagerstätte die Beschaffung optimalen Materials.

2. Größenordnung

Wir haben die Frage nach der Festigkeit des Nebengesteins deshalb aufgeworfen, weil mit den derzeitigen Stempeln die Eindringtiefen bedeutend und in zahlreichen Fällen sogar sehr beträchtlich sind.

Zum Beispiel sind in einem Streb Dowty-Stempel 10 bis 15 cm tief in das Gestein eingedrungen, im Mittel in dem Streb aber nur etwa 1,5 mm ineinandergeglitten. Wir können andere Beispiele nennen, in denen die Eindringtiefe weit über die Nachgiebigkeit hinausging (das Doppelte oder mehr).

Das bedeutet, daß der derzeitige Ausbau schlecht ausgenutzt ist. Diese Feststellung veranlaßte uns, ausgedehnte Untersuchungen auf diesem Gebiet anzustellen.

Diese Untersuchungen hatten vor allem den Zweck, Kennziffern für die Festigkeit des Nebengesteins zu ermitteln und das Verhalten des Ausbaues in den verschiedenen Abbauen zu bewerten.

II. Methoden zur Untersuchung der Festigkeit des Nebengesteins

1. Schnellmethode: die Presse

Die einfachste und gleichzeitig unmittelbarste Methode besteht in der Anwendung einer Presse, die eine „Kennlinie" des Nebengesteins ergibt. Auf diese Weise kann man insbesondere den Einfluß des Fußplattentyps untersuchen.

Diese Methode weist indessen eine erhebliche Unzulänglichkeit auf: Da die Meßgeschwindigkeit hierbei gegeben ist, wird der Faktor Zeit ausgeschaltet. In der Praxis spielt er aber eine erhebliche Rolle. Bekanntlich wird ein Gestein bei schneller Druckeinwirkung weit weniger zerstört, als wenn es der langsamen Einwirkung des gleichen Druckes ausgesetzt wird.

Hieraus ergab sich die Überlegung, bei der Untersuchung der Festigkeit des Nebengesteins die Stempel selbst zu verwenden.

2. Methode der unmittelbaren Untersuchung

a) Grundprinzip

Die Methode besteht im Vergleich der Konvergenz von zwei Meßpunkten mit dem Ineinandergleiten benachbarter Stempel (1).

Wenn Cj die Konvergenz während einer gegebenen Zeit und Ct das Ineinandergleiten während der gleichen Zeit darstellt, gilt für jedes Wertpaar $Cj - Ct$:

$$Cj = Ct + \text{Eindringtiefe in das Gestein.}$$

Hier ist jedoch auch unter anderem das Zerquetschen zusammendrückbaren Materials zu berücksichtigen (z. B. Pfänd- oder Quetschhölzer), das man häufig zwischen Kappe und Firste einbringt.

Zur Vermeidung derartiger Komplikationen läßt man die Pfändhölzer oder Keile über den Meßstempeln weg. Falls dies nicht möglich ist, mißt man die Zusammendrückung der kompressiblen Teile.

b) *Kritik des Prinzips*

Die überwiegende Mehrzahl der Strebe in Frankreich ist noch mit Reibungsstempeln ausgestattet. Die meisten unserer Untersuchungen wurden daher unter diesen Bedingungen durchgeführt. Die Reibungsstempel haben indessen für unsere Messungen bedeutende Nachteile, da ihr Verhalten in starkem Maße von ihren Vorspannungs- und Setzbedingungen abhängig ist.

Tatsächlich wird das Verhalten eines Stempels nach dem Vergleich von $Cj - Ct$ bewertet. Wenn das Ineinandergleiten eines Stempels mit der Konvergenz übereinstimmt (oder nahezu übereinstimmt), kann man dies in zwei ganz verschiedenen Richtungen auslegen.

Entweder ist das Nebengestein sehr fest, dann gibt es kein Eindringen, und der Stempel folgt den Bewegungen von Firste und Sohle.

Oder der Stempel folgt trotz weichen Gebirges noch den Bewegungen des Nebengesteins, da er nur sehr wenig verkeilt ist.

Diese Doppelbedeutung birgt die Gefahr von Irrtümern in sich.

c) *Derzeit angewandte Methode*

Um allen Momenten Rechnung zu tragen, haben wir hydraulische Stempel als Eichstempel verwendet. Wenn vor jeder Untersuchung der Einfluß des Entlastungsventils kontrolliert wird, kennt man auch genau die Gleitlast des hydraulischen Stempels.

Hierauf beruht die derzeitige Methode, die Konvergenz zwischen zwei Stempeln festzustellen, von denen der erste ein geeichter hydraulischer und der zweite ein Normalstempel des Strebes ist.

Im Falle schlechten Nebengesteins ist es jedoch üblich, zur Verteilung der Belastung Fußplatten zu verwenden. Um den Einfluß der Fußplatten zu untersuchen, haben wir verschiedene Stempeltypen, und zwar normale als auch hydraulische verwendet. Leider ist es sehr schwierig, mehr als zwei Grundtypen einzusetzen.

Das angewandte statistische Schema muß zwei Arten von Streuungsbereichen entsprechend zwei zueinander senkrechten Richtungen berücksichtigen: die Streuung längs der Strebfront und die Streuung längs der Verhiebs-Richtung des Strebs (kontinuierlicher Verhieb).

Dies ergibt bereits für zwei Grundtypen das folgende statistische Schema (2), das 4 Zonen (A, B, C, D), 4 Perioden[1]) und 4 Stempelpaare umfaßt.

Wir bezeichnen mit

N Normalstempel ohne Fußplatte,

Nx Normalstempel auf runder, 400 cm^2 großer Fußplatte,

H hydraulische Stempel ohne Fußplatte,

Hx hydraulische Stempel auf runder, 400 cm^2 großer Fußplatte.

Die vier Stempelpaare NH, NxH, $NxHx$ und NHx können z. B. jeweils in den Zonen A, B, C oder D liegen. Am Ende einer jeden Periode hat jedes der Paare die Zone gewechselt, z. B.: NH geht von A nach B, NxH von B nach C usw., so daß nach 4 Perioden jedes der 4 Paare je eine Periode in einer der 4 Zonen verbracht hat.

Jedes Stempelpaar wird also durch das Wechseln der Zonen durchaus gleichen Bedingungen unterworfen, was praktisch den Einfluß geologischer Unterschiede ausschaltet.

In der Praxis kann dieses Gesamtschema verhältnismäßig leicht realisiert werden, und ein einziger Arbeiter pro Schicht kann die gesamten Messungen durchführen. Wenn man mit 2 Arten von Fußplatten arbeiten will (d. h. mit mindestens 3 verschiedenen Grundtypen), wird das Schema weit komplizierter und erfordert mehr Personal.

3. Auswertung der Messungen

a) *Anfertigung von Tabellen*

Wenn man mit 4 Zonen operiert, erhält man gleichzeitig die 4 Stempelpaare:
$NH - NxH - NxHx - NHx$.

Jedes umfaßt — wie bereits gesagt — zwei Stempel, zwischen denen sich eine Konvergenz-Meßstelle befindet (1).

Die Konvergenz der zwischen den Stempeln liegenden Meßpunkte und das Ineinandergleiten der beiderseits gelegenen Stempel ergibt zwei weitere Paare Cj, Ct.

---

[1]) In der Praxis variiert die Periode zwischen 1 und 2 Wochen.

Hierfür ein Beispiel:

Für das Stempelpaar NH (Zone A, Bild 2) seien in der Linie 1[1]) folgende Meßwerte angenommen:

Normalstempel ohne Fußplatte	Konvergenzmessung	Hydraulischer Stempel ohne Fußplatte
(N)		(H)
$Ct = 22$ mm	$Cj = 41$ mm	$Ct = 28$ mm

Man erhält daraus für N: $Ct = 22$, $Cj = 41$

H: $Ct = 28$, $Cj = 41$

Für den gleichen Tag und die gleiche Periode erhält man bei dem Stempelpaar NH_x (in Zone D, Bild 2) ein zweites Wertepaar $Ct - Cj$ für den Normalstempel ohne Fußplatte N.

Bei einem weiteren Schritt ergeben sich also 2 Paare $Ct - Cj$ für den gleichen Stempeltyp. Wenn der Meßeinsatz 4 Perioden mit je n Schritten pro Periode umfaßt, ergeben sich demnach $2 \cdot 4 \cdot n$ Paare pro Stempeltyp und Linie.

Dies bezeichnen wir als Tabelle der Paare $Ct - Cj$.

b) *Auswertung einer Tabelle $Ct - Cj$*

Betrachten wir eine Tabelle, die z. B. 48 Paare $Ct - Cj$ umfaßt (Fall eines Schrittes pro Tag über 4 Perioden von je einer Woche Dauer). Die Tabelle ist in Form von 2 Kolonnen $Ct - Cj$ dargestellt. Wie bei jeder statistischen Untersuchung ist es von Interesse, die Zahlenkolonnen durch ihren Mittelwert $\bar{C}t\,\bar{C}j$ und ihre Streuung (S_{ct}, S_{cj}) zu ersetzen, oder besser noch durch $\bar{C}t$, $\bar{C}j$ und $\frac{S_{ct}}{\bar{C}t}\,\frac{S_{cj}}{\bar{C}j}$.

Der Vergleich der beiden Mittelwerte gestattet bereits, eine Art Ausbauwirksamkeit durch die Beziehung $D = \frac{\bar{C}t}{\bar{C}j}$ zu definieren.

Ebenso interessant ist es, diese Reihe von Paaren $Cj - Ct$ graphisch darzustellen oder noch besser, die graphische Darstellung durch den Korrelations-Koeffizienten r zusammenzufassen.[2])

Ein kleiner Wert r bedeutet entweder, daß kein Zusammenhang zwischen dem Gleiten (Ct) und der Konvergenz (Cj) oder aber eine sehr starke Streuung der Gleit- und Konvergenzwerte besteht oder beides. Alles in allem deutet ein geringer r-Wert auf eine sehr ungleichartige Wirksamkeit des Ausbaues. Ein hoher r-Wert hat die entgegengesetzte Bedeutung.

Anmerkung: Wir wählen die Bezeichnung mit Indices, die der Linie entsprechen, z. B. D_1, r_1 sind Werte von D und r in der Linie 1.

---

[1]) Wir weisen darauf hin, daß wir mit „Gleiten in der Linie 1 (Ct_1)" das Nachgeben eines Stempels während der Periode bezeichnen, wo er sich in der Linie 1 befindet, d. h. von dem Zeitpunkt an, in dem er dort eingesetzt wurde, bis zu dem Zeitpunkt, zu dem er in Linie 2 übergeht (Setzen der neuen Stempellinie). Analog bezeichnen wir mit Cj_1 die während der gleichen Periode ermittelte Konvergenz der Meßpunkte zwischen zwei auf einer Linie benachbarten Stempeln. Eine analoge Definition gilt für die anderen Linien $Ct_2 - Cj_2 - Ct_3 - Cj_3 \ldots$

[2]) $r = \frac{\sum (Ct - \bar{C}t)\,(Cj - \bar{C}j)}{S_{ct} \cdot S_{cj}}$

Wir erwähnen, daß auf statistischer Ebene diese Formel eine Bewertung des Korrelationskoeffizienten darstellt, die um so genauer ist, je höher die Anzahl der Paare wird.

c) *Anwendung auf die Untersuchung eines Abbaues*

1. „Anfangs"-Festigkeit

Bei Benutzung der Tabelle $Ct - Cj$ für geeichte hydraulische Stempel kann die Gesamtheit von $D = \frac{\overline{C}t}{\overline{C}j}$ und r die Festigkeit des Nebengesteins charakterisieren. So drückt z. B. ein sehr geringer Gesamtwert von $D = \frac{\overline{C}t}{\overline{C}j}$ und r das Vorhandensein eines weichen und ungleichartigen Nebengesteins aus. Wenn sich dagegen D und r nur wenig von 1 unterscheiden, handelt es sich um festes und homogenes Nebengestein.

Ein kleiner D-Wert bedeutet, daß das Gleiten im Verhältnis zur Konvergenz gering, die Eindringtiefe also groß ist, und daß das Nebengestein in bezug auf die Stempelbelastung weich ist, wobei die Belastung konstant und genau definiert ist.

D kennzeichnet also gut die Festigkeit des Nebengesteins[1]). Ebenso spiegelt r auf Grund des gleichartigen Verhaltens des geeichten Stempels die ungleichartige Festigkeit des Nebengesteins wider.

Die Anfangsfestigkeit wird definitionsgemäß insgesamt durch die Werte D_1 r_1 der geeichten hydraulischen Stempel ohne Fußplatte gekennzeichnet.

2. Verschlechterung des Nebengesteins nach dem Alten Mann hin

Durch den Vergleich der Anfangsfestigkeit (D_1, r_1) kann man feststellen, ob sich eine Verschlechterung mit der Festigkeit auf der Linie 2 (D_2, r_2) ergibt. Der Versuch zeigt, daß sich D und r im allgemeinen in der gleichen Richtung ändern.

Wenn D und r kleiner werden, so zeigt dies eine Verschlechterung von Linie 1 zur Linie 2 an.

Wenn sie dagegen größer werden, wird das Nebengestein nach einer gewissen Eindringtiefe widerstandsfähiger.

3. Trennung der First- und Sohleneinflüsse

Bisher war es unmöglich, First- und Sohleneinflüsse zu unterscheiden. Dies wird auf Grund des Studiums der Tabellen für die hydraulischen Stempel mit Fußplatten möglich.

Wenn also die Festigkeitswerte bei Stempeln mit Fußplatten wesentlich größer als bei Stempeln ohne Fußplatten sind, so liegt die Ursache darin, daß die Fußplatte zu einer Verbesserung beigetragen hat, die Sohle also weich war. Ist die Verbesserung sehr erheblich und erhält man mit Fußplatten sogar D- und r-Werte, die nahe bei 1 liegen, so bedeutet dies, daß die Sohle die Hauptursache hierfür war.

Findet keine Verbesserung der Festigkeit statt, so ist die Firste die Ursache. Auf diese Weise wird es möglich, die Festigkeiten von Firste und Sohle und deren Verschlechterung zu unterscheiden.

4. Bewertung der durch Normalstempel aufgenommenen Belastung

Durch den Vergleich der normalen (Nx) und hydraulischen (Hx) Stempel mit Fußplatten gleicher Grundfläche (runder Querschnitt von 400 cm² auf der Sohle, Gelenkkappe an der Firste) kann man qualitativ aussagen, ob die Belastung der Normalstempel größer, gleichgroß oder kleiner ist als die genau bestimmte Belastung der hydraulischen Stempel (20 t).

---

[1]) Man darf festes Nebengestein nicht ohne weiteres gutem gleichsetzen. Manches plastische Gestein kann, ohne Schaden zu nehmen, erhebliche Verformungen überstehen, was wiederum bei manchen biegsamen Gesteinen nicht der Fall ist. Hierdurch ergibt sich die Notwendigkeit, diese Messungen mit einer Reihe unmittelbarer Beobachtungen zu verknüpfen.

5. Verhalten des üblichen Strebausbaues

Im allgemeinen handelt es sich hier um das Verhalten von Normalstempeln ohne Fußplatte (N), das bewertet werden kann, wenn man es mit dem Verhalten der hydraulischen Stempel ohne Fußplatte (H) vergleicht.

6. Einfluß der Fußplatten auf den Strebausbau

Die Tabellen für Normalstempel mit und ohne Fußplatten (N und Nx) lassen erkennen, inwieweit die Anwendung von Fußplatten angebracht ist.

Folgerungen aus der Abbauuntersuchung

Die Abschnitte 1, 2 und 3 ermöglichen es, das Nebengestein sowohl im Hinblick auf seine Festigkeit als auch seine Verschlechterung von der Strebfront bis zum Alten Mann hin zu charakterisieren.

Die Abschnitte 4, 5 und 6 gestatten in ihrer Gesamtheit, das Verhalten des Strebausbaues zu studieren und mögliche Verbesserungen im Abbau vorzusehen.

Der Gesamtinhalt dieses Abschnittes ist in einer tabellarischen Übersicht zusammengefaßt (3).

d) Allgemeine Folgerungen über den Ausbau

Der vorhergehende Abschnitt bezog sich nur auf Tabellen für einen einzigen Abbau. Wir haben nun bereits an Hand der beschriebenen Methode mehrere Untersuchungen und noch viele andere, einfachere durchgeführt. Die Gesamtheit dieser Beobachtungen gestattet es, allgemeinere Schlußfolgerungen über den Einfluß der Fußplatten und die Weiterentwicklung des modernen Ausbaues zu ziehen.

III. Erzielte Ergebnisse

Die Ergebnisse von fünf Untersuchungen sind in Bild 4 zusammengefaßt. Wir bringen als Beispiel eine ausführliche Beschreibung einer dieser Untersuchungen.

Untersuchung des Flözes B 9a – Faulquemont (H. B. L.)

A) Untersuchung des Nebengesteins (ausgehend von geeichten hydraulischen Stempeln)

1. Anfangsfestigkeit: TH_1[1] ergibt: $\begin{cases} D_1 = 45\% \\ r_1 = 0{,}20 \end{cases}$

   Das bedeutet mittlere, ziemlich ungleichartige Festigkeitswerte[2].

2. Verschlechterung:

   Vergleich von TH_1 und TH_2: $TH_1 \begin{cases} D_1 = 45 \\ r_1 = 0{,}20 \end{cases}$

   $$TH_2 \begin{cases} D_2 = 24 \\ r_2 = 0{,}01 \end{cases}$$

   Der D-Wert von 45 in Linie 1 sinkt auf 24 in Linie 2 ab. Das bedeutet eine merkliche Verschlechterung des Nebengesteins und, da r von 0,20 auf 0,01 fällt, eine Erhöhung der Heterogenität des Gebirges. ($r_1 = 0{,}20$, $r_2 = 0{,}01$).

---

[1]) Wir wenden die gleichen Bezeichnungen an wie in Bild 3.

[2]) Praktisch variieren die Werte $D = \frac{\overline{Ct}}{\overline{Cj}}$ von 0 bis 80% und diejenigen der Korrelationskoeffizienten r von 0 bis 0,9 (mitunter erhält man sogar negative Werte) je nach der Festigkeit des Nebengesteins und seiner Heterogenität. Insbesondere – und dies ist wesentlich – müssen wir bei Werten nahe 0,7 oder 0,8 annehmen, daß der Ausbau gut standhält und praktisch nicht nachgibt.

3. Einfluß der Fußplatten von 400 cm² Größe

Vergleich von $\begin{cases} TH_1 - TH_1^z \\ TH_2 - TH_2^z \end{cases}$

In Linie 1: $TH_1 \begin{cases} D_1 = 45 \\ r_1 = 0{,}20 \end{cases}$ $TH_1^z \begin{cases} D_1 = 68 \\ r_1 = 0{,}62 \end{cases}$

D mit Fußplatten höher als ohne $(68 > 45)$ bedeutet, daß die Fußplatte einen Einfluß hat und in bezug auf die Festigkeit des Nebengesteins[1]) ein sehr gutes Verhalten zu erreichen ermöglicht.

Ebenso bedeutet die Änderung von r $(0{,}62 > 0{,}20)$ eine deutliche Verminderung der Heterogenität.

Die Widerstandsfähigkeit hängt also in starkem Maß von der Sohle ab, während die Firste eine geringere Rolle spielt, da der D-Wert mit Fußplatten dem maximalen D nahekommt.

In Linie 2: $TH_2 \begin{cases} D_2 = 24 \\ r_2 = 0{,}01 \end{cases}$ $TH_2^z \begin{cases} D_2 = 61 \\ r_2 = 0{,}35 \end{cases}$

$D: 61 > 24$ bedeutet eine starke Einwirkung der Fußplatte, die in Linie 2 noch deutlicher ist als in Linie 1. Ebenso verhält es sich mit der Heterogenität $(r = 0{,}35 > 0{,}01)$.

Schlußfolgerungen über das Nebengestein des Strebes

Firste widerstandsfähig – Sohle weich – (ungleichartige Festigkeit).

Erhebliche Verschlechterung der Sohle in Linie 2, sehr widerstandsfähige Firste.

B) Untersuchung des Strebausbaues (Verbesserungen)

4. Belastungsaufnahme durch die normalen (Reibungs-)Stempel

Vergleich von $\begin{cases} TH_1^z - TN_1^z \\ TH_2^z - TN_2^z \end{cases}$

In Linie 1: $TH_1^z \begin{cases} D_1 = 68 \\ r_1 = 0{,}62 \end{cases}$ $TN_1^z \begin{cases} D_1 = 76 \\ r_1 = 0{,}73 \end{cases}$

In Linie 2: $TH_1^z \begin{cases} D_2 = 61 \\ r_2 = 0{,}35 \end{cases}$ $TN_2^z \begin{cases} D_2 = 66 \\ r_2 = 0{,}27 \end{cases}$

Die beiden Stempelarten (hydraulische und normale) sind unter gleichen Arbeitsbedingungen eingesetzt: Gelenkkappen an der Firste, runde Fußplatten mit einer Fläche von 400 cm² auf der Sohle.

Man erhält hier $68 < 76$ in Linie 1 und $61 < 66$ in Linie 2. Die Werte r (0,62 gegen 0,73 und 0,35 gegen 0,27) unterscheiden sich praktisch zuwenig voneinander – die Korrelations-Koeffizienten sind selbst bei 50 Paaren nur wenig „bekannt" –, als daß man daraus Folgerungen ziehen könnte (mit anderen Worten: die r-Werte sind nicht „bezeichnend verschieden").

Der Umstand, daß der D-Wert für hydraulische Stempel niedriger ist als für normale, besagt, daß die hydraulischen Stempel tiefer eindringen als die normalen (Eindringtiefe $= Cj - Ct$), daß ihre Belastung also größer ist und dies durchaus in den gleichen Proportionen in Linie 1 und Linie 2.

Der Strebausbau arbeitet also bei mindestens 20 t und praktisch konstanter Belastung.

Der Konstrukteur gibt jedoch für diese Stempel bei Beginn des Gleitens eine Belastung von 22 bis 25 t an und eine sehr wenig geneigte Kennlinie. Letzte erklärt das Verhalten

---

[1]) Siehe Fußnote 2 auf S. 79.

bei nahezu konstanter Belastung, doch muß die schwächere Belastung zu Beginn des Gleitens vor allem von einem ungenügenden Anfangsdruck herrühren. Freilich sind die Arbeitsbedingungen nicht die gleichen wie in einem Versuchslaboratorium; die Arbeiter im Streb sind behindert, ihre Stempel richtig vorzuspannen (geringe Mächtigkeit des Flözes), die Belastungsgeschwindigkeiten sind verschieden, und schließlich ist das Material nicht mehr neu.

5. Verhalten der Normalstempel ohne Fußplatten

Vergleich von $\begin{cases} TH_1 - TN_1 \\ TH_2 - TN_2 \end{cases}$

In Linie 1: $TH_1 \begin{cases} D_1 = 45 \\ r_1 = 0{,}20 \end{cases}$ $\quad TN_1 \begin{cases} D_1 = 31 \\ r_1 = 0{,}23 \end{cases}$

In Linie 2: $TH_2 \begin{cases} D_2 = 24 \\ r_2 = 0{,}01 \end{cases}$ $\quad TN_2 \begin{cases} D_2 = 21 \\ r_2 = 0{,}17 \end{cases}$

Die Werte $45 > 31$ in Linie 1 und $24 > 21$ in Linie 2 zeigen ein stärkeres Eindringen der Normalstempel in das Nebengestein an (auch hier sind die r-Werte noch nicht „bezeichnend verschieden").

Wir haben jedoch gesehen, daß sie eine weniger große Belastung aufnehmen als die hydraulischen Stempel. Infolge der geringen Widerstandsfähigkeit der Sohle kann das verstärkte Eindringen zurückgeführt werden auf:

eine stärkere spezifische Belastung der Normalstempel (Grundfläche von 100 cm^2 gegen 165 cm^2 für hydraulische Stempel);

die Form der Grundfläche: viereckig für normale, halbkugelförmig für hydraulische Stempel.

6. Einfluß der Fußplatten auf den normalen Ausbau

In Linie 1: $TN_1 \begin{cases} D_1 = 34 \\ r_1 = 0{,}23 \end{cases}$ $\quad TN_1^x \begin{cases} D_1 = 76 \\ r_1 = 0{,}73 \end{cases}$

In Linie 2: $TN_2 \begin{cases} D_2 = 21 \\ r_2 = 0{,}18 \end{cases}$ $\quad TN_2^x \begin{matrix} D_2 = 66 \\ r_2 = 0{,}27 \end{matrix}$

Die Werte $76 > 34$ in Linie 1 und $66 > 21$ in Linie 2 zeigen den großen Einfluß der Fußplatten bei Normalstempeln und bestätigen, daß die geringe Widerstandsfähigkeit des Nebengesteins der Sohle zuzuschreiben ist. Die Homogenität wird ebenfalls durch die Verwendung von Fußplatten stark verbessert.

Schlußfolgerungen über den Strebausbau und die Verbesserungsmöglichkeiten

Die Bedeutung der Fußplatten in diesem Streb bedarf keiner Erörterung.

Das Eindringen der Normalstempel ohne Fußplatten beträgt bereits in Linie 1 ca. 23 mm im Mittel und erreicht vor der Bruchkante 60 mm.

Die Anwendung von Fußplatten muß zugleich das Gebirgsverhalten in der Abbaugasse verbessern und das Bruchwerfen erleichtern.

Tatsächlich hat die systematische Verwendung von Fußplatten, die nach dem Meßeinsatz für diesen Streb eingeführt wurde, eine sehr nennenswerte Verbesserung der Arbeitsbedingungen zur Folge gehabt.

Bemerkungen zu Bild 4 (Tabelle)

a) Wenn wir die Strebe (gemäß der Tabelle von oben nach unten) analysieren, erreichen wir das gesetzte Ziel und können

einerseits das Verhalten des Nebengesteins charakterisieren,

andererseits das Verhalten des Ausbaues studieren und für jeden Abbau die möglichen Verbesserungen vorsehen.

b) Bei Betrachtung der Tabelle in der Horizontalen machen wir folgende Feststellungen:

Bezüglich des Nebengesteins

sind merkliche Unterschiede in der Festigkeit zu bemerken,

kann vom Strebstoß zum Alten Mann entweder eine Verschlechterung oder eine Verbesserung erfolgen,

kann die geringe Widerstandsfähigkeit des Nebengesteins entweder auf die Sohle oder die Firste, gegebenenfalls auf beide zurückgeführt werden.

Im allgemeinen ist es unbedingt nötig festzustellen, welche dieser Möglichkeiten vorliegt, bevor man eventuelle Verbesserungen des Ausbaues vorsieht. Das Beispiel (4) der Flöze D. Hénin-Liétard und B 9a Faulquemont zeigt dies ganz deutlich. Selbst wenn man von gleichen Anfangsfestigkeiten ausgeht, kommt man hier zu entgegengesetzten Schlußfolgerungen.

(Faulquemont: Notwendigkeit von Fußplatten, da die Sohle weich ist),

(Hénin-Liétard: Fußplatten unangebracht, da Vorhandensein von Nachfallpacken).

Hier haben unmittelbare, mit großer Sorgfalt durchgeführte Beobachtungen nicht dazu geführt, daß auch nur in einem der beiden Fälle entschieden werden konnte, inwieweit Firste oder Sohle verantwortlich zu machen waren.

Bezüglich der Stempel:

Ihre Kennlinien sind wenig geneigt bis auf den Fall des Flözes $D - F_3$ Hénin-Liétard (es handelt sich um Material alten Typs). Die untersuchten Stempel arbeiten also bei nahezu konstanter Belastung.

Der Wert der Belastung hängt in starkem Maß von der Vorspannung ab.

Große Fußplatten führen zu einer Verbesserung, sind jedoch nicht immer notwendig.

(Auf diesen Punkt kommen wir noch in unseren Schlußfolgerungen zurück.)

Anmerkung: Alle diese Ergebnisse wurden ohne Anwendung eines Dynamometers erzielt. Die Einschaltung einiger Testmessungen mit Geräten wie der „*Jahns*schen Stempeleinschubpresse" würde unsere Untersuchungen erfreulich vervollständigen.

IV. Schlußfolgerungen – Zusammenfassung

Die vorstehend beschriebene Untersuchung ist für die Zukunft von zweifacher Bedeutung:

1. Unmittelbare Auswertung für die Praxis: Kontrolle des Nebengesteins und des Ausbaumaterials

Durch Beauftragung einer Person mit der Durchführung einer systematischen Analyse des Nebengesteins und des Ausbaumaterials der verschiedenen Abbauorte einer gegebenen Lagerstätte wird es möglich, das Ausbaumaterial wirksam zu kontrollieren und es zweckentsprechend zu verwenden. Gleichzeitig kann man hierbei verfolgen:

das Verhalten der Stempel in Abhängigkeit von ihrem Alter und ihrem Abnutzungsgrad, den Vergleich vorhandener verschiedener Stempelsorten und deren bestmöglichen Einsatz, indem man

entweder, wenn mehrere Stempeltypen mit sehr unterschiedlichen Kennlinien vorhanden sind, diese mit den Eigenschaften des Nebengesteins in Einklang bringt,

oder eventuell die Anwendung von Fußplatten anordnet.

2. Auswertung auf lange Sicht — Ausbautaktik

Für eine gegebene Lagerstätte kann man gemäß den Abbaubedingungen eine Flözkartei über die Eigenschaften des Nebengesteins einrichten.

Nach dieser Kartei kann man die an das Ausbaumaterial zu stellenden Anforderungen bestimmen.

Wir haben dieses Verfahren bei einer gewissen Anzahl von Untersuchungen herangezogen. Doch sind diese nicht sehr zahlreich (etwa zwanzig), und zudem über ganz Frankreich verteilt, so daß unsere diesbezüglichen Schlußfolgerungen lediglich einen hinweisenden Charakter haben:

In der Mehrzahl der Fälle haben wir ein Eindringen in das Nebengestein und im allgemeinen eine Verbesserung der Liegendverhältnisse durch Anwendung von Fußplatten festzustellen.

Solche Verbesserungen setzen jedoch nicht unbedingt die Verwendung großer Fußplatten voraus. Bereits Grundflächen, wie sie die hydraulischen Stempel aufweisen, können praktisch bei dem vorhandenen Material in vielen Fällen eine ausreichende Verbesserung bewirken.

Im übrigen erscheint eine Tragfähigkeit von 20 t für hydraulische Stempel ausreichend. Im Hinblick auf ihre derzeitige Grundfläche würde eine höhere Belastung eine Vergrößerung dieser Fläche zur Folge haben. Die Nützlichkeit einer größeren Tragfähigkeit muß sich daher erst erweisen, bis auf einige Ausnahmefälle, wie z. B. im Steinkohlenbecken der Provence.

Andererseits wäre es interessant, im Falle schlechten Nebengesteins Versuche mit hydraulischen Stempeln von geringerer Tragfähigkeit (10 bis 15 t) anzustellen.

Bild 3. Prinzip für die Untersuchung der Festigkeit des Nebengesteins und des Ausbauverhaltens eines Strebes

Nomenklatur

TH_1 Tabelle des Wertepaares $Ct - Cj$ von hydraulischen Stempeln ohne Fußplatte in Linie 1

TH_1^z Tabelle des Wertepaares $Ct - Cj$ von hydraulischen Stempeln auf 400 cm² großer Fußplatte in Linie 1

TN_1 Tabelle des Wertepaares $Ct - Cj$ von Normalstempeln ohne Fußplatte in Linie 1

TN_1^z Tabelle des Wertepaares $Ct - Cj$ von Normalstempeln auf 400 cm² großer Fußplatte in Linie 1

Entsprechendes gilt für die Linien 2, 3 . . . usw.

Das Symbol „TH_1" bedeutet: „aus Tabelle TH_1 wird abgeleitet . . ." Das Symbol „$TH_1 \longleftrightarrow TH_2$" bedeutet: „aus dem Vergleich der Tabellen TH_1 und TH_2 wird abgeleitet . . ."

Aufeinanderfolge der Untersuchungsetappen

A) Untersuchung des Nebengesteins
(nur ausgehend von hydraulischen Eichstempeln)

(1) TH_1 „Anfangs"-Festigkeit des Nebengesteins

(2) $TH_1 \longleftrightarrow TH_2$ Verschlechterung des Nebengesteins nach dem Alten Mann zu

(3) $TH_1 \longleftrightarrow TH_1^z$, $TH_2 \longleftrightarrow TH_2^z$ Verantwortlichkeit von Firste und Sohle für Widerstandsfähigkeit und Verschlechterung des Nebengesteins

Wobei → Schlußfolgerungen über die Eigenschaften von Firste und Sohle (Festigkeit, Homogenität) und ihre beiderseitige Verschlechterung in Abhängigkeit von der Zeit bedeutet.

B) Verhalten des Strebausbaues
(Vergleich von normalen mit hydraulischen Stempeln)

(4) $TH_1^z \longleftrightarrow TN_1^z$, $TH_2^z \longleftrightarrow TH_2^z$ Bewertung der Lastaufnahme durch die Normalstempel

(5) $TH_1 \longleftrightarrow TN_1$, $TH_2 \longleftrightarrow TN_2$ Verhalten des normalen Ausbaues ohne Fußplatten

(6) $TN_1 \longleftrightarrow TN_1^z$, $TN_2 \longleftrightarrow TN_2^z$ Einfluß der Fußplatten

Wobei → Schlußfolgerungen über den derzeitigen Einsatz des Ausbaumaterials im Streb und über die möglichen Verbesserungen des Abbauortes bedeutet.

Bild 4. Zusammenfassung der Abbauuntersuchungen hin

	(1) Untersuchungsphasen	(2) benutzte Tabellen (Bild 3)	(3) V. B 9a Faulque-mont (H. B. L.)		(4) V. D. Fosse 3 (HB-NPC-H nin-Liéta	
Geeichte hydraulische Stempel	1. Anfangsfestigkeit	TH_1	TH_1 (1) $\begin{cases} D_1 = 45\% \\ r_1 = 0{,}20 \end{cases}$	mittlere u. ungleichartige Festigkeit	$TH_1 \begin{cases} D_1 = 41\% \\ r_1 = 0{,}24 \end{cases}$	mittlere und ungleich artige Festigkeit
	2. Verschlechterung nach d. Alten Mann hin	$TH_1 \leftrightarrow TH_2$	$TH_2 \begin{cases} D_2 = 24\% \\ r_2 = 0{,}001 \end{cases}$	erhebliche Veschlechterung des Nebengesteins	$TH_2 \begin{cases} D_2 = 73\% \\ r_2 = 0{,}54 \end{cases}$	Wesentliche Verbes rung in Linie 2. Gl artigeres Verhalten
	3. Einfluß der Fußplatten	$TH_1 \leftrightarrow TH_1^x$	$TH_1^x \begin{cases} D_1 = 68\% \\ r_1 = 0{,}62 \end{cases}$	Linie 1: Für Festigkeit und Heterogenität im wesentlichen die Sohle verantwortlich	$TH_1^x \begin{cases} D_1 = 40\% \\ r_1 = 0{,}52 \end{cases}$	Linie 1: Kein Unt schied, also ist F verantwortlich
		$TH_2 \leftrightarrow TH_2^x$	$TH_2^x \begin{cases} D_2 = 61\% \\ r_2 = 0{,}35 \end{cases}$	Linie 2: Erhebliche Wirkung der Fußplatte, die Sohle verschlechtert sich noch in Linie 2	$TH_2^x \begin{cases} D_2 = 73\% \\ r_2 = 0{,}47 \end{cases}$	Linie 2: Kein U schied mehr, also k Verschlechterung de Sohle. Außerdem be tet 40 < 73 Verb rung der Firste
	Schlußfolgerungen über das Nebengestein der Abbaue	—	Widerstandsfähige Firste, Sohle in Linie 1 weich und heterogen. Erhebliche Verschlechterung der Sohle in Linie 2, die Firste sehr widerstandsfähig		Mittelmäßige Widerstandsfähigkeit in nie 1. Starke Verbesserung in Lin (schwache Schicht eines Nachfallpack Die Sohle ist sehr widerstandsfähig und schlechtert sich nicht	
Vergleich zwischen normalen und hydraulischen Stempeln	4. Lastaufnahme durch die normalen Stempel	$TH_1^x \leftrightarrow TN_1^x$	$TN_1^x \begin{cases} D_1 = 76\% \\ r_1 = 0{,}73 \end{cases}$	Belastung unterhalb 20 t	$TN_1^x \begin{cases} D_1 = 55\% \\ r_1 = 0{,}68 \end{cases}$	In Linie 1 liegt die lastung klar unter 2
		$TH_2^x \leftrightarrow TN_2^x$	$TN_2^x \begin{cases} D_2 = 66\% \\ r_2 = 0{,}27 \end{cases}$	Die Stempel arbeiten praktisch bei konstanter Belastung	$TN_2^x \begin{cases} D_2 = 70\% \\ r_2 = 0{,}87 \end{cases}$	In Linie 2 steigt die lastung merklich an überschreitet 20 t
	5. Verhalten der normalen Stempel ohne Fußplatten	$TH_1 \leftrightarrow TN_1$	$TN_1 \begin{cases} D_1 = 31\% \\ r_1 = 0{,}23 \end{cases}$	Verhalten starrer als das der hydraulischen Stempel	$TN_1 \begin{cases} D_1 = 34\% \\ r_1 = 0{,}14 \end{cases}$	Verhalten starrer al der hydraulischen S pel
		$TH_2 \leftrightarrow TN_2$	$TN_2 \begin{cases} D_2 = 21\% \\ r_2 = 0{,}18 \end{cases}$	Spezifische Last und Form der Grundflächen unterschiedlich	$TN_2 \begin{cases} D_2 = 59\% \\ r_2 = 0{,}26 \end{cases}$	Diese Verschlechte ist in Linie 2 fühlb wo die normalen S pel eine größere lastung aufnehmen die hydraulischen
	6. Einfluß der Fußplatten auf das Verhalten des Nebengesteins gegenüber dem Ausbau	$TN_1 \leftrightarrow TN_1^x$ $TN_2 \leftrightarrow TN_2^x$	Erhebliche Verbesserung durch die Fußplatten; (praktisch war die Sohle allein verantwortlich für die geringe Widerstandsfähigkeit)		Mittelmäßige Verbesserung (Firste wenig widerstandsfähig in Linie 1)	
	Schlußfolgerungen über den Strebausbau Verhalten mögliche Verbesserungen	—	Last bei Beginn des Gleitens geringer als durch den Konstrukteur angegeben (ungenügendes Antreiben) Großes Interesse an Fußplatten, die das Eindringen in die Sohle bereits von Linie 1 ab beschränken also: Verbesserung der Abbaugasse Erleichterung des Bruchwerfens Die nach diesem Meßeinsatz angeordnete systematische Anwendung großer Fußplatten hat zu sehr guten Ergebnissen geführt.		– Die Stempel verhalten sich normal ringe Anfangstragfähigkeit, geneigt Kennlinie – Eine etwas größere und runde Gr fläche würde die Verschlechterung Sohle ausgleichen. Im wesentlicher jedoch die Firste für die Verschlec rung verantwortlich – Kein Interesse für die Anwendung gr Fußplatten. Sie wären an der Firste n licher. Nach einem Eindringen von 35 im Mittel wird die Widerstandsfähig der Firste jedoch gut. Hier kann es gebracht sein, den Nachfallpacken be Gewinnung mit hereinkommen zu las	

Anmerkung: Die Werte für D (Ct/Cj) und r (Korrelations-Koeffizient) der verschiedenen Tabellen sind entsprechend ihrer Anwendung im Verlauf der jeweiligen Strebuntersuchungen angegeben.

(5)	(6)	(7)
V. 18 Faulquemont (H. B. L.)	V. 9 Fosse Lemay (HB NPC – Douai)	V. B 8h Faulquemont (H.B.L.)
$\begin{cases} D_1 = 36\% \\ r_1 = 0{,}23 \end{cases}$ mittelmäßige und ungleichartige Festigkeit	$TH_1 \begin{cases} D_1 = 28\% \\ r_1 = 0{,}47 \end{cases}$ sehr mäßige Festigkeit	$TH_1 \begin{cases} D_1 = 44\% \\ r_1 = 0{,}60 \end{cases}$ Mittlere und homogene Festigkeit
$\begin{cases} D_2 = 22\% \\ r_2 = 0{,}29 \end{cases}$ In Linie 2: Merkliche Verschlechterung der Festigkeit des Nebengesteins	Kein „Leben" der Stempel in Linie 2. Es gibt normalerweise nur 2 Ausbaulinien in dem Streb	$TH_2 \begin{cases} D_2 = 29\% \\ r_2 = 0{,}14 \end{cases}$ Merkliche und unregelmäßige Verschlechterung des Nebengesteins
$\begin{cases} D_1 = 52\% \\ r_1 = 0{,}65 \end{cases}$ Linie 1: Klare, aber unvollständige Verbesserung. Die Sohle ist dafür nicht die alleinige Ursache $\begin{cases} D_2 = 39\% \\ r_2 = 0{,}40 \end{cases}$ Linie 2. Verschlechterung von Firste und Sohle	$TH_1^z \begin{cases} D_1 = 58\% \\ r_1 = 0{,}82 \end{cases}$ Sehr starke Verbesserung, jedoch ist die Sohle nicht die alleinige Ursache dafür	$TH_1^z \begin{cases} D_1 = 55\% \\ r_1 = 0{,}57 \end{cases}$ Linie 1: ziemlich geringe Verbesserung, die Firste ist der Hauptverantwortliche $TH_2^z \begin{cases} D_2 = 48\% \\ r_2 = 0{,}70 \end{cases}$ Linie 2: stärkere Verschlechterung der Sohle
…elmäßige Widerstandsfähigkeit des …engesteins (Firste und Sohle), die sich …lich in Linie 2 verschlechtert.	Weiches Nebengestein. Erhebliche Verantwortlichkeit der Sohle (keine Linie 2 zur Feststellung der Verschlechterung)	Nebengestein von mittlerer Widerstandsfähigkeit Verschlechterung der Sohle tritt mehr hervor
$\begin{cases} D_1 = 66\% \\ r_1 = 0{,}66 \end{cases}$ Belastung unterhalb derjenigen der hydraulischen Stempel $\begin{cases} D_2 = 50\% \\ r_2 = 0{,}49 \end{cases}$ Die Stempel arbeiten praktisch bei konstanter Belastung	$TN_1^z \begin{cases} D_1 = 69\% \\ r_1 = 0{,}92 \end{cases}$ Geringe Anfangstragfähigkeit der Normalstempel	$TN_1^z \begin{cases} D_1 = 55\% \\ r_1 = 0{,}62 \end{cases}$ Belastung vergleichbar mit der der hydraulischen Stempel $TN_2^z \begin{cases} D_2 = 50\% \\ r_2 = 0{,}50 \end{cases}$ Sowohl in Linie 1 als auch in Linie 2 Belastung annähernd konstant
$\begin{cases} D_1 = 51\% \\ r_1 = 0{,}41 \end{cases}$ Verhalten weniger starr als das der hydraulischen Stempel $\begin{cases} D_2 = 31\% \\ r = 0{,}45 \end{cases}$	$TN_1 \begin{cases} D_1 = 49\% \\ r_1 = 0{,}80 \end{cases}$ Verhalten viel weniger starr als das der hydraulischen Stempel	$TN_1 \begin{cases} D_1 = 51\% \\ r_1 = 0{,}50 \end{cases}$ $TN_2 \begin{cases} D_2 = 28\% \\ r_2 = 0{,}34 \end{cases}$ Verhalten fast vergleichbar mit dem der hydraulischen Stempel in beiden Linien. Die Sohle scheint nicht auf unterschiedliche Grundflächenformen zu reagieren
…enzte Verbesserung, da die Firste …t mehr sehr widerstandsfähig ist.	Etwas weniger fühlbare Verbesserung als mit hydraulischen Stempeln infolge der geringen Tragfähigkeit der Normalstempel	Keine Verbesserung in Linie 1 Spürbare Verbesserung in Linie 2 infolge der Verschlechterung der Sohle
…st bei Beginn des Gleitens geringer … durch den Konstrukteur angegeben …ngenügendes Antreiben oder Material …genutzt). …s Eindringen in das Nebengestein …dert sich wenig bei der Einführung …n Fußplatten …r Firste ist ein wesentlicher Teil an …rantwortung beizumessen, daher be…ht für die Einführung von Fußplatten …nig Interesse	– Begrenztes Interesse an Fußplatten infolge geringer Anfangs-Tragfähigkeit der Stempel, die im übrigen der theoretischen Kennlinie entspricht. – Man könnte den Einsatz starrerer Stempel vorsehen, jedoch nur mit Einführung von Fußplatten	– Die Stempel dieses Strebs, die vom gleichen Typ wie die von B9a und V. 18 sind, haben eine bessere Anfangstragfähigkeit. – Das kommt von den Setzbedingungen, die in diesem Streb leichter sind. Das Verhalten ist also normal. – Fußplatten sind praktisch ohne Interesse, denn: – Keine Verbesserung der Abbaugasse; wenig Eindringen in Linie 2 und keine Bruchschwierigkeiten

W. DIETZE

Eisleben/DDR

Stand der weiteren Erforschung der Gebirgsmechanik im Mansfelder Kupferschieferbergbau

Für die weitere Mechanisierung des Mansfelder und Sangerhäuser Strebbaues ist die Erforschung der Gebirgsmechanik von großer Bedeutung. Die gebirgsmechanischen Forderungen ergeben einige grundsätzliche Widersprüche, die aus der hergebrachten Betrachtungsweise resultieren. Diese Widersprüche und die Enwicklungdes Strebbaues im Mansfelder Gebiet sollen im folgenden besprochen und über die zu ihrer Aufklärung erforderlichen Messungen berichtet werden.

Zur besseren Veranschaulichung der nachstehenden Erörterungen seien kurz die Schichtenfolge des Mansfelder Gebietes und die besonderen Eigenschaften der einzelnen Schichten dargestellt und die wesentlichen Schichten beschrieben.

1. Geologische Verhältnisse

Bild 1 zeigt das Normalprofil der Hangendschichten über dem Kupferschieferflöz. Von den interessierenden Schichten seien genannt die unmittelbar über dem Flöz (ca. 0,35 m mächtig) liegende „Fäule" (bis ca. 1,50 m mächtig), der darüberliegende Zechsteinkalk (ca. 5,00 m mächtig) sowie der dann folgende sogenannte Anhydrit (Unterer Werra-Anhydrit ca. 30 m, Oberer Werra-Anhydrit 20 m, mächtig); dazwischen kann je nach Ausbildung 6 m Steinsalz liegen. Der Anhydrit wurde oftmals als einheitliche Schicht bezeichnet, die sich insgesamt absenkt. Die neueren stratigraphischen Aufnahmen zeigen aber, daß der Anhydrit nicht schlechthin eine derbe Ablagerung ist, sondern aus einer Wechsellagerung von Anhydrit und Dolomit besteht. An Bohrkernen kann dies sehr deutlich gesehen werden. Für die in unserem Meßbereich liegenden Schichten wurden von *Jung* drei Zonen unterschieden. Die Unterschiede der einzelnen Zonen α, β, γ sind in Bild 2 zu ersehen. In den Zonen α und γ ist der Anhydrit dolomitisch fein bis grob gemasert, während er in der Zone β grob gebändert abgelagert ist. Bei den später noch zu besprechenden Messungen erklärt diese Tatsache auch das Verhalten des Anhydrits hinsichtlich seiner Absenkung.

2. Entwicklungsstadien des Bogenstrebs

Der gebogene Streb hat sich bekanntlich im Laufe der langen Zeit des Mansfelder Abbaues bei Handgewinnung als wirtschaftlichste Abbaumethode herausgebildet. Die Strebführung selbst unterlag jedoch verschiedenen Entwicklungsstadien, die im folgenden besprochen werden sollen. Zum besseren Verständnis dieser Darlegungen muß hier der Begriff „Profil" erläutert werden. Unter „Profil" versteht man in Mansfeld die verschiedene Ausbildung der Schlechten hinsichtlich Richtung und Stärke der Abdrücke.

Bild 3 zeigt die Ausbildung der erfahrungsgemäß auftretenden 6 Profile. Mit wachsender Belastung wird die Abdruckbildung (Abstand der einzelnen Schlechten voneinander) geringer, und die Schlechten richten sich auf. Bild 4 zeigt das Schema einer Strebführung aus dem Jahre 1918. Hier wurde ein Streb mit ca. 700 m Länge abgebaut. Nach einem Bericht von *Krummel* (1937) hatte dieser Streb – vom festen Gebirge aus gerechnet – auf ca. 100 m Streblänge Profil 1, dann bis 200 m Profil 2 und von dort schnell aufeinanderfolgend Profil 3 bis 5 ausgebildet. In diesem letzten Teil des Strebs waren die Schlechten im Dach geöffnet und die Arbeit daher gefährlich. Die Hauptdrücke, bei *Gillitzer* Periodendrücke genannt, wirkten sich im Streb aus. Auch nach damaliger Auffassung stand der Streb falsch. Er hing nämlich am Alten Mann zu weit zurück. Maßgebend für die Strebführung war aber die Förderung, die sich damals sonst zu stark verteuert hätte. Zur Verbesserung der Verhältnisse versuchte man, durch Bildung starker Ecken die Gesamtabsenkung an diesen Stellen zu unterbrechen. Dadurch sollten die Hauptdrücke durch Zu-Bruch-Bauen der entsprechenden Hangendschichten gemindert werden.

Bild 5 zeigt ein solches Schema, wie es auch von *Gillitzer* zur Regelung des Nutzdrucks vorgeschlagen wurde. Die Folge war, daß an den Ecken die Verhaulinie schlecht überwacht werden konnte, und außerdem traten in ca. 10 m Entfernung davon häufig Strebbrüche ein.

Mit der Entwicklung und Einführung der Huntehaspelförderung und gleichzeitigen Verlagerung des Abbaues nach der Teufe konnten etwa ab 1930 diese Verhältnisse durch Änderung des Abbauschemas (6) verbessert werden. Hier wurde der Grundsatz der Konstanthaltung der Streblänge, die bei den übrigen möglichen Verfahren nicht gegeben war, in den Vordergrund gestellt. Damit sollten gleiche Druckverhältnisse und auch gleiche Arbeitsverhältnisse geschaffen werden. Die Druckregulierung sollte also nicht mehr durch Eckenbildung, sondern durch Absetzen der Strebe erreicht werden. Der Verhieb erfolgte dabei wegen der damit verbundenen Erleichterung aller Arbeitsgänge im Streb grundsätzlich schwebend. Dieses Schema führte zu fühlbaren Leistungssteigerungen im Streb und war letzten Endes Voraussetzung für die Einführung der gegenüber der Treckarbeit in den Fahrten leistungsfähigeren Elektro-Huntehaspel-Förderung.

3. Probleme beim gegenwärtigen Verfahren und Widersprüche zum Geradstrebverfahren

Die Entwicklung zeigt also zunächst, daß für den betrachteten Zeitraum mit größer werdender Teufe der streichende Verhieb grundsätzlich zugunsten des schwebenden verschwindet.

Die Änderung des Abbauverfahrens auf den heutigen Stand ist aber nicht nur durch den Einfluß der Teufe bedingt, sondern ganz wesentlich durch betriebliche Fragen.

Es wäre ein Trugschluß, anzunehmen, daß lediglich infolge des stärker gewordenen Gebirgsdruckes nur noch kurze, stark gekrümmte Strebe möglich sind. Um gleiche Druckprofile im ganzen Streb zu haben, muß mit wachsender Streblänge die Krümmung geringer gehalten werden. Wie erklärte sich sonst die Tatsache, daß insbesondere 80-m-Bögen, vor denen drei Brigaden auf gleicher Höhe nebeneinander arbeiten, ihre ergiebigste Arbeit bei leicht aufgehauener Strebstellung und sehr flachem Bogen haben, der fast rechtwinklig zum Alten Mann ausläuft und dort in kurzem Bogen, der sogenannten „Krücke" – darauf wird noch eingegangen – endet (7).

Die stärkeren Druckverhältnisse, wie sie z. B. bei Pfeilern (8) vorliegen, ergeben als sicherste Strebstellung ebenfalls einen ganz flachen Bogen, der wiederum an den Abhieben nur kurz hängen darf. Aber eine weitere wesentliche Frage, die eben schon angedeutet wurde, warf sich durch die Entwicklung des Verfahrens mit abgesetzten Stößen und breitem Blick auf. Das war die Frage nach der Ausbildung der Strebaushiebe in die Strecken und am Alten Mann. Hier lagen kritische Punkte in der Verhaulinienführung. An diesen Stellen waren in der Folgezeit sehr oft schwere Unfälle durch Strebbrüche und Strebausbrüche zu verzeichnen.

Grundsätzlich stoßen an diesen Stellen die Zusatzdruckzonen zweier Stöße, nämlich die der Strecke oder der Fahrt und die des Strebes zusammen, was hier zu außerordentlichen Spannungsverhältnissen führen muß. Rein makroskopisch zeigt sich folgendes: An den Streckenstößen bzw. Fahrtenstößen bildet sich die sogenannte Druckwand, das sind abgedrückte Schalen, deren Stärke von den Druckverhältnissen an und für sich abhängig ist. Sie kann gewöhnlich bis zu 2 m betragen und wird bis etwa 4 m breit, wenn bei der Bearbeitung des Strebes an diesen Stellen nachlässig oder falsch gearbeitet wird. Bild 9 zeigt eine solche Druckwand, wie sie sich längs einer Strecke bildet, die im Liegenden mit Firstenhöhe in Strebhöhe aufgefahren wurde. Rechts ist der Streckenausbau, links der Strebaushieb zu sehen.

Etwa rechtwinklig zu den Schlechten der Druckwand – je nach Strebstellung – ergeben sich grundsätzlich nach der Bildung der Druckwand die Strebschlechten entsprechend des jeweiligen stabilen Strebprofils. Diese Schlechten streichen also an der Druckwand aus. Ist die Druckwand noch genügend tragfähig, so setzen die Strebschlechten in sie hinein und bilden das sogenannte Pflaster, welches gegen Zerrungserscheinungen im Dach sehr empfindlich ist.

Ihre Bildung ist im wesentlichen den Vorabsenkungserscheinungen infolge Absenkung des Hangenden oder Aufsteigens der liegenden Schichten, die wir später noch bei den markscheiderischen Meßergebnissen sehen werden, im Alten Mann längs der Fahrten und im Versatz längs des Strebes zuzuschreiben. An den Streckenaushieben liegt dieser Einfluß ebenfalls vor, kann jedoch je nach Standdauer erheblich durch die *Trompeter*sche Zone verstärkt werden. Bild 10 zeigt die schematische Darstellung der Verhältnisse, wobei insbesondere die Abdruckbildung eingezeichnet wurde. Das Zurückbleiben der Strebaushiebe, Schwänzung der Strebe genannt, kommt also dadurch zustande, darauf wurde auch oft hingewiesen, daß an diesen Stellen infolge stärkerer Einklemmung nicht einwandfrei durchgearbeitet wurde. Man ließ den Streb also mehr oder weniger mit einem kurzen Bogen auslaufen. Das ist in diesem Bild deutlich zu sehen. Daß die Strebschlechten etwa senkrecht auf den Schlechten der Druckwand stehen, geht aus Bild 11 hervor. Eine Verstärkung der „Krücke" bedeutet aber Stauung bzw. Störung der Absenkungsvorgänge an dieser Stelle. Die Strebteile im Bereich dieser Krücke haben also die stärksten Druckwirkungen im ganzen Streb zu verzeichnen.

In diesem Bereich bilden sich offenbar Zerrungszonen im Dach, die an den Übergangszonen zweier Profile infolge Hängenlassens der Strebe entstehen, je nachdem, ob wir uns am Aus- oder Abhieb des Strebes befinden.

Hier muß eine weitere Auffassung erwähnt werden, die sich im Laufe der Zeit eingebürgert hat, die aber insbesondere bezüglich der Eckenbildung an den Aushieben ein Argument gegen die Einführung von sehr flachen oder geraden Streben bildet, weil hier wegen der Förderung auf diese verzichtet werden muß. Der Streb muß hier rechtwinklig zur Strecke aushauen und ebenso in sehr kurzem Bogen in den Abhieb einmünden.

Das ist die Auffassung, wonach mit der „Veränderung der Krücke", also mit deren Stärkung oder Schwächung, die Arbeit im gesamten Streb reguliert werden kann. „Die Krücke ist das Ventil für die Druckwirkungen aus dem Alten Mann", sagt der Mansfelder. Das ist insofern richtig, als die Absenkung an dieser exponierten Stelle dann das im übrigen Streb vorhandene Maß nicht über- oder unterschreitet, wenn die Krücke richtig zur Druckwand hindurchgearbeitet wird. Wird sie zu kräftig, so kommt es bei Absenkung nach dem Versatzraum hin zu starken Belastungen und Zerrungen im Dach. Die Druckwand selbst ist, wie bereits angeführt, völlig zerstört und deshalb nicht in der Lage, irgendwelche Kräfte aufzunehmen. Das Dach wird unsicher. Der Mansfelder Bergmann sagt: „Der Druck aus dem Alten Mann springt über und wirft das Dach zu Bruch." Bei dem im Bild 12 ersichtlichen Strebaushieb zeigt sich, daß die Druckwand selbst zerstört ist, der Strebteil am Aushieb jedoch ungenügend bearbeitet wurde und daher fest ist. Die Auswirkungen zeigt Bild 13, aufgerissenes Liegendes und labile Profilausbildung im Streb, wodurch das unsichere Dach hauptsächlich an der Übergangszone der verschiedenen Profile entsteht, also etwa an den besagten 10 m vom Aushieb entfernt. Tatsächlich handelt es sich hierbei also um nichts anderes als um Zerrungserscheinungen im Dach durch zu starke Spannungsanhäufung an der zu tragfähigen Ecke. Die Abdrücke rutschen dann unter Wirkung des eigenen Gewichtes vor allem bei Erschütterung des Strebes durch Gebirgsbewegungen infolge Absenkung heraus oder müssen beräumt werden. Von seiten der Druckwirkungen ist daher eine völlige Durcharbeitung der Streckenaushiebe unbedingt erforderlich.

Bei Einführung der für Mansfeld nicht unbekannten Methode des Geradstrebabbaues wurde auf diese Ecken zumindest an den Aushieben verzichtet. Daß dies möglich ist, haben die bisherigen Versuche gezeigt. Eine weitere wesentliche Frage ist die Frage der Profilausbildung, die nach den bisherigen Erfahrungen allein abhängig von der Strebstellung war und welche die für die wirtschaftliche Gewinnung außerordentlich wichtige Scheidungsbildung vor allem im Flöz beeinflußt.

Sie ist tatsächlich von Einfluß, jedoch wird die Profilbildung nicht nur durch die Krümmung allein beeinflußt, sondern ist, wie auch u. a. *Gillitzer* richtig schreibt, ganz wesentlich abhängig von der Stärke des Fäule-, Zechstein- und Anhydritdruckes. Sie ist aber ebenso wesentlich abhängig von der Streblänge, wenn man sonst gleiche geologische und petrographische Bedingungen voraussetzt. Es ist also so, daß bei ein und derselben Streblänge irgendeine Krümmung möglich ist, die ständig eingehalten einwandfreie Arbeit liefert. Das zeigt die Praxis. Dabei ist die einwandfreie Durcharbeitung der Ab- und Aushiebe notwendig. Die Arbeit ist dann aber durch wesentliche Änderung der Krümmung nur noch ungünstig beeinflußbar.

Aus den gleichen Gründen gibt es bei großen endlichen Streblängen deshalb durchaus gleiche Profilausbildung unter sonst gleichen Bedingungen wie in entsprechend kürzeren, stärker gekrümmten Streben.

Wenn dann insbesondere bei Anwendung von Schießarbeit in der Gewinnung an den Aushieben die Druckwand in gleicher Höhe mit dem Streb weggenommen wird, so hat das keinen Einfluß auf die Profilausbildung, da von der Druckwand allein Kräfte nicht übertragen werden können.

Am Alten Mann kann daher eine regulierende Wirkung nicht der „Krücke" zugeschrieben werden, durch sie kann bei Veränderung höchstens zerstörende Wirkung erzeugt werden; sie muß vielmehr von der Strebstellung insgesamt zum Alten Mann abhängig sein. Wird der Streb am Alten Mann stark aufgehauen, so daß er dort schließlich rechtwinklig zur Abhiebsfahrt steht, so müssen sich ganz andere Druckwirkungen und damit Profilausbildungen zeigen. Ein solcher Streb wird unter Umständen wesentlich günstigere Absenkungsbedingungen für die hangenden Schichten haben, weil er sich insgesamt einer Generalverhaulinie nähert. Bei überhauenen Streben kann dann leicht das Gegenteil eintreten, wie Bild 14 zeigt, wo ein Strebbruch dadurch eingetreten ist, daß beim Aufhauen der ganze Streb nicht bearbeitet und ganz besonders die Krücke vernachlässigt wurde. Hier hatte sich glatte Lage, also eine Scheidung in 1,20 m Höhe gebildet.

Ein gerader Strebteil wird dann gefährlich, wenn es sich dabei um den zurückgebliebenen Teil eines sonst bogenförmig geführten Strebes handelt (15). Aus den auf der rechten Seite dargestellten monatlichen Kontrollzügen ist deutlich der unregelmäßige Strebvortrieb zu sehen. *Gillitzer* begründet in einem solchen Fall, daß dann die Einengungsspannung Null oder kleiner als Null wird, so daß Zerrungen im Strebdach auftreten können, die parallel zur Strebfront gerichtet sind. Die Ausbildung eines sogenannten Tonnengewölbes tue dann das ihrige. Zumindest für die erste Vermutung liegt m. E. keine Begründung vor. Die Versuche mit geraden Streben haben gezeigt, daß die Abdrücke auch in Geradstreben parallel zur Strebfront laufen. Damit entstehen Strebbrüche insbesondere durch Zerrungen in Versatzrichtung. In den Abhiebsfahrten der Geradstrebe konnten bisher noch keine Zerrungsbeanspruchungen oder Firstenbrüche festgestellt werden. Dagegen traten derartige Erscheinungen vereinzelt in Abhiebsfahrten von Bogenstreben auf, womit die Wirkung solcher Einengungsspannungen doch recht fraglich ist, zumal, wenn sie als Argument gegen die Geradestellung von Streben angewandt wird.

Bild 16 endlich zeigt einen Pfeilerstreb, der infolge zu starken Verhauens der Mitte auf 10 m Länge zu Bruch ging.

4. Messungen

Die hier aufgeworfenen Fragen sollen bei der bisherigen Versuchsdurchführung mit gerader Verhaulinie durch Messungen genauer untersucht und gedeutet werden. Es werden daher folgende Messungen durchgeführt:

1. Markscheiderische Erfassung der Senkungen und Hebungen der dem Streb benachbarten Schichten durch Feinnivellements und Anschluß an Fixpunkte.
2. Zur Abschätzung der Versatz- und Ausbaucharakteristik wurden Druckmessungen im Versatz u. a. mittels *Wöhlbier-Ambatiello*scher Druckmeßdosen durchgeführt.
3. Als rein statistische Betrachtung wurden Konvergenzschreiber eingesetzt.
4. Messungen in situ, und zwar zunächst im Vorfeld des Strebes mittels der druckakustischen Methode zunächst in der Fäule.
5. In letzter Zeit Einsatz von *Maihak*-Meßgebern ebenfalls zur Messung in situ im Vorderfeld des Strebes im Zechstein und Anhydrit sowie im Weißliegenden.

Zum zeitlichen Einsatz ist zu sagen, daß die unter 1., 2. und 3. aufgeführten Verfahren und Methoden von Anfang der Versuche an durchgeführt wurden. Die letzten beiden konnten erst relativ spät eingesetzt werden.

In Bild 17 wird ein Gesamtüberblick über das Versuchsfeld gegeben. Hierin sind die Meßstellen eingetragen. Die mit *B* bezeichneten Punkte stellen Vermarkungen jeweils von Fäule, Zechstein und Anhydrit im Hangenden und solche von Sohlenpunkten im Liegenden dar.

In den Bereich unserer Betrachtungen gehen nur die Schichten des unteren Werra-Anhydrits ein, da ihre meßtechnische Erfassung bis zu 15 m reicht. Die Vermarkungsgestänge stehen also im Anhydrit in den Zonen α bis γ. An den mit *M* bezeichneten Punkten waren Druckmeßmethoden teils unter starken Stahlspindeln, teils unter nachgiebigen Reibungsstempeln eingebaut. Die Jahreszahlen in den Teilflächen geben die Zahl an, in denen die einzelnen Strebe verhauen wurden, die römischen Ziffern die der einzelnen Quartale. Das Feld fällt von Westen nach Osten mit etwa 4° relativ regelmäßig ein. Die Kupferführung erstreckt sich auf die unteren drei Lagen und Hornbank sowie Teile des Weißliegenden.

5. Ergebnisse

Es soll jetzt im einzelnen auf die Ergebnisse der Nivellements eingegangen werden, die von *Eversmann* durchgeführt wurden. Wie bereits berichtet, senken sich Fäule und Zechstein sofort ab, während der Anhydrit nach Überschreiten von 8000 m² Verhaufläche ca. ein bis anderthalb Monate später als der Zechstein folgt, um auf den gleichen Betrag abzusinken.

Bild 18 zeigt die Verhältnisse an der Meßstelle B 5. Der Streb ist von hier aus mit 100 m Breite etwa 225 m zu Felde gefahren und wurde mit dem Ende des Jahres 1956 eingestellt. Es zeigt sich, daß die vermarkte Anhydritschicht, es handelt sich um Anhydrit der Zone α, nach 4 Monaten Auflage auf den vorher abgesunkenen Schichten gefunden hat, da nach diesem Zeitpunkt alle Punkte, also alle Schichten den gleichen Bewegungsrhythmus haben, der im wesentlichen von den charakteristisch verlaufenden Vorgängen bei der Zusammendrückung des Versatzes, wie sie *Kegel* beschrieben hat, und der Auflockerung der sich absenkenden Schichten abhängig ist. Die Absenkungen betragen im Endeffekt ca. 75 mm. Die Hebungen des Liegenden, die etwa ab diesem Zeitpunkt konstant verlaufen, wurden mit 50 mm gemessen, so daß die Strebkonvergenz nach etwa $2^1/_3$ Jahren ca. 85% beträgt, gegenüber etwa 73%, die *Eversmann* unter ungünstigeren Bedingungen auf Schacht „Fortschritt" im Bogenstreb gemessen hat. Wesentlichen Einfluß dürfte hierbei vor allen Dingen die Versatzdichte haben. Bild 19 zeigt den Verlauf für die gleichen Schichten für den Beobachtungspunkt B 18, also an einem Punkt, der sehr weit im abgebauten Feld der gleichen Breite liegt. Hier wurde der Anhydrit bis auf 15 m über dem Flöz vermarkt. Der Punkt liegt in der Zone des Anhydrits. Es zeigt sich, daß auch diese Zone grundsätzlich die Senkungen des Zechsteins mitmacht. Die absoluten Beträge erreichen auch hier noch nicht das Maß breiterer Feldesteile. Sie liegen aber schon in dieser Größenordnung.

Die Absenkung der in dem Meßbereich einbegriffenen Schichten des unteren Werra-Anhydrits erfolgt bei den bisher durchgeführten Geradstrebversuchen nicht periodisch oder plötzlich, sondern, wie das aus den eben gezeigten Bildern ersichtlich ist, relativ stetig. Wir wollen hier noch einmal auf die Betrachtung der Festigkeitseigenschaften der einzelnen Schichten und insbesondere des Anhydrits eingehen. *Wöhlbier* gab für die betreffenden Gesteine den in Bild 20 links dargestellten Verlauf an. Sie wurden im einachsigen Spannungszustand gemessen.

Diese Werte wurden später für die speziellen Verhältnisse am Versuchsflügel ebenfalls einachsig überprüft und im Bild 20 rechts dargestellt. Sie stimmen gut überein. Im Bereich praktischer Spannungen, also 145 kg/cm², liegen die E-Module von Anhydrit und Zechstein etwa in der gleichen Größenordnung. Die Fäule dagegen liegt um fast $^1/_8$ höher, während das Weißliegende in etwa dieser Größenordnung darunter liegt. Das bedeutet, da innerhalb des *Hooke*schen Gesetzes $\sigma = \varepsilon \cdot E$ gilt, daß für konstantes σ der Wert ε mit wachsendem E geringer wird. Die Fäule muß also zuerst zu Bruch gehen. Das tut sie auch in den meisten in der Praxis vorliegenden Fällen. Darauf wird noch eingegangen.

Von Einfluß auf die Brucherscheinungen in den einzelnen Schichten ist aber ganz wesentlich die von der Verformungsgeschwindigkeit abhängige Größe der kritischen Schubspannungen.

Da erstere von der Größe der Normalspannung abhängig ist, muß der Bereich vor dem Strebstoß, der großen spezifischen Spannungsänderungen ausgesetzt ist, also der Bereich, der die größte Verformungsgeschwindigkeit aufweist, insbesondere wenn er Übergangsbereich von einem in den anderen Spannungszustand ist, je nach den Einspannungsbedingungen der einzelnen Schichten verschiedenartige Zerstörungen oder Schlechtenbildung oder eben verschiedene Profilbildung aufweisen.

Für die Verhältnisse des Verhiebes des im Versuchsfeld (17) stehengelassenen Pfeilers ergaben sich solche Spannungsänderungen mit starken Steigungen in etwa 20 m vor dem Strebstoß. Um diese Verhältnisse vor dem Strebstoß eindeutiger erfassen zu können, wurden die bereits erwähnten druckakustischen Messungen angesetzt. Die Meßmethode wurde am Institut für Theoretische Physik und Geophysik von *Buchheim* entwickelt und von *Uhlmann* erstmalig zur Klärung der Spannungsverhältnisse in Pfeilern im Kalibergbau erfolgreich angewendet. Es kann daher hinsichtlich der Meßanordnung und Geräte auf die Arbeit von *Uhlmann* verwiesen werden, da unsere Messungen in gleicher Weise und mit den gleichen Geräten durchgeführt werden. Die erste derartige Messung wurde im Dezember 1957 in der

Pfeilermitte etwa 50 m im Vorfeld des Strebes begonnen. Die erforderlichen Bohrlöcher reichten für eine Meßtiefe bis 14 m aus. Sie waren in der Fäule so angesetzt, daß die Geschwindigkeiten in horizontaler und etwa vertikaler Richtung parallel zum sich nähernden Strebstoß gemessen werden konnten. In Bild 21 ist das Ergebnis der ersten Messung ersichtlich. Es ist der Verlauf der Schallgeschwindigkeit v_1 für alle Meßtiefen in beiden Meßrichtungen – oben horizontale, unten vertikale – über der Zeit aufgetragen. Die Kurven zeigen einen charakteristischen Verlauf. Mit Annäherung an den Strebstoß durchläuft die vertikale Geschwindigkeit ein ausgeprägtes Minimum. Das ist ein Zeichen dafür, daß die Spannung an dieser Stelle absinkt, da mit fallender Spannung wegen der damit verbundenen Auflockerung des Gesteinsgefüges die Geschwindigkeit kleiner wird. Danach steigt sie, wie es sich auch rechnerisch nachweisen läßt, gegen den Strebstoß hin wieder an. Gleichzeitig hat die horizontale Geschwindigkeit ein Maximum nach Durchlaufen eines Minimums, um danach offensichtlich mit der vorherigen Steigung weiterzulaufen. Eine Durchschallung quer zur größten Hauptspannung – an dieser Stelle ist diese sicher so groß gegenüber den übrigen beiden Hauptspannungen, daß angenommen werden kann, daß hier der Übergang vom vorwiegend drei- bis zweiachsigen Spannungszustand nach dem einachsigen als beendet angesehen werden kann – läßt bei Bildung eines solch ausgeprägten Minimums darauf schließen, daß an diesen Stellen vor dem Strebstoß starke Gefügeveränderungen vor sich gehen, die unter Umständen als beginnende Materialwanderung und damit Scheidungsbildung gedeutet werden können, zumal, wenn wie hier die vertikale Geschwindigkeitskomponente ebenfalls absinkt.

Das weitere Absinken der vertikalen und das ebenso starke Ansteigen der horizontalen Komponente kann bedeuten, daß das vorher vorhanden gewesene zumindest bruchnahe Stadium bei weiterer Annäherung des Strebes jetzt in ein Stadium starker Entlastung geführt hat. Es kann hier die Zone der Vorzerklüftung beginnen. Bemerkenswert ist noch, daß diese Übergänge in Streckenstoßnähe bzw. nach der Pfeilermitte hin wesentlich ruhiger verlaufen. Gleiches gilt dann auch sinngemäß bei Verhieb von Streben ins Ganze, als dem Gegenstück zum Pfeilerstreb, so daß hier grundsätzlich die Ausbildung von Profil 1 bis 2 erfolgt. Die Messung ist noch nicht abgeschlossen. Bild 22 zeigt den Verlauf von v_1 für beide Richtungen in 6 m Lochtiefe in Abhängigkeit vom Strebabstand. Es kann also sein, daß in dieser Entfernung vor dem Strebstoß (ca. 20 m) eine zeitlich begrenzte Entlastung der Schichten auftritt. Näheres müssen jedoch weitere Messungen ergeben.

Die Existenz solcher Spannungsänderungen — hier wurden sie am Pfeiler ermittelt – muß letzten Endes die primären Auswirkungen auf die Ausbildung insbesondere des Strebdaches haben. An besagtem Pfeiler war es z. B. trotz Einsatzes aller bergmännischen Erfahrungen nicht möglich, das Dach auf die ganze Streblänge völlig frei von Zerrungen zu halten. Die Streckenfirste dagegen steht innerhalb des Meßbereiches bis auf Schalenablösungen völlig sicher. Hier gibt es offenbar diese Spannungsänderungen, wie sie der Streb in seinem Vorfeld erzeugt, nicht – das war auch aus Bild 21 ersichtlich –, weil hier wegen des gegenüberliegenden Pfeilers derartige Erscheinungen, wie sie durch die Absenkung hervorgerufen werden, nicht eintreten können.

Daß der Bruch in der Fäule bereits vor dem Strebstoß eintritt, darauf hat bereits *Gillitzer* hingewiesen, das bedeutet augenblickliche Entspannung der übrigen Schichten. Die Wanderung der Schichten, wenn sie vorhanden war, wird Null. Sie beginnt erst wieder, wenn bei weiterem Absinken des Hangenden keine weitere Verfestigung der Fäule (speziell also der Dachschichten) vor dem Strebstoß stattfindet. Eine solche Verfestigung muß um so schwieriger werden, je stärker die Fäule zerstört wurde oder wenn sie aus anderen Gründen entlastet bleibt. Dann wird aber auch die horizontale Pressung der Fäule im Bereich des Strebraumes das für den sicheren Zusammenhalt des Strebdaches erforderliche Maß nicht mehr erreichen. Das Dach wird unsicher und muß in erster Linie durch den Ausbau getragen werden. Die entsprechenden Schichten werden also im Einspannlager bzw. im Bereich des Kämpfers offensichtlich durch Scherspannungen zerstört, wobei je nach Profilausbildung die hangende oder liegende Fläche der gedrückten Schicht, also die Scheidungsflächen, je nach Beschaffenheit des Gesteins und Größe der Normalspannung eine mehr oder weniger große Quasischmierung erlangt und damit Schlechten entsprechender Neigung ausgebildet werden. Auch die Stärke der Abdrücke richtet sich danach.

Es ist also nicht so, daß bei flacher Führung der Verhaulinie nur noch die Ausbildung des Profils 4 möglich wäre, sondern das Gegenteil ist das Fall, wenn es gelingt, die Konvergenz durch entsprechende Abbaugestaltung, Versatzhaltung und Verhaulinienführung an allen Strebstellen in dem erforderlichen Rahmen zu halten. Die hier gegebene Deutung der Problematik fand bei der Durchführung der Versuche mit gerader Verhaulinie und einer systematischen makroskopischen Beobachtung der Vorgänge beim bisherigen Verfahren ihre praktische Bestätigung.

Damit läßt sich die bisherige Anschauung zumindest in den dargelegten Punkten nicht mehr aufrechterhalten.

Eine umfassende Aussage ist jedoch erst nach Abschluß der laufenden Messungen möglich.

J. LITWINISZYN

Krakau/Polen

Statistische Methoden in der Gebirgsmechanik

Die Anwendung der Methoden der Mechanik kontinuierlicher Medien zur Erklärung der Erscheinung der Gebirgsbewegungen betrifft denjenigen Bereich erwähnter Erscheinungen, in dem die Transformierungen, welche diese Bewegung beschreiben, die Bedingung der Kontinuität erfüllen. Das Gebirge charakterisiert außer der Inhomogenität und Anisotropie gleichfalls Diskontinuität der mechanischen Eigenschaften. Im Gebirge treten Systeme von Sprüngen, Klüften und Schlechten auf. Als Folge des Einflusses des bergmännischen Abbaues bildet das Gebirge in gewissen Räumen Makro-Trümmerlagerstätten, bestehend aus einer Anhäufung mehr oder weniger loser Felsblöcke. Ein derartiges Medium bewahrt bei Bewegungen keinesfalls die Bedingung der Kontinuität der Transformierungen, die diese Bewegung beschreiben. Diese Bedingung wird von den klassischen Methoden kontinuierlicher Medien gefordert.

Im Zusammenhange damit hegen manche Forscher Zweifel, ob man die Erscheinungen der Gebirgsbewegungen mit Hilfe von Differentialgleichungen beschreiben kann. Eine solche Einschätzung der Sachlage erscheint jedoch zu pessimistisch. Die Mängel der Theorie der Gebirgsmechanik, welche auf Modellen der Mechanik kontinuierlicher Medien aufgebaut ist, sind nicht dadurch verursacht, daß diese Theorie mittels Differentialgleichungen formuliert wird, sondern durch die Tatsache, daß die gewählten Modelle in ungenügendem Maße der Wirklichkeit entsprechen.

Zahlreiche Ansammlungen von Felstrümmern haben eine riesig große Anzahl von Freiheitsgraden. Die klassische Mechanik erlaubt grundsätzlich, für ein derartiges mechanisches System die Bewegungsgleichungen aufzuschreiben. In der Praxis wäre jedoch die Bestimmung der Bahnen der einzelnen Blöcke unmöglich, ähnlich wie dies im Falle einer Sammlung von Gasatomen unmöglich ist.

Die riesig große Anzahl der Elemente, welche an der Erscheinung der Bewegung einer Gesteinstrümmerstätte teilnehmen, sowie die große Zahl der Vorgänge, die unter diesen Elementen eintreten, bringt andererseits den Gedanken nahe, zur Beschreibung gewisser Eigenschaften der Bewegung einer solchen Trümmerstätte statistische Methoden anzuwenden. Die Umstände, die die Lösung dieses Problems mittels der Methoden der klassischen Mechanik erschweren, erleichtern auf diese Weise, das Problem auf anderem Wege zu lösen. Die ungeheuer große Zahl der Freiheitsgrade des Systems, welches eine Makrotrümmerstätte bildet, ist der Grund, daß gewisse Gesetzmäßigkeiten, die in der Bewegung einer solchen Trümmerstätte auftreten, nur in geringem Maße von den Eigenschaften der Elemente dieser Trümmersammlung abhängig sind. Die Kenntnis dieser Gesetzmäßigkeiten kann uns für die Vorausbestimmung der Bewegung des Gebirges unter dem Einfluß von Abbau unter Tage nutzbringend sein.

Erwägungen, die auf ziemlich allgemeinen Forderungen von den Erscheinungen der Verschiebungen im Gebirge basieren, führen zu einer Differentialgleichung, mit deren Hilfe man die Größe dieser Verschiebungen bestimmen kann, wenn die Randbedingungen, die vom Abbau bestimmt werden, gegeben sind. Die erhaltene Gleichung ist der Gleichung der sogenannten stochastischen Prozesse ähnlich. Deshalb nennen wir Medien, in denen Dislokationen übereinstimmend mit dieser Gleichung vor sich gehen, stochastische Medien.

Im Falle von räumlichen Problemen stochastischer Medien enthält die erhaltene Gleichung sechs Funktionskoeffizienten. Durch Annahme verschiedener Art Gruppen von Symmetrieelementen des stochastischen Mediums kann man einige dieser Koeffizienten spezifizieren. Im einfachsten Falle eines horizontal geschichteten Mediums reduziert sich die Anzahl der Koeffizienten auf einen. In diesem Falle nimmt die Gleichung eine der Gleichung der Wärmeleitung analoge Gestalt an. Im allgemeinen Fall ist die erhaltene Gleichung der Gleichung der stochastischen Prozesse analog. Wir werden deshalb Medien, deren Bewegungserscheinungen von dieser Gleichung bestimmt werden, stochastische Medien nennen.

I.

Dieses Problem wollen wir durch ein zweidimensionales Beispiel illustrieren; die Erwägungen können jedoch ohne weiteres auf dreidimensionale Probleme angewendet werden. Wir gehen von einem kartesischen, rechtwinkligen Koordinatensytem $\{x, z\}$ aus, in dem die z-Achse besonders orientiert und senkrecht nach oben gerichtet ist. Dieses Koordinatensystem werden wir für die Bewegungen, welche sich in dem Schwerkraftfelde der Erde abspielen, benutzen.

Nehmen wir an, daß auf dem Horizont $z = z_1$ (1) ein Raum im Gebirge abgebaut wurde, der durch die Linie $z = z_1$ und eine durch die Gleichung $w = w(x, z_1)$ gegebene Kurve begrenzt wird. Dieser Abbau wird eine Senkungsmulde auf dem Horizonte $z = z_2$ verursachen, welche durch die Kurve $w = w(\xi, z_2)$ räumlich begrenzt wird.

Unter der Voraussetzung, daß $z_2 > z_1$ ist, führen wir nun in die Funktion $w = w(x, z_1)$ einen noch unbekannten Operator $\Omega_{z_1}^{z_2}$ ein und erhalten die Formel $w = w(\xi, z_2)$.

$$w(\xi, z_2) = \Omega_{z_1}^{z_2}\, w(x, z_1)\,. \tag{1.1}$$

Den Sinn dieser Gleichung kann man folgendermaßen in Worten ausdrücken:

Eine mit der Formel $w = w(x, z_1)$ bezeichnete Ursache, nämlich die Absenkung des Hangenden eines Flözes auf dem Horizonte $z = z_1$, hat eine Wirkung zur Folge, und zwar die Bildung einer Senkungsmulde auf dem Horizonte $z = z_2$. Die Form dieser Mulde gibt die Formel $w = w(\xi, z_2)$ wieder. Es wäre jetzt der Operator $\Omega_{z_1}^{z_2}$ näher zu definieren. Es wird angenommen, daß auf dem Horizont $z = z_1$, an der Stelle x eine gewisse Elementarfläche (auf Bild 1 doppelt schraffiert) $w(x, z_1)\,\Delta x$ abgebaut wurde. Dieser Abbau verursacht auf dem Horizont $z = z_2$ eine Senkungsmulde.

Das Profil der Senkungsmulde bestimmt eine Funktion, welche durch die Gleichung

$$w(\xi, z_2) = w(x, z_1)\,\Delta x\,\delta(x, z_1; \xi, z_2)$$

beschrieben ist, wo $\delta = \delta(x, z_1; \xi, z_2)$ einer gewissen Verteilungsfunktion ist.

Die Ordinaten $w = w(\xi, z_2)$ sind der Größe der jeweilig betrachteten Elementarflächen $w(x, z_1)\,\Delta x$ proportional. Die letztangeführte Gleichung bedeutet, daß der Prozeß der Bildung der Elementarsenkungsmulde ein linearer Prozeß ist.

Wenn noch angenommen wird, daß die Einwirkung des Abbaues auf dem Horizont $z = z_1$ auf den Horizont $z = z_2$ nach dem Abbau einer durch die Formel $w = w(x, z_1)$ bezeichneten Fläche durch Superposition aller Elementarursachen des Horizontes $z = z_1$ entsteht, können wir den Operator Ω folgendermaßen aufschreiben:

$$w(\xi, z_2) = \int_{-\infty}^{+\infty} w(x, z_1)\,\delta(x, z_1; \xi, z_2)\,dx \tag{1.2}$$

Dieser wird hiermit als Integrationsvorgang identifiziert. Der Integraloperator (1.2) hat die Bedingung zu erfüllen:

$$w(\xi, z_1) = \lim_{z \to z_1} \int_{-\infty}^{+\infty} w(x, z_1)\, \delta(x, z_1; \xi, z)\, dx \tag{1.3}$$

für $z > z_1$.

Das bedeutet, daß sich die Funktion $w = w(x, z_1)$ für $z \to z_1$ in sich selbst verwandelt (Einheitsoperator). Man kann Beispiele von Operatoren anführen, welche die Bedingungen (1.2) und (1.3) erfüllen.

Dieselben haben die Gestalt [1]

$$w(\xi, z_2) = \left[\int_{-\infty}^{+\infty} \Phi(s)\, ds\right]^{-1} (z_2 - z_1)^{-1} \int_{-\infty}^{+\infty} w(x, z_1)\, \Phi\left(\frac{\xi - x}{z_2 - z_1}\right) dx, \tag{1.4}$$

wobei die Funktion Φ in der Gestalt

$$\Phi_1(s) = e^{-a|s|^n}, \quad a > 0 \tag{1.5}$$

bzw.

$$\Phi_2(s) = 1 - (tgh\, s)^2 \tag{1.6}$$

angenommen wird.

Die Formeln (1.5) und (1.6) entsprechen Erscheinungen, die in der Natur beobachtet werden können. So kann man im Falle (1.5) für $n = 2$ einen gewissen Spezialfall erhalten, der in den Bereich der Theorie stochastischer Medien gehört und Senkungsmulden, die sich in der Natur bilden, entspricht. Im Falle (1.6) erhalten wir eine Funktion aus der Arbeit [2].

Damit wurde die Bestimmung und Vorausberechnung von Senkungsmulden in gegebenen Abbaubedingungen $w = w(x, z_1)$ auf die Bestimmung einer Funktion $\Phi = \Phi(s)$ zurückgeführt. Aufgabe der Modellversuche und der praktischen Betrachtungen ist es, diejenige Funktion zu finden, die zu den beobachteten Ergebnissen am besten paßt.

II.

Zu den im Abschnitt 1 genannten Voraussetzungen der Linearität und Superposition werden wir nun noch eine weitere hinzufügen.

Wie bereits gesagt wurde, wird die Senkungsmulde $w = w(\xi, z_2)$ auf dem Horizont z_2 durch die Senkungsmulde auf dem Horizont $z = z_1$ verursacht (1). Es kann nun aber für eine Senkungsmulde auf dem höher gelegenen Horizont z_3 folgende Beziehung aufgestellt werden:

$$w(\eta, z_3) = \Omega_{z_2}^{z_3}\, w(\xi, z_2)\,. \tag{2.1}$$

Es kann angenommen werden, daß die Mulde $w = w(\eta, z_3)$ auf dem Horizont $z = z_3$ mit der Mulde $w = w(x, z_1)$ auf dem Horizont $z = z_1$ direkt durch folgende Beziehung verbunden ist:

$$w(\eta, z_3) = \Omega_{z_1}^{z_3}\, w(x, z_1)\,. \tag{2.2}$$

Aus den Gleichungen (1.1), (2.1) und (2.2) geht hervor, daß zwischen den Operatoren Ω folgende Beziehung besteht:

$$\Omega_{z_1}^{z_3} = \Omega_{z_2}^{z_3}\, \Omega_{z_1}^{z_2}\,. \tag{2.3}$$

Für unseren Integrationsvorgang kann man diese Gleichung ebenfalls in der Form einer Integralgleichung für die Verteilungsfunktion δ darstellen.

$$\delta(x, z_1; \eta, z_3) = \int_{-\infty}^{+\infty} \delta(x, z_1; \xi, z_2)\, \delta(\xi, z_2; \eta, z_3)\, d\xi\,. \tag{2.4}$$

Diese entspricht formal der von *Smoluchowski* für die Diffusionstheorie entwickelten Gleichung [3]. Man kann nach *Kolmogorow* [4] noch einige weitere Annahmen über die Verteilungsfunktion δ machen und beweisen, daß die Funktion, welche die Ordinaten der Senkungsmulde $w = w(x, z)$ bestimmt, folgende Gleichung erfüllt [5]:

$$\frac{\partial w(x, z)}{\partial z} = \alpha(x, z)\, w(x, z) + \beta(x, z) \frac{\partial w(x, z)}{\partial x} + \gamma(x, z) \frac{\partial^2 w(x, z)}{\partial x^2}. \tag{2.5}$$

Die Koeffizienten α, β und γ sind Strukturkennziffern des Materials.

Diese Überlegungen, auf einen zweidimensionalen Fall angewendet, können auch für drei Dimensionen verallgemeinert werden [5]. Es wird ein rechtwinkliges Koordinatensystem $\{x_1, x_2, z\}$ angenommen, in dem die Achse der bevorzugten Veränderlichen „z" senkrecht nach oben verläuft und auf Grund analoger Überlegungen wie für den zweidimensionalen Fall folgende Differentialgleichung für die Ordinaten der Senkungsmulde $w = w(x_1, x_2, z)$ erhalten.

$$\frac{\partial w}{\partial z} = B_{11}(x_1, x_2, z) \frac{\partial^2 w}{\partial x_1^2} + 2 B_{12}(x_1, x_2, z) \frac{\partial^2 w}{\partial x_1 \partial x_2} + B_{22}(x_1, x_2, z) \frac{\partial^2 w}{\partial x_2^2} + A_1(x_1, x_2, z) \frac{\partial w}{\partial x_1}$$
$$+ A_2(x_1, x_2, z) \frac{\partial w}{\partial x_2} + N(x_1, x_2, z)\, w. \tag{2.6}$$

Die Form dieser Gleichung entspricht der Gleichung für stochastische Vorgänge[1]).

Die funktionellen Koeffizienten B_{11}, B_{12}, B_{22}, A_1, A_2 und N in der Gleichung (2.6) charakterisieren ähnlich wie die Koeffizienten in Gleichung (2.5) die strukturellen Eigenschaften des stochastischen Mediums. Wenn in diesem Medium einige symmetrische Eigenschaften angenommen werden, lassen sich einige der Koeffizienten bestimmen. Unter dieser Voraussetzung hat *Smolarski* die funktionellen Koeffizienten für drei praktisch wichtige Fälle ermittelt [6]. Es sind dies:

a) eine geneigte Schichtung, die den in Bild 3 dargestellten einfallenden Flözen entspricht,
b) eine senkrechte Schichtung, wie für die Flöze in 4,
c) eine horizontale Schichtung, wie die in Bild 5 dargestellten Flöze,

Man erhält infolgedessen drei spezielle Formen der Gleichung (2.6) für diese drei Fälle:

a) für geneigte (einfallende) Schichtung gemäß Bild 3

$$\frac{\partial w}{\partial z} = K_{11}(z) \frac{\partial^2 w}{\partial x_1^2} + K_{22}(z) \frac{\partial^2 w}{\partial x_2^2} + M_2(z) \frac{\partial w}{\partial x_2} + N(z)\, w \tag{2.6 A}$$

b) für senkrechte (stehende) Schichtung gemäß Bild 4

$$\frac{\partial w}{\partial z} = K_{11}(z) \frac{\partial^2 w}{\partial x_1^2} + K_{22}(z) \frac{\partial^2 w}{\partial x_2^2} + N(z)\, w \tag{2.6 B}$$

c) für horizontale Schichtung gemäß Bild 5,

$$\frac{\partial w}{\partial z} = B(z) \left(\frac{\partial^2 w}{\partial x_1^2} + \frac{\partial^2 w}{\partial x_2^2} \right) + N(z)\, w. \tag{2.6 C}$$

Wenn die Überlegungen auf zwei Dimensionen beschränkt werden und das Medium als nicht zusammendrückbar angenommen wird [5], erhält man die Gleichung (2.6 C) für horizontale Schichtung in der Form

$$\frac{\partial w}{\partial z} = B(z) \frac{\partial^2 w}{\partial x^2}. \tag{2.6 Ca}$$

Der Koeffizient $B = B(z)$ charakterisiert die Eigenschaften des Mediums, die sich im allgemeinen mit der Teufe verändern können.

Es wird nun folgender Fall eines bergmännischen Abbaues betrachtet: Flöz horizontal

[1]) Infolgedessen sollen die Medien, welche sich nach dieser Gleichung verhalten, weiter „stochastische Medien" genannt werden. Diese Bezeichnung hat *J. Mączyński* vorgeschlagen.

gelagert, von einer gleichmäßigen Mächtigkeit; w_0 wird auf der Sohle $z = 0$ bis zu $x = 0$ abgebaut (6). Der abgebaute Raum erstreckt sich vom Koordinaten-Nullpunkt nach rechts, das unverritzte Flöz nach links. Es bestehen also folgende Anfangsbedingungen:

$$w(x, 0) = \begin{cases} 0 & \text{für } x < 0 \\ w_0 = \text{const} & \text{für } x \geq 0 \end{cases}. \tag{2.7}$$

Für die Anfangsbedingungen (2.7) ist Auflösung der Gleichung (2.6 C)

$$w(x, z) = \frac{w_0}{\sqrt{\pi}} \int\limits_{-\frac{1}{2} f(z)^{-\frac{1}{2}}}^{+\infty} \exp(-s^2)\, ds \tag{2.8}$$

erforderlich, worin

$$f(z) = \int\limits_0^z B(s)\, ds \tag{2.9}$$

ist.

Die Gleichung (2.6 C) ist in der Form der Gleichung für die Wärmeleitung ähnlich. Zwischen der Erscheinung des nicht stationären Wärmeflusses und der Gebirgsbewegung besteht also eine mathematische Analogie. Die Temperatur in der Gleichung des Wärmeflusses entspricht den Teufenordinaten der Senkungsmulde und die Zeit der bevorzugten Höhenkoordinate z. Es bietet somit die Lösung der Gleichung (2.6.C) für beliebige Anfangsbedingungen keine besonderen Schwierigkeiten. Diese Lösung umfaßt als Sonderfall auch die Lösung, welche *Knothe* [8] schon vorher auf andere Weise erhalten hat, sowie die Lösung, welche durch Verallgemeinerung der von *Awerschin* [9] getroffenen Annahme in Verbindung mit dem Gesetz von der Erhaltung der Masse gefunden wurde [7]. Ein Musterbeispiel, das genau der stochastischen Methode entspricht, ist in [10] gegeben.

III.

In den bisherigen Überlegungen über Verschiebungen in stochastischen Medien wurde der Faktor Zeit nicht eingeführt. Es wurde angenommen, daß der betrachtete Zustand des Mediums, hervorgerufen durch aufgegebene Bedingungen, sich in der Zeit stabilisiert hat, und als solcher wurde dieser erwogen. Der Vorgang der Dislokation des Mediums spielt sich jedoch in Zeit und Raum ab. Der Prozeß der Bildung einer Senkungsmulde ist ein zeitlich-räumlicher. Nachfolgend wird ein Versuch angegeben, die Zeit in unsere Betrachtungen einzubeziehen.

Es wurde schon vorher der Begriff der Mulde eingeführt. Bei der Betrachtung von zweidimensionalen, flachen Verschiebungszuständen in einem kartesischen Koordinatensystem $\{x, z\}$ mit einer bevorzugten Richtung der z-Achse (senkrecht nach oben gerichtet, wenn der Vorgang im Schwerefeld der Erde stattfindet) wurde das Muldenprofil durch die Funktion

$$w = w(x, z)$$

bestimmt. Betrachten wir jetzt einen dreidimensionalen Zustand in Zeit und Raum (x, z, t), wo t die Zeitkoordinate darstellt[1]).

In diesem dreidimensionalen Zustand in Zeit und Raum wird ein kartesisches Koordinatensystem angenommen mit einer bevorzugten z-Achse, die senkrecht nach oben gerichtet ist. Das Profil der Senkungsmulde wird in Zeit und Raum durch die Funktion $w = w(x, z, t)$ bestimmt. Wir fordern, daß der Vorgang der Bildung der Senkungsmulde in Zeit und Raum

[1]) Das Problem kann selbstverständlich für einen vierdimensionalen Zustand in Zeit und Raum verallgemeinert werden.

dem Gesetze der Superposition folgt. Nehmen wir also an, daß die zeitlich-räumliche Senkungsmulde auf dem Horizont $z = z_1$

$$w = w(x, z_1, t),$$

auf dem Horizont $z = z_2 > z_1$ eine Senkungsmulde

$$w(\bar{x}, z_2, \bar{t}) = \int_{-\infty}^{+\infty}\int_{-\infty}^{+\infty} w(x, z_1, t)\, \varphi(x, z_1, t; \bar{x}, z_2, \bar{t})\, dx\, dt$$

hervorrufen wird, wobei

$$\varphi = \varphi(x, z_1, t; \bar{x}, z_2, \bar{t})$$

eine unbekannte Funktion der Verteilungsdichte in Zeit und Raum x, z, t ist.

Diese Funktion kann man als Dichte, welche die Wahrscheinlichkeit des Auftretens der Erscheinung in der Nachbarschaft eines zeiträumlichen Punktes $\bar{x}, z_2, \bar{t}$, bestimmt, wenn die Erscheinung im Punkte x, z_1, t aufgetreten ist, annehmen. Wenn wir zusätzlich, ähnlich wie im Abschnitt 2, Gleichung (2.3), die Forderung der Erscheinung in Zeit und Raum stellen, analog wie wir es im Raum getan haben, erhalten wir für die Funktion φ in Zeit und Raum die Integralgleichung von *Smoluchowski*

$$\varphi(x, z_1, t; \xi, z_3, \tau) = \int_{-\infty}^{+\infty}\int_{-\infty}^{+\infty} \varphi(x, z_1, t; \bar{x}, z_2, \bar{t})\, \varphi(\bar{x}, z_2, \bar{t}; \xi, z_3, \tau)\, d\bar{x}\, d\bar{t}$$

für beliebige $z_3 \geq z_2 \geq z_1$.

Wenn man für die Funktion φ die Voraussetzungen *Kolmogorows* [13] annimmt, läßt sich beweisen, daß sich die Lösung der Gleichung von *Smoluchowski* auf eine Lösung von parabolischen Differentialgleichungen für die Funktion φ zurückführen läßt.

Man kann, ähnlich wie in der Arbeit [1], nachweisen, daß in diesem Falle die Funktion $w = w(x, z, t)$, welche das Profil der zeitlich-räumlichen Senkungsmulde in einem inkompressiblen stochastischen Medium bestimmt, folgende parabolische Gleichung erfüllt:

$$\frac{\partial w(x, z, t)}{\partial z} + \frac{\partial}{\partial x}[A_1(x, z, t)\, w(x, z, t)] + \frac{\partial}{\partial t}[A_2(x, z, t)\, w(x, z, t)] + \frac{\partial^2}{\partial x^2}[B_{11}(x, z, t)\, w(x, z, t)]$$
$$+ \frac{\partial^2}{\partial x\, \partial t}[B_{12}(x, z, t)\, w(x, z, t)] + \frac{\partial^2}{\partial x\, \partial t}[B_{21}(x, z, t)\, w(x, z, t)] + \frac{\partial^2}{\partial t^2}[B_{22}(x, z, t)\, w(x, z, t)] = 0. \tag{3.1}$$

Die funktionellen Koeffizienten $A_1, A_2, B_{11}\ B_{12}\ B_{21}$ und B_{22} charakterisieren den Verlauf der Muldenbildung $w = w(x, z, t)$ in Zeit und Raum.

Durch Spezifizierung der Eigenschaften des Mediums kann man einige dieser Koeffizienten bestimmen. Im besonderen läßt sich das mittels gewisser Annahmen in bezug auf die Homogenität und Symmetrie der zeitlich-räumlichen Eigenschaften des Mediums erreichen. Nehmen wir an, daß das Medium in bezug auf die Raumkoordinaten x und die Zeitkoordinaten t homogen ist, d. h., daß sich die Eigenschaften des Mediums mit der Zeit nicht ändern. Bei diesen Voraussetzungen sind die funktionellen Koeffizienten $A_1, \ldots, B_{22}$ allein von der Teufenkoordinate z abhängig. Beschränken wir unsere Betrachtungen demnach auf ein Medium, das nur in bezug auf die Teufe nicht homogen ist.

Die weitere Spezifikation der funktionellen Koeffizienten $A_1, \ldots, B_{22}$ der Gleichung (3.1) kann man unter Annahme gewisser zeitlich-räumlicher Symmetrieelemente des Mediums durchführen. Auf diese Weise wurde in der Arbeit [6] die Spezifikation der Koeffizienten der Senkungsmuldengleichung, als zeitlich-räumliche Erscheinung betrachtet, ermittelt. Dieses Ergebnis läßt sich auf zeitlich-räumliche Prozesse anwenden.

In manchen Medien (z. B. in homogenem Sand) kann man die Existenz von Symmetrieebenen annehmen, welche zur Raumachse x normal sind. Es besteht jedoch kein Grund für die Annahme einer zeitlichen Symmetrie der Erscheinung. Es bestehen also keine zur Zeitachse t normalen Symmetrieebenen. Es wird demnach im folgenden bei der Erwägung der zeitlich-räumlichen Prozesse der Entstehung von Senkungsmulden im gegebenen Medium nur ein System von Symmetrieelementen angenommen, d. i. ein System von Symmetrieebenen, die normal zur x-Achse verlaufen.

Im Falle eines horizontal homogenen, inkompressiblen stochastischen Mediums, das ein derartiges Symmetrieebenensystem besitzt, nimmt die Gleichung (1) folgende Gestalt an:

$$\frac{\partial w(x,z,t)}{\partial z} = A(z)\frac{\partial^2 w(x,z,t)}{\partial x^2} + B(z)\frac{\partial^2 w(x,z,t)}{\partial t^2} + C(z)\frac{\partial w(x,z,t)}{\partial t}. \tag{3.2}$$

Nehmen wir an, daß auf dem Horizont $z = 0$, für $x = x_0$ eine elementare Senkungsmulde verursacht wird, deren Tiefe sich mit der Zeit ändert. Man kann sich diesen Vorgang etwa so vorstellen, daß durch einen engen Spalt in einem Sandkasten von den Koordinaten $z = 0$ und $x = x_0$ Sand herausläuft, wobei das Volumen des auslaufenden Sandes durch eine Zeitfunktion

$$g = g(t) \tag{3.3}$$

gegeben ist. Unter diesen Bedingungen nimmt die Lösung der Gleichung (3.2) die Gestalt gemäß [12] an:

$$w(x,z,t) = \frac{1}{2\sqrt{\pi}}\, g\left[t + \int_0^z C(m)\,dm\right] \mathfrak{z}(z)^{-\frac{1}{2}} \exp\left[-\frac{(x-x_0{}^2)}{4\mathfrak{z}(z)}\right], \tag{3.4}$$

wobei

$$\mathfrak{z}(z) = \int_0^z A(s)\,ds$$

ist.

Aus der erhaltenen Lösung (3.4) geht hervor, daß der Effekt der auf dem Horizont $z = 0$ im Momente t bei gegebenen Bedingungen auf dem Horizont $z > 0$ im Momente

$$t + \int_0^z C(m)\,dm$$

auftreten wird. Da nun, wie die Lösungen der Gleichung (3.2) ergeben, $C(m) < 0$ ist, wird dieser Effekt mit einer Verspätung von $\int_0^z C(m)\,dm$ eintreten.

So entscheidet der funktionelle Koeffizient $C = C(z)$ in der Gleichung (3.3) über die Schnelligkeit, mit der sich die Dislokationen im Gebirge übertragen. Es hat also dieser Koeffizient den Charakter einer Materialkonstanten. Ein zweiter Koeffizient, der diesen Charakter hat, ist der Koeffizient $A = A(z)$ in der Gleichung (3.2).

IV.

Neben den theoretischen Untersuchungen des stochastischen Mediums wurden auch Versuche an Modellen unternommen und die theoretischen Ergebnisse mit praktischen Messungen unter Tage verglichen.

Die Messungen an Sandmodellen haben ergeben, daß das mathematische Modell eines horizontal homogenen und isotropen stochastischen Mediums in recht guter Annäherung die Bildung von Senkungsmodellen in trockenem Sand wiedergibt [14]. An den Sandmodellen wurden Senkungsmulden vermessen, die sich aus den Anfangsbedingungen gemäß der *Dirac*schen Funktion entwickelten. Es wurde dies dadurch erreicht, daß man Sand durch einen engen Schlitz im Boden eines Sandkastens auslaufen ließ (7). Es wurde dabei eine gute

Annäherung an das Problem einer zweidimensionalen Verschiebung eines horizontal-homogenen stochastischen Mediums erzielt.

Die durchgeführten Experimente erlaubten, den Bereich der in der Theorie geforderten Linearität und Superposition zu bestimmen.

Weitere Versuche mit anisotropen Medien, die durch geneigte Schichten gebildet werden (Gleichung 2.6 A), wurden von *Smolarski* durchgeführt [15]. Für diese Versuche wurden geneigte Schichten, bestehend aus reinem Sand, abwechselnd mit Schichten von parallelliegenden Naphthalinblättchen verwendet.

Entscheidend für den Wert vorstehend entwickelter Theorie ist es, nachzuweisen, daß die theoretischen Ergebnisse mit den Verhältnissen in der Bergbaupraxis übereinstimmen. Die Hauptschwierigkeit liegt in der Fülle der vorliegenden markscheiderischen Messungen, die richtig ausgewählt und richtig ausgewertet werden müssen. Es müssen nämlich zum Vergleich diejenigen Fälle herangezogen werden, in denen das Gebirge, besonders vom tektonischen Gesichtspunkt aus, möglichst gleichmäßig und homogen ausgebildet ist, wo man annehmen kann, daß bei den vorliegenden Abbauverhältnissen die Verschiebungen der zweidimensionalen Form folgen und ein einziges horizontal gelagertes Flöz abgebaut wird. Es wurden ferner solche Fälle ausgewählt, in denen die Abbauverhältnisse den in der Gleichung (2.7) angenommenen Anfangsbedingungen entsprechen [10].

Mit kleinen Kreisen bezeichnete Punkte, aus acht verschiedenen Senkungsmulden im oberschlesischen Bergrevier [8] ermittelt, sind in Bild 8 in einer dimensionslosen graphischen Darstellung wiedergegeben. Die durchlaufende Kurve ist mit der theoretischen Kurve aus Gleichung (2.8) identisch.

Auf Grund der hier kurz dargestellten Theorie kann man Lösungen flacher Probleme erhalten, als deren Beispiel die Bildung einer Senkungsmulde über einer Stufe angesehen werden kann, welche durch eine Anfangsbedingung, wie auf Bild 6 bestimmt ist. Die Theorie liefert ebenfalls Lösungen räumlicher Probleme. Von diesen hat besonders das Problem der Verschiebungen im Gebirge, die infolge des Abbaues von Schachtsicherheitspfeilern auftreten, für die Praxis besondere Bedeutung. Dieses Problem wurde auf Grund der hier dargestellten Theorie in der Arbeit [16] gelöst. Die hier dargelegten theoretischen Betrachtungen bedienen sich des Begriffes des stochastischen Mediums, und dieser wird auch bei weiteren Untersuchungen, die zur Klärung der Probleme der Gebirgsdislokationen führen sollen, benutzt werden. Das mathematische Modell des stochastischen Mediums hat gegen die mathematischen Modelle der Mechanik kontinuierlicher Medien den Vorteil, daß es auch bei nicht kontinuierlichen Verschiebungen gebraucht werden kann. Das tatsächlich in den Bergrevieren auftretende Gebirge ist dem stochastischen Modell nur angenähert ähnlich in gleichem Maße wie die Modelle kontinuierlicher Medien. Gewisse Partien des Gebirges mögen besser durch das kontinuierliche Medium, andere wieder durch das stochastische wiedergegeben werden. Durch das stochastische Modell kann man viele Erscheinungen erklären, welche auf anderem Wege, z. B. auf der Grundlage der Mechanik kontinuierlicher Medien, nicht erklärt werden können. Diese Tatsache ist für die Praxis des Bergbaues in vieler Hinsicht von Bedeutung.

LITERATUR

[1] *Litwiniszyn, J.:* Application of Singular Integrals to Mechanics of Granular Bodies. Bull. Acad. Polon. Science, Cl. IV–V, 5, 1957.

[2] *King, H. J.*, and *Whetton, J. T.:* Mechanics of mining subsidence. European Congress on Ground Movement, England, Leeds, 1957.

[3] *Smoluchowski, M.:* Über Brownsche Molekularbewegung. Ann. Phys., Bd. 48, 1915.

[4] *Kolmogorow, A.:* Über die analytischen Methoden in der Wahrscheinlichkeitsrechnung. Ann. Math., Bd. 104, S. 413–458, 1930.

[5] *Litwiniszyn, J.:* Application of the Equation of stochastic Processes to Mechanics of Loose Bodies. Archivum Mechaniki Stosowanej, Bd. VIII, Heft 4, 1956.

[6] *Smolarski, A. Z.:* Wpływ struktury ośrodka na postać równania stochastycznego (Der Einfluß der Struktur des Mediums auf die Form der stochastischen Gleichung). Archiwum Górnictwa (Bergarchiv), Warszawa, Bd. 1, Heft 3, 1956.

[7] *Litwiniszyn, J.:* The Differential Equation of Displacements of Rock Masses. Bull. Acad. Polon. Science, Cl. IV–I, Nr. 1–2, 1953.

[8] *Knothe, St.:* The Curvature of the Profil of the Subsidence Bassin. Bull. Acad. Polon. Science, Cl. IV–I, Nr. 1–2, 1953.

[9] *Awerschin, S. G.:* Rasczot adwizenij gornych porod. Leningrad-Moskwa, 1950.

[10] *Litwiniszyn, J.:* Gebirgsbewegungen über einem Abbau als stochastischer Prozeß aufgefaßt. Freiberger Forschungshefte, Heft C 22, April 1956, S. 45–64.

[11] *Smolarski, A.:* Discontinuous troughs as solutions of the Smoluchowski equation (not. publ.).

[12] *Litwiniszyn, J.:* Time – Space Processes in stochastic Media. Bull. Acad. Polon. Science, Cl. IV.

[13] *Kolmogorow, A.:* Zur Theorie der stetigen zufälligen Prozesse. Math. Ann., Bd. 108, S. 149–160, 1933.

[14] *Litwiniszyn, J.*, *Maczyński, J.*, und *Smolarski, A. Z.:* O pewnych eksperymentalnych badaniach nad zastosowaniem piasku jako ośrodka stochastycznego. Archiwum Górnictwa, Warszawa, Bd. 1, Nr. 3, 1956. (Über gewisse experimentelle Untersuchungen des Verhaltens von Sand als stochastischem Medium. Bergarchiv, Warschau, Bd. I, Nr. 3, 1956.)

[15] *Smolarski, A. Z.:* A Contribution to the Mechanics of a Horizontal-Homogeneous Stochastic Medium with Inclined Layers. Bull. Acad. Pol. Sc. Cl. IV—V, No 3,1957.

[16] *Mączyński, J.:* Niektóre problemy przestrzenne przemieszczeń ośrodka stochstaycznego. Archiwum Górnictwa, Warszawa, T. I, Nr. 3, 1956. (Über einige räumliche Probleme von Verschiebungen des stochastischen Mediums. Bergarchiv, Warschau, Bd. I, Nr. 3, 1956.)

F. MARTOS

Budapest/Ungarn

Über eine Näherungsgleichung der Senkungsmulde und deren Zeitfaktor

Es ist recht gut bekannt, daß über horizontal oder fast horizontal gelagerten Flözen am Ende des durch die unterirdische Hohlraumbildung hervorgerufenen Bewegungsvorganges eine solche Mulde entsteht, deren vertikaler Schnitt einem Glockenprofil ähnlich ist. Ausgehend von der allgemeinen Differentialgleichung der Bewegung stellt *Litwiniszyn* [1] fest, daß bei horizontal gelagertem Flöz, homogenem Hangenden und sehr schnellem Abbau der Schnitt durch eine Senkungsmulde einer *Gauß*schen Kurve entspricht. *Awerschin* [2] gibt als Näherungsgleichung des Senkungsmuldeprofils ähnliche Gleichungen an.

Zu den gleichen Ergebnissen führten auch unsere eigenen Modellversuche. In Bild 1 ist das äquivalente Modell der schematischen Schichtenfolge in unserem Kohlenrevier von Oroszlány nach dem Abbau der beiden Flöze dargestellt. Die Profillinie der Senkung erinnert auch hier an eine *Gauß*sche Kurve.

Wir versuchten, die Senkungsmulden bzw. die Profilkurven, die wir in den verschiedenen ungarischen Kohlenrevieren durch Messungen festgestellt hatten, als analytische Funktionen auszudrücken. Die einfachste Form der angewandten Näherungsgleichungen war:

$$y = y_{\max} \cdot e^{-\frac{x^2}{2i^2}}, \tag{1}$$

worin

y = die zur Abszisse x gehörende Senkung,
$y_{\max}$ = die zur Abszisse $x = 0$ gehörende maximale Senkung,
i = die Abszisse des Wendepunktes bedeutet.

Die durch diese Gleichung gekennzeichnete Kurve zeigt Bild 2. Sie ist natürlich nur auf den Bereich innerhalb der Grenzwinkel zu deuten. In vielen Fällen der Praxis stellten wir fest, daß, wenn man die Parameter der Näherungskurve richtig wählte bzw. an die Stelle von $y_{\max}$ und i die der Wirklichkeit entsprechenden Werte einsetzte, jener Punkt der Kurve (A), an dem sich der Wert der errechneten Senkung schon an der Fehlergrenze der Nivellierung bewegt ($\pm$ 5 mm), auch den beinahe richtigen Wert des Grenzwinkels (β) ergibt[1]).

Wir müssen betonen, daß die Näherungskurve Type (1) nur dann ein entsprechendes Resultat ergibt, wenn man die darin eingesetzten Parameter richtig gewählt hat.

Zur Errechnung der maximalen Senkung ($y_{\max}$) können viele empirische oder auf Grund mathematischer Formeln abgeleitete Gleichungen angewendet werden. Diese zur Vorausberechnung benutzten Formeln ergeben die Senkungswerte allgemein nur im Falle der Voll- oder Überflächen, und der hierbei erhaltene Wert ist die sogenannte absolute maximale Senkung, d. h. jene Senkung, welche bei gegebener Flözmächtigkeit und Teufe überhaupt eintreten kann. Bei Teilflächen aber ist das in einem Punkte auftretende Maximum nur eine

---

[1]) Im Deutschen bezeichnen wir den Grenzwinkel mit γ. Wir haben jedoch β aus der ungarischen Originalfassung beibehalten. (*Red.*)

relative maximale Senkung. Dabei ist natürlich

$$y_{\max\,\mathrm{rel}} < y_{\max\,\mathrm{abs}}.$$

All dies sind bekannte Tatsachen; es kann aber die Frage gestellt werden, wie das relative Maximum ermittelt werden kann. *Orchard* führt hierbei in seinen Abhandlungen [3] das vorliegende Bild 3 an. Darin ist die Änderung der Senkung in Prozenten der Flözmächtigkeit als Funktion des Verhältnisses der abgebauten Fläche und der Teufe ausgedrückt.

Eine einfache Methode zur Bestimmung von $y_{\max\,\mathrm{rel}}$, die wir bei der Lösung verschiedener praktischer Aufgaben bisher mit größerem oder geringerem Erfolg angewendet hatten, möchte ich hier anführen.

In dem Bild 4 bedeutet β den Grenzwinkel und Θ den Richtungswinkel der Teilflächenkante. Der Abbau der Summe der Raumelemente $m_t \cdot dx$ bewirkt die Absenkung des Punktes 0. Beträgt nun die Breite des Abbaues $2r$, also eine Vollfläche, so erreicht die Senkung ein absolutes Maximum. (In der Zeichnung wird die senkrechte Dimension überhöht angenommen.)

Es ist also:

$$C \cdot m_t \int_{-v}^{+v} dx = y_{\max\,\mathrm{abs}} = 2\,C \cdot m_t \cdot H \cdot \operatorname{ctg}\beta\,. \tag{2}$$

Daraus ergibt sich der Proportionalitätsfaktor:

$$C = \frac{y_{\max\,\mathrm{abs}}}{2\,m_t \cdot H \cdot ctg\,\beta}\,. \tag{3}$$

Bezieht sich der Abbau auf einen kleineren Bereich als die Vollfläche, so wird die Senkung nur ein relatives Maximum.

$$y_{\max\,\mathrm{rel}} = C \cdot m_t \int_{-r'}^{+r'} dx = \frac{y_{\max\,\mathrm{abs}}}{H \cdot \operatorname{ctg}\beta}\,r'\,. \tag{4}$$

Setzen wir den mit Θ bezeichneten Winkel in die Gleichung (4) ein, so ist:

$$y_{\max\,\mathrm{rel}} = y_{\max\,\mathrm{abs}} \frac{\operatorname{tg}\Theta}{\operatorname{ctg}\beta}\,. \tag{5}$$

Die relative Senkung wird dann zu einem absoluten Maximum, wenn

$$\Theta = 90° - \beta \tag{6}$$

ist.

Bild 5 zeigt den Senkungsverlauf im Falle einiger im ungarischen Kohlenbergbau öfter vorkommender Grenzwinkel, wenn man $y_{\max\,\mathrm{abs}}$ gleich der Einheit annimmt.

Kann man den Wert $y_{\max\,\mathrm{abs}}$ auf Grund von praktischen Erfahrungswerten einsetzen, wie z. B. in einigen ungarischen Braunkohlengebieten, in denen die Senkung bei Bruchbau etwa 85% der Flözmächtigkeit beträgt, so kann die Gleichung (5) folgende konkrete Form annehmen:

$$y_{\max\,\mathrm{rel}} = 0{,}85\,m_t - \operatorname{tg}\Theta \cdot \operatorname{tg}\beta\,,$$

worin m_t = die Abbaumächtigkeit bedeutet.

Über den Ort der maximalen Senkung bzw. über den Anfangspunkt des Koordinatensystems ist nur soviel zu sagen, daß dieser bei Voll- und Teilflächen über der Mitte des abgebauten Raumes liegt, bei Überflächen aber sich dort befindet, wo die maximale Senkung in den Bereich der veränderlichen Senkung übergeht (Bild 6a, b, c).

Um die Näherungsgleichung der Profilkurve einer Senkungsmulde aufstellen zu können, muß man außer dem Ort und Wert der zu erwartenden maximalen Senkung auch die Abszisse des Wendepunktes kennen.

Einige Forscher nehmen die Lage des Wendepunktes der Senkungskurve in der Projektion der Abbaukante an. Aus einigen Beobachtungen bzw. aus der Untersuchung der Meßergebnisse konnten wir feststellen, daß sich der Wendepunkt eher gegen das abgebaute Gebiet verschiebt. In einigen Fällen fanden wir, daß der Richtungswinkel des Wendepunktes, bezogen auf die Abbaukante (Bild 2, Winkel λ), kleiner als 90° ist. Nach unseren bisherigen Beobachtungen schwankt er zwischen

$$\lambda = 75°-85°.$$

Obwohl dies nun bei unseren geringen Teufen nicht mehr bedeutet, als daß der Wendepunkt von der senkrechten Projektion der Abbaukante um ca. 20 bis 30 m gegen die abgebaute Fläche verschoben wurde, so ist die praktische Ermittlung doch wichtig, da die *Gauß*sche Kurve auch auf ganz kleine Veränderungen der Abszissen des Wendepunktes außerordentlich empfindlich reagiert.

Die Näherungsgleichung kann bei der Kenntnis des Senkungsgrenzwertes und der Stelle des Wendepunktes aufgestellt werden, und daraus kann man die charakteristischen Werte für die Deformation der verschiedenen Punkte an der Tagesoberfläche durch Rechnung bestimmen. Die wesentlichsten extremen Werte erhält man aus der Gleichung (1) folgendermaßen:

Die größte Schieflage: $s_{\max} = \frac{dy}{dx_{x=i}} = 0{,}6 \cdot \frac{y_{\max}}{i}$. (7)

Die größte Krümmung: $G_{\max} \cong \frac{d^2y}{dx^2_{x=i\sqrt{3}}} = 0{,}45 \cdot \frac{y_{\max}}{i^2}$. (8)

Der kleinste Krümmungshalbmesser: $R_{\min} = \frac{1}{G_{\max}} = 2{,}22 \cdot \frac{i^2}{y_{\max}}$. (9)

An Hand einiger Meßergebnisse möchte ich nun nachweisen, inwieweit diese Näherungsgleichungen anwendbar sind.

Tabelle 1

Nummer des Punktes	y gemessen [m]	y errechnet [m]	Δy [mm]	$\frac{\Delta y}{y_{\text{gemessen}}}$ 100 [%]	$\frac{\Delta y}{y_{\max}}$ 100 [%]
10	2,867	—	—	—	—
73	2,799	2,865	— 66	— 2,4	— 2,3
74	2,679	2,668	+ 11	+ 0,4	+ 0,4
75	2,327	2,206	+ 121	+ 5,2	+ 4,2
76	1,746	1,620	+ 126	+ 7,2	+ 4,4
77	1,055	1,057	— 2	— 0,1	—
78	0,470	0,611	— 141	— 30,0	— 5,0
79	0,245	0,314	— 69	— 28,0	— 2,8
80	0,130	0,143	— 13	— 10,0	— 0,5
81	0,066	0,058	+ 8	+ 12,0	+ 0,3
82	0,002	0,021	— 19		— 0,7
83	—	0,007	— 7		— 0,3

Bild 7 zeigt die eine Hälfte einer Meßlinie am Schacht XVIII in Oroszlány (Teufe = 100 m; Flözmächtigkeit = 4 m, zweiflügliger Strebbruchbau in zwei Scheiben). Tabelle 1 stellt die Werte der an verschiedenen Punkten gemessenen und errechneten Senkungen dar. Wir haben hier auch die Differenz der gemessenen und errechneten Werte in absoluten und prozentualen Zahlen angegeben, einerseits auf die gemessene Endsenkung im betreffenden Punkt, andererseits auf den Wert der maximalen Senkung bezogen.

Letzterer zeigt die Grenzen der Streuung naturgetreuer, da der prozentuale Wert der auf gegebene Punkte bezogenen Differenzen am Muldenrand sehr große Werte annimmt, obwohl hier die Senkung selbst schon nur Zentimeter oder Millimeter beträgt und selbst Unterschiede von 200 bis 300% praktisch keine große Bedeutung mehr haben.

Die Abweichung der gemessenen von der errechneten Senkung bleibt wie ersichtlich innerhalb $\pm$ 5%. Hierbei wurde die Gleichung:

$$y = 2{,}867\, e^{-\frac{(x-9)^2}{2 \cdot 29^2}}$$

angewendet, da die Abszisse des Wendepunktes $i = 38$ m, dagegen die Senkung im Abschnitt $0 \leq x \leq 9$ praktisch konstant, und zwar

$$y = y_{\max} = 2{,}867 \text{ m ist.}$$

Der aus dieser Gleichung errechnete äußerste Wert der Schieflage und des Krümmungshalbmessers beträgt

$$s_{\max} = 62 \text{ mm/m},$$
$$R_{\min} = 315 \text{ m}.$$

Vergleicht man diese Werte mit denen von verschiedenen Meßlinien ($s_{\max}$ = 54,6 — 71,9 mm/m; $R_{\min}$ = 300 bis 400 m), so ist zu ersehen, daß die Abweichung die praktisch zulässige Fehlergrenze (ca. $\pm$10%) nicht oder kaum überschreitet. Diese Gleichungen können also in Oroszlány und ähnlichen Kohlengebieten zur Vorausberechnung angewendet werden, wenn man den Wert und die Stelle der zu erwartenden Senkung sowie die Abszisse des Wendepunktes durch irgendein Verfahren ermittelt hat.

Ähnliche Ergebnisse erhielten wir auch im Gebiet von Dudar (Teufe = 200 m; Gesamtflözmächtigkeit = 3,6 m; Strebbruchbau zuerst im oberen, dann im unteren Flöz).

Bild 8 und Tabelle 2 enthalten die Angaben einiger Messungen in Dudar.

Tabelle 2

Nummer des Punktes	y gemessen [m]	y errechnet [m]	Δy [mm]	$\frac{\Delta y}{y_{\text{gemessen}}}$ 100 [%]	$\frac{\Delta y}{y_{\max}}$ 100 [%]
130	1,468	—	—	—	—
129	1,406	1,456	— 50	3,5	3,4
128	1,162	1,207	— 45	3,9	3,1
127	0,759	0,779	— 20	2,6	1,3
126	0,434	0,392	+ 42	9,6	2,9
125	0,307	0,154	+153	50,0	10,2
124	0,226	0,047	+179	79,0	12,2
123	0,173	0,011	+162	94,0	11,0
122	0,127	0,002	+125	98,0	8,5

Dabei wurde die Gleichung

$$y = 1{,}468\, e^{-\frac{(x-15)^2}{2 \cdot 40^2}}$$

angewendet, da die Abszisse des Wendepunktes $i = 55$ m ist und die Senkung im Abschnitt $0 \leq x \leq 15$ sich kaum ändert.

In unserem Falle ist

$$y = y_{\max} = 1{,}468 \text{ m}.$$

Die daraus errechnete Schieflage ($s_{max} = 24$ mm/m) und die Werte des Krümmungshalbmessers ($R_{min} = 2200$ m) weichen hierbei von den gemessenen Werten

$$(s_{max} = 13{,}5 - 20{,}0 \text{ mm/m}; \ R_{min} = 3800 \text{ bis } 4000 \text{ m})$$

schon in größerem Maße ab, doch wurde der Verlauf der Senkung in diesem Abschnitt durch den aus Bild 8 ersichtlichen Verwerfer gestört. Aus den verschiedenen Dudarer Profilen wählte ich eben diesen durch Verwerfung gestörten Fall, da er im ungarischen Kohlenbergbau sehr häufig vorkommt und außerdem hieraus wahrscheinlich die Wirkung einer Verwerfung von gegebenem Maße auf die Bewegung der Oberfläche festgestellt werden kann. Wie ersichtlich, wurden Schieflage und Krümmung und natürlich auch in diesem Falle die Dehnung gemildert. Zu erwähnen ist noch, daß die Flöze jenseits der Verwerfung schon einige Jahre früher abgebaut wurden. Dies darf man bei der Bewertung der Senkung bzw. der Bewegung nicht vernachlässigen, doch kann man dies nicht als mathematischen Faktor in die Näherungsgleichung einsetzen. In solchen Fällen muß man die aus der Näherungsgleichung erhaltenen Werte auf Grund der Erfahrungen korrigieren.

Die Gesteinsbewegung und deshalb auch die Senkung der Tagesoberfläche ist ein sich im Raum und in der Zeit abspielender Vorgang, bei dem der Zeitfaktor eine besonders wichtige Rolle spielt. In vieler Hinsicht wäre es wünschenswert, den zeitlichen Verlauf des Senkungsvorganges besser kennenzulernen.

Knothe wendet in einem seiner Aufsätze [4] die Hypothese an, daß die Senkungsgeschwindigkeit eines Punktes der Tagesoberfläche proportional dem noch zurückzulegenden Wege ist, d. h.

$$\frac{dy}{dt} = c\,(y_{max} - y)\,. \tag{10}$$

Nach einem Aufsatz von *Neubert* und *Scharm* [5] ist die Ermittlung der Konstanten c ziemlich schwierig, da ihr Wert von der Teufe und den Eigenschaften der Deckschichten abhängig ist. Weiter ist zu bemerken, daß die Gleichung (10) das analytische Bild der Senkungsgeschwindigkeiten nur in der letzten Phase der Senkung ergeben kann, da das vollständige Geschwindigkeitsdiagramm der Senkung der Punkte übertags durch folgende Näherungsgleichungen ausgedrückt werden kann:

$$v_y = a \cdot t^b \cdot e^{-c \cdot t}, \tag{11}$$

worin v_y die Senkungsgeschwindigkeit eines Punktes über Tage,
t die Zeit,
a, b, c verschiedene Konstanten sind.

Das Intregieren der Gleichungen vom Typ (11) ist sehr umständlich, wenn der Exponent b eine positive große Zahl ist, da die Ableitung viele Glieder umfaßt, und deshalb für praktische Berechnungen nicht sehr geeignet. Das Maximum der Funktion (11) liegt bei der Stelle $t = b$, und bei annähernden Berechnungen pflegt man nur den über diesem Wert liegenden Abschnitt zu untersuchen.

Nach dem erwähnten Aufsatz von *Knothe* ging ich von der Annahme aus, daß die Senkungsgeschwindigkeit nicht gemäß einer Konstanten, sondern irgendwelcher Zeitfunktion proportional dem noch zurückzulegenden Wege sei. Es muß daher an Stelle der Gleichung (10) folgende, natürlich gleichfalls nur auf den letzten Abschnitt der Bewegung bezogene Beziehung Gültigkeit haben:

$$\frac{dy}{dt} = f(t)\ (y_{max} - y)\,. \tag{12}$$

Die Lösung dieser Differentialgleichung führt zu folgender Gleichung:

$$y = y_{\max} [1 - e^{-F(t)}], \tag{13}$$

worin die Funktion $F(t)$ durch Integrieren der angenommenen Funktion $f(t) \cdot dt$ zustande kommt. Es ist zu bemerken, daß $y_{\max}$ in der Gleichung (13) nicht nur die Ordinate des Punktes maximaler Senkung, sondern auch die zu dem Endzustand der Senkung eines beliebigen Punktes gehörige Ordinate bedeuten kann.

Die mögliche Form der Funktion $F(t)$ versuchte ich aus den Meßwerten zu bestimmen. Die erste Gelegenheit hierzu boten die Feinmessungen, die wir im Liasbecken von Komló, im Abbaufeld des Beta-Schachtes über den in geringer Teufe liegenden Strebbauen in Zeitabständen von 2 bis 3 Tagen vorgenommen hatten. Aus der Senkung, die zu den in Tagen angegebenen Zeiten gehörten, errechneten wir die Werte von $F(t)$, und es ergab sich, daß 80% der Punkte auf den in Bild 9 punktiert umgrenzten Bereich entfielen. Die Durchschnittswerte zeigt die ausgezogene Kurve. Diese Kurve nähert sich asymptotisch einem Werte, der beinahe dem Ende der Hauptbewegungen entspricht.

Bild 10 stellt die Zeitdiagramme der Meßpunkte in Petőfibánya dar, wo der Bergbau ebenfalls in geringer Teufe betrieben wird.

Bild 11 zeigt ähnliche Zeitdiagramme der Oroszlányer Messungen, während Bild 12 die von Dudar darstellt.

Aus Bild 13 und Bild 14 sind die durchschnittlichen Zeitdiagramme der vier Gebiete zu entnehmen. Die beiden ersten (Komló und Petőfibánya) wurden bei einer Teufe der Abbaue bis 50 m, das dritte (Oroszlány) bei 100 m, das vierte (Dudar) bei 200 m Teufe aufgenommen. Die Kurven der Messungen über geringen Teufen weichen voneinander ab, doch ist das wahrscheinlich darauf zurückzuführen, daß das Hangende in Petőfibánya aus Gesteinen von viel geringerer Festigkeit besteht als das Hangende in Komló. Bei gleicher Teufe übt das festere Hangende auf die Kurve wahrscheinlich die gleiche Wirkung aus, als wenn bei gleicher Festigkeit die Teufe größer wäre.

Die analytische Form der einzelnen Kurven kann durch Anwendung von Näherungsverfahren ausgedrückt werden. Als einfachstes fand ich folgende Form:

$$F(t) = \frac{t}{(T - t)\, n^n}, \tag{14}$$

worin: t die Zeit (in Tagen),
T die Zeitdauer bis zur Beendigung der Hauptbewegungen,
n eine Konstante bedeutet.

Aus den Meßangaben der erwähnten Gebiete und durch Anwendung der Gleichung (14) erhielten wir für den Wert des Exponenten n die folgenden Zahlenwerte:

in Petőfibánya, bei ca. 40 m Teufe und Hangenden mit geringer Festigkeit $n = 1{,}3$,
in Komló, bei ca. 40 m Teufe und etwas festerem Hangenden $n = 1{,}2$,
in Oroszlány, bei 100 m Teufe, mittlere Festigkeit der Hangendgesteine 20 bis 100 kg/cm² $n = 1{,}1$,
in Dudar, bei 200 m Teufe, mittlere Festigkeit der Hangendgesteine 80 bis 300 kg/cm² $n = 0{,}74$.

In dieser Weise würde es sich wahrscheinlich lohnen, diesen Zeitfaktor durch weitere Messungen zu untersuchen und die physikalische Bedeutung der Funktion $F(t)$ bzw. des Exponenten n zu ermitteln.

Die Gleichung (14) ist aber auch in anderer Hinsicht verwendbar. Wenn man in einem Gebiet Messungen durchführt und dadurch die zusammengehörigen Werte t_k und y_k ermittelt hat, wenn weiter der zu erwartende Wert der Senkung mittels irgendeiner Methode voraus errechnet wurde, so kann man mit Hilfe dieser Angaben aus Formel (13) die voraussichtliche Zeitdauer in folgender Weise errechnen:

$$T = t_k + \sqrt[n]{\frac{t_k}{\ln \frac{y_{\max}}{y_{\max} - y_k}}}. \tag{15}$$

Mit Hilfe dieser Gleichung haben wir die Senkungszeit einiger Punkte errechnet und diese der tatsächlichen Zeitdauer der Senkung in Tabelle 3 gegenübergestellt:

Tabelle 3

Revier (Kohlenbecken)	Tatsächliche Senkungszeit	Errechnete Senkungszeit	
		Aus der Anfangsperiode der Bewegung	Aus der Schlußperiode der Bewegung
Petőfibánya	$T_v =$ 100 Tage	$T'_{sz} =$ 317 Tage	$T''_{sz} =$ 115 Tage
Komló	$T_v =$ 170 Tage	$T'_{sz} =$ 258 Tage	$T''_{sz} =$ 144—181 Tage
Oroszlány	$T_v =$ 200 Tage	$T'_{sz} =$ 228—398 Tage	$T''_{sz} =$ 196—214 Tage
Dudar	$T_v =$ 2000 Tage (geschätzter Wert)	$T'_{sz} =$ 6141 Tage	—

Aus Tabelle 3 ist zu ersehen, daß man bei Annahme der zusammengehörigen Zeit- und Senkungswerte aus dem Bereich des verlangsamten Bewegungsvorganges durch Anwendung der Gleichung (15) ganz anwendbare Werte für die Zeitdauer der Hauptbewegungen bekommt.

Das hier erörterte Rechnungsverfahren ist noch bei weitem keine ausgereifte, vollständig entwickelte Methode, keine allgemeingültige „Theorie", es soll nur ein Gedankenbeitrag zu dieser viel untersuchten Frage sein.

Obwohl nämlich die gebirgsmechanischen Beobachtungen und Messungen in Ungarn auf eine bedeutsame Vergangenheit zurückblicken können [6—16], begann eine einheitlich geleitete, systematische Forschung erst in den Jahren 1952—53 im Forschungsinstitut für Bergbau [17, 18, 19, 20, 21, 22]. Das heißt, daß, obwohl die durchschnittliche Teufe unseres Kohlenbergbaues nicht allzu groß ist (ca. 200 m), die neueren Messungen noch im Gange sind. Deshalb konnten auch die für den Endzustand gültigen Gesetzmäßigkeiten – besonders bei Teufen über 200 m – noch nicht ermittelt werden. Man muß noch betonen, daß unsere Kohlenbecken keinen Karbonformationen, sondern viel jüngeren (liasischen, eozänen, miozänen) Ablagerungen angehören. Das bedeutet für die Praxis nicht weniger, als daß neben der Gültigkeit der allgemeinen Gesetzmäßigkeiten die Zahlenwerte der verschiedenen Bewegungskennziffern unserer Kohlenreviere mittels eigener Messungen festgestellt werden müssen.

Ein Forscher, der für die Befriedigung der unmittelbaren Bedürfnisse der Industrie arbeitet, gerät oft in die Lage, auf die Fragen der Praxis eine schnelle Antwort geben zu müssen. In den meisten Fällen verlangt man seine Meinung viel früher, als er sich aus abgeschlossenen Beobachtungen oder beendeten Meßergebnissen eine sichere Grundlage für sein fachliches Gutachten hätte schaffen können. Für diese Fälle ist die Kenntnis jener auf Grund einiger Beobachtungen abgeleiteten Zusammenhänge erforderlich, durch die man sich über die Anfangsschwierigkeiten hinweghelfen kann.

Diesem Zwecke dienen die erwähnten Näherungsgleichungen, durch deren Anwendung man die Hauptkennwerte der Gebirgsbewegung mit größeren oder geringeren Fehlern vorausbestimmen kann.

LITERATUR

[1] *Litwiniszyn, J.:* Differentialgleichung der Gebirgsbewegung. Archivum Górnictwa i Hutnictwa. Tom. I, Zeszyt 1, 1953.

[2] *Awerschin, S. G.:* Gebirgsbewegungen im Bergbau. Budapest, 1953.

[3] *Orchard, R. J.:* Surface effects of mining – the main factors. Coll. Guardian, Bd. 193, VIII, Nr. 9, 4980, S. 151–164, 1956.

[4] *Knothe, St.:* Abbaugeschwindigkeit und Bodendeformation. Bergakademie, Nr. 12, 1953.

[5] *Neubert, K.*, und *Scharm, A.:* Markscheiderische Beobachtungsergebnisse von Gebirgsbewegungen im Braunkohlentiefbau. Freiberger Forschungshefte, A 54, S. 158–184, 1957.

[6] *Schwarcz, I.:* Die durch den Abbau verursachten Massenbewegungen in den Gruben. BKL, Nr. 19, 1911.

[7] *Tiles, J.:* Bodenbewegungen bei Anwendung des Hand- und Spülversatzes, mit Berücksichtigung der Verhältnisse in Tatabánya und in ausländischen Gruben mit ähnlichen Verhältnissen. BKL, Nr. 19/20, 1911.

[8] *Pauspertl, K.:* Abbau des Kohlenpfeilers unter der Eisenbahn in Tatabánya. BKL, Nr. 14, 1914.

[9] *Hupka, K.:* Studien über die Kontrolle der infolge des Bergbaues auftretenden Senkungen und des verursachenden Abbaues. BKL, Nr. 14–17, 1914.

[10] *Véssey, A.:* Die durch das Unterbauen des Eisenbahnpfeilers in Tatabánya über Tage hervorgerufenen Senkungen. BKL, Nr. 18/19, 1926.

[11] *Mohi, R.:* Die im Zusammenhang mit dem systematischen Bau des Schachtes Nr. I/a in Tatabánya gemachten Versuche und Beobachtungen. Dissertation, Sopron, 1938.

[12] *Mohi, R.:* Bergbauauswirkungen unter und über Tage und der Schachtpfeilerabbau. Ingenieur-Bildungsinstitut, Bd. XIII, Heft 10, 1952.

[13] *Vargha, B.:* Fortbewegung der Basis-Meßpunkte durch Einwirkung des Kohlenbergbaues. Technik, Nr. 8, 1943.

[14] *Fekete, S.:* Gebirgsbewegungen und Gebirgsdruckbeobachtungen in Oroszlány. BL, Nr. 1, 1952.

[15] *Krupár, G.:* Abbauplan des Hauptschachtpfeilers im Grubenfeld von Albertakna. BKL, Nr. 11–13, 1931.

[16] *Szabó, E.:* Abbau des Sicherheitspfeilers im Lipótschacht von Pilisvörösvár. BL, Nr. 3/4, 1954.

[17] *Klemencsics, I.:* Gebirgsbewegungsmessungen und ihre praktische Anwendung. BKI, Nr. 1, 1957.

[18] *Horváth, J.:* Gesteinsuntersuchungen der flözführenden Schichtenfolge im Szabadságschacht von Dudar. BKI, Nr. 1, 1956.

[19] *Martos, F.:* Untersuchungen des Gebirgsdruckes und der durch den Abbau bedingten Gebirgsbewegung durch Modellversuche. BL, Nr. 4, 1954.

[20] *Martos, F.:* Forschungsrichtlinien über die Gesetzmäßigkeiten von Bodenbewegungen. Freiberger Forschungshefte, A 86, 1957.

[21] *Martos, F.:* Wirkung des Einfallwinkels von der Flözebene auf die Bewegung über Tage. BL, Nr. 3, 1955.

[22] *Martos, F.:* Neue Angaben zur Berechnung der Formänderungen über Tage. BL, Nr. 10, 1955.

Bemerkungen: BKL = Zeitschrift für Berg- und Hüttenwesen.
BL = Zeitschrift für Bergbau.
BKI = Mitteilungen des Forschungsinstituts für Bergbau.

K. WARDELL

Doncaster/Großbritannien

Probleme der Analysierung und Erklärung beobachteter Bodenbewegungen

Es wird jetzt allgemein anerkannt, daß die praktischen Probleme der Oberflächenerhaltung und Oberflächenschäden, die als Resultat der durch den untertägigen Abbau hervorgerufenen Bodenbewegungen entstehen, nur gelöst werden können, wenn eine vernünftige Vorhersage der in jedem Einzelfall zu erwartenden Bodenbewegungen gemacht werden kann. Viele eingehende Beobachtungen der übertägigen Bodenbewegungen sind durch die Markscheider durchgeführt worden. Die Analyse dieser Daten hat es ermöglicht, den allgemeinen Verlauf dieser Bewegungen zu bestimmen. Außerdem haben jedoch viele Forscher ebenso versucht, die Beobachtungsergebnisse auszuwerten und Methoden zur Vorausberechnung der Bodenbewegungen zu entwickeln, die eine umfassende, wenn nicht allgemeine Gültigkeit haben.

Die Wichtigkeit der horizontalen Bewegungen, die die Senkungen begleiten, ist gut bekannt. Die Vorausberechnung muß diese Elemente der Bodenbewegung zusätzlich zur reinen Senkung einschließen. Es ist für den Einzelfall keinesfalls genügend, die Größe der maximalen Senkung oder Verformung zu bestimmen. Es müssen vielmehr die Größe und Verteilung der Bodenbewegungen über der gesamten beeinflußten Oberfläche bekannt sein. Weiterhin kann man zum mindesten nicht unter britischen Bergbaubedingungen die mit dem Abbau eines einzelnen Feldes verbundenen Bewegungen betrachten. Im Gegenteil ist es oft wesentlich, die aus dem Abbau einer Reihe von Bauhöhen in einem Flöz zu erwartenden Bodenbewegungen oder sogar von mehreren Bauhöhen in verschiedenen Flözen, die den gleichen Oberflächenbereich beeinflussen, abzuschätzen.

Unter diesen allgemeinen Bedingungen betrachtet, werden die Probleme der Vorausberechnung durch sich ändernde physikalische und geologische Bedingungen und durch Besonderheiten des Bergbaues noch komplizierter. Es besteht daher die Versuchung, die Verfahren der Vorausberechnung zu überprüfen und zu vereinfachen. Obgleich dies vom akademischen Standpunkt von Vorteil sein kann, können übermäßige Vereinfachungen zu falschen Schlußfolgerungen führen und für die Praxis sehr kostspielig oder sogar gefährlich sein.

Die zahlreichen Methoden zur Vorausberechnung der Bodensenkungen, wie die von *Köhne* [1], *Keinhorst* [2], *Bals* [3], *Schleier* [4], *Fläschenträger* [5], *Perz* [6], *Beyer* [7], *Meyers-Drent* [8], *Baron* [9] und anderen, sind aus der technischen Literatur gut bekannt. Allgemein gesagt, beruhen die durch diese Autoren entwickelten und beschriebenen Methoden auf dem Begriff der Einwirkungsfläche. Die Unterschiede zwischen ihnen liegen hauptsächlich in der Einschätzung der relativen Einwirkung verschiedenartiger Zonen innerhalb dieses Bereichs. Von den Empirismen *Köhnes* und *Keinhorsts* gelangten die anderen in Richtung auf eine Ableitung der Einwirkungszonen entweder von grundlegenden physikalischen Gesetzen, von rein mathematischen Betrachtungen oder von der Analyse der Feldbeobachtungen ausgehend.

In jüngster Zeit haben sich mehrere Forscher, von denen hauptsächlich *King* [10], *Knothe* [11] und *Litwiniszyn* [12] zu nennen sind, besonders mit den Auswirkungen des Abbaues gleichmäßiger Baufelder mehr oder weniger bestimmter Länge an der Tagesoberfläche beschäftigt. *Kings* Arbeit war auf seinen Beobachtungen begründet, die er über die Wirkung des Raubens von Ausbau aus einem Gelatinemodell gemacht hat. *Knothe* und *Litwiniszyn* leiten dem Wesen nach den gleichen mathematischen Ausdruck für die Form der Senkungsmulde ab; der erstgenannte aus Feldbeobachtungen und der letztgenannte mittels mathematischer Beweisführung. *Perz* [13] beschrieb neulich eine analytische Lösung des Bodenbewegungsvorganges, mit der man Feldbeobachtungen zur Ableitung des Bewegungsprofils benutzen kann.

Es ist nicht zu bezweifeln, daß, abgesehen von der *Perz*schen Methode, diese Methoden eine gewisse Gültigkeit haben, weil sie von ihren Urhebern mit beobachteten Ergebnissen verglichen worden sind und vernünftige Übereinstimmungen gefunden wurden.

Nichtsdestoweniger unterscheiden sich die mit diesen Methoden erhaltenen Ergebnisse qualitativ untereinander und von den Beobachtungen, die man im Kohlenrevier von Yorkshire gemacht hat, wie dies aus dem in dieser Abhandlung gebrachten Vergleich ersichtlich ist. Der in Frage stehende Punkt ist der, ob bestimmte Faktoren nicht beachtet wurden, die, wenn sie in Rechnung gesetzt worden wären, eine bessere Übereinstimmung zwischen den verschiedenen Berechnungsmethoden ergeben hätten, oder ob es tatsächlich keine allgemeingültige Methode der Vorausberechnung gibt und daher nicht mehr als eine qualitative Übereinstimmung zwischen dem Verhalten der unterbauten Oberflächen in einem Kohlenrevier, verglichen mit einem anderen.

Der Grenzwinkel

Der grundlegende Begriff der Einwirkungsfläche leitet sich direkt vom sogenannten Grenzwinkel ab, der allgemein als der Winkel zwischen der horizontalen und der Verbindungsebene zwischen Abbaubegrenzung und Grenze der Oberflächenbewegung bestimmt ist. Die für den Grenzwinkel aus genauen Messungen von Forschern verschiedener Länder abgeleiteten Werte weichen bedeutend voneinander ab, wie die folgenden Beispiele zeigen. *Drent* [14], Holland, gibt Werte von 45 bis 55° an; *Wardell* und *Orchard*, Großbritannien, 50 bis 58°; *Fläschenträger*, Niederrheinbezirk, 51 bis 61° und *Knothe*, Polen, 56 bis 71°.

Es ist nicht möglich, aus den Veröffentlichungen das Ausmaß abzuleiten, in dem diese Werte beeinflußt wurden durch Abweichung der Meßwerte infolge des Vorhandenseins jüngeren Gesteins über der vermessenen Kohle, infolge lithologischer Änderungen in der Kohle selbst oder infolge anderer Faktoren, die, wie manche Forscher angedeutet haben, Einfluß auf die Bestimmung des Grenzwinkels haben können. Es ist jedoch sicher, daß für die Werte in ihrer Gesamtheit kein Verdacht der Ungenauigkeit in der Beobachtung besteht. Die Widersprüche müssen daher durch einen oder mehrere Faktoren zu beschreiben sein. In dieser Beziehung wurde anscheinend viel geforscht. Man glaubte allgemein, daß relativ weiches Deckgebirge für die geringen Werte des Grenzwinkels verantwortlich ist und daß im Gegensatz dazu die Anwesenheit mächtiger Sandsteinbänke mit den hohen Werten verbunden ist. Wenn wir annehmen, daß der Grenzwinkel mit der Festigkeit der überlagernden Schichten anwächst, wie dies Dr. *H. J. King* ausgeführt hat, so stehen wir offenbar einem Widerspruch gegenüber. Das heißt, für eine gegebene maximale Senkung führt das Anwachsen des Grenzwinkels zum Anwachsen der Oberflächenverzerrung (d. h. der Schieflage); in anderen Worten: Der Grad der Verzerrung ist bei Gesteinen mit größerer Widerstandsfähigkeit gegen Verzerrung größer.

Wir wissen, daß der Grenzwinkel durchaus ein theoretischer Begriff ist. Dies hat *Fläschenträger* [15] nachdrücklich betont. Er zeigt, Bild 1, daß jenseits des Randes eines Abbaues in der nicht abgebauten Kohle Bewegungen stattfinden und daß sich der Bergeversatz innerhalb des Abbaufeldes ebenso erst in einer gewissen Entfernung vom Abbaurand vollständig gesetzt hat. *Fläschenträger* sagt: „Somit gibt es keinen theoretischen Grenzwinkel. Wir können nur von einem praktischen und theoretischen Abbaubereich sprechen; in dem einen Fall von der Abbaugrenze und in dem anderen Fall von der Grenze der Strebkonvergenz."

Zahlreiche Forscher, die sich mit dem Problem der Vorausberechnung der Bodenbewegungen beschäftigten, haben auf den störenden Effekt an der Oberfläche über der Zone ungenügender Versatzdichte am Rand eines Abbaues hingewiesen. In Bild 2 sind die Verhältnisse, wie sie *Beyer* erklärt hat, gezeigt. Diese Zone ungenügender Versatzdichte erstreckt sich über den ganzen Rand eines Abbaues. Das Ergebnis an der Tagesoberfläche ist, daß der Punkt der halben maximalen Senkung nicht vertikal über der Abbaukante liegt, wie es aus dem Begriff der Einwirkungsfläche abzuleiten wäre, sondern in Richtung des abgebauten Feldes verschoben ist. Die Erscheinung zeigt also, daß die maximale Senkung nicht erreicht werden wird, außer wenn ein Feld größer als das gegebene abgebaut ist. Darüber hinaus kann der Punkt der halben maximalen Senkung gut außerhalb des neueren Baufeldrandes liegen, wenn ein neuer Abbau längs eines alten geführt wird. Diese allgemeine Erscheinung ist in Großbritannien häufig beobachtet worden und wird durch in Bild 3 gezeigte Beobachtungen veranschaulicht. Daraus folgt, daß auch die Zonen der maximalen Zerrung und Pressung in bezug auf ihre theoretische Lage verschoben sind und daß die Größe der Verformungen gleichfalls beträchtlich von den theoretisch berechneten abweichen kann. Dies sind wesentliche Umstände für die Behandlung der Vorausberechnung von Bodenbewegungen und für die praktischen Probleme von Oberflächenschutz und Bergschäden.

Es ist geäußert worden, daß die Schwierigkeiten, die sich durch die Zone ungenügender Versatzdichte an den Abbaukanten ergeben, bei Anwendung eines veränderlichen Absenkungs- oder Versatzfaktors überwunden werden könnten. Wenn man die Breite der Zone und den sich ändernden Grad der Zusammendrückung bestimmen könnte, wäre dies möglich. Nur *Fläschenträger* und *Schulte* [16] scheinen Beobachtungen im Flözhorizont gemacht zu haben, die helfen könnten, diese Möglichkeit abzuschätzen.

Beyer hat den Begriff eines „reduzierten Grenzwinkels", wie in Bild 4 gezeigt, und *Niemczyk* [17] folgende Formel für seine Bestimmung vorgeschlagen:

$$\cot \gamma \cdot \mu = \cot \gamma + \frac{b}{2h}.$$

Die Lösung ist jedoch wiederum abhängig von der Bestimmung der Breite der Zone ungenügender Versatzdichte. Die Anwendung dieses Ausdrucks scheint jedenfalls genau so zugänglich für Einwände zu sein wie die des Grenzwinkels, weil er ein symmetrisches Profil über dem Punkt der halben maximalen Senkung bedingt.

Es ist z. B. möglich gewesen, eine Anzahl von Fällen aus vielen Beobachtungen in Großbritannien auszuwählen, in denen vollständige Querprofile der Senkung über Tage aufgenommen wurden. Einer davon ist in Bild 5 veranschaulicht. Wie man sehen kann, ist das Profil weder über der Abbaukante noch um den Punkt der halben maximalen Senkung symmetrisch. Die Werte für fünf andere ähnliche Fälle sind in Tabelle 1 vermerkt (s. Bild 5).

Diese Beispiele des Einflusses der Zone ungenügender Versatzdichte am Abbaurand veranschaulichen sehr deutlich den Zusammenhang dieser Zone sowohl in bezug auf den sogenannten „Grenzwinkel" als auch für die Vorausberechnung von Bodenbewegungen.

Schleier [18] stellt fest, daß der Punkt der halben maximalen Senkung 20 bis 50 m innerhalb vom Abbaurand erscheint; bei obigen Beispielen schwankte der Wert zwischen 9 und

60 m. *Fläschenträgers* Berechnungen deuten eine Entfernung von 8 bis 12 m entsprechend der Art des Flözhangenden an. Selbstverständlich spielen eine ganze Anzahl von Faktoren eine Rolle, und die Abbauteufe, die Flözmächtigkeit, die Art des Flözhangenden und Flözliegenden, die Art und Qualität des Versatzes und die Festigkeit der Kohle könnten alle gut einen Einfluß haben.

Sowohl *Beyer* als auch *Fläschenträger* gebrauchen für die Berechnung der übertägigen Bodenbewegungen eine Ausgleichzone am Abbaurand. Diese Methode ist auch von anderen Autoren mit gewissem Erfolg angewendet worden. Das schwierigste Problem ist die Bestimmung der Breite der Ausgleichzone, die nur aus Messungen im Flözniveau genau ermittelt werden kann.

Die Gestalt des Senkungsprofils

Die irgendwie illusorische Natur des „Grenzwinkels" und des reduzierten Grenzwinkels ist bereits besprochen worden. Das Bild wird noch komplizierter, wenn man die Senkungsprofile vergleichen will. Wenn man z. B. die zonale Einteilung von *Bals* mit Grenzwinkel von 55°, 50° und 45° anwendet, so erhält man dementsprechend drei unterschiedliche Profile, wie dies in Bild 6 gezeigt ist. Diese Profile sind in dimensionslosen Koordinaten aufgetragen. Hierbei ist angenommen, daß sie sich auf einen Abbau unbestimmter Länge und Breite beziehen, in dem die Teufe, die Mächtigkeit des Flözes und die maximale Senkung gleich sind. Man kann daraus ersehen, daß die Frage des Grenzwinkels in Beziehung zur maximalen Schieflage an der Tagesoberfläche ebenso wie für die Krümmung und die Bodenverformung von Bedeutung ist.

Man kann auch die Vorausberechnungsmethoden, die sich auf eine zonale Unterteilung der Einwirkungsfläche stützen, in der gleichen Weise wie in Bild 7 gezeigt vergleichen. Es ist interessant festzustellen, daß alle Urheber dieser Berechnungsmethoden den Anspruch erheben, daß die Ergebnisse ihrer Berechnungen mit einer angemessenen Fehlergrenze durch die Feldbeobachtungen bestätigt werden. Nur *Meyers-Drent* geben zu, daß ihre Methode manchmal nicht zu mit der Wirklichkeit vergleichbaren Resultaten führte, obwohl ihre zonale Einteilung tatsächlich aus beobachteten Ergebnissen bestimmt worden war. Es ist offensichtlich, daß zwischen den Kurven keine grundsätzliche Übereinstimmung besteht. In Anbetracht der mit der ganzen Auffassung der Vollfläche verbundenen Probleme ist das nicht besonders überraschend. *Schleier* [18] hat eine vorzügliche Dissertation geschrieben und die mathematische Behandlung dieser Methode kritisch erörtert. Darauf braucht hier nicht weiter eingegangen zu werden. Die bedeutenden Unterschiede zwischen den Ergebnissen können gut aus mehr grundlegenden Ursachen entstanden sein. Nämlich aus Fehlauffassungen in bezug auf die Definition des Grenzwinkels und der Einwirkungsfläche. Aus der Wirkung der Zone ungenügender Versatzdichte und aus dem bis jetzt unbestimmten Einfluß der Veränderungen in den mechanischen Eigenschaften der Schichten.

Die bereits in Tabelle 1 mitgeteilten Senkungsprofile sind in dimensionslosen Koordinaten aufgetragen und in Bild 8 veranschaulicht. Zwischen ihnen und dem in Bild 9 gezeigten abgeleiteten Mittel besteht offensichtlich ein beträchtliches Maß der Übereinstimmung. Es ist interessant, zuerst die Eigenschaften dieser Mittelwertkurve mit dem durch *Knothe* erzielten Abschluß zu vergleichen. *Knothes* mittleres Senkungsprofil, das mutmaßlich in fast der gleichen Weise bestimmt wurde, zeigt eine abgeleitete Einwirkungskurve, die sich sehr dicht der *Gauß*schen Kurve annähert:

$$f(x) = w_0 \frac{h}{\pi} e^{-h^2 x^2}.$$

In ihr muß der Parameter h für verschiedene Profile geeignet gewählt werden. Der Koeffizient w_0 bezeichnet die maximale Senkung. Bild 10 zeigt den allgemeinen Sinn der Analyse. *Knothe* stellt fest, daß

$$r = \frac{H}{\tan \beta}$$

in Übereinstimmung mit der anerkannten Auffassung des Grenzwinkels steht. Er bezeichnet jedoch β als „Haupteinwirkungswinkel" und sagt: „Die Haupteinwirkung erfolgt innerhalb des durch diesen Winkel begrenzten Gebietes. Die Beobachtung zeigt, daß Abbauwirkungen noch weit hinter diesem Gebiet gefunden werden, daß ihre Bedeutung und Größe jedoch gering sind. Theoretisch reicht die Einwirkung bis ins Unendliche. Es scheint vernünftiger zu sein, von einem Haupteinwirkungswinkel zu sprechen als von einem Grenzwinkel. Aus der Beobachtung kann man weiter annehmen, daß der Haupteinwirkungsbereich r gleich der Subtangente der Profilkurve an ihrem Wendepunkt ist (Bild 10). Das heißt

$$r = \frac{w_0}{\tan \psi},$$

wobei ψ die maximale Neigung des Trogprofils an seinem Wendepunkt ist."

Zweifellos ist die unterstrichene Darlegung des vorhergehenden Abschnittes der Schlüssel zur ganzen Analyse von *Knothe* und sollte auf andere Beobachtungen angewendet werden, wenn sie Allgemeingültigkeit besitzt. Wie die folgende Tabelle zeigt, stehen jedoch die in Yorkshire beobachteten fünf Profile nicht in Übereinstimmung mit der Auffassung von *Knothe*.

Tabelle 2

Teufe [m]	Maximum der beob. Senkung [mm]	Maximum der beob. Schieflage	Beob. Einwirkungs-bereich [°]	Berechn. Hauptein-wirkungs-bereich	Beob-achtet (2 r) [m]	Berech-net (2 r) [m]
25	625	7°—00′	58	78°—28′	31	10
41	632	1°—51′	53	64°—27′	62	40
75	640	1°—12′	62	67°—32′	80	62
220	650	0°—14′	55	62°—49′	308	226
800	1590	0°—20′	62	71°—06′	851	548

Beobachteter Einwirkungsbereich $= \gamma\, \mu_2$ (Bild 3).

Kings Versuche mit dem Gelatinemodell führten ihn auch zu der Schlußfolgerung, daß die maximale Schieflage des Profils unmittelbar mit der maximalen Senkung und mit der Länge des Profils verbunden ist. Er leitete dem Wesen nach denselben Ausdruck für die Schieflage wie *Knothe* unter Anwendung der gleichen Bezeichnungen ab, nämlich:

$$\tan \psi = \frac{w_0}{H \cdot \tan \beta}$$

oder

$$\tan \psi = \frac{w_0}{r}.$$

Die offensichtliche Ungleichheit zwischen den beobachteten Senkungsprofilen im Kohlenrevier von Yorkshire und den Ableitungen von *King* und *Knothe* zeigen, daß bei den Verhältnissen der beobachteten Fälle Faktoren eingeschlossen waren, die weder bei *Knothes* Beobachtungen noch bei den Modellversuchen von *King* in Erscheinung traten.

King bezog sich auf die Tatsache, daß das Ausmaß und die Größe der Oberflächenbewegung durch eine große Anzahl von Faktoren beeinflußt werden, von denen einige selbst veränderlich sein können. Er faßt diese wie folgt zusammen:

1. Dimensionslose Faktoren und ihre Änderungen,
2. Geologische Faktoren und ihre Änderungen,
3. Geschwindigkeitsfaktoren und ihre Änderungen.

Die fünf vollständigen in Großbritannien aufgenommenen Senkungsprofile wurden beobachtet, bis keine Bewegung mehr festzustellen war und die Abbaubreite in jedem Falle das Doppelte der Teufe überschritten hatte. Das Einfallen betrug nirgends mehr als 7°. Die beobachteten Werte für die maximale Senkung sollten daher der Wirklichkeit entsprechen, und es können bestimmt keine Fehler genügender Größe eingeschlossen sein, um die Profile so zu verändern, daß sie in Übereinstimmung mit den Schlußfolgerungen von *Knothe* oder *King* stehen könnten.

Ebenso gehen auch keine Geschwindigkeitsfaktoren in die Frage ein, weil wir vollständige Querprofile der Senkung betrachteten, die durch die Verhiebsgeschwindigkeit der Abbaue oder durch Wechsel in diesen Geschwindigkeiten nicht weiter beeinflußt wurden.

Es bleiben somit nur die geologischen Faktoren als möglicher Grund für die Unterschiede. Es ist offensichtlich, daß die Unterschiede im Grenzwinkel oder im Haupteinflußbereich nicht hinreichend in Rechnung gesetzt wurden. *King* sagte: „Bei sehr kleinen Verhältnissen von Weite zu Teufe, besonders bei geringen Teufen, kann tatsächlich die gesamte Hangendkonvergenz gering und die Oberflächenstörung vernachlässigbar sein. In diesen Fällen haben die mechanischen Eigenschaften der Gesteine den überwiegenden Einfluß und nicht das Gewicht; die geologischen Faktoren beeinflussen dann das Verhalten.“ Es zeigt sich jedoch, daß die geologischen Faktoren ebenso den Verlauf der Oberflächenstörung bei allen Verhältnissen von Weite zu Teufe beeinflussen können, und daß es keinen allgemeingültigen Ausdruck für das Profil der Oberflächenbewegung geben kann, bei dem nicht der Einfluß der geologischen Faktoren in Betracht gezogen wird. Mit anderen Worten: ein verallgemeinerter Ausdruck für die Oberflächenbewegung, der aus Feldbeobachtungen über Abbauen in einem einzelnen Bergbaugebiet entwickelt würde, hätte ohne Identität der geologischen Faktoren außerhalb dieses Gebietes keine Gültigkeit.

Die hier erreichte Schlußfolgerung ist der von *Perz* sehr ähnlich. Sie beweist aus praktischen Erwägungen die Tatsache, daß das Verhalten oder die Verformung des „geologischen Körpers“ bei der Analyse der Bodenbewegungen oder für die Formulierung eines allgemeingültigen Ausdrucks für Zwecke der Vorausberechnung nicht vernachlässigt werden darf. Ohne auf dieser Stufe weiter in die Mathematik des in Bild 8 veranschaulichten Trogprofils einzugehen, ist es klar, daß man entweder auf der von *Perz* beschriebenen Linie oder durch andere grundlegende Betrachtungen, bei denen die geologischen Verfahren berücksichtigt werden, zu einer Analysierung gelangen kann. Es ist gleichfalls wahr, daß *Knothes* Betrachtungen zu ähnlichen Analysen geeignet sind und verschiedene Koeffizienten für die Gebirgsverformung oder für die geologischen Faktoren ergeben würden. Selbstverständlich kann eine solche allgemeine Analyse hier nicht durchgeführt werden. Die gesamten Einzelheiten der beobachteten Fälle stehen jedoch zur Verfügung und können jedem Forscher mitgeteilt werden, der in dieser Richtung weiterarbeiten will.

Die Asymmetrie der Bewegung unter Abbaubedingungen

Wir haben uns bis jetzt mit den mehr oder weniger idealen Bedingungen der Entwicklung der Oberflächenbewegung in Beziehung zur Versatzseite (Abbaukante) beschäftigt. Wir haben gezeigt, daß trotz der Erscheinung der ungenügenden Versatzdichte eine ausreichende Symmetrie um den Punkt der halben maximalen Senkung besteht, um Vergleiche und Analysen auf dieser Grundlage zu rechtfertigen. Leider haben wir dies getan, ohne das Problem von einem praktischen Gesichtspunkt zu betrachten. Wir haben noch die Lage des Punktes der halben maximalen Senkung in bezug auf die Abbaukanten zu bestimmen. Die wirklichen Entfernungen in den fünf beobachteten Fällen sind im Bild 8 angegeben. Man kann sehen, daß diese mit der Teufe anwachsen, wenn auch ohne offensichtlichen Zusammenhang. Es ist wahrscheinlich, daß dieser Faktor noch lange Zeit sehr schwierig zu lösen sein wird. Letzten Endes kann er nur aus den Beobachtungen im Abbauflözhorizont korrekt untersucht und in der Vorausberechnung der Oberflächenbewegungen wiedergegeben werden. Dies ist bereits von *Fläschenträger* nachdrücklich betont worden.

Das Problem muß jedoch auch in Beziehung auf einen längs eines früheren Abbaufeldes geführten Abbau betrachtet werden, wie dies im Bild 3 veranschaulicht ist. Wir haben hier zwei Beziehungen zu den bereits diskutierten Punkten und zu einer Abbaukante, die durch die Kohle längs eines älteren Abbaues getragen wird. Diese sind a) welcher Unterschied, wenn überhaupt einer vorhanden ist, besteht in der Form und der Symmetrie des Bewegungsprofils um den Punkt der halben maximalen Senkung und b) was ist die Hauptwirkung der alten Zone ungenügender Versatzdichte? Es ist natürlich unmöglich, diese Fragen voll zu beantworten. Ihre Bedeutung kann jedoch veranschaulicht werden. Bild 11 zeigt einen Vergleich der Profile über jeder Abbaukante nach den in Bild 3 bereits gegebenen Verhältnissen. Bild 12 bringt einen ähnlichen Vergleich in Beziehung zu den in Bild 15 gezeigten Abbaubedingungen. Die Unterschiede sind sofort ersichtlich und dienen dazu, die Schwierigkeiten der Vorausberechnung und die Wichtigkeit der korrekten Analyse sowie die Erklärung der beobachteten Werte mit Nachdruck zu betonen.

Diese Beispiele beziehen sich auf Abbaue in geringen Teufen. Es ist augenscheinlich, daß die Wirkung des Versatzes als Verbindung zwischen einem alten und einem neueren Abbau unter diesen Umständen besonders wichtig ist. Tatsächlich würde die Superposition der Profile in jedem Falle zeigen, daß das ideal einheitlich abgesenkte und verformungsfreie Gebiet, das mit dem Abbau einer Vollfläche verbunden ist, nicht erreicht sein würde. Obgleich solche Wirkungen weniger mit größerer Teufe verbunden zu sein scheinen, müssen sie doch noch eine Rolle spielen. Es bleibt noch zu betrachten, wie weit die Teufe selbst ein Faktor im Verformungsprozeß des Gebirges ist. Sie hat gewiß in Beziehung zu anderen Faktoren des Senkungsprozesses, wie es früher in dieser Arbeit geschrieben wurde, Bedeutung.

Bewegungen über Abbauteilflächen

Sowohl *Knothe* als auch *King* gebrauchen das sogenannte Prinzip der Superposition, um ihre Ausdrücke zu entwickeln und dem Abbau von Teilflächen anzupassen. Wie weit die Anwendung dieses Prinzips berechtigt ist, kann bis jetzt nicht voll abgeschätzt werden, obgleich seine Gültigkeit augenscheinlich abnimmt, wie das Verhältnis Weite zu Teufe kleiner wird. Als Beispiel zeigen die Bilder 14 und 15 sowohl berechnete als auch beobachtete Profile über Abbauteilflächen. Die berechneten Profile sind aus dem vollständigen Profil des Bildes 9 durch Superposition abgeleitet worden. Die Widersprüche betonen wiederum die Probleme der Analyse und Erklärung. Obgleich die Wirkungen der Zone ungenügender Versatzdichte eine Rolle spielen, kann es auch sein, daß sogar bei vergleichbaren geologischen Bedingungen die Verformungscharakteristiken der Schichten auch gemäß des Abbauverhältnisses von Weite zu Teufe schwanken können.

Diese Arbeit hat sich bis jetzt mit Betrachtungen der transversalen Erdbewegungen der Oberfläche beschäftigt. Es besteht nicht die Absicht, hier den Bewegungsvorgang und die Entwicklung der Bewegung mit der Zeit, was bereits durch den Verfasser untersucht und besprochen wurde [19, 20], ausführlich zu entwickeln. Unter Berücksichtigung der Fragen der Veränderungen in der Verformung der Schichten ist jedoch ein äußerst interessanter Umstand durch *Drent* veranschaulicht worden. Bild 16 zeigt eine Reihe von Kurven des dynamischen Ablaufs der Senkung, wie sie *Drent* beobachtet hat, und die mittlere, dynamische Senkungskurve, wie sie für das Yorkshire-Kohlenrevier abgeleitet wurde. Die Methode der Analyse stammt von dem Verfasser dieser Arbeit. Wiederum muß man anerkennen, daß die geologischen Faktoren eine wichtige Rolle in diesen Ergebnissen spielen und daß allein eine Betrachtung der dimensionalen Faktoren sehr irreführend sein würde.

Zusammenfassung

Ich habe in dieser kurzen Zeit versucht, einige Probleme, die bei der Bestimmung einer zuverlässigen Methode zur Vorausberechnung von Bodenbewegungen auftauchen, zu veranschaulichen und habe versucht, einige Annahmen in bezug auf den Bodenbewegungsvorgang kritisch zu untersuchen. Ich habe mich freizügig auf die Veröffentlichungen anderer Forscher bezogen und habe ihnen für ihre Anregungen zu danken, die sie mir für meine eigenen Auffassungen des Problems gegeben haben. Das letzte Kriterium der Gültigkeit einer Vorausberechnungsmethode kann nur eine Übereinstimmung mit den Ergebnissen beobachteter Bodenbewegungen sein. Die Gründe für bedeutende Unterschiede müssen entweder in den Umständen der beobachteten Ergebnisse oder in den den Berechnungsmethoden anhaftenden Annahmen gesucht werden.

Meines Erachtens muß eine allgemeingültige Theorie der Bodenbewegung existieren. Dies sogar, obwohl die darin enthaltenen Faktoren vielfältiger sein mögen, als man oft anzunehmen geneigt ist. Die Erforschung der Bodenbewegungen an der Oberfläche ist natürlich nicht ohne Bedeutung für die Theorien und Vorstellungen über die ganze Auffassung des Gebirgsdruckes. Zweifellos könnte aus der Fortsetzung der Wechselbeziehung der Forschungsarbeiten über Oberflächenbewegung und jenen, die im einzelnen den Gebirgsdruck und untertägige Ausbauprobleme betreffen, viel gewonnen werden.

LITERATUR

[1] *Köhne:* See reference No. 2.
[2] *Keinhorst, H.:* 25 Jahre Emschergenossenschaft Essen.
[3] *Bals, R.:* Beitrag zur Frage der Vorausberechnung bergbaulicher Senkungen. Mitt a. d. Marks 1931/32.
[4] *Schleier, O.:* Zur Frage der Senkungsvorausberechnung beim Abbau von Steinkohlenflözen in geneigter Lagerung. Mitt a. d. Marks. 1937.
[5] *Fläschenträger, H.:* Die Kostenverteilung bei gemeinsam verursachten Bergschäden im Ruhrgebiet. Diss. TH Aachen 1938.
[6] *Perz, F.:* Die Zoneneinteilung der Einwirkungsflächen in bergbaulichen Senkungsgebieten. Leoben 1940.
[7] *Beyer, F.:* Über die Vorausbestimmung der beim Abbau flachgelagerter Flöze auftretenden Bodenverformungen. TH Berlin 1945.
[8] *Grond, G. J. A.:* Disturbances of coal measure strata. Iron and Coal Trades Review 1950.
[9] *Baron, F.:* Schachtbeanspruchungen beim Abbau eines Schachtsicherheitspfeilers unter mächtigem Deckgebirge. Diss. TH Aachen 1951.
[10] *King, H. J.*, and *Whetton, J. T.:* Mechanics of Mine Subsidence. European Congress on Ground Movement. April 1957.
[11] *Knothe, S.:* The displacements of the surface under the influence of mining extraction and their theoretical interpretation. European Congress on Ground Movement. April 1957.
[12] *Litwiniszyn:* The theories and model research of movements of ground masses. European Congress on Ground Movement. April 1957.
[13] *Perz, F.:* A new method of expressing the mathematical relationships governing the formation of subsidence troughs above mine workings. European Congress on Ground Movement. April 1957.

[14] *Drent, S.:* Some considerations on the connection between time curves and the thickness of the non-carboniferous strata in the S. Limburg Coalfiels. European Congress on Ground Movement. April 1957.

[15] *Fläschenträger, H.:* Considerations on Ground Movement phenomena based on observations made in the Lower Rhine district.

[16] *Schulte, H. F.:* Ermittlung und Einfluß des Absenkungsfaktors bei verschiedenen Versatzarten und flacher Lagerung im Linksniederrheinischen Steinkohlenbergbau. TH Aachen 1952.

[17] *Niemczyk:* Bergschadenkunde. Essen 1949.

[18] *Schleier:* Der Deutsche Steinkohlenbergbau – Technisches Sammelwerk, Band 2. Essen 1956.

[19] *Wardell* and *Webster:* Some surface observations and their relationship to strata movement underground. European Congress on Ground Movement. April 1957.

[20] *Wardell, K.:* Some observations on the relationship between time and mining subsidence. Transactions of the Institution of Mining Engineers, 1953/54.

W. BUCHHEIM

Freiberg (Sachsen)/DDR

Geophysikalische Methoden zur Erforschung des Spannungszustandes des Gebirges im Steinkohlen- und Kalisalzbergbau

Die Problematik einer exakten Bestimmung des Spannungszustandes des Gebirges mittels der bisher hierzu vorgeschlagenen Verfahren ist bekannt. Es ist wohl schon immer als das Wünschenswerteste empfunden worden, Informationen über Größe und Verteilung von Zug- und Druckspannungen zu gewinnen, die nicht durch eine Störung der zu messenden Größen durch den Akt der Messung selbst beeinträchtigt sind. Verfahren, wie sie als „zerstörungsfreie Werkstoffprüfung" heute zur Diagnostizierung z. B. von Werkteilen auf ihre Homogentiät, Riß- oder Blasenfreiheit usw. gängig geworden sind, gaben der Geophysik Beispiel und Ansporn, Analoges auch für die Spannungsdiagnose des Gebirges in situ zu versuchen. Betrachtet man die gesteinsphysikalische Situation, die hier vorliegt, so findet man, daß es

1. die Änderungen seismisch-akustischer Eigenschaften durch die Druckbeanspruchung sowie
2. die seismisch-akustischen Vorgänge, die bei der Zerstörung des festen Gebirges durch Druck entstehen,

sind, die eine solche Diagnose ohne verfälschenden Eingriff möglich erscheinen lassen. Nun hat die Geophysik in der Seismik bekanntlich bereits seit Jahrzehnten Verfahren entwickelt, die zu einer Diagnose des Erdinneren auf seine mechanisch-elastischen Eigenschaften hin im großen von über Tage her geführt haben. Hierbei werden entweder die elastischen Eigenimpulse, die in der Erdrinde spontan durch Erdbeben entstehen, oder Fremdimpulse gleicher Art, die durch Sprengungen künstlich erzeugt werden, hinsichtlich ihrer Ausbreitung studiert. Diese beiden wohlbekannten Methoden der Geophysik können nun, auf kleine Dimensionen unter Verlagerung des Frequenzbereiches in das akustische bzw. ultraakustische Gebiet übertragen, aber auch zur Erkundung der mechanischen Spannungen im Bergbau angewandt werden. Man wird sie daher mit Fug und Recht als „geophysikalische" Verfahren der Spannungsdiagnose bezeichnen dürfen.

Versuche in dieser Richtung sind bereits seit den 30er Jahren im Gange. Sie begannen mit Messungen der Schallgeschwindigkeit im schlesischen Bergbau durch *Heinrich*. Ähnliche Versuche unternahmen *Baldin* und *Goichman* in der UdSSR (Donezbecken und Ural) und *Obert* in den USA (Montana). Die Ergebnisse waren zunächst wenig ermutigend. Erst die langjährigen systematischen Untersuchungen, die mit modernsten meßtechnischen Hilfsmitteln seit 1951 vor allem vom Geophysikalischen Institut der Akademie der UdSSR unter Leitung von *Risnitschenko*, *Silaeva*, *Samína*, *Mjačkin*, *Gluchov* und *Vinogradov* sowie an der Bergakademie Freiberg unter meiner Anleitung von *Rösler* und *Uhlmann* durchgeführt wurden, haben schließlich Erfolge gezeitigt, über die im folgenden berichtet werden soll. Diese ganz unabhängig voneinander vorgenommenen Untersuchungen ergänzen sich insofern in der glücklichsten Weise, als die sowjetischen Arbeiten das Kohleflöz und sein Nebengebirge, die deutschen aber den Kali- und Steinsalzpfeiler zum Gegenstand hatten.

Wir wenden uns zunächst der Eigenimpulsmethode zu. Nähert sich der Spannungszustand eines hinreichend spröden Gebirges der Scher- bzw. Trennbruchfestigkeit, so steigt die Zahl der Feinrißbildungen an. Diese Feinrisse sind makroskopisch zunächst kaum erkennbar, aber akustisch weitgehend wahrnehmbar. Ein jeder solcher Vorgang stellt im Gebirgsverband gewissermaßen ein winziges Erdbeben dar, das mit empfindlichen seismisch-akustischen Mitteln noch auf Entfernungen von vielen Metern nachgewiesen werden kann. Wie in der Seismologie können auch in der Gebirgsakustik verschiedene Formen von „Herdvorgängen" unterschieden werden: Gleitprozesse (Scherungsbrüche) und Trennprozesse (Trennungsbrüche). Bild 1 zeigt uns die beiden charakteristischen Formen der Zerstörung an Gesteinsproben unter Druck, links den Gleitungsbruch an einer Sandsteinprobe, rechts den Trennungsbruch an einer zwischen Bleiplatten eingespannten Marmorprobe. Die sowjetischen Forscher fanden nun, daß

1. vor Zerstörung der Probe in der einen oder anderen Form akustische Impulse (Knackgeräusche) sich häufen, und daß
2. diesen beiden Bruchformen auch verschiedenartige Oszillogrammformen entsprechen.

Man hat sich also vorzustellen, daß der endgültigen Zerstörung die Bildung von zahlreichen winzigen Gleit- bzw. Trennbrüchen vorangeht, die schließlich zu durchgehender Zerlegung des Körpers führen. Bild 2 zeigt den Geräuschimpuls samt seiner spektralen Zerlegung, der bei einem Gleitriß entsteht. Starke Dämpfung und große spektrale Bandbreite sind für ihn kennzeichnend. Bild 3 dagegen gibt oszillographisch das Geräusch wieder, das bei kleinen Trennrissen entsteht. Es ist durch schwache Dämpfung bei wohldefinierter Frequenz und entsprechend geringer Bandbreite charakterisiert. Die Impulsstärke erhöht sich dabei kurz vor Annäherung an die makroskopisch erkennbare Zerstörung, und das Frequenzspektrum verschiebt sich dabei schwerpunktmäßig zu niederen Frequenzen hin. Die im Kohleflöz bei Herannahen des Strebs auftretenden Impulse ähneln nach den Untersuchungen der sowjetischen Forscher ganz den an Proben beobachteten, wenn auch bei heterogenen Gesteinen, wie z. B. Steinkohle, die genannten Gesetzmäßigkeiten nicht so ausgeprägt sind wie bei homogenen Gesteinen. Hierzu wurden Körperschall-Geophone in einen Durchhieb parallel zum Streb, der gegen den Durchhieb vorrückte, ortsfest installiert. Während dieses Vorganges wurden die auftretenden Eigenimpulse auf Magnettonband aufgenommen. Die Analyse der Registrierung ließ nun folgende Gesetzmäßigkeiten erkennen:

1. Die „akustische" Aktivität des Gebirges, gemessen durch die mittlere Intensität der Impulse, lag in der gebirgsschlaggefährdeten Grube „Uritzki" höher als in der Grube „Oktjabrjonok", wo kaum Gebirgsschläge auftreten, und schwankte zeitlich stark. Die Schwankungen nahmen bei Herannahen des Strebes zu.
2. Traten Sprünge in der akustisch-seismischen Wellengeschwindigkeit auf, die auf plötzliche Spannungsverlagerungen schließen ließen, so erhöhte sich vorher in drei von fünf Fällen die akustische Aktivität.
3. Die Ausbreitung von Zonen pseudo-plastischer Gesteinszerkleinerung ist mit einer Verschiebung des Frequenzschwerpunktes im Spektrum der Impulse zu langsameren Schwingungen hin verbunden.

Bild 4 zeigt die Schwankungen der akustischen Aktivität, aufgeschlüsselt nach schwachen, mittleren und starken Impulsen bei Herannahen des Stoßes auf der Grube „Uritzki" mit den beiden Grundtypen von Impulsen. Bild 5 gibt eine Gegenüberstellung der akustischen Aktivität mit der Zunahme der akustisch-seismischen Wellengeschwindigkeit wieder, die, wie noch ausgeführt werden wird, ein Maß für den Kämpferdruck im Stoß abgibt. Man erkennt, daß Aktivitätsspitzen mehr oder weniger deutlich jedesmal vor Sprüngen der Wellengeschwindigkeit auftreten. Die sowjetischen Forscher weisen darauf hin, daß bei stetiger Druckerhöhung Perioden erhöhter akustischer Aktivität mit solchen teilweiser Beruhigung abwechseln und daß dieser Wechsel um so ausgeprägter ist und die Gebirgsschläge um so stärker sind, je homogener das Gestein ist.

Diese Ergebnisse zeigen recht eindringlich, daß die Methode der Eigenimpulse sehr geeignet ist, Informationen über die Zerkleinerung spröder Gebirgsmassen beim Anwachsen der Spannungen bis zur Bruchgrenze des Materials zu gewinnen. Die Arbeiten der sowjetischen Schule erbringen ebenfalls den Nachweis, daß sich sogar der Charakter des einzelnen Bruchvorganges in Schalloszillogrammen erkennen läßt. Die sogenannte „akustische Aktivität" scheint ein geeignetes Maß für die Intensität der pseudo-plastischen Gesteinszerkleinerung zu sein.

Sehr wirkungsvoll ergänzt wird diese „Eigenimpulsmethode" nun durch das Studium der Ausbreitung von künstlichen „Fremdimpulsen". Dieses Verfahren wurde von den beiden eingangs genannten Forschungsgruppen ohne Kenntnis voneinander in im wesentlichen gleicher Form entwickelt und von der sowjetischen Gruppe im Steinkohlentiefbau, von der deutschen Gruppe im Kalibergbau erprobt. Auf beiden Seiten wurde von vornherein eine Laufzeitbestimmung der Körperschallwellen bei kurzen Laufwegen von der Größenordnung 0,1 bis 1 m zugrunde gelegt. Schallgeber und Schallempfänger auf piezoelektrischer bzw. magnetostriktiver Basis sind hierbei so klein ausgebildet, daß sie in Handbohrlöchern beliebig tief eingebracht werden können. Der empfangene Körperschallimpuls wird auf dem Schirm eines Elektronenstrahloszilloskops sichtbar gemacht, wobei die Laufzeit mit einer Genauigkeit von meist wenigen Mikrosekunden bestimmt werden kann. Die deutsche Gruppe benutzt periodische Impulsgabe mit 50 Hz, so daß ein stehendes Bild erscheint, das visuell vor Ort (ohne Fotogramm) ausgewertet werden kann. Die ganze Meßtechnik, die hier nicht ausführlicher beschrieben werden kann, ähnelt sehr der bekannten Ultraschall-Defektoskopie.

Die Grundlagen der Methode mußten beiderseits zunächst in umfangreichen und sorgfältigen Untersuchungen an Gesteinsproben bei meist einachsiger, aber willkürlich regelbarer Einspannung bis zur Bruchgrenze erarbeitet werden.

In Bild 6 sehen wir die von der sowjetischen Gruppe aufgenommenen Oszillogramme von einer Sandsteinprobe, die das eine Mal stetig bis zu 1100, 1000, 900, 700, 500 und 300 kg/cm² belastet wurde (linkes Bild), das andere Mal sprunghaft mit 100, 200 usw. kg/cm² bis zu einem Maximalwerte von 900 kg/cm² belastet wurde (rechtes Bild). Die Wellenlinie stellt die Zeitmarkierung dar ($2 \cdot 10^{-6}$ sec). Bei $t = 0$ findet die Impulsgabe statt. Man erkennt deutlich, daß die Belastung der Probe eine Verkürzung der Laufzeit, d. h. eine Erhöhung der Schallgeschwindigkeit bewirkt, wenn die Durchschallungsrichtung mit der Druckrichtung übereinstimmt. Im anstehenden Gebirge liegen die Verhältnisse insofern komplizierter, als der Spannungszustand dreiachsig ist, also durch drei Hauptdrücke und ein Achsenkreuz gekennzeichnet werden kann. Für die Untersuchung von Gesteinsproben größerer Abmessungen (20 cm Durchmesser) bei so starker triaxialer Einspannung wurde bereits 1945 in den USA eine Prüfmaschine entwickelt, die in Bild 7 dargestellt ist. Von der sowjetischen Gruppe wurde das Problem einer behelfsmäßigen Eichung unter Vermeidung einer Probenentnahme in sehr sinnreicher Weise gelöst (8). In das Kohleflöz 3 wurde ein Schlitz eingeschrämt, in den ein hydraulisches Polster einzementiert wurde, 1. Auf dieses Polster konnten mittels der Pumpe 7 die gewünschten Drücke gegeben werden. Parallel zum Polsterschlitz waren Schallgeber 2a und Schallempfänger 2b eingebracht. Auf dem Schirm des elektronischen Seismoskops 5 konnten dann die Schalloszillogramme der Impulse, die von 2a nach 2b liefen, beobachtet und ausgewertet werden. 8 bedeutet einen Dehnungsmesser, mit dem die Zusammendrückung des Gesteins zwischen 2a und 2b gemessen werden konnte. Wie Bild 9 zeigt, war die Schallgeschwindigkeit v in Abhängigkeit vom Polsterdruck durch eine gut reproduzierbare Kurve gegeben. Die Deformation ε hingegen wies eine erhebliche Hysterese auf. Der untere Teil des Bildes 9 zeigt die ganze Anordnung nochmals im Vertikalschnitt parallel zum Stoß. Im Bild 10 ist eine Folge von Schalloszillogrammen zu sehen, die unter verschieden eingestelltem Druck auf das hydraulische Polster aufgenommen wurden (0 bis 100 kg/cm² und zurück zu 50 kg/cm²). Man erkennt deutlich die Verkürzung der Laufzeit für den ersten Einsatz, der jeweils durch einen dicken Punkt markiert ist, sowie vor allem die außerordentliche Steigerung der Amplitude zwischen 50 und 100 kg/cm² Belastung. Die sowjetischen Forscher bringen beides mit der teilweisen Schließung von Rissen und Poren in der Kohle sowie mit der Erhöhung der in den Poren eingeschlossenen flüssigen und gasförmigen Phase in Zusammenhang. Aus den Eichkurven (9) entnimmt man, daß jedenfalls im Bereiche bis 150 kg/cm² ein gut definierter eindeutiger Zusammenhang zwischen Druck und Erhöhung der Schallgeschwindigkeit besteht. Die behinderte Querdehnung der Kohle bedingt hierbei im Gegensatz zur einachsig eingespannten Probe einen triaxialen Spannungszustand, bei dem nur die eine Hauptspannung willkürlich gewählt werden kann.

Auch von der deutschen Gruppe wurde eine große Zahl verschiedener Gesteine in Probenform untersucht, wobei besonders auch die Schallgeschwindigkeit quer zur Druckrichtung der einachsig eingespannten Probe gemessen werden konnte. Dabei zeigte sich bei hohen Drücken eine sehr auffällige Hysterese der Schallgeschwindigkeit, wie sie beispielsweise im Bild 11 zum Ausdruck kommt. Es handelte sich hier um einen feuchten Sandstein mit unbehinderter Querdehnung. Die oberen Kurven stellen den Gang der Schallgeschwindigkeit v_L bei mehreren Belastungszyklen von steigender Maximalbelastung in Druckrichtung, die unteren Kurven quer zur Druckrichtung gemessen dar. Besonders bei der zweiten Richtung zeigte sich eine starke Hysterese, wenn die Belastung über 50 kg/cm² stieg. Steigert man die Belastung bis zur Scherbruchgrenze, so beobachtet man bei Sandstein neben starker Hysterese auch ein steiles Absinken der Schallgeschwindigkeit (11). Dieses auch von der sowjetischen Gruppe bestätigte Verhalten läßt sich vielleicht zur Erkennung der Gebirgsschlaggefahr in bankigem, sprödem Sandstein ausnützen. Diese Hystereseerscheinungen wurden von der deutschen Gruppe auch in zahlreichen Salzproben (Steinsalz, Hartsalz, Carnallit) festgestellt. Bild 12 zeigt die nur schwache Schallgeschwindigkeitshysterese bei Steinsalz, Bild 13 die starke Hysterese bei Carnallit (Messungen beide Male in Druckrichtung), der sich also für eine seismoakustische Drucksondierung offenbar am wenigsten eignet.

Wenden wir uns nun den Anwendungen zu, die die sowjetische Forschungsgruppe auf Grund der günstigen Eichkurve (9) auf die Drucksondierung in einem Kohleflöz des Kiselbezirkes machte. Die Geber und Geophone waren wie bei der Eigenimpulsmethode von einem parallel zur Strebfront verlaufenden Durchhieb aus im Flöz übereinander fest angesetzt. Die Druckänderung in vertikaler Richtung beim Herannahen des Strebs konnte damit im Oszilloskop verfolgt werden. Bild 14 gibt eine Reihe von Schalloszillogrammen wieder, die bei verschiedener Entfernung der Strebfront von der Meßstelle erhalten wurden. Die Zacke links bedeutet die Auslösung des Impulses durch den Geber, die Abszisse bedeutet die Zeit in Mikrosekunden. Man erkennt deutlich, daß zwischen dem 16. 10. und 14. 12. das Oszillogramm noch keine nennenswerten Veränderungen aufwies. Es sind deutlich zwei Wellengruppen zu unterscheiden (Kompressions- und Scherungswelle). Am 14. 12. hatte sich der Streb auf etwa 14 m der Meßstelle genähert. Nun setzt allmählich eine deutlich erkennbare Verkürzung der Laufzeit beider Wellengruppen, also eine Geschwindigkeitsvergrößerung ein. Diese erreichte ihr Maximum vom 28. bis 29. 12., als der Streb auf 1,5 bis 1 m herangerückt war, um dann plötzlich wieder abzusinken. Im Bild 15 sind Schallgeschwindigkeit (links) bzw. Vertikaldruck (rechts) als Funktionen der Zeit aufgetragen. Dabei werden für den Einsatz der Kompressionswelle mehrere Wellenphasen herangezogen, deren Laufzeiten sich aber nur um konstante Beträge unterscheiden (oberes Diagramm). Im unteren Diagramm ist die Geschwindigkeit der Scherungswelle dargestellt. Man erkennt sehr gut, daß etwa mit dem 19. 12 eine deutliche Geschwindigkeitsanhebung bei allen drei Longitudinalphasen, am 14. 12. eine solche bei der Transversalwelle einsetzt. Das Maximum des Vertikaldruckes wurde aber am 28. 12. bei einer Strebentfernung von nur 1,5 m erreicht. Dann sank der Druck rapide infolge des Herausbrechens der Kohle in den Strebraum. Mittels der hydraulischen Eichung konnte das Druckmaximum zu etwa 330 bis 400 kg/cm² angegeben werden. Das bedeutet einen rein akustisch bestimmten Druckanstieg um rund 60 bis 70%.

Wenn auch die Genauigkeit dieser Druckmessung nach Angabe der sowjetischen Forscher vorerst nur $\pm$ 15 bis 20% betrug, so ist es ihnen hiermit zum ersten Male gelungen, unter einer nur minimalen Störung des Gebirgsverbandes durch die Meßvorrichtung laufend eine quantitative Messung des Kämpferdruckes auf rein geophysikalischer Grundlage durchzuführen. Ich möchte glauben, daß insbesondere dem hierbei angewandten Eichverfahren unter Verwendung eines hydraulischen Polsters entscheidende Bedeutung zuzumessen ist. Es dürfte wegweisend für die Lösung des Eichproblems der seismo-akustischen Druckmessung überhaupt sein, wenn auch damit die Schaffung großer Triaxial-Gesteinsprüfgeräte nach Muster des vorhin erwähnten für eine gesteinsphysikalische Begründung der Gebirgsmechanik nicht überflüssig geworden sein dürfte.

Gestatten Sie, daß ich nun noch einige Anwendungen der Fremdimpulsmethode im Kali- und Steinsalzbergbau schildere. Die deutsche Gruppe wandte sich diesem Bergbauzweig vor allem deshalb zu, weil hier einerseits die Beherrschung des Gebirges besonders weittragende Auswirkungen auf die Ökonomie hat und andererseits die physikalischen Bedingungen für Schall- bzw. Ultraschallausbreitung besonders günstige sind. Die zu schildernden Untersuchungen wurden in den Jahren 1952 bis 1956 in den Kalisalzgruben des Werra- und Südharzgebietes in der DDR hauptsächlich durch *Uhlmann* durchgeführt. Die Technik war eine ganz ähnliche, wie sie die sowjetische Gruppe anwandte. Der einzige Unterschied bestand in der Verwendung von magnetostriktiv arbeitenden Schallgebern (anstatt Piezokristallen) und zuletzt in periodisch wiederkehrender Impulsgabe. Die Trägerfrequenz der Impulse lag schwerpunktmäßig bei einigen hundert Kilohertz, also im Ultraschallgebiet. Bild 16 zeigt einen solchen, aus Nickelblech aufgebauten Geber, Bild 17 Empfänger und Geber im Kopf eines Gestänges montiert, mittels dessen eine Einführung in Bohrlöcher von 35 mm Durchmesser erfolgen konnte. Diese Bohrungen wurden parallel zueinander und senkrecht zum Stoß der Pfeiler angelegt (18). Zwischen Bohrung 1 und 2 konnte dann die Schallgeschwindigkeit in horizontaler Richtung, zwischen 1 und 3 in vertikaler Richtung gemessen werden. Hierbei wurden Geber und Empfänger schrittweise durch den ganzen Pfeiler hindurch von einem Stoß zum anderen verschoben und so Profile der Schallgeschwindigkeit aufgenommen. Wichtig war insbesondere die Ausarbeitung einer Methode durch *Uhlmann*, nach der die Entfernungen zwischen zwei Punkten in verschiedenen Bohrlöchern hinreichend genau bestimmt werden konnten. Die Eichung der Drücke in Schallgeschwindigkeitsunterschieden, die von der sowjetischen Gruppe in genialer Weise gelöst wurde, bereitet bei Salzgesteinen leider noch ernste Schwierigkeiten, die aus der starken Plastizität dieser Gesteine und der Hysterese der Schallgeschwindigkeit resultieren, während beide Erscheinungen bei Steinkohle gerade ziemlich unbedeutend zu sein scheinen. Aus diesem Grunde sind die Ergebnisse von Probenuntersuchungen mit nur kurzzeitiger Belastung nur sehr bedingt verwertbar. Die Schallgeschwindigkeit dürfte sich bei langsamen Druckänderungen, wie sie im Kalibergbau vor allem von Interesse sind, wesentlich anders, und zwar günstiger, verhalten als das z. B. in Bild 19 für Hartsalz wiedergegeben ist. Man entnimmt aber auch diesem Bilde wieder, daß sich wie bei Steinsalz die Durchschallung in Richtung des größten Druckes (vertikal, untere Figur) wegen der geringeren Hysterese für eine Eichung besser eignet als die senkrecht gelagerte (obere Figur).

Wir wollen uns vergegenwärtigen, wie die Spannungsverteilung etwa in der horizontalen Mittelebene eines Salzpfeilers bei Unterstellung idealer Elastizität aussehen muß. Diese Verteilung wird unmittelbar nach dem Ausschießen der Kammern, bevor sich die Plastizierung auswirken kann, der wahren ziemlich nahe kommen. Kombiniert man die bekannte Lösung von *Fenner* für parallel liegende kreiszylindrische Strecken (20), was bei genügend großem Abstand $M_I\ M_{II}$ genähert möglich ist, so erhält man für den Vertikaldruck die Kurve σ_t. p bedeutet den Auflegedruck des Hangenden im ungestörten Gebirge. Die höchsten Druckwerte liegen dann bekanntlich an den Stößen mit etwa 3 p. In dieser Zone treten anfänglich bekanntlich auch die größten Schubspannungen auf, was zum Schollenausbruch bzw. zur Plastizierung an den Stößen führt. Diese Veränderungen schreiten mit der Zeit in das Innere des Pfeilers hinein fort, die sog. „*Trompeter*sche Zone" einer weitgehenden Entspannung des Gesteins bildend.

Bild 21 zeigt nun die Schallgeschwindigkeitsprofile für einen 9,5 m breiten und nur 3 m hohen Steinsalzpfeiler (Tiefe 360 m), dessen Stöße 7 bzw. 12 Monate alt waren (Kammerbreite 22 m). Man erkennt deutlich den „Kämpferdruck" in Stoßnähe, der sich in zwei Druckspitzen in etwa 90 cm Abstand vom Stoß äußert. Der steile Abfall der Schallgeschwindigkeit gegen die Stöße hin muß als weitgehende Entspannung infolge plastischen Vordringens des Salzes in die Kammern hinein (progressive Querdehnung des Pfeilers) gedeutet werden. Dieser Vorgang bedeutet einen Abbau, eine Verschiebung der Kämpferdruckspitze vom Stoß hinweg in das Pfeilerinnere hinein. Man erkennt, daß die *Trompeter*sche Zone nach Jahresfrist unter diesen Bedingungen eine Mächtigkeit von etwa 1 m erreicht. Überraschend bei allen diesen Untersuchungen war übrigens, daß bereits in 20 bis 30 cm Entfernung vom Stoß stets schon ein ausgezeichneter Schalldurchgang zu verzeichnen war. Das bedeutet, daß die Bildung von Feinrissen infolge des Sprengens in größere Tiefen nicht vordringt bzw. daß solche Feinrisse bereits sehr rasch wieder verheilen. Zweifellos ist es der in Bild 12 gezeigten günstigen Druck- und Schallgeschwindigkeitscharakteristik von Steinsalz zu verdanken, daß sich die Spannungsverhältnisse hier im Schallgeschwindigkeitsprofil so gut ausprägen. Betrachten wir nun im Gegensatz hierzu in Bild 22 einen 40 Monate alten Hartsalzpfeiler (Tiefe 600 m) von ebenfalls 9,4 m Breite, aber 8 m Höhe (Kammerbreite 12 m). Auf Grund der weit ungünstigeren, in Bild 19 gezeigten Charakteristik des Hartsalzes können die Druckspitzen in der vertikalen Geschwindigkeit, soweit überhaupt vorhanden, nur undeutlich zum Ausdruck kommen. Der Verlauf der horizontalen Geschwindigkeit nach Bild 19 deutet vielmehr darauf hin, daß der Pfeiler völlig durchplastiziert ist, d. h., daß die Kämpferdruckspitzen völlig abgebaut worden sind und ein Maximum des Vertikaldruckes bzw. mittleren Druckes in der Mitte des Pfeilers vorliegt. Man wird diese beiden gezeigten Fälle wohl als die beiden Extreme ansehen dürfen, zwischen denen die Wirklichkeit im Einzelfalle stets gelagert ist. In Bild 23 sind z. B. die Schallgeschwindigkeitsprofile für zwei sehr schmale Hartsalzpfeiler von 10 m Höhe und nur 4,4 bzw. 5 m Breite in 560 m Tiefe von 21 bzw. 16 Monaten Standdauer wiedergegeben. Die Kammerbreite betrug etwa das Doppelte, so daß diese Pfeiler als anfänglich weit stärker belastet anzusehen waren als die des vorigen Beispiels. Man bemerkt auch hier einen deutlichen Unterschied zwischen vertikaler und horizontaler Durchschallung im gleichen Sinne wie beim vorigen Beispiel. Die Rudimente der Druckspitzen in Stoßnähe sind nur noch angedeutet, während die Verlagerung des Vertikaldruckes in den Pfeilerkern schon weit fortgeschrittener ist.

An dem unteren Beispiel (Bild 23) ist besonders die klar ausgeprägte Symmetrie des Schallgeschwindigkeitsprofiles bemerkenswert, die auf die gut ausgebildete Symmetrie der

Spannungsverteilung schließen läßt. Wie stark diese Symmetrie gestört sein kann, zeigt das Beispiel eines Hartsalzpfeilers von 3 bis 4 m Breite und 10 m Höhe bei einer Abbaubreite von etwa 8 m in 880 m Tiefe, der im Alter von 6 und 8 Monaten untersucht wurde (24). Die Kämpferdruckspitzen sind noch deutlich erkennbar, aber von sehr ungleicher Höhe. Außerdem zeigt die Schallgeschwindigkeit in beiden Richtungen über die ganze Pfeilerbreite besonders horizontal im Verlaufe von zwei Monaten eine deutlich sinkende Tendenz. Besonders auffällig war das starke Absinken der horizontalen Geschwindigkeit am rechten Stoß (Abbau 2). Nach den Laboruntersuchungen von *Rösler* deutet dieses auf eine Annäherung an den Scherungsbruch in dieser Zone hin. In der Tat mußten die Untersuchungen an diesem Pfeiler aus Sicherheitsgründen eingestellt werden, da sich Zeichen einer schweren, und zwar unsymmetrischen Zerstörung zeigten. Bild 25 zeigt Aufnahmen des Pfeilers von der Schmalseite her nach 15 (links) und 23 Monaten (rechts) Standdauer, die deutlich die fortschreitende Schalenablösung am rechten Stoß (Abbau 2 Bild 24) erkennen lassen, während der linke Stoß (Abbau 1) keinerlei Veränderungen erkennen ließ. Man könnte den akustischen und makroskopischen Befund so deuten, daß der Pfeiler an seinem Ende eine Tendenz zur Ausknickung nach links aufwies, die auf der linken Seite eine Entlastung, auf der rechten aber eine um so höhere Belastung zur Folge hatte. Diese Belastung führte rechtsseitig zu einer zunächst starken Plastizierung, die ausgleichend wirkte und die Schallgeschwindigkeit rechts stark herabsetzte und schließlich in eine makroskopisch erkennbare Bruchbildung mit Schalenablösung überging. Dieser Vorgang konnte auf Grund des akustischen Befundes vorausgesagt werden.

Die Anwendung der akustischen Fremdimpulsmethode im Kali- und Steinsalzbergbau, von der ich Ihnen an Hand einiger Beispiele eine Vorstellung zu vermitteln versuchte, führt zunächst zu qualitativen Ergebnissen hinsichtlich der Spannungsverteilung. Leider ist hier eine Eichung, ein Rückschluß auf Druckwerte nicht so leicht möglich wie z. B. bei Kohle, wenn auch das von der sowjetischen Forschungsgruppe angewandte Eichverfahren „in situ“ ohne weiteres auf Kali- und Steinsalzgebirge übertragen werden könnte. Als die wesentlichsten Ergebnisse sehe ich die folgenden an:

1. Die Aufnahme von Schallgeschwindigkeitsprofilen in Pfeilern gestattet eine Aussage über die Symmetrie bzw. Unsymmetrie der Spannungsverteilung.

2. Durch Vergleich der empirischen Schallgeschwindigkeitsprofile mit solchen, die sich aus der idealelastischen Spannungsverteilung ergaben, lassen sich Rückschlüsse auf die plastischen Verformungen im Pfeilerinneren ziehen. Quantitative Angaben lassen sich über die Mächtigkeit der *Trompeter*schen Zone, qualitative über den Grad der Plastizierung des Pfeilerkerns gewinnen.

3. Die zeitlichen Veränderungen der Schallgeschwindigkeit lassen den Fortschritt der plastischen Verformungen im Pfeiler und unter Umständen die Annäherung an den Scherungsbruch erkennen.

Ich hoffe, Ihnen hiermit gezeigt zu haben, daß diese geophysikalischen Methoden einige neue Perspektiven für eine Spannungserkundung im Bergbau eröffnen, die weitestgehend vom Eingriff in den Gebirgsverband frei ist.

A. WATZNAUER

Freiberg (Sachsen)/DDR

Über die Möglichkeit des Auftretens einer tektonischen Komponente im Gebirgsdruck

Problemstellung

Der Spannungszustand in der Erdkruste, wie er uns auf Grund seiner Wirkungen im Bergbau entgegentritt, besteht aus 3 Komponenten. Die wesentlichste ist zweifellos jene, die durch die überlagernden Gesteinsmassen erzeugt wird. Dieses primäre Spannungsfeld ist als Folge der petrophysikalischen Unterschiede im Gesteinsmantel kein homogenes, auch dann nicht, wenn man von dem gegen den Erdmittelpunkt gerichteten Gradienten absieht. Dies führt zu Kräften, auf die später noch zurückzukommen sein wird.

Das Primärfeld wird durch künstliche Eingriffe verändert, und dieses so verzerrte Feld tritt uns als Gebirgsdruck i. e. S. gegenüber. Gefaltete Schichten und andere Störungen lassen vermuten, daß außer den beiden genannten Komponenten noch eine dritte Kraftwirkung vorhanden war und vielleicht auch noch vorhanden ist, auf welche die genannten Lagerungsstörungen zurückgehen. Dieser mögliche Teil des Spannungsfeldes sei als tektonische Komponente bezeichnet. Sie soll Gegenstand der folgenden Betrachtungen sein.

Man beruft sich bei der Diskussion des angeschnittenen Fragenkomplexes gewöhnlich auf zwei Erscheinungen, die an sich nicht vergleichbar sind, jedoch getrennt oder gemeinsam die Existenz tektonischer Zusatzkräfte bei gebirgsmechanischen Vorgängen beweisen sollen.

Die eine Argumentation besteht in dem Hinweis, daß der heutige tektonische Erdzustand erkennen läßt, daß wir in einer orogenen Zeit, d. h. in einer Zeit stärkster Gebirgsbildungsvorgänge leben. Dieser Hinweis ist richtig in Hinblick auf die pasadenischen Bewegungen in Amerika, deren Maximum kaum 300000 Jahre zurückliegt, sowie auf die tektonischen Vorgänge in Japan und Indonesien, die kaum anders denn als Gebirgsbildungen im status nascendi verstanden werden können. Er enthält gleichzeitig aber die Annahme, daß die in den genannten schmalen Zonen wirkenden Kräfte auf die mehrfache Entfernung ihres beobachtbaren Wirkungsfeldes übertragen werden können. Letzteres ist jedoch keineswegs sicher und kann somit nicht als tragfähiger Unterbau für unseren Fragenkomplex angesehen werden. Auch die langen Zeiträume, mit denen man in der Geologie arbeitet und arbeiten muß, verbieten eine regional-geologische Argumentation. Die Beantwortung der Frage nach einer tektonischen Komponente im Gebirgsdruck kann in bezug auf den Bergbau nur sinnvoll sein, wenn sie sich auf „Jetzt" und „Hier" bezieht. Dieser Forderung nach einer örtlichen und zeitlichen Präzisierung scheint die zweite Argumentation, die sich auf das Auftreten von Gebirgsschlägen im Bereich untertägiger Auffahrungen bezieht, gerecht zu werden. Ich möchte auch darin nicht in jedem Falle einen sicheren Beweis für die Anwesenheit tektonischer Kräfte sehen. Das durch die Querspannung erzeugte „innere Arbeitsvermögen" eines Gesteines spielt bei der Erscheinung der Gebirgsschläge in größeren Teufen eine maßgebende Rolle. Man wird aber einem dort vorhandenen tektonischen Druck in erster Linie wohl nur die Funktion einer selektiven Auslösung, die schwer erkennbar sein wird, zubilligen können. Im einzelnen soll auf diese Erscheinung später noch einmal ausführlicher eingegangen werden.

Ich möchte auf Grund der geringen Beweiskraft der angeführten Gründe einen anderen Weg gehen. Ich will versuchen, an Hand von vorliegenden geodätischen Angaben zu zeigen, daß sich die Erdkruste jetzt und in den für untertägige und übertägige Ingenieurbauten in Betracht kommenden Zeiträumen bewegt. Da Bewegungen, zwar physikalisch nicht ganz exakt, aber für den Zweck durchaus zutreffend, nur das materielle Korrelat von Kräften sind, kann von der Beobachtung dieser auf das Vorhandensein jener mit Sicherheit geschlossen werden.

Beobachtungsunterlagen

Wie bereits oben kurz erwähnt wurde, läßt die Erdkruste heute, genau wie in der geologischen Vergangenheit, schmale Zonen erhöhter tektonischer Aktivität erkennen, die sich zwischen größeren Blöcken relativer Ruhe hindurchwinden. Die Verteilung der Erdbeben, jener unmittelbarsten Zeugen tektonischen Geschehens, entspricht dieser Großgliederung der Kruste. Es ist zu erwarten, daß sich in den labilen Strängen, den Geosynklinalen, am ehesten meßbare Krustenbewegungen beobachten lassen.

In Europa ist eines der tektonisch lebhaftesten Gebiete der Bereich des Ägäischen Meeres, also ein Gebiet, das einem Geosynklinaltrog angehört, dem das junge Alpen-Karpaten-Kaukasus-Himalaja-System entstammt. In Griechenland und in der benachbarten Inselwelt sind Verschiebungen zwischen Land und Meer seit langem bekannt, doch sind nicht alle Angaben für unsere Fragestellung verwertbar. *E. Wegmann* [25] hat bereits darauf hingewiesen, daß eustatische, also autonome Niveauänderungen des Meeresspiegels Werte bis zu 170 mm/Jahrhundert annehmen können. Gegenseitige Bewegungen von Land und Meer unter diesem Wert lassen sich somit nicht ohne weiteres als tektonisch bedingt deuten. Andererseits hat *I. Trikkalinos* [23] in der letzten Zeit auf rezente, echte tektonische Bewegungen in der Ägäis aufmerksam gemacht, die mindestens zur Zeit den Schluß auf sehr rasche Bewegungen erlauben. So werden z. B. täglich meßbare Bodenbewegungen im Gebiete des Grabens von Korinth erwähnt. Leider fehlen vorläufig noch die Angaben der Meßwerte.

Wesentlich exaktere Angaben sind aus der aktiven Zone an der pazifischen Küste Asiens, vor allem aus Japan, bekanntgeworden. Hier haben Präzisionsnivellements ein sehr umfangreiches Zahlenmaterial erbracht, von dem hier nur der Extrakt erwähnt werden kann. So gibt *T. Kobayashi* [10] den Verschiebungsbetrag bei Erdbeben mit 2 bis 3 m, maximal sogar 8 m pro Beben an, woraus sich bei der starken seismischen Tätigkeit in diesem Gebiet auch bei vorsichtigster Extrapolation und kurzzeitiger Betrachtung enorme Niveauverstellungen ergeben. Zusätzlich rechnet der gleiche Autor mit stetigen Deformationen von 1 bis 2 m/Jahrhundert. Die Auswertung von vielen Feinstnivellements läßt vermuten, daß sich diese großräumigen Bewegungen im Detail in einzelne voneinander mehr oder weniger unabhängige Schollenbewegungen auflösen. Dieser Mechanismus würde den Schluß auf ein sehr stark differentiiertes Kräftefeld zulassen, doch ist geologischerseits den geodätischen Ergebnissen, die im allgemeinen als beweiskräftig zitiert werden, auch gelegentlich etwas Skepsis entgegengebracht worden. Von der Lebhaftigkeit der japanischen Inselregion kann man sich eine Vorstellung machen, wenn Messungsergebnisse erkennen lassen, daß vor dem Ausbruch des Vulkans Usu (1944) eine weiträumige Aufwölbung des Geländes um 50 m in kurzer Zeit erfolgte.

Nicht an allen Stellen der Geosynklinaltröge sind die Zeichen gegenwärtiger starker tektonischer Beanspruchung der Gesteine so offensichtlich wie in Japan. *G. Knetsch* [9] berichtet von einer sich zur Zeit vollziehenden großräumigen Antiklinalaufwölbung bei Shaur NNO von Basra in Persien. Vor 1700 Jahren angelegte Bewässerungssysteme sind dadurch heute unbrauchbar geworden. Man hat hier Aufwölbungen mit Scheitelhöhe bis 4 m und Kippungen von 20 m auf Entfernungen von 4 km festgestellt. Wenn man erwägt, daß diese werdende geologische Struktur nur außergewöhnlichen Umständen ihre Erkennung verdankt, kann man kaum daran zweifeln, daß auch im Gebiet des Persischen Golfes derzeit mit einer starken tektonischen Komponente im Gebirgsdruck zu rechnen ist. Ein ähnliches Beispiel berichten *B. W. Winogradow* und *Miroschnitschenko* [28] aus Westturkmenien, wo die weitspannige Aufwölbung einer tonigen Ebene an der Bildung eines gesetzmäßigen Systems von Rissen erkennbar ist. Darüber hinaus bezeugen Bachläufe und Pflanzenwuchs die Rezens und die seismische Unruhe die tektonische Natur der Bewegungen.

Diese wenigen Beispiele mögen für die vielen vertikalen Verstellungen gelten, die in den hochbeweglichen Zonen festgestellt wurden. Im Mittel kann man mit einer vertikalen Amplitude von etwa 3 bis 20 mm/Jahr rechnen.

Weniger gut sind wir über die horizontalen Bewegungen in den Geosynklinalen unterrichtet, obwohl gerade diese für die Fragen des Gebirgsdruckes von entscheidender Bedeutung wären. Der Hinweis auf die beobachtbaren Horizontalverfrachtungen großer Gesteinsmassen auf Entfernungen von 60 bis 70 km ist nicht unbedingt beweisend, denn diese Bewegungsphase unserer Kettengebirge ist wahrscheinlich abgeschlossen. Es muß allerdings noch mit erheblichen Restspannungen oder passiven Abgleitbewegungen gerechnet werden. Verläßliche Meßwerte aus Vertikalprofilen liegen darüber nicht vor, doch ist über abgeleitete Werte manches bekanntgeworden. So leitet *C. Torre* [22] aus der Klüftung alpiner Gesteine bzw. dem Kluftwinkel eine horizontale bzw. schwach geneigte tektonische Komponente ab, deren Hauptnormalspannungen er mit rund 45 t bzw. 14 t/m^2 schätzt. Die geologischen Annahmen *C. Torres* sind sehr stark vereinfacht, doch ist die aus der Gefügekunde entlehnte Grundvorstellung ohne Zweifel richtig.

Besonders günstig liegen die Beobachtungsverhältnisse hinsichtlich der Möglichkeit einer horizontalen tektonischen Komponente dort, wo auch aus geologischen Gründen mit jüngsten horizontalen Beanspruchungen zu rechnen ist. So zeigt ein nachwürmeiszeitlicher Bachlauf im Schweizer Molassebecken als Uferbegrenzung ein scharfes Scherflächensystem, dessen echt tektonische Natur außer Zweifel steht, da es im ganzen Molassebecken homoachs nachweisbar ist. Eine horizontale Druckrichtung ist dabei mit Sicherheit ableitbar. Mit diesen Horizontaldrucken wird im Schrifttum oft der Begriff des „Gebirgsschlages" verbunden. Dazu sei folgendes gesagt: Das Abplatzen und Niederbrechen von Gestein in bergmännischen Hohlräumen und an den Hängen junger Täler stellt primär die Aufhebung eines Spannungszustandes durch einen künstlichen oder natürlichen Eingriff dar, sagt aber nichts über die Existenz einer tektonischen Komponente aus, es sei denn, die Bergschläge lassen in ihrer Verteilung eine Anisotropie erkennen, die weder petrophysikalisch noch aus der Eigenart der angelegten Grubenbaue erklärt werden kann. Die sehr sorgfältigen Beobachtungen von *Tschernig* [24] im Gebiet des Raibler Bergbaues lassen in Verbindung mit den Ausführungen von *F. Kahler* [5] [6] und *E. Kraus* [11] kaum daran zweifeln, daß im Bereich der Karnischen Alpen $\pm$ horizontale tektonische Kräfte heute noch wirksam sind. Die oft beobachtete Erscheinung, daß gebirgsschlaggefährliche Gesteine mit ungefährlichen wechseln, sagt andererseits nichts gegen eine tektonische Verursachung der Schläge aus, denn es ist bekannt, daß bei einer Wechsellagerung kompetenter und inkompetenter Gesteine die einen durch die Faltung vollständig entspannt sein können, während die anderen, nicht voll ausgefalteten, noch unter Spannung stehen. Zusammenfassend möchte ich nicht daran zweifeln, daß in den hochmobilen Zonen der Erdkruste auch heute mit einer flachliegenden tektonischen Komponente gerechnet werden muß, deren Ursprung in primären oder sekundären Tangentialkräften zu suchen ist, ganz abgesehen davon, daß auch die gebietsweise verschieden stark in Erscheinung tretenden Vertikalbewegungen schrägliegende Komponenten erzeugen müssen.

Es mag an dieser Stelle darauf hingewiesen werden, daß alle bisher geschilderten Bewegungsvorgänge z. T. merklich ohne Erschütterungen ablaufen, also seismisch nicht in Erscheinung treten. Dies trifft insbesondere für flache Überschiebungen und andere deckenartige Bewegungen zu. Die Verknüpfung von Gebirgsschlägen mit Erdbeben ist genetisch schwer zu deuten, da einerseits die Erschütterungen des Gebirgsschlages längs alter Störungslinien weitergeleitet sein können, andererseits Erdbeben Gebirgsschläge infolge der plötzlichen Veränderungen des Spannungsfeldes verursachen können. Die Auslösung von Erdbeben durch Gebirgsschläge halte ich aus energetischen Gründen für unwahrscheinlich.

In geologischer Blickrichtung bietet die derzeitige Existenz der geschilderten vertikal- und schräg- bis horizontal-gerichteten tektonischen Kräfte in den hochmobilen jungen Gebirgsbildungszonen im wesentlichen eine Bestätigung der Erfahrungen und Beobachtungen; überraschenderweise haben neuzeitliche Feinnivellements aber auch in jenen Gebieten der Erde, die geologisch gesehen als konsolidiert betrachtet werden müssen, eine erhebliche Beweglichkeit der Erdkruste erwiesen. Am klarsten kommt dies an jenen Gebirgsstreifen zum Ausdruck, die als seismische Zonen, Störungszonen usw. bekannt sind. Es sollen hier nur wenige Beispiele angeführt werden. Im Elbtalgraben ergab der Vergleich von Feinstnivellements [2] aus den Jahren 1938, 1941 und 1953 eine Grabenabsenkung von etwa 2 mm/Jahr. Andere Störungslinien liefern ähnliche Beträge. Ich halte diese Werte für kurzzeitige Betrachtungen als extrapolierbar. Für die gebirgsmechanischen Überlegungen beim Bau von Talsperren u. ä. sind sie als recht erheblich zu bezeichnen, dagegen erscheinen sie für den Bergbau recht klein. Es darf aber nicht übersehen werden, daß dieser Betrag das Differential darstellt, das ohne Erdbeben wirksam ist. Langzeitig gespeicherte Spannungsanhäufungen sind selbstverständlich viel größer und können, einmal ausgelöst, den Gebirgsdruck i. e. S. souverän überspielen und im Extremfall die Grubenbauten zerstören. Diese gedankliche Ableitung mag zu erkennen geben, daß die oft abgeleiteten Mittelwerte von Meßreihen zwar geologisch-langzeitig von ausschlaggebender Bedeutung sind, aber für die jetztzeitige Betrachtung von Gebirgsdruckfragen dürfte vor allem den episodischen Spitzenwerten eine ausschlaggebende Bedeutung zukommen. Bei der größten Zahl der bekanntgewordenen Feinstnivellements über Störungszonen wurden leider nur die vertikalen Niveauänderungen berücksichtigt, so daß nur wenige, aber dafür sehr auffallende Beispiele seitlicher Verschiebungen längs einiger Störungen bekanntgeworden sind. Die vorliegenden Fälle liegen zwar in mobilen Teilen der Erdkruste, doch können die in Rede stehenden Bewegungen kaum als geosynklinalbürtig im Sinne der früher beschriebenen gedeutet werden. In Neuseeland fand *A. Wellmann* [26] an der „Alpine faults" in der Zeit vom Jura bis heute, d. h. während rd. 150 Millionen Jahren, eine mittlere Verschiebung von 1 cm/Jahr, dabei für die Zeit von der letzten Eiszeit bis heute sogar eine solche von 2,5 cm/Jahr, wobei sich dieser Wert durch Vergleichsmessungen in den letzten 50 Jahren verifizieren läßt. Ähnliche Werte wurden für die geodätisch sehr exakt beobachtete „San-Andreas-Fault" in Kalifornien erhalten. Diese Blattverschiebung ist auf eine Länge von fast 3000 km bekannt und zeichnet sich im Gelände morphologisch durch eine haarscharfe Linienführung ab.

C. A. Whitten [27] fand hier horizontale Verschiebungsbeträge von 5 cm/Jahr. Untersuchungen an Longitudinal- und Transversalwellen ergaben für die mit Erdbeben verknüpften Bewegungsimpulse der vergangenen 25 Jahre eine Gleichsinnigkeit der Verschiebung. Auf Grund geologischer Daten wird die Dauer der Bewegung mindestens seit dem Tertiär, nach *M. L. Hill* und *T. W. Dibblee* seit dem Jura (das sind rd. 150 Millionen bzw. rd. 60 Millionen Jahre) angenommen und ein Gesamtverschiebungsbetrag von 40 km abgeleitet. Dabei ist für den Zeitraum vom Tertiär bis heute ein Betrag von 1 cm/Jahr errechnet worden. Diese

Zahlen sind von geologischer Seite nicht unwidersprochen geblieben, doch betreffen die Einwände nur die qualitative Seite und nicht die Erscheinung der Bewegung als solche. Aus Japan sind nach *B. Gutenberg* [3] ähnliche Horizontalbewegungen bekanntgeworden. Es erscheint dabei bemerkenswert, daß in beiden Fällen hervorgehoben wird, daß die Bewegungen nur zum Teil während der Erdbeben erfolgten, in den Zwischenzeiten aber ohne merkliche seismische Unruhe gleichsinnig weitergehen. Das läßt darauf schließen, daß sich die Spannungen zeitweise speichern, d. h., daß zumindest hier an den sich gegeneinander bewegenden Blöcken zum Gebirgsdruck i. e. S. eine horizontal gerichtete tektonische Komponente hinzutritt. Leider fehlt bisher sowohl für das Gebiet der San-Andreas-Störung als auch für die anderen Gebiete eine Untersuchung der Rhythmik der an Einzelstörungen gebundenen Beben, so daß Schlüsse auf die Gebirgsfestigkeit einerseits bzw. die Größe der tektonischen Komponente andererseits noch nicht möglich sind. Transversalbewegungen vom Ausmaß der beschriebenen sind relativ selten; viel häufiger sind vertikale Krustenverstellungen, wobei sich stets erkennen läßt, daß diese gruppenweise koordiniert sind und in ihrer Gesamtheit tektonische Bewegungen höherer Ordnung repräsentieren. Ein sehr gutes Beispiel ist in neuerer Zeit durch *H. Quitzow* und *G. Valensieck* [18] aus dem Rur-Erft-Gebiet bekanntgeworden, also aus einem bergbaulich interessanten Teil der Erdkruste. Es muß dabei bemerkt werden, daß die Messungen der Bewegung ein Gebiet betreffen, in dem Einflüsse durch den Bergbau ausgeschlossen sind. Die geologisch beobachtbare Tatsache ist die, daß die Rurscholle gegenüber der Erft und Ville eingesenkt ist. Wiederholungsmessungen des rechts- und linksrheinischen Haupthöhennetzes in den Jahren 1933 und 1952 ergaben für den Zeitraum von 19 Jahren eine Fortsetzung dieser Eintiefung um 2,7 mm/Jahr. Diese schmale rezente Einsenkung läßt sich nach *A. J. Pannekoek* [16] weit nach NW bis in die deutsche Bucht erkennen und erreicht dort noch größere Beträge. Die geodätisch gewonnenen Werte sind von eindrucksvoller Genauigkeit, doch müssen sie m. E. geologischerseits mit etwas Vorsicht behandelt werden. Die Vermessungen erstrecken sich alle auf recht lange Zeiträume; es besteht also die Gefahr, daß evtl. während der Meßzeit stattgehabte Bewegungen übersehen wurden und in der Fehlerrechnung untergehen, zumal mehrere aneinander grenzende Schollen von einer Meßlinie überquert werden können, so daß deren Relativbewegungen nicht erscheinen. Wie lebendig die Schollengrenzen sind, zeigt die Tatsache, daß (nach freundlicher Mitteilung von *G. Knetsch*) Grundwasserbewegungen größeren Umfanges bereits Bewegungen an ihnen auslösen. Daß Wiederholungsmessungen nach langer Zeit nur Summeneffekte erfassen, ist bekannt. Ich glaube, daß man für das besprochene Gebiet ebenfalls mit einer tektonischen Komponente im Gebirgsdruck rechnen muß.

Es wäre ein Zufall, wenn nur durch Feinstnivellements vermessene Rindenteile der Erde rezente Bewegungsspuren aufweisen würden. Tatsächlich ergibt eine Durchsicht der Literatur, daß es fast keinen Punkt der Erde gibt, der nicht zur Zeit in der uns zugängigen Tiefe mehr oder weniger starke Bewegungen ausführt, daß also praktisch überall mit einer tektonischen Komponente gerechnet werden muß. *W. G. Richter* [19] gibt über heutige Krustenbewegungen der Halbinsel Krasnowodsk, also aus der Randzone des Vorlandes zur Kaukaser Geosynklinale, folgende Werte an:

1923 bis 1929	+ 8,3 mm/Jahr
1923 bis 1931	+ 18,8 mm/Jahr
1929 bis 1940	+ 2,8 mm/Jahr
1929 bis 1950	+ 8,6 mm/Jahr

Die Zahlen lassen den pulsierenden Charakter tektonischer Bewegungen deutlich erkennen.

A. W. Shivago, A. W. Senin, L. G. Kamanin, Ju. A. Meschtscherjakow, M. I. Sinjagina [21] errechnen aus mehr als 100 durchschnittlich 4 bis 5 km langen Profilen für das Gebiet der mittleren Düne 6 bis 6,5 mm/Jahr, für den Oberlauf des Pripjets 7 mm/Jahr und den Dnjepr bei Kiew 2 mm/Jahr Hebung.

Es ist bekannt, daß vertikale Verstellungen ganze Länder umfassen können. So führt Skandinavien verfolgbare Bewegungen durch, die vor 15000 Jahren mit 30 mm/Jahr, für die Jetztzeit mit 10 mm/Jahr zu beobachten und für die nächsten 500 Jahre mit 5 mm/Jahr zu extrapolieren sind [25]. Die Zahl dieser Beispiele könnte beliebig vergrößert werden.

Es kann nun die Vermutung entstehen, daß die vertikalen Bewegungen als tektonische Komponente des Gebirgsdruckes nicht wesentlich in Betracht kommen. Ein sehr gut untersuchter Fall aus der Ungarischen Tiefebene zeigt jedoch, daß man damit rechnen muß, daß die auf Grund von geodätischen Meßreihen abgeleiteten Vertikalbewegungen infolge von Kipp- und Drehbewegungen eine erhebliche Schräg- bzw. Horizontalkomponente aufweisen können, die als tektonische Komponente berücksichtigt werden muß. Das Fehlen von Flächennivellements und die bevorzugte Interpretation von Meßprofilen führen zu dieser Fehldeutung. *E. R. Schmidt* [20] vergleicht geodätische Werte aus der Ungarischen Tiefebene für die Jahre 1931 bis 1939 mit solchen zwischen 1950 und 1956 und findet Niveauverschiebungen in der Größenordnung von 2 bis 0,5 mm/Jahr, die mit Scherbewegungen und horizontalen Drehbewegungen verbunden sind. Er leitet auf Grund dieser Erkenntnis für das in Frage stehende Gebiet bergtechnische Maßnahmen ab, bei denen der tektonische Druck, im Sinne der *Spackeler*schen Forderung, als den Abbau begünstigender Faktor eingesetzt wird.

Die raschesten Bewegungen, die abgesehen von Erdbebenwirkungen bisher festgestellt wurden, betreffen die Bewegungen von Salzstöcken. Die Zahl der Beispiele hierfür ist sehr groß [2] [21] [14]. Auf Grund geodätischer Messungen an Salzstöcken in der Kaspiniederung geben *J. A. Meschtscherjakow* und *M. P. Bricyna* [14] Durchschnittswerte von 2 bis 3 mm/Jahr Niveauüberhöhung an, doch weist bereits *F. Lotze* [13] darauf hin, daß diese Werte im Hinblick auf eine wahrscheinlich gleichzeitig mit dem Wachstum der Salzhügel parallelgehende Ablaugung zu klein sind. Es muß, der Natur des Salzes entsprechend, in Salzstöcken mit erheblichen turbulenten Strömungen, also starken tektonischen Zusatzkomponenten beim Gebirgsdruck gerechnet werden. Der Salzaufstieg ist dabei lediglich als Verstärker schwacher tektonischer Impulse zu werten, durch die das gestörte labile Gleichgewicht der inversen Dichteverhältnisse der salinaren Ablagerung dem stabilen Zustand zustrebt.

Die Größe der tektonischen Kräfte

Aus den angeführten Beispielen geht hervor, daß in der Gegenwart und im Bereiche des bergbaulichen Interesses tektonische Bewegungen stattfinden, die auf die Existenz einer tektonischen Komponente im Phänomen des Gebirgsdruckes hinweisen. Um deren Wirkung abschätzen zu können, macht sich ein kurzes Eingehen auf die Größe der auftretenden mehr oder weniger horizontalen tektonischen Kräfte notwendig. Da direkte Messungen bis jetzt nicht bekanntgeworden sind und, wenn überhaupt, voraussichtlich auch schwer durchführbar sein werden, muß man sich mit auf Umwegen erhaltenen Schätzungen begnügen. Die bekanntgewordenen Zahlen haben alle einen horizontalen Massentransport als geologische Voraussetzung; über auftretende Druckspannungen an einzelnen Schollengrenzen ist bisher nichts bekanntgeworden. *W. E. Petraschek* [17] kommt über den Inkohlungsgrad auf Werte von 100 bis 400 kg/cm² bzw. 380 kg/cm² und über die Laufzeiten seismischer Wellen auf 240 kg/cm². *S. Kienow* [7] errechnet für das Ruhrgebiet und den Schweizer Jura 200 bis 1000 kg/cm² und *Th. A. Elkins* [1] für die Alleghanys 20 bis 400 kg/cm². *G. Kirsch* [8] leitet aus geophysikalischen Annahmen einen Wert von rund 300 kg/cm² ab. *C. Torre* [22] errechnet aus gefügekundlichen Erscheinungen für die Normalspannung des alpinen Faltungsdruckes (Kaverne Braz) Werte von 1708 kg/cm² bzw. 123 kg/cm².

Überraschenderweise liegen alle diese auf vollständig verschiedenen Wegen erhaltenen Werte recht nahe beieinander. Ausschlaggebend ist die geologische Situation. Aus ihr heraus entscheidet sich die Frage, ob der Bergmann tektonische Kräfte bei der Sicherung der Grubenbaue berücksichtigen muß oder sie vernachlässigen kann. Nimmt man 300 kg/cm² als wahrscheinlichsten Mittelwert an, so würde bei rd. 1000 m Tiefe der Faltungsdruck der senkrechten Hauptspannung des Überlagerungsdruckes gleich sein, während er den der seitlichen Hauptspannungen noch um 10 bis 25% überschreiten würde (*P. Kühn*, [12]). Bis in diese Teufe ist bei aktivem Faltungsdruck mit einer merklichen Deformation des primären Spannungsfeldes zu rechnen. In wesentlich größeren Teufen verschiebt sich das Verhältnis zugunsten des Überlagerungsdruckes.

Die Werte für die Scher- und Zerreißfestigkeit der Sedimentsgesteine und der meisten sauren Eruptiva liegen auch in größeren Teufen noch weit unterhalb jener für tektonische Drücke, so daß von tektonischen Kräften erzeugte oder ausgelöste Gebirgsschläge noch in Teufen von weit unter 1000 m möglich sind. Erst in sehr großer Tiefe dürften die Horizontalspannungen des Überlagerungsdruckes, abgesehen von der Verzerrung des Primärfeldes durch den angelegten Hohlraum, mehr oder weniger allein für das Auftreten von Bergschlägen verantwortlich zu machen sein. Die Möglichkeit von Kraftwirkungen an Schollengrenzen sind selbstverständlich in allen Teufen gegeben.

Die Erdkruste steht also jetzt und in den interessierenden Teufen unter der Einwirkung tektonischer Kräfte. Größe und Effekte der tektonischen Komponente des Gebirgsdruckes erreichen Werte, die ihre Beachtung im Bergbau als notwendig erscheinen lassen.

LITERATUR

[1] *Elkins, Th. A.*: Test of a quantitative mountain building theory by appachian structural dimensions.

[2] *Gallwitz, H.*: Vermessung von Krustenbewegungen an den Rändern des Elbtalgrabens durch Feinstnivellements. Geologie, Bd. 3, Nr. 6/7, Berlin 1954.

[3] *Gutenberg, B.*: Verschiebung der Kontinente, eine kritische Betrachtung. Geotektonisches Symposium „Hans Stille", Stuttgart 1956.

[4] *Hill, M. L.*, and *Dibblee, T. W.*: San Andreas, Garlock and Big Sine faults, California. Bull. Geol. Soc. America, Bd. 64, 1952.

[5] *Kahler, F.*: Erscheinungen über jugendliche tektonische Vorgänge in Kärnten und deren praktische Auswirkung. Berg- u. Hüttenmännisches Jahrb., Leoben 1937.

[6] *Kahler, F.*: Spuren auffallend junger Gebirgsbewegungen in den Karawanken. Geol. Rundschau, Bd. 49, 1955.

[7] *Kienow, S.*: Grundzüge einer Theorie der Faltungs- und Schieferungsvorgänge. Fortschritte d. Geol. u. Paläont., Berlin 1942.

[8] *Kirsch, G.*: Das Wesen der orogenen Kräfte. Berg- u. Hüttenmännisches Jahrb., Leoben 1937.

[9] *Knetsch, G.*: Lebendige Tektonik im Irak. Geol. Rundschau, Bd. 43, 1955.

[10] *Kobayashi, T.*: Up and down movements now in action in Japan. Geol. Rundschau, Bd. 43, 1955.

[11] *Kraus, E.*: Vergleichende Baugeschichte der Gebirge. Berlin.

[12] *Kühn, P.*: Spannungs- und Strukturzustand des Gesteins im ungestörten Gebirge. „Glückauf", S. 560, Essen 1933.

[13] *Lotze, F.*: Steinsalz und Kalisalz. 1. Teil, Berlin 1957.

[14] *Meschtscherjakov, Ju. A.*, und *Brioyna, M. P.*: Geomorphologische Daten über jüngste Krustenbewegung in der Kaspischen Niederung. Akad. Nauk SSSR, 1954.

[15] *Noble, L. F.*: The San Andreas Rift and some other active faults in the desert region of southeastern California. Carnegie Inst. Washington Yearbook, Bd. 25, 1926.

[16] *Pannekoek, A. J.*: Einige Beispiele quartärer Tektonik in den Niederlanden. Geol. Rundschau, Bd. 43, 1955.

[17] *Petraschek, W. E.:* Die absolute Größe des Faltungsdruckes. Congrès geolog. internat. Alger, 1952, sect. III, Fasc. III.

[18] *Quitzow, H. W.*, und *Valensieck, O.:* Über pleistozäne Gebirgsbildung unter rezenten Krustenbewegungen in der Niederrheinischen Bucht. Geol. Rundschau, Bd. 43, 1955.

[19] *Richter, W. G.:* Über den Charakter der heutigen Krustenbewegungen der Halbinsel Krasnowodsk. Isv. Akad. Nauk, SSSR, Ser. Geogr., Nr. 3, 1956.

[20] *Schmidt, E. R.:* Tektonische Studien aus dem ungarischen Zwischengebirge als Beispiel zur theoretischen und praktischen Anwendung der Geomechanik. Geotekt. Symposium „H. Stille", Stuttgart 1956.

[21] *Shivago, A. W.*, *Senin, W. A.*, *Kamanin, L. G.*, *Meschtscherjakow, I. A.*, und *Sinjagina, M. I.:* Einige Ergebnisse des Studiums rezenter tektonischer Bewegungen in der Westhälfte des europäischen Rußland. Isv. Akad. Nauk SSSR, Ser. Geogr., Nr. 1, 1956.

[22] *Torre, C.:* Ergänzungen zur Berechnung des Gebirgsdruckes im Fels. Tschermakas Min. u. Petr. Mitteilung, Bd. IV, Heft 1–4, Wien 1954.

[23] *Trikkalinos, I.:* Die Auswirkung junger sehr starker diluvialer und rezenter orogener und epirogener Bewegungen im Gebiete Griechenlands. Geotekt. Symposium „Hans Stille", Stuttgart 1956.

[24] *Tschernig, E.:* Bergschläge im Bleiberg und ihre Beziehung zur jugendlichen Tektonik. Berg- u. Hüttenmännisches Jahrb., Bd. 85, Leoben 1937.

[25] *Wegmann, E.:* Lebendige Tektonik. Geol. Rundschau, Bd. 43, 1955.

[26] *Wellmann, H. W.:* New Zealand quarternery tectonics. Geol. Rundschau, Bd. 43, 1955.

[27] *Whitten, C. A.:* Horizontal earth movement, vicinity of San Francisko, California. Amer. Geophys. Union, Vol. 29, 1948.

[28] *Winogradov, B. W.*, und *Miroschnitschenko:* Ausdrucksformen jüngster Krustenbewegungen auf tonigen Ebenen. Doklady Akad. Nauk SSSR, Bd. 109, 1956.

W. BUDRYK

Krakau/Polen

Gebirgsschläge im Lichte der Untersuchungen über die Erdbeben in Oberschlesien

In Oberschlesien werden seit langem Erderschütterungen beobachtet, deren Ursache entweder auf Einstürze von Gesteinen oberhalb der Abbaugebiete oder auf Gebirgsschläge aus den Flözen zurückgeführt wurde. Nicht in Erwägung gezogen wurde jedoch die entgegengesetzte Möglichkeit, daß tektonische Erderschütterungen in Oberschlesien die Ursache der Gebirgsschläge und der Zerstörung von Gesteinen sein könnten, obwohl in diesem Gebiet Fälle von Erdbeben bereits vor Entstehung des oberschlesischen Bergbaues bekannt waren.

Im Jahre 1898 wurde wohl erstmalig die Annahme ausgesprochen (*Lindemann* [3]), daß manche Oberflächenstöße in Oberschlesien tellurischen Erscheinungen zuzuschreiben wären. Zu einer ähnlichen Folgerung gelangte auch *Knochenhauer* [1] bei der Untersuchung einiger Erschütterungen der Jahre 1909 und 1912.

Obwohl die wenigen Ansichten in dieser Richtung unter den Bergleuten keine Anerkennung fanden, gab der Sonderausschuß für Gebirgsschläge im Jahr 1926 ein Gutachten ab [2], daß künftige Arbeiten zur Erforschung dieses Problems auf einer Zusammenarbeit mit dem geophysikalischen Observatorium basieren müßten. Daraufhin wurden die geophysikalische Station Racibórz sowie einige seismographische Stationen im Oberschlesischen Becken gegründet.

Der Hauptbeteiligte an diesen Gründungen, *Mainka,* setzte alle Energie und seinen ganzen Enthusiasmus ein, doch gelang es ihm nicht, die Lage der Hypozentren stärkerer Erschütterungen auch nur annähernd zu bestimmen. Die Aufzeichnungen der seismographischen Stationen enthielten oft so viele Widersprüche, daß sie für auch nur einigermaßen zuverlässige Schlüsse keine Grundlage bieten konnten [4].

Die Ursachen für die Widersprüche in den Angaben lagen in den Methoden, die *Mainka* bei der Berechnung der Erschütterungsherde anwandte, sowie in den Ungenauigkeiten der Zeitkorrekturen auf den einzelnen Stationen.

In der Nachkriegszeit, als das Haupt-Bergbauinstitut Katowice gegründet wurde, befaßten sich die ihm angehörenden Ausschüsse intensiv mit dem Problem der Gebirgsschläge. Trotz des Fehlens unmittelbarer Beweise trugen die Arbeiten dieser Ausschüsse dazu bei, daß der Möglichkeit des Auftretens von Beben tektonischen Charakters in Oberschlesien größere Aufmerksamkeit zugewendet wurde.

Eine Wende auf diesem Gebiet trat ein, nachdem *Janczewski* mit seiner Arbeit als erster die Möglichkeit geschaffen hatte, die Existenz tektonischer Erdbeben in Oberschlesien zu beweisen und mit ausreichender Genauigkeit die Koordinaten ihrer Herde zu bestimmen.

Die von *Janczewski* angewandte kombinierte Methode bestand in der Errechnung der Koordinaten des Hypozentrums auf Grund der Zeitintervalle in der Aufzeichnung der Longitudinal- und Transversalwellen $Sg - Pg$ (Verfahren *Caloi*) sowie auf Grund der absoluten Zeit des Auftretens der Impulse der Longitudinal-(Pg) bzw. Transversalwellen (Sg) (Methode nach *Schmerwitz*).

Unabhängig hiervon zeigen die Seismographen nach Ablauf einiger Sekunden nach der Phase *Sg* das Auftreten einer neuen Phase *rSg* an, die mutmaßlich der Welle *Sg* entspricht, welche von der horizontalen Oberfläche der „Basal"-Schicht reflektiert wird.

Die Aufzeichnung der Werte *rSg* kann zur Bestimmung der Tiefenlage des Erschütterungsherdes dienen, der von einer der in der Nähe gelegenen Stationen deutlich registriert wurde.

Die Methode, derer sich *Janczewski* bediente, ergibt für alle drei Koordinaten eine Genaugkeit von 0,25 km.

Auf Grund der Aufzeichnungen nicht nur in Oberschlesien gelegener Stationen (Skalnaté, Pleso, Prag, Basel, Straßburg, Zürich, Chur, Jena, Stuttgart, Collmberg) errechnete *Janczewski* die Koordinaten der Hypozentren von 25 stärkeren Beben. Es erwies sich, daß sich die Herde dieser Beben in einer Tiefe von 5000 bis 12000 m befanden, wobei sie meist zwischen 7000 und 8000 m Tiefe lagen.

Die Intensität dieser stärkeren Beben geht im allgemeinen bis Grad 4 oder 5 des 12-Grad-Systems nach *Mercalli-Cancani* und erreicht nur in seltenen Fällen den 6. Grad.

Sie werden über einige Zehner und mitunter sogar über einige Hundert Quadratkilometer beobachtet.

Diese Beben rufen mit wenigen Ausnahmen an der Erdoberfläche keine Beschädigungen hervor, haben jedoch ernsthafte Beschädigungen am Grubenausbau und des öfteren das gefährliche Auftreten von Gebirgsschlägen zur Folge. Die starken Schläge treten dabei fast ausschließlich in unmittelbarer Nachbarschaft des Epizentrums auf.

Die Folgen solcher starken Schläge sind manchmal erheblich und wirken sich hauptsächlich in Strecken, Einfallenden usw. aus. Die Gesamtlänge der zerstörten Strecken beträgt oft einige hundert Meter.

Es ist kennzeichnend, daß die Folgen von Gebirgsschlägen in Abbauen seltener in Erscheinung treten.

Gebirgsschläge treten hauptsächlich in Kohlenflözen auf, die unter einem Sandstein-Hangenden liegen, das nach den Schlägen weder Brüche noch Risse aufweist. Nur die im Hangenden und in den Stößen befindliche Kohle wird zerstört, während das Liegende oftmals über die ganze Höhe der Strecke hochgepreßt wird. Selbst in Fällen, wenn kein Hochpressen des Liegenden stattfindet, werden Menschen und Geräte mit voller Wucht gegen das Hangende geschleudert.

Zum Abschluß geben wir eine kurze Übersicht über einige ernstere Fälle von Gebirgsschlägen in den Gruben Oberschlesiens.

In den Bildern 1, 2, 3 und 4 sind die Orte, an denen Gebirgsschläge auftraten, mit Kreuzchen bezeichnet.

1. Gebirgsschlag auf der Grube „Centrum", 2. 2. 1950

Im Jahre 1949 ereigneten sich im westlichen Teil der Grube „Centrum" (jetzt „Dymitrow") im Flöz 503 mehrere Gebirgsschläge. Hierdurch war die Grubenleitung genötigt, den Abbau an dieser Stelle stillzulegen, da der Zustand des Streckenausbaues immer gefährlicher wurde und die Breite der Strecken – als Folge der Gebirgsschläge – 10 m erreichte.

Nach Stillegung des Abbaues des Flözes 503 schritt die Grube im Oktober 1949 in diesem Teil zum Abbau des Flözes 504, das 10 bis 12 m unterhalb des Flözes 503 liegt (1).

Am 2. 2. 1950 um 4.45 Uhr trat eine besonders starke tektonische Erschütterung auf, deren Herd sich in einer Tiefe von 10000 m unmittelbar unterhalb der Grube „Centrum" befand.

Dieses war das stärkste aller von den seismographischen Stationen seit dem Jahre 1948 registrierten Beben. Es äußerte sich auf der Erdoberfläche über eine Ausdehnung von einigen

Zehnern Quadratkilometern, nämlich an der Oberfläche der Gruben „Centrum“, „Bytom“, „Szombierki“, „Pawet“, „Zagiewniki“, „Miechowice“, „Chorzów“.

Das Beben vom 2. 2. 1950 war die Ursache eines sehr starken Gebirgsschlages im Flöz 503 (1). Die Gesamtlänge der in Mitleidenschaft gezogenen Grubenbaue betrug hier mindestens 235 m. In Wirklichkeit war der Wirkungsbereich des Gebirgsschlages weit größer, da die abgeworfenen Grubenbaue hier nicht eingeschlossen sind.

2. Gebirgsschlag auf der Grube „Centrum“, 28. 5. 1950

Das zweite starke tektonische Beben, dessen Epizentrum sich im Gebiet der Grube „Centrum“ befand, trat am 28. 5. 1950 um 9 Uhr auf. Sein Herd befand sich in einer Tiefe von 9000 m. Als Folge dieses Erdbebens machte sich in dem obenerwähnten Abschnitt des Flözes 503 (2) ein sehr starker Gebirgsschlag bemerkbar. Die Gesamtlänge der gänzlich oder teilweise zerstörten Grubenbaue betrug hier 320 m, ohne Berücksichtigung der abgeworfenen Feldesteile, zu denen ein Zugang nicht vorhanden war. An der Erdoberfläche wurde das Beben über mehrere Quadratkilometer beobachtet. Es hatte einige Beschädigungen zur Folge, u. a. das Einstürzen eines Schornsteins.

3. Gebirgsschlag der Grube „Wanda-Lech“, 4. 5. 1950

Die seismische Erschütterung am 4. 5. 1950 um 16.55 Uhr rief einen starken Gebirgsschlag in der Grube „Wanda-Lech“ in 600 bis 700 m Teufe hervor. Die Tiefenlage des unterhalb dieser Grube befindlichen Herdes betrug 7300 m. Auf der Erdoberfläche wurde diese Erschütterung gleichzeitig an vier Stellen beobachtet. In der Grube traten Brüche an vier Einfallenden ein, die zur Vorrichtung einer Bauabteilung vorgesehen waren (3). Die Gesamtlänge der zerstörten Strecken betrug hier ca. 340 m.

4. Gebirgsschlag auf der Grube „Mikulczyce“, 22. 12. 1955

Am 22. 12. 1955 um 0.00 Uhr fand eine starke tektonische Erschütterung statt; deren Hypozentrum unmittelbar unter der Grube „Mikulczyce“ in 8000 m Tiefe gelegen war. Diese Erschütterung verursachte in dem Flöz 540 einen Gebirgsschlag, als dessen Folge ca. 800 m Strecke zusammenstürzten oder beschädigt wurden. Es erfolgte auch ein Bruch im Abbau, wo vier Mann arbeiteten. Diese Erschütterung äußerte sich ziemlich stark auf den benachbarten Gruben sowohl an der Oberfläche als auch unter Tage.

Bemerkenswert ist der Umstand, daß der Einsturz im Abbau A erfolgte, der sich in gutem Zustand befand und dessen Ausbau sehr sorgfältig eingebracht war. Das Hangende brach hier in einer Stärke von 3 m herein.

Im Abbau B war der Ausbau in schlechtem Zustand und teilweise zerstört. In diesem Abbau fand kein Einsturz statt. Diese Tatsache würde dafür sprechen, daß ein guter elastischer Ausbau die Abbaue nicht sichert, sondern möglicherweise bei einem Erdbeben sogar zu ihrem Zusammensturz beiträgt.

5. Verteilung der Epizentren der Erschütterungen

Die in den Grundriß eingetragenen errechneten Epizentren der Erschütterungen liegen, wie es sich erwiesen hat, längs paralleler Linien mit einem Azimut von 50° (230°), wie in Bild 5 dargestellt. Diese Linien deuten auf die Möglichkeit hin, daß im oberschlesischen

Gebiet deutlich umrissene Verlagerungen vorhanden sind, die in einem Streifen von 27 km Breite auftreten. Längs dieser Störungen konzentrieren sich die tektonischen Erschütterungen.

Die stärkste Aktivität äußerte in den letzten Jahren die Störung I–I. Vor dem Kriege wurden längs der Linie III–III starke Stöße beobachtet, doch steht hierüber kein ausreichendes Untersuchungsmaterial zur Verfügung.

Sämtliche bedeutenden Gebirgsschläge, die in untertägigen Grubenbauen über Entfernungen von einigen Hundert Metern auftraten, wurden durch tektonische Erdbeben 4., 5. bzw. 6. Grades nach dem System *Mercalli-Cancani* verursacht.

Nur dann wurden keine Gebirgsschläge von diesen Erdbeben hervorgerufen, wenn sich ihre Epizentren außerhalb des Abbaufeldes der Grube befanden.

Es ist möglich, daß tektonische Erschütterungen auch die Ursache für eine Reihe weniger erheblicher Gebirgsschläge sein können. Als Beweis für diese Annahme kann eventuell die von *K. Mainka* festgestellte Tatsache dienen, daß in der Zeit von 1931–1934, d. h. vier Jahre lang, die oberschlesischen Stationen 1873 Erschütterungen registrierten, während die Zahl der Gebirgsschläge und Erschütterungen, die während dieser Zeit in den Gruben beobachtet wurden, insgesamt 523 betrug.

Mehrere Umstände sprechen dafür, daß Erdbeben auch die Ursache anderer Erscheinungen sein können, wie z. B. von Einstürzen an der Erdoberfläche oder Wassereinbrüchen in den Schacht.

Am 26. 9. 1954 fanden im Gebiet von Jaworzno gleichzeitig fünf Einstürze an der Erdoberfläche statt, wo hundert Jahre vorher die Kohlenförderung durch einen nicht sehr tiefen alten Schacht durchgeführt worden war. Der sechste Einsturz erfolgte in den Vorrichtungsbauen und bewirkte einen katastrophalen Wassereinbruch von ca. 1000 m^3/min aus dem Alten Mann.

Der Synchronismus aller dieser Einstürze, die sich über eine Ausdehnung von 800 m verteilten und miteinander nicht unmittelbar in Verbindung standen, könnte auf die Möglichkeit eines tektonischen Erdbebens als Ursache der Katastrophe deuten. Nach den Aufzeichnungen der Seismographen ergab es sich, daß die Stationen im Augenblick des Wassereinbruchs tatsächlich eine Erschütterung registriert hatten. Doch war es infolge eines Defekts einer der Stationen bedauerlicherweise nicht möglich, das Epizentrum dieser Erschütterung festzustellen.

LITERATUR

[1] *Knochenhauer, P.:* Erderschütterungen und Bergschäden. Zeitschr. d. Oberschles. Berg- u. Hütten-Vereins, Kattowitz 1912.

[2] Das Grubensicherheitswesen in Preußen im Jahre 1926. Sonderdruck aus der Zeitschr. f. d. Berg-, Hütten- u. Salinenwesen, Berlin 1927.

[3] *Lindemann:* Gebirgsschläge und Bodenerschütterungen im Westoberschlesischen Steinkohlenbezirk. Zeitschr. f. d. Berg-, Hütten- u. Salinenwesen, 1930.

[4] *Niemczyk, O.:* Bergschadenkunde, Aachen 1949.

[5] *Janczewski, E. W.:* Trzęsienia ziemi na Górnym Sląsku. Archivum Górnictwa i Hutnictwa, 1955.

[6] *Budryk, W.:* Skutki trzęsień ziemel w kopalniach Górno-śląksich. Archivum Górnictwa i Hutnictwa, 1955.

[7] *Janczewski, E. W.:* Wyznaczenie położenia ognisk kilku górno-śląskich wstrząsów sejsmicznych z 1950 r. Acta Geophysica Polonica, 1955.

[8] *Janczewski, E. W.:* Sejsmiczna aktywnośc dyslokacji w podłożu karbonu górno-śląskiego. Prezeglad Geologiczny, 1957.

E. TSCHERNIG

Klagenfurt/Österreich

Gebirgsschläge im ostalpinen Blei-Zink-Bergbau

Es ist nun schon mehr als ein halbes Jahrhundert her, seit sich Bergleute und Wissenschaftler, Praktiker und Theoretiker mit den Fragen des Gebirgsdruckes befassen, so daß heute schon eine nicht mehr zu überblickende Flut von Literatur über dieses Fachgebiet vorliegt. Das ist verständlich, denn die Auswirkung der modernen, vielfach schon mechanisierten Abbaumethoden und das Vordringen in die Tiefe zwingen dazu, den Gebirgsdruck nicht nur zu bekämpfen, sondern ihn zu beherrschen.

Der Kohlenbergbau mit seinen riesigen Flächen flacher oder mäßig steiler Flöze hat in diesen Dingen Pionierarbeit geleistet. Die Ursachen der Druckerscheinungen richtig zu deuten, ist schon der halbe Weg zu wirkungsvollen Gegenmaßnahmen, noch mehr, denn darüber hinaus ist es gelungen, den Gebirgsdruck sogar der Gewinnung nutzbar zu machen.

Ganz andere Verhältnisse herrschen im Erzbergbau, vor allem in den alpinen Blei-Zinkerz-Lagerstätten, mit denen ich mich besonders befassen will.

Wenn dort vor drei oder vier Jahrzehnten jemand von Gebirgsdruck gesprochen hätte oder gar von seiner Nutzbarmachung, dann wäre er nur mitleidig belächelt worden, denn das Gebirge ist eisenfest, und riesige Hohlräume und Abbauzechen stehen seit Jahrhunderten unverändert und ohne jeden Ausbau.

Erst eine erstmals um die Jahrhundertwende beginnende und dann immer häufiger auftretende Erscheinung regte zum Nachdenken an. Es war die Gesteins-Spannungsauslösung oder der Gebirgsschlag.

Niemczyk und in ähnlicher Weise *Kegel* unterscheiden Firstschläge und Spannungsschläge. Erstere betreffen hauptsächlich Kohlen- und Kalibergwerke; im alpinen Erzbergbau, übrigens auch in den Alpentunnels, kommt ausschließlich die zweite Gruppe vor.

Spannungsauslösungen gibt es in verschiedenster Stärke. Manchmal deutet nur ein Knistern eine vorhandene Spannung an, oder es springen unter einem schwachen Knall, der sich wie das Knicken eines zähen Holzes anhört, Risse im Gestein auf, die immer parallel der Hohlraumbegrenzung verlaufen. Bei einem Bergschlag hingegen werden unter lautem Knall Gesteinsschalen abgeworfen oder fortgeschleudert, die stets flach sind und oft messerscharfe Ränder haben.

Gebirgsschläge sind ausschließlich an feste, massige Gesteine gebunden, die Spannungen aufzuspeichern vermögen, ganz gleich, ob es sich nun um Kalk oder Dolomit handelt, wie bei den Blei-Zink-Lagerstätten, oder um Granit und Gneis, wie bei den großen Alpentunnels Simplon, Tauern, Karawanken, Wochein usw. In der Nähe weicherer, nachgiebiger oder plastischer Schichten, z. B. des Carditaschiefers, sind sie äußerst selten.

Die Menge der abgeschleuderten Schalen schwankt in Grenzen. Oft sind es nur einige Bergtröge voll, manchmal einige Hunte, aber es sind auch Fälle vorgekommen, wo der Hauwerksfall 250 t betrug. Auffallend ist die Tatsache, daß überwiegend die Ulme von den

Bergschlägen betroffen werden, auch Sohlenaufbrüche sind des öfteren verzeichnet, wobei Geleise gehoben werden, in einem Fall bis zur Firste eines Stollens; hingegen zählen reine Firstverbrüche zu den Seltenheiten. Schon daraus geht hervor, daß reiner Überlagerungsdruck keinesfalls die Ursache sein kann.

Spannungsschläge sind von Schußdetonationen durch den dumpferen Knall unschwer zu unterscheiden, ja der Hörbereich dient uns gerade als Maßstab für ihre Stärke. Wir unterscheiden schwache, die nur am Ort der Auslösung oder in dessen Nähe vernommen werden, mittlere, die in einem großen Grubenbereich gefühlt werden, und starke, die man auch über Tage hört. Einer der heftigsten dürfte wohl jener vom 5. 1. 1938 in Bleiberg gewesen sein, der sich um 4.30 Uhr bei unbelegter Grube ereignete und in einem Umkreis von 22 km vom Herd erdbebenartig verspürt wurde.

Anfangs stand man diesen Erscheinungen hilflos gegenüber und nahm sie als unabwendbar hin. Erst als sich 1905 in der Grube Kreuth ein schwerer Unfall ereignete, schaltete sich die Bergbehörde ein und ordnete an, daß über die vorkommenden Bergschläge halbjährlich ein Bericht vorzulegen sei. Der damalige Berghauptmann Ing. *Max Holler* interessierte sich um so mehr hierfür, als zur gleichen Zeit die Vortriebsarbeiten bei den im Bau befindlichen Tauern- und Karawankentunneln manchmal recht erheblich durch „schlagendes" oder „knallendes" Gebirge beeinträchtigt wurden. Diesem Umstand haben wir es zu verdanken, daß wir seit dieser Zeit fast lückenlose Aufschreibungen besitzen; nur während der beiden Kriege wurden lediglich die stärkeren Bergschläge registriert. Ähnliches gilt für den Bergbau Bleiberg, wo die Spannungsauslösungen 1930 in größerem Ausmaß begannen, und Raibl (heute in Italien), das schon ab 1911 Bergschläge zu verzeichnen hatte, die Statistik aber erst seit 1935 genau führt. Daneben liegen Meldungen vor von Mieß (jetzt Mežica, Jugoslawien), von Eisenkappel in Kärnten, von Dirstentritt und Lafatsch in Nordtirol.

Wenn auch nicht alle Bergschläge infolge mangelnder Meldung erfaßt werden konnten, so beträgt die Zahl der bis einschließlich 1956 registrierten „Detonationen", wie die Spannungsauslösungen im alpinen Bereich genannt werden, rund 2500. Sie verteilt sich auf die einzelnen Örtlichkeiten wie folgt:

Kreuth	1900—1956	1007
Bleiberg	1925—1956	822
Raibl	1911—1949	443
Eisenkappel	1927	1
Mieß	1928—1945	55
Dirstentritt	1946—1952	22
	Summe:	2350

Solange ihre Zahl nicht groß und ihre Stärke nicht bedeutend war, galten sie als zufällige Erscheinungen, und niemand dachte daran, ob man sie nicht vermeiden könne und wenn ja, auf welche Weise.

Das änderte sich in dem Augenblick, als man im Jahre 1929 vollständig vom Hand- auf den Maschinenbetrieb überging. Ihre Zahl stieg von jährlich 12 im Durchschnitt auf nicht weniger als 105 im Jahre 1930 an, also auf das Neunfache! Und da auch einige Unfälle, glücklicherweise leichterer Natur, zu verzeichnen waren, kam es so weit, daß die Bergbehörde die Einstellung der Arbeit in einem besonders gefährdeten Bereich, im Antoni-Ostrevier der Grube Kreuth, anordnete. Da es sich um einen der reichsten Lagerstättenteile handelte, war ein solcher Verlust nicht tragbar, und ich mußte der Sache nachgehen, um Gegenmaßnahmen einleiten zu können. Meine Untersuchungen führten zu folgenden Ergebnissen:

Bezüglich der Stärke entfielen auf

	Kreuth	Bleiberg
schwache Spannungsauslösungen	30,7%	16,9%
mittlere „	43,5%	42,3%
starke „	25,8%	40,8%

Unfälle verzeichneten wir bisher im Gesamtwerk Bleiberg-Kreuth:

Tote	3
schwere Verletzungen	13
leichte „	36
Summe der Unfälle	52

Diese Ziffer ist, so bedauerlich sie auch sein mag, nicht hoch, wenn man sie mit jener des südafrikanischen Goldbergbaues vergleicht, wo man z. B. 1950 74 Tote zu beklagen hatte.

Eine auch heute noch vielfach verbreitete Meinung erwies sich als irrig, nämlich die, daß die Bergschläge stets im Zusammenhang mit dem Schießen ausgelöst würden. Wohl ist ein Einfluß vorhanden, aber die überwiegende Mehrzahl ereignet sich außerhalb der Schußzeiten, häufig bei Nacht und unbelegter Grube.

Es kamen vor in:	Kreuth	Bleiberg
sicher oder wahrscheinlich zur Schußzeit	25,1%	24,5%
aber außerhalb der Schußzeit	74,9%	75,5%

Es fällt nur ein Viertel aller Bergschläge in die Schußzeit, daher ist die Methode des Erschütterungsschießens etwas problematisch, weil man eine Spannung dadurch nicht mit Sicherheit auslösen kann. Oft knallt ein unruhiges Ort auch noch viele Stunden nach dem Schießen. Wohl aber muß man feststellen, daß jede bergmännische Arbeit, die Eingriffe in das Gestein zur Folge hat, einen Bergschlag herbeizuführen vermag. Das sieht man recht deutlich, wenn man die Verteilung der Bergschläge auf die einzelnen Stunden des Tages untersucht (2).

Merkwürdig ist auch eine deutlich wahrnehmbare periodische Häufung von Bergschlägen, die von Zeiten geringer Tätigkeit oder vollkommener Ruhe abgelöst wird. Als Beispiel diene Bild 3, das für die Grube „Rudolf" die monatliche Häufigkeit von 1932 bis 1939 darstellt.

Allgemein nimmt man an, daß die Spannungsauslösungen in größerer Tiefe zunehmen müssen. Auch wir haben das gedacht; die statistische Auswertung lehrte aber, daß bestimmte Horizonte besonders stark betroffen werden, und zwar keineswegs die tiefsten. Aus Bild 4 und 5 kann man ersehen, daß in einer bestimmten Tiefe, in Kreuth etwa 400 m unter der Talsohle, in Bleiberg besonders ausgeprägt bei 300 m, ein Höchstwert liegt, während darunter wieder bergschlagfreie Zonen liegen.

Sehr aufschlußreich ist auch die Tatsache, daß die Spannungsschläge durchaus nicht etwa nur auf die Abbaue oder größere Hohlräume beschränkt sind, im Gegenteil, es kommen solche gar nicht selten und mit großer Stärke in kleinen Suchstrecken und an Stellen vor, die weitab von einem Abbau liegen.

Alle diese Beobachtungen führten zu dem Schluß, daß weder der Überlagerungsdruck noch seine Störung durch Abbauwirkungen die Ursache für die Bergschläge sein können. Auf die richtige Spur kamen wir erst, als wir die örtliche Lage der Auslösungen untersuchten. Ich erwähnte schon, daß nur gewisse Teile der Lagerstätte gefährdet sind, während andere Reviere wenig oder gar nicht betroffen werden.

Greift man den Betrieb in Kreuth heraus, so verteilen sich die Spannungsschläge auf die einzelnen Reviere von Ost nach West wie folgt:

1. Revier „Kastl-Vorsicht"	0,55%
2. Revier „Antoni-Ost"	81,87%
3. Revier „Antoni-West"	17,31%
4. Revier „Ramser"	0,27%
5. Revier „Max"	—
	100,00%

Aber auch im Antoni-Ost-Revier, das mit 82% den Löwenanteil stellt, lassen sich noch gewisse Zonen herausschälen, die „knallendes" Gebirge aufweisen. Schon im Grundriß sieht man eine deutliche Gruppenbildung (6), noch viel deutlicher aber im Aufriß (7), wo sich die Punkte längs bestimmter Linien scharen, und zwar sind dies fast ausschließlich NO-Verwerfer, wie z. B. die Rauterriesenkluft, die Mauerschachtelkluft und der 1. und 2. Südschlagverwerfer.

Aber diese Bevorzugung der NO-Verwerfer ist durchaus nicht auf das Kreuther Revier beschränkt. In Bleiberg tritt dies noch krasser hervor. An und beiderseits der Rudolf-Viererkluft ist eine ganz ungewöhnliche Häufung festzustellen. Westseits sind es die Blattgänge und ostseits die Maschingänge, am Rudolf-Vierer selbst die Stelle, wo sich diese Gänge mit der Kluft scharen. Bis zum Jahre 1956 traten 81% aller Bergschläge in diesem räumlich ganz eng begrenzten Gebiet auf (8 und 9). Warum sie aber auch hier auf eine bestimmte Tiefe beschränkt sind, kann man deutlich dem Kreuzriß durch den Blattgang, Bild 10, entnehmen. Unterhalb der Stelle, wo sich zwei Überschiebungen scharen und die Schichtflächen einen scharfen Knick machen, liegt das Zentrum der Spannungsauslösungen.

Ganz analog konzentrierten sich in Raibl im Zeitraum 1911 bis 1930 nicht weniger als 94% aller Bergschläge auf eine der großen steilstehenden N–S-Klüfte, auf das sogenannte Strugglblatt, und auch dort nur auf eine bevorzugte Stelle, das Nordschlagmittel.

In Mieß, dem jetzigen Mežica, kommen sie bei einer Störung vor, die zum *h* 1—2 streichenden Unionkluftsystem gehört, in Dirstentritt waren 18 von 22 Bergschlägen an den V_3-Verwerfer gebunden, auch eine Nordoststörung. Gleiches gilt für Lafatsch, ebenfalls in den Nordalpen.

Ja selbst in den Tunnels, besonders ausgeprägt in Wochein, aber auch im Tauerntunnel, überwiegt der Einfluß dieser Kluftrichtung.

Wenn aber rund 90% von den 2500 Gebirgsschlägen sowohl in den Süd- wie in den Nordalpen unmittelbar oder mittelbar an Nord- bis Nordostklüfte gebunden sind, so ist das kein Zufall mehr. Meiner Meinung nach haben wir hiermit einen neuerlichen Beweis für die Tatsache, daß unsere Alpen auch heute noch nicht zur Ruhe gekommen sind und einer nach Nord- bis Nordost gerichteten Bewegungstendenz folgen. Diese erfolgt nicht gleichmäßig, sondern ruckweise, daher auch von Zeit zu Zeit eine besondere Steigerung der Bergschlaghäufigkeit.

Darüber hinaus ist es aber gelungen, im Bergbau, und zwar sowohl in Bleiberg wie auch in Raibl, den Nachweis rezenter Bewegungen durch gegenseitige Verschiebung von Gebirgsschollen zu erbringen. Leider erlaubt es mir die Zeit nicht, näher darauf einzugehen.

Die bei den Untersuchungen gewonnenen Erkenntnisse führten uns zu folgender Vorstellung über die Druckverteilung um einen Hohlraum. Sie ist, wie ich ausdrücklich betone, stark vereinfacht und schematisch.

In einem homogenen Gebirge wird die Kurve des Überlagerungsdruckes eine Gerade parallel der Abszissenachse sein (11). Jedes Gesteinsteilchen wird durch die Auflast komprimiert. Schafft man einen Hohlraum, so können sich die an den Begrenzungsflächen, Ulmen, First und Sohle liegenden Gesteinsteilchen ausdehnen. Dadurch werden sie spannungslos, der Druck am Ulm also Null. Weiter ins Gebirge hinein wird diese Entspannung mangels Bewegungsfreiheit rasch abklingen. Immerhin wird sich ein von der Mineralstruktur und Festigkeit abhängiger Entspannungsmantel, nach *Spackelers* Vorschlag „*Trompeter*sche Zone" genannt, ausbilden können.

Der über der Firste befindliche Gesteinskörper wird sein Gewicht auf Widerlager beiderseits der Ulme stützen, dort tritt daher eine zusätzliche Last, der Gewölbedruck, auf. Auch er wird nicht allzuweit ins gesunde Gebirge hineinreichen.

Dazu kommt ein Zweites. Die Festigkeit der am Ulm befindlichen entspannten Gesteinsteilchen wird der Würfeldruckfestigkeit entsprechen. Bei allseitiger Pressung nimmt auch die Druckfestigkeit zu, aber auch nur bis zu einem begrenzten Wert.

Wir haben also übereinander zwei Kurven. Der Unterschied der Ordinaten (b, b_1) gibt für jeden Punkt des Ulmabstandes die zusätzliche Kraft an, die zur Zerstörung des Gesteinsverbandes notwendig ist. Zeichnet man sich diese Differenzkurve nach Bild 12 heraus, so sieht man, daß sie ein deutliches Minimum aufweist. Streicht nun gerade an jener Stelle eine Kluft durch, die infolge Bewegung eine erhöhte Spannung bewirkt, dann kann es sehr leicht geschehen, daß in der Zone des Gewölbedruckes eine Drucksteigerung eintritt, welche die Gesteinsfestigkeit übersteigt und zur Auslösung eines Bergschlages führt.

Die schweren Schüsse des Maschinenbetriebes reichen für alle Fälle in den Bereich des Gewölbedruckes und bringen Unruhe in dieses ohnehin schon hochbeanspruchte Gebirge. Wir sind daher bewußt auf seichte Angriffe übergegangen, dessen Schüsse bei 50 bis 70 cm Vorgabe nur im Entspannungsmantel wirken, und der Erfolg gab uns recht.

In Bild 13 ist die Anzahl der Spannungsauslösungen in Kreuth in Beziehung zur Hauwerkserzeugung gesetzt worden. Während bis 1927 nur 0,2 bis 0,4 Bergschläge auf 1000 t Hauwerk entfielen, stieg diese Ziffer 1931 rund auf das Zwanzigfache, nämlich 5,2 an. Mit der Einführung des neuen Hammerbohrverfahrens mit kurzen Schüssen von kleinem Kaliber sank sie schlagartig wieder auf den alten Wert, womit die größte Gefahr gebannt schien.

Diese Überlegung hat uns aber noch einen weiteren Erfolg beschert. Die Differenzkurve gibt uns je ein Bild der zusätzlichen Kraft, die zur Überwindung der Gesteinsfestigkeit notwendig ist, mit anderen Worten, des Sprengstoffaufwandes. Bemißt man nämlich die Größe der Vorgabe entsprechend dem Wert des Minimums, so muß der Sprengmittelverbrauch einen Kleinstwert annehmen. Es ist nur die Frage, wo dieses Minimum liegt.

Durch Versuche haben wir diese Größe für unseren Triaskalk und für normale Streckenquerschnitte zu 60 bis 70 cm bestimmt. Während man früher für einen Meter Vortrieb 9 kg Dynamit benötigte, konnten wir mit dem neuen Schießverfahren den Verbrauch auf etwas über 4 kg je m senken, also auf weniger als die Hälfte (14). Da wir im Jahre 15 bis 16 km Stollen auffahren, kann sich jedermann ausrechnen, daß damit eine sehr beachtliche Verbilligung der Betriebskosten erzielt werden konnte.

Wenngleich man Bergschläge nie wird ganz vermeiden können, weil die tektonischen Verhältnisse bei Neuauffahrungen von Strecken weitgehend unbekannt sind, ist es doch als Erfolg zu werten, daß ihre Zahl auf ein tragbares Maß beschränkt werden konnte.

Unsere Ergebnisse dürfen nicht verallgemeinert werden, denn jeder Betrieb hat mit anderen Verhältnissen zu rechnen. Wohl aber können sie einen Weg zeigen, wie man dieser Gefahr, mit der ja immer mehr Bergbaue zu tun bekommen werden, begegnen kann.

A. P. SUDOPLATOW UND W. I. BARANOWSKI

Moskau/UdSSR

Einwirkung des Gebirgsdrucks auf die Standfestigkeit von Vorrichtungsbauen beim Abbau von Flözen flacher Lagerung im Donezbecken

Einer der natürlichen Faktoren, die den Abbau von Flözen flacher Lagerung in vielen Gruben des Donezbeckens erschweren, ist das Fließen des Gesteins in den Vorrichtungsbauen, das eine Verformung der letzteren hervorruft. Auch der Ausbau kann diese Erscheinung nicht verhindern. Durch die Verformung der Vorrichtungsbaue wird die Förderung unterbrochen, was zum Stillstand in den Gewinnungsarbeiten führt, ganz zu schweigen vom großen Umfang der Unterhaltungsarbeiten. In einer Reihe von Fällen erreicht die Fließgeschwindigkeit (oder Fließintensität) allein des Sohlengesteins 20 bis 40 cm im Monat, was die Gruben zwingt, einige Male im Jahr Instandsetzungsarbeiten durchzuführen.

Die Erfahrungen im Donezbecken zeigen, daß in den Teufen, in denen zur Zeit Abbau umgeht, die Erscheinung des Fließens dort beobachtet wird, wo die Vorrichtungsbaue in ton- und sandsteinhaltigen Schiefern aufgefahren werden, d. h. in Gesteinen, die vorwiegend aus tonigen Komponenten bestehen. Die in den letzten Jahren vom Laboratorium für Abbau von Kohlenlagerstätten des Bergbauinstitutes der Akademie der Wissenschaften der UdSSR durchgeführten Untersuchungen zeigten noch einmal, daß der Hauptgrund des Fließens des Gesteins in den Vorrichtungsbauen der Gebirgsdruck ist.

Das Fließen stellt einen Prozeß des Herausquetschens des durch den Grubenbau freigelegten Gesteins infolge des Gebirgsdrucks dar, wobei die im Gestein enthaltenen tonigen Komponenten ihm plastische Eigenschaften verleihen. Zum Fließen trägt auch die Feuchtigkeit des Gesteins bei, die zur Volumenvergrößerung führt, den Zusammenhang zwischen den Gesteinsteilchen schwächt und die plastischen Eigenschaften des Gesteins erhöht. Als Hauptmittel gegen das Fließen des Gesteins kann deshalb die Entlastung des umliegenden Gebirges bezeichnet werden.

Gegenwärtig steht fest, daß der Gebirgsdruck in dem den Grubenbau umgebenden Gebirge vor allem von der Abbauteufe abhängt. Das erklärt auch die in der Praxis beobachtete Intensivierung des Fließens mit zunehmender Abbauteufe.

Beobachtungen zeigten jedoch, daß nicht nur die Abbauteufe den Druck im umliegenden Gebirge bestimmt. Durch Beobachtungen in den Gruben wurde festgestellt, daß der Druck in dem den Grubenbauen umgebenden Gebirge und damit auch die Fließintensität in großem Maße von der Lage der Vorrichtungsbaue in bezug auf das Abbaufeld wie auch von dem angewandten Verfahren zum Schutz der Baue vor dem Gebirgsdruck abhängt. Bis in jüngste Zeit waren die Gesetzmäßigkeiten der Gebirgsdruckerscheinungen im umliegenden Gebirge wenig erforscht, was mitunter in der Praxis zu falschen Entscheidungen über die Lage der Vorrichtungsbaue und ihren Schutz vor dem Gebirgsdruck führte. Das machte die Durchführung besonderer Arbeiten zur Erforschung der Gesetzmäßigkeiten des Gebirgsdrucks in dem unter Abbauwirkung stehenden Gebirge wie auch der Gesetzmäßigkeiten der Gebirgsbewegungen erforderlich, weil gerade diese die Neuverteilung des Gebirgsdrucks bestimmen.

Die Grundlage der Untersuchungen bildeten Modellversuche mit äquivalenten Materialien, deren Methodik vom Allunions-Forschungsinstitut für Markscheidewesen entwickelt wurde, sowie Messungen in Gruben.

Die Messung des Gebirgsdrucks an Modellen erfolgte mit Hilfe besonderer Mikrodynamometer und einer elastischen Schicht, die vom Laboratorium des Bergbauinstituts der Akademie der Wissenschaften der UdSSR entwickelt wurden.

Die durchgeführten Untersuchungen ergaben zwei Besonderheiten der Gebirgsbewegungen unter der Einwirkung von Abbauen. Es zeigte sich, daß ein Teil des unterbauten Gebirges den Zusammenhang mit dem übrigen Gebirge verliert und sich auf das Liegende des Flözes absenkt. Diese Senkung geht allmählich vor sich und erfaßt Schicht um Schicht. Das sich senkende Gebirge wird dabei durch Spalten in Blöcke zerschlagen, deren Größe von der Festigkeit der einzelnen Schichten abhängt. Charakteristisch ist, daß die Senkungen innerhalb eines gewissen Gewölbes vor sich gehen und die Bruchflächen eine bestimmte Richtung haben. Sie bilden mit den Schichtungsflächen Winkel, die Bruchwinkel genannt werden. Dabei wurde festgestellt, daß diese Winkel bei gleichen Festigkeitseigenschaften des überlagernden Gesteins gleiche Größe haben. Mit anderen Worten, das Einfallen der Flöze übt keinen Einfluß auf die Bruchwinkel aus. Das Gesagte wird durch die in den Bildern 1, 2 und 3 gezeigten Modellphotographien für ein Einfallen von 0°, 15° und 60° veranschaulicht. Die bei den Versuchen ermittelten Bruchwinkel, bezogen auf die Schichtungsflächen, betragen 65 bis 70°. Dieser Senkungscharakter bestimmt auch die Höhe der Zone, in deren Grenzen eine Senkung des unterbauten Gebirges vor sich gehen kann. Je geringer die Abbaubreite ist, desto geringer ist die Mächtigkeit der sich darüber senkenden Schichten und umgekehrt. Daraus folgt, daß in Abhängigkeit von der Abbauteufe und der Abbaubreite die Senkung längst nicht immer auf die Tagesoberfläche übergreifen muß. Bei Vorhandensein mächtiger Schichten festen Gesteins und relativ geringer Abbaubreite wird von der Senkung nur das unterhalb dieser Schichten befindliche Gestein erfaßt (siehe Bilder 1, 2, 3 und 4). In Bild 4 ist die Abbaubreite gering. Es muß noch eine Besonderheit der Senkungen erwähnt werden, die vom Gesichtspunkt der Gewinnung aus wichtig ist. Versuche zeigten, daß im Mittelteil der Senkungszone das zertrümmerte Gebirge sich restlos auf das Liegende des Flözes absenkt, wobei sich die ehemals vorhandenen Spalten schließen. Ein anderes Bild wird an den Grenzen der Senkungszone beobachtet. Obwohl auch hier die Schichten den Zusammenhang mit dem umliegenden Gebirge verlieren, kommt es zu einem Überkragen der infolge des Abbaues entstandenen Gesteinsblöcke. Sie stützen sich auf der einen Seite auf das feste Gebirge und auf der anderen Seite auf die abgesenkten Schichten. Je größer das Einfallen des Flözes ist, um so mehr verkeilen sich die Blöcke im unteren Teil des Abbaufeldes an der Grenze des festen Gebirges, während sie sich im oberen Teil völlig lösen und auf das Liegende des Flözes absenken. Das wird durch ihr Eigengewicht hervorgerufen. Das außerhalb dieses Bruchgewölbes gelegene Gebirge kommt ebenfalls in Bewegung, aber auf andere Weise. Es kommt hier zu einer Durchbiegung der Schichten in Richtung auf das Bruchgewölbe. Diese Art der Gebirgsbewegungen zusammen mit dem Absenken der Schichten innerhalb des Bruchgewölbes bestimmt die Senkungsmulde und deren Grenzen an der Tagesoberfläche. Dabei verliert auch das außerhalb des Bruchgewölbes befindliche Gebirge seinen Zusammenhang und durchzieht sich mit Spalten, was das Ergebnis der in den Gebirgsschichten wirkenden Zugkräfte ist. Im ganzen ruhen jedoch diese Gebirgsschichten auf der anstehenden Kohle oder auf den das Abbaufeld umgebenden Kohlenpfeilern, wie anschaulich in den Bildern 1 und 2 zu sehen ist.

Der erwähnte Charakter der Gebirgsbewegung führt unter der Einwirkung des Abbaues im Flöz zu einer Neuverteilung des Drucks im Gebirge. Die an den Modellen durchgeführten Gebirgsdruckmessungen im Liegenden des abgebauten Flözes zeigen zwei in bezug auf den Gebirgsdruck charakteristische Zonen. Eine Zone befindet sich unmittelbar unter dem verhauenen Feld. In dieser Zone findet als Ergebnis des Abbaues eine Entlastung des Gesteins statt. In dieser Zone hat der Gebirgsdruck in Verhiebsrichtung verschiedene Größe und wird durch das Gewicht der unterbauten und abgesenkten Schichten bestimmt. Der Gebirgsdruck hat seine minimale Größe an den Grenzen des verhauenen Feldes, seine maximale in dessen Mittelteil. Die Breite des unter maximalem Druck stehenden Teils hängt von der Spannweite des bis zur Tagesoberfläche abgesenkten Gebirges (wenn der Bruch sich bis dorthin erstreckt) oder der freigelegten Schichten ab, bis zu denen der Bruch geht. Der Gebirgsdruck hat sein Minimum unter den überkragenden Blöcken an den Grenzen des verhauenen Feldes. In der erwähnten Zone kann also der maximale Druck den im unverritzten Gebirge vorhanden gewesenen nicht übersteigen. Wir betonen hierbei, daß sich der Gebirgsdruck in der erwähnten Zone mit der Zeit ändert, und zwar im Zusammenhang mit der allmählichen Absenkung des Hangenden.

Es muß auch gesagt werden, daß sich mit dem Einfallen des Flözes auch die Dimensionen der unter minimalem Druck stehenden Teile an den Grenzen des verhauenen Feldes ändern. Eine Vergrößerung des Einfallens führt zu einer Verbreiterung des Gebietes minimalen Druckes an der oberen Grenze des Baufeldes und zu einer Verengung an der unteren Grenze. Die Erklärung hierfür besteht darin, daß sich die Bruchwinkel bei einem Wechsel des Flözeinfallens nicht ändern und ihre Größe in bezug auf die Schichtungsflächen beibehalten. Infolgedessen ändert sich die Neigung der Bruchflächen zur Horizontalen. Weil aber das Gewicht des abgesenkten Gebirges in vertikaler Richtung wirkt, fällt auch das Gebiet minimalen Drucks in die Projektionsebene des überkragenden Gebirges, das den Zusammenhang mit dem festen Gebirge nicht völlig verloren hat.

Die zweite charakteristische Zone befindet sich unter der anstehenden Kohle oder den Kohlenpfeilern, die längs des Baufeldes gelegen sind. In dieser Zone wird unter dem Einfluß des Abbaues eine Erhöhung des Gebirgsdrucks (im Vergleich zu dem Druck im unverritzten Gebirge) beobachtet. Der Grund hierfür ist, daß die überkragenden Schichten einen Teil ihres Gewichts auf die anstehende Kohle oder die Kohlenpfeiler übertragen und in ihnen einen Zusatzdruck hervorrufen. In dieser Zone erreicht der Gebirgsdruck sein Maximum in der Nähe des Baufeldes und vermindert sich mit zunehmender Entfernung von ihm. Wenn sich im verhauenen Feld noch Kohlenpfeiler befinden, so entsteht unter ihnen ein maximaler Zusatzdruck, weil das Absenken des Hangenden beiderseits des Pfeilers vor sich geht und jede Seite allein schon einen Zusatzdruck hervorruft. Solche Pfeiler und das benachbarte Nebengestein werden also einem zusammengesetzten Zusatzdruck ausgesetzt sein. Zu erwähnen ist, daß sich der Zusatzdruck mit der Zeit ändert, sein Maximum unmittelbar nach dem Abbau des Flözes hat und sich in dem Maße verringert, wie sich das Hangende absenkt. Alles eben Gesagte wird durch Bild 5 illustriert, das ein Diagramm der Neuverteilung des Gebirgsdrucks unter der Einwirkung des Abbaues im Flöz für den in Bild 1 gezeigten Fall darstellt, wo zwei benachbarte Felder schon abgebaut sind.

Es muß erwähnt werden, daß sich die absolute Größe des Zusatzdrucks in der anstehenden Kohle und dem Nebengestein an der oberen und unteren Grenze des verhauenen Flözes in Abhängigkeit von dessen Einfallen ändert, weil in bezug auf die Horizontale die Dimensionen der überkragenden Gesteinsblöcke anders werden.

Die durchgeführten Versuche stimmen gut mit den in Gruben beobachteten Gebirgsdruckerscheinungen und Gesteinsverformungen überein. Die Forschungsergebnisse gestatten uns, eine Reihe praktischer Schlußfolgerungen für die Verhinderung des Fließens des Gesteins in Vorrichtungsbauen zu ziehen. Die Untersuchungen zeigen, daß sich die Lage der Vorrichtungsbaue in bezug auf das Abbaufeld außerordentlich auf die Größe des Gebirgsdrucks in dem die Grubenbaue umgebenden Gebirge auswirkt. In Abhängigkeit hiervon können sowohl das Ausmaß als auch der Charakter der Verformungen der Vorrichtungsbaue verschieden sein. Wenn z. B. die Vorrichtungsbaue durch Kohlenpfeiler relativ kleiner Dimensionen geschützt werden, so fallen sie in die Zone des maximalen Zusatzdrucks, und die Fließintensität erreicht verständlicherweise ihren Höchstwert. Eine ähnliche Erscheinung ist auch in den Fällen zu beobachten, wo Baue auf einer Seite von der anstehenden Kohle oder den Kohlenpfeilern und auf der anderen Seite, d. h. auf der Seite des abgebauten Feldes, von Bergedämmen umgeben sind. Der Unterschied besteht lediglich darin, daß im letzten Falle ein Zusatzdruck auf der einen Seite entsteht und dementsprechend das Fließen auch nur von dieser Seite vor sich geht, was in der Praxis zu einer Schiefstellung der Sohle des Vorrichtungsbaues führt. Wenn sich die Strecken im Abbaufeld befinden, d. h. mit einem Dammort aufgefahren werden, so geraten sie in eine Zone geringeren Zusatzdrucks, der von dem Gewicht des den Grubenbau überlagernden Gebirgsteils bestimmt wird. Je näher die Strecken an der anstehenden Kohle liegen, d. h. je schmaler der Dammort ist, unter um so geringerem Druck stehen sie, und umgekehrt, mit der Vergrößerung des Abstandes von der anstehenden Kohle oder den Kohlenpfeilern geraten sie unter immer größeren Druck. Einem Minimaldruck sind die Strecken unter dem überkragenden Gebirge an der Grenze des verhauenen Feldes ausgesetzt. Die im Abbaufeld befindlichen Strecken werden also im wesentlichen bei der Zusammendrückung der sie umgebenden Bergedämme verformt. Bei großer Breite des Dammorts können, wenn die Mächtigkeit der auflagernden Schichten beträchtlich ist, auch Fließerscheinungen in den Strecken eintreten. Eine wesentliche Bedeutung hat hierbei das Einfallen des Flözes. Es wurde schon darauf hingewiesen, daß der Gebirgsdruck im Liegenden des abgebauten Feldes vom Gewicht der abgesenkten Schichten abhängt. Um das die Fußstrecken umgebende Gestein nur einem Minimaldruck auszusetzen, muß man sie innerhalb der Zonen des minimalen Gebirgsdrucks auffahren, d. h., die Dimensionen des unteren Dammorts müssen so sein, daß die Strecke auf ihrer ganzen Länge in dieser Zone liegt. Die Zone des verminderten Gebirgsdrucks kann leicht graphisch bestimmt werden, indem man die Bruchwinkel konstruiert. Bei großem Einfallen des Flözes kann die Zone verminderten Drucks sehr schmal sein. Hierbei muß aber das charakteristische Überhängen des Gesteins an den Grenzen des Abbaufeldes berücksichtigt werden. Wenn man also die Strecken unter einer solchen Art von Dach auffährt, kann man einen erheblichen Druck auf das den Grubenbau umgebende Gebirge und folglich auch das Fließen des Gesteins verhindern. Das Gesagte betrifft auch die Lage von Richtstrecken.

Wir verweisen noch auf eine charakteristische Erscheinung. Es ist bekannt, daß in der anstehenden Kohle und im Nebengestein vor dem Abbaustoß ebenfalls ein Zusatzdruck entsteht. Wenn die Vorrichtungsbaue in die Einwirkungszone dieses Zusatzdrucks geraten, werden sie selbstverständlich auch Verformungen unterworfen. Um das zu vermeiden, müssen die Vorrichtungsbaue etwas hinter dem Abbaustoß zurückbleiben.

Unsere Untersuchungen gestatten, noch zwei im Hinblick auf die Gewinnung wichtige Erscheinungen festzustellen. Die erste besteht in folgendem: Wenn im verhauenen Feld Kohlenpfeiler belassen werden, so verhindern diese das Absenken des darüber liegenden Gebirges und erhalten gleichzeitig auf beiden Seiten Zonen verminderten Gebirgsdrucks. Wenn also die Notwendigkeit eintritt, Flöz- oder Richtstrecken in gutem Zustand zu erhalten, so muß man sie erstens in einer Zone minimalen Drucks auffahren (durch Breitauffahren der Strecken kann das erreicht werden). Zweitens muß man in beiden Fällen an der Grenze zum benachbarten Abbaufeld Kohlenpfeiler stehenlassen, die das Absenken des Hangenden verhindern und die Zonen verminderten Gebirgsdrucks aufrechterhalten.

Die zweite wichtige Erscheinung besteht in folgendem: Wie schon gesagt wurde, hängt die Mächtigkeit der sich absenkenden Schichten von der Abbaubreite ab. Das bedeutet, daß beim Abbau der Kohle in einem schmalen Streifen eine ganz erhebliche Verminderung des Gebirgsdrucks im Liegenden eines solchen Abbaufeldes erreicht werden kann. Wenn es also erforderlich ist, den Gebirgsdruck im Gebiet der Auffahrung von Vorrichtungsbauen zu vermindern und damit das Fließen des Gesteins zu verhindern, muß man solche Baue mit beiderseitigen Dammorten auffahren. Wenn aber ein solcher Grubenbau später im abgebauten Feld voll verwendbar sein soll, so muß man außerhalb der Dammorte Kohlenpfeiler stehenlassen, die das Absenken aller überlagernden Schichten verhindern und eine entlastete Zone aufrechterhalten. Diese Ausführungen beziehen sich auch auf Richtstrecken.

Die durchgeführten Versuche und die Beobachtungen in Gruben gestatten uns, praktische Schlußfolgerungen für eine Rationalisierung des Abbaues von Kohlenflözen zu ziehen, die zwischen zum Fließen neigenden ton- und sandsteinhaltigen Schiefern lagern.

1. Beim Abbau von Kohlenflözen im Vorwärtsbau (Strebbau) kann die beste Standfestigkeit von Fußstrecken auf dem Wege des Breitauffahrens (mit unterem Dammort) und ihres beiderseitigen Schutzes durch Bergdämme erreicht werden. Das gewährleistet eine Entlastung des Gebirges in der Nähe der aufgefahrenen Strecken.

Die Breite des Dammorts muß um so geringer sein, je größer das Einfallen des Flözes ist. Bei den erwähnten Verfahren zum Schutz der Strecken vor dem Gebirgsdruck werden die auftretenden Verformungen im wesentlichen durch die Zusammendrückung der Bergedämme hervorgerufen. Die Strecke braucht dem Abbaustoß nicht vorauszueilen, was ihre Verformung durch den Zusatzdruck vor dem Streb ausschließt. Ein Schema der zweckmäßigen Lage der Fußstrecke zeigt Bild 6.

2. Bei dem gegenwärtig sehr häufig angewendeten Auffahren der Fußstrecken mit normalem Querschnitt und ihrer Sicherung von der Seite des verhauenen Feldes durch Kohlenpfeiler oder Bergedämme ist die Standfestigkeit der Strecken am schlechtesten, weil das die Strecke umgebende Gebirge einem Zusatzdruck ausgesetzt ist, der die Fließintensität des Gesteins erheblich vergrößert.

3. Kopfstrecken beim Strebbau sollen zweckmäßigerweise auch breit aufgefahren werden, aber mit oberem Dammort. Von der Seite des Abbaufeldes sind sie durch Bergedämme zu sichern. Die Breite des oberen Dammorts braucht unter Umständen 6 bis 8 m nicht zu überschreiten.

Wenn die Fußstrecke beim Abbau der nächsten Bauhöhe als Kopfstrecke verwendet werden soll, muß neben dem Dammort (in Fallrichtung) ein Pfeiler stehengelassen werden, der als Stütze wirkt und ein Absenken des Hangenden über der Strecke sowie erhebliche Verformungen der letzteren verhindert. Die Frage, ob es zweckmäßig ist, die Fußstrecke auch als Kopfstrecke der nächst tieferen Bauhöhe zu verwenden, muß unter den jeweiligen Bedingungen durch Vergleich mit einer Variante, bei der die Kopfstrecke neu aufgefahren wird, gelöst werden.

Der Schutz der Kopfstrecken nur durch Bergedämme, auf deren beiden Seiten sich das abgebaute Feld befindet, ist nicht zweckmäßig, weil nach dem Absenken des Hangenden die zusammengedrückten Bergedämme den Zusatzdruck aufnehmen. Bei Neuauffahrung der Kopfstrecke sowie im Falle gleichzeitigen Abbaues zweier Bauhöhen müssen die Sohlenstrecken breit aufgefahren werden, wobei zwischen den Dammorten der benachbarten Strecken ein Kohlenpfeiler stehenbleiben muß. Der letztere verhindert das Absenken des Hangenden und erzeugt eine entlastete Zone, in der sich die Grubenbaue befinden. Ein mögliches Schema zum Schutz der Kopfstrecken vor dem Gebirgsdruck zeigt Bild 6.

4. Es ist schädlich, die Zwischenstrecken durch Kohlenpfeiler zu schützen, weil diese einem großen Zusatzdruck ausgesetzt sind und die Fließintensität am größten ist. Zweck-

mäßigerweise wird man diese Strecken durch beiderseitige Bergedämme schützen. Bei langer Lebensdauer der Grubenbaue werden jedoch die Bergedämme zusammengedrückt und schaffen ähnlich wie die Kohlenpfeiler einen Zusatzdruck in dem die Strecke umgebenden Gebirge, der seinerseits zum Fließen des Gesteins führt. Deshalb müssen die Zwischenstrecken sofort mit großem Querschnitt aufgefahren werden, um das Nachreißen während der gesamten Lebensdauer der Strecken auf ein Minimum zu beschränken.

5. Beim Pfeilerrückbau wird ebenfalls ein Fließen des Gesteins in den Strecken beobachtet. Beobachtungen in den Gruben zeigten, daß in Teufen von mehr als 500 bis 600 m die Verformungen in den Strecken so groß sein können, daß die erheblichen Ausgaben für ihre Offenhaltung und ihr negativer Einfluß auf die gesamte Förderung die Anwendung des genannten Abbauverfahrens unrentabel machen können. Um das Fließen des Gesteins unter diesen Bedingungen zu verhindern, ist es zweckmäßig, die Strecken sofort mit beiderseitigen Dammorten aufzufahren. Die Dammortbreite soll hierbei nach Möglichkeit minimal sein (ungefähr 5 bis 6 m). Bei einem solchen Auffahren der Strecken ist die sich an die Strecken anschließende Zone in erheblichem Maße druckentlastet. Die Strecke steht dann nur unter der Einwirkung des Gewichts des Hangenden im Bereich des Bruchgewölbes, das sich beim Breitauffahren der Strecke gebildet hat (7).

6. Die gegenwärtig angewendeten Verfahren zum Schütz von Bremsbergen durch Kohlenpfeiler relativ kleiner Dimensionen sowie durch Bergedämme auf der Seite des Abbaufeldes begünstigen die maximale Verformung dieser Grubenbaue. Bei den erwähnten Verfahren zum Schutz geneigter Grubenbaue entsteht in den Kohlenpfeilern und dem benachbarten Nebengestein ein Zusatzdruck, der das Fließen des Gesteins in den Grubenbau beschleunigt. Zur Verhinderung oder größtmöglichen Einschränkung des Fließens fährt man diese geneigten Grubenbaue deshalb mit beiderseitigen Dammorten auf. Zwischen benachbarten geneigten Grubenbauen und auch auf der Seite des Abbaufeldes müssen Kohlenpfeiler stehengelassen werden, wie in Bild 8 gezeigt ist. Die letzteren nehmen den Zusatzdruck auf und schaffen eine Entlastungszone an den Stellen, wo sich die geneigten Grubenbaue befinden. Die Verformungen der geneigten Grubenbaue werden in diesem Falle hauptsächlich durch das Zusammendrücken der Bergedämme unter dem Gewicht der überlagernden Schichten innerhalb des Bruchgewölbes bestimmt, das sich über dem mit Dammorten aufgefahrenen Grubenbau gebildet hat.

7. In ton- oder sandsteinhaltigen Schiefern, die zum Fließen neigen, müssen die Richtstrecken in Zonen des minimalen Gebirgsdrucks aufgefahren werden, d. h. unter dem abgebauten Feld, und zwar möglichst nahe an dem über oder unter ihnen befindlichen Kohlenflöz. Um Verformungen der Richtstrecke durch den Zusatzdruck zu vermeiden, der vor dem Abbaustoß vorhanden ist, muß die Richtstrecke hinter dem Abbaustoß nachgeführt werden. Bild 9 zeigt das Schema der zweckmäßigen Lage der Richtstrecke.

Um die im Nebengestein aufgefahrene Förderstrecke noch als Wetterstrecke für die nächst tiefere Bauhöhe verwenden zu können, muß zwischen den benachbarten Etagen ein Kohlenpfeiler belassen werden, der das Absenken der überlagernden Schichten verhindert und um die Feldstrecke eine entlastete Zone hervorruft. Um eine Verformung der Rollöcher, die die Feldstrecken mit den Grubenbauen im Flöz verbinden, zu vermeiden, ist es zweckmäßig, in dem Zwischenetagenpfeiler über den Rollöchern 8 bis 10 m breite Nischen aufzufahren, die über den Rollöchern eine entlastete Zone schaffen.

8. Zur Verhinderung des Fließens des Gesteins in den im Nebengestein aufgefahrenen geneigten Grubenbauen muß man vor ihrem Auffahren die Kohle in einem schmalen Streifen über dem zukünftigen Grubenbau abbauen. Links und rechts von diesem Streifen müssen Kohlenpfeiler stehengelassen werden, die den Zusatzdruck aufnehmen, wie auf Bild 10 gezeigt ist. Die Verteilung des Gebirgsdrucks ist hier analog der beim Breitauffahren geneigter

Grubenbaue mit Stehenlassen von Kohlenpfeilern zwischen den Dammorten und an der Grenze des Abbaufeldes.

Zum Schluß muß noch darauf hingewiesen werden, daß alles Gesagte für den Fall gültig ist, daß die Mächtigkeit des zum Fließen neigenden Gesteins genügend groß ist. Bei geringerer Mächtigkeit dieses Gesteins geht das Fließen bedeutend langsamer vor sich und klingt in dem Maße ab, in dem das Gestein nachgerissen wird. In dem Fall, wo das zum Fließen neigende Gestein von dem Grubenbau durch eine Schicht festen Gesteins geringer Mächtigkeit (0,4–0,6 m) getrennt ist, kann es durch das fließende Gestein verformt werden, was bei der Wahl rationeller Abbauverfahren berücksichtigt werden muß. Praktisch macht sich der Einfluß des Fließens auf den Nutzeffekt des Abbauverfahrens von etwa 300 m Teufe ab deutlich bemerkbar.

Die durchgeführten Untersuchungen und die erhaltenen Ergebnisse sind nach unserer Meinung wertvoll, sie können aber nur als erste Etappe von Untersuchungen dieser Art betrachtet werden. In Zukunft müssen die qualitativen Lösungen dieser Frage vervollkommnet und quantitative gesucht werden.

E. TINCELIN und P. SINOU

Briey/Frankreich

Ergebnisse aus achtjähriger Gebirgsdruckforschung

Eine zusammenfassende Übersicht über die seit Beginn unserer Gebirgsdruckuntersuchungen erhaltenen Ergebnisse bedingt einige Wiederholungen. Wir bitten dies zu entschuldigen. Aber wir glauben, daß man von Zeit zu Zeit die Lage überblicken und ein Gesamtbild der erhaltenen und durch die Erfahrung bekräftigten Ergebnisse darlegen muß. In diesem Sinne legen wir unseren Beitrag dieser Konferenz vor.

Die nachfolgend beschriebenen Ergebnisse sind unter folgenden Gesichtspunkten zu betrachten:

1. Sie beziehen sich einzig und allein auf die lothringischen Eisenerzgruben. Es ist möglich, daß sie auch in anderen sedimentären Lagerstätten angewendet werden können. Wir sind der Meinung, daß dies – zum mindesten qualitativ – oft der Fall ist. Bevor man jedoch unsere Resultate auf andere Lagerstätten extrapoliert, muß man die Zulässigkeit derartiger Extrapolationen gut überprüfen.
2. Diese Ergebnisse resultieren einerseits aus unseren Messungen, die wir verschiedentlich beschrieben haben, und andererseits aus unseren direkten Beobachtungen. Unsere Arbeiten bestehen darin:

das Ausmaß der Gesteinsdeformationen an den Stößen oder im Innern von Bohrlöchern zu bestimmen;

die auf eine Abbaufront insgesamt wirkende Belastung durch Schallgeschwindigkeitsmessungen auf lange Entfernung (100 bis 1000 m) zu bestimmen;

die Belastungsverteilung im Inneren des Gebirgsmassivs auf Grund von Messungen der Deformation von Bohrlöchern, verbunden mit Schallgeschwindigkeitsmessungen auf kurze Entfernung (1 bis 6 m), zu ermitteln;

durch Speziallaboratorien Untersuchungen über die mechanischen Eigenschaften unserer Gesteine durchführen zu lassen;

soviel wie möglich an Auskünften und Messungen über Absenkungen der Erdoberfläche zu erhalten;

die Kräfte und Spannungen zu messen, denen die Firstanker unterliegen (Ankerausbau).

Wichtiger Hinweis: Wir sprechen im folgenden von einem „vorderen Widerlager" und einem „hinteren Widerlager", da wir keine einfacheren Worte gefunden haben, um die Stellen zu bezeichnen, die in der Nähe unserer Abbaufronten einer erheblichen Druckerhöhung ausgesetzt sind.

Unsere Versuche sollen in der Hauptsache praktischen Zwecken dienen. Wir haben keine Messung durchgeführt, um die Gültigkeit der verschiedenen existierenden Theorien zu überprüfen. Wir stellen ausdrücklich fest, daß wir wegen der von uns angewendeten Begriffe „vorderes Widerlager" und „hinteres Widerlager" nicht als Anhänger der Gewölbetheorie oder der Plattentheorie bezeichnet werden können. Um es noch einmal zu betonen: Wir haben auf diese Frage kein Augenmerk gerichtet.

3. Diese Ergebnisse wurden in den lothringischen Eisenerzgruben erzielt, in denen nur eine Abbaumethode, der „Kammerpfeiler-Bruchbau" angewendet wird. Wir haben also keine praktische Erfahrung beim Strebbau.

Um das Verständnis für den folgenden Text zu erleichtern, zeigen wir in Bild 1 das allgemein in unseren Gruben angewandte Abbauschema. Die gebräuchlichen technischen Bezeichnungen sind zur Kennzeichnung der einzelnen Abbauphasen vermerkt.

Unser Erz ist mit einer Mächtigkeit von 1,80 bis 9 m flach gelagert. Die Überlagerung beträgt bis zu 250 m.

KAPITEL I

I. Auswertung von Gebirgsdruckmessungen – Abbau nach der sogenannten Kammerpfeiler-Methode im ersten Flöz

I. Spannungen um eine Abbaufront

Wir erinnern hier kurz an die Messungen und die entsprechenden Ergebnisse, die die Existenz einer gewissen kritischen Entfernung nachgewiesen haben. Rückt eine Abbaufront (bei Bruchbau) vom Unverritzten her vor, so ist sie den Wirkungen eines überhöhten Druckes ausgesetzt, wenn die Entfernung, die zwischen der Abbaufront und dem Unverritzten entsteht, das Ausmaß dieser kritischen Entfernung erreicht hat.

Die Messungen wurden in einer Strecke, über der eine Abbaufront in einem oberen Flöz vorrückte, durchgeführt. Es handelt sich um die in Bild 2 und 3 mit XX' bezeichnete Strecke. Wir sehen, daß sich die Entfernung der Punkte M und N beim Vorrücken der Abbaufront in Richtung der in der Skizze eingezeichneten Pfeile vergrößert. Diese Entfernung MN entspricht der Breite der Bruchzone, die sich senkrecht über der im unteren Flöz gelegenen Strecke befindet.

Die Verformungsmessungen an den Stößen der im unteren Flöz befindlichen und auf Bild 2 und 3 mit XX' bezeichneten Strecke haben folgende Ergebnisse erbracht (siehe Bilder 4 bis 8).

Bild 4 – Die Breite MN beträgt 50 m. Beiderseits der Punkte M und N, nämlich an den Punkten A und B, bemerkt man eine Druckzunahme und zwischen M und N eine deutliche Entlastung.

Bild 8 – Die Breite MN hat 250 m und mehr erreicht. Die Druckwerte in A und B haben sich im Verhältnis zu den in Bild 7 ermittelten Werten vermindert. Die im Bruchgebiet auf Druck beanspruchte Zone hat sich in zwei Bereiche C und C' aufgeteilt.

Einem Widerlager vor A entspricht im Bruchgebiet ein Widerlager hinter C, und dem Widerlager vor B entspricht im Bruchgebiet ein Widerlager hinter C'.

Wenn sich die Mächtigkeit des überdeckenden Gebirges nicht ändert, ändern sich praktisch auch die Entfernungen AC und BC' nicht, wie auch immer die Entfernung MN (größer als 250 m) sein möge.

Durch diese Versuche wird folgende Tatsache nachgewiesen:

Für eine bestimmte Breite MN erreichen die Druckwerte des Widerlagers in A und B ein Maximum.

Die entsprechende Breite MN wird „kritische Breite" genannt.

Zahlreiche andere Messungen – einschließlich Schallgeschwindigkeitsmessungen – und Beobachtungen haben diese praktische Tatsache nachgewiesen.

Erreicht ein Abbauhohlraum eine Breite, die der doppelten Entfernung zwischen dem vorderen und hinteren Widerlager entspricht, gemessen an einer auf große Erstreckung vorschreitenden Abbaufront (zweimal die mit AC bezeichnete Entfernung in Bild 8), so unterliegt die Abbaufront einem Druckmaximum.

In den lothringischen Eisenerzgruben entspricht dieser Zustand übrigens dem Beginn nennenswerter Absenkungen der Tagesoberfläche. Vor Erreichen der kritischen Breite traten über den Bruchzonen bisweilen Absenkungen der Tagesoberfläche in der Größenordnung von 10 bis 20 cm ein. Wenn jedoch die kritische Breite einmal erreicht war, wuchs die Absenkungsgeschwindigkeit der Tagesoberfläche, das heißt der Absenkungsbetrag pro Zeiteinheit, z. B. pro Woche, stark an, während diese Geschwindigkeit vorher sehr niedrig war. Zum Beispiel steigt die Geschwindigkeit von 0,5 bis 1 cm pro Woche auf 10 oder 20 cm pro Woche an.

In den lothringischen Eisenerzgruben besteht zwischen der Breite L und der Mächtigkeit der überdeckenden Gebirgsschichten über dem ersten abgebauten Lager folgende Beziehung:

$$L = 0{,}9\, H^{-20\%}_{+10\%} .$$

H = Mächtigkeit der Überlagerung des ersten abgebauten Flözes.

Die Gesamtheit dieser Feststellungen können wir in Regeln zusammenfassen.

A. Spannungsgesetze

1. Wenn sich die Entfernung zwischen einer im **Vorrücken** befindlichen Abbaufront und dem unverritzten Gebirge vergrößert, erhöhen sich mit dieser auch die Spannungen, die einerseits auf den Rand des Unverritzten und andererseits auf die im Vorrücken befindliche Abbaufront einwirken. Sie erreichen für eine gewisse Entfernung, bezeichnet als **kritische Breite** L, einen maximalen Wert, der in den lothringischen Eisenerzgruben gleich

$$L = 0{,}9\, H^{-20\%}_{+10\%}$$

ist.

H = Mächtigkeit des Deckgebirges über dem abgebauten Flöz.

2. Bei Überschreiten der kritischen Entfernung ruht das zu Bruch geworfene Gebirge in seiner ganzen Mächtigkeit auf dem Liegenden des abgebauten Flözes. Dieser Vorgang führt progressiv zur Bildung eines **hinteren Widerlagers**, das sich aus Symmetriegründen in der Mitte der Bruchzone befindet, das heißt also, in einer Entfernung von etwa $L/2$ zur Abbaufront oder zum Rand der unverritzten Zone.

3. Die vorrückende Abbaufront überschreitet die kritische Breite, wenn sie sich weiter vom Unverritzten entfernt. Die auf die Abbaufront wirkenden Spannungen vermindern sich und nehmen um ein Mittel schwankende Werte an, gemäß der Kraglänge des nicht zu Bruch geworfenen Gebirges über der Abbaufront. Diese Spannungen bilden das **vordere Widerlager**. Es ist klar, daß nicht die ganze Mächtigkeit des bis über Tage zu Bruch gegangenen Gebirges unmittelbar auf dem Liegenden nahe der Bruchfront ruht. Das **hintere Widerlager**, das die Stelle bezeichnet, auf der die Gesamtheit dieses zu Bruch geworfenen Gebirges (d. h. also bis über Tage) auf dem Liegenden ruht, wird von dem vorderen Widerlager durch **eine Zone getrennt, in der das Gebirge entspannt ist: Das ist die Entspannungszone.**

Die Erfahrungen und Messungen haben uns gezeigt, daß diese Entfernung zwischen dem vorderen Widerlager (im Erz in unmittelbarer Nähe der vorrückenden Front) und dem hinteren Widerlager (in der Bruchzone) stets gleich $L/2$ bleibt.

4. Der Wert von L hängt von mehreren Faktoren ab, wie zum Beispiel:

von der Verhiebsgeschwindigkeit der Abbaufront,
von der Mächtigkeit des Deckgebirges,
von der Beschaffenheit des Deckgebirges,
von der Mächtigkeit des abgebauten Flözes,
von den Abbauverlusten usw.

In den lothringischen Eisenerzgruben, die untereinander große Ähnlichkeit sowohl in geologischer Hinsicht als auch bezüglich der Abbaumethoden aufweisen, ist es nicht überraschend, daß Erscheinungen festgestellt und gemessen wurden, deren Charakter in den verschiedenen Gruben sehr ähnlich ist.

Demgegenüber zeigt der Streubereich von -20% bis $+10\%$ bei den Messungen von L, daß verschiedene Faktoren eine Rolle spielen. Den Einfluß jedes einzelnen Faktors können wir z. Z. noch nicht genau angeben. In der Bestimmung von L liegt also noch eine verhältnismäßig große Ungenauigkeit, was man nicht verhehlen darf. Man kann dem jedoch Rechnung tragen, indem man in den Berechnungen einen ausreichenden Sicherheitskoeffizienten einsetzt, wie wir in dem folgenden Abschnitt „Berechnung der Länge einer Abbaufront" sehen werden.

Anmerkung: Die kritische Breite L entspricht nur dann $0{,}9\ H$, wenn eine Verhiebsgeschwindigkeit von etwa 15 bis 20 m pro Monat erzielt wird.

Genauere Angaben über den Einfluß der Geschwindigkeit zu machen, sind wir nicht in der Lage.

B. Gesetzmäßigkeiten der Senkungen an der Tagesoberfläche

1. *Im Vorrücken befindliche Abbaufront*

Wenn sich die Abbaufront vom Unverritzten entfernt, beginnen die Senkungen an der Tagesoberfläche über der Bruchzone noch nicht unmittelbar.

Hat eine aktive Abbaufront zum Unverritzten eine Entfernung kleiner als L, so gibt es senkrecht über dem Rand des festen Gebirges keine oder nur wenige Senkungen der Tagesoberfläche. Über einer im Vorrücken befindlichen Abbaufront ergeben sich mit anderen Worten keine oder nur geringe Senkungen der Tagesoberfläche:

a) in den Eckzonen des Abbaufeldes, wie z. B. in den Ecken bei A und B in Bild 10, wenn nicht eine gewisse Entfernung zu der Ecke überschritten wird. Über diese Entfernung werden wir später Genaueres sagen;
b) beim Anlaufen der Abbaufronten.

2. *Stehende Abbaufront*

Bei ruhender Abbaufront wird die Entfernung L mit der Zeit geringer, und nach und nach greifen die Absenkungen der Tagesoberfläche auch auf die Ecken zwischen der randlichen Begrenzung über. Bild 14 zeigt das unterschiedliche Verhalten der Kurven gleicher Senkung, die über Tage über der Ecke A bei aktiver Abbaufront ermittelt wurden, und über der Ecke G, wo vor etwa 20 Jahren abgebaut wurde.

Wenn man demgegenüber einen Streifen abbaut, wie er in Bild 10 angegeben ist (zwischen dem Unverritzten, begrenzt durch AC und BD), dessen Breite $P = CD$ kleiner oder höchstens gleich $0{,}4\ H$ ist, so zeigt die Erfahrung, daß es über dieser Zone bei Einhaltung folgender Bedingungen niemals Absenkungen an der Tagesoberfläche gibt, wie lang auch immer der Streifen sein mag:

a) Ein solcher Streifen darf nicht mit einer abgebauten Zone größeren Umfanges zusammenkommen. Das heißt also, der Streifen muß auf allen 4 Seiten von festem Gebirge umgeben sein.
b) Die Mächtigkeit des Deckgebirges muß größer als 100 bis 130 m sein.

C. Ausmaß der Störungszone um eine aktive Abbaufront mit großer Entfernung vom Unverritzten

Die durch eine Abbaufront gestörte Zone erstreckt sich über eine Entfernung von etwa 3 $L/2$ und setzt sich wie folgt zusammen (siehe Bild 9):

1. *Vorauseilende Druckzone, die das vordere Widerlager bildet*

Sie betrifft das Erz in unmittelbarer Nähe der Bruchkante in Form eines parallelen Streifens zu dieser Linie. Ihre Breite beträgt $L/2$. Die Bruchkante bildet übrigens eine der Grenzen dieses Streifens.

2. *Entspannungszone zwischen dem vorderen und hinteren Widerlager*

Sie betrifft die Bruchzone in unmittelbarer Nähe der Bruchkante in Form eines parallelen Streifens zu dieser Linie. Ihre Breite beträgt ebenfalls $L/2$. Ebenso bildet die Bruchkante eine Grenze dieses Streifens. Die Entspannungszone wird andererseits begrenzt durch einen erneuten Druck auf die Liegendschichten rechts vom hinteren Widerlager.

3. *Beruhigungszone hinter dem hinteren Widerlager*

Sie betrifft die Bruchzone in Form eines parallelen Streifens, der sich an die Entspannungszone anschließt. Ihre Breite beträgt ebenfalls $L/2$. Die Spannungen, die in dem Gebirge über einer abgebauten, also zu Bruch geworfenen Zone wirken, werden kaum noch durch eine Abbaufront gestört, da sich diese nach ihrem Passieren der Bruchzone bereits in einer Entfernung L befindet.

Anmerkung: Die letzteren Feststellungen werden besonders für die Bestimmung der Charakteristiken einer Abteilung mit Abbau mehrerer übereinanderliegender Flöze nützlich sein.

II. Berechnung der Länge einer Abbaufront – Geometrie der Abbaufronten

Man kann sich fragen, ob alle unsere Messungen, die die Zonen hohen Drucks um eine Abbaufront nachgewiesen haben, einen praktischen Zweck für den Bergmann haben können.

Wir sind der Meinung, daß unsere Messungen zu direkt verwertbaren Angaben geführt haben, wie wir es jetzt nachzuweisen versuchen werden.

Wir konnten durch Messungen und direkte Beobachtungen folgende Punkte klarstellen:

1. In der Nähe einer Abbaufront sind die Druckspannungen, die auf das vordere Widerlager einwirken (das heißt also, die auf das noch nicht abgebaute Erz einwirken) in der Hauptsache variabel.
2. Sie können maximale Werte annehmen, wenn ein Punkt der im Vorrücken befindlichen Abbaufront sich in einer Entfernung L (gemessen quer durch das Bruchfeld) zu einem unverritzten oder noch nicht abgebauten Gebiet befindet.

Auf der Grundlage einer der beiden Definitionen für die Entfernung L kann man Schlußfolgerungen ziehen.

Erste Definition (oder allgemeine Definition): $L =$ 2mal die Entfernung zwischen dem vorderen und hinteren Widerlager, gemessen an einer im Vorrücken befindlichen Front.

Zweite Definition (gültig in den lothringischen Eisenerzgruben): L = Breite des Hohlraumes, der erreicht werden muß, um die ersten feststellbaren Absenkungen der Erdoberfläche zu erhalten.

1. *Fall einer Abbaufront zwischen zwei unverritzten parallelen Randzonen* (Bild 10)

AB = Bruchkante

AC und BD = unverritzte parallele Randzonen, die die dazwischenliegende Bruchzone begrenzen

Die Bruchkante AB verschiebt sich parallel zu sich selbst in der durch die Pfeile angegebenen Richtung. P ist die Breite des abgebauten Streifens. Wir ziehen in den Ecken A und B die Begrenzungslinie L und erhalten zwei Kurven KR und TS. Alle Punkte der Bruchkante, die zwischen A und R liegen, haben vom Unverritzten in Form der Randzone AC eine Entfernung kleiner oder gleich L. Ebenso weisen alle Punkte der Bruchkante zwischen T und B eine Entfernung kleiner oder gleich L zum Unverritzten in Form der Randzone BD auf.

Die krummlinigen Dreiecke AKR und TBS stellen jeweils eine Platte dar, die in keinem Punkt eine genügende Spannweite besitzt, um entweder zu brechen oder sich genügend durchzubiegen und sich so vollständig auf die Bruchmassen aufzulegen.

Die Kurven gleicher Absenkung verlaufen übrigens parallel zu der Linie CKR TSD. Diese Kurven gleicher Absenkung, die parallel zu den geradlinigen Rändern des abgebauten Feldes verlaufen, dringen bei einer im Vorrücken befindlichen Abbaufront niemals in die Ecken A und B ein. Die beiden strichpunktierten Linien stellen zwei dieser Kurven gleicher Absenkung dar.

Die Messungen und Beobachtungen haben gezeigt, daß die Druckspannungen längs AC und AB von der Spitze A aus ansteigen und ungefähr an den Punkten K und R ein Maximum durchlaufen, wie es die links in Bild 10a gezeichnete Kurve zeigt.

Ebenso und aus den gleichen Gründen kennzeichnen die Punkte T und S Gebiete, wo die Stützdrucke einen maximalen Wert durchlaufen.

Bild 10b stellt eine Kurve dar, die die Gesetzmäßigkeit der Änderung der Druckspannung längs der Bruchkante AB nachweist.

Auf Grund dieser Feststellungen und Messungen kommt man zu folgendem Grundsatz, der durch die Praxis bestätigt wird:

Jede Abbaufront unterliegt beim Abbau eines Streifens von der Breite P starken Drücken, wenn die Breite P so ist, daß sich die benachbarten Bereiche der Punkte R und T überlagern.

Durch geometrische Konstruktion kann man bestimmen, welches Breitenmaß P des abgebauten Streifens vermieden werden muß.

Damit sich in keinem Punkt einer Abbaufront die Stützdrucke überlagern, muß eine der beiden Beziehungen befolgt werden:

$$P < L,$$
$$P > L(1 + \sin\alpha).$$

α ist der Winkel bei A (siehe Bild 10).

Wenn P diesen Beziehungen nicht genügt, wird man eine anomal unter Druck stehende oder sogar sehr schwierig zu führende Abbaufront erhalten, und dies längs des gesamten abgebauten Streifens, wie groß diese Länge auch immer sein möge.

Wir können jetzt die in jedem Fall anzusetzende Länge der Abbaufront berechnen oder graphisch konstruieren, ob nun die Ränder des abgebauten Feldes parallel sind oder nicht.

Man muß stets folgenden Grundsatz befolgen:

Die Länge einer Abbaufront darf niemals so gewählt werden, daß sich zwei Auflager maximalen Drucks längere Zeit oder etwa ständig überlagern.

2. *Abbaufront aus gegeneinander abgesetzten Stößen* (Bild 11) – *Abbau durch aufeinanderfolgende Streifen*

Die Abbaufront besteht aus verschiedenen Grundfronten *AB–CD–EF* usw....

Diese Grundfronten sind besonders schwierig zu führen, wenn die Entfernung zwischen den Punkten *B* und *D*, dann *D* und *F*, gemessen quer durch die Bruchzone, gleich *L* ist.

Wenn dies für jeden Punkt *B – D – F* usw. zutrifft, gibt es stets zwei Auflager maximalen Drucks, und die zur Abbaufront führenden Strecken unterliegen oft nicht zu begegnenden Druckwirkungen. Tritt dieser Fall ein, dann besteht die ideale Lösung darin, von den abgesetzten Grundfronten abzugehen und nur eine einzige Front einzuhalten, die aus einer geraden Linie von *A* nach *F* besteht. Wenn jedoch die Notwendigkeit besteht, in Form aufeinanderfolgender Streifen abzubauen, muß die Länge jeder dieser Grundfronten (zum Beispiel *AB* oder *CD*) um 30 bis 40 m länger als *L* sein. Ebenso müssen *CB* und *DE* um 30 bis 40 m länger als *L* sein.

Anmerkung: In gewissen Fällen können sich sogar an einem Punkt der Abbaufront drei Zonen maximalen Drucks überlagern. In diesem Fall sind die daraus resultierenden Spannungsschläge beträchtlich.

3. *Anlaufen einer Abbaufront beim Abbau einer Eckzone*

Beim Anlaufen einer Abbaufront läuft man oft Gefahr, zu einem bestimmten Zeitpunkt einen Punkt zu passieren, der durch zwei Auflager maximalen Drucks beansprucht wird.

Gegeben sei die Abbaufront *DC* (Bild 12), die parallel zu sich selbst in Pfeilrichtung vorschreitet und nacheinander die Positionen *D'C' – D''C''* usw. einnimmt. Die abgebaute und zu Bruch geworfene Zone bildet also ein Dreieck, entsprechend *TD'C'*. Wenn die Abbaufront den Punkt 0 durchläuft, überlagern sich dort zwei Auflager maximalen Drucks.

Wenn die Abbaufront weiterrückt, überlagern sich die beiden Auflager maximalen Drucks nicht mehr, sondern wirken auf die Punkte *A* und *B*, z. B. bei der Front *D''C''*.

Der Punkt 0 ist bestimmt durch den Schnittpunkt der beiden Geraden *MN* und *PQ*, die parallel zu den Rändern *TY* und *TY'* der abgebauten Zone in einer Entfernung gleich der Länge *L* verlaufen.

Wenn man die Zonen vorherbestimmen kann, die in einer Abbaufront starkem Druck ausgesetzt sein werden, kann man zu gegebener Zeit alle notwendigen Vorkehrungen treffen, um die Auswirkungen auf ein Mindestmaß zu begrenzen.

4. *In einer Spitze auslaufende Abbaufront* (Bild 13)

Die Abbaufront *DC* schreitet parallel zu sich selbst in Pfeilrichtung vor und nimmt nacheinander die Positionen *DC – D'C' – D''C''* usw. ein.

Jede Abbaufront, die innerhalb der gestrichelten Zone, begrenzt durch die Kurven 1 und 2, verläuft, unterliegt starken Drücken.

Die Kurve 1 ist die Begrenzung im Abstand 2 *L* innerhalb der Ecke *YTY'* und Kurve 2 im Abstand *L* innerhalb der gleichen Ecke.

Abschließend zeigen wir Kurven gleicher Absenkungen, die wir über einer im Vorrücken befindlichen Abbaufront ermittelten, und das Ausmaß von Pfeilern, die man in einer Zone aufgeben mußte, wo sich zwei Auflager auswirkten (Bilder 14 und 15).

Die Schlußfolgerungen und die Berechnungen hinsichtlich der Geometrie der Abbaufronten, die soeben dargelegt wurden, basieren

1. auf zahlreichen Messungen, die mit den verschiedensten technischen Mitteln durchgeführt wurden,
2. auf zahlreichen Beobachtungen, die unter Tage und über Tage gemacht wurden.

III. Form der Abbaufronten

Wir haben soeben gesehen, welche Dimensionen wir unseren Abbaufronten mit klassischer Form geben mußten.

Die klassischen Formen sind die auf den Bildern 10, 11, 12 und 13 beschriebenen. Wenn die vorstehenden Erwägungen beachtet werden, geben die fraglichen Abbaufronten keinen Anlaß zur Sorge. Wir glauben jedoch, daß die klassischen Formen vorteilhaft ersetzt werden durch Formen, die wir als natürliche bezeichnen.

Wir werden unsere Meinung in dieser Hinsicht darlegen. Wir stellen bereits vorher ausdrücklich fest, daß man also die Gedanken bewerten kann, die mehr oder weniger gewagten Extrapolationen entsprechen, da kein praktischer Versuch durchgeführt wurde. Wir geben gern zu, daß praktische Versuche notwendig sind, um das zu bestätigen, was wir behaupten wollen, aber wir stellen sofort fest, daß sich diese Gedanken entweder von unseren Messungen oder unseren Beobachtungen ableiten.

Kehren wir zu Bild 10 zurück. Wir haben die Bruchkante AB, die mit dem festen Rand AC einen Winkel α und mit dem festen Rand BD einen Winkel π α einschließt. Die Linie gleicher Absenkung mit dem Wert 0 liegt parallel nahe der gekrümmten Linie $KRTS$, die die abgewickelte Gerade L in der Ecke A und in der Ecke B darstellt.

Wenn wir die Abbaufront gemäß der Kurve $KRTS$ an Stelle der Linie AB gestalten, haben wir keinen Punkt der Abbaufront mehr, der übermäßig beansprucht wird, und die anfälligen Punkte R und T wie auch K und S sind beseitigt. Wir erhalten also eine Abbaufront der in Bild 16 veranschaulichten Form, der sogenannten natürlichen Form.

Von diesen Erwägungen leiten wir folgende Gesetzmäßigkeit ab: Jede Abbaufront ist in allen Punkten dem minimalen Druck ausgesetzt, wenn ihre Form sich geometrisch der Linie gleicher Absenkung mit dem Wert 0 angleicht, die über der oder den festen Randzonen und der im Vorrücken befindlichen Abbaufront über Tage ermittelt wird.

Das Ähnlichkeitsverhältnis zwischen der durch die Abbaufront gebildeten Kurve und der Kurve gleicher Absenkung mit dem Wert 0 wird gleich 1 sein, wenn der Einflußwinkel i gleich 0° ist (siehe Bild 17).

Wenn der Einflußwinkel ungleich 0 ist, wird die durch die Abbaufront gebildete Kurve in allen Punkten der Linie gleicher Absenkung mit dem Wert 0 parallel verlaufen, und zwar in einem Abstand $H \cdot \operatorname{tg} i$ in der Richtung, wo sich die vorrückende Abbaufront in bezug auf den Punkt A befindet.

Ebenso sehen wir in Bild 17, daß sich die Abbaufront rechts von dem Punkt A befindet, sozusagen in der Vertiefung gegenüber der Kurve gleicher Absenkung mit dem Wert 0.

IV. Abstufung der Abbaufront

Für die Geometrie der Abbaufronten ist eine der wichtigen Fragen die der Abstufung der Querorte zueinander. Wir sehen in Bild 1, daß die in Auffahrung befindlichen Pfeilerstrecken nicht die gleiche Länge haben. Dieser Unterschied wird als „Abstufung" bezeichnet. Die Abstufung kann Null sein; in diesem Fall wird die Front als „ausgefluchtet" bezeichnet. Man sieht in Bild 18, daß für eine gegebene Abbaufront die Abstufung d eine Funktion des Winkels α ist, den die Pfeilerstrecken mit der Bruchkante XX' bilden.

Wenn wir den Mittenabstand der Pfeilerstrecken mit AB bezeichnen, haben wir die Beziehung

$$d = \frac{AB}{\operatorname{tg} \alpha}.$$

Wenn der Winkel α gleich $\frac{\pi}{2}$ ist, ist die Abstufung d gleich 0, und die Abbaufront ist ausgefluchtet.

Wir haben gesehen (Bild 9), daß die Druckzone, die vor und innerhalb des vorderen Widerlagers besteht, auf das Erz in unmittelbarer Nähe der Bruchkante in einem parallelen Streifen zu dieser Linie einwirkt. Die Breite dieses Streifens ist $L/2 = 0{,}45\,H$. Diese Zone befindet sich also in Bild 18 zwischen der Linie XX' und der Linie YY'. In dieser Zone sind die Drücke am stärksten. Für jede Pfeilerstrecke besteht also das Interesse, die innerhalb dieser Zone befindliche Auffahrungslänge CD zu vermindern. Eine einfache Rechnung zeigt, daß

$$CD^2 = \frac{L^2}{4}\left(\frac{1}{\operatorname{tg}^2 \alpha} + 1\right).$$

CD erreicht ein Minimum, wenn $\frac{1}{\operatorname{tg}^2 \alpha}$ gleich Null wird, das heißt also für $\alpha = \frac{\pi}{2}$.

Andererseits steht die ausgefluchtete Abbaufront ziemlich im Widerspruch zu unseren modernen Geräten, die wir derzeit in unseren Gruben im Einsatz haben.

Die Abstufung d zwischen den Querorten wird um so wichtiger, je größer die Länge der Pfeilerstrecken innerhalb des Streifens XX' YY' wird.

Die Abstufung muß also auf ein Minimum beschränkt sein. Wenn sie aus verschiedenen praktischen Gründen nicht 0 sein kann, so darf sie jedoch niemals größer sein als das Doppelte der Breite des Querortes plus der Stärke des Ortspfeilers.

V. Das Abbauverhältnis beim Auffahren der Pfeilerstrecken

Das Verhalten einer Abbaufront ist nicht nur eine Funktion der Formen und Abmessungen einer solchen Front. Unter anderem haben auch die Verformungen einen Einfluß, denen die Pfeilerstrecken in der Druckzone ausgesetzt sind, insbesondere also das Abbauverhältnis der Pfeilerstrecken in dieser Zone.

Die Messungen und Beobachtungen haben uns zur Aufstellung folgender Regeln veranlaßt:

1. Das flächenmäßige Abbauverhältnis der Pfeilerstrecken darf in einem Flöz von großer und mittlerer Mächtigkeit (das heißt also in Flözen mit einer Mächtigkeit über 2,75 m) 35% nicht überschreiten. Man kann allenfalls in geringmächtigen Flözen 40% erreichen, wenn das Deckgebirge eine geringere Mächtigkeit als etwa 100 m aufweist. Im allgemeinen ist festzustellen, daß jede Zone mit einem Abbauverhältnis von etwa 40 bis 50% und besonders mehr als 50% in zahlreichen Fällen sehr schwierig abzubauen ist.
2. Die durch die Pfeilerstrecken getrennten Pfeiler müssen eine ausreichende Breite haben (Abmessung EF in Bild 18):

   Bei einer gebauten Mächtigkeit größer als 5 m muß EF etwa liegen zwischen 15 und 17 m.

   In einem Flöz, dessen gebaute Mächtigkeit zwischen 2,75 und 5 m liegt, variiert EF zwischen 13 und 15 m.

In einem Flöz, dessen gebaute Mächtigkeit unter 2,75 liegt, variiert *EF* zwischen 11 und 13 m.

3. Die Breite *GH* der Pfeilerstrecken darf niemals 5,50 m übersteigen.
4. Die Auffahrungsfläche vor der Abbaufront soll so klein wie möglich gehalten werden.

Anmerkung. Die Pfeilerbreite *EF* muß stets auf ein Minimum beschränkt sein, denn bei Pfeilern mit zu großer Breite dauert die Hereingewinnung der Querorte zu lange, so daß man Gefahr läuft, dieses Querort aufgeben zu müssen, bevor man die Abbauarbeiten zu Ende geführt hat, d. h. also bis zum Hereinschießen der Restpfeiler. Man muß sich also zwischen zwei Grenzen halten, und zwar

einer unteren Grenze (die Pfeilerbreite *EF* darf nicht zu gering sein, damit die Pfeilerstrecken in der Druckzone nicht zu Bruch gehen) und

einer oberen Grenze (die Pfeilerbreite *EF* darf nicht zu groß sein, damit die Dauer für das Hereingewinnen eines Querortes nicht zu groß ist und dieses Querort nicht Gefahr läuft, vor Abschluß der Gewinnungsarbeiten zu Bruch zu gehen).

Die oben angeratenen Pfeilerbreiten *EF* bei unterschiedlichen Mächtigkeiten beinhalten bereits einen Kompromiß, um einerseits das Zubruchgehen von Pfeilerstrecken und andererseits das von Querorten unter den Bedingungen der lothringischen Eisenerzgruben zu vermeiden.

VI. Charakteristische Eigenschaften des Abteilungs-Typs

Betrachten wir eine Abbaufront, deren Bruchkante gemäß *E'B'* verläuft (siehe Bild 19) und die entweder eine Gerade bei der klassischen Form des Abbaus oder eine Kurve bei der natürlichen Form des Abbaus bilden kann.

Man hat zuerst die Doppelstrecken *G5–G6*, dann *G7–G8* aufgefahren. Diese Doppelstrecken sind etwa alle 100 m durch eine sogenannte Förderstrecke verbunden.

Man beginnt darauf gleichzeitig mit der Auffahrung der Pfeilerstrecken wie auch mit dem Einrichten der Pfeilerfront. Das Abbauschema ist an Hand des Bildes 19 leicht zu verstehen.

Die Vorteile dieser Abbaumethode sind folgende:

Die Fläche der Vorrichtungsstrecken ist auf ein Minimum beschränkt.

Die zukünftige Entwicklung ist nicht gefährdet. Wenn man es für notwendig erachtet, kann man Abstand und Breite der Pfeilerstrecken, entsprechend dem Gebirgsverhalten beim Abbau, ändern.

Weder eine Abteilungs- noch eine Pfeilerstrecke liegen am Rand der alten Abbaufelder, das heißt längs *FE'* und *BB'*.

Seitlich der Vorrichtungszonen gibt es längs der Abbaufront Zonen unverritzten Gebirges, die die Abbaufront, entsprechend dem Winkel β, berühren. Daher ist jede Vorrichtungszone von zwei Seiten her durch ein Gebiet unverritzten Gebirges nahe der Abbaufront eingeschlossen. Im Fall übermäßigen Druckes sind es diese Gebiete unverritzten Gebirges, die das „Halten“ der Vorrichtungszonen zulassen.

KAPITEL II

Auswertung von Gebirgsdruckmessungen, Regeln für den Abbau übereinanderliegender Flöze in den lothringischen Eisenerzgruben

Man weiß seit langem aus der Erfahrung, daß der Abbau eines oberen Flözes in den in einem unteren Flöz aufgefahrenen Strecken sehr schwere Schäden hervorruft. Deshalb ist es immer vorzuziehen, zunächst das obere Flöz vollständig abzubauen, wobei in dem unteren Flöz keine Strecken sein sollen.

Unglücklicherweise sind häufig im unteren Flöz zahlreiche Strecken und Vorrichtungsbaue aufgefahren, bis man eines Tages feststellt, daß die gegenwärtigen ökonomischen Bedingungen den Abbau eines oberen armen Flözes gestatten, dessen Ausbeute bisher unrentabel war. Man muß also dann an den Abbau des oberen Flözes gehen. Das Problem besteht nun in einer Begrenzung der Schäden, denen die im unteren Flöz aufgefahrenen Strecken infolge des Abbaues des oberen Flözes ausgesetzt sind.

Die Messungen und Beobachtungen zeigten uns, daß eine Strecke des unteren Flözes infolge des Durchgangs einer Abbaufront im oberen Flöz folgenden Faktoren ausgesetzt ist (siehe Bild 9):

den Druckspannungen des vorderen Widerlagers,
den Entspannungen aus der Entspannungszone,
den Druckspannungen des hinteren Widerlagers,
den Entspannungen der wiederberuhigten Zone
und schließlich einer Wiederbelastung durch das vordere Auflager beim Abbau des Unterflözes.

Die Schäden resultieren besonders aus diesem Wechsel von Belastung und Entlastung, so wie eine schwache Stahlklinge zerbricht, wenn man sie mehrere Male hin und her biegt.

Der Abbau des oberen Flözes verursacht im unteren Flöz, wie wir soeben gesehen haben, zu Anfang eine dem vorderen Auflager entsprechende Druckbeanspruchung. Es kann festgestellt werden, daß die Spannungen und Schäden, denen das untere Flöz ausgesetzt ist und die sich aus dieser Belastung ergeben, größer sind als diejenigen, die aus dem eigentlichen Abbau des unteren Flözes resultieren. Vielmehr werden die Einwirkungen auf das untere Flöz wesentlich und sichtbar, wenn die in diesem Flöz aufgefahrenen Strecken in die Entspannungszone der im oberen Flöz vorschreitenden Abbaufront geraten. Aus diesen Feststellungen leiten sich folgende Regeln ab:

1. Um schädliche Wechselbelastungen zu vermeiden, muß man den Abbau der beiden Flöze so führen, daß die Abbaufront des unteren Flözes in der Zone des vorderen Widerlagers bleibt, das durch die im oberen Flöz vorschreitende Abbaufront erzeugt wird.

2. Für die praktische Anwendung muß man eine wichtige Bemerkung machen. Man weiß aus zahlreichen Messungen vieler Forscher und auch von uns selbst, daß die Entspannungszone, die auf die verschiedenen Schichten im Liegenden des abgebauten Flözes einwirkt, sich um so mehr von der Vertikalen der Abbaufront entfernt, je tiefer die betreffenden Schichten unter diesem Flöz liegen.

Gemäß Bild 20 liegt der Punkt A senkrecht unter dem in Abbau befindlichen Querort R nahe dem Flöz noch in der Druckzone. Hingegen liegt der Punkt C in der Entspannungszone. Bei der Betrachtung von Punkt B, der senkrecht unter C, aber in einer vom abgebauten Flöz entfernteren Schicht liegt, sehen wir, daß dieser in der durch das vordere Widerlager erzeugten Druckzone verbleibt.

Wir können also folgende praktische Regel aufstellen:

Wenn das Mittel zwischen zwei übereinander gelegenen Flözen geringmächtig ist, soll der Abbau der beiden Flöze gleichzeitig geführt werden, wobei aber die beiden Abbaufronten unbedingt übereinander liegen müssen (siehe Bild 21). Im Grenzfall soll man bei zu geringmächtigem Zwischenmittel beide Flöze gemeinsam mit diesem Mittel abbauen.

Wenn das Mittel zwischen zwei übereinander liegenden Flözen sehr mächtig ist, soll der Abbau beider Flöze gleichzeitig erfolgen, wobei die beiden Abbaufronten etwas gegeneinander abgesetzt sind, und zwar so, daß die obere Abbaufront der unteren um einige Meter vorauseilt (siehe Bild 22).

Diese geringe Abstufung erleichtert den Abbau wesentlich, denn das genaue Übereinanderliegen von zwei Abbaufronten erfordert strengste Aufsicht und einen peinlich genauen Betriebsablauf.

Wir geben weiter unten die für den lothringischen Erzbergbau gültigen Zahlenwerte.

3. Wenn glücklicherweise das untere Flöz unverritzt ist, braucht man dort mit dem Auffahren erst dann zu beginnen, wenn die Abbaufront des oberen Flözes eine gewisse Entfernung L erreicht hat, um auf diese Weise nicht nur die Einwirkungen des vorderen Widerlagers, sondern auch die der Entspannungszone, des hinteren Widerlagers und der beruhigten Zone zu vermeiden.

Praktische Zahlenangaben für die lothringischen Eisenerzgruben

Die angegebenen Werte für die Mächtigkeiten des Zwischenmittels entsprechen nur der Größenordnung. Wir bezeichnen die zwischen dem oberen und unteren Flöz gelegene(n) Schicht(en) als Zwischenmittel.

Zunächst muß man in allen Fällen die Strecken in den beiden Flözen übereinander auffahren.

1. Das Zwischenmittel hat eine geringere Mächtigkeit als 2,5 bis 3,0 m. Entsprechend dem Erzgehalt dieses Zwischenmittels kann man folgendermaßen vorgehen:

Entweder gleichzeitiger Abbau beider Flöze mit dem Mittel, wobei sich das Zwischenmittel mit dem eigentlichen Erz vermischt,
oder getrennter Abbau beider Flöze unter der Bedingung, daß das zu geringmächtige Bergemittel verstärkt wird, indem entweder an der Firste des unteren Flözes oder an der Sohle des oberen Flözes eine Erzschicht angebaut wird, um eine Mächtigkeit des Zwischenmittels von 2,5 bis 3,0 m zu erhalten. Man wendet dann die in dem folgenden Absatz beschriebene Abbaumethode an, die Zwischenmittel mit einer Stärke von 2,5 bis 6,0 m betrifft.

2. Die Mächtigkeit des Zwischenmittels beträgt zwischen 2,5 bis 3,0 und 6,0 m.

Man muß den gleichzeitigen Abbau beider Flöze vorsehen, wobei die beiden Abbaufronten und insbesondere die Querorte im oberen und unteren Flöz unbedingt übereinander liegen müssen (siehe Bild 21).

3. Die Mächtigkeit des Zwischenmittels ist größer als 6,0 m.

Man muß den gleichzeitigen Abbau beider Flöze vorsehen und darauf achten, daß die beiden Abbaufronten parallel und etwas voneinander abgesetzt, höchstens 15,0 m, verlaufen.

Anmerkung: Wir möchten darauf hinweisen, daß wir bei Zwischenmitteln mit einer Mächtigkeit größer als 15,0 m keine Messungen durchgeführt haben und daher auch keine Angaben machen können, denn wir haben in den lothringischen Gruben keine derart mächtigen Zwischenmittel.

Schlußbemerkungen

Wir haben die Punkte aufgezeigt, bei denen unsere Messungen zu brauchbaren und annehmbaren Schlußfolgerungen geführt haben. Unglücklicherweise verbleiben noch viele Punkte und Probleme bis zum heutigen Tage ungelöst.

Wir benutzen die uns gegebene Gelegenheit, um den Organisatoren dieses Kongresses im Namen der Syndikalkammer der französischen Eisenerzgruben und in unserem Namen auf das wärmste zu danken und sie zu beglückwünschen.

G. SPACKELER

Freiberg (Sachsen)/DDR

Beobachtungen über die Spannungsverteilung um Steinkohlen- und Salzabbaue

Die heutige Konferenz hat die schon auf den Tagungen in Leoben und Lüttich erhobene Forderung bestätigt, daß wir zur Klärung von Gebirgsdruckfragen nicht nur in der Grube beobachten dürfen, sondern daß wir messen und experimentieren müssen. Wenn ich gleichwohl als einer von denen, die vor mehr als 30 Jahren die Gebirgsdruckforschung zunächst auf makroskopischen Grundlagen aufbauten, am Schluß dieser Tagung das Wort ergreife, so hat das seinen ernsten Grund in der Erkenntnis, daß wir auch künftig ohne makroskopische Beobachtungen neben dem Messen und Experimentieren nicht auskommen werden, da gerade auf unserem Forschungsgebiet ohne Verbindung von Theorie und Praxis m. E. keine Erfolge zu erreichen sind. Die bergmännische Beobachtung muß Bestandteil unserer Forschung bleiben. Einmal sind die untertägigen Messungen, wie von den Rednern anerkannt wurde, aus praktischen Gründen mancherlei Beschränkungen unterworfen; wir sind deshalb auf wenige Stichproben angewiesen. Zum anderen aber nutzen die Messungen allein nichts; das Entscheidende ist ihre richtige Auswertung, die oft Schwierigkeiten bereitet. Die Kennziffern für die dazu notwendige Umrechnung, um meist aus den Verformungen in mm die Spannung in kg/cm² zu ermitteln, sind, da es sich um einen dreiachsigen Spannungszustand handelt, größtenteils unbekannt. Die Forschungsgemeinschaft Neumühl hat sich das große Verdienst erworben, auf diesem Gebiet bahnbrechend gewesen zu sein. Sie hat dabei aber auch gezeigt, welche ungeheure Arbeit noch zu leisten ist. Als besonders wichtige Kennziffer für Untersuchungen dieser Art möchte ich den E-Modul und die E-Grenze hervorheben, über die die verschiedensten Meinungen geäußert worden sind [1, 2, 3].

Inzwischen hat sich ergeben, daß sich viele Gesteine in bergmännischen Teufen bereits im inelastischen Zustand befinden. Ich nehme dieses z. B. für Kohle und Brandschiefer, aber auch für viele Schiefertone an. Das *Hooke*sche Gesetz dürfen wir nur sehr beschränkt als gültig voraussetzen. Dazu kommt der Unterschied zwischen dem sogenannten dynamischen und dem statischen E-Modul, dieser aus der Verformung, jener mit geophysikalischen Methoden ermittelt. Bild 1 zeigt die Zusammenstellung einiger Zahlenwerte nach den Untersuchungen von *Bendel* und *Fröhlich* [4]. Bestätigt werden die Versuche durch die Arbeiten von *Holland* und durch die jüngsten Versuche des Forschungsinstitutes des US-Bureau of mines, über die *Obert* [5] in Paris 1957 berichtete. *Müller*-Salzburg [6] führte den Begriff des „scheinbaren E-Moduls" eines zertrümmerten Haufwerkes ein; das ist ein für den Bergmann wichtiger Hinweis. Bei der Zertrümmerung des Gebirges bei Bildung der *Trompeter*schen Zone sinkt der E-Modul des Gebirges. Legt sich eine neue erhöhte Last auf das zertrümmerte Gestein auf, so nehmen die einzelnen Trümmerblöcke wieder „Tuchfühlung", und es entsteht ein steigender E-Modul, der dem ursprünglichen Wert nicht entspricht, immerhin aber die Druckaufnahmefähigkeit des Gesteins erhöht.

Was für den E-Modul gilt, glaube ich auch für die *Poisson*sche Konstante annehmen zu dürfen. Für Salzgestein haben die Laborversuche von *Dreyer* und *Borchert* [7] die Abhängigkeit dieser Konstante im triaxialen Zustande von der Höhe des Druckes nachgewiesen. Sobald wir in den inelastischen Spannungszustand kommen, dürfte man eigentlich von dieser Konstante nicht mehr reden. Sie ersetzen daher in der bekannten Formel für den Horizontaldruck

$$P_{\text{hor}} = \frac{P_{\text{vert}}}{m-1}$$

den üblichen Buchstaben *m* für inelastische Beanspruchung durch *f* und ermitteln für dieses *f* mit steigendem Druck abfallende Werte. Der Nenner $f-1$ näherte sich bei Steinsalz unter allseitigem hohem Druck der Zahl 1. Auf Grund meiner Beobachtungen rechne ich auch in zahlreichen anderen Gesteinen nicht mit der *Poisson*schen Zahl als einer Konstanten.

Autor	Gestein	Stat. *E*-Modul durch Verformung gemessen kg/cm²	Dynam. *E*-Modul seism. gemessen	
			am Handstück kg/cm²	im Gebirge kg/cm²
Bendel 1950	schiefriger Gneis	50000		500000
	Granit		130000	
Fröhlich (nach *Müller*, Salzburg)	Kalkglimmer-schiefer	30000		800000

Bild 1. *E*-Modul von Gesteinen

Ich möchte nicht mißverstanden werden. Meine Ausführungen sollen nicht gegen Messen und Experimentieren sprechen, sie sollen nur meine Forderung unterstützen, daß bei Auswertung aller Messungen und Berechnungen zu prüfen ist, wieweit sie mit den tatsächlichen Beobachtungen im Gebirge übereinstimmen. Der Deutung ist es ferner dienlich, wenn man sich nicht allein auf die Beobachtungen in der eigenen Grube oder im gleichen Bezirk stützt; der Gebirgsdruckforscher soll in allen Bergbauzweigen und im verschiedensten Gebirge seine Beobachtungen sammeln.

Einigkeit besteht unter allen Gebirgsdruckforschern über die Entspannung des Gesteins rings um eine Strecke und die Bildung der *Trompeter*schen Zone, entstanden aus der Zerlegung der radialen Kräfte im Gestein in eine radiale und eine tangentiale Komponente [8]. Im Bild 2 zeige ich nur zur Erinnerung die bekannte Darstellung der Verhältnisse von *Labasse* [9] auf dem Kongreß in Lüttich im Jahre 1951 mit der entspannten Zone *I*, sonst als *Trompeter*sche Zone bezeichnet, der Linie der maximalen Tangentialspannung *II*, die dem Bergmann als Gewölbelinie erscheint, und der beeinflußten Zone *III*. Zur Kennzeichnung der Entspannungsvorgänge in Zone *I* zeige ich als besonders typisch das Bild 3 [10], das ich 1929 in einem alten Querschlag der Fuchsgrube in Niederschlesien aufnahm und in „Glückauf" veröffentlichte. Kohle und Schiefer sind teils plastisch oder pseudo-plastisch aus der Druckzone in die Strecke hineingewandert; die Reibung des Schiefers am Sandstein war dabei groß genug, diesen unter Zugspannung zu setzen und in einzelne Quader aufzulösen und mitzuschleppen. Ich zeige dieses Bild, weil wir am Strebstoß ganz ähnliche Erscheinungen zu beobachten pflegen, was ich dahin deute, daß auch ähnliche Spannungsverhältnisse vorliegen. Jenseits der Gewölbelinie sind aber keine offenen Klüfte mehr anzunehmen. In den Zonen hohen Druckes *II* und *III* müssen alle Hohlräume geschlossen sein. Dabei ist, wie *Fenner* nachgewiesen hat, die Reibung auf den Kluftflächen so groß, daß wir das Gestein als einheitliche Masse auffassen müssen.

Labasse hat den Streb als eine „wandernde Strecke“ bezeichnet [9], ein Wort, dem ich restlos zustimme. Beim Anlaufen eines Strebes bildet sich also eine immer größer werdende *Trompeter*sche Zone, Zone *I* nach *Labasse.* Der Druck der Massen über der *Trompeter*schen Zone verteilt sich, das ist Naturgesetz, auf beide Seiten des entstehenden Tonnengewölbes. Die Kernfrage des Problems „Druck auf den Stoß und im Versatz“ ist daher die, wie lange das Gewölbe beim Weiterlaufen des Strebes bestehen wird und wie sich der Zusammenbruch äußert.

Klarheit dürfte darüber bestehen, daß das erste große Hauptgewölbe spätestens in dem Augenblick zu bestehen aufhört, wo der Gewölbescheitel die Tagesoberfläche bzw. die Grenze des festen Gebirges erreicht hat. Das wird unbedingt eintreten, wenn das Abbaufeld die Vollfläche im Sinne *Lehmanns* erreicht hat. Im Carbongebirge dürfte das spätestens der Fall sein, wenn sich die Spannweite des Gewölbes der Teufe nähert. Dann muß sich ein neues Tonnengewölbe vom Streb zum Versatz bilden. Die Neubildung wird aber nicht plötzlich erfolgen, sondern wird viele Spannungsänderungen und Verformungen im Gebirge hervorrufen. 1929 habe ich in Bild 4 [11] diese Veränderungen schematisch zur Darstellung gebracht. Das Bild zeigt das primäre und sekundäre Gewölbe über der sich entwickelnden Abbaufläche. Diese Zeichnung hat m. E. auch heute noch grundlegende Bedeutung, ohne daß es in den 30 Jahren gelungen ist, den Übergang vom großen auf das kleine Gewölbe zu klären.

Ein entscheidender Faktor dafür ist neben der Eigenart des Gebirges zweifellos die Tragfähigkeit des Versatzes, bei Strebbruchbau des Selbstversatzes, der den Gegenflügel des Gewölbes zu übernehmen hat. In diesen meinen Ansichten gehe ich mit vielen Forschern, in Deutschland besonders mit *Haack*, *Gillitzer*, *Mohr*, *Spruth* u. a., weitgehend konform. Das Vorhandensein eines Gewölbes, insbesondere des Gegenflügels, sobald das Baufeld einigermaßen entwickelt ist, ist aber auch vielfach angezweifelt. Die Forschungsgemeinschaft Neumühl z. B. hat zahlreiche Druckmessungen im Versatz vorgenommen und dabei die Zone des Gewölbedruckes, d. h. die Zone entsprechend hoher Belastung, nicht gefunden. Das erscheint mir natürlich; denn ich darf dazu folgendes bemerken:

1. Das Versuchsfeld auf Neumühl stellt eine Teilfläche im Sinne *Lehmanns* dar. Der Gegenflügel kann daher trotz der Größe der Abbaufläche noch in der anstehenden Kohle, nicht im Versatz zu suchen sein.

2. Aus der Streuung der Messungen, die auf ungleichmäßige Ausführung des Versatzes zurückgeführt wird, erkennt man, daß der Versatz noch nicht völlig komprimiert war, daß das Hangende also noch im Absinken begriffen war und noch keinen entscheidenden Widerstand leisten konnte, was durch Nivellements über Tage bestätigt wird.

3. Der Auswertung der Neumühler Messungen kann ich mich nicht anschließen. Bild 5 gibt die im Versatz aufgenommenen Druckkurven von *Jacobi* [12] wieder. Die Messungsergebnisse sind Tatsachen; sie zeigen einen Druck im Versatz von 2400 t/m² nach 8 Monaten. Warum sie plötzlich nur mit 60% eingesetzt wurden, sehe ich nicht ein. Meines Erachtens befinden wir uns in dem eben im Bild 4 gezeigten Übergang vom primären auf das sekundäre Gewölbe. Solange eine Teilfläche vorliegt, können wir im Versatz keine Belastungsspitze als Folge des Gewölbedruckes erwarten. Hier können wir immer nur einen aus der Durchbiegung der Schichten hervorgehenden Teildruck, insbesondere das Gewicht des Gewölbekernes finden; dieser muß auf breite Fläche verteilt sein. Erst wenn einwandfrei eine Überfläche vorliegt, kann der Stützdruck des Gegenflügels im Versatz deutlich werden. Eine solche Lastspitze wie am rollenden Strebstoß kann aber nicht auftreten, da der Versatz mit zunehmender Zusammendrückung und entsprechend steigender Tragfähigkeit eine Verteilung des Gesamtdruckes auf breite Fläche bewirken muß. An einer Überfläche stelle ich mir die Druckverteilung etwa nach Bild 6 vor; man muß sich viele einzelne Stützlinien denken, da das nachgiebige Widerlager im Versatz dieses bedingt.

Jacobi sucht die Vorgänge über und im Versatz durch den Begriff der „plastischen Trogdecke" zu erklären [12]. Daß wir das Haupthangende als eine „Trogdecke" bezeichnen können, steht fest, seitdem die *Lehmann*sche Trogtheorie von 1920 allgemeine Anerkennung gefunden hat. Wie weit die Trogdecke als plastisch zu bezeichnen ist, hängt vom Anteil der Schichten ab, die sich in bergmännischer Teufe bereits im inelastischen Zustand befinden und in denen daher Materialwanderungen aus der Zone des hohen Druckes in den Druckschatten stattfinden. Ich benutze die Gelegenheit, um immer wieder zu betonen, daß diese Materialwanderungen m. E. viel größeren Umfang haben, als der Bergmann anzunehmen geneigt ist. Aber alle diese Erscheinungen, insbesondere die Auffassung von der plastischen Trogdecke, schließen die Bildung einer Stützlinie über dem Abbauraum nicht aus. Stets bin ich der Auffassung gewesen, daß die Gewölbe- und die Platten- oder Durchbiegungstheorie sich nicht ausschließen, sondern im Gegenteil nur gemeinsam die Beobachtungen erklären können. Die Theorie der plastischen Trogdecke beruht auf der Plattentheorie, was nichts daran ändert, daß sich die Massen über dem Abbauraum gewölbeartig tragen und auf dem umgebenden Kohlenstoß bzw. dem verfestigten Versatz ruhen.

Ablehnend gegen die Ausbildung einer Stützlinie im Hangenden verhält sich auch *Kegel* in seinem Buch „Gebirgsmechanik" [13]. Er erklärt die Erscheinung vielmehr als „gewölbeähnlichen Druckzustand" infolge der Wirkung der überkragenden Platten. In der in seinem Buch enthaltenen Abbildung, hier Bild 7, entsprechen die Pfeile *a* m. E. aber deutlich der sich ausbildenden Stützlinie. Ich nehme diese von mir als richtig beobachtet anerkannte Zeichnung daher gerade für meine Deutung der Spannungsverhältnisse in Anspruch.

Ähnliche Gedanken vertritt *Labasse* [9], dessen Wort vom „Streb als wandernder Strecke" ich bereits erwähnte. Bild 8 zeigt seine Darstellung der Spannungsveränderungen am Streb, die durchaus seinem vorher gezeigten Bilde vom Spannungszustand rings um eine Strecke entspricht. Wir sehen Zone *I* des ersten Bildes, die *Trompeter*sche Zone, die entspannte Zone *II* als Linie hohen Druckes, hier als Linie $A - S$ gezeichnet, und Zone *III*, das dahinterliegende beeinflußte Gebirge. Unter diesen Umständen teile ich die Auffassung von *Denoël*, die er bereits in der Zusammenfassung beim Lütticher Kongreß 1951 aussprach [14], daß es sich bei der Auffassung von *Labasse* in Wirklichkeit um die Gewölbetheorie handele. Deshalb ist es wesentlich hervorzuheben, daß die Abbildung nur einen Flügel des Gewölbes darstellt. Was im Versatz vor sich geht, beibt m. E. ungeklärt. Denn im linken Teil des Bildes ist die Bezeichnung „neues Gleichgewicht" m. E. nicht richtig gewählt. Schon aus der Tatsache, daß die entspannte Zone über die Zone des neuen Gleichgewichtes übergreift, ersieht man, daß hier noch kein Gleichgewicht wieder erreicht sein kann, daß vielmehr noch mit dauernden Veränderungen der Belastung zu rechnen ist. Diese Zone des neuen Gleichgewichtes stellt m. E. lediglich die Zone des zunehmenden Druckes im Versatz dar, der durch das Absinken des Gewölbekernes, evtl. verstärkt durch Absenkung des Hangenden infolge von Materialwanderungen im Haupthangenden, bedingt ist.

Daß Zonen *I*, *II* und *III* am Strebstoß tatsächlich vorhanden sind, erkannte ich gelegentlich eines Besuches im Bergbau-Institut der Akademie der Wissenschaften in Moskau, wo mir freundlicherweise mechanische und spannungsoptische Modellversuche vorgeführt wurden. Die Spannungsoptik ließ die drei *Labasse*schen Zonen erkennen, nur mit dem einen Unterschied, daß die Stützlinie nicht als wirkliche Linie hervortrat, sondern daß sie als eine schmale Zone der Schubspannungen auf der Grenze des hochgepreßten gegen das entspannte Gebirge des Gewölbekernes sichtbar war. Ich möchte der Veröffentlichung dieser Forschungsergebnisse durch die Akademie der Wissenschaften in Moskau nicht vorgreifen und begnüge mich deshalb mit dem kurzen Hinweis, daß ich aus diesen Versuchen eine Bestätigung meiner Auffassungen entnahm. Leider stellten die Versuche genau wie die Darstellungen von *Labasse* lediglich den einen Flügel des Gewölbes am Strebstoß dar. Über die Frage, ob ein Gegenflügel des Gewölbes zu erkennen ist, gaben die mir gezeigten Versuche keine Auskunft.

Meine Betrachtungen ergeben, daß wir, solange wir in Teilflächen bauen, mit Spannweiten der Gewölbe zu rechnen haben, an welche die meisten Bergleute wenigstens in den westeuropäischen Kohlenrevieren nicht glauben, weil sie nicht mit dem Auge zu sehen sind. Denn hier arbeitet man stets mit Verfüllung der Abbauräume, selbst bei Strebbruchbau, der nur dann funktioniert, wenn wir durch Bruch der Dachschichten einen ausreichenden Selbstversatz erzeugen können. In den Sattelflözen Oberschlesiens, mächtigen Flözen mit festen Sandsteinen darüber, habe ich beim sogenannten Pfeilerbruchbau in Teufen von mehr als 400 m dagegen oft große offenstehende, als „Glocken" bezeichnete Abbauräume gesehen. Mit zunehmender Teufe wuchs die Schwierigkeit des planmäßigen Bruchwerfens. Wenn ein Abbaufeld nicht an ein großes Bruchfeld anschloß, sondern ringsum von anstehender Kohle umgeben war, konnte man tief in die riesigen Hohlräume hineinleuchten. Leider sind mir die exakten Unterlagen 1945 verlorengegangen. Ich erinnere mich aber noch, in Feldern bis zu 500 m streichender Länge die unverbrochenen Hohlräume gesehen zu haben. Kennzeichnend ist, daß bei einem großen Gebirgsschlag auf der Carsten-Zentrum-Grube Ende der 20er Jahre mehrere im Abbau abgeschnittene Bergleute sich auf weitem Wege durch den Alten Mann retten konnten.

Auf Gewölbe in den Zechsteinschichten Mansfelds wies schon *Gillitzer* (1928) hin. Ein besonders kennzeichnendes Beispiel für das Bestehen eines Gewölbes kann ich Ihnen aber aus dem Kalibergbau zeigen. Auf dem Kaliwerk „Ludwig II" bei Staßfurt gingen Abbaue im jüngeren Steinsalz bei flachem Einfallen direkt über den Abbauen im Carnallitlager um. Dazwischen lag der 50 m mächtige Hauptanhydrit. Bilder 9 und 10 zeigen Ihnen die Beobachtungen. Bild 9 gibt das Profil durch die Abbaue wieder. Mit dem allmählichen Zerdrücken der im Carnallit stehengebliebenen Salzfesten bildete sich ein Hangendgewölbe aus, das am deutlichen Abreißen des Gewölbekernes in den Grubenbauen des jüngeren Steinsalzes sichtbar wurde. Bild 10 zeigt den glatten Abriß des Gewölbekernes etwa im Scheitel. Über das Verhalten der Salzfesten wurde im Vortrag von *Höfer* berichtet. Ich begnüge mich deshalb mit dem Hinweis, daß das Gewölbe hier im Laufe von über 30 Jahren immer deutlicher hervorgetreten ist, seit ca. 12 Jahren aber stabil geworden zu sein scheint, da die markscheiderischen Höhenmessungen keine Veränderungen mehr ergeben haben. Das Gewölbe überspannt eine Abbaufläche von über 200 m schwebender und rd. 500 m streichender Baulänge. Fast die gleichen Erscheinungen wie auf „Ludwig II' sind auf dem Nachbarwerk Friedenshall (früher Solvayhall) zu erkennen.

In gleicher Weise glaube ich die jüngsten Messungen auf diesem Gebiet von *Wilkening* auf Kaliwerk Königshall-Hindenburg [16] deuten zu müssen. Er führte Höhenmessungen in einem Querschlag durch, der im jüngeren Steinsalz ca. 130 m über ein Abbaufeld hinwegführte. Das Auflockern des Gewölbekernes, d. h. die Bildung *Weber*scher Hohlräume darin wurde sehr deutlich; der Querschlag blieb aber oberhalb des Gewölbes im Bereich der trogförmigen Absenkung. Von Interesse ist, daß *Wilkening* das Gegengewölbe durch große *Weber*sche Hohlräume im Liegenden nachwies.

Jedenfalls haben wir in den Beispielen aus Oberschlesien und aus dem Kalibergbau ein eindeutiges Merkmal dafür, daß sich über unseren Abbauflächen Gewölbe ungeahnt großer Spannweite ausbilden. Beachtlich ist dabei, daß solche Beobachtungen im Salzgebirge gemacht werden konnten, also in einem Gestein, das sich in bergmännischen Teufen im Gebiet des inelastischen Zustandes befindet, ein Beweis, daß gewisse plastische Verformungen der Ausbildung einer Stützlinie durchaus nicht entgegenstehen. Das erscheint mir erklärlich, da im Gegensatz zum Gewölbe des Architekten das Gebirge ein Wandern der Stützlinie erlaubt ohne die Gefahr, daß diese aus dem festen Mauerwerk heraustreten könnte.

Die beiden Beispiele zwingen mich aber noch zu einer anderen Schlußfolgerung, und damit komme ich auf die eingangs gemachten Ausführungen über die *Poisson*sche Konstante zurück. Die Technische Mechanik lehrt, daß die senkrechte Achse der Entspannungsellipse, bergmännisch der *Trompeter*schen Zone, immer größer ist als die Horizontalachse, da die größere Achse in Richtung des größten Druckes liegt. Bei beiden Beispielen ist es umgekehrt. Die „Glocken" in Oberschlesien gingen trotz der großen Abbaufläche nach oben hin nicht über die Sandsteinbänke des unmittelbaren Hangenden hinaus. Auf „Ludwig II" liegt der Scheitel des Gewölbes bankig 68 m über der Firste der unteren Abbaue. Nimmt man der Einfachheit halber im Liegenden eine symmetrische Ausbildung der Entspannungszone an, so erhält man bei 200 m schwebender Spannweite ein Verhältnis der vertikalen zur horizontalen Achse der Ellipse von rd. 150 : 200 oder 3 : 4. Mit der Erklärung dieser Erscheinung wird sich die Wissenschaft noch befassen müssen.

Man könnte sie darin finden, daß der hohe Kämpferdruck rings um die Abbaufläche im inelastischen Gestein, also in Kohle bzw. Kalisalz, einen entsprechend hohen Querdruck erzeugt, der größer ist als der natürliche Überlagerungsdruck. Man pflegt anzunehmen, daß der Kämpferdruck auf den Stoß das 2- bis $2^1/_2$fache des Überlagerungsdruckes ausmacht. Ich habe aber auf Grund meiner bergmännischen Beobachtungen Anlaß zu der Annahme, daß er, wenn auch nur in einer schmalen Zone parallel zum Strebstoß, wesentlich mehr, vielleicht sogar bis zum 10fachen des senkrechten Normaldruckes ausmacht.

Unter diesem hohen Druck werden die Gesteine inelastisch, womit der oben erwähnte Faktor $f - 1$ im Nenner der angeführten Formel ständig abnimmt, so daß die aus diesen Zonen hohen Druckes hervorgehenden Querkräfte die senkrecht wirkenden Kräfte übertreffen können. Als Folge muß sich die Tatsache ergeben, daß die größere Achse der Entspannungsellipse in der Horizontalen oder im Einfallen liegt. Diese hier angedeutete Möglichkeit der Erklärung der Erscheinung braucht nicht die einzige zu bleiben, die Wissenschaft wird sich mit dieser Frage der Querkräfte im inelastischen Gesteinsbereich noch eingehend beschäftigen müssen.

Zum Schluß noch ein Wort zu der angeschnittenen Frage des hohen Druckes auf das Flöz in der Kämpferdruckzone. Man hat mir entgegengehalten, daß ein Offenhalten der Abbaustrecken in solchen Druckzonen unmöglich wäre. Durch den von *Müller*-Salzburg ermittelten „scheinbaren *E*-Modul", den ich eingangs erwähnte, wächst der Widerstand des Gebirges in der *Trompeter*schen Zone, wenn ein Kämpferdruck darüber hinwegläuft. Damit muß die schützende Wirkung der *Trompeter*schen Zone erhöht zur Geltung kommen. Auf der *Trompeter*schen Zone allein beruht die Möglichkeit, in dem allseitig hochgepreßten Gebirge unsere Strecken offenzuhalten. Fährt der Bergmann, dafür könnte ich eine Reihe von Beispielen anführen, in entsprechender Teufe vom festen Gebirge aus in eine Zone des Gewölbedruckes eines rollenden Strebes hinein, dann wird er sich von dem hohen Druck darin überzeugen. Die Strecke wird ihm unter Knallen und völliger Zertrümmerung des Gebirges zusammengehen. Leider sind solche praktisch häufigen Fälle in der Literatur niemals erwähnt, vermutlich weil niemand gern über eigene Mißerfolge berichtet. Ich habe im Laufe meiner über 30 Jahre laufenden Beobachtungen eine Reihe solcher Fälle beobachtet.

Von Gegnern der Gewölbetheorie ist mir mehrfach unterstellt worden, ich könne eine einmal gefaßte Meinung nicht aufgeben. Eine solche Unterstellung lehne ich ab. Ich habe seit über 30 Jahren Gebirgsdruckerscheinungen in vielen Bergbaurevieren und allen Bergbauzweigen beobachtet, und was ich mit den Augen gesehen habe, ist für mich sicherer Tatbestand. Für einen Wissenschaftler erscheint es mir selbstverständlich, daß er auch die Beobachtungen anderer und die darauf gegründeten Folgerungen anerkennt! Im Meinungsstreit um die Plattentheorie habe ich, wie erwähnt, oft dargelegt, daß es nicht Gewölbe- oder Plattentheorie, sondern Gewölbe- und Plattentheorie heißen muß, da nur beide gemeinsam die Erscheinungen erklären. Zur Auffassung von *Labasse* hob ich hier meine Übereinstimmung mit *Denoël* hervor, daß es sich darin letzten Endes doch um die Gewölbetheorie handele. Ebenso sagte ich, daß *Jacobis* plastische Trogdecke mit der Ausbildung einer Stützlinie m. E. durchaus vereinbar sei, da die Trogdecke sich auf das Haupthangende über der Gewölbekuppel beschränkt. Es würde m. E. ein großer Erfolg der heutigen Tagung sein, wenn sie dahin führte, daß die Wissenschaftler sich im Streit der Meinungen und der Prioritätsgefühle weniger bekämpfen, sondern mehr die Gedanken des anderen verarbeiten und in ihr eigenes Gedankennetz einbauen würden. Daß dieser Erfolg bei dem heutigen Kongreß erreicht werde, ist mein Wunsch; dann würde er nicht nur unserer Wissenschaft, er würde der Menschheit dienen.

LITERATUR

[1] *Müller, O.:* Untersuchungen an Carbongesteinen zur Klärung von Gebirgsdruckfragen. Diss. Breslau und „Glückauf", S. 1601, 1930.
[2] *Wöhlbier, H.:* Diss. Breslau und Kali, S. 258, 1931.
[3] *Spackeler, G.:* Lehrbuch des Kali- und Steinsalzbergbaus. Verl. Knapp, 2. Aufl., S. 100, Halle 1957.
[4] *Bendel, L.* (Bzn. auf *Fröhlich* Bericht S. 77): Gebirgsdruckerfahrungen beim Bau untertägiger Zentralen. Internat. Gebirgsdrucktagung, Leoben 1950.
[5] *Holland, C. T.:* Rock bursts or bumps in coal mines. Coll. Eng., S. 145, 1955.
Obert, L.: Comparaison des propriétés physiques des roches déterminées au laboratoire et in situ. Vergleich physikalischer Gesteinseigenschaften, die einmal laboratoriumsmäßig, zum anderen am anstehenden Gesteinsverband bestimmt werden. Revue de l'Industrie minérale, Bd. 39, Heft 7, S. 644–650, 1957.
[6] *Müller*-Salzburg, *L.:* Setzungen von Bauwerken auf Felsuntergrund. Baugrundtagung Hannover 1953, Verlag W. Ernst u. Sohn, S. 81, Berlin 1954.
[7] *Dreyer, W.*, und *Borchert, H.:* Die meßtechnische Erfassung des Gebirgsdruckes. Kali u. Steinsalz, Bd. 1, Nr. 10, S. 3, 1955.
[8] *Fenner, R.:* Untersuchungen zur Kenntnis des Gebirgsdruckes. Glückauf, Bd. 74, Nr. 32, S. 681; Nr. 33, S. 705, 1938.
[9] *Labasse, H.:* Gebirgsdruck und Gebirgsbewegungen. Conference internat. sur les pressions de terrains, Liège 1951, Bericht, S. 46.
[10] *Spackeler, G.:* Der Druck auf den Kohlenstoß. Glückauf, Nr. 51, S. 1760, 1919.
[11] *Spackeler, G.:* Der Nutzdruck als Abbaufolge. Glückauf, Nr. 14, S. 468, 1928.
[12] *Jacobi, O.:* Druck auf Flöz und Versatz. Internat. Tagung über Gebirgsdruckforschung, Essen 1956.
[13] *Kegel, K.:* Bergmännische Gebirgsmechanik, 2. Aufl., Verlag Knapp, Halle 1950.
[14] *Denoël, L.:* Betrachtungen über die Theorie des Gebirgsdruckes. Conference internat. sur les pressions de terrains. Liège 1951, S. 149.
[15] *Junghans, R.:* Einfluß der Hangendschichten auf die Gebirgsdruckerscheinungen im Kalibergbau. Freiberger Forschungshefte A 7, Heft 15, 1952.
[16] *Wilkening, W.:* Die Verformung der Gebirgsschichten im Hangenden und Liegenden von Abbaufeldern im Kalisalzbergbau und die daraus zu folgernde Deutung der abbaudynamischen Vorgänge. Die Bergbauwissenschaften, Nr. 1, 1958.

BILDER ZU DEN VORTRÄGEN

ILLUSTRATIONS TO THE PAPERS

ILLUSTRATIONS DES TEXTES

ИЛЛЮСТРАЦИИ К ДОКЛАДАМ

Deformation	Name	Mechanisches Modell
elastisch	Hooke	
anelastisch (Nachwirkung)	Kelwin	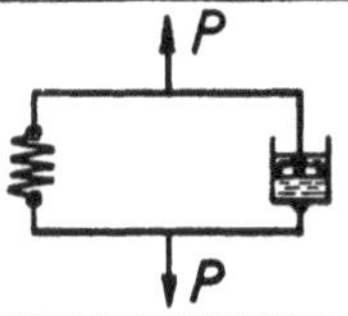
plastisch	St. Venant	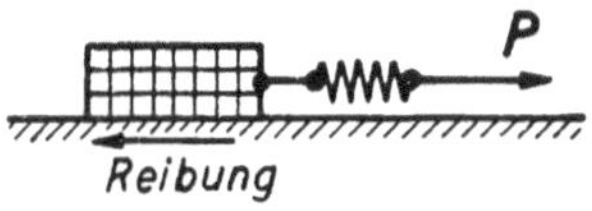
viskoplastisch	Bingham	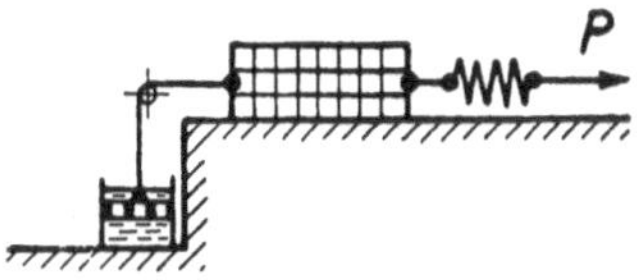
relaxierend	Maxwell	
zäh	Newton	

Fig. 1
Schema linear-inelastischer Stoffe
Scheme of linear inelastic material
Schéma des matériaux linéaires inélastiques
Схема линейно-упругопластических материалор

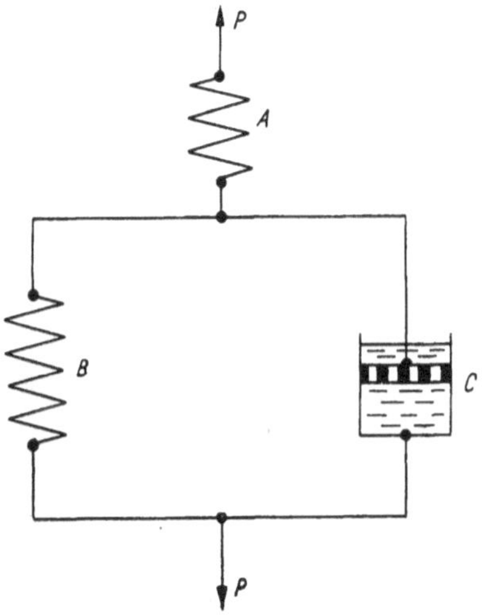

Fig. 2
Mechanisches Modell des Gebirgskörpers
Mechanical model of the rock body
Modèle mécanique du massif des roches
Механическая модель массива горных пород

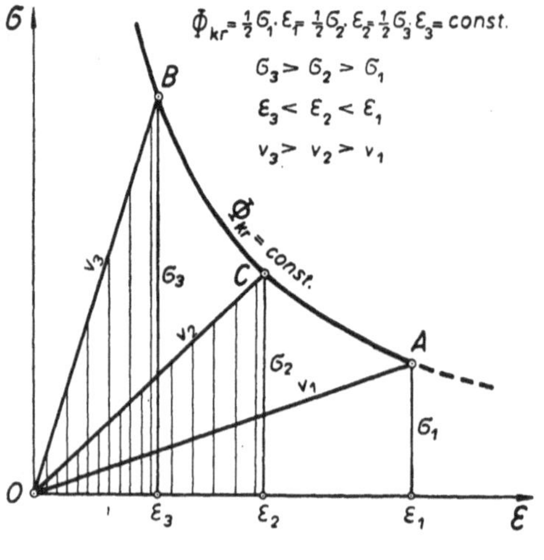

Fig 3

σ—ε Diagramm als Funktion der Formänderungsgeschwindigkeit

σ—ε diagram as the function of the deformation rate

Diagramme de σ—ε en fonction de la vitesse de déformation

Диаграмма напряжений и деформаций, как функция скорости деформирования

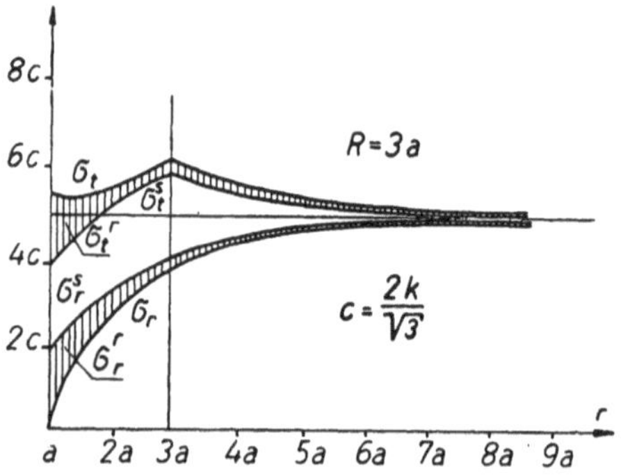

Fig 4

Spannungsverteilung im visco-plastischen Gebirge (Anfangsstadium)

Stress distribution in visco-plastic rocks (initial stage)

Distribution des contraintes dans les roches visco-plastiques (état initial)

Распределение напряжений в вязко-пластическом массиве (начальная стадия)

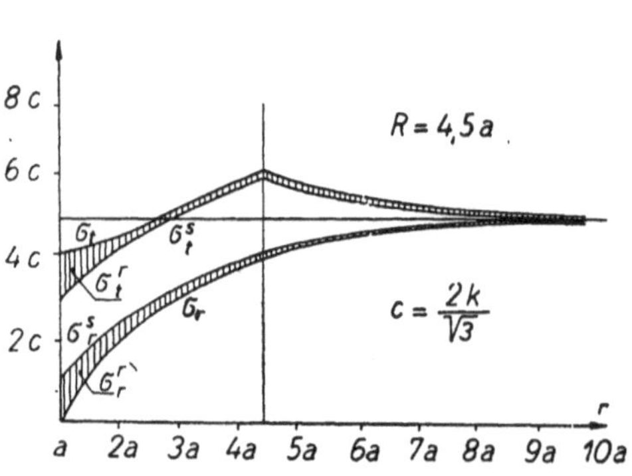

Fig. 5

Spannungsverteilung im visco-plastischen Gebirge (späteres Stadium)

Stress distribution in visco-plastic rocks (at a later stage)

Distribution des contraintes dans les roches visco-plastiques (état ultérieur)

Распределение напряжений в вязко-пластическом массиве (более поздняя стадия)

Fig. 1

Messung der Abstandsänderung von etwa 10 m auseinanderliegenden Beobachtungspunkten in einer Abbaustrecke

Measuring the variations in distance of observation points spaced at 10 metres in a gate-road

Mesure de l'altération en distance pour des postes d'observation d'un espacement de 10 m environ dans une voie d'abatage

Измерения изменения расстояния между точками, закрепленными через каждые 10 м в подготовительном штреке

Fig. 2

Konvergenzgeber mit eingebauter Zugkraftdose System „Maihak"

Convergence transmitter with built-in tensile dynamometer system „Maihak"

Transmetteur de convergence avec dynamomètre installé système „Maihak"

Датчик со встроенным динамометром системы Майхак.

Fig. 3

Hangendgeber
Roof transmitter
Indicateur de toit
Датчик в кровле пласта

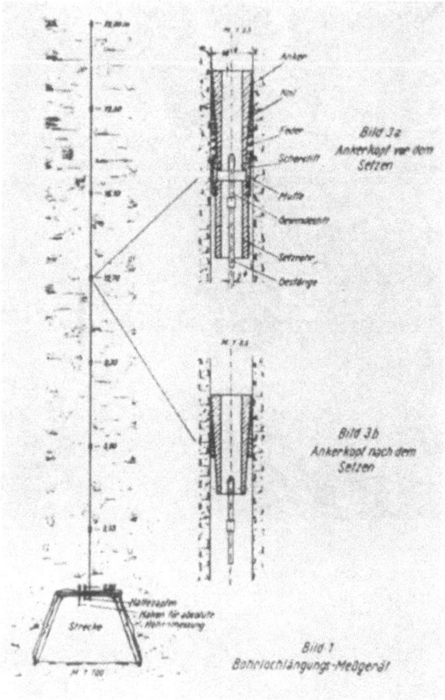

Fig. 4

Bohrlochlängungsmeßgerät
Borehole elongation gauge
Indicateur des variations longitudinales pour sondage
Прибор для измерения удлинения скважин

Strecke = gate road = voie de taille = штрек
Haltezapfen = holding pin = pivot de suspension = держатель
Haken für absolute Höhenmessung = hook for absolute altitude measuring = crochet pour altimétrie absolue = крючок для измерения абсолютной отметки
Ankerkopf vor dem Setzen = roof bolt-head prior to setting = tête de tige avant d'être posée = якорная головка перед закреплением
Ankerkopf nach dem Setzen = roof bolt-head after setting = tête de tige après été posée = якорная головка после закрепления
Anker = roof bolt = boulon d'ancrage = якорь
Keil = wedge = cale = клин
Feder = spring = ressort = пружина
Scherstift = shear pin = goupille de cisaillement = срезывающий стержень
Muffe = flange = manchon = муфта
Gewindestift = threaded pin = goupille filetée = стержень с резьбой
Setzrohr = set pipe = tuyau à poser = вставленная труба
Gestänge = linkage = poteau = штанги

Fig. 5

Eingebaute Bohrloch- und Konvergenzgeber
Built-in borehole and convergence transmitters
Indicateurs de sondage et de convergence installés
Встроенные датчики

Bohrlochgeber = borehole transmitter = indicateur de sondage = датчик в скважине
Kohlenabfuhrstrecke = coal haulage road = voie de déboisage = откаточный штрек
Konvergenzgeber = convergence transmitter = indicateur de convergence = датчик

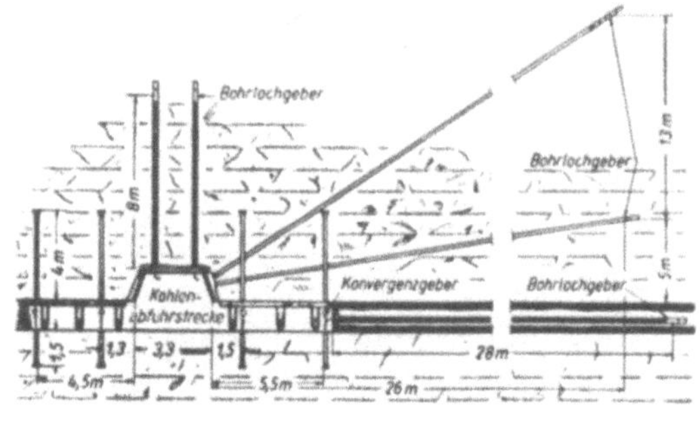

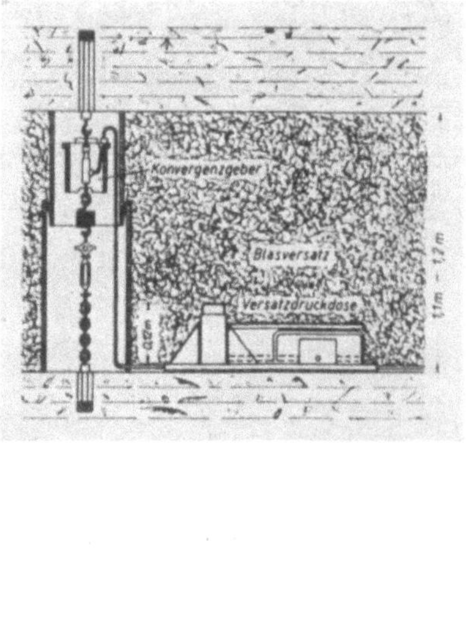

Fig. 6

Druckdose und Konvergenzgeber im Versatz
Pressure dynamometer and convergence transmitter in the stowing
Dynamomètre à pression et indicateur de convergence dans le remblai
Динамометр и датчик в закладке

Blasversatz = pneumatic stowing = remblayage pneumatique = пневматическая закладка
Versatzdruckdose = pack pressure dynamometre = dynamomètre à pression dans le remblai = динамометр в закладке

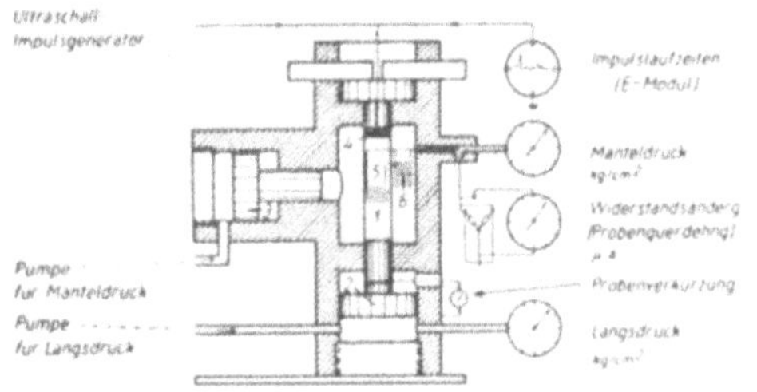

Fig. 7
Prinzip des Triaxial-Druckgerätes
Principle arrangement of tri-axial pressure apparatus
Principe de l'appareillage pour l'essai de pression triaxiale
Принципиальная схема трехосного прибора

Ultraschallimpulsgenerator = ultrasonic pulse generator = générateur d'implusions ultra-soniques = генератор для ультразвуковых импульсов
Pumpe für Manteldruck = pump for lateral pressure = pompe pour la pression latérale = насос для создания бокового давления
Pumpe für Längsdruck = pump for longitudinal pressure = pompe pour la pression longitudinale = насос для создания вертикального давления
Impulslaufzeiten (E-Modul) = pulse propagation times (modulus of elasticity) = temps de propagation des impulsions (module d'élasticité) = время прохождения импульсов (модуль упругости)
Manteldruck = lateral pressure = pression latérale = боковое давление
Widerstandsänderung (Probenquerdehnung) = alteration in resistance (transverse extension of specimen) = variation de résistance (extension transversale de l'échantillon) = изменение сопротивления (боковое расширение образца)
Probenverkürzung = shortening of specimen = contraction de l'échantillon = сжатие образца
Längsdruck = longitudinal pressure = pression longitudinale = вертикальное давление
1 Gesteinsprobe = rock sample = échantillon de roche = образец породы
2 Kolben für Längsdruck = piston for longitudinal pressure = piston pour pression longitudinale = поршень для создания вертикального давления
3 Kolben für Manteldruck = piston for lateral pressure = piston pour pression latérale = поршень для создания бокового давления
4 Piezoquarz = piezoquartz = quartz piézo-électrique = пьезокварц
5 aktiver Dehnungsgeber = active strain gauge = indicateur d'extension actif = активный тензометр
6 Blindgeber = reactive strain gauge = transmetteur réactif = пассивный тенсометр

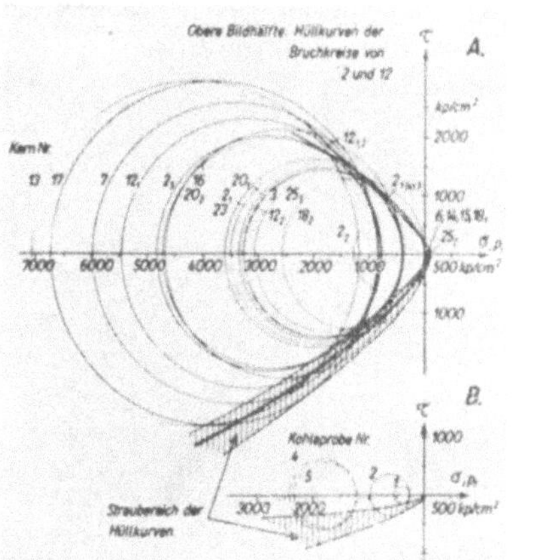

Fig. 8
Mohrsche Kreise der Bruchspannungszustände
A. Bohrloch 6 in Sandstein B. von Kohleproben
Mohr circles of breaking stress states
A. borehole 6 in sandstone B. of coal samples
Cercles de Mohr pour l'état de tension de rupture
A. trou de sondage 6 en grès B. des carottes d'essai en charbon
Круги наибольших главных напряжений по Мору
А. Скважина 6 в песчанике
Б. Скважина в образцах угля
Obere Bildhälfte: Hüllkurven der Bruchkreise von 2 und 12
Upper part of figure: Envelope of breaking circles to 2 and 12
Partie d'image supérieure: Courbe d'enveloppe pour les cercles de rupture de 2 et 12
Верхняя половина рисунка: Огибающие наибольших главных кругов напряжений 2 и 12
Kern Nr. = core No. = carotte N⁰ = керн №
Kohlenprobe Nr. = coal sample No. = carotte d'essai charbon N⁰ = № образца угля
Streuungsbereich der Hüllkurven = scattering area of envelope curves = zone de dispersion des courbes d'enveloppe = область рассеивания огибающих

σ = longitudinal pressure = pression longitudinale = вертикальное давление
Pr = lateral pressure = pression latérale = боковое давление
τ = shearing stress = contrainte de cisaillement = напряжение среза

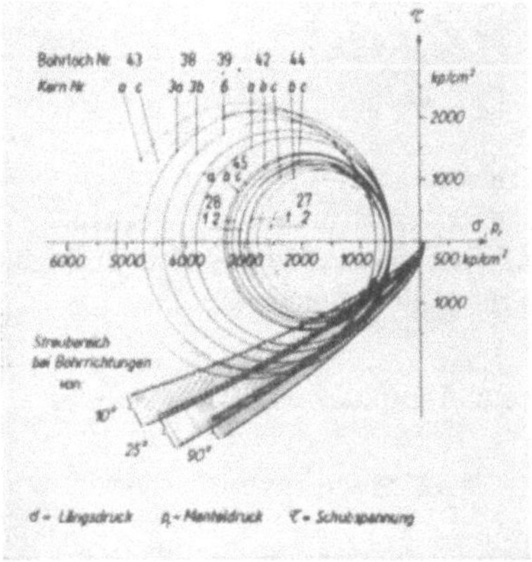

Fig. 9

Streubereich der Hüllkurven bei bankrechten und schrägen Bohrrichtungen

Scattering area of the envelope curves with the drilling direction at right and at inclined angle to the stratification

Zone de dispersion des courbes d'enveloppe pour des carottages normaux et obliques à la stratification

Область рассеивания огибающих при бурении скважин нормально и наклонно к напластованию

Bohrloch Nr. = borehole No. = trou de carottage N⁰ = скважина №

Kern Nr. = core No. = carotte d'essai N⁰ = керн №

Streubereich bei Bohrrichtungen von 10° usw. = scattering area with drilling direction of 10°, etc. = zone de dispersion pour des directions de carottage en 10°, etc. = область рассеивания при направлении 10° и т.д.

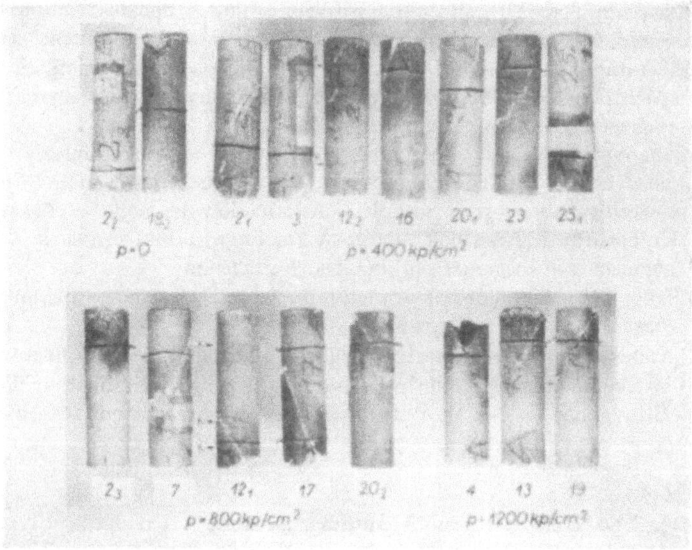

Fig. 10

Bruchformen an Sandsteinbohrkernen unter verschiedenem Manteldruck

Breaking patterns on sandstone drill-cores under various lateral pressure

Formes de rupture obtenues des carottes d'essai en grès d'après des pressions latérales différentes

Формы разрушения кернов песчаника при различном боковом давлении

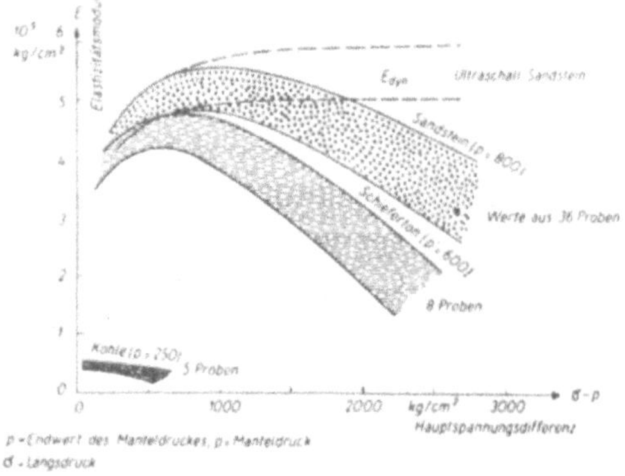

Fig. 11

Meßwerte für den Elastizitätsmodul

Measured values of elasticity modulus

Valeurs mesurées pour le module d'élasticité

Измеренные значения модуля упругости

Hauptspannungsdifferenz = main stress difference = différence de la contrainte principale = разность главных напряжений

Kohle = coal = charbon = уголь

5 Proben = 5 specimens = 5 échantillons = пять образцов

Ultraschall = ultra sound = ultra-son = ультразвук

Sandstein = sandstone = grès = песчаник

Schieferton = slate = schiste argileux = глинистый сланец

Werte aus 36 Proben = values from 36 specimens = valeurs dépouillées de 36 éprouvettes = данные испытания 36 образцов

p' = maximum value of lateral pressure = valeur maximum de la pression latérale = конечные значения бокового давления

p = lateral pressure = pression latérale = боковое давление

σ = longitudinal pressure = pression longitudinale = вертикальное давление

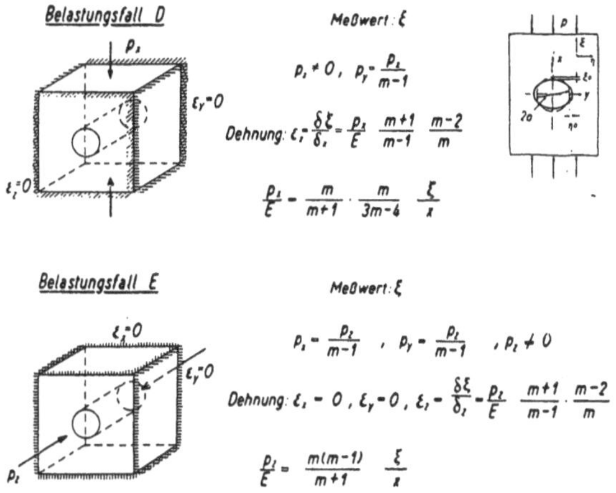

Fig. 12

Berechnung der Belastung p_x und p_z aus der Verformung für 2 Sonderfälle

Computation of the load p_x and p_z upon the deformation in 2 special cases

Calculation de la solicitation p_x et p_z d'après la déformation en deux cas spéciaux

Рассчет нагрузки p_x и p_z по деформации для двух частных случаев

Belastungsfall = case of loading = cas de chargement = случай

Meßwert = measured value = valeur mesurée = измеренное значение

Dehnung = extension = extension = растяжение

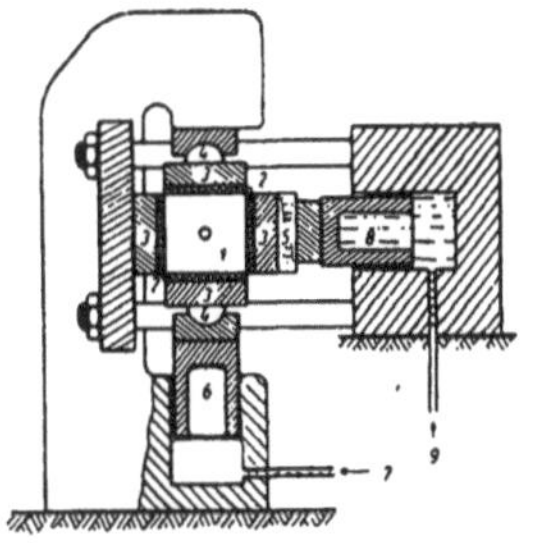

Fig. 13

Bohrloch-Modellversuch nach Everling

Borehole model test acc. to Everling

Essai de carottage en modèle d'après Everling

Опыт на модели скважины по Еверлингу

1 Modellkörper (Gesteinsquader 12 × 12 × 12 bis 16 × 16 × 20 cm³) mit Bohrloch zum Einsetzen eines elektrischen Innenmeßgerätes

model piece (rock cubicle 12 × 12 × 12—16 × 16 × 20 cm³) with borehole for the reception of electric measuring instrument

échantillon (cube de 12 × 12 × 12—16 × 16 × 20 cm³) avec trou de sondage pour l'installation d'un instrument de mesure électrique

образец (размеры 12 × 12 × 12—16 × 16 × 20 см³), со скважиной для встроения измерительного прибора

2 Asbestzwischenlage zum Ausgleich der Oberflächenrauhigkeit

asbestos interlayer for compensating of surface roughness

couche intermédiaire en asbeste pour compenser l'inégalité de la surface

асбестовая прокладка для выравнивания шероховатостей поверхностей образца

3 Druckplatten = pressure plates = plaques des compression = сжимающие плиты

4 Kugelgelenke zur Gewährleistung mittiger Last

ball-joints insuring central loading

joints à rotule pour assurer charge centrale

шариковые шарниры для обеспечивания центрического приложения нагрузки

5 Hartholzplatte zur Gewährleistung mittiger Last

hardwood plate to insure central loading

plaque en bois dur pour assurer charge centrale

плита из жесткого дерева для обеспечения центрического приложения нагрузки

6 Druckzylinder, lotrechte Druckkraft bis 200 t

pressure cylinder, vertical capacity up to 200 tons

cylindre de compression, capacité verticale jusqu'à 200 t

цилиндр, вертикальные давления до 200 т

7 Pumpe, lotrechte Druckkraft bis 200 t

pump, vertical compressive capacity up to 200 tons

pompe, capacité de compression verticale à 200 t

насос, вертикальные давления до 200 т

8 Druckzylinder, waagerechte Druckkraft bis 200 t

pressure cylinder, horizontal compressive capacity up to 200 tons

cylindre de compression, capacité horizontale jusqu'à 200 t

цилиндр, горизонтальные давления до 200 т

9 Pumpe, waagerechte Druckkraft bis 200 t

pump, horizontal compressive capacity up to 200 tons

pompe, capacité de compression horizontale à 200 t

насос, горизонтальные давления до 200 т

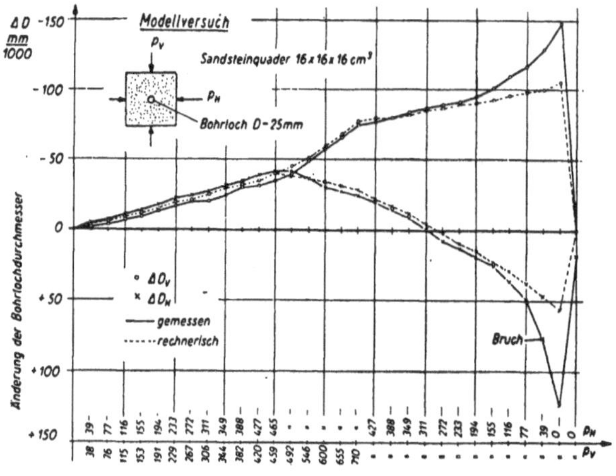

Fig. 14

Änderung des Bohrlochdurchmessers als Funktion eines zweiaxialen Druckes

Alteration of borehole diameter as function of bi-axial pressure

Altération en diamètre du trou de sondage comme fonction d'une pression biaxiale

Изменение диаметра скважины, как функция двухосного сжатия

Modellversuch = model test = essai de modèle = испытание на модели

Sandsteinquader = sandstone cubicle = cube de grès = образец песчаника

Bohrloch = borehole = trou foré = скважина

——— = measured = mesuré = измерено

·········· = computed = calculé = рассчитано

Bruch = fracture = rupture = разрушение

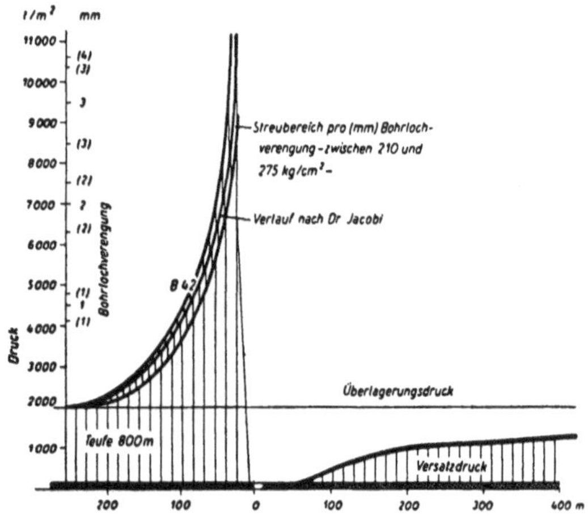

Fig. 15

Auswertung von Bohrlochmessungen in Kohle, Druck beim Abbau eines Restpfeilers

Evaluation of borehole measurements in coal, pressure when working an abandoned pillar

Evaluation des mesures de diamètres de sondage en charbon

pression au moment de l'exploitation d'un pilier abandonné

Обобщение результатов измерения измерении диаметров скважин в угле

Давление при отработке оставшегося целика

Versatzdruck = pack pressure = pression du remblai = давление в закладке

Druck = pressure = pression = давление

Bohrlochverengung = reduction in borehole diameter = réduction de diamètre de sondage = сужение скважины

Streubereich pro mm = range of scatter per mm = zone de dispersion par mm = область рассеивания в мм

Verlauf nach Dr. Jacobi = development acc. to Jacobi = développement d'après Jacobi = протекание процесса сужения по Якоби

Teufe 800 = depth 800 metres = profondeur 800 = глубина 800 м

Überlagerungsdruck = overlying pressure = pression sus-jacente = гидростатическое давление

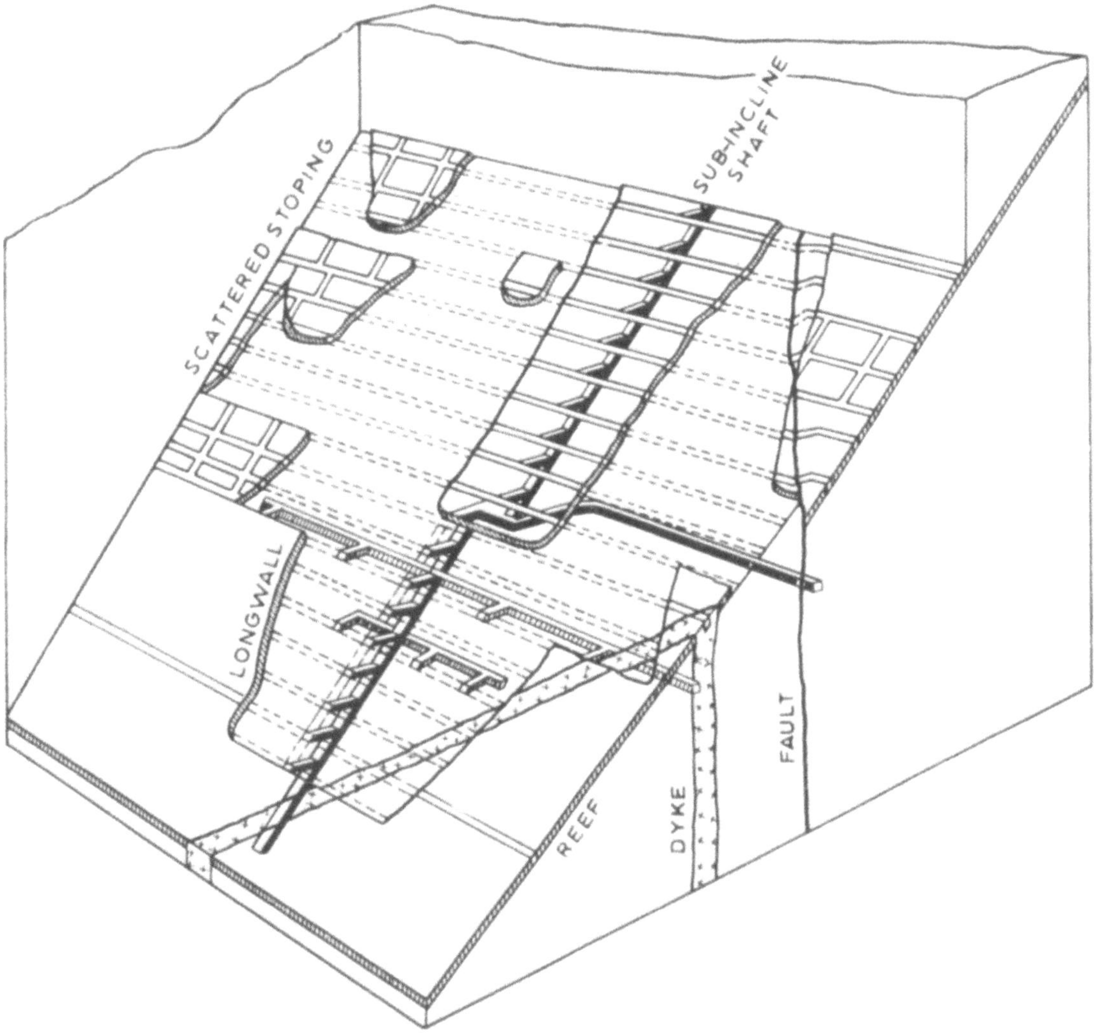

Fig. 1

Diagram of a deep level mine section on the central Witwatersrand
Schematische Darstellung einer Grubenabteilung in großer Teufe am mittleren Witwatersrand
Représentation schématique d'une section de mine à grande profondeur au Witwatersrand central
Схематическое изображение участка махты большой глубины в средней части Витватерсранда

dyke = Diabasgang = filon diabas = Диабазовая жила
fault = Verwerfung = faille = смещение
longwall = Strebbau = exploitation par grandes tailles = сплошная система разработки
reef = Flöz = veine = пласт
scattered stoping = verstreuter Abbau = abatage dispersé = разбросанная разработка
sub-incline shaft = tonnlägiger Blindschacht = bure inclinée = наклонная слепая шахта

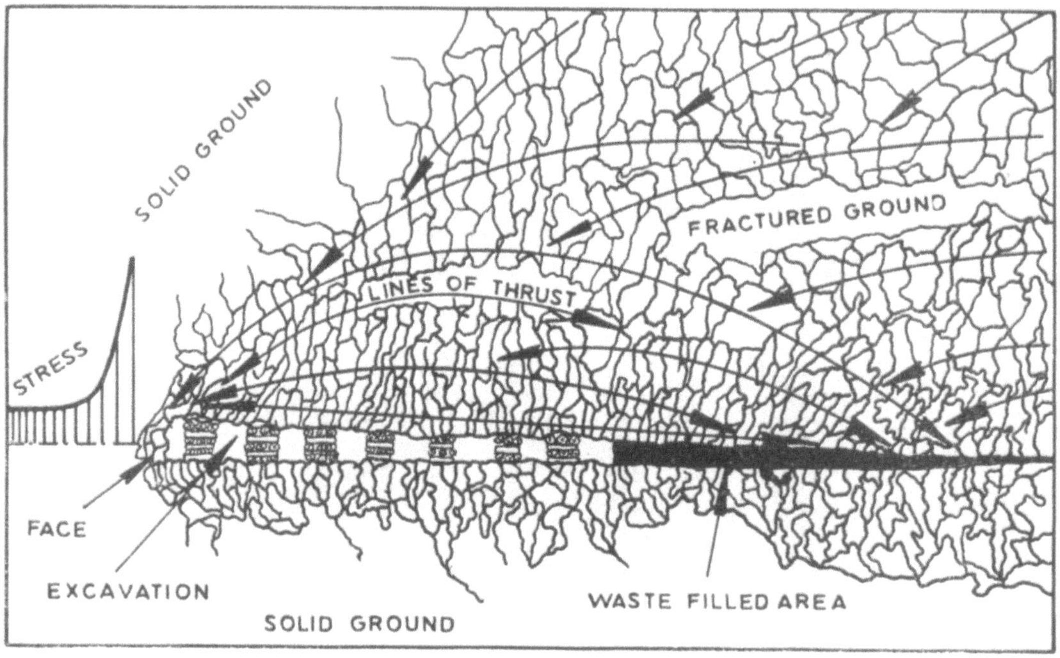

Fig. 2

Diagrammatic sketch showing vertical cross-section on strike through stoping excavation and fracture zone

Schematische Darstellung der Zerrüttungszone in der Umgebung eines Abbauraumes (Profil im Streichen)

Représentation schématique d'une zone de disloquation dans le voisinage d'une exploitation minière (profil de direction)

Схематическое изображение зоны разрушения вокруг очистного пространства (разрез по простиранию)

excavation = Abbauraum = vide d'exploitation = очистное пространство
face = Stoß = front d'abatage = забой
fractured ground = zerrüttetes Gebirge = terrain disloqué = разрушенный массив
lines of thrust = Drucklinien = courbes de pression = линии давления
solid ground = festes Gebirge = terrain ferme = плотный массив
stress = Spannung = tension = напряжение
waste filled area = Versatz = remblai = закладка

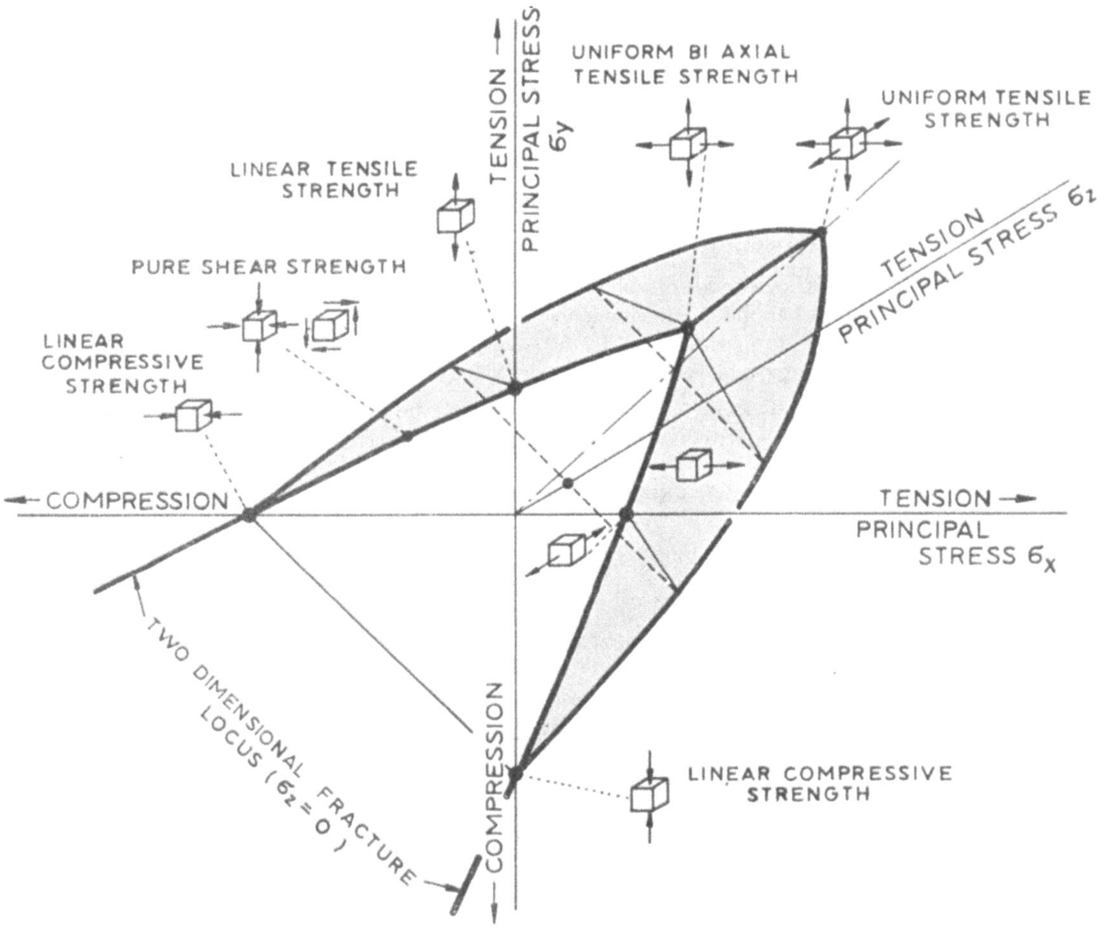

Fig. 3

Perspectivic representation of the fracture locus of a brittle steel
Bruchzustandsdiagramm eines spröden Stahls in perspektivischer Darstellung
Diagramme d'état de rupture d'un acier pailleux dans une représentation de perspective
Пространственный график состояния разрушения хрупкой стали

compression = Druck = pression = сжатие
linear compressive strength = Festigkeit bei einachsigem Druck = résistance sous pression uniaxe = прочность при одноосном сжатии
linear tensile strength = Festigkeit bei einachsigem Zug = résistance sous traction uniaxe = прочность при одноосном растяжении
principal stress = Hauptspannung = tension principale = главное напряжение
pure shear strength = reine Schubfestigkeit = résistance au cisaillement = прочность при чистом сдвиге
tension = Zug = traction = растяжение
two-dimensional fracture locus = zweidimensionales Bruchzustandsdiagramm = diagramme à deux dimensions d'un état de rupture = двухмерный график состояния разрушения
uniform bi-axial tensile strength = Festigkeit bei zweiachsig gleichem Zug = résistance à la traction égale bi-axiale = прочность при равномерном двухосном растяжении
uniform tensile strength = Festigkeit bei allseitig gleichem Zug = résistance à la traction égale tri-axiale = прочность при равномерном всестороннем растяжении

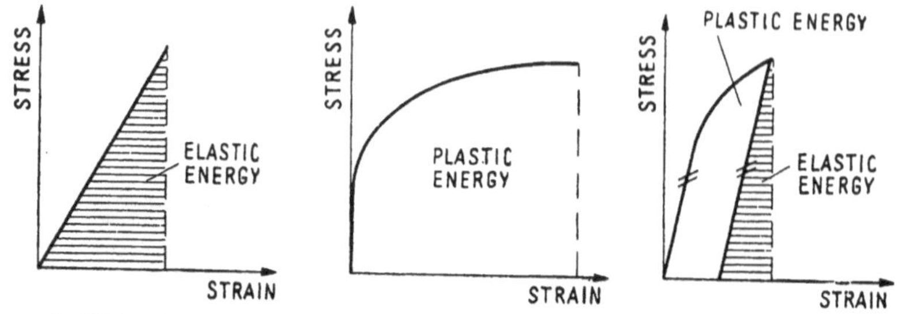

Fig. 4 ELASTIC SOLID PLASTIC SOLID ELASTO-PLASTIC SOLID

Stress-strain curves for various types of solids

Spannungs-Verformungs-Schaubilder verschiedener Stofftypen bei einachsiger Beanspruchung

Diagrammes de tension et de déformation de différents types de matières sous charge uniaxe

Графики напряжений и деформаций различных материалов при одноосном нагружении

elastic solid = elastisch fester Stoff = matière solide élastique = упругий твердый материал

elastic energy = elastische Verformungsenergie = énergie de déformation élastique = упругая энергия деформирования

elasto-plastic solid = elasto-plastisch fester Stoff = matière solide élasto-plastique = упруго-пластический твердый материал

plastic energy = plastische Verformungsenergie = énergie de déformation plastique = пластическая энергия деформирования

plastic solid = plastisch fester Stoff = matière solide plastique = пластический твердый материал

strain = Verformung = déformation = деформация

stress = Spannung = tension = напряжение

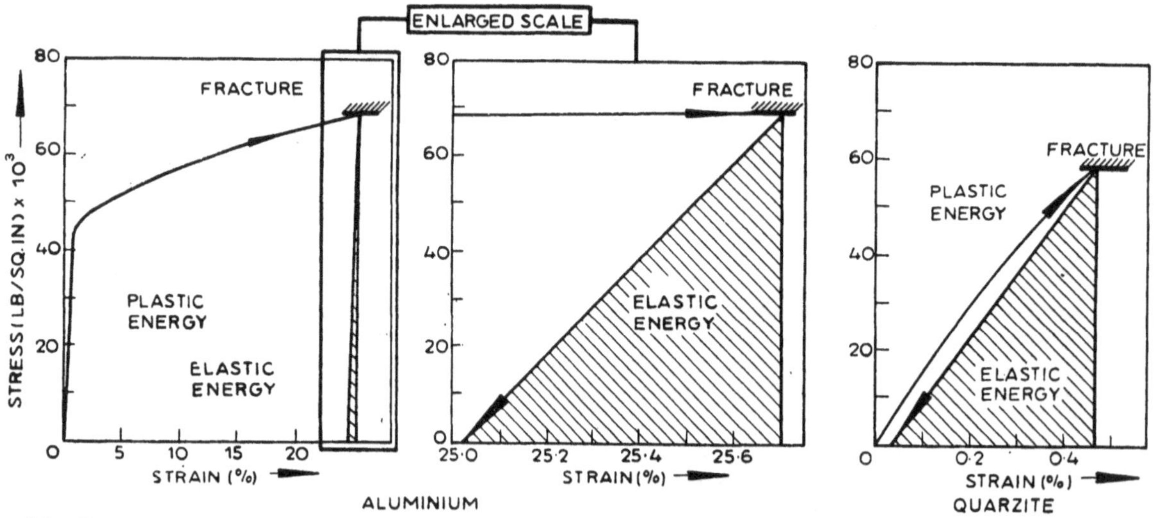

Fig. 5

Stress-strain diagrams for aluminium and quartzite in linear compression

Spannungs-Verformungs-Schaubilder für Aluminium und Quarzit bei einachsiger Druckbeanspruchung

Diagrammes de tension et de déformation pour l'aluminium et le quartzit sous charge de pression uniaxe

Графики напряжений и деформаций для алюминия и кварцита при одноосном сжатии

elastic energy = elastische Verformungsenergie = énergie de déformation élastique = упругая энергия деформирования

enlarged scale = vergrößerter Maßstab = échelle élargie = увеличенный масштаб

fracture = Bruch = rupture = разрушение

plastic energy = plastische Verformungsenergie = énergie de déformation plastique = пластическая энергия деформирования

strain = Verformung = déformation = деформация

stress = Spannung = tension = напряжение

Fig. 6

Violence of fracture gauge installed on the compression testing machine

Instrument zur Messung der relativen Bruchheftigkeit installiert an einer Druckprüfmaschine

Instrument pour le mesurage de la violence relative à la rupture, installé à une machine d'essai pour pression

Инструмент для измерения относительной быстроты разрушения, подключенный к прессу

pressure platens = Druckplatten der Maschine = plaques de pression de la machine = сжимающие плиты пресса

recorder = Anzeigeinstrument = indicateur = измерительный инструмент

resistance wire strain gauge = Dehnungsmeßstreifen = jauge à dèformation = тензометр

specimen = Probe = échantillon = образец

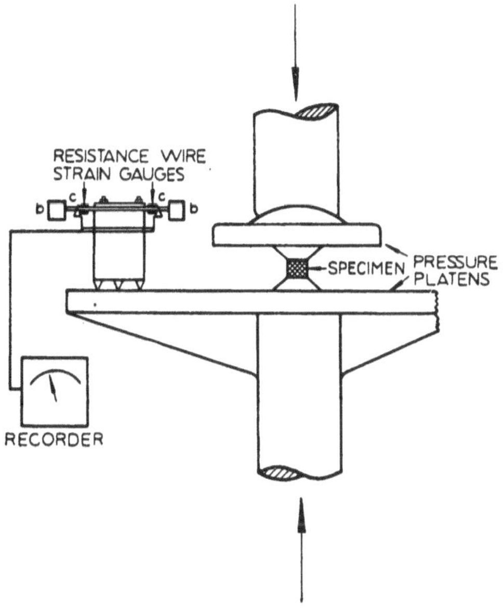

VIOLENCE OF FRACTURE GAUGE INSTALLED ON THE COMPRESSION TESTING MACHINE

Fig. 7

Influence of the plastic deformability on the behaviour of rock at depth

Einfluß des plastischen Verformungsvermögens auf das Verhalten des Gesteins unter Tage

Influence de la capacité de déformation plastique sur le comportement des roches au fond de la mine

Влияние пластической деформируемости на поведение породы в массиве

face = Stoß = front = забой

elastic solid ground = elastischer fester Gebirgskörper = corps de terrain élastique ferme = упругий твердый массив

fracture = Bruch = rupture = разрушение

fracture zone = Zerrüttungszone = zone de disloquation = зона разрушения

lateral compression = seitlicher Druck = pression latérale = боковое давление

plastic solid ground = plastischer fester Gebirgskörper = corps de terrain solide plastique = пластический твердый массив

proof stress loci and fracture stress loci for states of stress with two principal stresses being equal to each other

Zähigkeits- und Bruchzustandsdiagramme für Spannungszustände, bei denen zwei der Hauptspannungen einander gleich sind

diagrammes d'état de tenacité et de rupture pour des états de tension dans lesquels sont égales deux des tensions principales

графики вязкости и состояния разрушения для напряженных состояний, при которых два из главных напряжений равны между собой

rock with high plastic deformability = Gestein mit großem plastischem Verformungsvermögen = roches à grande capacité de déformation plastique = порода с большой пластической деформируемостью

rock with little plastic deformability = Gestein mit geringem plastischem Verformungsvermögen = roches à petite capacité de déformation plastique = порода с небольшой пластической деформируемостью

stope = Abbauraum = vide d'exploitation = очистное пространство

stress = Spannung = tension = напряжение

stress distribution ahead of stope face = Spannungsverteilung vor dem Stoß = répartition de tension devant le front d'abatage = распределение в массиве

vertical compression = senkrechter Druck = pression verticale = вертикальное давление

yield = Fließen = fluage = текучесть

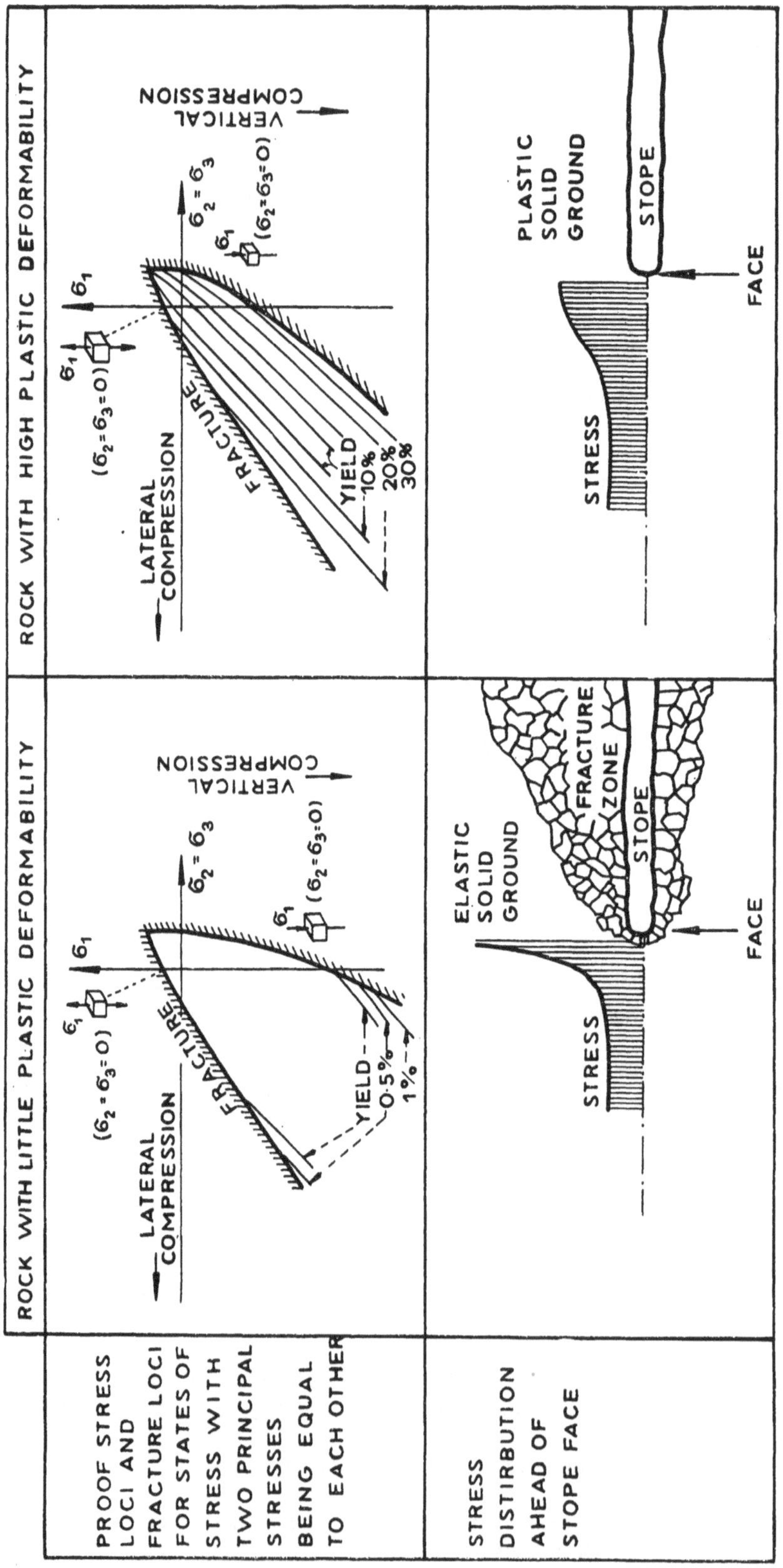
ROCK WITH LITTLE PLASTIC DEFORMABILITY
ROCK WITH HIGH PLASTIC DEFORMABILITY
PROOF STRESS LOCI AND FRACTURE LOCI FOR STATES OF STRESS WITH TWO PRINCIPAL STRESSES BEING EQUAL TO EACH OTHER
STRESS DISTRIBUTION AHEAD OF STOPE FACE
LATERAL COMPRESSION
VERTICAL COMPRESSION
FRACTURE
YIELD
0·5%
1%
10%
20%
30%
ELASTIC SOLID GROUND
PLASTIC SOLID GROUND
FRACTURE ZONE
STOPE
STRESS
FACE

Fig. 7

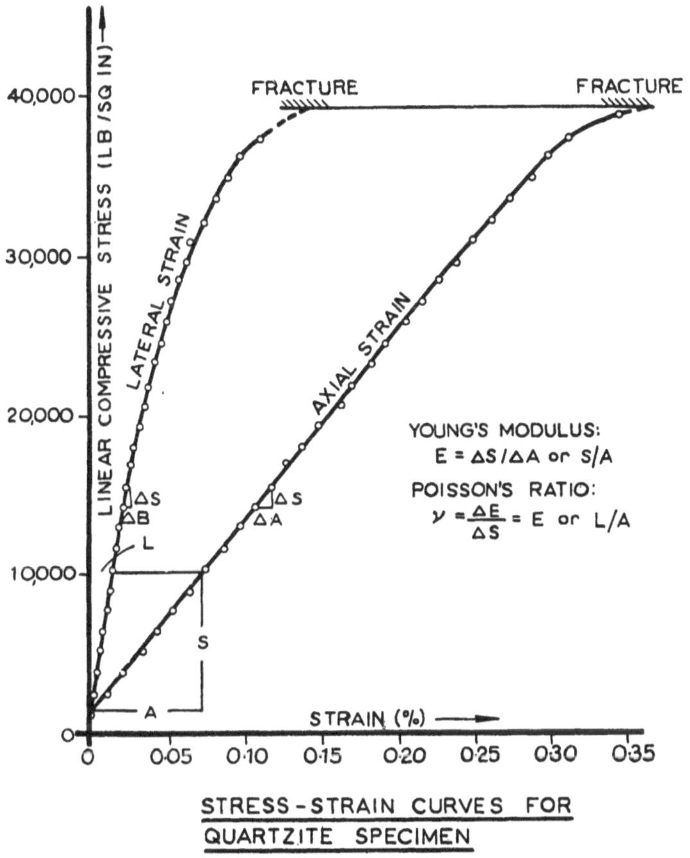

Fig. 8

Stress-strain curves for quartzite specimen
Spannungs-Verformungs-Schaubild einer Quarzitprobe
Diagramme de tension et de déformation d'un échantillon de quartzit
График напряжений и деформаций образца кварцита

axial strain = Längsverformung = déformation axiale = продольная деформация
fracture = Bruch = rupture = разрушение
lateral strain = Querverformung = déformation latérale = поперечная деформация
linear compressive stress = einachsige Druckspannung = pression uniaxe = одноосное сжатие
Poisson's ratio = Querzahl = coeffizient de Poisson = попоречный коеффициент
strain = Verformung = déformation = деформация
Young's modulus = Elastizitätsmodul = module d'élasticité = модуль упругости

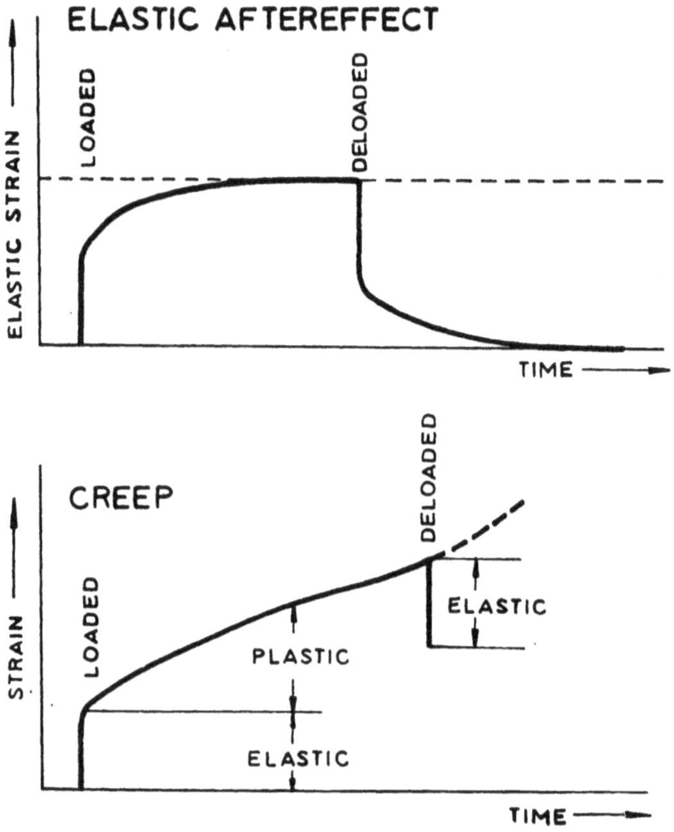

Fig. 9
Elastic aftereffect and creep
Elastische Nachwirkung und Kriechen
Effet élastique ultérieur et fluage
Упругое последействие и ползучесть

creep = Kriechen = fluage = ползучесть
deloaded = entlastet = déchargé = разгруженно
elastic = elastisch = élastique = упруго
elastic aftereffect = elastische Nachwirkung = effet élastique ultérieur = упругое последействие
elastic strain = elastische Verformung = déformation élastique = упругая деформация
loaded = belastet = chargé = нагруженно
plastic = plastisch = plastique = пластически
strain = Verformung = déformation = деформация
time = Zeit = temps = время

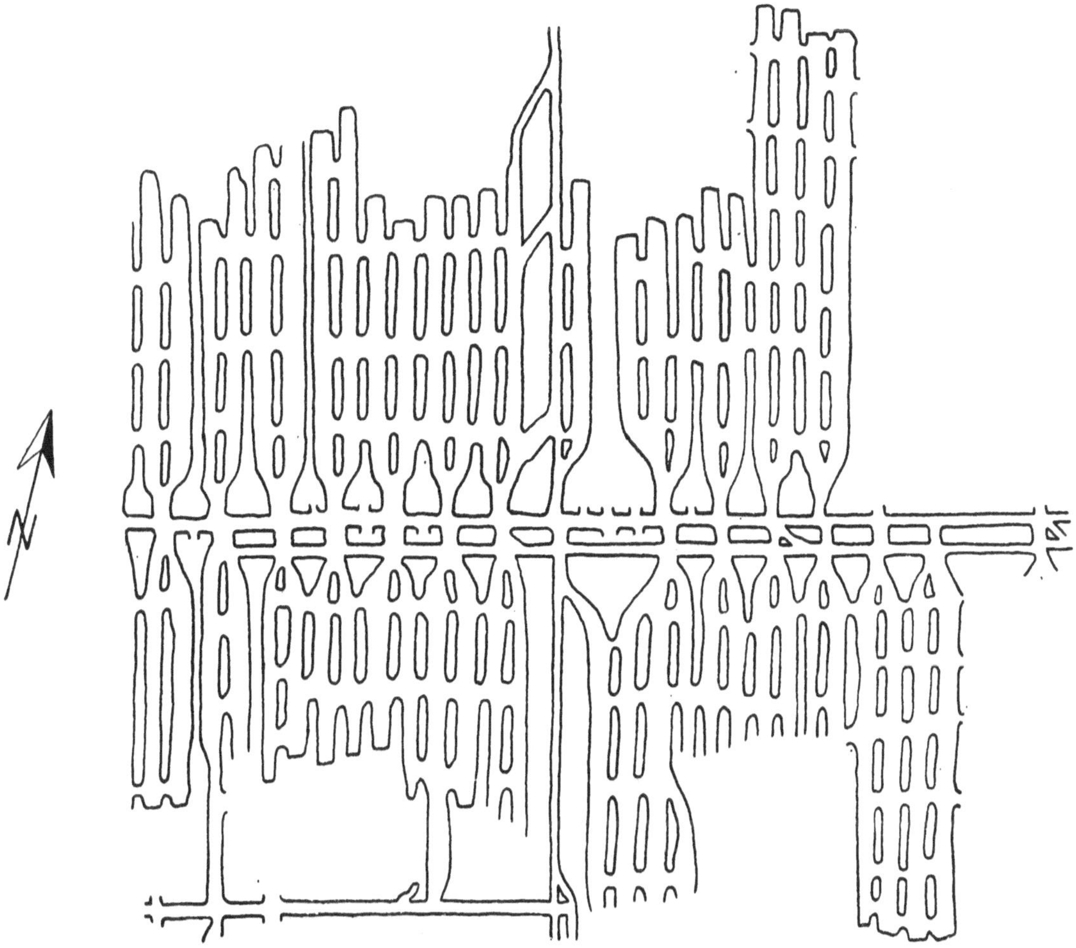

Fig. 1
Abbaufeld eines Kaliwerkes
Working panel of a potash mine
Panneau d'exploitation d'une mine de potasse
Добычный участок калийной шахты

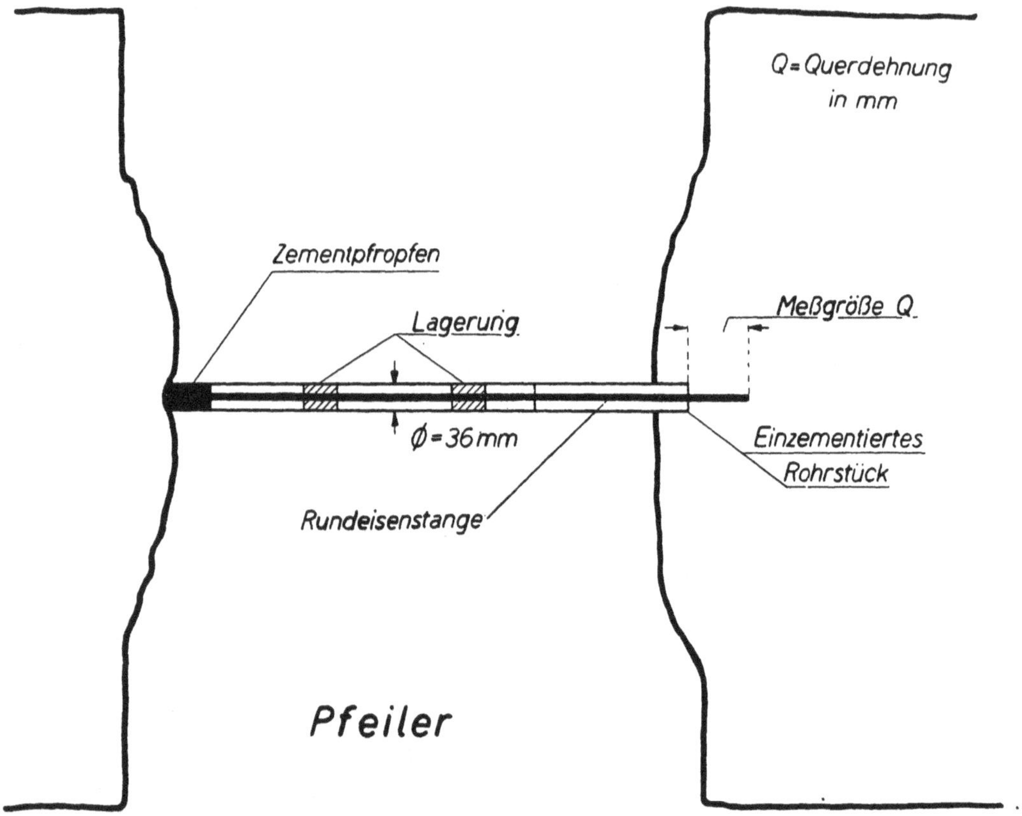
Q=Querdehnung
in mm
Zementpfropfen
Meßgröße Q
Lagerung
Ø=36mm
Einzementiertes
Rohrstück
Rundeisenstange
Pfeiler

Fig. 2

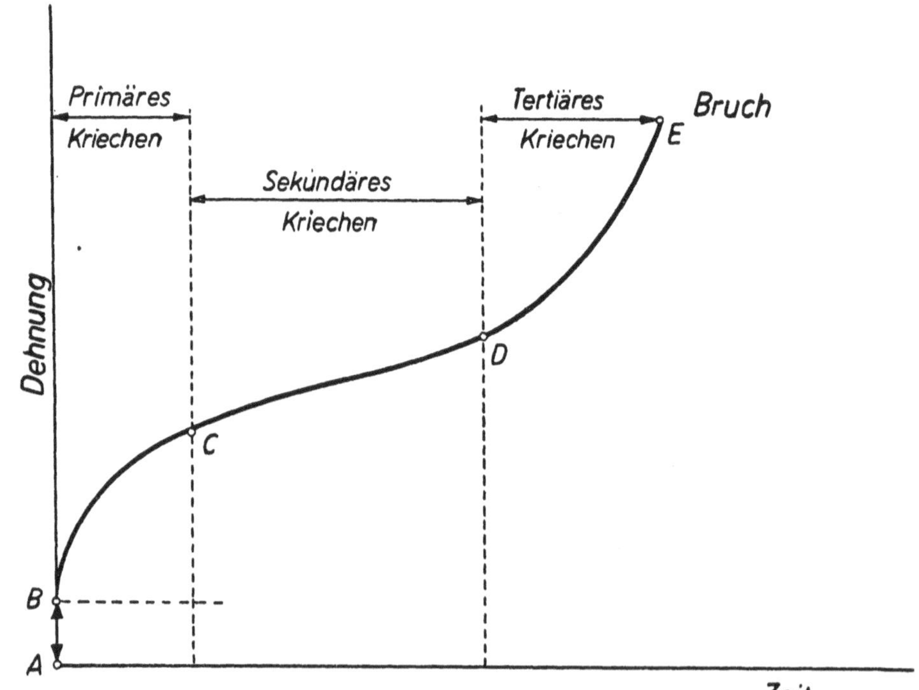
Primäres
Kriechen
Tertiäres
Kriechen
Bruch
E
Sekundäres
Kriechen
Dehnung
D
C
B
A
Zeit

Fig. 3

Fig. 2

Schema der Pfeilerquerdehnungsmeßstellen
Schematic of transverse pillar extension measuring points
Vue schématique des points de mesure pour l'étude de l'extension transversale dans les piliers
Схема расположения точек для измерения бокового расширения целиков
Querdehnung = transverse extension = extension transversale = боковое расширение
Meßgröße = measured variable = valeur mesurée = измеряемая величина
einzementiertes Rohrstück = cemented pipe piece = pièce tubulaire cimentée = зацементированная труба
Zementpfropfen = cement plug = tampon en ciment = цементная пробка
Lagerung = bearing = palier = опоры
Rundeisenstange = round iron bar = poteau en fer rond = круглый железный стержень
Pfeiler = pillar = pilier = целик

Fig. 3

Schema eines idealen Kriechdiagrammes
Schematic of an ideal creep diagram
Vue schématique d'un diagramme idéal de fluage
Схема идеальной диаграммы ползучести
Dehnung = extension = extension = растяжение
Primäres Kriechen = primary creep = fluage primaire = первичная ползучесть
Sekundäres Kriechen = secondary creep = fluage secondaire = вторичная ползучесть
Tertiäres Kriechen = tertiary creep = fluage tertiaire = третичная ползучесть
Bruch = fracture = rupture = разрушение
Zeit = time = temps = время

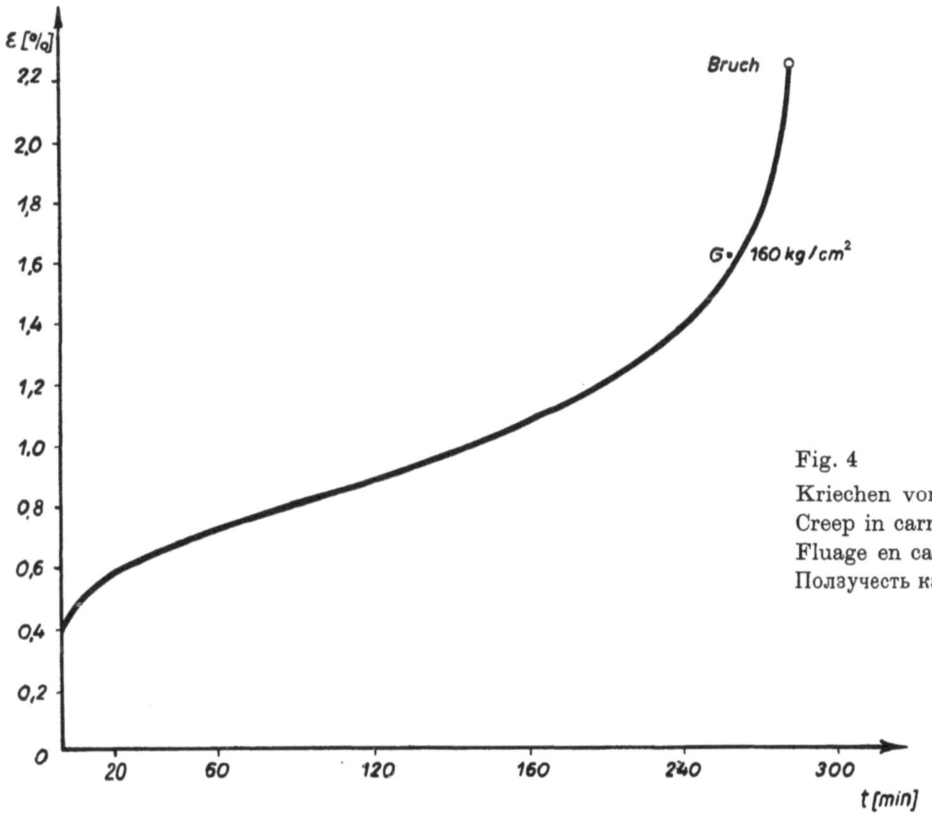

Fig. 4

Kriechen von Carnallit
Creep in carnallite
Fluage en carnallite
Ползучесть карналлита

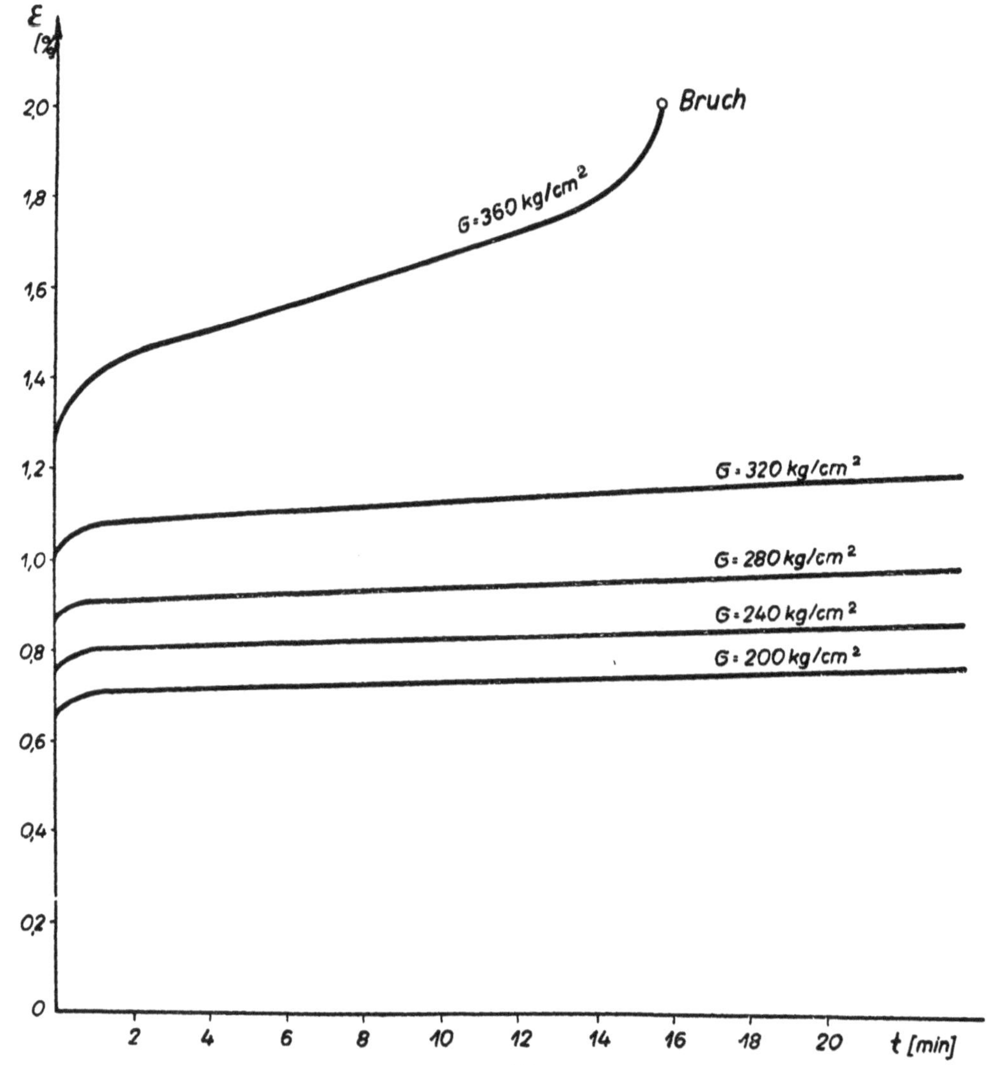
ε
[%]
2,0
1,8
1,6
1,4
1,2
1,0
0,8
0,6
0,4
0,2
0
Bruch
G=360 kg/cm²
G=320 kg/cm²
G=280 kg/cm²
G=240 kg/cm²
G=200 kg/cm²
2
4
6
8
10
12
14
16
18
20
t [min]

Fig. 5

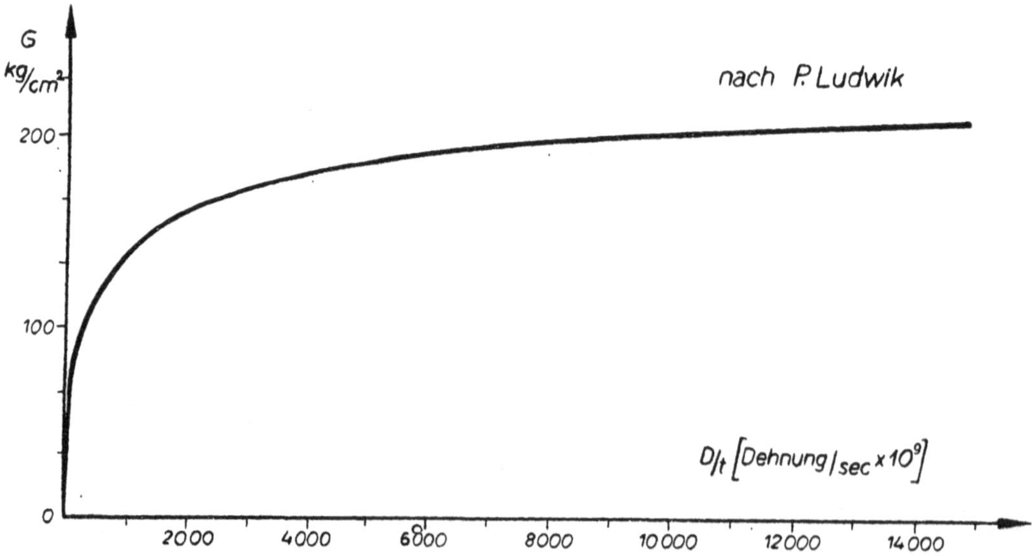
G
kg/cm²
200
100
0
nach P. Ludwik
D/t [Dehnung/sec x 10⁹]
2000
4000
6000
8000
10000
12000
14000

Fig. 6

Fig. 5

Kriechen von Hartsalz bei verschiedenen Spannungen
Creep in hartsalz under various stresses
Fluage en sel de potasse avec des contraintes différentes
Ползучесть сильвинита при различных напряжениях

Fig. 6

Abhängigkeit der Verformungsgeschwindigkeit von der Spannung (nach Versuchen von P. Ludwik an Zinn)
Dependence of deformation rate upon stress (acc. to tests by P. Ludwik performed on tin)
Dépendance de la vitesse de déformation de la contrainte (d'après des essais par P. Ludwik sur étain)
Зависимость скорости деформирования от напряжения (по исследованиям П. Лудвика на олове)
Dehnung = extension = extension = растяжение

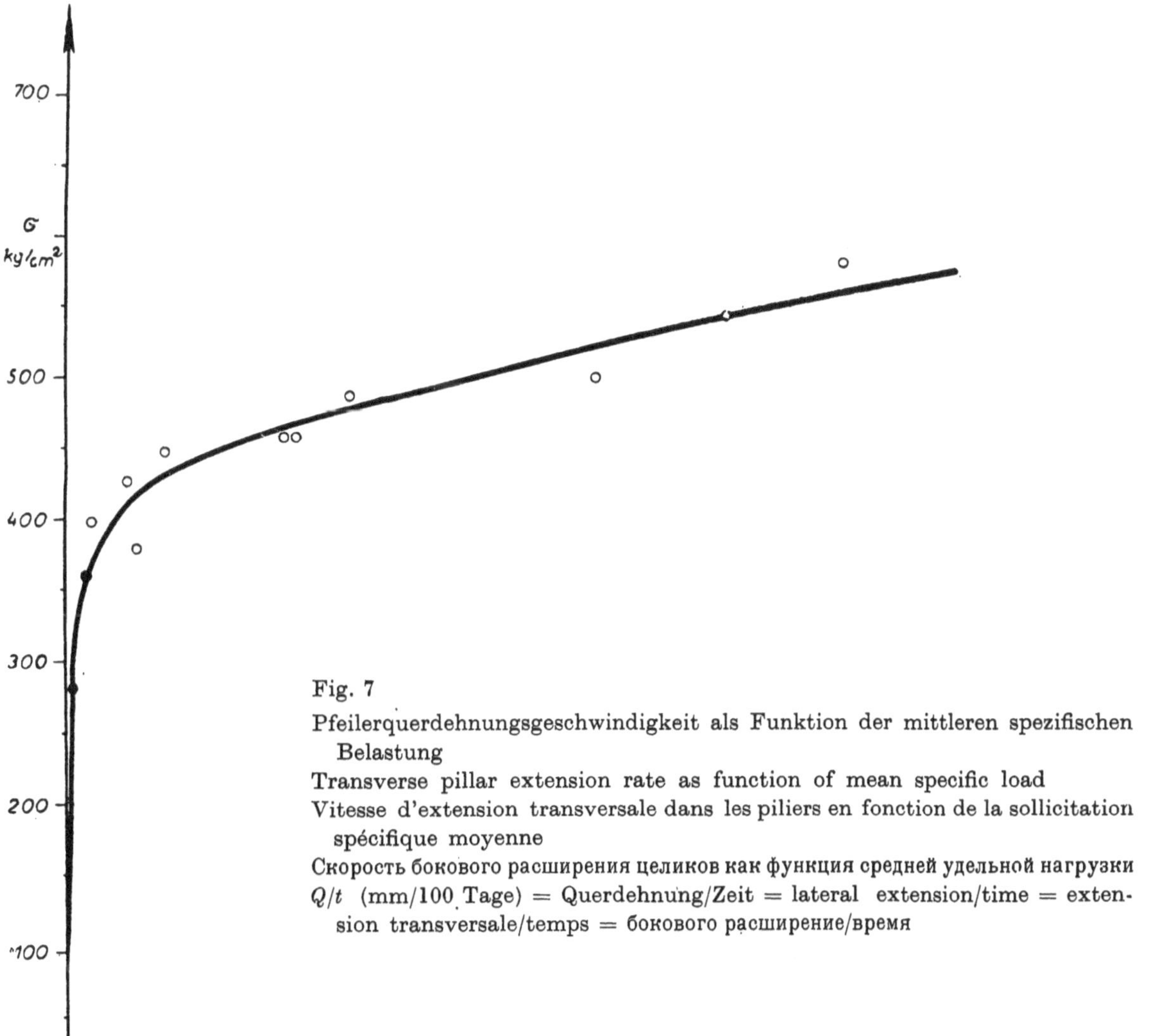

Fig. 7

Pfeilerquerdehnungsgeschwindigkeit als Funktion der mittleren spezifischen Belastung
Transverse pillar extension rate as function of mean specific load
Vitesse d'extension transversale dans les piliers en fonction de la sollicitation spécifique moyenne
Скорость бокового расширения целиков как функция средней удельной нагрузки
Q/t (mm/100 Tage) = Querdehnung/Zeit = lateral extension/time = extension transversale/temps = бокового расширение/время

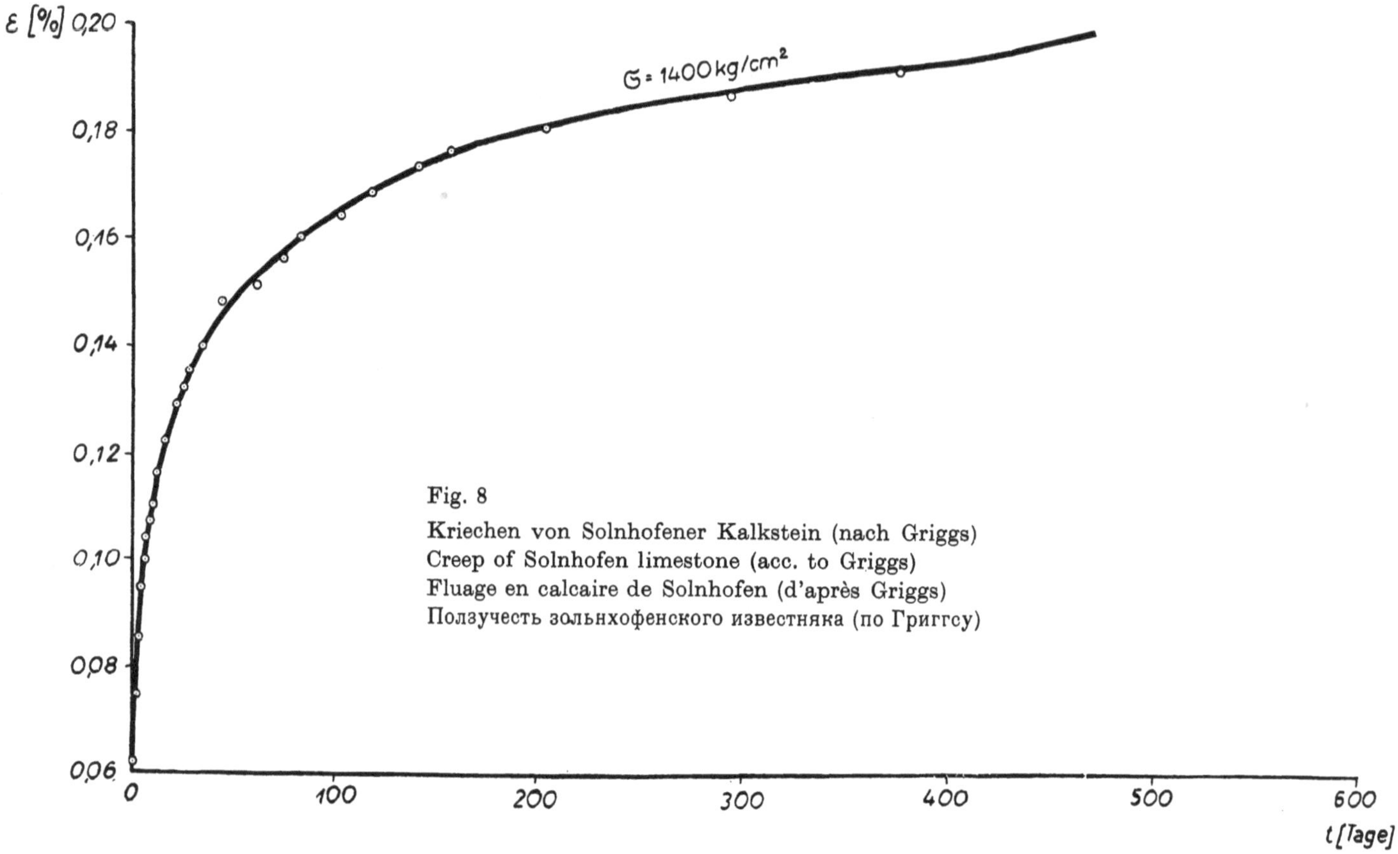

Fig. 8

Kriechen von Solnhofener Kalkstein (nach Griggs)
Creep of Solnhofen limestone (acc. to Griggs)
Fluage en calcaire de Solnhofen (d'après Griggs)
Ползучесть зольнхофенского известняка (по Григгсу)

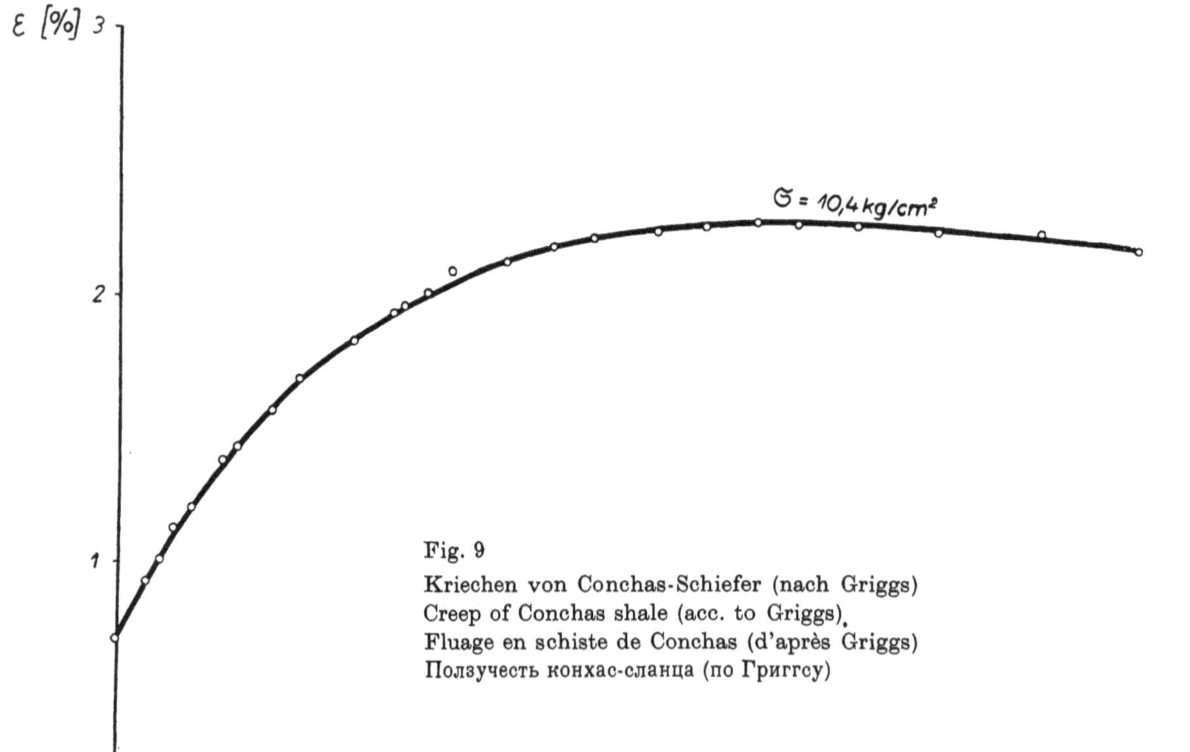

Fig. 9

Kriechen von Conchas-Schiefer (nach Griggs)
Creep of Conchas shale (acc. to Griggs)
Fluage en schiste de Conchas (d'après Griggs)
Ползучесть конхас-сланца (по Григгсу)

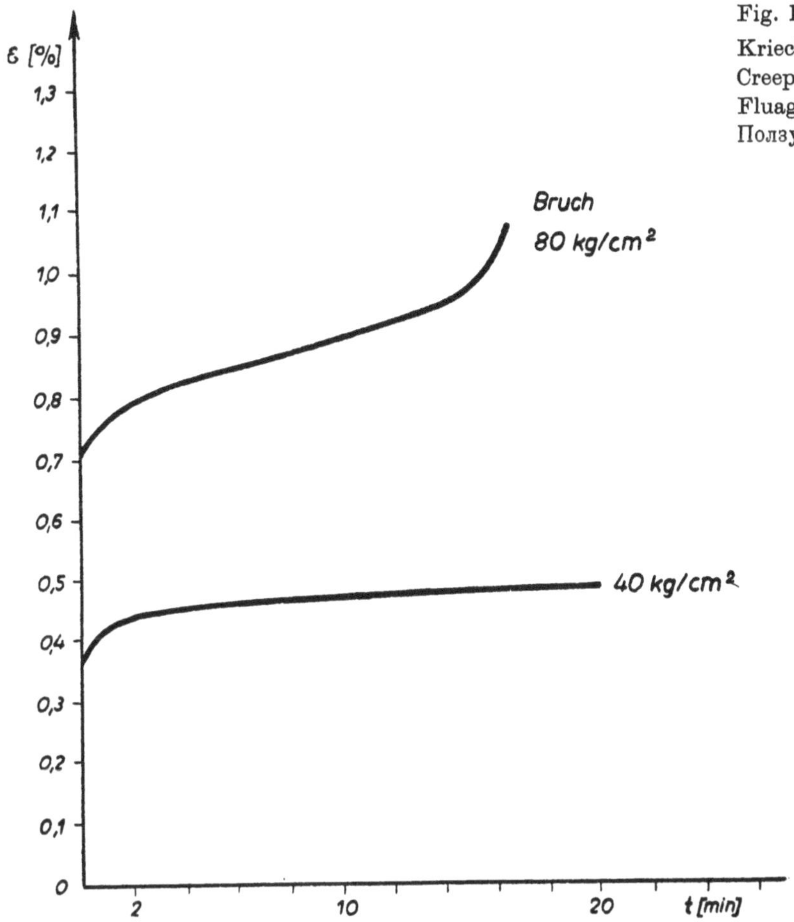

Fig. 10

Kriechen von Tonanhydrit

Creep of argillaceous anhydride

Fluage en anhydride argileux

Ползучесть глинистого ангидрида

Fig. 11

Abhängigkeit der Standzeit von Erzschweben von ihrer Breite (nach Arsentew)

Dependence of ore overhands standing time upon their width (acc. to Arsentew)

Le maintien en place des estaux de minéral en dépendance de leur largeur (d'après Arsentew)

Зависимость времени стояния рудных потолочин от их ширины (по Арсентьеву)

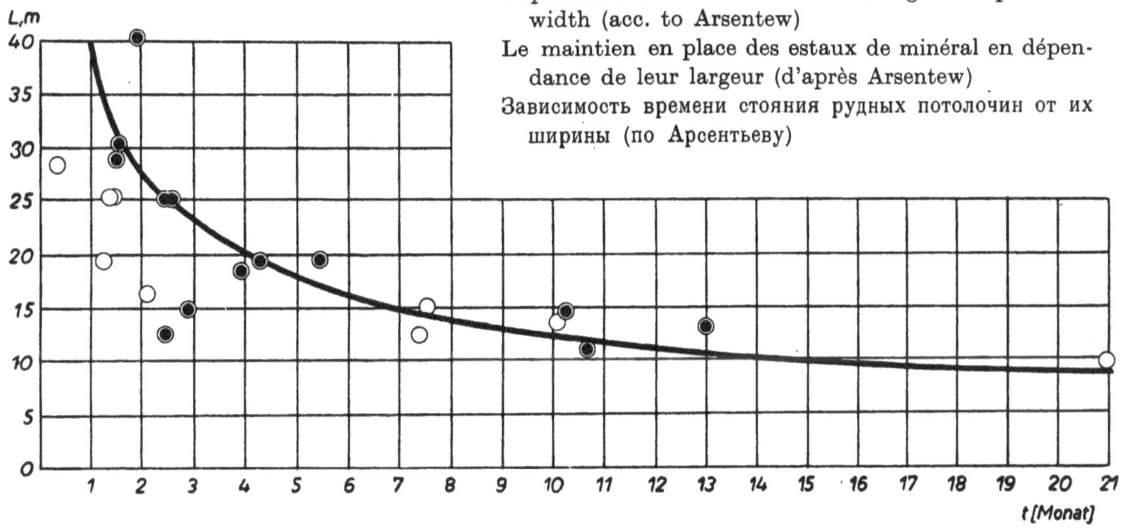

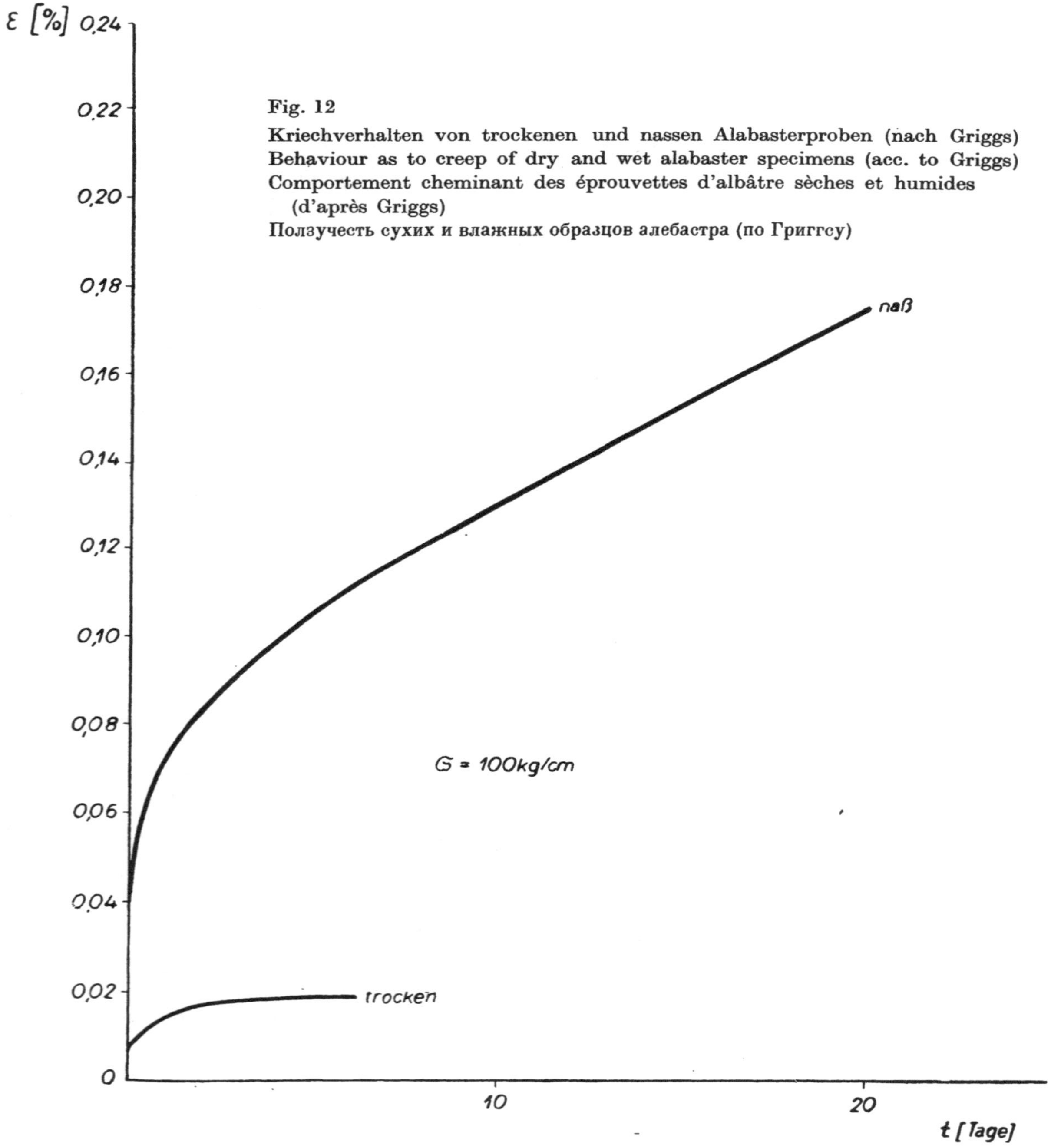

Fig. 12

Kriechverhalten von trockenen und nassen Alabasterproben (nach Griggs)
Behaviour as to creep of dry and wet alabaster specimens (acc. to Griggs)
Comportement cheminant des éprouvettes d'albâtre sèches et humides (d'après Griggs)
Ползучесть сухих и влажных образцов алебастра (по Григгсу)

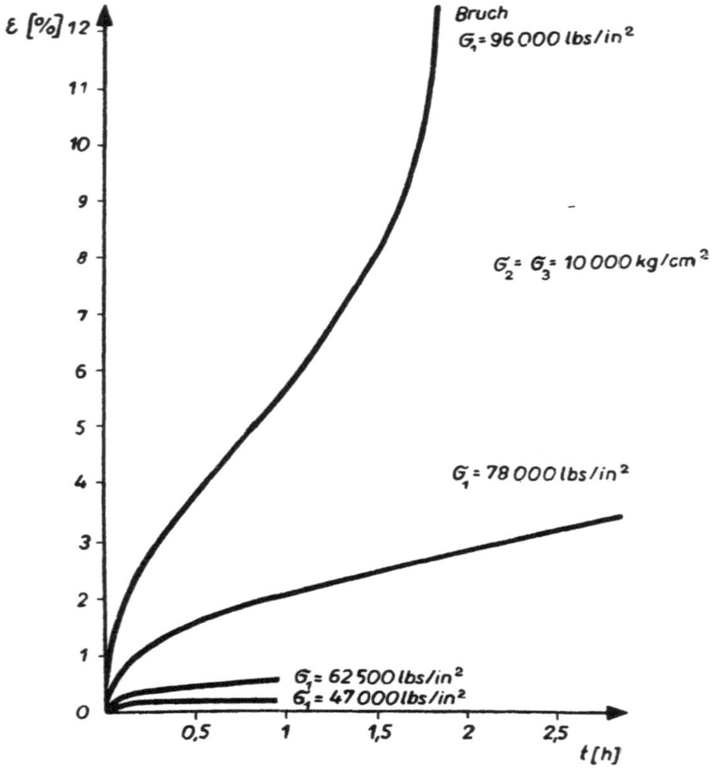

Fig. 13

Kriechen von Kalkstein bei dreiachsiger Belastung (nach Griggs)
Creep in limestone under tri-axial load (acc. to Griggs)
Fluage en calcaire sous charge tri-axiale (d'après Griggs)
Ползучесть известняка при трехосном нагружении (по Григгсу)

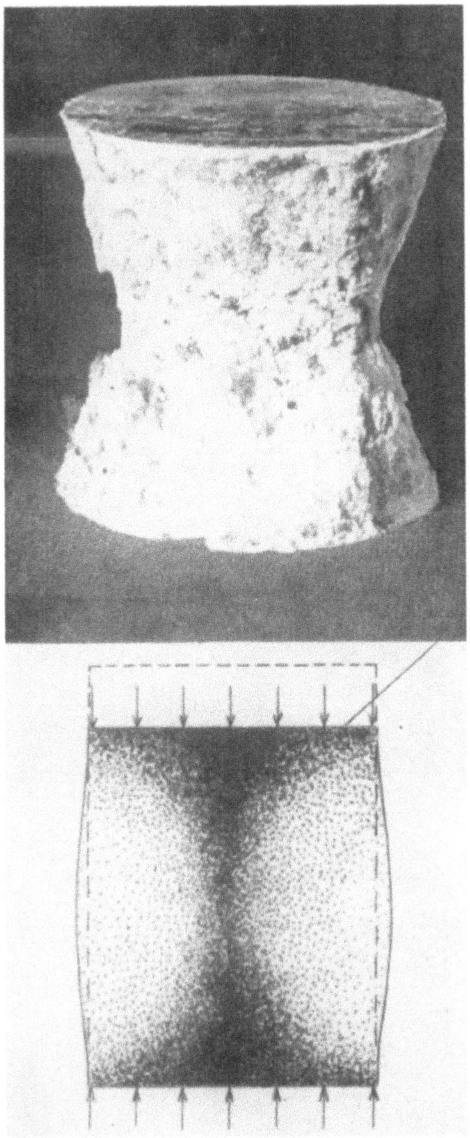

Fig. 1

a) Schematische Darstellung der Akkumulation der Potentialenergie (Druckversuch mit voller Reibung an den Druckflächen)

Schematic of potential energy accumulation (Pressure test under full friction at the compressed planes)

Disposition schématique de l'accumulation d'énergie potentielle (Essai de pression à friction complète sur les faces comprimées)

Схема накопления потенциальной энергии (испытание на сжатие при полном действии трения на плоскостях соприкосновения)

b) Bruchform beim Druckversuch mit voller Reibung an den Druckflächen

Pattern of fracture with pressure test under full friction at compressed planes

Forme de rupture obtenue de l'essai de pression à friction complète sur les faces comprimées

Форма разрушения образца при испытании на сжатие с полным действием трения на плоскостях соприкосновения

b)

a)

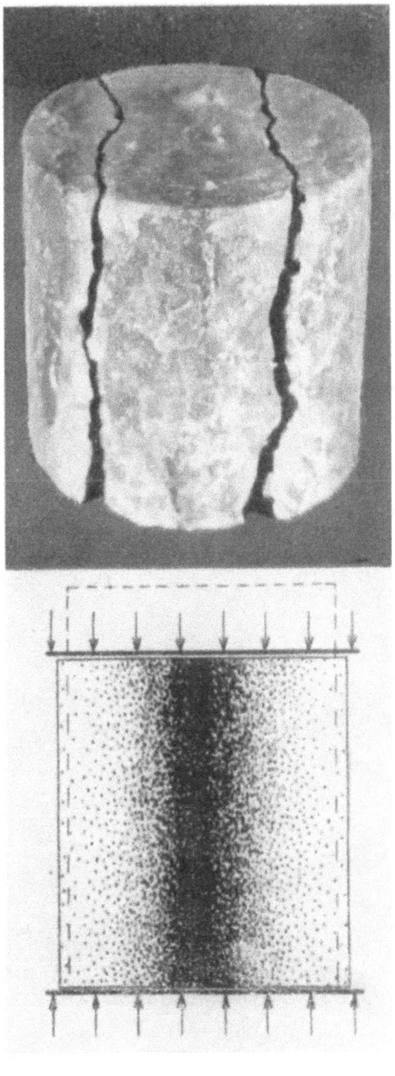

b)

a)

Fig. 2

a) Schematische Darstellung der Akkumulation der Potentialenergie (Druckversuch ohne Reibung an den Druckflächen)

Schematic of potential energy accumulation (Pressure test with no friction at compressed planes)

Disposition schématique de l'accumulation d'énergie potentielle (Essai de pression sans friction sur les faces comprimées)

Схема накопления потенциальной энергии (испытание на сжатие при отсутствии трения на плоскостях соприкосновения)

b) Bruchform beim Druckversuch ohne Reibung an den Flächen

Pattern of fracture with pressure test not involving any friction at compressed planes

Forme de rupture obtenue de l'essai de pression sans friction sur les faces

Форма разрушения образца при испытании на сжатие при отсутствии трения на плоскостях соприкосновения

Fig. 3

Schalenbildung an einem Streckenstoß
Scalings at a roadway side
Décollements dans une paroi
Образование плит на боках выработки

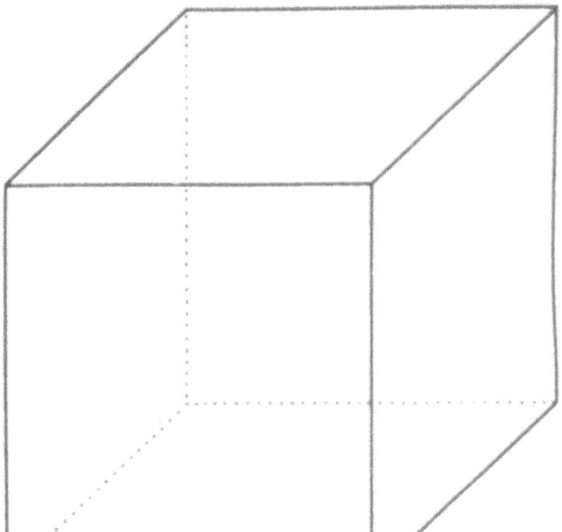

Fig. 4a

Schema der Versuchsdurchführung mit Schmierung an einem Rande der Probe
Test arrangement with lubrication at specimen edge
Disposition d'essai à graissage au bord de l'éprouvette, vue schématique
Схема проведения испытания со смазкой одного края образца

Fig. 4b

Bruchform nach Druckversuch gemäß Bild 4a
Pattern of fracture obtained from pressure test according to Fig. 4a
Forme de rupture après l'essai de pression suivant Fig. 4a
Форма разрушения образца после испытания, проведенного согласно показанному на фиг. 4a

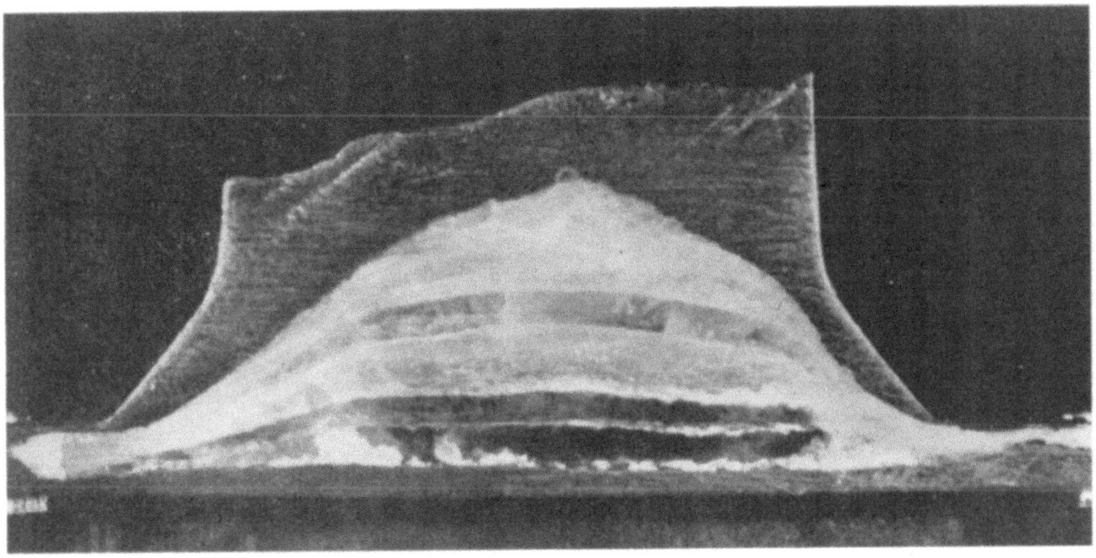

Fig. 5
Salzstockbildung im Modell (eine Schicht Steinsalz)
Salt dome built-up in model (one bed NaCl)
Développement d'un dôme salin en modèle (un banc de sel gemme)
Образование штока соли на модели (один слой каменной соли)

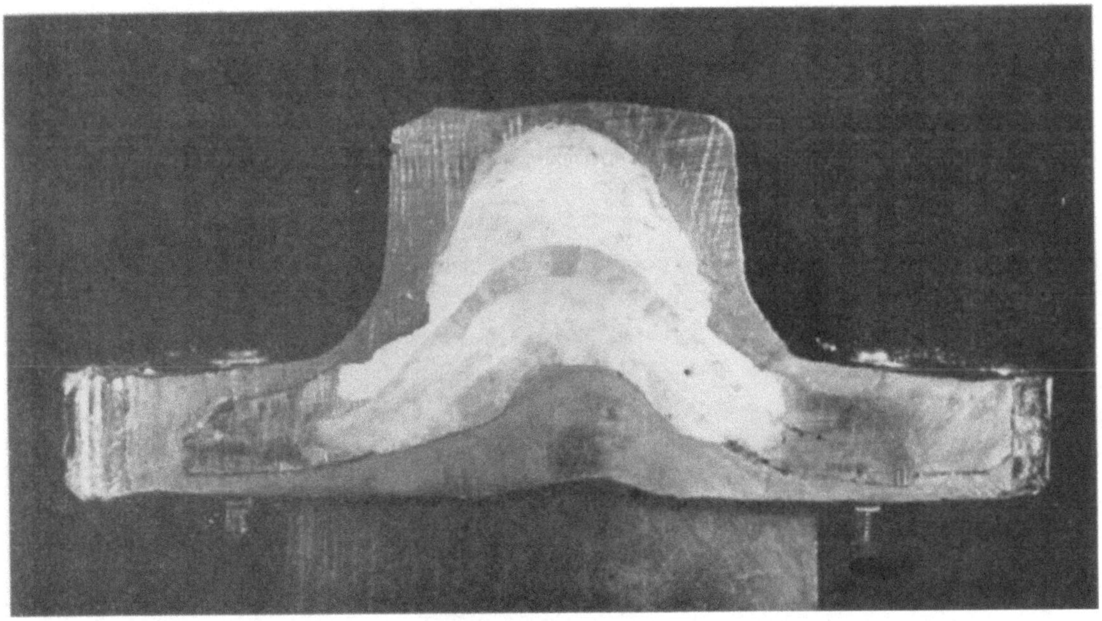

Fig. 6
Salzstockbildung im Modell (oben Anhydrit, unten Steinsalz)
Salt dome built-up in model (upper bed: anhydride, lower bed: NaCl)
Développement d'un dôme salin en modèle (en haut: anhydride, en bas: sel gemme)
Образование штока соли на модели (наверху ангидрид, внизу каменная соль

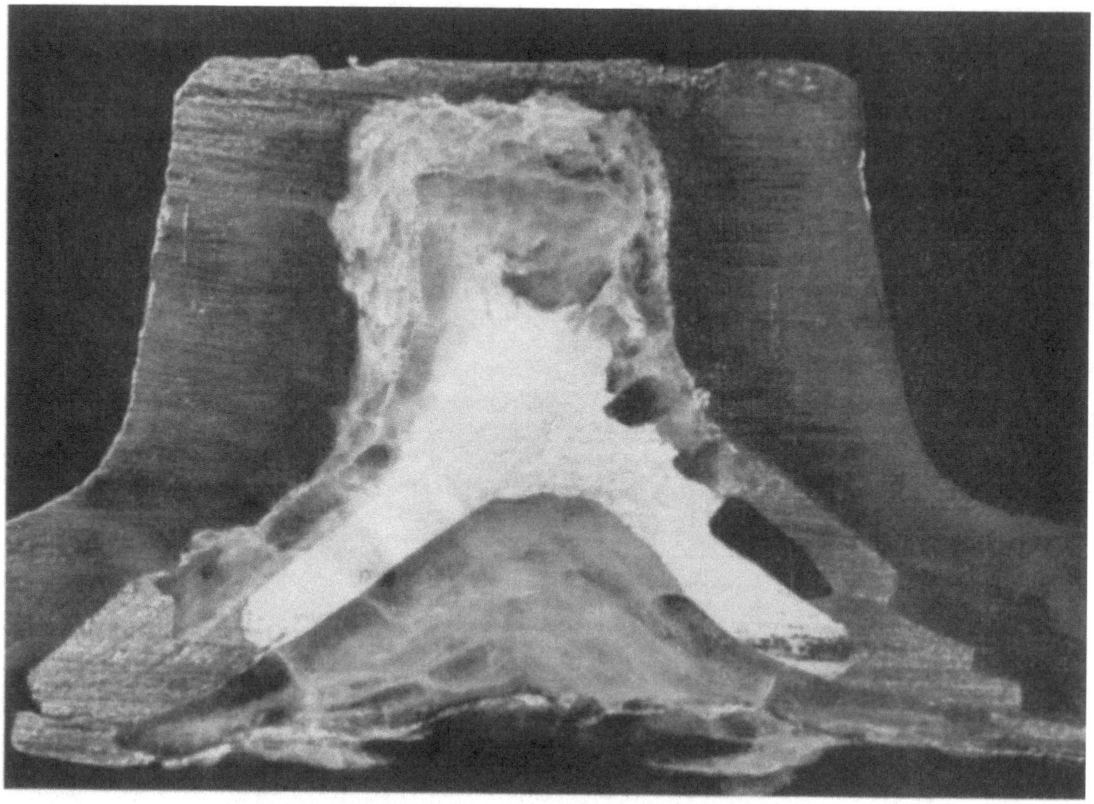

Fig. 7

Salzstockbildung im Modell, verschiedene Schichten
Model salt dome, built-up with various strata
Développement d'un dôme salin en modèle, bancs divers
Образование штока соли на модели (различные породы)

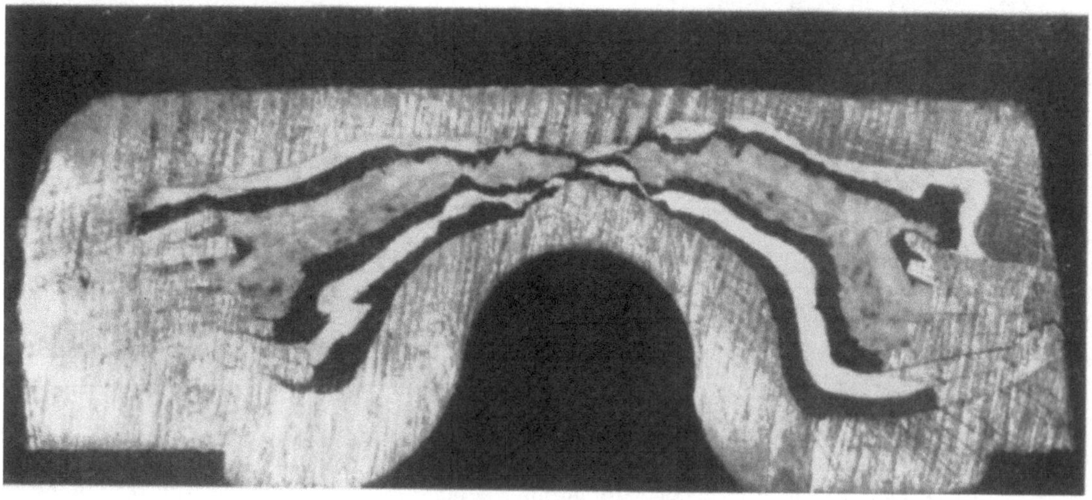

Fig. 8

Sekundäre Schichtenverschiebung
Secondary strata displacement
Déplacement secondaire de couche
Вторичное смещение слоев

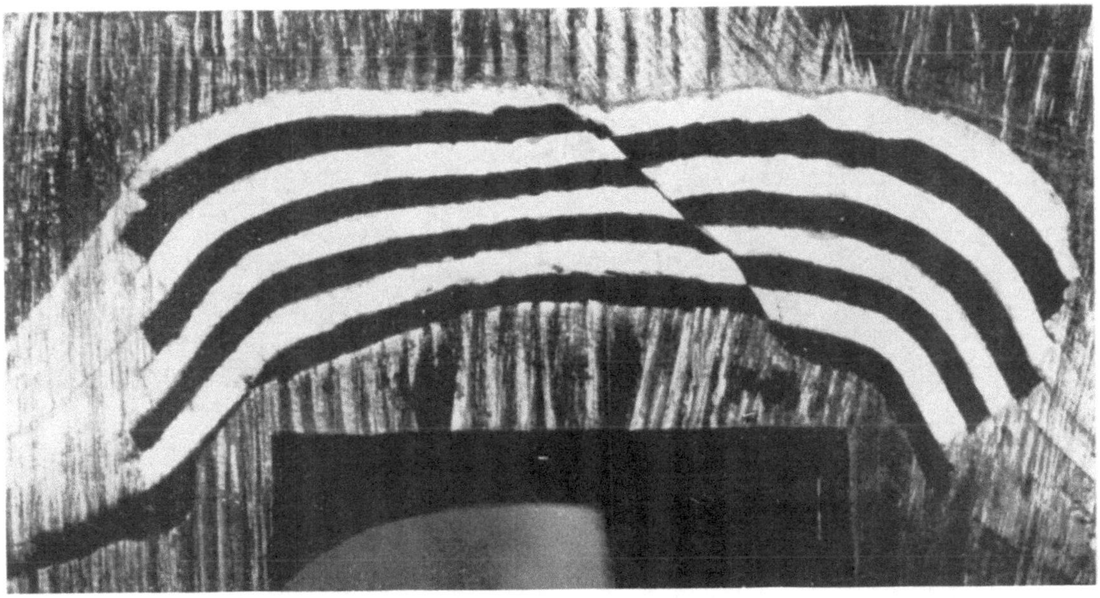

Fig. 9
Schichtenverschiebung (Schiefer, Anhydrit)
Strata displacement (shale, anhydride)
Déplacement de couches (schiste. anhydride)
Смещение слоев (сланец, ангидрид)

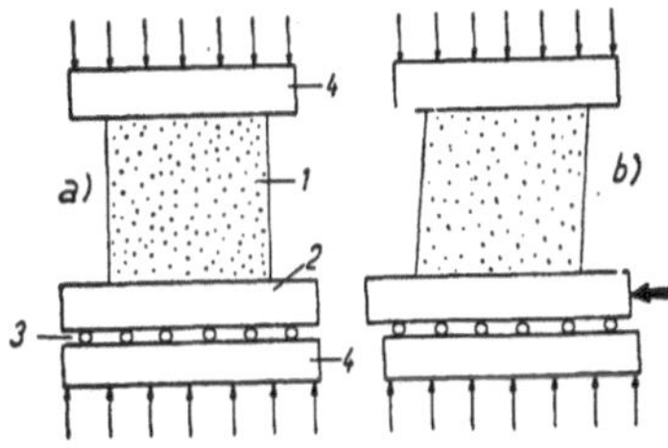

Fig. 10
Schema des Belastungsgerätes (Druck und Schub)
Schematic of loading apparatus (pressure and thrust)
Vue schématique de l'appareil de charge (pression et cisaillement)
Схема пресса (сжатие и орез)

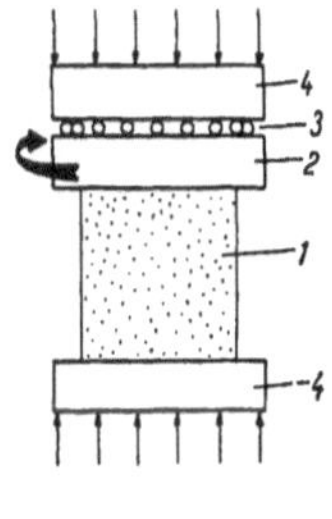

Fig. 11
Schema des Belastungsgerätes (Druck und Torsion)
Schematic of loading apparatus (pressure and torsion)
Vue schématique de l'appareil de charge (pression et torsion)
Схема пресса (сжатие и кручение)

Fig. 12

Fig. 13

Fig. 12
Zersplitterter Granit
Splintered granite
Granit éclaté
Расщепленный гранит

Fig. 13
Zersplitterter Basalt
Splintered basalt
Basalte éclaté
Расщепленный базальт

Fig. 14
Zersplitterte Steinkohle
Splintered coal
Houille éclatée
Расщепленный каменный уголь

Fig. 15

Gesteinszerstörung als Folge eines Bergschlages (Grube Příbram)

Rock destruction as a result of rockburst (Příbram mine)

Destruction de roche résultant d'un coup de charge (mine de Příbram)

Разрушение пород вследствие горного удара (шахта «Пжибрам»

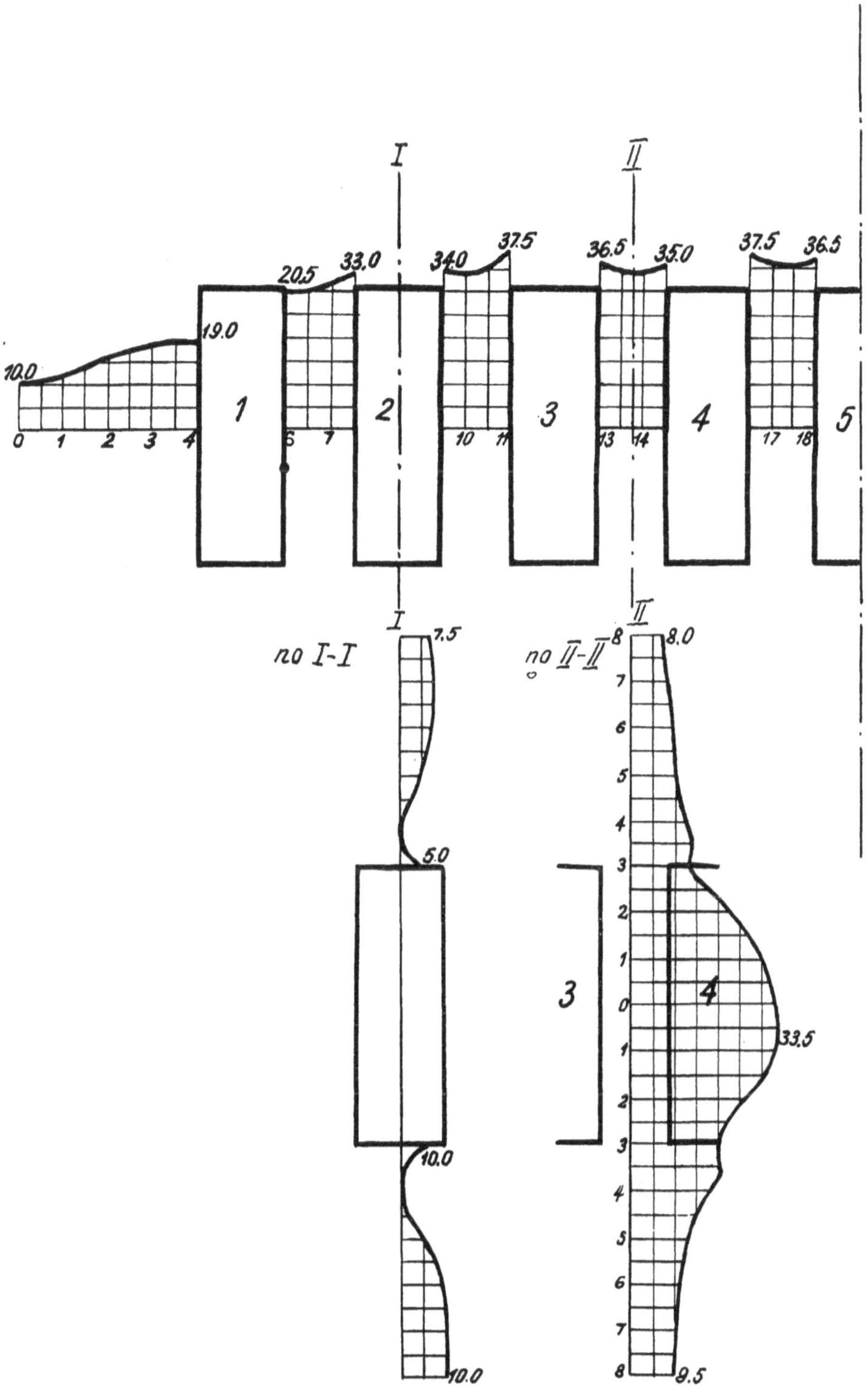

Fig. 1

Эпюра распределения τ_{max} в целике и в потолочине

Verteilung von τ_{max} in Pfeiler und Schwebe

Distribution of τ_{max} in pillar and overhand

Répartition de τ_{max} dans les piliers et estaux

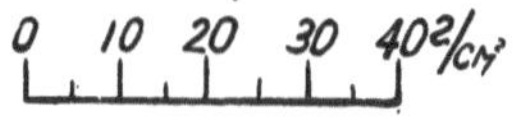

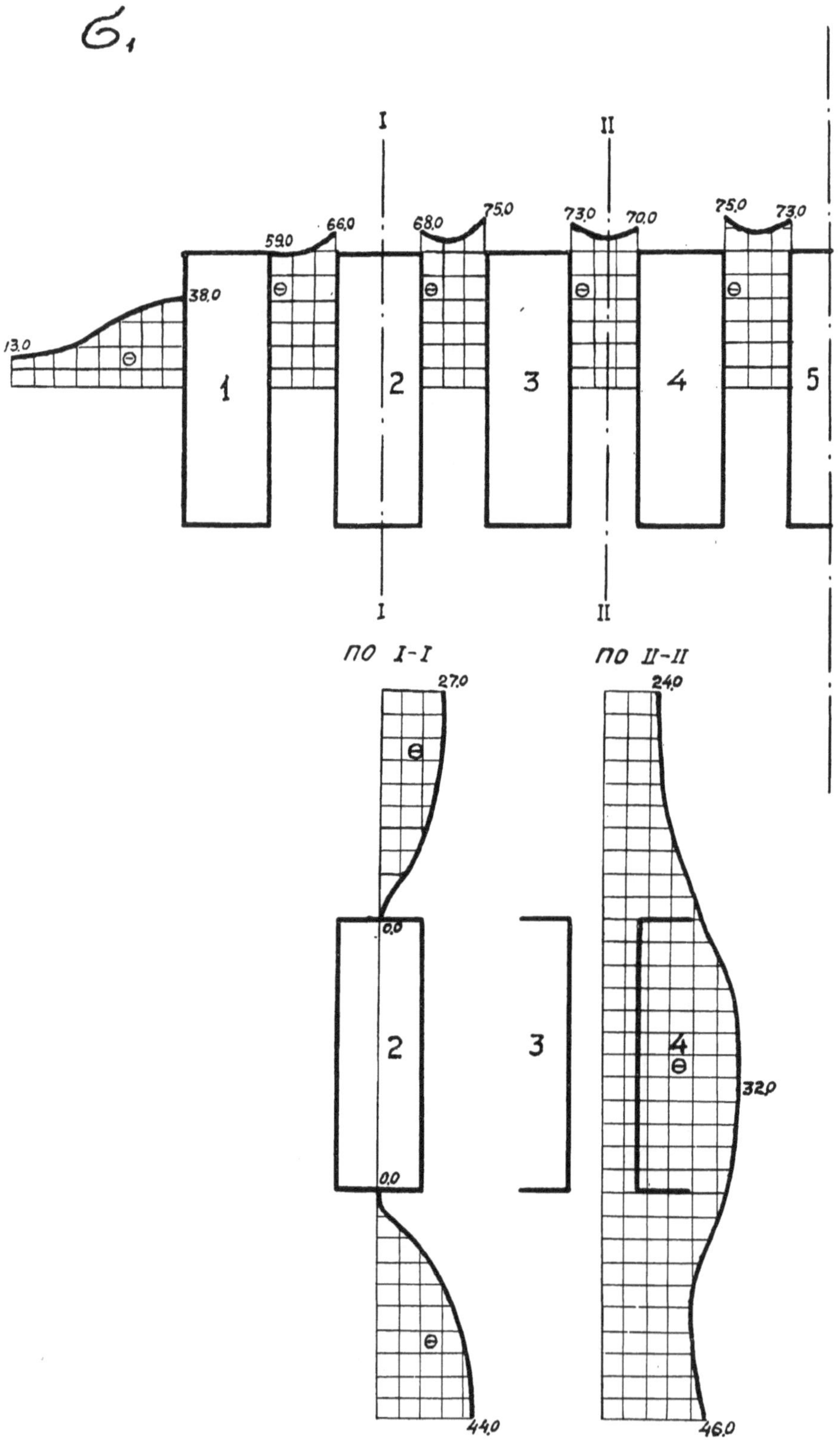

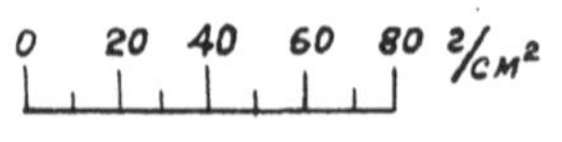

Fig. 2

Эпюра распределения σ_1 в целике и в потолочине
Verteilung von σ_1 in Pfeiler und Schwebe
Distribution of σ_1 in pillar and overhand
Répartition de σ_1 dans les piliers et estaux

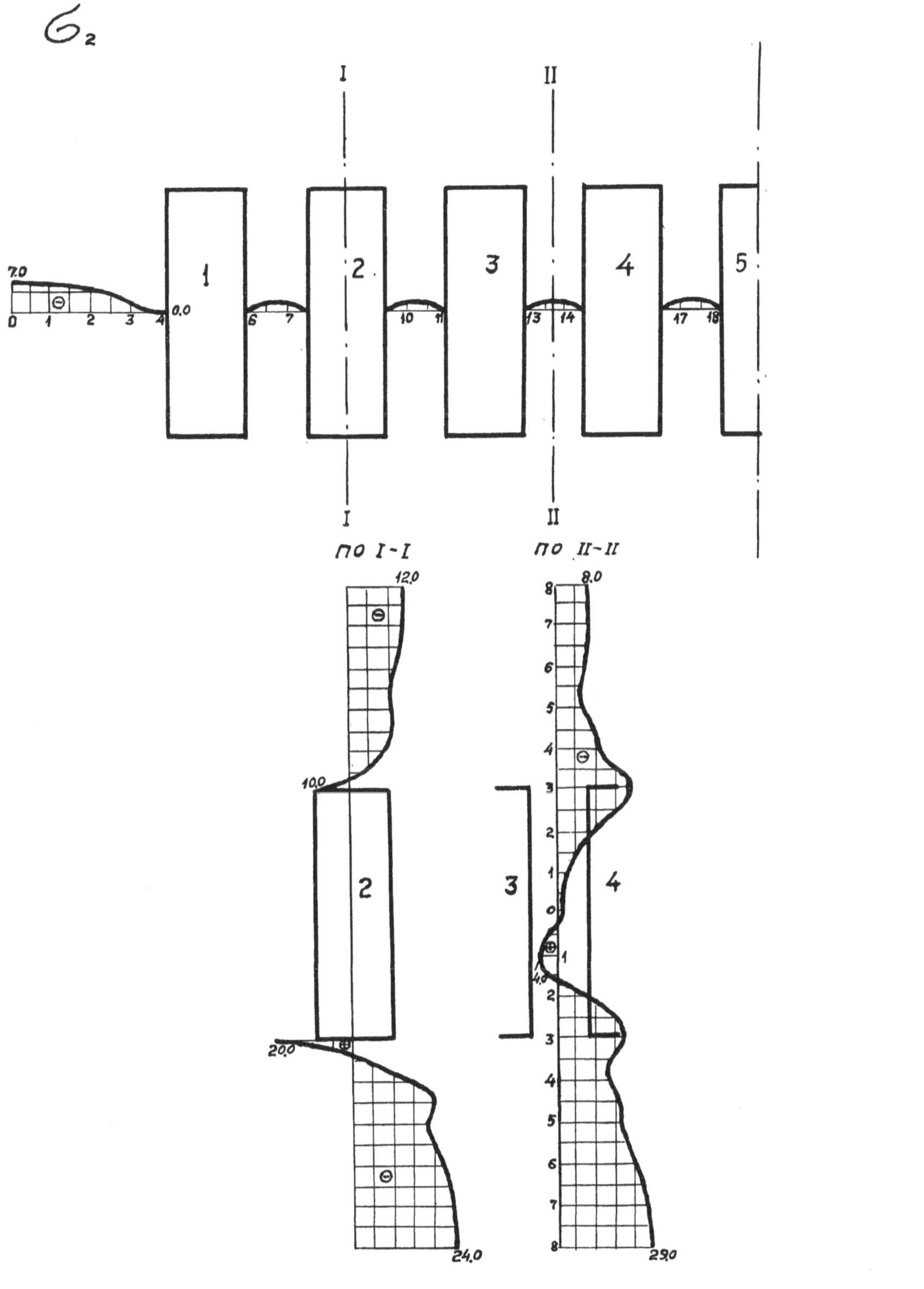

Fig. 3

Эпюра распределения σ_2 в целике и в потолочине
Verteilung von σ_2 in Pfeiler und Schwebe
Distribution of σ_2 in pillar and overhand
Répartition de σ_2 dans les piliers et estaux

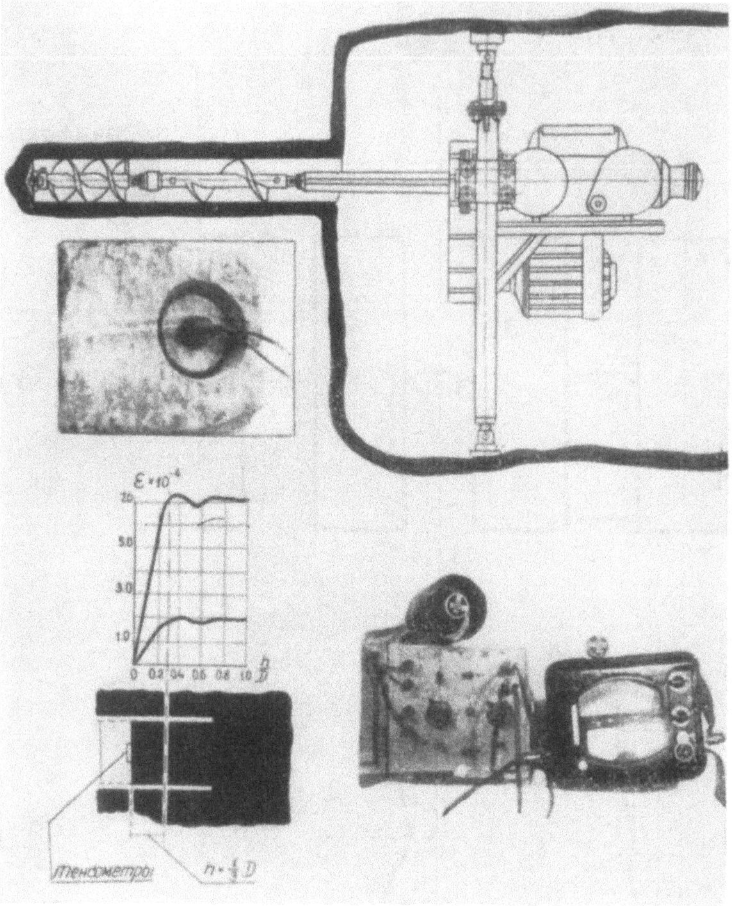

Fig. 4

Аппаратура, применяемая при измерении напряжений по методу разгрузки
Apparatur zur Messung von Spannungen nach der Entlastungsmethode
Stressmeter equipment acc. to the relaxation method
Appareillage pour le mesurage de tension après la méthode de décharge
тенсометры = Dehnungsmeßstreifen = strain gauge = extensomètre

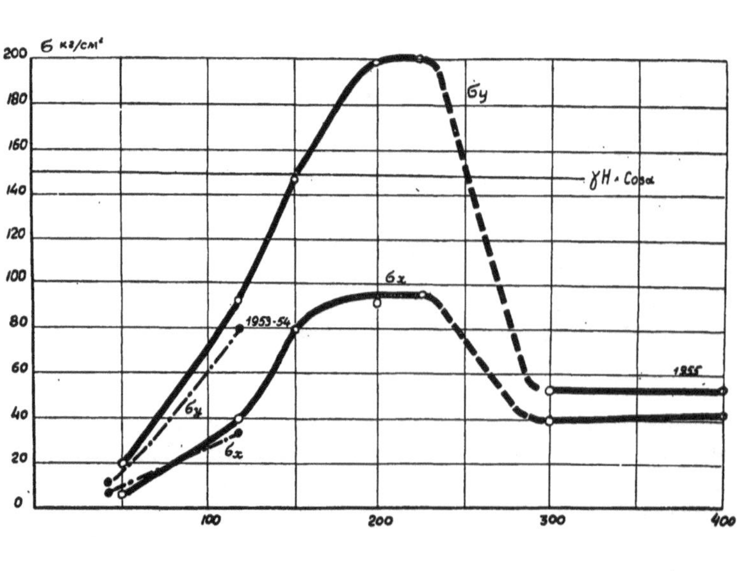

Fig. 5

График распределения напряжений в скважине, полученный при наблюдениях на шахте имени Урицкого

Spannungsverteilung in einem Bohrloch an Hand von Beobachtungen auf der Grube „Urizki"

Distribution of stresses in a borehole, acc. to observations in the mine „Urizki"

Répartition des tensions dans un trou de forage à main d'observation dans la mine „Urizki"

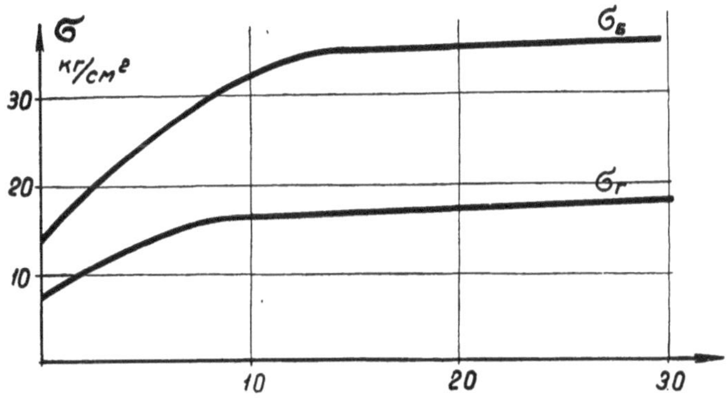

Fig. 6

График распределения напряжений в скважине, полученный при наблюдениях на месторождении горючих сланцев

Spannungsverteilung in einem Bohrloch an Hand von Beobachtungen in einer Brennschieferlagerstätte

Distribution of stresses in a borehole, acc. to observations in a deposit of combustible shale

Répartition des tensions dans un trou de forage suivant des observations faites dans un gisement de schiste de combustion

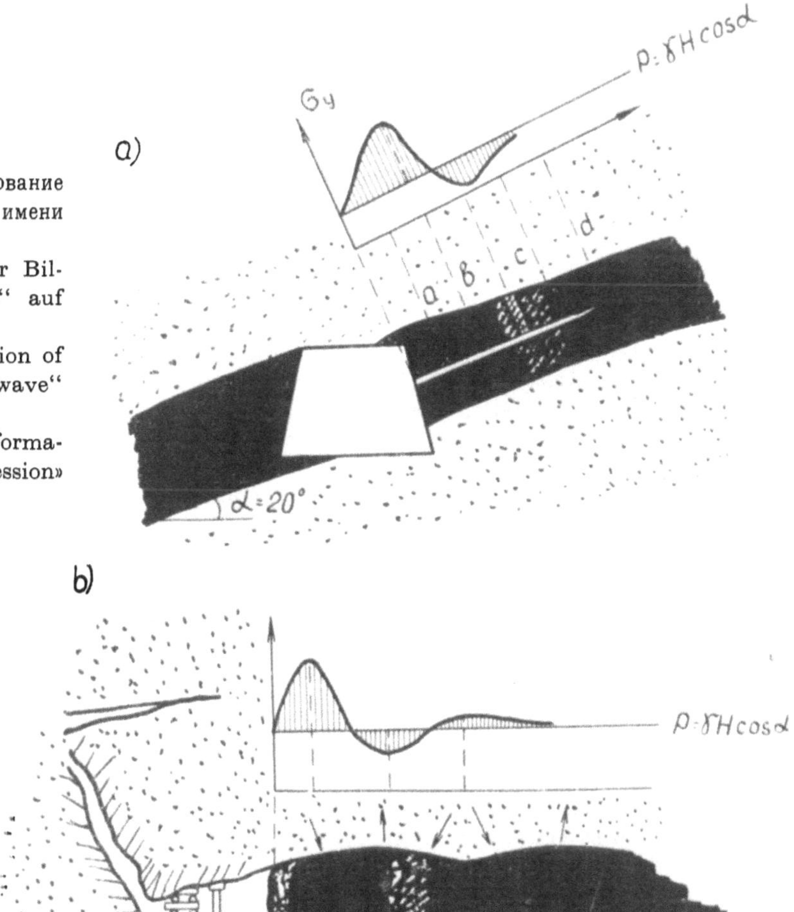

Fig. 7

Схема, обьясняющая образование «волны давления» на шахте имени Урицкого

Schema zur Erklärung der Bildung einer „Druckwelle" auf der Grube „Urizki"

Schematic for the explanation of the origin of a „pressure wave" in the „Urizki" mine

Schéma explicateur de la formation d'une «onde de pression» dans la mine «Urizki»

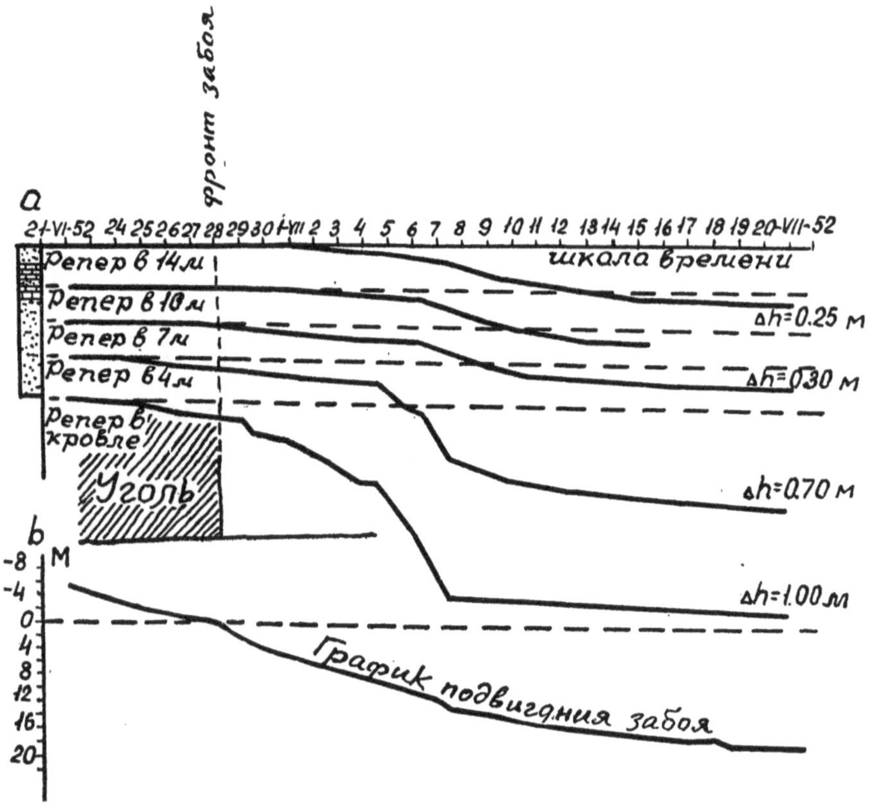

Fig. 8

Результаты измерения расслоения кровли на шахте имени Урицкого
Meßergebnisse der Aufblätterung des Hangenden auf der Grube „Urizki"
Measured results on the exfoliation of the roof, taken in the „Urizki" mine
Résultats des mesurages du déchrochement du toit dans la mine «Urizki»
фронт забоя = Abbaufront = working front = front d'abatage
шкала времени = Zeitskala = time scale = échelle de temps
репер в кровле = Firstenfestpunkt = roof observation point = point de repère de toit
График подвигания забоя = graphische Darstellung des Abbaufortschrittes
= graphic representation of the face advance
= représentation graphique de l'avancement d'abatage
уголь = Kohle = coal = houille
репер в 14 м = Festpunkt bei 14 m = observation point at 14 metres = point de repère sur 14 m

Fig. 9

a. „Urizki", b. „Kalinin"
Кривые смещения угля вблизи выработок
Kurven der Kohleverschiebung in der Nähe eines Grubenbaues
Curves of coal displacement in the vicinity of an excavation
Courbes des déchrochements de charbon dans les environs d'un vide
Расстояние по врубовой машины = Abstand von der Schrämmaschine = distance from the cutter = distance de la haveuse
в сторону выработки = in Richtung auf den Grubenbau = in direction towards working = en direction des travaux
в сторону целика = in Richtung auf den Pfeiler = in direction towards pillar = en direction du pilier

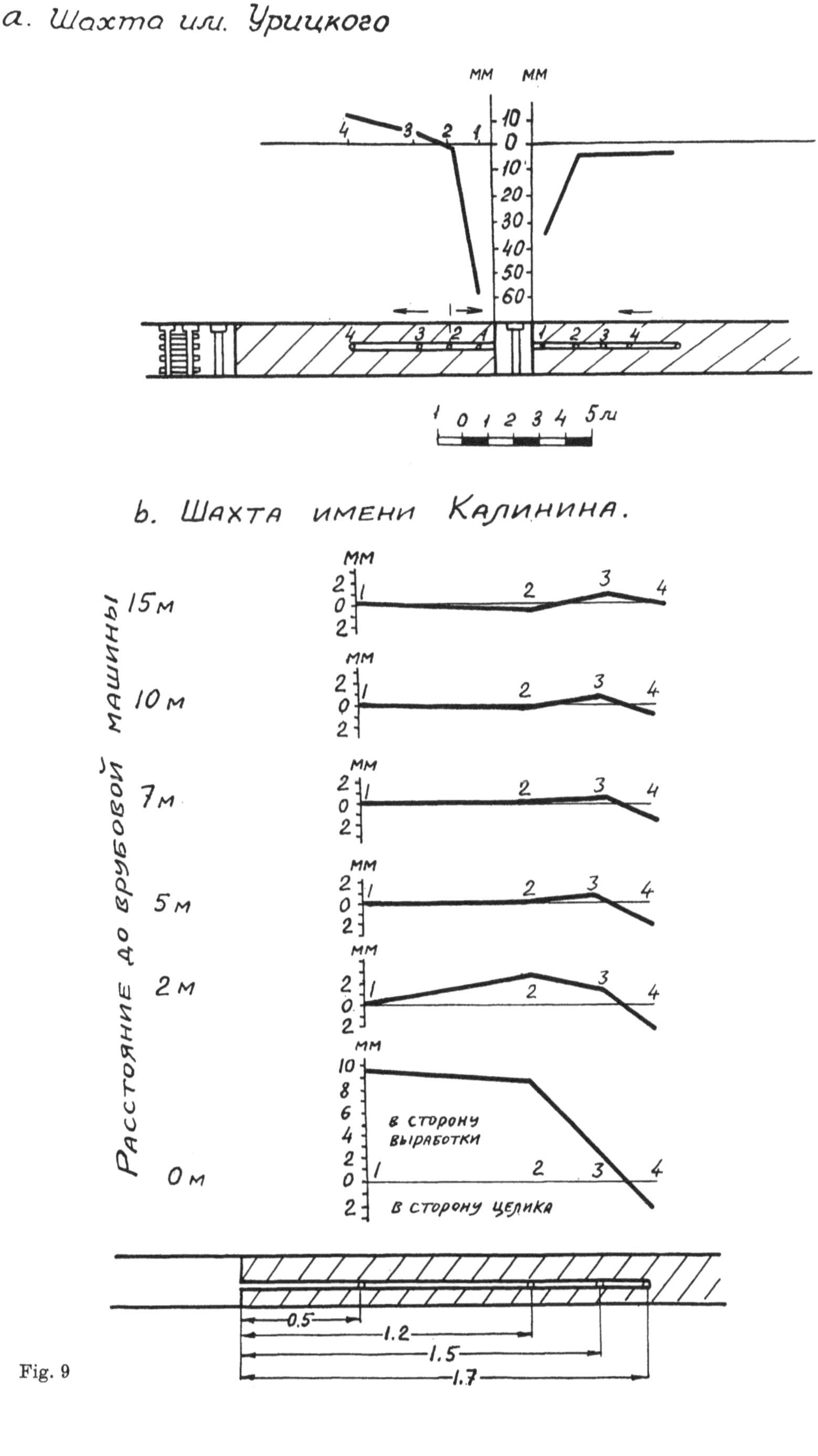
a. Шахта им. Урицкого
мм мм
10
0
10
20
30
40
50
60
4 3 2 1
1 2 3 4
1 0 1 2 3 4 5 м
b. Шахта имени Калинина.
Расстояние до врубовой машины
15 м
10 м
7 м
5 м
2 м
0 м
мм
в сторону выработки
в сторону целика
0.5
1.2
1.5
1.7

Fig. 9

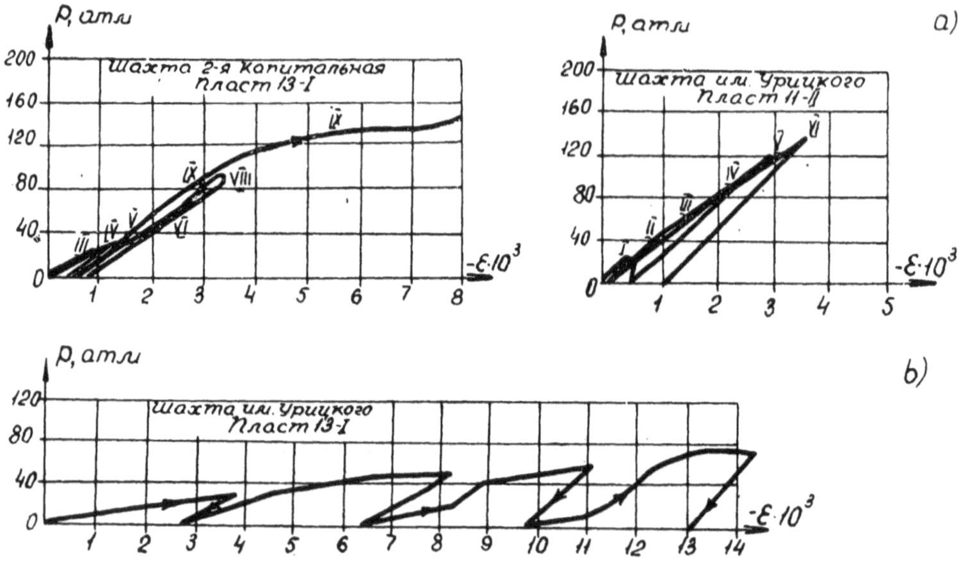

Fig. 10

Кривые деформационных характеристик угольных пластов, полученные с помощью плоских домкратов
Kurven der Verformungscharakteristiken von Kohlenflözen, ermittelt mit Hilfe hydraulischer Kissen
Curves of the deformation characteristics in coal seams, obtained with the aid of hydraulic pillows
Courbes des caractéristiques de déformation de veines houillères, trouvées à l'aide de coussins hydrauliques

шахта = Grube = mine
пласт = Flöz = seam = veine

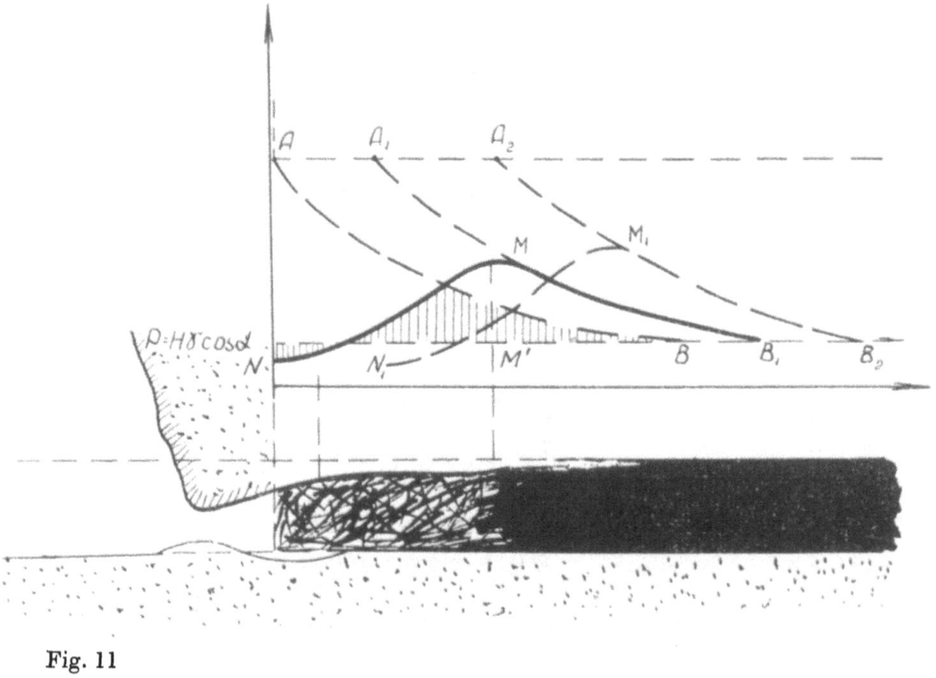

Fig. 11

Схема распределения опорной нагруски в упругом массиве
Schema der Zusatzlastverteilung im elastischen Gebirge
Schematic of the additional load distribution in elastic rocks
Schéma d'une répartition de charge supplémentaire dans un terrain élastique

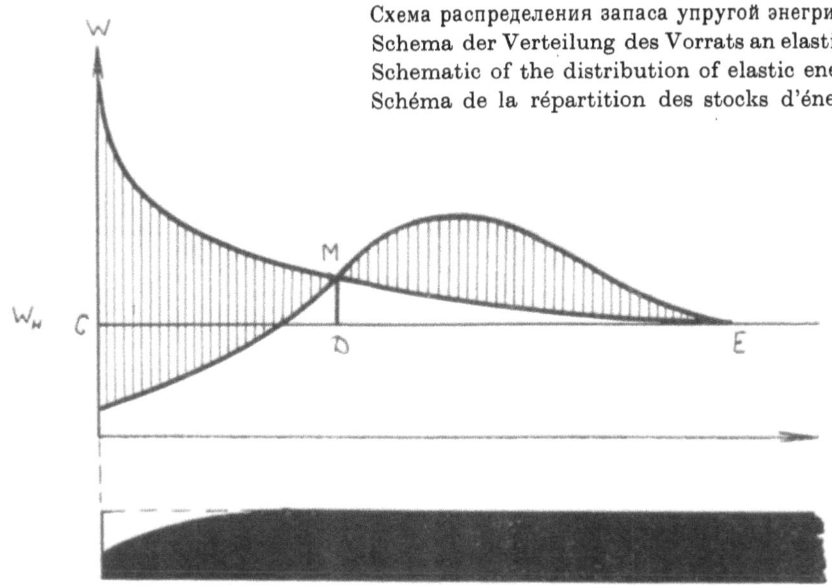

Fig. 12

Схема распределения запаса упругой энергии в массиве
Schema der Verteilung des Vorrats an elastischer Energie im Gebirge
Schematic of the distribution of elastic energy stock in the rocks
Schéma de la répartition des stocks d'énergie élastique en terrain

Fig. 13

Влияние очистной выработки в среднем пласте на выработки верхнего и нижнего пластов
Einwirkung des Abbaues im mittleren Flöz auf die Grubenbaue im oberen und unteren Flöz
The affection of the excavations in the upper and lower seam caused by working the mid seam
Influence des abatages dans la veine du milieu sur les travaux de la veine supérieure et inférieure

скорость сжатия в относит. единицах = Zusammendrückungsgeschwindigkeit in relativen Einheiten
= Compression rate in relative units
= Vitesse de compression en unités relatives

Величина деформации в относительных единицах = Größe der Verformungen in relativen Einheiten
= Magnitude of deformation in relative units
= Degré des déformations en unités relatives

– – – { Pressungs- und Zerrungskurven des Flözes senkrecht zur Schichtung
curves of seam compression and extension in right angle to the stratification
courbes de pression et d'extension de la veine à l'aplomb la stratification

–·–·– { Kurven der Verformungsgeschwindigkeit senkrecht zur Schichtung
curves of deformation rate in right angle to the stratification
courbes de la vitesse de déformation à l'aplomb la stratification

· · · · · { Grenze der Abbauwirkungen
limit of the affection caused by working
limite des effets d'abatage

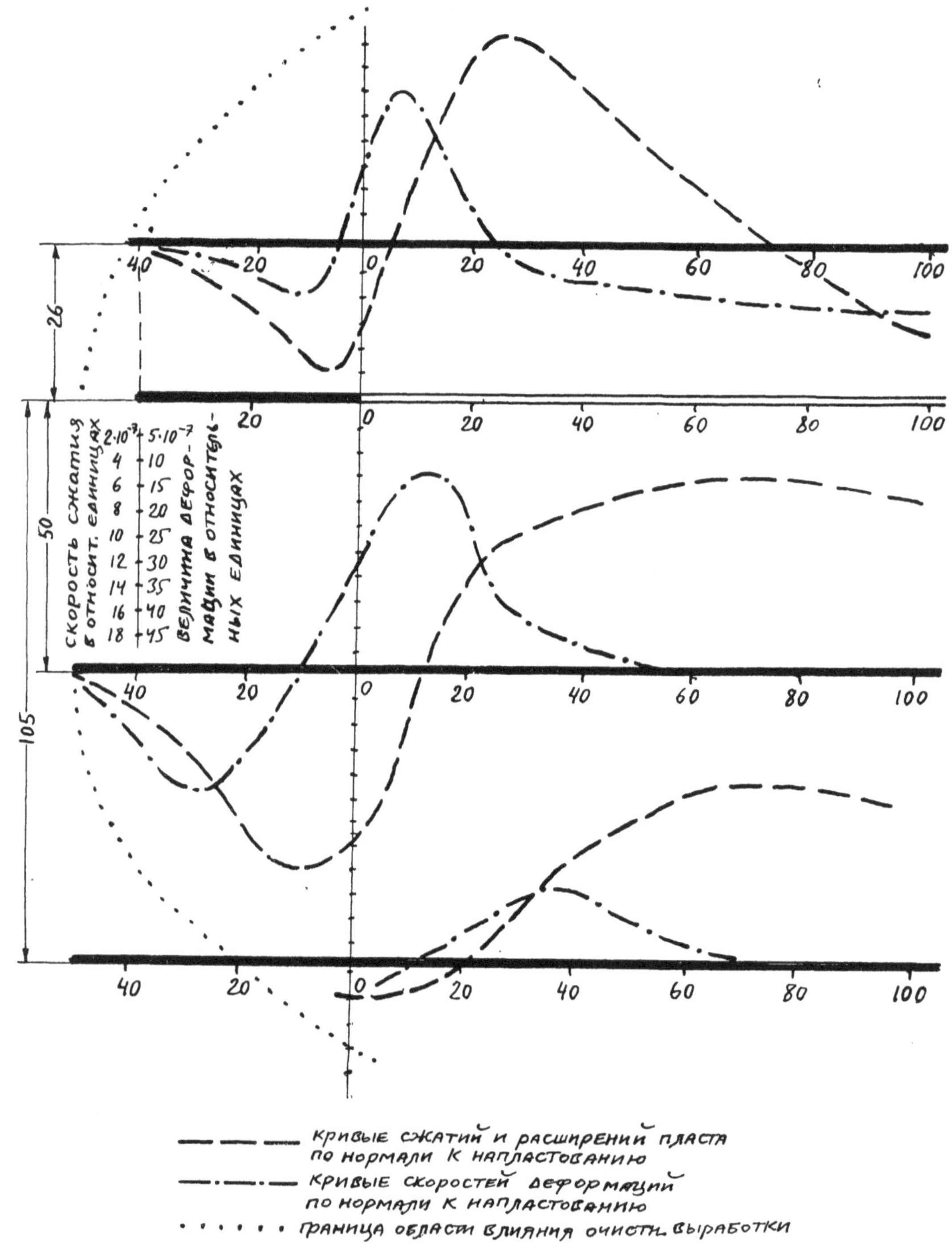
26
50
105
40
20
0
20
40
60
80
100
скорость сжатия в относит. единицах
величина дефор-мации в относитель-ных единицах
2·10⁻⁹ 4 6 8 10 12 14 16 18
5·10⁻⁷ 10 15 20 25 30 35 40 45
кривые сжатий и расширений пласта по нормали к напластованию
кривые скоростей деформаций по нормали к напластованию
граница области влияния очистн. выработки

Fig. 13

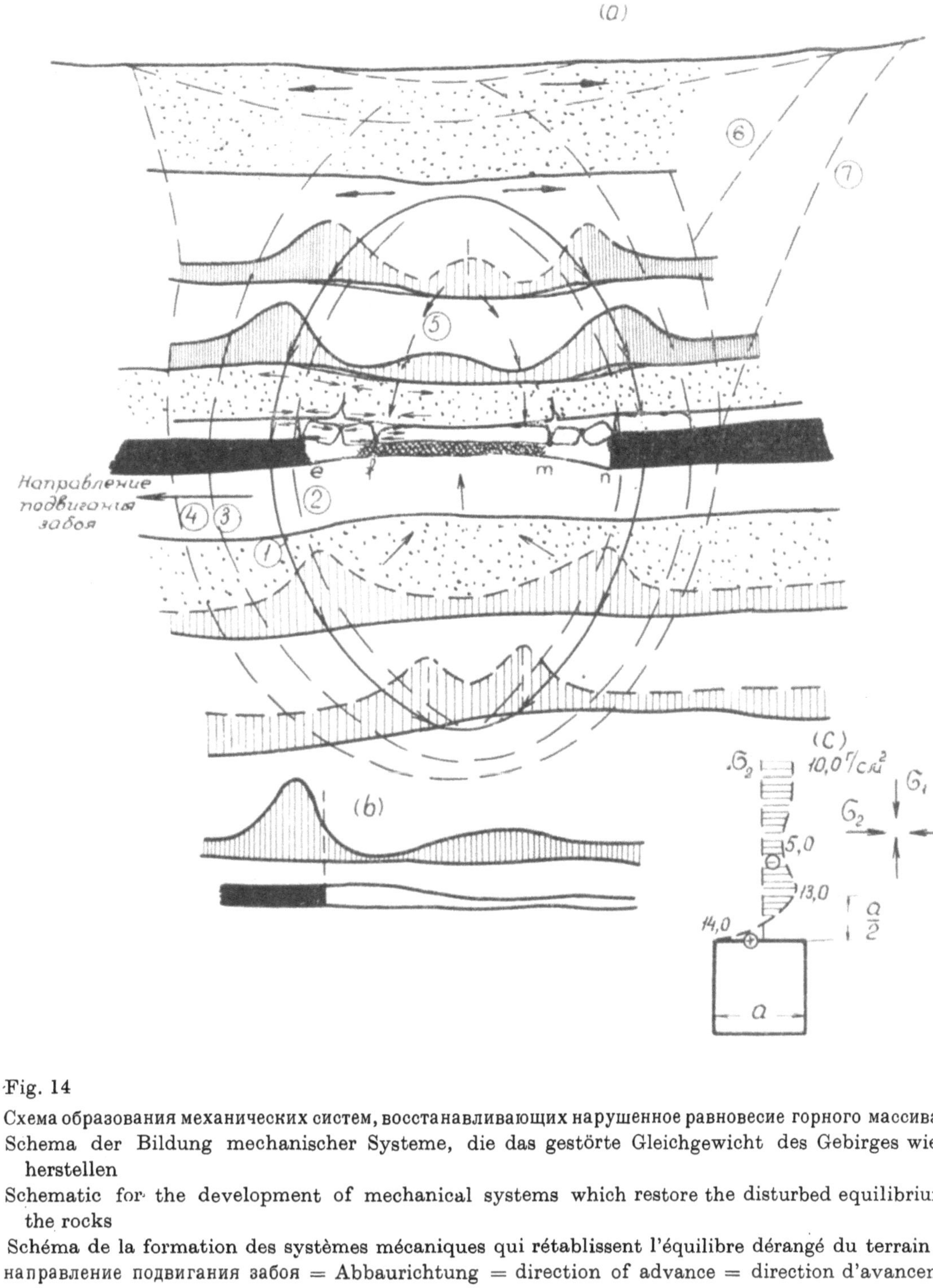

Fig. 14

Схема образования механических систем, восстанавливающих нарушенное равновесие горного массива

Schema der Bildung mechanischer Systeme, die das gestörte Gleichgewicht des Gebirges wiederherstellen

Schematic for the development of mechanical systems which restore the disturbed equilibrium of the rocks

Schéma de la formation des systèmes mécaniques qui rétablissent l'équilibre dérangé du terrain

направление подвигания забоя = Abbaurichtung = direction of advance = direction d'avancement

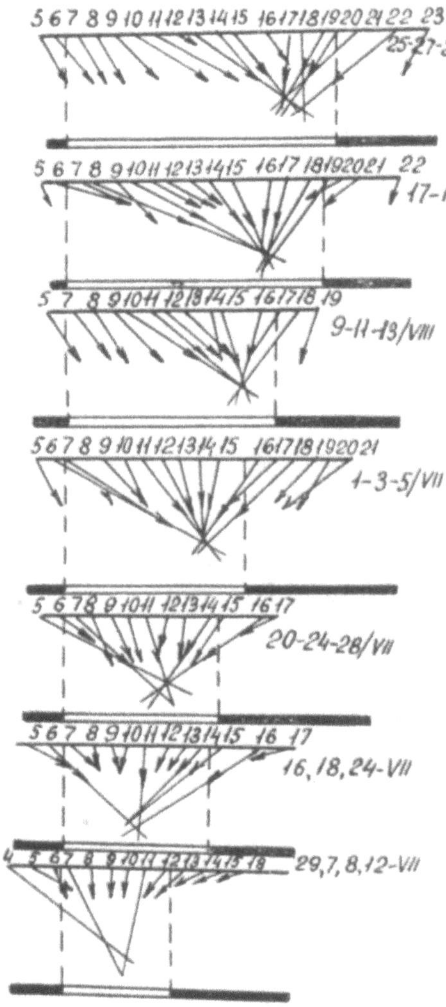

Fig. 15

Векторы сдвижений поверхности, полученные при наблюдениях в Подмосковном каменноугольном бассейне

Vektoren der Bewegungen der Tagesoberfläche, ermittelt bei Beobachtungen im Moskauer Steinkohlenbecken

Surface movement vectors, obtained through observations in the Moscow coal district

Vecteurs des mouvements de la surface, découverts par observations dans le bassin houiller de Moscou

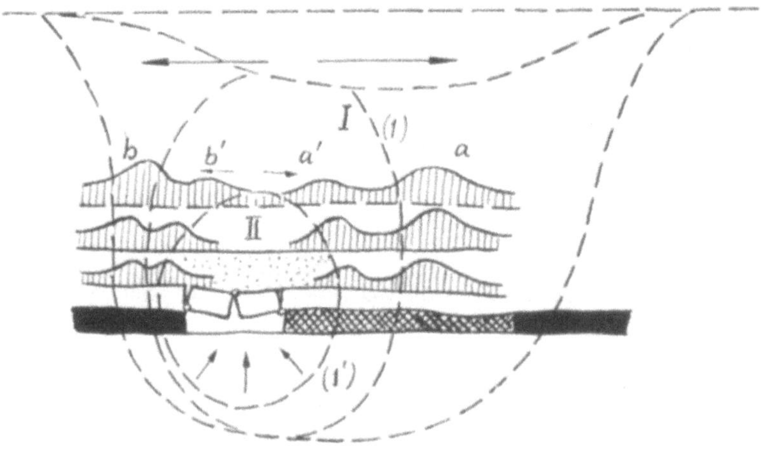

Fig. 16

Схема смены механических систем, восстанавливающих нарушенное равновесие горного массива

Schema des Wechsels mechanischer Systeme, die das gestörte Gleichgewicht des Gebirges wiederherstellen

Schematic for the alternate change of mechanical systems which restore the disturbed equilibrium of the rocks

Schéma du changement des systèmes mécaniques qui rétablissent l'equilibre dérangé du terrain

Fig. 1

Расчетная схема по К. В. Руппенейту

Berechnungsschema nach K. W. Ruppeneit

Schematic of computation acc. to K. W. Ruppeneit

Schéma de calculation d'après K. W. Ruppeneit

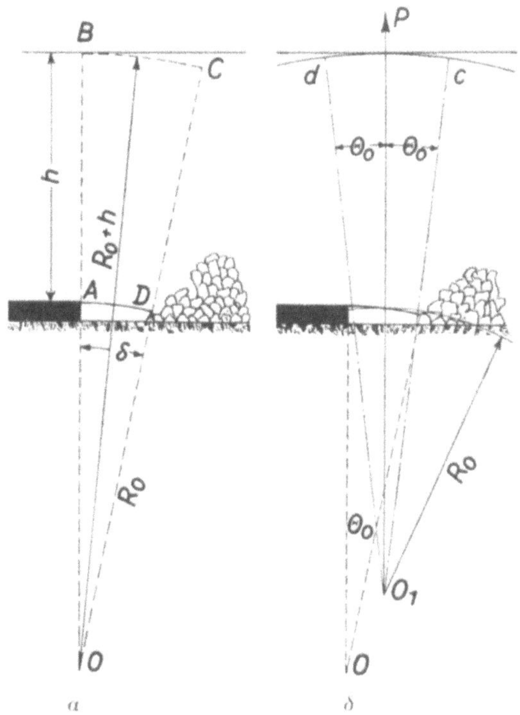

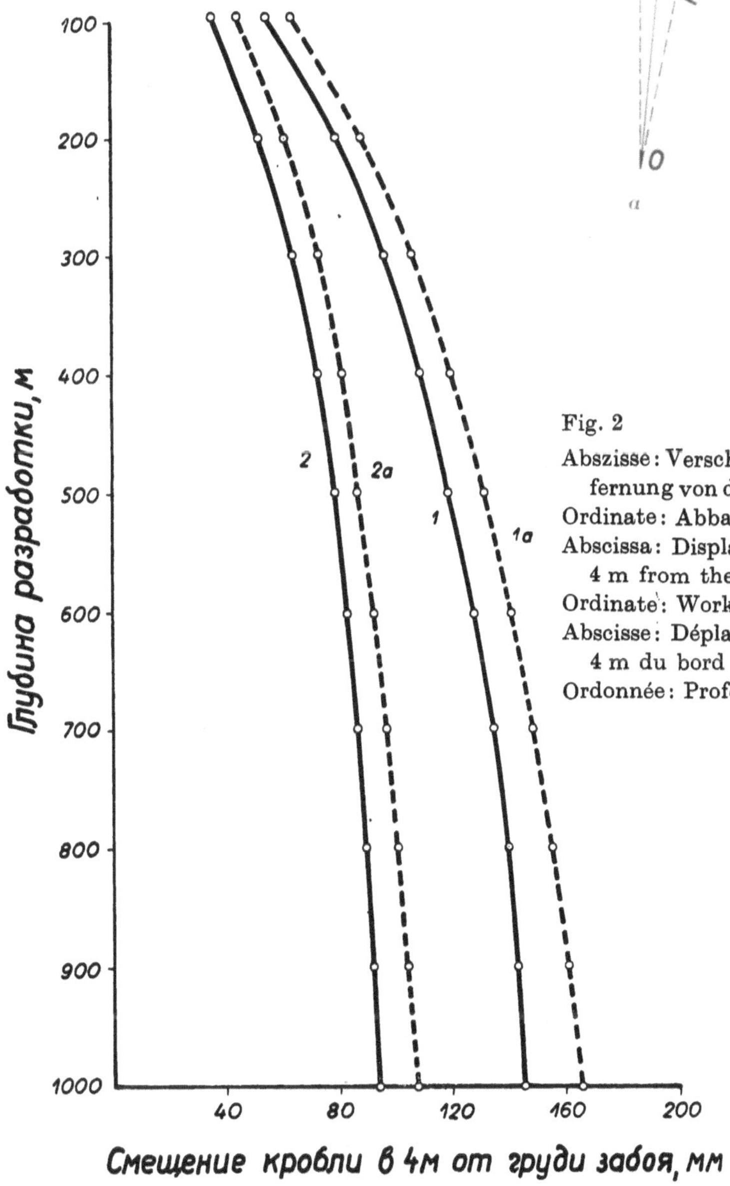

Fig. 2

Abszisse: Verschiebung des Hangenden in 4 m Entfernung von der Abbaukante

Ordinate: Abbauteufe

Abscissa: Displacement of the roof in distance of 4 m from the edge of the working

Ordinate: Working depth

Abscisse: Déplacement du toit à une distance de 4 m du bord d'abatage

Ordonnée: Profondeur d'abatage

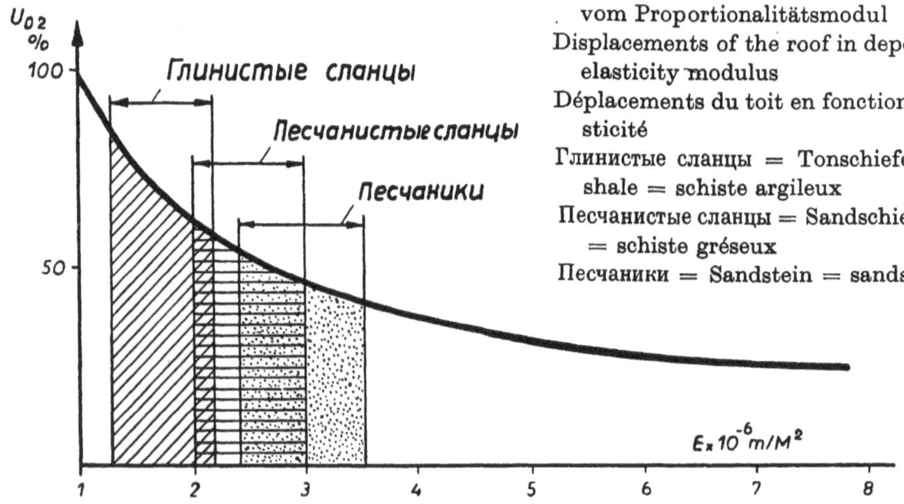

Fig. 3

График величин смещения кровли в зависимости от модуля пропорциональности

Verschiebungen des Hangenden in Abhängigkeit vom Proportionalitätsmodul

Displacements of the roof in dependence upon the elasticity modulus

Déplacements du toit en fonction du module d'élasticité

Глинистые сланцы = Tonschiefer = argillaceous shale = schiste argileux

Песчанистые сланцы = Sandschiefer = sandy shale = schiste gréseux

Песчаники = Sandstein = sandstone = grès

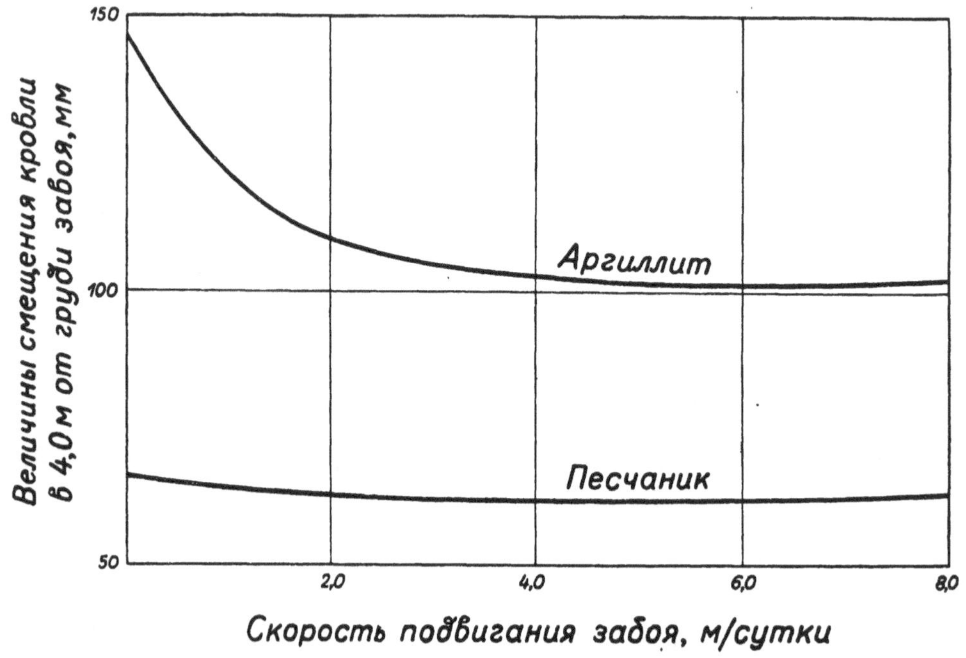

Fig. 4

Аналитическая зависимость величин смещения кровли от скорости подвигания забоя

Analytische Abhängigkeit der Verschiebungen des Hangenden von der Verhiebsgeschwindigkeit

Analytical dependence of the roof displacements upon the rate of advancement

Dépendance analytique des déplacements du toit de la vitesse d'abatage

Abszisse: Verhiebsgeschwindigkeit, m/Tag

Ordinate: Verschiebung des Hangenden in 4 m Entfernung von der Abbaukante, mm

Abscissa: Rate of advancement in m/day

Ordinate: Displacement of the roof in a distance of 4 m from the edge of workings, given in mm

Abscisse: Vitesse d'abatage, m/J

Ordonnée: Déplacement du toit à une distance de 4 mètres du bord d'abatage, mm

Аргиллит = Argillit

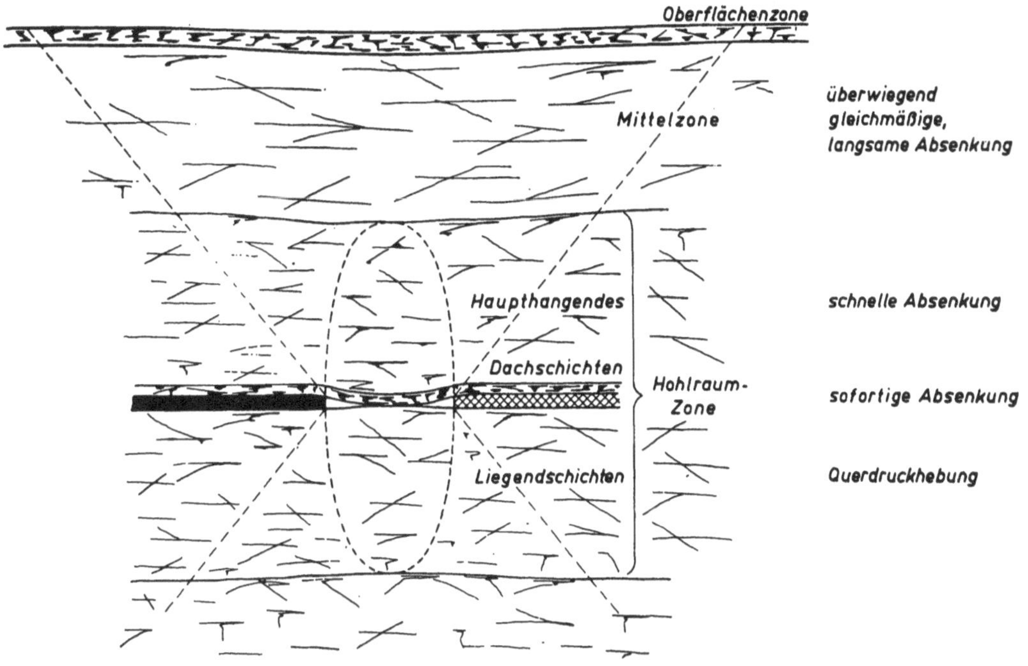

Fig. 1

Unterteilung des unter Abbauwirkung stehenden Gebirgskörpers
Various zones of the whole rock body subject to working influences
Classification du corps de roche se trouvant sous l'effet d'abatage
Подразделение части массива, находящейся под влиянием подземной разработки

Oberflächenzone = surface zone = zone superficielle = зона вблизи поверхности
Mittelzone = intermediate zone = zone moyenne = средняя зона
Hohlraumzone = cavity zone = zone vide = зона пустых пространств
Haupthangendes = main roof = toit principal = основная кровля
Dachschichten = immediate roof = toit bas = непосредственная кровля
Liegendschichten = floor = banc de mur = породы почвы
überwiegend gleichmäßige langsame Absenkung = mostly an even and slow subsiding = affaissement sus-jacent uniforme et lent = преимущественно равномерное и медленное оседание
schnelle Absenkung = quick subsidence = affaissement rapide = быстрое оседание
sofortige Absenkung = immediate subsiding = affaissement brusque = немедленное оседание
Querdruckhebung = heaving due to traverse pressure = soufflage de pression transversale = повышение с боковым давлением

Fig. 2

Lage von Beobachtungsschächten zum Abbau
Position of observation shafts to the working
Position des puits de repère vers l'abatage
Положение наблюдаемых стволов относительно очистных выработок

Grenzgebiet = border zone = aire frontière = граничная область
Abbaugebiet = zone of working = zone d'abatage = район очистной выемки

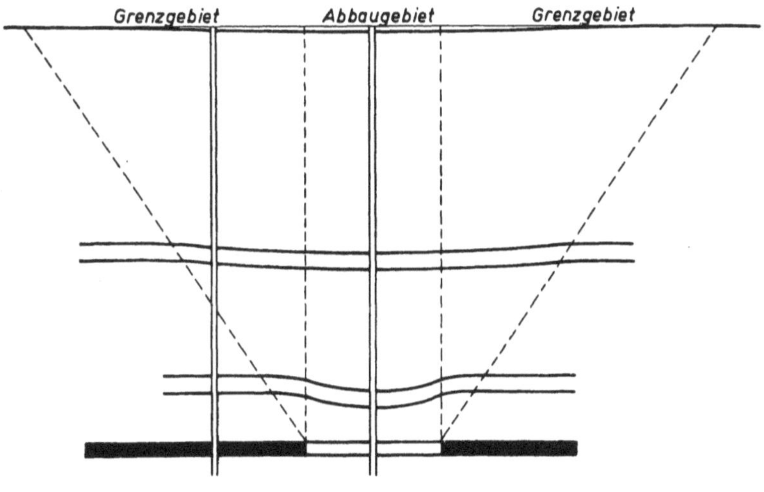

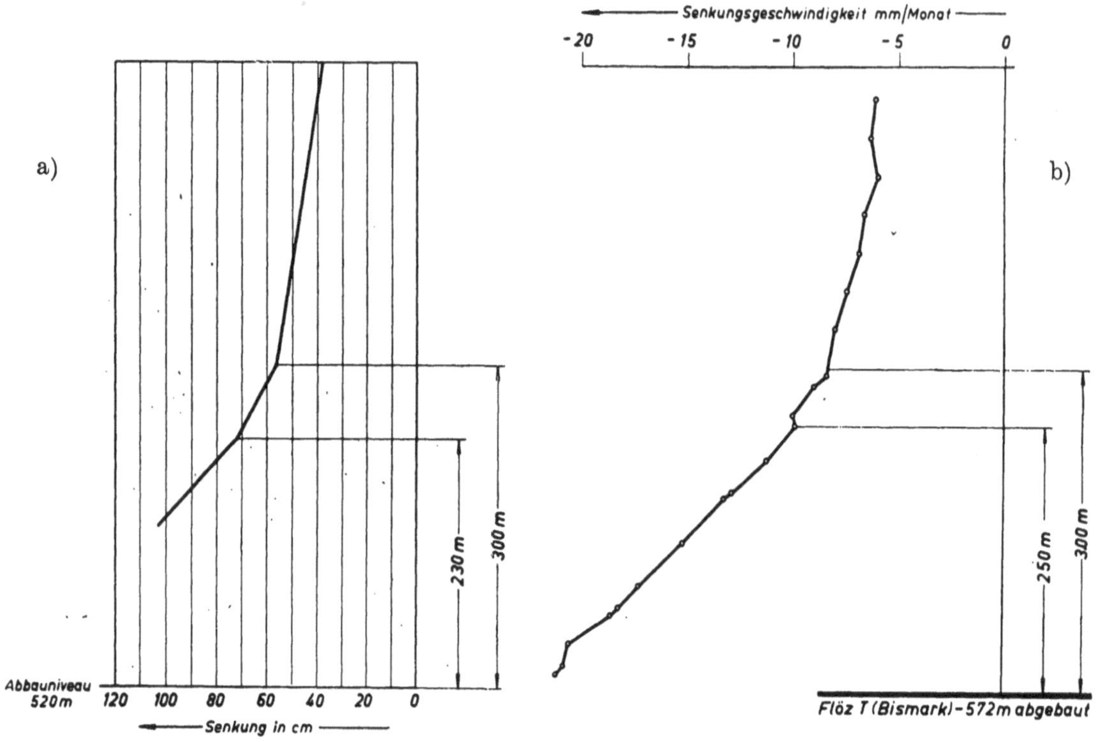

Fig. 3

Senkungsgeschwindigkeit in den Hangendschichten a) infolge des Abbaues, b) nach Löffler
Speed of subsidence in roof formations due to mining (a) and according to Löffler (b)
Vitesse d'affaissement dans les couches de toit dûe à l'abatage (a) et d'après Löffler (b)
Скорость оседания слоев кровли вследствие разработки (а), по Лёфлеру (ь)

Abbauniveau = level of working = niveau d'abatage = горизонт разработки
Senkung in cm = amount of subsidence in cm = affaissements en cm = оседание в см

Senkungsgeschwindigkeit in mm/Monat = speed of subsidence in mm/month = vitesse d'affaissement mm par mois = скорость оседания в мм/мес

Flöz T (Bismarck) – 572 m abgebaut = seam T (Bismarck) – 572 metres worked = veine T (Bismarck) – profondeur exploitée 572 mètres = пласт Т (Бисмарк) – 572 м разработано

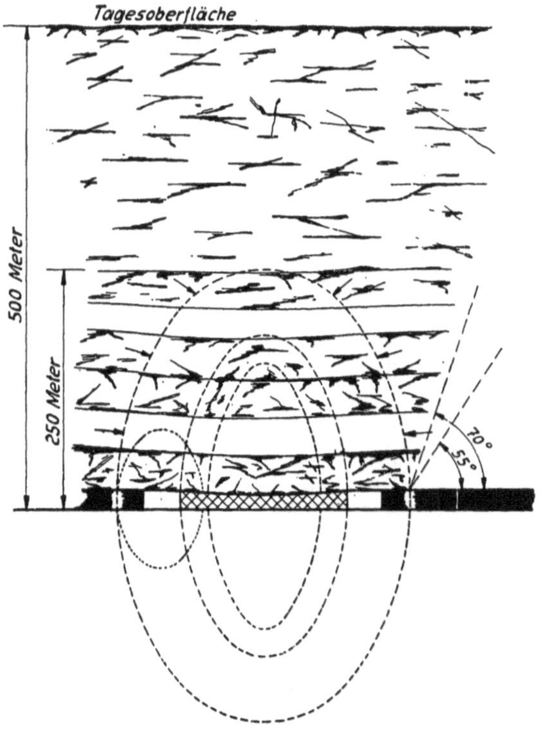

Fig. 4

Gewölbebildung bei fortschreitendem Abbau Nach Vorstellung Spackeler

Formation of arches with progressing working operations (according to the description by Spackeler)

Développement de voûte avec l'abatage avançante suivant la conception de Spackeler

Образование свода при разработке (по Шпаккелеру)

Tagesoberfläche = surface = земная поверхность

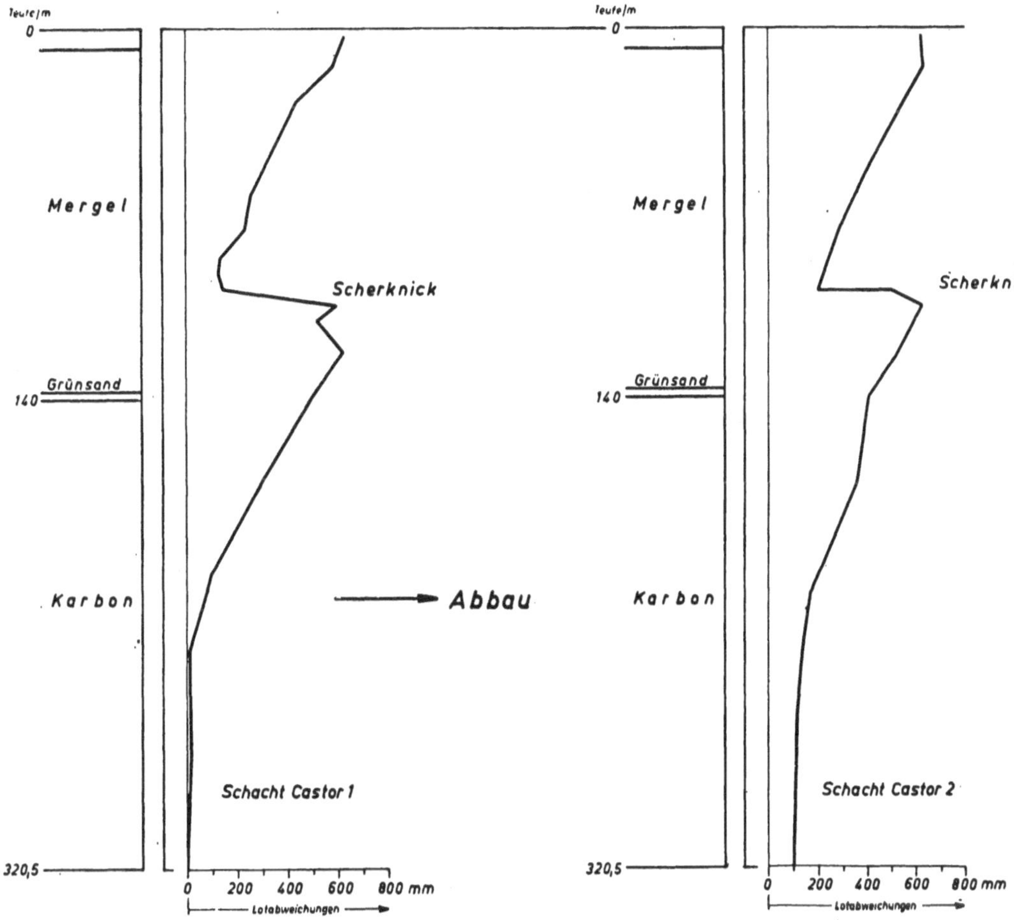

Fig. 5

Scherknicke in zwei benachbarten Schächten
Shearing breaks in two neighbouring shafts
Flambage de cisaillement en deux puits voisinés
Изломы среза в двух соседних стволах
Lotabweichungen = deviations from the plumb = variations de la verticale = отклонение отвеса
Teufe = depth = profondeur = глубина
Mergel = marl = marne = мергрель
Grünsand = green sand = sable vert = песок
Karbon = carboniferous strata = carbon = карбон
Scherknick = shearing break = flambage de cisaillement = излом среза
Abbau = working = exploitation = добычный участок
Schacht = pit = puits = ствол

Fig. 6

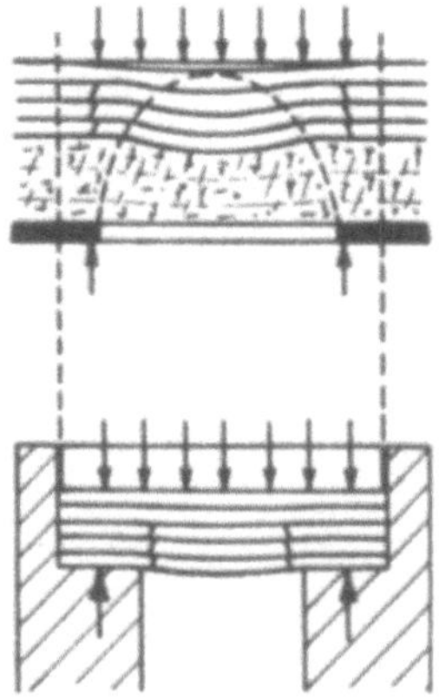

Belastungsschema der nebenstehenden Aufnahme

Fig. 7

Fig. 6

Ansicht des Scherknicks in Schacht 1 der Fig. 5, links im Bild die vorgeschobene untere Gebirgsschicht

View of the shearing break of Fig. 5 in shaft 1; on the left-hand side, the lower formation which was pushed forward

Vue du cisaillement de flambage dans le puits No. 1 de la figure 5; à la gauche on peut constater la couche inférieure pousée en avant

Вид излома среза в стволе 1 на фиг. 5, слева – смещенный нижний слой породы

Fig. 7

Horizontaler Knickungsvorgang in einem ,,Schichtenpaket" (Plexiglas), das ähnlich wie beim Abbau infolge Gewölbewirkung belastet ist. Die Scherknicke sind unten rechts und links an den vor Belastung senkrechten Linien zu erkennen

Horizontal buckling in a "series of formations" (Plexiglass) which was under load due to an arch effect similar to actual working conditions. The "shearing breaks" can be seen on the right and left-hand side at the bottom on the vertical lines prior to load

Flambage horizontal dans une «série de strates» (plexiglas) chargé par l'effet d'une voûte pareillement au cas d'abatage. Le cisaillement de flambage est visible en bas à droite et à gauche par les lignes étroites avant la mise en charge

Процесс горизонтального излома в «пачке» слоев (плексиглаз), находящейся под нагрузкой, действующей наподобие нагрузки от образования свода. Изломы среза видны внизу слева и справа на линиях, которые до нагружения занимали вертикальное положение

Belastungsschema der nebenstehenden Aufnahme = diagrammatical representation of the loads shown on the photo besides = diagramme schématique des charges se rapportant à la figure ci-jointe = схема нагружения

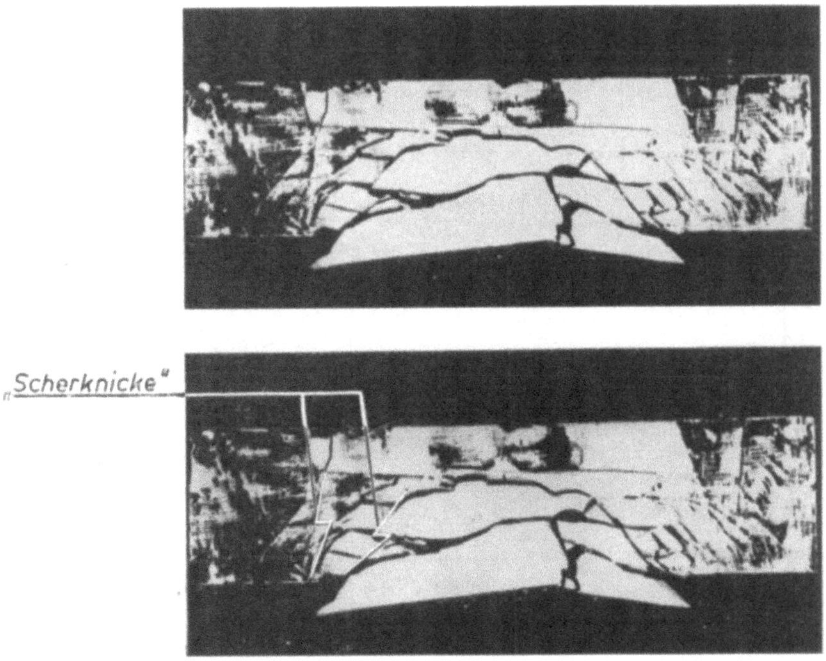

Fig. 8

,,Scherknicke" bei Belastung von Tonschieferproben in der Art wie aus Fig. 7 ersichtlich

"Shearing breaks" at the loading of argillaceous shale samples in the same manner as in Fig. 7

«Cisaillement de flambage» produit par la mise en charge des échantillons de schiste argileux pareillement comme démontré par la figure 7

«Изломы среза» при нагружении образцов глинистого сланца подобно показанным на фиг. 7

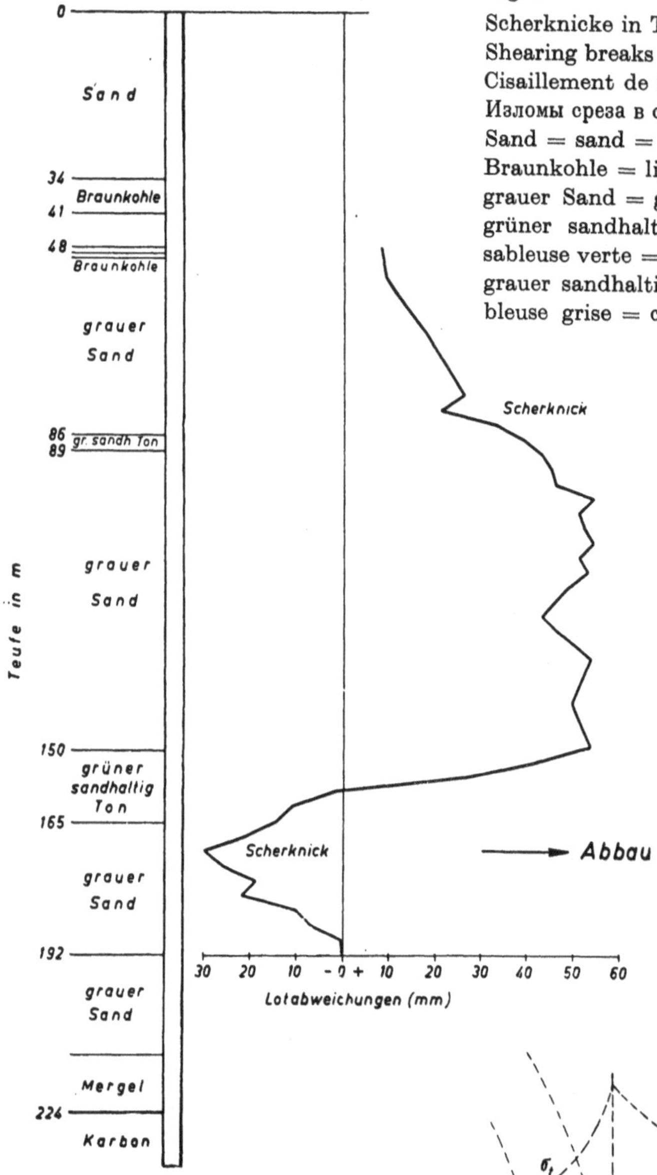

Fig. 9

Scherknicke in Tonschichten tertiären Gebirges
Shearing breaks in clay formations of tertiary overburden
Cisaillement de flambage en couches argileuses tertiaires
Изломы среза в слоях глины третичного возраста
Sand = sand = sable = песок
Braunkohle = lignite = бурый уголь
grauer Sand = grey sand = sable gris = серый песок
grüner sandhaltiger Ton = green sandy clay = argile sableuse verte = зеленая песчанистая глина
grauer sandhaltiger Ton = grey sandy clay = argile sableuse grise = серая песчанистая глина

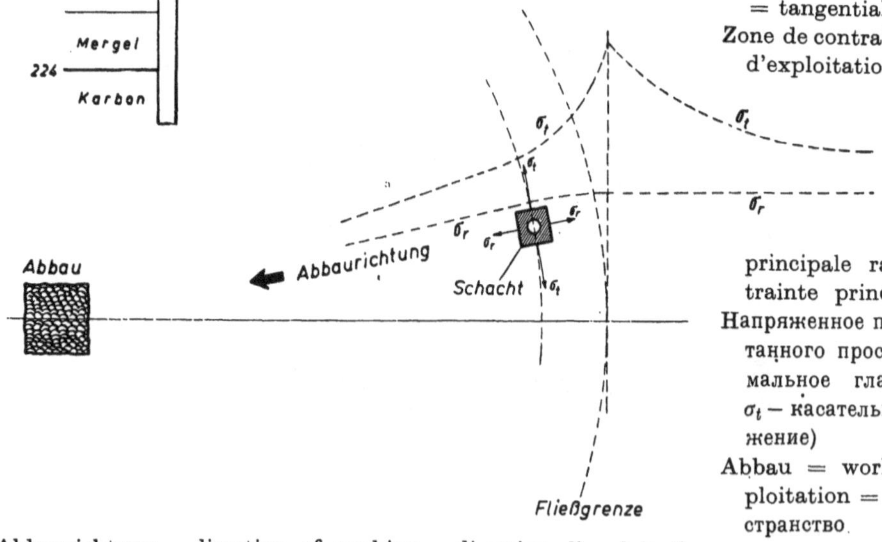

Fig. 10

Spannungsfeld um einen Abbau (σ_r = radiale Hauptspannung, σ_t = tangentiale Hauptspannung)
Zone of stresses in a working (σ_r = radial principal stress, σ_t = tangential principal stress)
Zone de contrainte autour un vide d'exploitation (σ_r = contrainte principale radiale, σ_t = contrainte principale tangentiale)
Напряженное поле вокруг выработанного пространства (σ_r — нормальное главное напряжение, σ_t — касательное главное напряжение)
Abbau = working = vide d'exploitation = выработанное пространство

Abbaurichtung = direction of working = direction d'exploitation = направление подвигания забоя
Schacht = shaft = puits = ствол
Fließgrenze = limit of flow = limite de fluage = граница перемещения пород

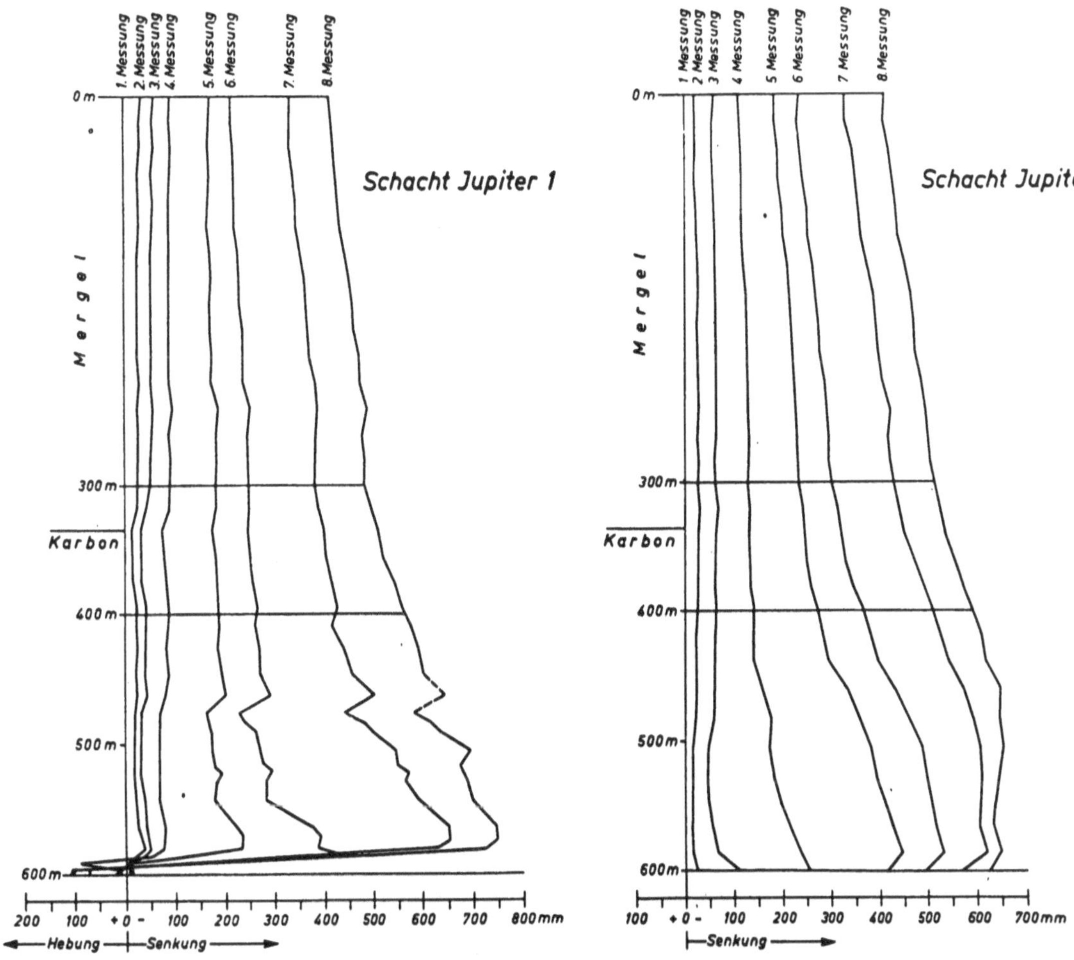

Fig. 11
Absenkung des Gebirges über einen Abbau
Subsiding of the rock above a working
Affaissement de roche au-dessus d'un vide d'exploitation
Оседание слоев над выработанным пространством
Messung = measurement = mesure = измерения
Hebung = lifting = soufflage = поднятия
Senkung = subsidence = affaissement = оседания

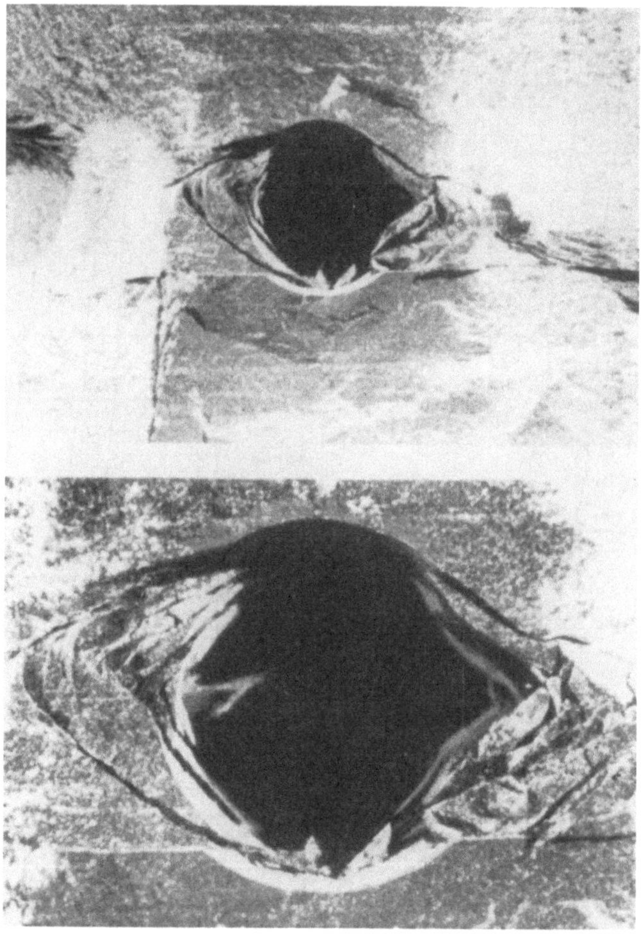

Fig. 12

Gebirgsverformung um einen „Schacht“ (Bohrloch)
Deformation of the rock around a "shaft" (bore-hole)
Déformation des roches autour d'un puits (sondage)
Деформация массива вокруг «ствола» (скважины)

a) b)

Fig. 13

Überschiebungsrisse in einem Schacht unter Abbauwirkung innerhalb der Hohlraumzone
Overthrust breaks in a shaft due to working effects in the cavity zone
Fissures intercalantes dans un puits sous l'influence de l'abatage au-dedans de la zone vide
Трещины от взаимного перемещения пород в стволе, расположенном в зоне пустых пространств

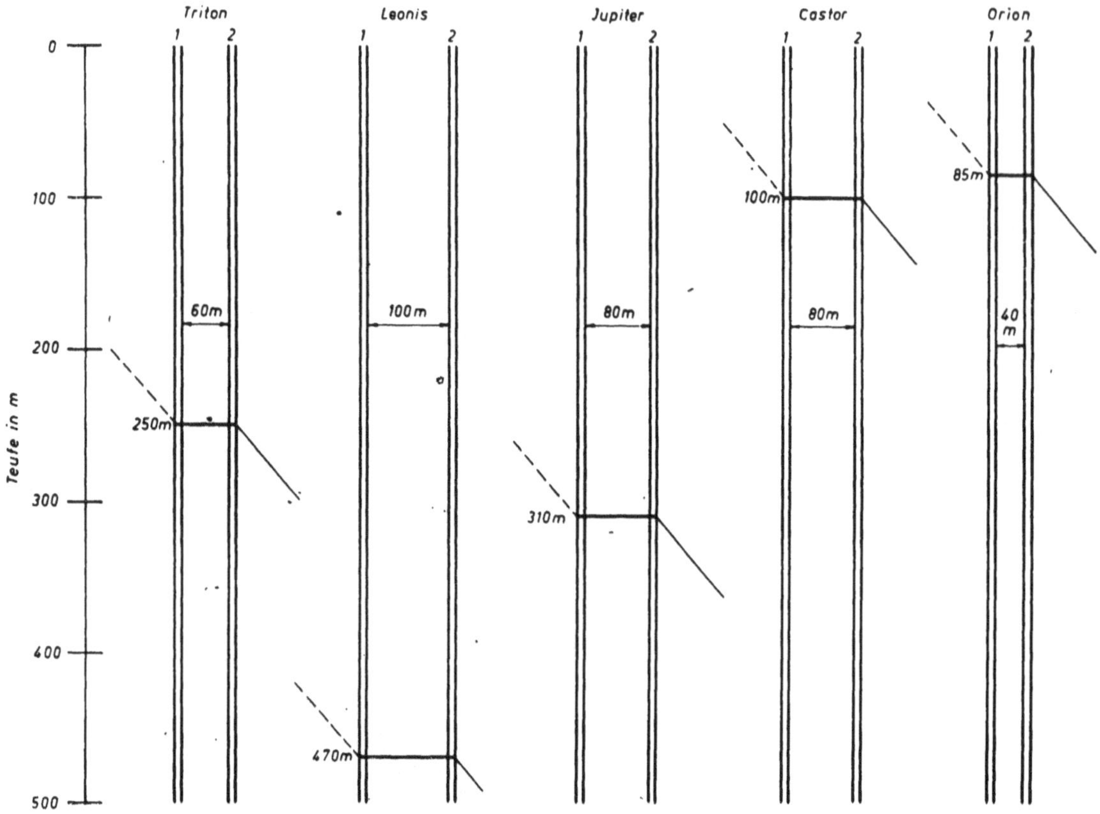

Fig. 14

Schachtgruppen bestehend aus je zwei Schächten, in denen in gleicher Teufe Scherknicke gleicher Richtung auftraten. Der Abstand je zwei zusammengehöriger Schächte und die Teufe sind angegeben

Groups of two shafts each in which shearing breaks of the same direction occured in the same depth. The distance of two appertaining shafts and the depth of the shearing breaks are indicated

Groupement des couples de puits dans lesquels furent constatés en profondeur égale des cisaillements de flambage de la même direction. La distance des deux puits connexes et la profondeur du cisaillement de flambage sont marquées

Группы стволов (по два в каждой), в которых на одинаковой глубине наблюдались одинаково направленные изломы среза. Расстояние стволов одной группы друг от друга и глубина изломов среза указаны

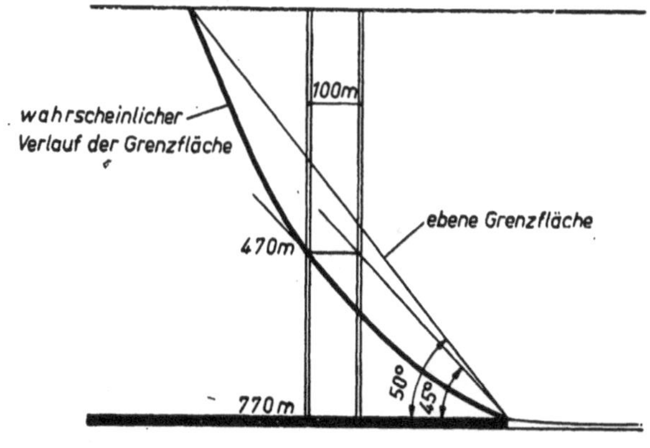

Fig. 15

Wahrscheinlicher Verlauf der Grenzfläche in standfestem schichtigem Gebirge

Probable position of the limit plane in solid bedded rock

Course probable de la face de limite en roches solides et stratifiées

Вероятное направление плоскостей сдвижения в многослойном устойчивом массиве

wahrscheinlicher Verlauf der Grenzfläche = probable course of the limit plane = course probable de la face de limite = вероятное направление поверхности сдвижения

ebene Grenzfläche = plain limit plane = face frontière plane = плоская поверхность сдвижения

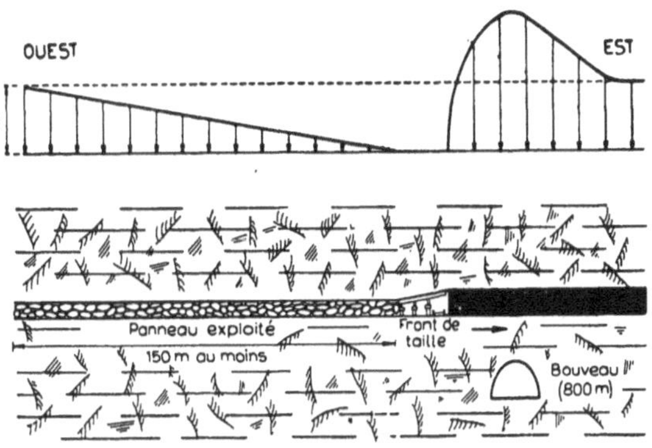

Fig. 1

Le front de taille vient de 200 m à l'ouest et s'approche d'un bouveau de recoupe déjà creusé. L'onde de charge qui précède la taille et qui, à ce moment, a déjà atteint sa valeur maximum, agit sur les terrains qui surplombent le bouveau. Son revêtement va subir des sollicitations anormales et on doit s'attendre à une rupture d'équilibre dangereuse

Die Strebfront nähert sich von Westen her über eine Entfernung von 200 m einem bereits aufgefahrenen Querschlag. Die dem Streb voraufgehende Druckwelle hat in diesem Augenblick ihren Höchstwert erreicht und wirkt sich auf die Schichten im Hangenden des Querschlages aus. Dessen Ausbau wird ungewöhnlich hohen Beanspruchungen ausgesetzt, und eine gefährliche Störung des Gleichgewichts ist zu befürchten

The working front arrives over a distance of 200 metres from west and is approaching a cross-cut already driven. The pressure wave which is preceeding the face has already reached at this moment its maximum value and affects the rocks above the cross-cut. There, the support is subject to abnormal affection and a dangerous disturbance of the equilibrium must be expected

Лава приближается с запада с расстояния 200 м и движется в направлении уже пройденного квершлага. Волна давлении, опережающая лаву и достигшая уже своей максимальной величины, действует на массив пород над квершлагом. Крепь квершлага испыты вает весьма большое давление, следует ожидать опасное нарушение равновесия

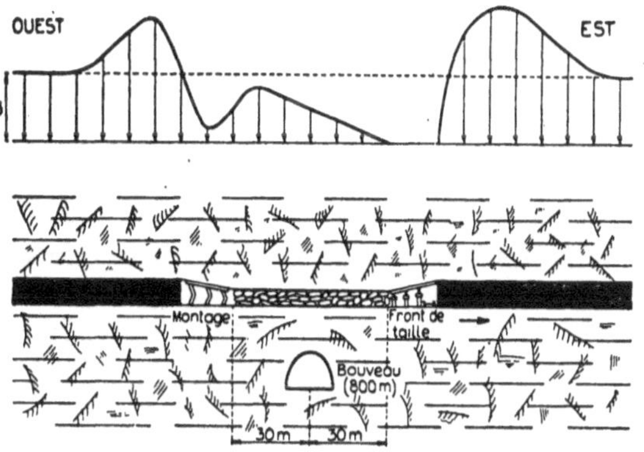

Fig. 2

La taille a démarré à 30 ou 40 m à l'ouest du bouveau. De ce fait, quand la taille passe au-dessus du bouveau, il n'y a pas encore d'onde de charge devant la taille et le bouveau ne souffre pas. Après le passage de la taille, le régime des pressions, un moment perturbé, remonte progressivement à la valeur $H \cdot \delta$. La taille sera soigneusement remblayée au voisinage du bouveau pour réduire les perturbations dans le massif

Der Streb ist 30 oder 40 m westlich des Querschlages angesetzt worden. Aus diesem Grunde eilt ihm, wenn er über den Querschlag hinweggeht, noch keine Druckwelle voraus, und jener erleidet keinen Schaden. Nach Durchgang des Strebs steigt der Überlagerungsdruck nach vorübergehender Störung allmählich wieder auf den Wert $H \cdot \delta$ an. In der Nähe des Querschlages wird mit großer Sorgfalt versetzt, damit die Störungen im Gebirgskörper auf ein Minimum beschränkt bleiben

This face has been started 30 or 40 metres from a cross-cut. When the face surpasses the cross-cut, this will not yet cause a pressure wave ahead of the face which could affect the cross-cut. After having passed the face, the state of pressure, temporarily having been unbalanced, will progressively return to the value $H \cdot \delta$. The face is carefully packed around the cross-cut, in order to minimize the interference with the rocks

Лава была нарезана 30–40 м западнее квершлага. При проходе лавы над квершлагом волна давления впереди лавы не влияет на квершлаг. После прохода лавы временно нарушенное напряженное состояние исчезает, восстанавливается первоначальное давление $H \cdot \delta$. Та часть выработанного пространства, которая находится вблизи лавы, в целях улучшения состояния квершлага тщательно закладывается

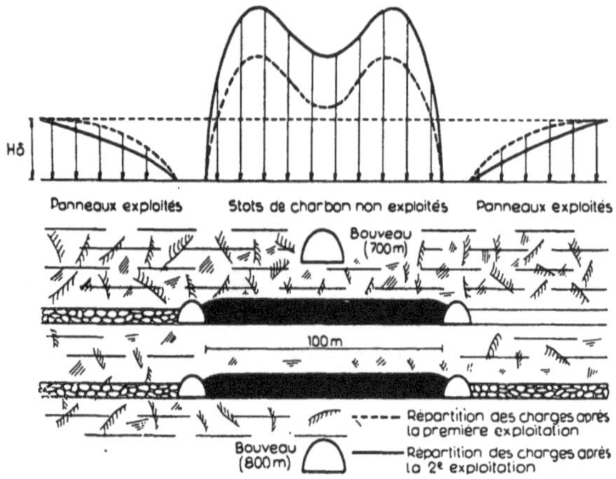

Fig. 3

Des stots de charbon de 100 m de largeur ont été laissés dans le but de protéger les bouveaux de chassage déjà creusés aux étages de 700 et de 800 m. L'exploitation des panneaux voisins a modifié le régime des pressions dans le massif houiller et a concentré les charges sur les stots où se trouvent les bouveaux. Les revêtements de ces bouveaux en solides claveaux de béton ont été complètement écrasés par ces sollicitations additionelles

Zum Schutz der auf der 700- und der 800-m-Sohle bereits aufgefahrenen Richtstrecken hat man Kohlenpfeiler von 100 m Breite stehenlassen. Der Abbau der anschließenden Bauhöhen hat zu einer Verschiebung des Druckes im Gebirgskörper und zu einer Konzentration der Last in dem Kohlepfeiler zwischen den beiden Richtstrecken geführt. Infolge der zusätzlichen Spannungen ist der aus festen Betonformsteinen bestehende Ausbau der Strecken vollkommen zu Bruch gegangen

To protect the cross-cuts already driven in the 700 and 800 m level, coal pillars with 100 m in width were left over. The working of the adjacent districts has changed the state of pressure in the rock body and has resulted into a pressure concentration onto the pillars close to the cross-cuts. These additional loads have fully destroyed the supports of these cross-cuts which were made of strong concrete bricks

Для охраны уже пройденных квершлагов горизонтов 700 м и 800 м были оставлены целики угля шириной 100 м. Выемка угля в соседних участках привела к изменению напряженного состояния массива и концентрации давления на целики, окружающие квершлаги. Крепь этих выработок, состоящая из бетонных блоков, в результате этой дополнительной нагрузки полностью разрушилась

ouest = Westen = west = запад
est = Osten = east = восток
bouveau = Querschlag = cross cut = квершлаг
front de taille = Abbaufront = working front = лава
panneau exploité 150 m au moins = Alter Mann (mindestens 150 m) = panel worked at least 150 metres = отработано по направлению подвигания, по крайней мере 150 м
montage = Aufhauen = rise heading = восстающий
stots de charbon non exploités = stehengelassene Kohlepfeiler = coal pillars not worked = целики угля
– – – Verteilung der Last nach dem ersten Abbau
– – – redistribution of pressure upon the first working
– – – распределение давления после первой выемки угля
——— Verteilung der Last nach dem zweiten Abbau
——— redistribution of pressure upon the 2nd working
——— распределение давления после второй выемки угля

Fig. 4

Les bouveaux de chassage à 700 et 800 m ont été creusés après l'enlèvement du charbon dans les 2 couches sus ou sous-jacentes par des tailles de détente. Ces bouveaux sont situés dans des zones où le régime des pressions ne sera plus perturbé par le démarrage des exploitations voisines

Vor Auffahren der beiden Richtstrecken auf der 700- und 800-m-Sohle wird die Kohle in den beiden dazwischenliegenden Flözen zur Entspannung des Gebirges herausgeholt. Die Strecken liegen auf diese Weise in einer Zone, deren Druckverhältnisse bei Anlauf des Abbaues in den anschließenden Flözpartien nicht mehr gestört wird

The cross-cuts of the 700 and 800 m level have been driven, after the coal in the two overlying seams had been worked through relief faces. These cross-cuts are located in zones where the state of pressure cannot more be disturbed when the adjacent workings are started

Квершлаги на горизонтах 700 м и 800 м проходились после выемки угля в двух лавах, расположенных друг над другом, так называемых разгружающих лавах. Эти квершлаги расположены в зонах, в которых нарезка соседних участков уже не сказывается

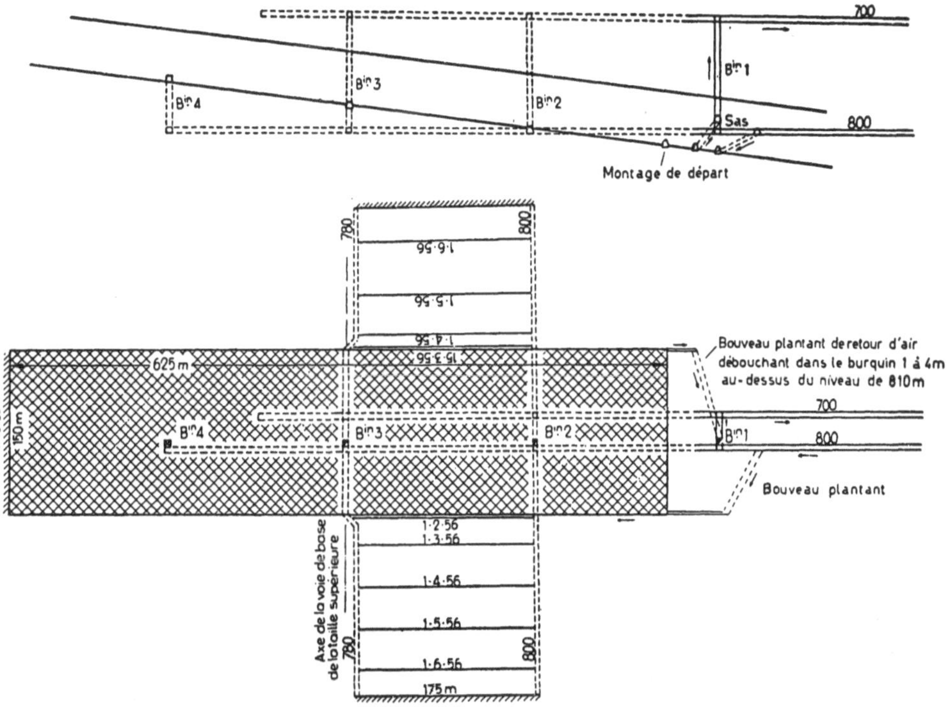

Fig. 5

Recoupe d'une couche par le toit. Enlèvement d'une taille de détente dans chacune des 2 couches avant le creusement des bouveaux et des burquins

Vorrichtung eines Flözes vom Hangenden aus. Entspannung durch Abbau der Kohle in beiden Flözen vor Auffahren des Querschlags und Abteufen der Blindschächte

Working of a seam from the roof. Working is in both seams through relief faces prior to start working the cross-cuts and the staple pits

Нарезка пласта у висячего бока. Разработка разгружающими лавами в каждом из обоих пластов до проведения квершлагов и слепых стволов

sas = Schleuse = air lock = шлюз

montage de départ = Aufhauen = starting rise head = нарезная выработка

axe de la voie de base de la taille supérieure = Achse der Grundstrecke des oberen Strebs = axis of the base road in the upper face = ось откаточного штрека верхней лавы

bouveau plantant de retour d'air débouchant dans le burquin 1 à 4 m au-dessus du niveau de 810 m = ausziehende, abfallende Gesteinsstrecke, mündet im Blindschacht 1 bis 4 m oberhalb 810 m = dipping air returning stone drift ending in the staple pit 1 to 4 m above the 810 m level = квершлаг для выхода отработанного воздуха, который пересекается слепым стволом 1 на 4 м выше горизонта 810 м

bouveau plantant = abfallende Gesteinsstrecke = dipping stone drift = квершлаг

Bin = Blindschacht = staple pit = слепой ствол

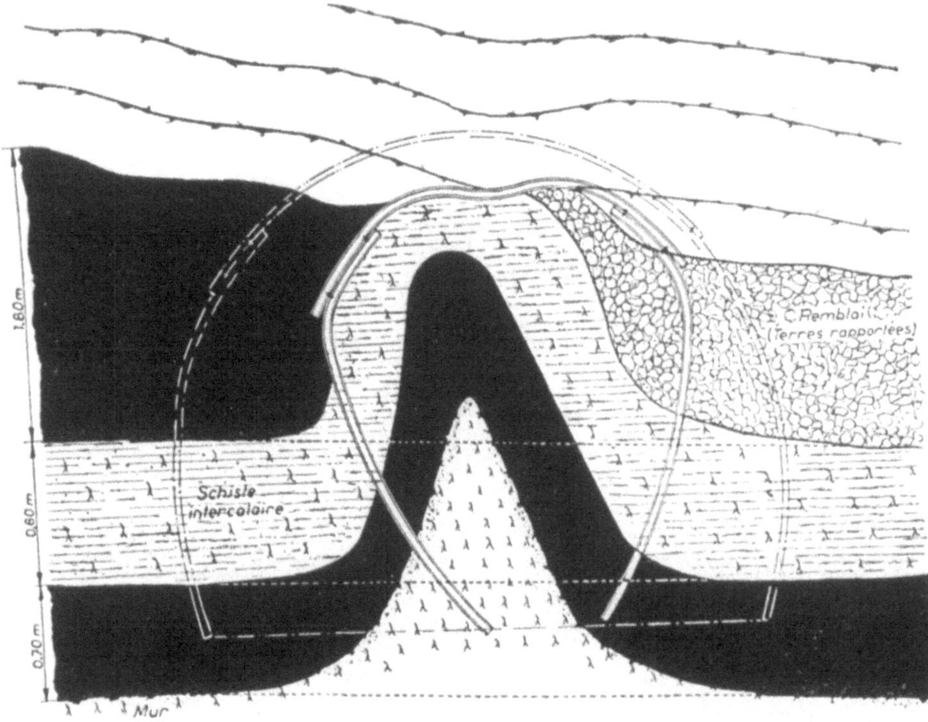

Fig. 6

Fluage des roches dans une galerie, provoqué par l'onde de pression en avant d'une taille (bassin de Campine). La section est entièrement comblée par pénétration des montants dans le mur et par fluage du mur vers la couronne de la galerie. Le même phénomène a aussi été observé en l'absence de charbon dans le mur

Unter der Einwirkung der einem Streb vorauseilenden Druckwelle ist das Gestein in die Strecke gequollen (in einer Campine-Zeche). Der gesamte Streckenquerschnitt ist ausgefüllt, da die Beine des Streckenbogens ins Liegende eingedrungen sind und das Liegende bis zur Firste hochgequollen ist. Die gleiche Erscheinung hat man auch dort beobachtet, wo keine Kohle im Liegenden sitzt

Flow of the rocks into a road caused by the pressure wave ahead of a face (Campine field). The clear face cross-section is fully closed by the support-frames penetrating into the floor and the uplift of the floor towards the roof. The same phenomenum could be also observed with no coal in the floor

Перемещение пород в штрек, вызванное воздействием волны давления впереди лавы (Кампинский бассейн). Штрек полностью заполнен породой вследствие внедрения крепежных рам в почву и поддувания пород почвы до кровли. То же явление наблюдалось и при отсутствии угля в почве

schiste intercalaire = schiefriges Bergemittel = shaly dirt-band = породная прослойка
remblai (terres rapportées) = Versatz (Fremdberge) = imported stowing = закладка
mur = Liegendes = floor = почва

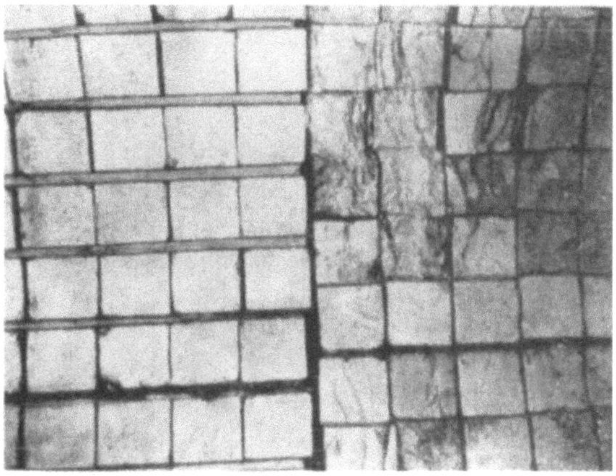

Fig. 7

Photographie de la paroi d'un bouveau revêtu de claveaux de béton dans le bassin de Campine. A gauche, début de la section avec planchettes intercalaires et à droite, sans planchettes

Seitenstoß eines Querschlags mit Betonsteinausbau im Campine-Revier. Im linken Teil Quetschhölzer zwischen den Steinen, im rechten Teil nicht

Snap taken of a cross-cut side wall which had been supported by a concrete brick lining (Campine field). At the left is the area with intermediary slide bars, at the right the area without such slide-bars

Фотография бока квершлага, закрепленного бетонными блоками (Кампинский бассейн). Слева – крепление с прокладками, справа – без прокладок

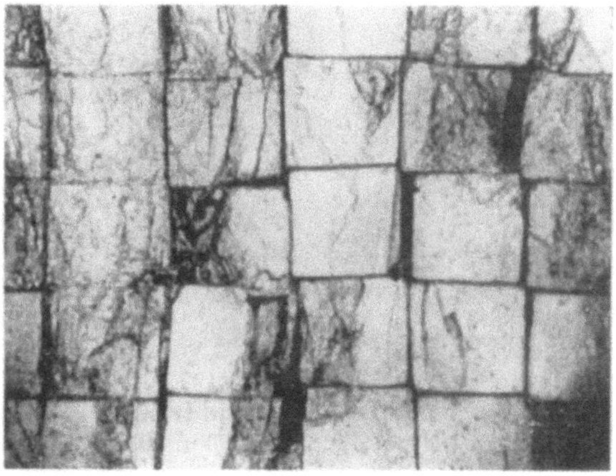

Fig. 8

Photographie de la paroi du bouveau au milieu de la section sans planchettes intercalaires. Les claveaux sont fracturés et complètement déjetés

Aufnahme im gleichen Querschlag in der Mitte des ohne Quetschhölzer ausgebauten Abschnittes. Die Betonsteine sind gerissen und vollkommen verschoben oder verkantet

The side wall of a cross-cut in the center of the area with no slide-bars. The bricks are broken and completely out of position

Фотография бока участка квершлага, закрепленного без прокладок. Блоки разрушены

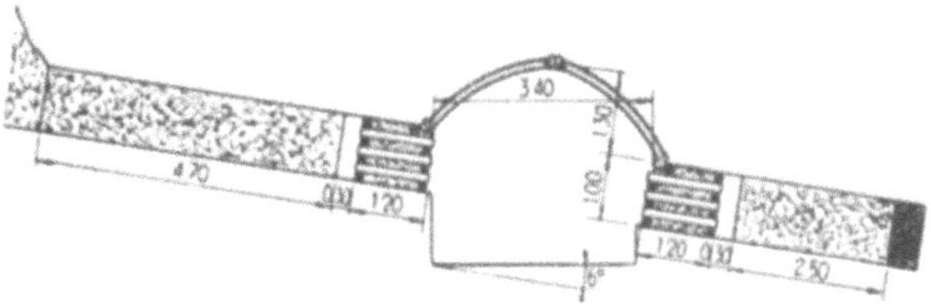

Fig. 9

Cadres articulés sur piles de bois. Les piles sont édifiées dans toute l'ouverture de la couche. Les semelles des cadres sont placées sur le sommet des piles et les cadres sont entièrement dans le toit de la couche

Gelenkbogen auf Holzpfeilern mit Bergefüllung, die die volle Mächtigkeit des Flözes einnehmen. Die Fußplatten des Bogens liegen auf den Pfeilern, der Bogen sitzt vollständig im Hangenden des Flözes

Linked arches on wooden pillars. The pillars fill the total opening of the seam. The base plates of the arches are placed on the top of the pillars, the frames are entirely in the roof of the seam

Шарнирные арки на деревянных кострах, заполняющие всю высоту пласта. Опорные пластины арок полностью расположены в кровле пласта и опираются на костры

Fig. 10

Aspect très satisfaisant d'une galerie en cadres articulés sur piles de bois au Charbonnage de Gosson-Kessales, à Liège, à 400 m en arrière du front de taille. Il n'y a eu aucun recarrage, et les terrains sont tendres

Ausgezeichnet stehende Strecke mit Gelenkbogenausbau auf Holzpfeilern in der Zeche Gosson-Kessales in Lüttich, 400 m hinter der Strebfront. Trotz der Weichheit des Gesteins brauchte man nicht nachzureißen

Road with supports of linked arches on wooden pillars in a good condition in the coal mine of Gosson-Kessales near Liege, 400 m behind the face front. The rocks in this district are soft and no re-ripping has been involved

Штрек, закрепленный шарнирными арками на деревянных кострах. Крепь находится в хорошем состоянии (угольная шахта Госсон-Кессаль близ Люттиха). Штрек пройден за очистным забоем на расстоянии 400 м. Породы мягкие

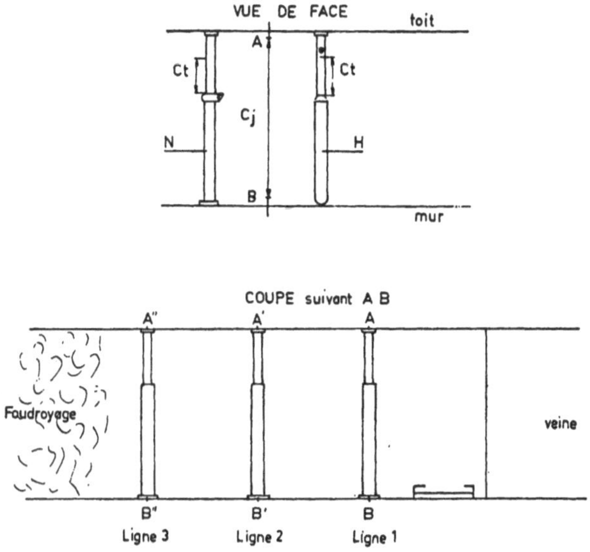

Fig. 1

Comparaison de la convergence des épontes au coulissement des étançons
Vergleich zwischen der Konvergenz von Firste und Sohle und dem Nachgeben der Stempel
Comparison between the convergence of roof and floor and the yield of the props
Сравнение сближения кровли и почвы с сдавливанием стоек

Legende

A, B: Broches du toit et du mur formant un doublet dont on mesure la convergence C_j
First- und Sohlenbolzen als Meßpunkte für die Konvergenz C_j
Roof- and floor-bolts as measuring points for convergence C_j
Пункты в кровле и почве, сближение C_j которых измеряется

N, H: Etançons voisins (sur la même ligne) dont on mesure le coulissement C_t pendant la même période
(auf der gleichen Linie) benachbarte Stempel, deren während der gleichen Zeit erfolgtes Nachgeben C_t gemessen wird
neighbouring props (on the same line) the yield C_t of which, occurring during the same time, is measured
Соседние (на одной линии) стойки, сдавливание Ct которых в тот же промежуток времени измеряется

vue de face = Frontalansicht = front view = вид спереди
toit = Firste = roof = кровля
mur = Sohle = floor = почва
coupe suivant *AB* = Schnitt *AB* = section *AB* = разрез по AB
foudroyage = Bruch = caving = обрушение
veine = Flöz = seam = пласт
ligne = Linie = line = линия

Vue en plan des 4 zones de mesure de la taille étudiée

coté veine

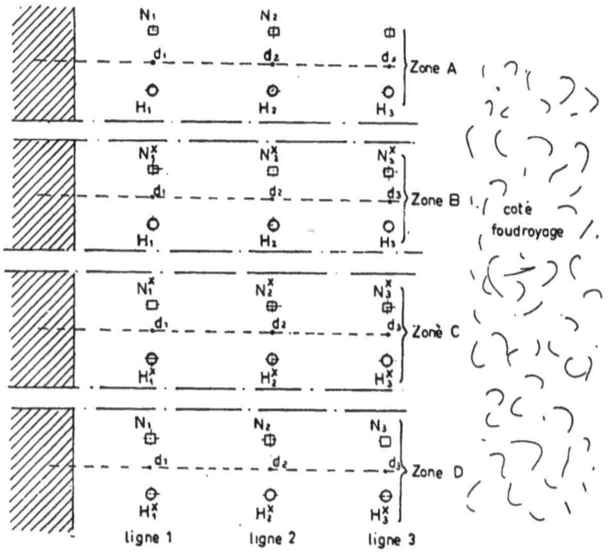

Fig. 2

Schéma de campagne de mesure en taille avec emploi combiné des étançons normaux de la taille et d'étançon hydrauliques étalons

Schema der Strebmessungen bei kombiniertem Einsatz von normalen Strebstempeln und hydraulischen Eichstempeln

Grundriß der 4 Meßzonen des untersuchten Strebs

Scheme of the longwall measurements with combined use of normal longwall props and calibrated hydraulic props

Plan view of the 4 measured zones of the longwall under study

Схема измерений в лавах при совместном применении стоек трения и гидравлических стоек – эталонов

Профиль четырех зон исследуемой лавы

coté veine = Flözseite = seam side = сторона пласта

coté foudroyage = Bruchseite = caving side = сторона обрушенного пространства

Legende

N étançon normal sans semelle = Normalstempel ohne Fußplatte = normal props without base plate = стойка трения без опорной пластины

N^x étançon normal sur semelle circulaire de 400 cm^2
Normalstempel auf runder, 400 cm^2 großer Fußplatte
normal props on round base plates of 400 cm^2
стойка трения с круглой опорной пластиной площадью 400 $см^2$

H étançon hydraulique sans semelle
Hydraulischer Stempel ohne Fußplatte
hydraulic prop without base plate
гидравлическая стойка без опорной пластины

H^x étançon hydraulique sur semelle circulaire de 400 cm^2
Hydraulischer Stempel auf runder, 400 cm^2 großer Fußplatte
hydraulic prop on round base plate of 400 cm^2
гидравлическая стойка с круглой опорной пластиной площадью 400 $см^2$

d doublets de mesure des convergences
Konvergenz-Meßpunkte
convergence measuring points
сближение пар пунктов

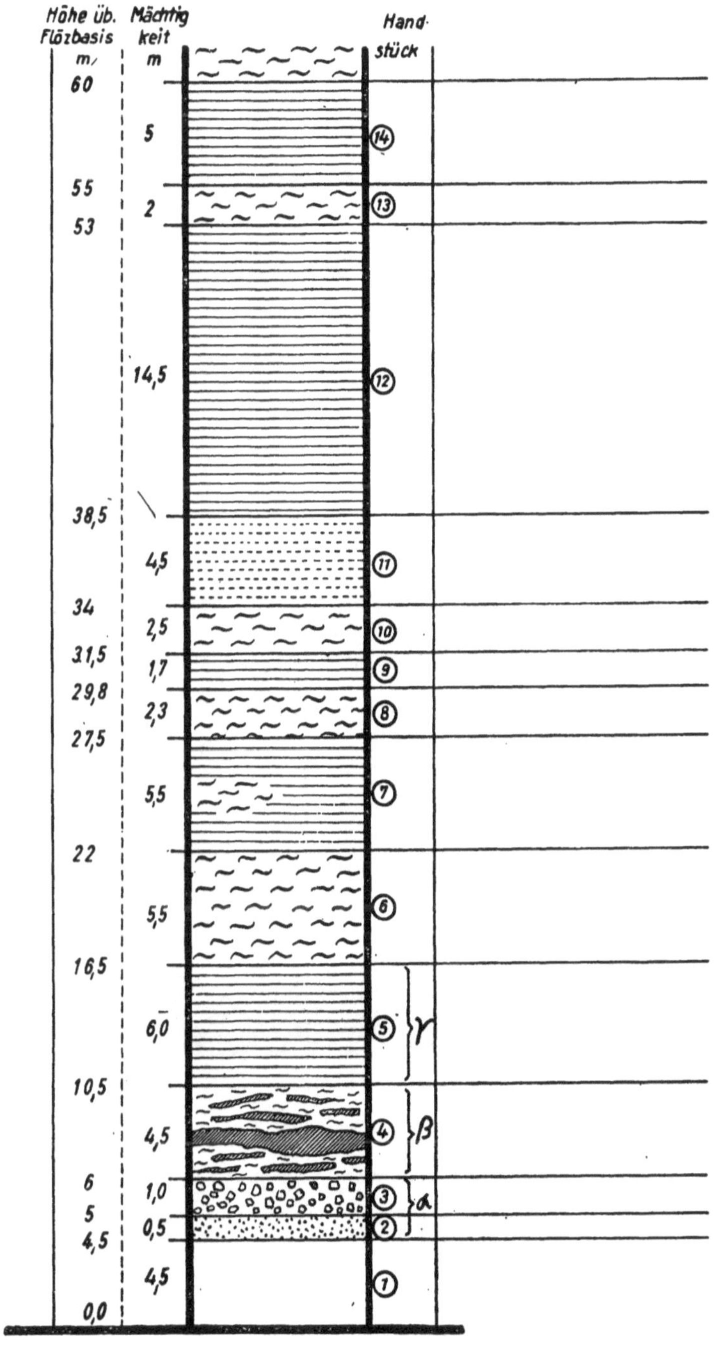

Fig. 1

Normalprofil der Hangendschichten über dem Kupferschieferflöz
Normal section of roof strata above the copper slate seam
Profil normal des strates du toit au dessus de la veine de schiste cuivré
Нормальный профиль толщи над пластом медного сланца

1 Zechsteinkalk + Fäule + Flöz = 1 Zechstein + Faeule + seam (veine)
1 цехштейн + фейле + пласт
2—14 Wechsellagerungen von dichtem und flasrigem Anhydrit
2—14 alternating stratification of dense and speckeled anhydride
2—14 stratification alternative de l'anhydride dens et madré
2—14 чередующиеся отложения плотного и зернистая ангидрида

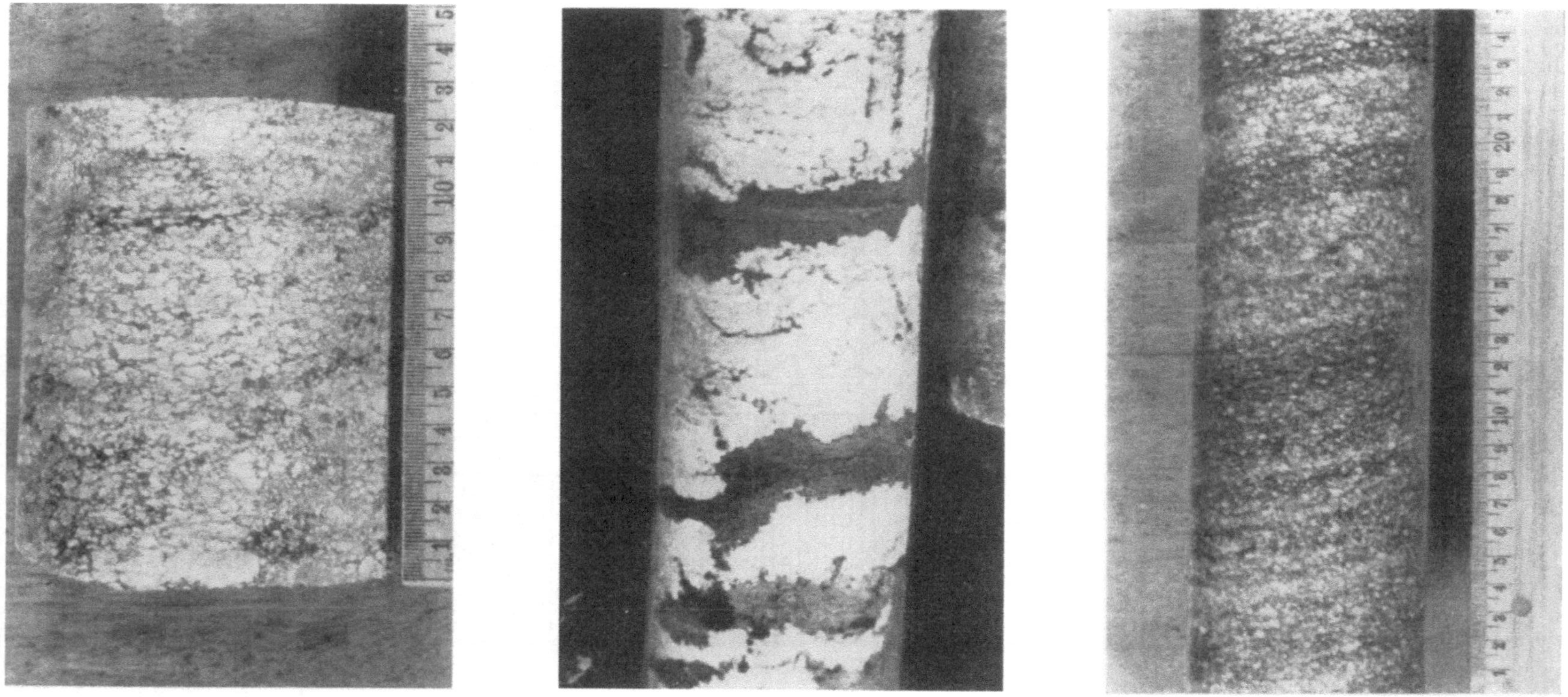

Fig. 2

Struktur des unteren Werra-Anhydrits
links: Zone α (1,5 bis 2,5 m mächtig)
mitte: Zone β (5,0 bis 6,0 m mächtig)
rechts: Zone γ (6,0 bis 7,0 m mächtig)

Структура нижнего Верра-ангидрида
слева: зона алгфа (мощность 1,5–2,5 м)
в середине: зона бета (мощность 5,0–6,0 м)
справа: зона гамма (мощность 6,0–7,0 м)

Structure de l'anhydride «Werra» inférieur
à gauche: zone α (puissance de 1,5 à 2,5 m)
centre: zone β (puissance de 5,0 à 6,0 m)
à droite: zone γ (puissance de 6,0 à 7,0 m)

Structure of the lower Werra-anhydride
left: α-zone (1.5 to 2.5 metres thick)
center: β-zone (5.0 to 6.0 metres thick)
right: γ-zone (6.0 to 7.0 metres thick)

Fig. 3

Ausbildung der Dachschichten im Strebprofil durch Druckwirkung
Pattern of roof strata in the face front profile as a result of pressure effect
Développement des strates du toit dans le profil de la taille dû à la pression
Состояние кровли выработанного пространства в результате воздействия горного давления
Bohrloch = borehole = trou de sondage = шпур
Oberberge = upper rocks = bancs susjacents = породы кровли
Unterberge = lower rocks = bancs inférieur = породы нижны
Knickzone = buckling zone = zone de flambage = зона пролома
Strebstoß bei Beendigung der Schicht = face at the end of the shift = front de taille à la fin du travail = забой лавы в конце смены
Strebstoß nach der Schiefergewinnung vom vorhergehenden Tage = face front after slate extraction of the previous day = front de taille après l'exploitation du schiste du jour précédent = забой лавы после отработки медного сланца
altes Bohrloch = old borehole = vieux trou de sondage = старый шпур
neues Bohrloch = new borehole = nouveau trou de sondage = новый шпур
Strebstoß nach dem Abräumen = face front after stripping = front de taille après le déblayage = забой лавы после уборки породы

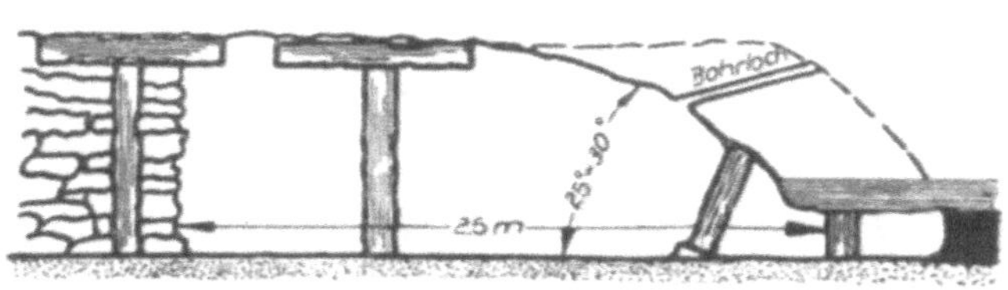

Profil 1

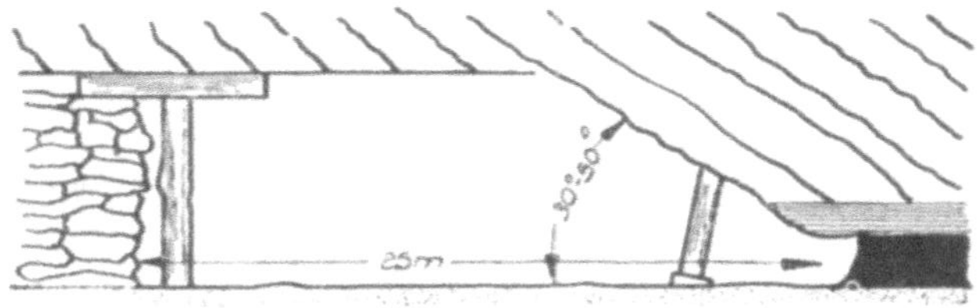

Profil 2

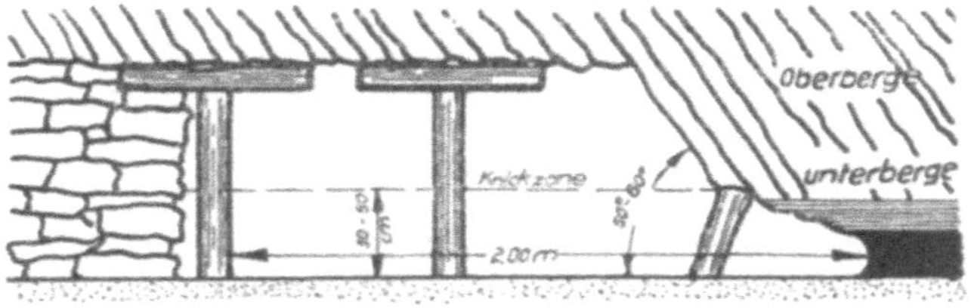

Profil 3a

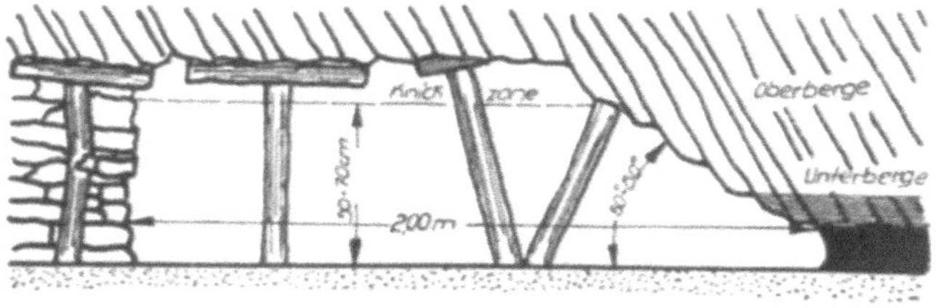

Profil 3b

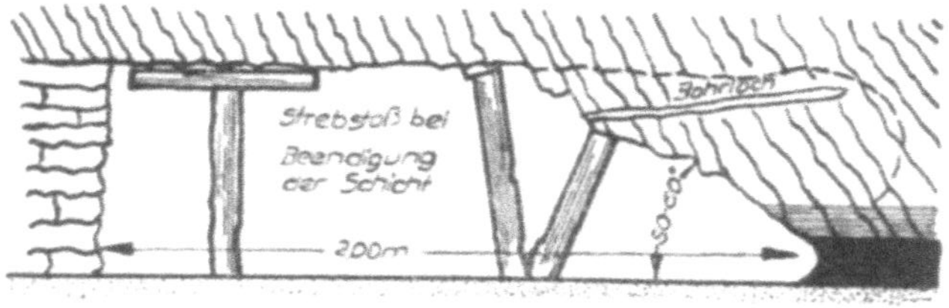

Profil 4

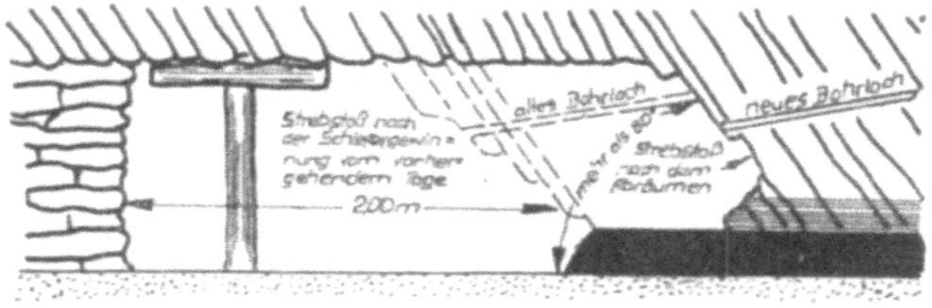

Profil 5

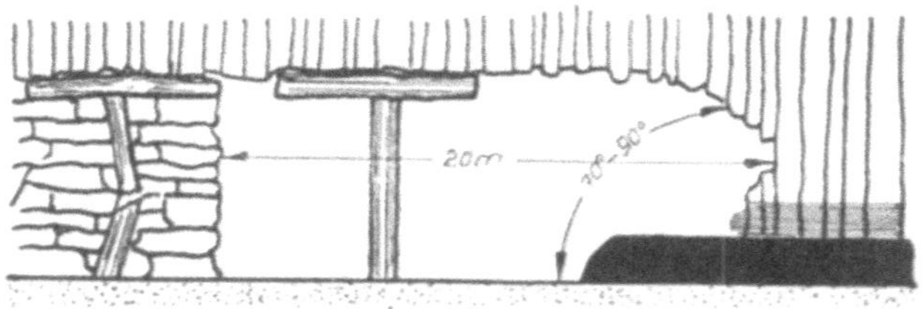

Profil 6

Fig. 4

Strebführung auf Hermannschacht bei Eisleben

Face front in the Hermann mine near Eisleben

Dispositionen et forme de taille dans la mine «Hermann» près de Eisleben

Ведение лавы на шахте Херманн близ Эйслебена

Sohle = level = niveau = горизонт

Alter Mann = goaf = vieux travaux = отработанный участок

Bremsberg = incline = incliné = бремсберг

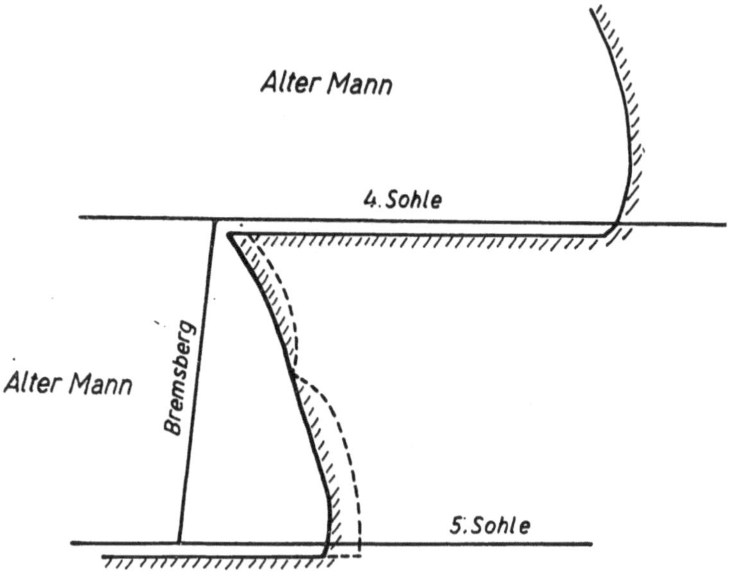

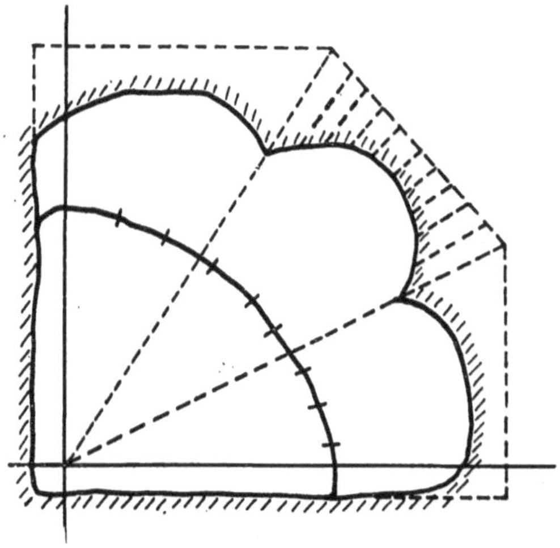

Fig. 5

Strebführung in den 20er Jahren in Mansfeld

Pattern of face around 1920 in the Mansfeld district

Dispositionen et forme de tailles à Mansfeld environ en 1920

Ведение лав в 20-е годы в Мансфельде

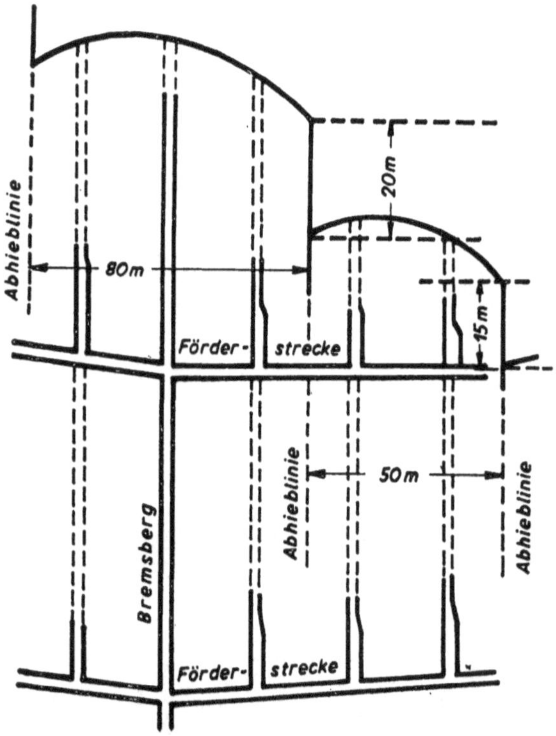

Fig. 6

Derzeitige Strebführung und Vorrichtung

Present face design and preparatory workings

Disposition de taille et de traçage actuele

Ведение лав и подготовка участков в настоящее время

Abhieblinie = offset line = ligne de décalage = направление штрека

Förderstrecke = haulage way = voie de transport = откаточный штрека

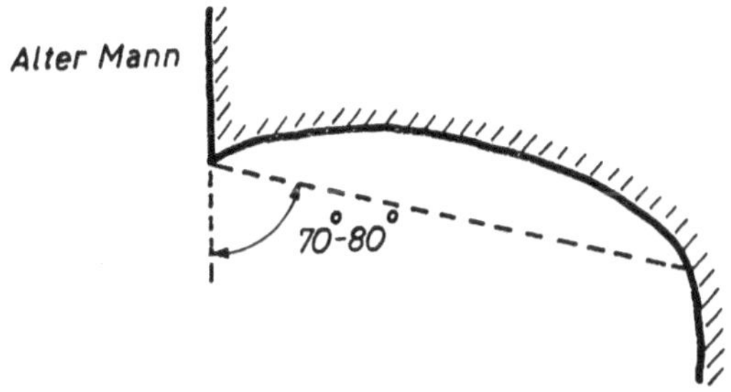

Fig. 7

Richtige Strebstellung zum Alten Mann
Correct face positioning to the goaf
Position correcte de la taille vers les vieux travaux
Правильное направление лавы относительно соседнего, уже отработанного участка

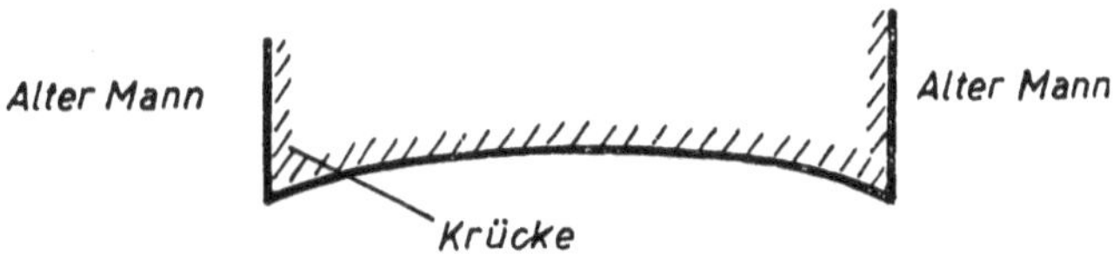

Fig. 8

Richtige Strebstellung beim Pfeilerverhieb
Correct face positioning with pillar working
Position correcte de la taille pour l'extraction des piliers
Правильное направление лавы при отработке участка между двумя смежными отработанными участками
Alter Mann = goaf = vieux travaux = отработанный участок
Krücke = crutch = béquille = крюк

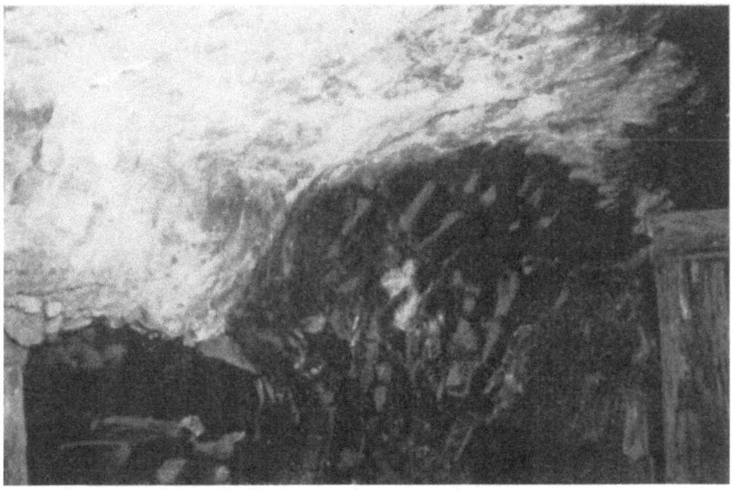

Fig. 9

Ausbildung der Druckwand am Aushieb eines Strebes in der Förderstrecke
Pattern of pressure-wall at the head of the working face in the haulage way
Développement de la paroi de pression au front d'une taille dans la galerie
Состояние стены давления в штреке у конца лавы

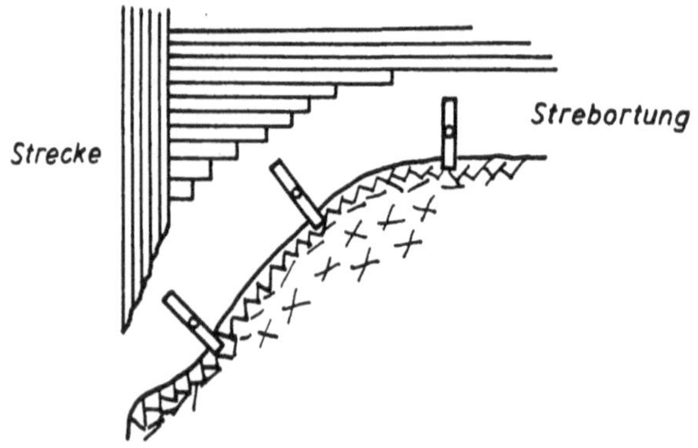

Fig. 10

Schema der Schlechtenbildung an den Strebaushieben
Schematic of cleavage at the face road
Vue schématique des clivages aux fronts de la taille
Характер кливажа в местах сопряжения штреков и лавы
Strecke = roadway = voie = штрек
Strebortung = face = taille = лава

Fig. 11

Ausbildung der Strebschlechten und Abdrücke
Pattern of the face cleavage and pressure partings
Développement des clivages de taille et décollements
Характер кливажа в целике руды

Fig. 12
Ausbildung der Druckwand bei schlecht durchgearbeitetem Streb
Pattern of the pressure-wall in improperly worked face
Forme de la paroi de pression dans le cas d'une taille mal exploitée
Характер стены давления при больших размерах лавы

Fig. 13
Am Aushieb aufgerissenes Liegendes infolge mangelnder Bearbeitung des Strebaushiebes
Gaping floor in the rise heading due to insufficient working of the end of the face
Mur crevassé à la fin par suite d'une exploitation insuffisante de la fin de la taille
Вспучивание почвы вследствие недоработки конпа лавы

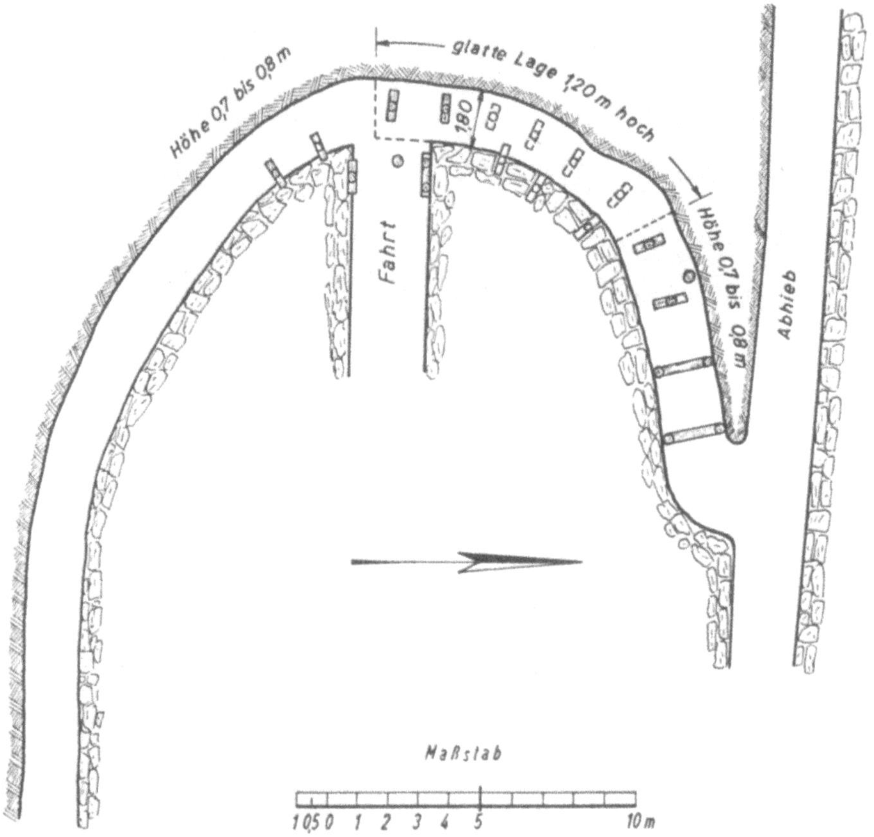

Fig. 14

Strebausbruch infolge nachlässiger Bearbeitung des Strebteiles am Alten Mann
Flaking as a result of improper working of the face side towards the goaf
Eboulement de taille résultant d'une exploitation insuffisante de la béquille
Завал лавы вследствие ее недоработки у границ участка
Fahrt = travelling track = havée de circulation = штрек
Höhe 0,7 bis 0,8 m = height 0.7 to 0.8 metres = hauteur de 0,7 à 0,8 m = высота 0,7–0,8 м
glatte Lage 1,20 m hoch = smooth formation 1.20 metres in height = stratification plate d'une hauteur de 1,20 m = отделение слоя на высоте 1,20 м
Abhieb = roadway = voie = штрек

Fig. 15

Strebbruch infolge ungleichmäßiger Bearbeitung
Face collapse due to non-uniform working
Eboulement de la taille dû à un avancement inégal
Завал лавы вследствие ее неравномерного подвигания

Strebbreite = face width = largeur de la taille = ширина лавы

Unfallstelle = accident = point d'accident = место происшествия несчастного случая

Förderfahrt = haulage road = voie d'extraction = откаточный штрек

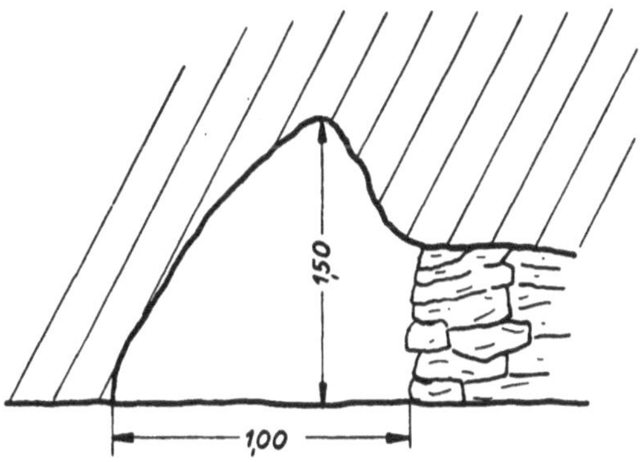

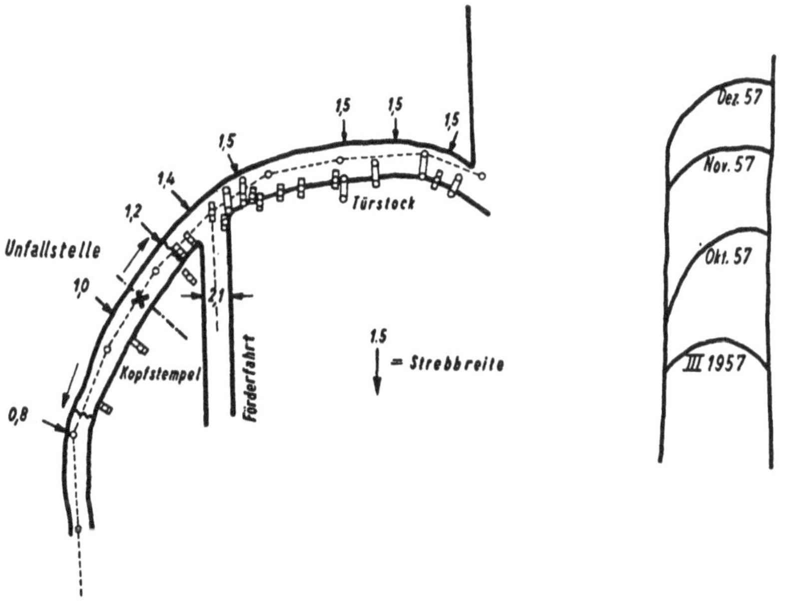

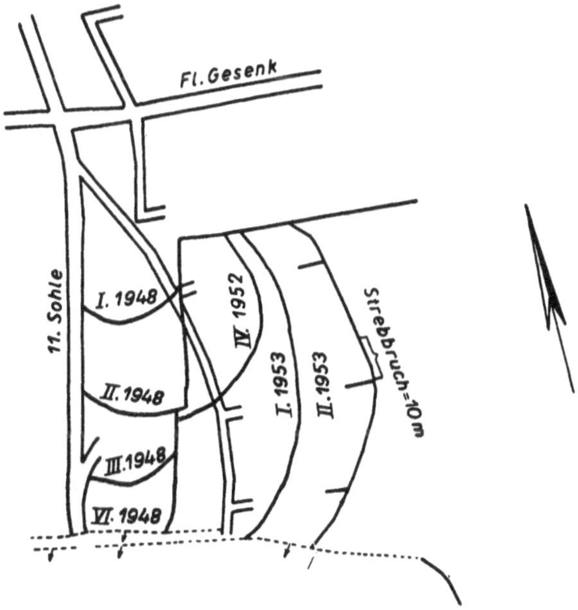

Fig. 16

Strebbruch im Pfeilerstreb infolge zu starken Verhauens der Strebmitte

Failure in pillar section due to excessive advance of the face center part

Cassure dans la taille de piliers suivant un dépilage trop fort dans la partie centrale de la taille

Завал лавы вследствие слишком быстрого подвигания средней ее части

Sohle = level = niveau = горизонт

Fl. Gesenk = incline = incliné = наклонный гезенк

Strebbruch = face fall = éboulement = завал лавы

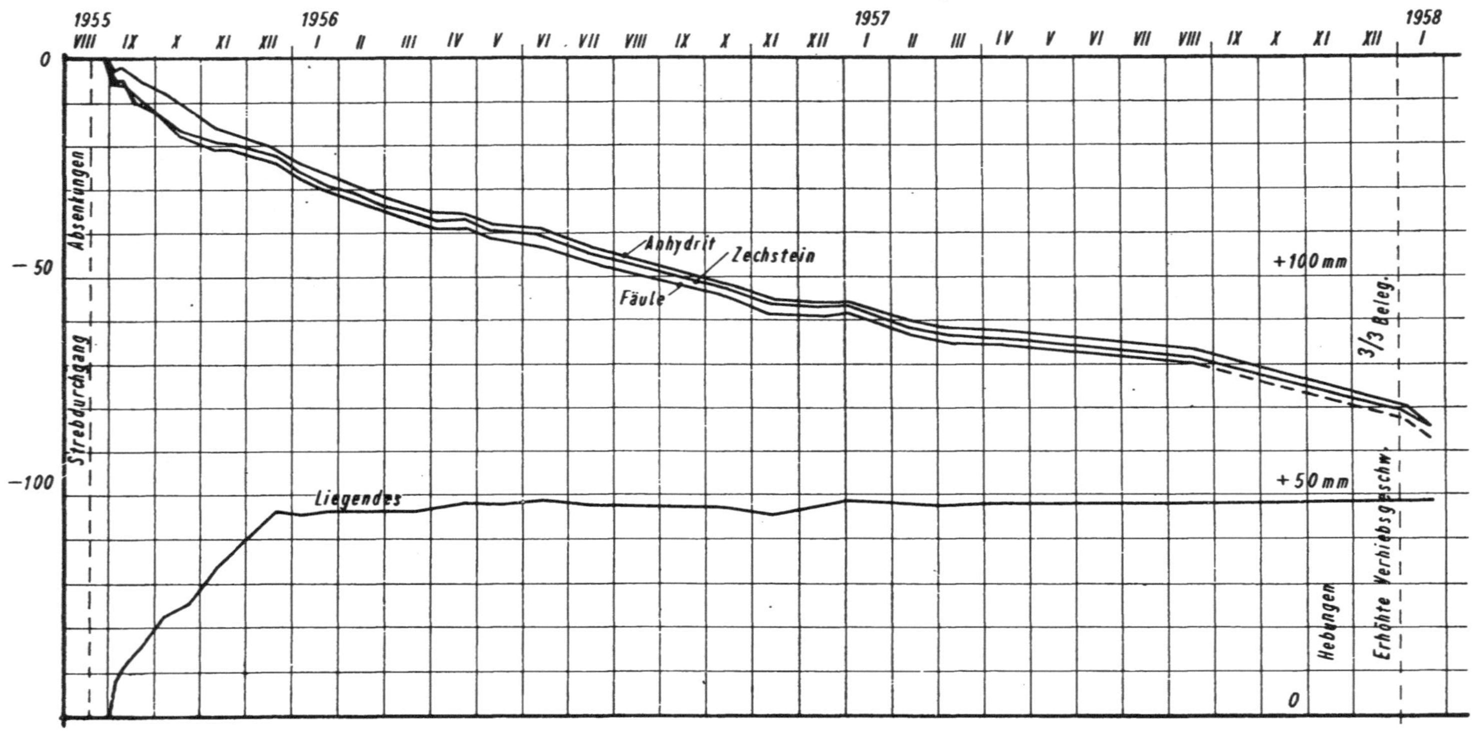

Fig. 18

Verlauf der Senkungen und Hebungen der untersuchten Schichten in Abhängigkeit vom Strebvortrieb (Meßstelle bei Beobachtungspunkt 5)
Development of subsidences and uplifts of the strata under study in depedence on the advance of the face (observation station 5)
Affaissements et soufflages des strates étudiées dans leur dépendance de l'avancement de la taille (ponit de mesure près de la station de repère N⁰ 5)
Оседания и поднятия исследованных слоев в зависимости от подвигания забоя (измерительная точка при пункте 5)
Strebdurchgang = face passage = passage de la taille = место прохода лавы
Liegendes = floor = mur = лежачий бок — Anhydrid = anhydride = anhydride = ангидрид
Zechstein = иехштейн — Hebungen = uplifts = soufflages = поднятия
erhöhte Verhiebsgeschwindigkeit 3/3 Beleg. = increased rate of advance with 3 shifts/day = vitesse d'avancement augmentée, 3 postes par jour = повышенная скорость подвигания лавы, добычные работы в три смены

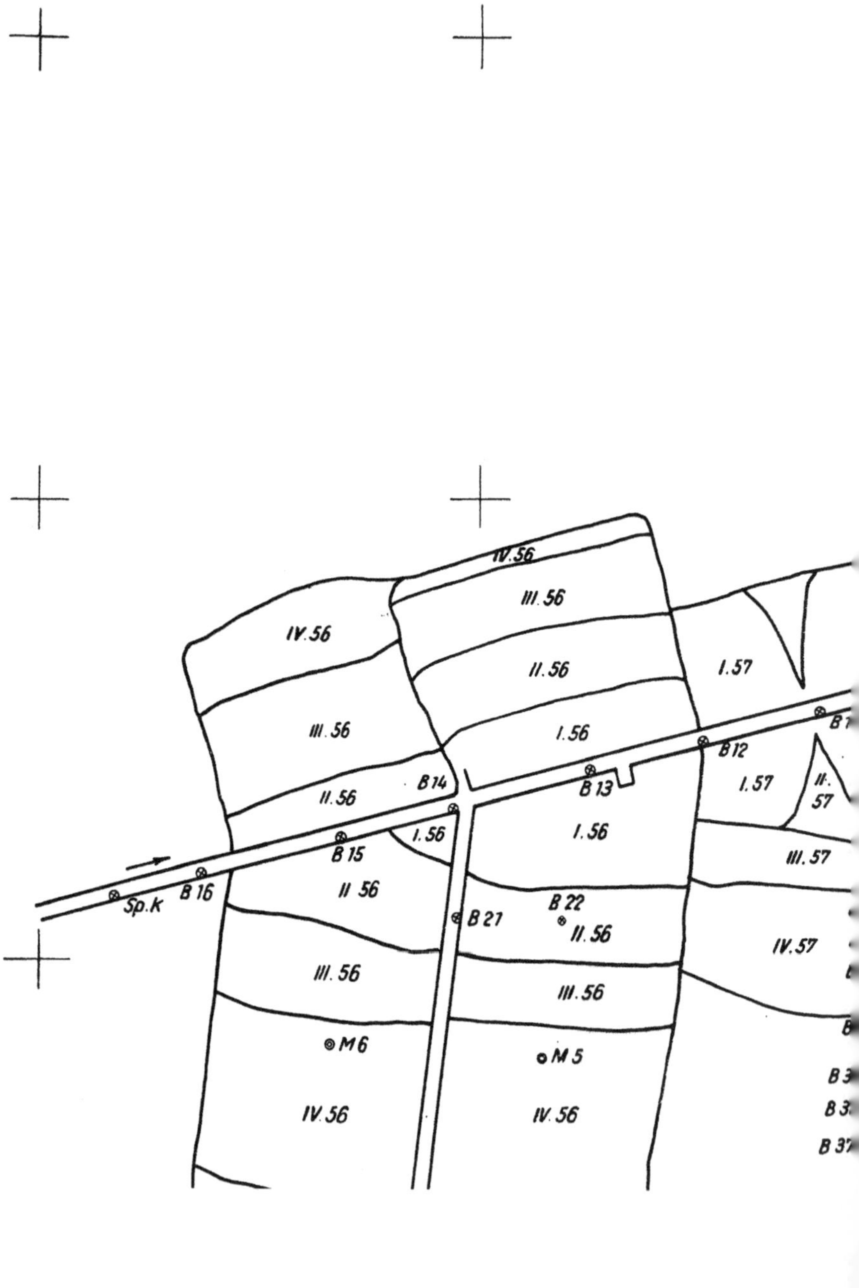

IV.56
III.56
IV.56
II.56
I.57
III.56
I.56
B12
I.57
II. 57
II.56
B14
B13
I.56
I.56
B15
III.57
Sp.k
B16
II 56
B21
B22
II.56
IV.57
III.56
III.56
M6
M5
IV.56
IV.56

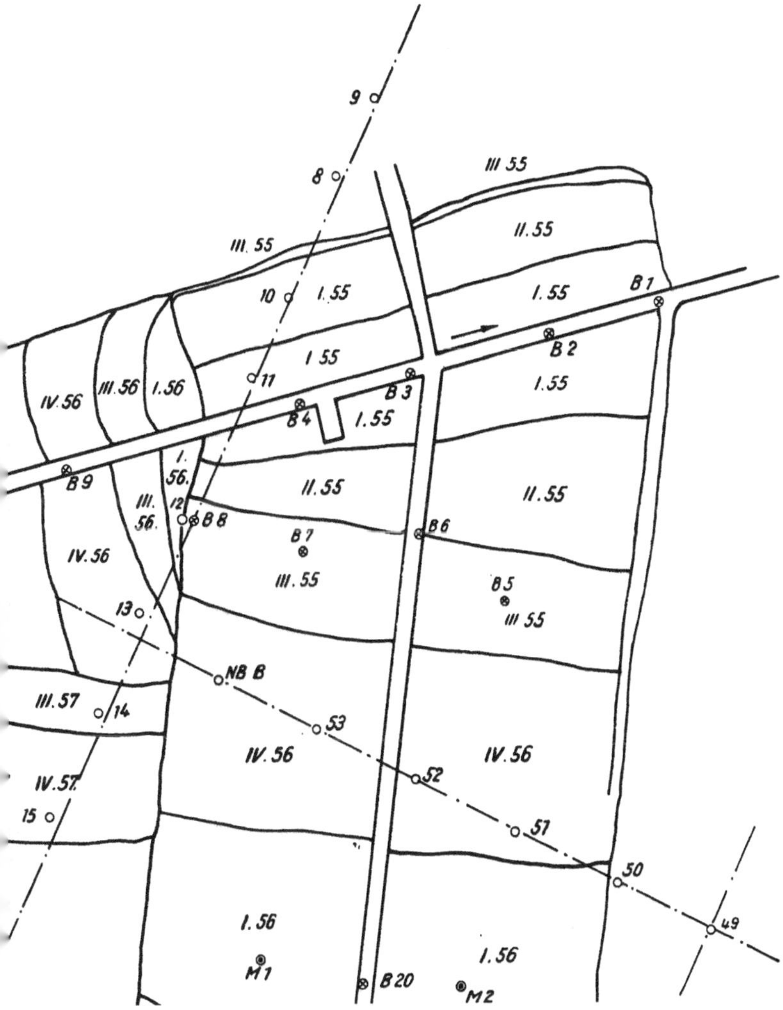
9
8
III 55
III. 55
II. 55
10
I. 55
I. 55
B 1
I 55
B 2
11
I. 55
B 3
IV. 56
III. 56
I. 56
B 4
I. 55
B 9
I.
56.
II. 55
II. 55
III.
56.
12
B 8
B 6
B 7
IV. 56
III. 55
B 5
III 55
13
NB B
III. 57
14
53
IV. 56
IV. 56
52
IV. 57
15
51
50
49
I. 56
I. 56
M 1
B 20
M 2

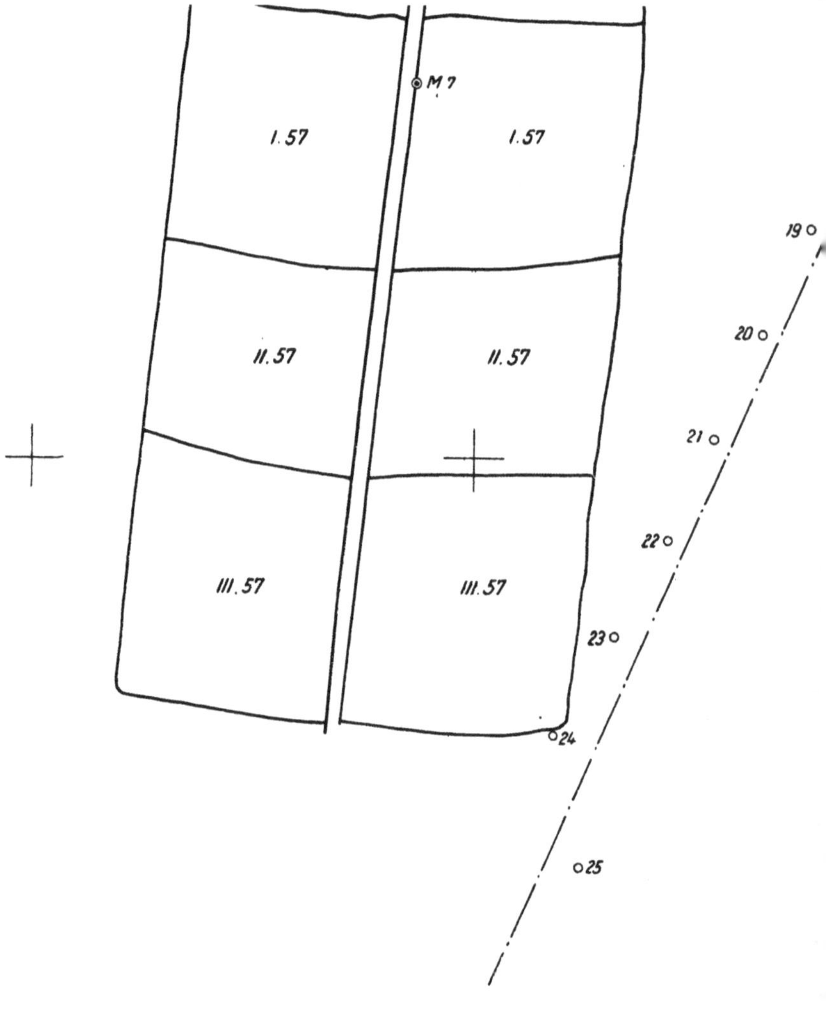

Fig. 17

Grundriß des Versu
Ground plan of the
Plan horizontal de l'
План опытного участ

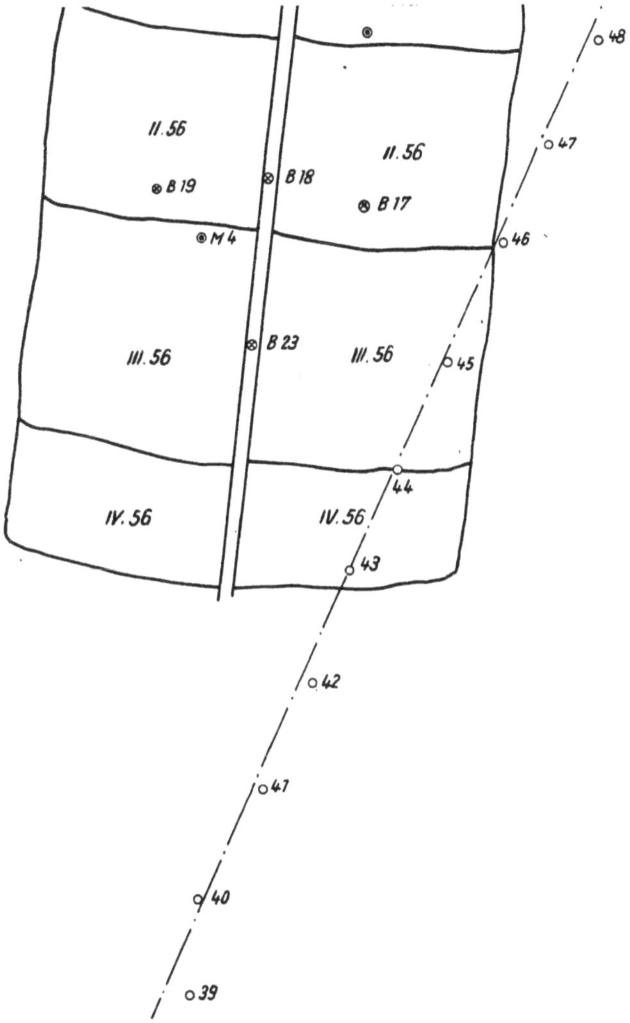

II. 56
II. 56
B 19
B 18
B 17
M 4
46
47
48
III. 56
III. 56
B 23
45
IV. 56
IV. 56
44
43
42
41
40
39

g unit

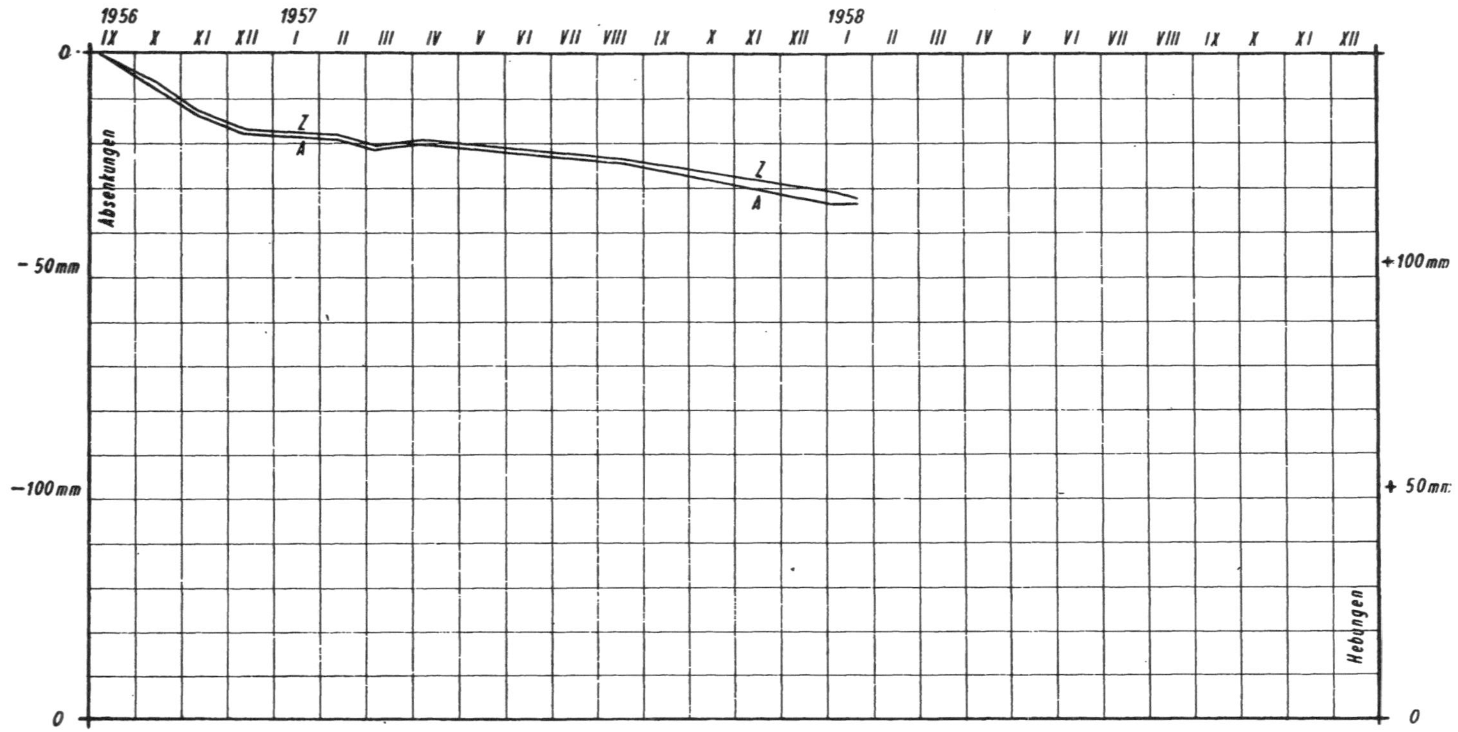

Fig. 19

Verlauf der Senkungen und Hebungen der untersuchten Schichten in Abhängigkeit vom Strebvortrieb (Meßstelle bei Beobachtungspunkt 18)

Development of subsidences and uplifts of the strata under study in dependence on the advance of the face (observation station 18)

Affaissements et soufflages des strates étudiées dans leur dépendance de l'avancement de la taille (point de mesure près de la station de repère N⁰ 18)

Оседания и поднятия исследованных слоев в зависимости от подвигания забоя (измерителная точка при пункте 18)

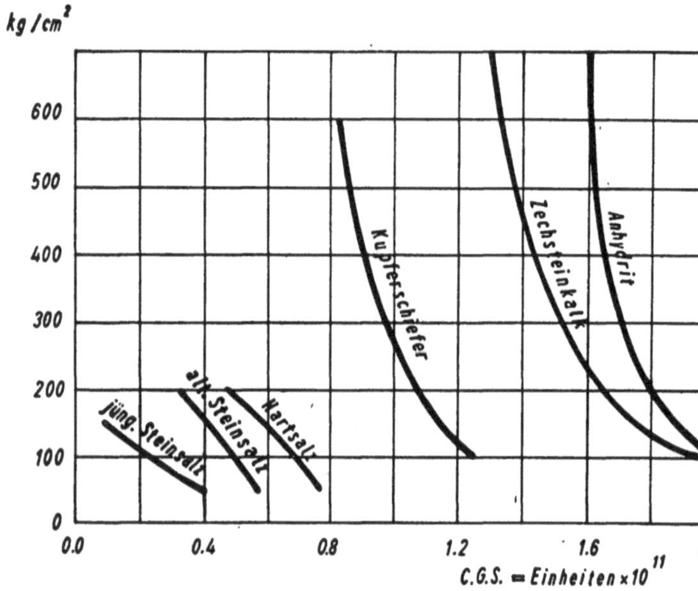

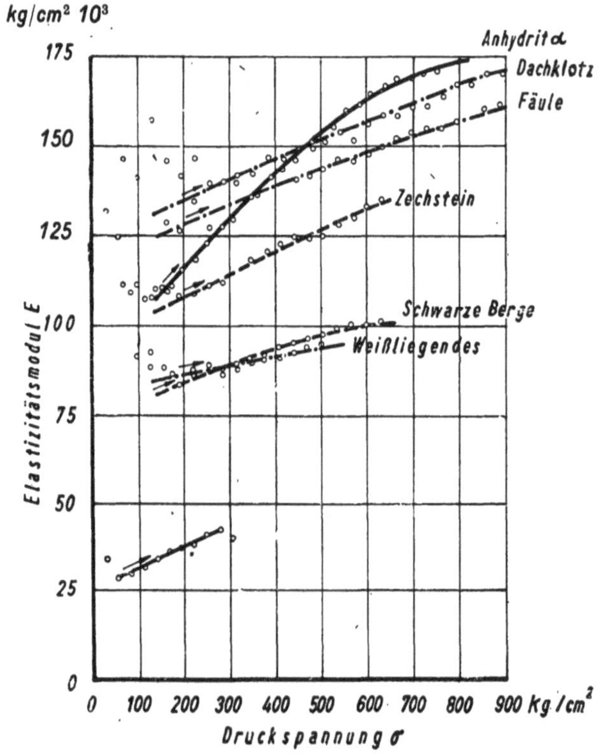

Fig. 20

Verlauf des E-Moduls in Abhängigkeit von der Druckspannung im einachsigen Spannungszustand für verschiedene Gesteine

links: nach Wöhlbier; rechts: nach Dietze

Modulus of elasticity in dependence on compressive stress in uniaxial condition shown for various rocks

left: acc. to Wöhlbier; right: acc. to Dietze

Module d'élasticité pour roches diverses en dépendance de la contrainte compressive dans l'état de contrainte uniaxe

à gauche: d'après Wöhlbier; à droite: d'après Dietze

Изменения модуля упругости в зависимости от напряжений сжатия при одноосном напряженном состоянии для различных пород

слева: по Вёльбиру; справа: по Дитце

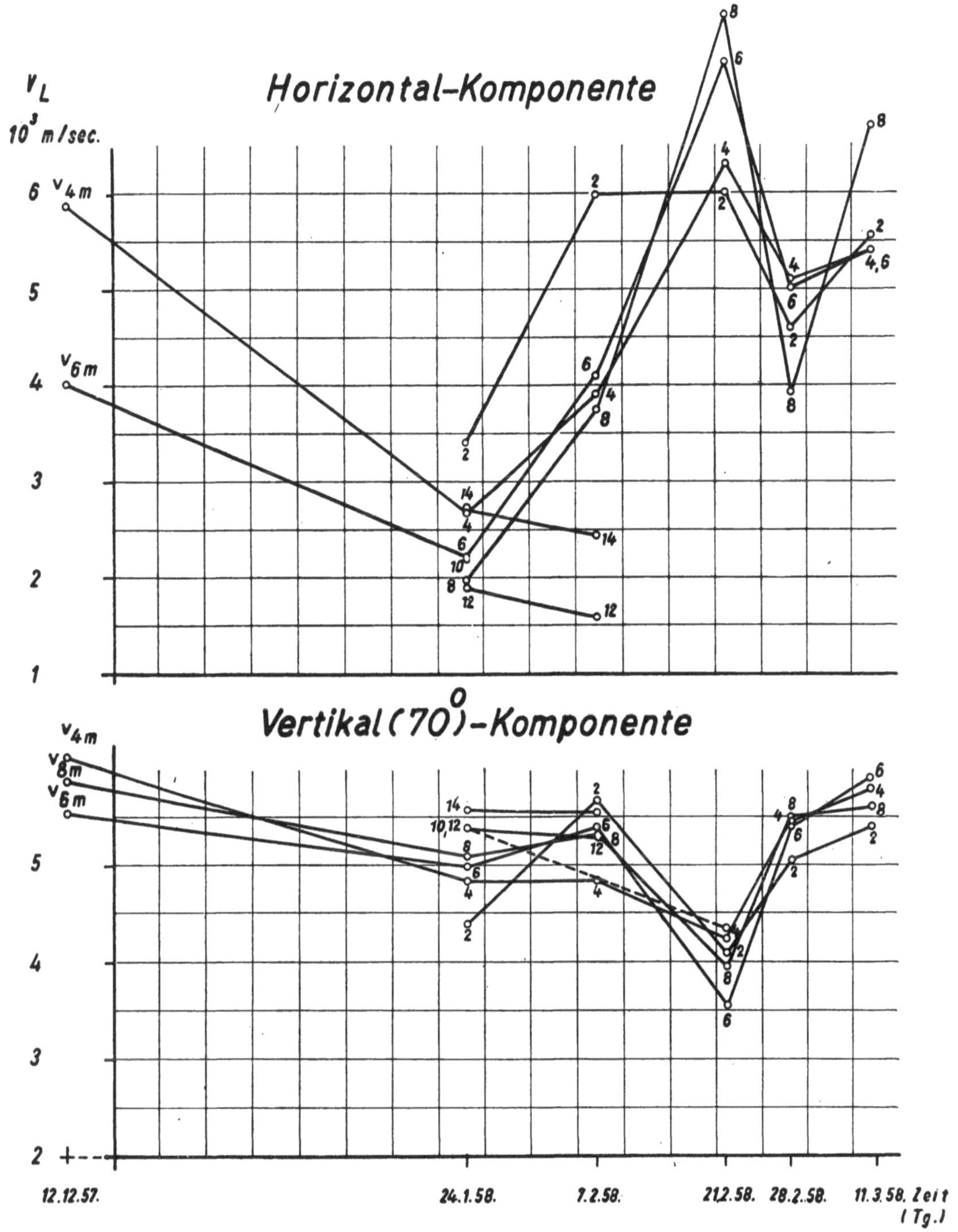

Fig. 21

Verlauf der Schallgeschwindigkeit in der Fäule für verschiedene Lochtiefen im Vorfeld des Strebes in Abhängigkeit von der Zeit

Sound velocity as function of time in the „Fäule"-bed shown for various borehole depths in the zone ahead of face

La vitesse sonique en différents sondages comme fonction du temps, démontrée pour le banc «Faeule» dans la zone en avant de la taille

Изменения скорости распространения звука в фейле для различных глубин шпуров впереди лавы в зависимости от времени

Horizontal-Komponente = composante horizontale = horizontal component

горизонтальная составляющая

Vertikal (70°)-komponente = composante verticale (70°) = vertical component (70°) = вертикальная составляющая (70°)

Zeit = temps = time = время

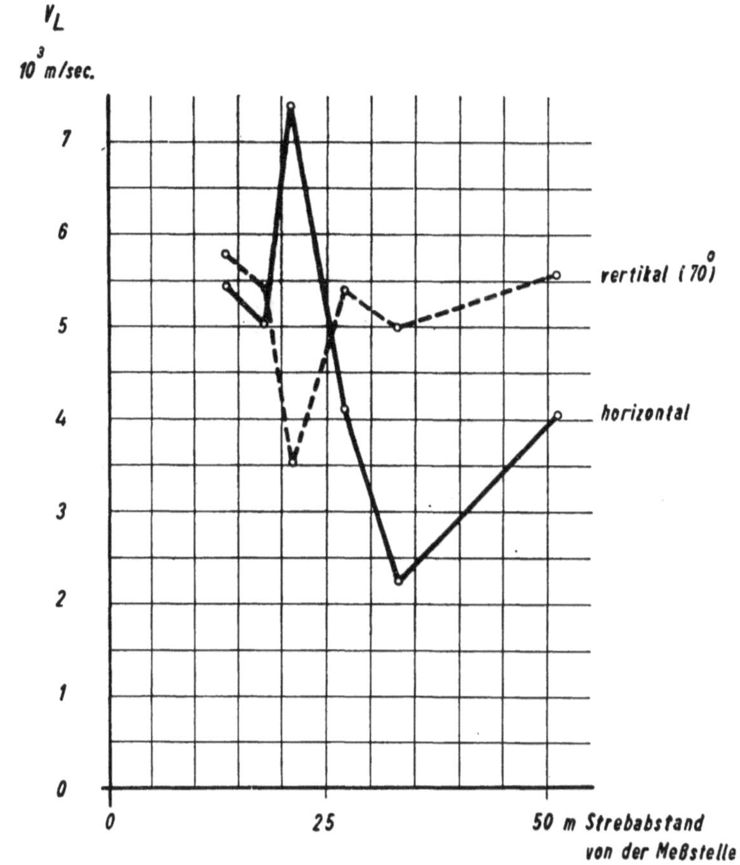

Fig. 22

Verlauf der Schallgeschwindigkeit in der Fäule in Abhängigkeit von der Strebentfernung in 6 m Tiefe, vom Streckenstoß der Mittelstrecke aus gerechnet, im Vorfeld des Strebes

Sound velocity in the "Fäule"-bed as depending on the distance from the face, 6 metres from gate-face in the center-road ahead of the face

La vitesse sonique dans le banc «Faeule» dépendant de la distance de la taille, mesurée dans une profondeur de 6 m, vu du front de la voie moyenne dans la zone en avant de la taille

Изменения скорости распространения звука в зависимости от удаления лавы на глубине 6 м от боков промежуточного штрека впереди забоя

Strebabstand von der Meßstelle = distance of face from measuring point = distance de la taille du point de repère = расстояние от лавы до измерительной точки

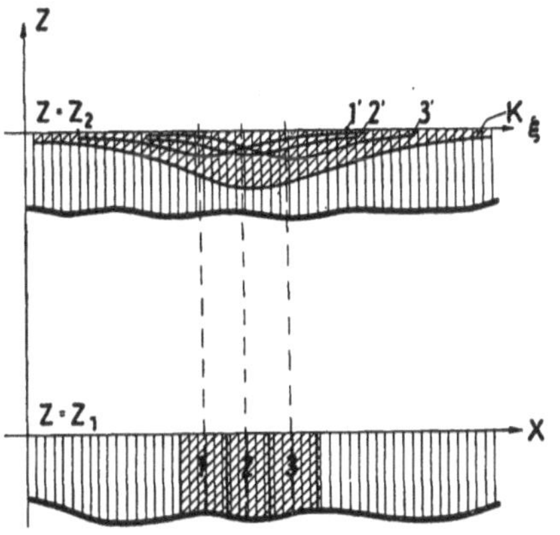

Fig. 1

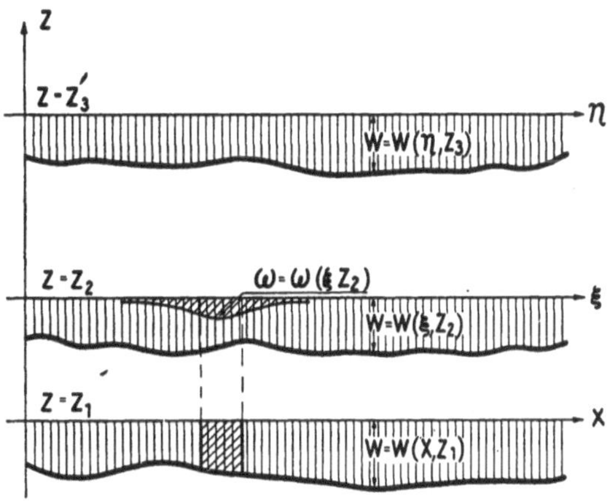

Fig. 2

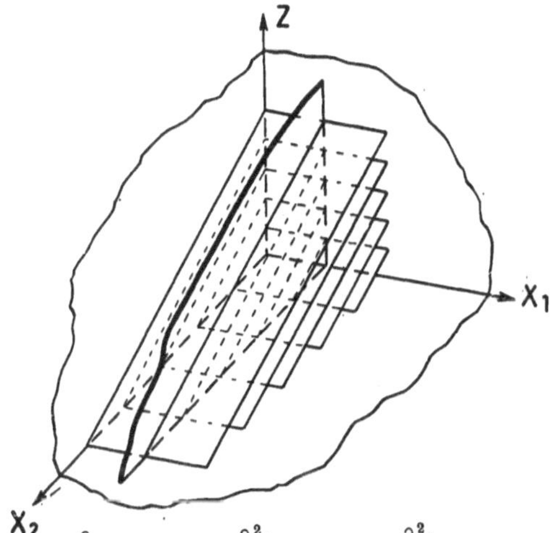

$$\frac{\partial w}{\partial z} = K_{11}(z)\frac{\partial^2 w}{\partial x_1^2} + K_{22}(z)\frac{\partial^2 w}{\partial x_2^2} + M_2(z)\frac{\partial w}{\partial x_2} + N(z)\,w$$

Fig. 3

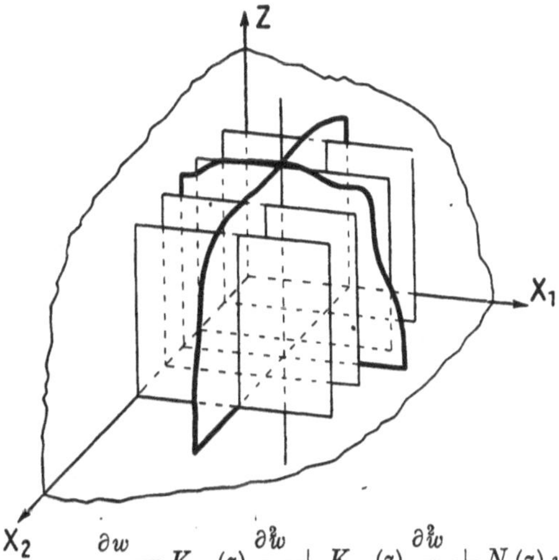

$$\frac{\partial w}{\partial z} = K_{11}(z)\frac{\partial^2 w}{\partial x_1^2} + K_{22}(z)\frac{\partial^2 w}{\partial x_2^2} + N(z)\,w$$

Fig. 4

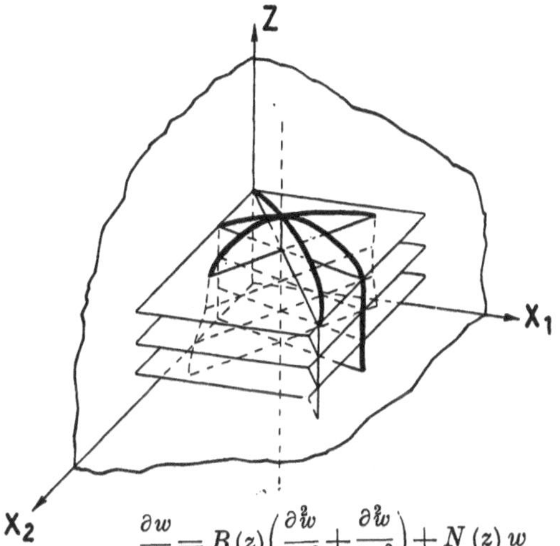

$$\frac{\partial w}{\partial z} = B(z)\left(\frac{\partial^2 w}{\partial x_1^2} + \frac{\partial^2 w}{\partial x_2^2}\right) + N(z)\,w$$

Fig. 5

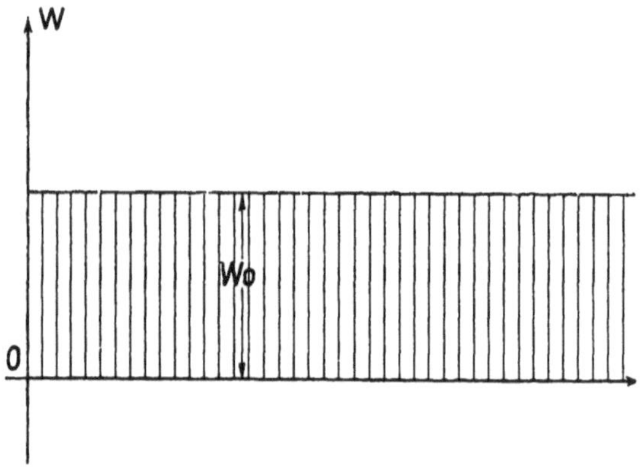

Fig. 6

Fig. 7

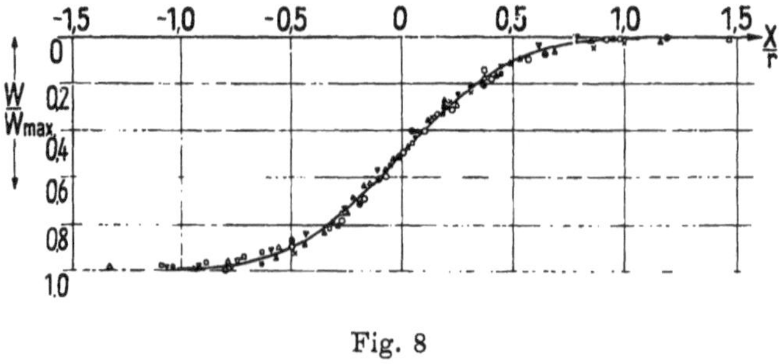

Fig. 8

Fig. 1
Modellversuch mit äquivalenten Materialien (Schichtenfolge der Grube Oroszlány)
Model test with equivalent material (strata sequence in the "Oroszlány" mine)
Essai de modèle avec des matériaux équivalentes (séquence des bancs dans la mine de Oroszlány)
Испытание на модели из эквивалентных материалов (покрывающая толща на шахте Орошлани)

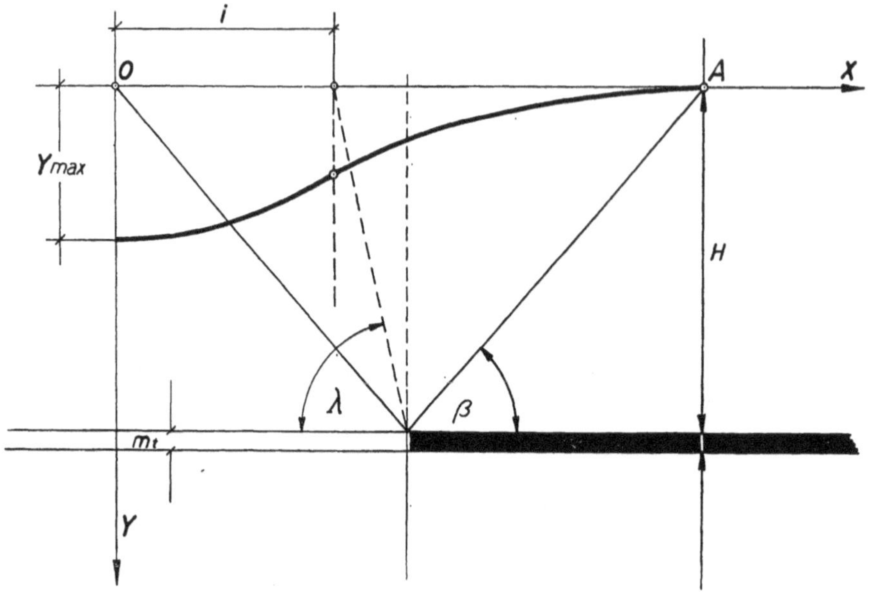

Fig. 2

Senkungskurve nach der Näherungsgleichung von Martos
Subsidence curve acc. to the approximate equation by Martos
Courbe d'affaissement d'après l'équation approximative de Martos
Кривая оседания по приближенному уравнению Мартоша

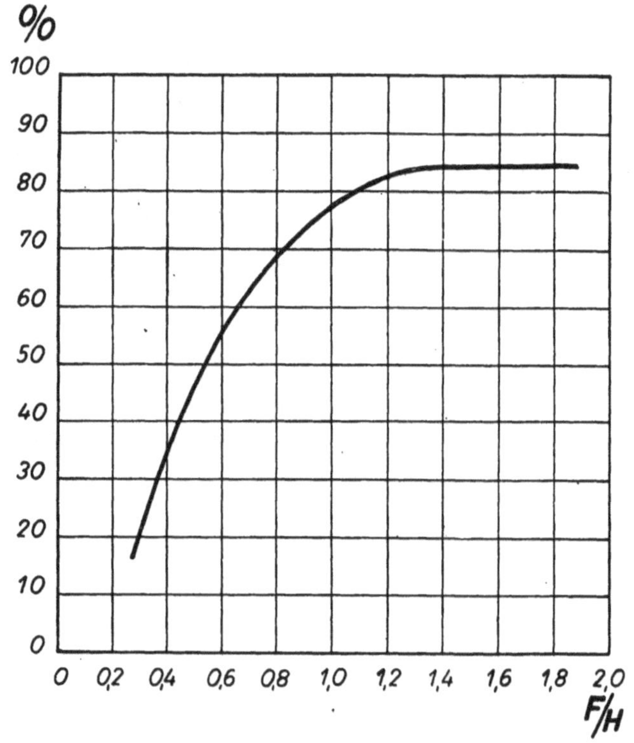

Fig. 3

Ermittlung des relativen Maximums der Senkung nach J. Orchard
Determination of relative subsidence maximum acc. to J. Orchard
Détermination du maximum relatif d'affaissement d'après J. Orchard
Определение относительного максимума оседания по Орхарду

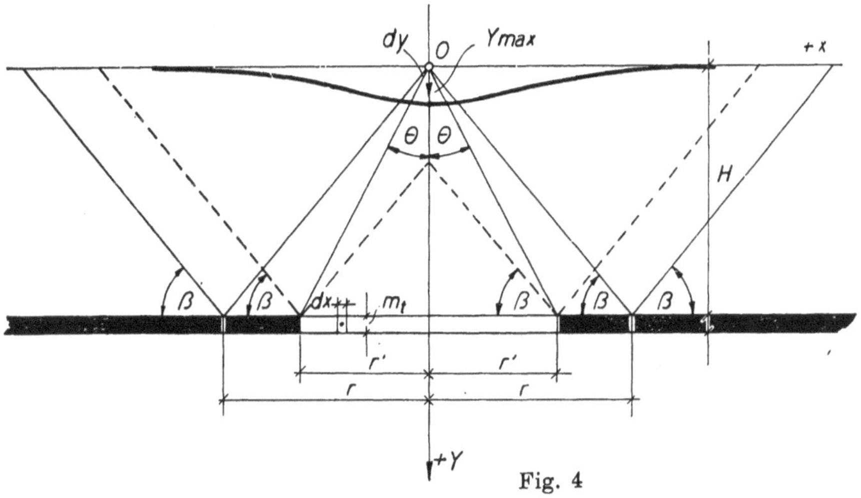

Fig. 4

Schematische Darstellung der Ermittlung von $y_{\max\ \mathrm{rel}}$

Schematic of the determination of $y_{\max\ \mathrm{rel}}$

Représentation schématique de la détermination de $y_{\max\ \mathrm{rel}}$

Схема определения значения $у_{\text{макс отн}}$

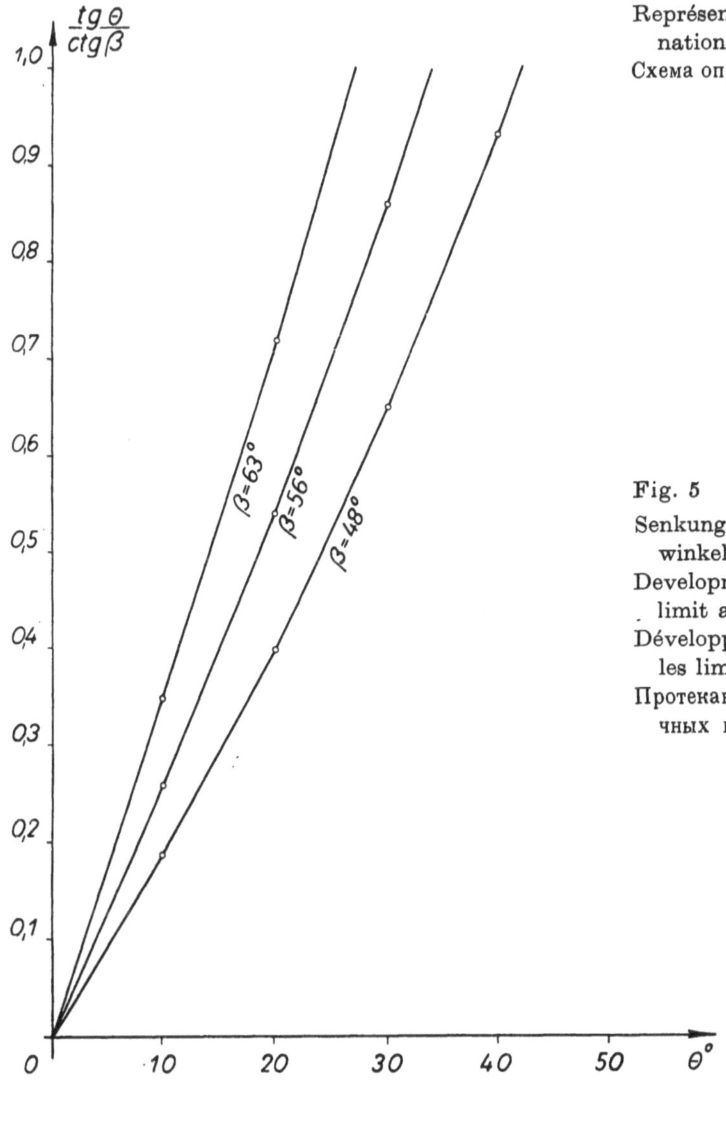

Fig. 5

Senkungsverlauf für verschiedene Grenzwinkel

Development of subsidence for various limit angles

Développement de l'affaissement pour angles limites différents

Протекание процесса оседания для различных предельных углов сдвижения

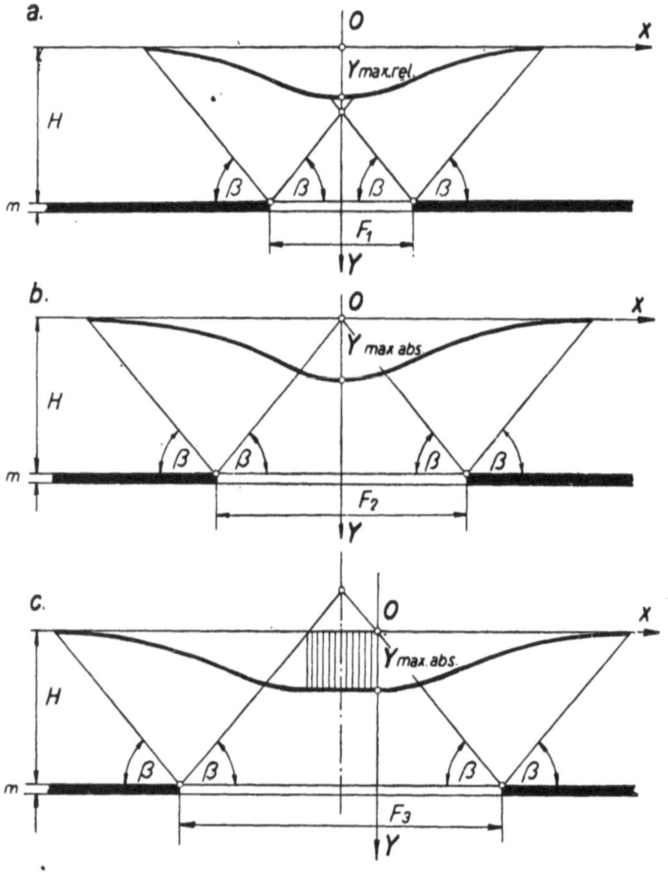

Fig. 6

Verlauf der Senkungen bei Teilfläche, Vollfläche und Überfläche

Development of subsidence with subcritical, critical and supercritical areas

Développement des affaissements pour l'aire partielle, l'aire critique et l'aire surabondante

Протекание процесса оседания для случаев частичной, полной и сверхполной подработки

Fig. 7

Vergleich von gemessenen und errechneten Senkungswerten (Grube Oroszlány)

Correlation of measured to computed values of subsidence (Oroszlány mine)

Comparaison des valeurs d'affaissements, telles mesurées et telles calculées (mine de Oroszlány)

Сравнение измеренных и вычисленных значений оседания (шахта Орошлани)

errechnet = computed = calcué = рассчитано

gemessen = measured = mesuré = измерено

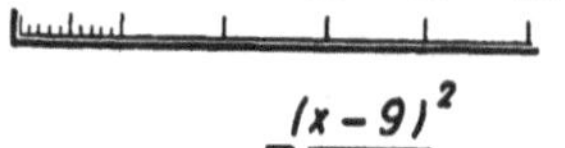

$$y = 2{,}867 \cdot e^{-\frac{(x-9)^2}{2 \cdot 29^2}}$$

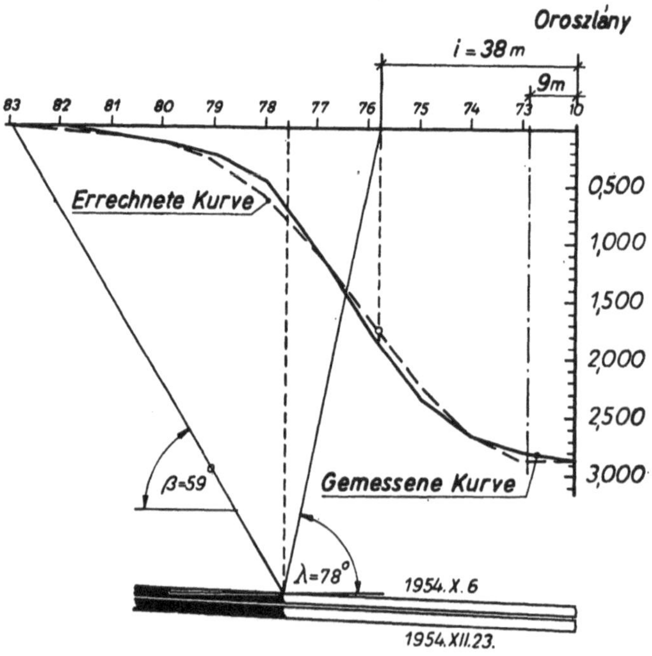

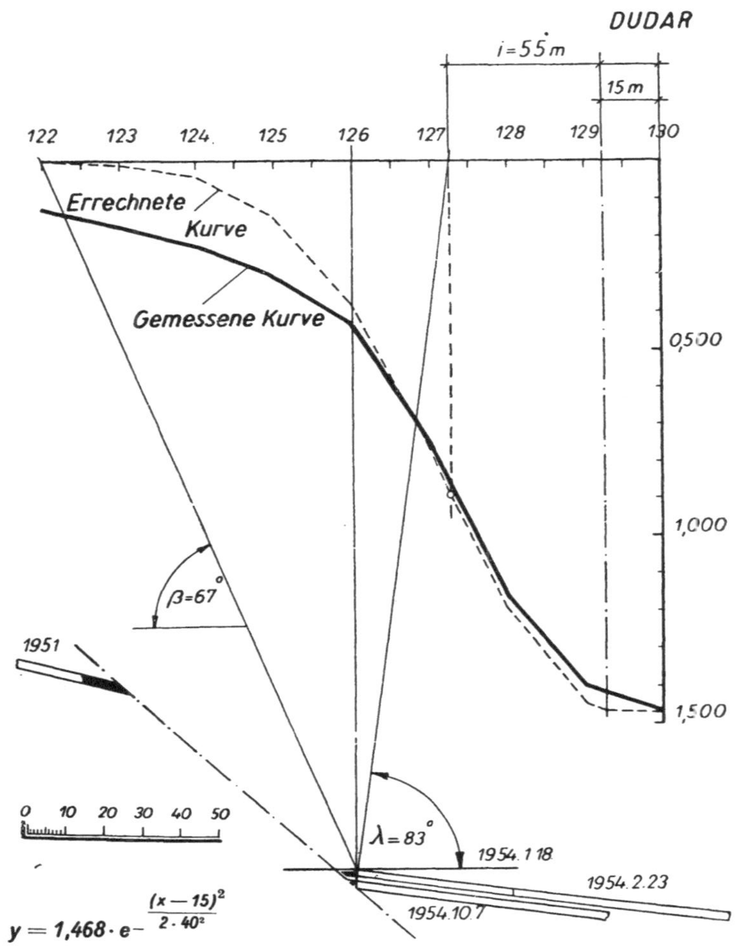

Fig. 8

Vergleich von gemessenen und errechneten Senkungswerten (Grube Dudar)
Correlation of measured to computed values of subsidence (Dudar mine)
Comparaison des valeurs d'affaissements, telles mesurées et telles calculées (mine de Dudar)
Сравнение измеренных и вычисленных значений оседания (шахта Дудар)

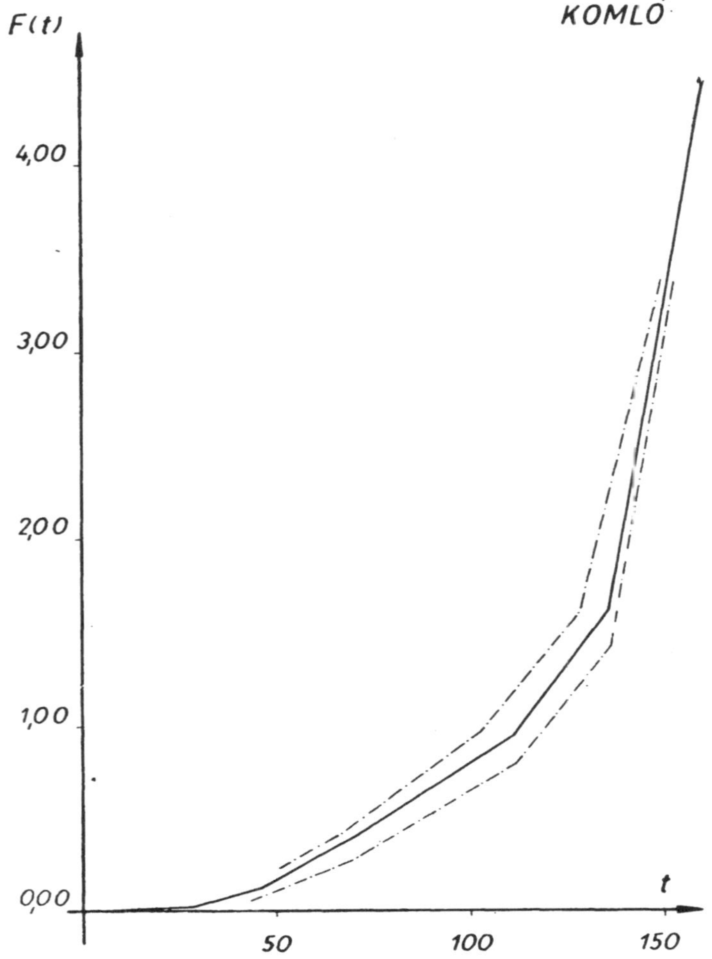

Fig. 9

F(t)-t-Diagramme der Grube Komlo
F(t)-t diagrammatics for Komlo mine
Diagrammes de *F(t)-t* de la mine de Komlo
Диаграмма зависимости *F(t)* от *t* для шахты Комло

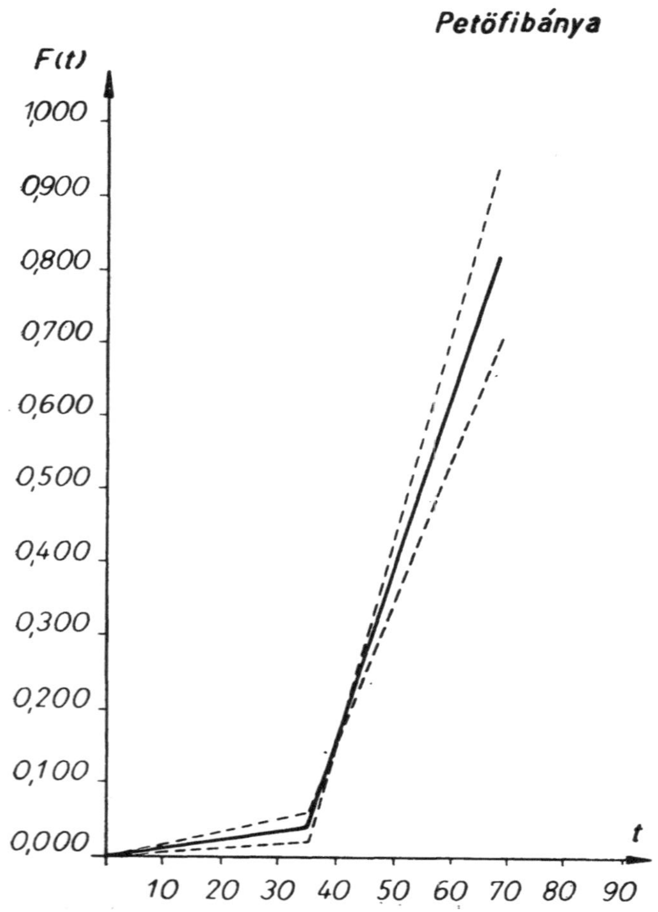

Fig. 10

$F(t)$-t-Diagramme der Grube Petöfibánya

$F(t)$-t diagrammatics for Petöfibánya mine

Diagrammes de $F(t)$-t de la mine de Petöfibánya

Диаграмма зависимости $F(t)$ от t для шахты Петефибания

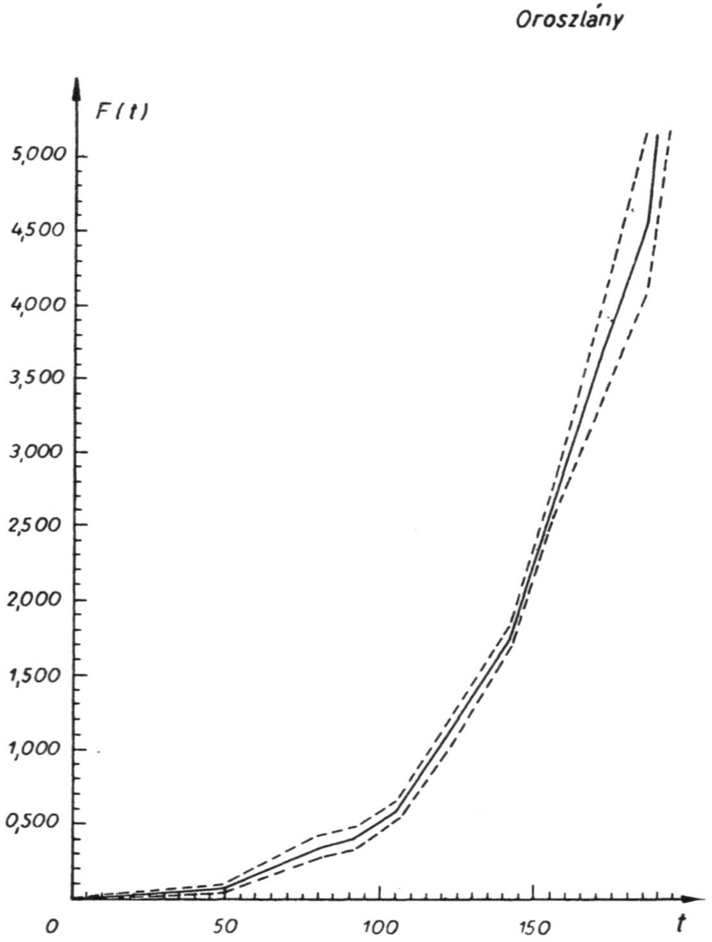

Fig. 11

$F(t)$-t Diagramme der Grube Oroszlány

$F(t)$-t diagrammatics for Oroszlány mine

Diagrammes de $F(t)$-t de la mine des Oroszlány

Диаграмма зависимости $F(t)$ от t для шахты Орошлани

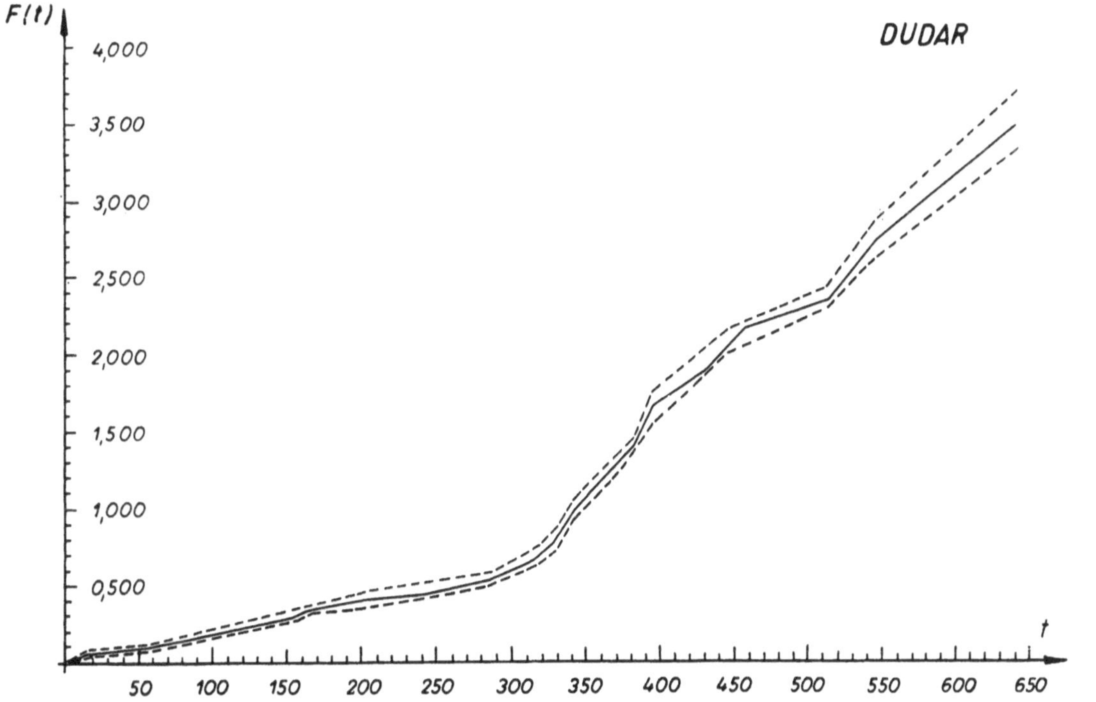

Fig. 12

F (*t*)-*t* Diagramme der Grube Dudar

F (*t*)-*t* diagrammatics for Dudar mine

Diagrammes de *F* (*t*)-*t* de la mine de Dudar

Диаграмма зависимости *F* (*t*) от *t* для шахты Дудар

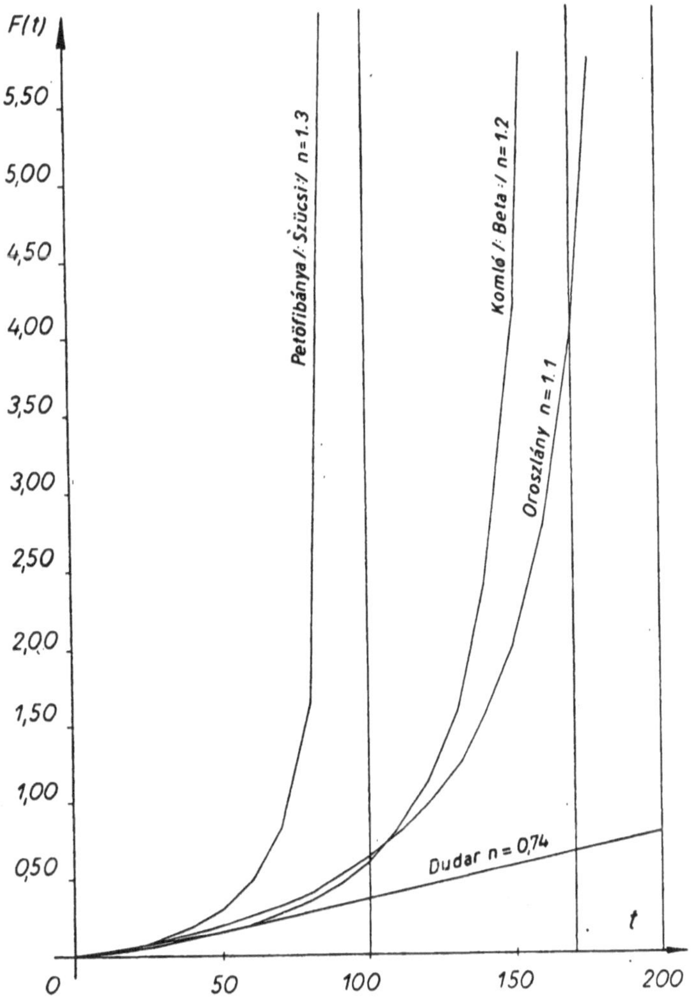

Fig 13

Zusammenstellung der *F* (*t*)-*t*-Diagramme verschiedener Gruben

F (*t*)-*t* diagrams compiled for various mines

Diagrammes de *F* (*t*)-*t* dépouillés pour mines différentes

Сопоставление диаграмм зависимости *F* (*t*) от *t* для различных шахт

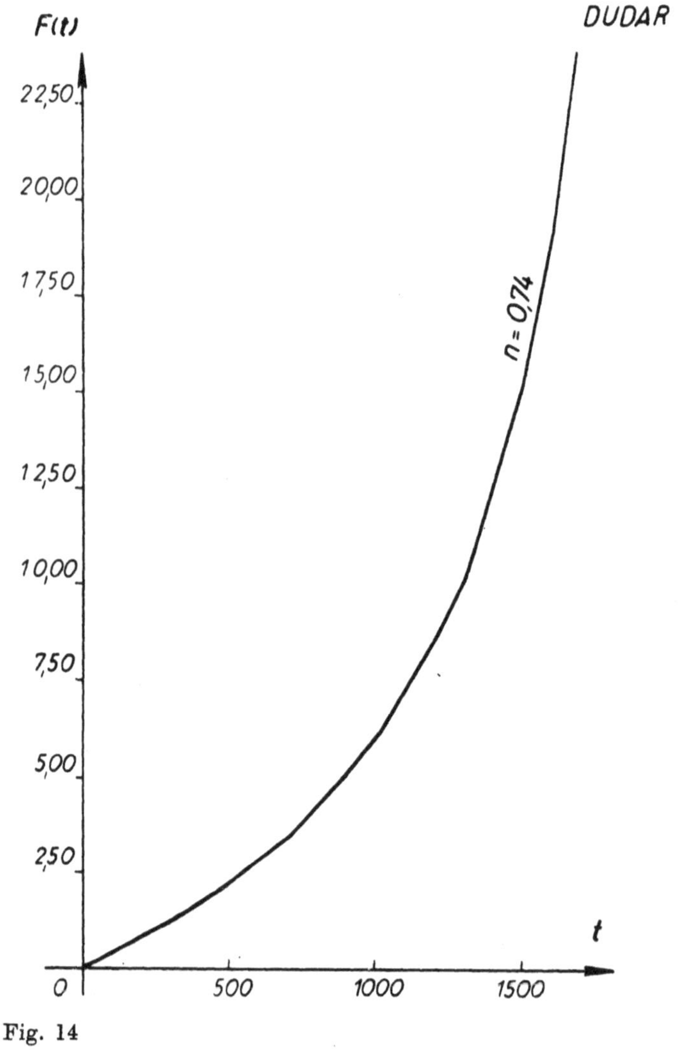

Fig. 14

Vollständiges $F(t)$-t-Diagramm der Grube Dudar (s. Fig. 13)

Complete diagram of $F(t)$-t for Dudar mine (cf. Fig. 13)

Diagramme complet de $F(t)$-t de lag mine de Dudar (voir Fig. 13)

Диаграмма зависимости $F(t)$ от t для шахты Дудар (см. фиг. 13)

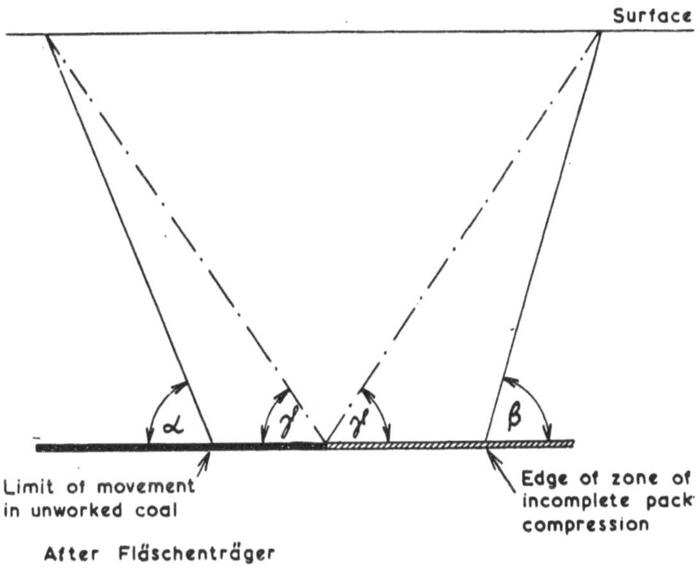

Fig. 1

Edge of zone of incomplete pack compression = Rand der Zone ungenügender Versatzdichte = L'arête de la zone de la compression incomplète du remblai = Граница зоны неполного уплотнения закладки

Limit of movement in unworked coal = Grenze der Bewegung in der anstehenden Kohle = Limite de nouvement dans le charbon non-exploité = Граница сдвижения в массиве

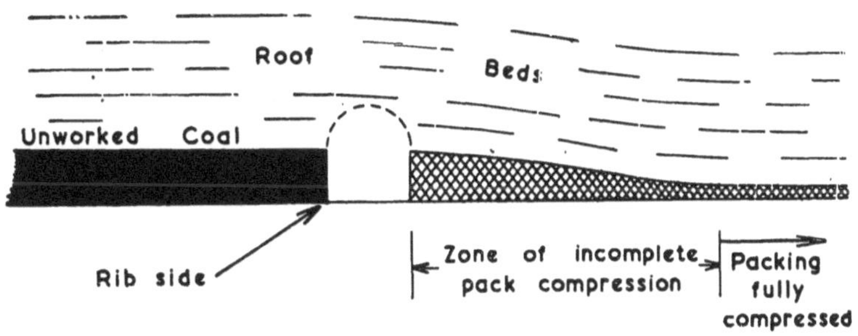

Fig. 2

roof = Hangendes = toit = надугольная толща

beds = Schichten = bancs = слои

unworked coal = nicht abgebaute Kohle = charbon non-exploité = нетронутый пласт угля

rib side = anstehende Kohle = paroi du massif = целик угля

zone of incomplete pack compression = Zone ungenügender Versatzdichte = zone de la compression incomplète du remblai = зона неполного уплотнения закладки

packing fully compressed = vollständig verdichteter Versatz = remblai comprimé complètement = полностью уплотненная закладка

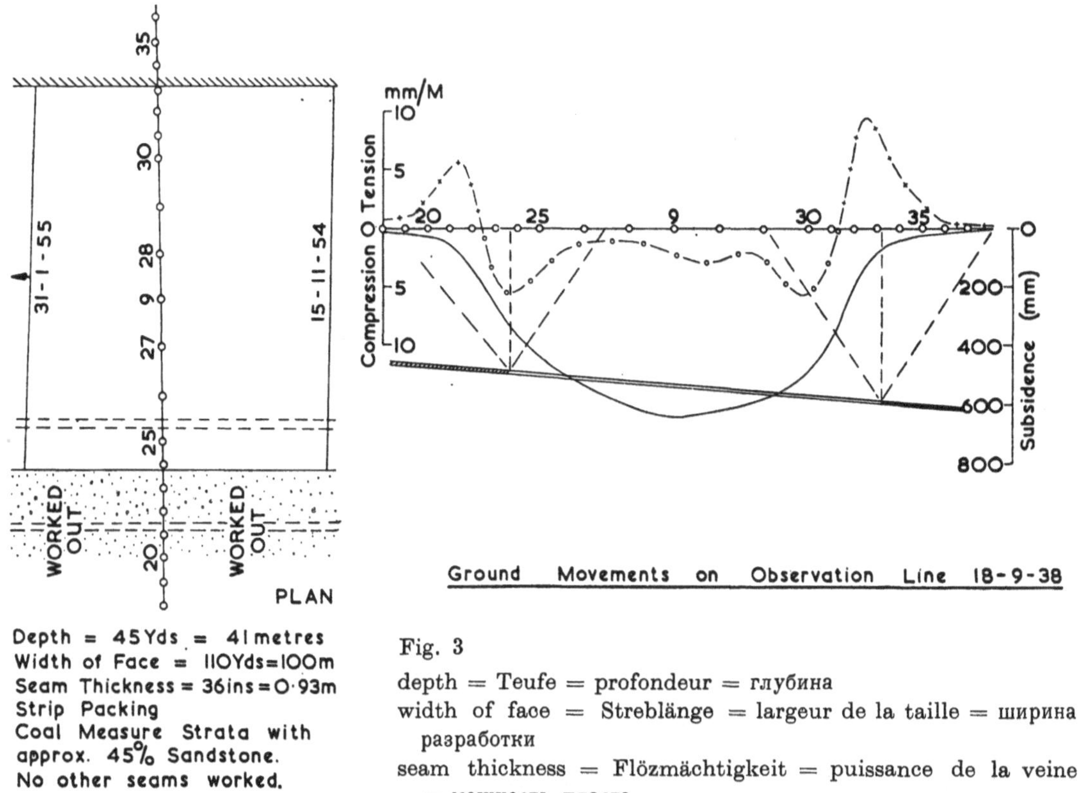

Fig. 3

depth = Teufe = profondeur = глубина

width of face = Streblänge = largeur de la taille = ширина разработки

seam thickness = Flözmächtigkeit = puissance de la veine = мощность пласта

coal measure strata with approx. 45% sandstone = vermessene Kohlenschichten mit annähernd 45% Sandstein = strates de charbon mesurés avec 45% de grès environ = прослойки угля с содержанием песчаника около 45%

strip packing = Rippenversatz = remblayage à dames = закладка бутовыми полосами

no other seams worked = keine anderen Flöze abgebaut = pas d'autres veines exploitées = другие пласты неразработаны

compression = Pressung = compression = сжатие

tension = Zerrung = extension = растяжение

subsidence = Senkung = affaissement = оседание

ground movements on observation line 18—9—38 = Bodenbewegungen an der Beobachtungslinie 18—9—38 = déplacements terrestres sur ligne de repère 18—9—38 = сдвижения земной поверхности по профильной линии 18—9—38

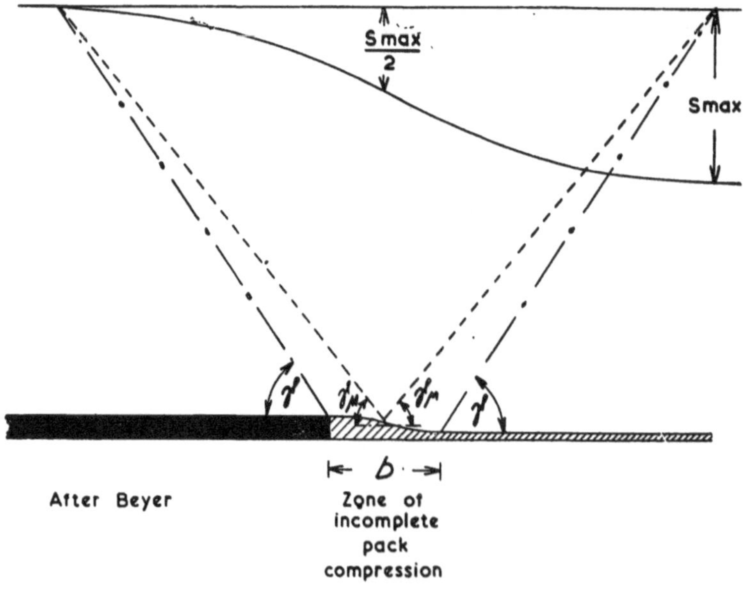

Fig. 4

zone of incomplete pack compression = Zone ungenügender Versatzdichte = zone de la compression incomplète du remblai = зона неполного уплотнения закладки

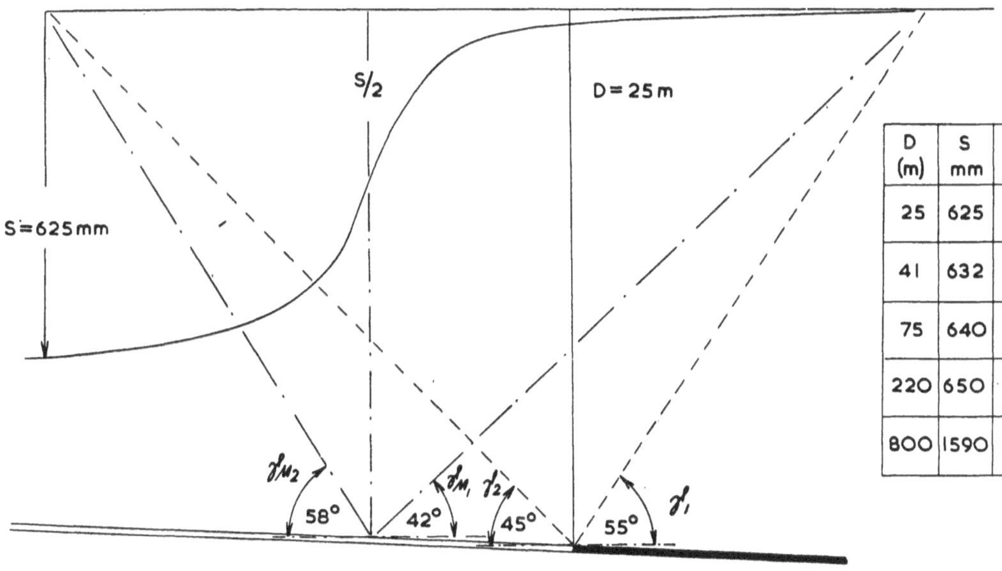

Table 1

D (m)	S mm	γ_1	γ_2	γ_{M_1}	γ_{M_2}
25	625	55°	45°	42°	58°
41	632	—	46°	—	53°
75	640	55°	55°	50°	62°
220	650	56°	52°	53°	55°
800	1590	59°	59°	56°	62°

Fig. 5

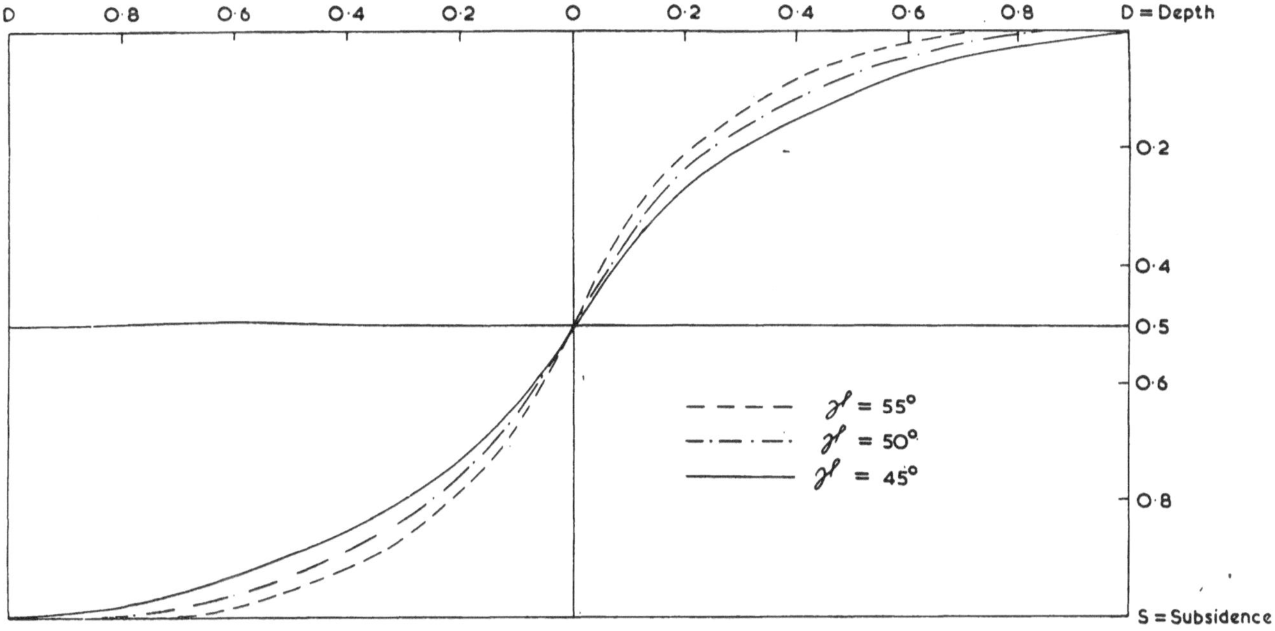

Fig. 6

D = depth = Teufe = profondeur = глубина

S = subsidence = Senkung = affaissement = оседание

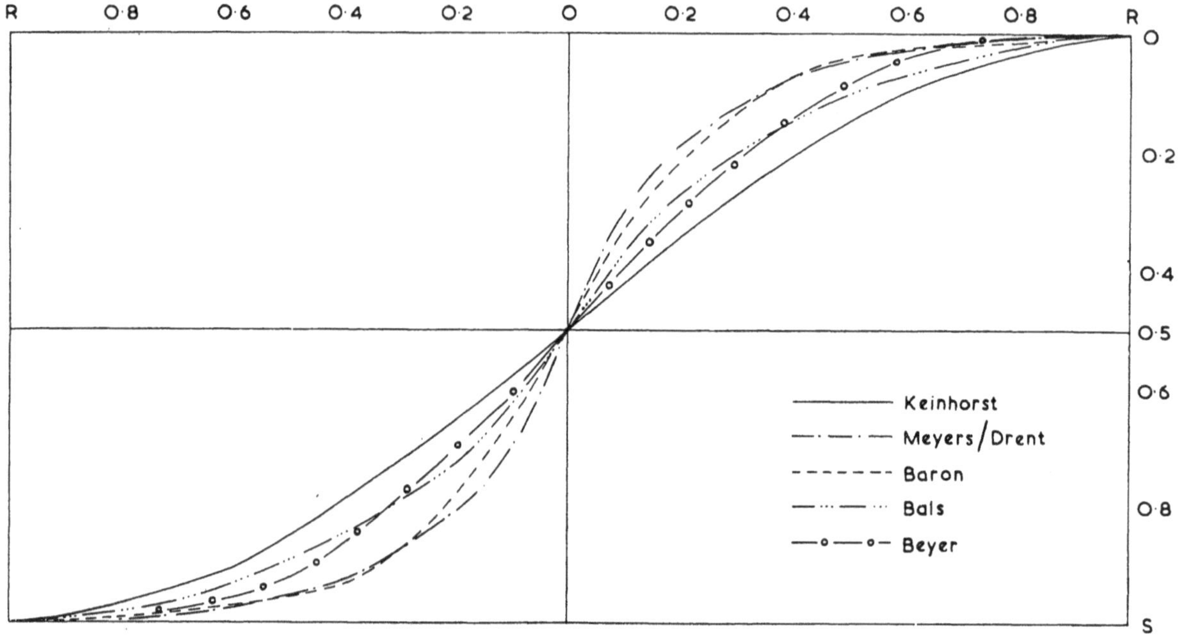
R
0·8
0·6
0·4
0·2
0
0·2
0·4
0·6
0·8
R
0
0·2
0·4
0·5
0·6
0·8
S
Keinhorst
Meyers/Drent
Baron
Bals
Beyer

Fig. 7

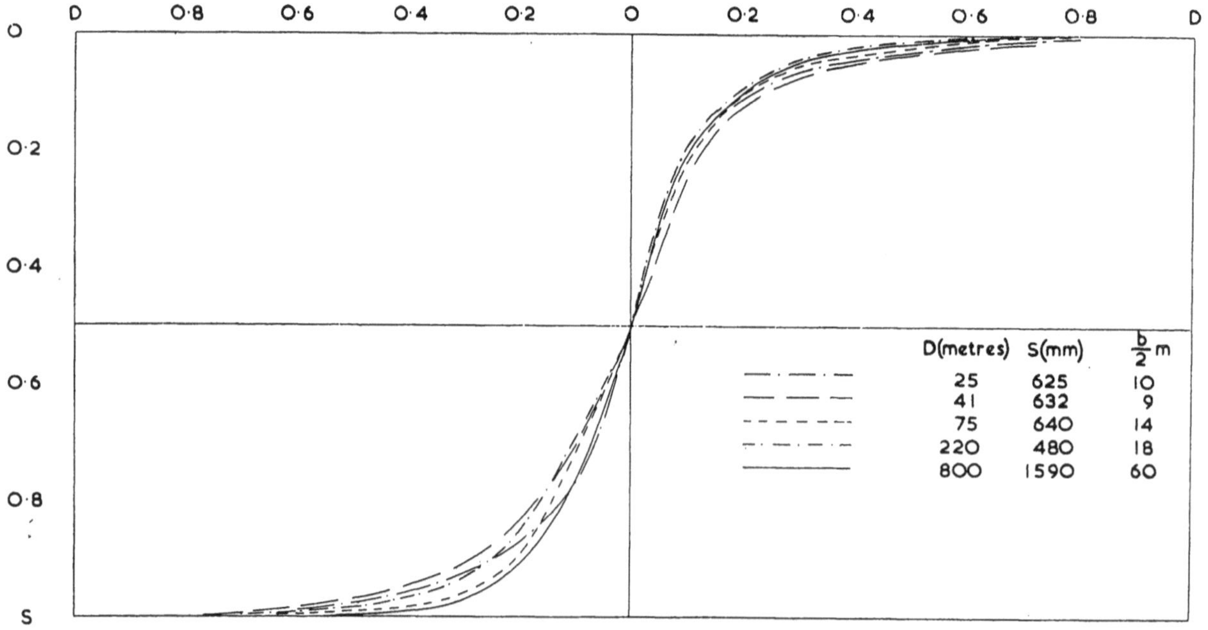
D
0·8
0·6
0·4
0·2
0
0·2
0·4
0·6
0·8
D
0
0·2
0·4
0·6
0·8
S
D(metres) S(mm) b/2 m
25 625 10
41 632 9
75 640 14
220 480 18
800 1590 60

Fig. 8

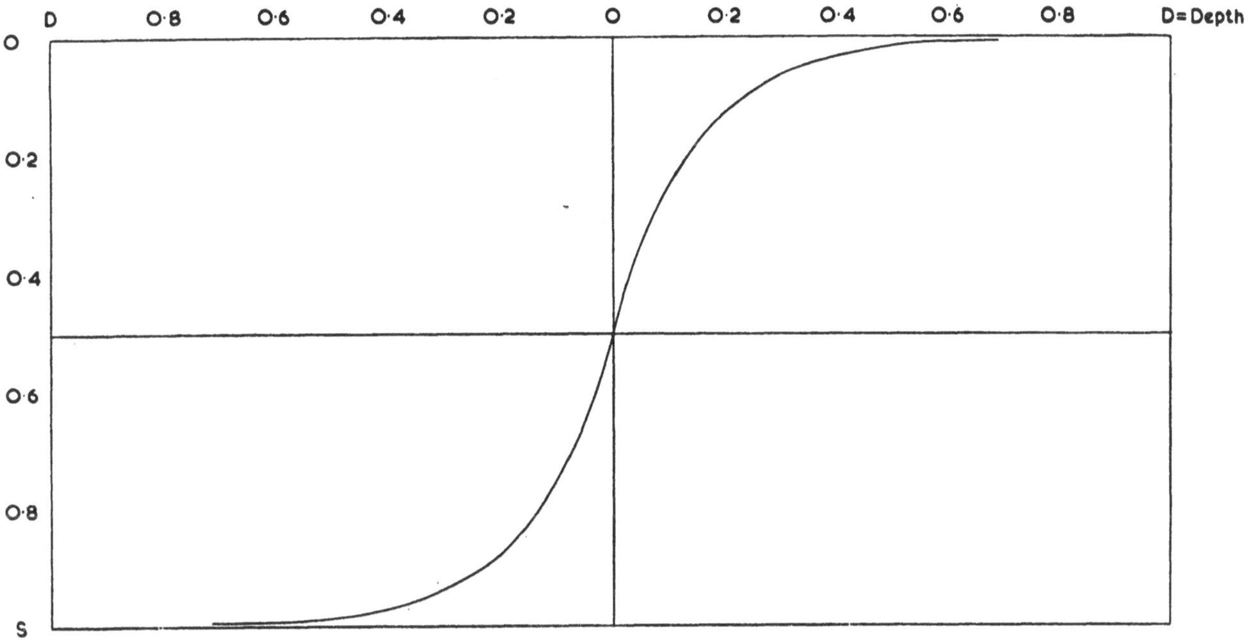
D
0·8
0·6
0·4
0·2
0
0·2
0·4
0·6
0·8
D=Depth
O
0·2
0·4
0·6
0·8
S

Fig. 9

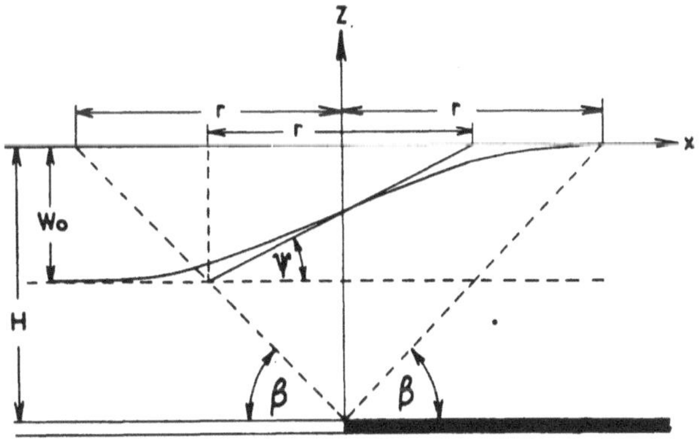
Z
r
r
r
x
Wo
H
ψ
β
β

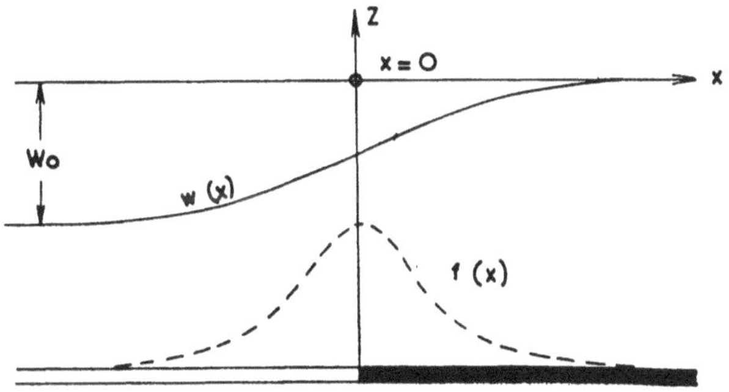
Z
x = O
x
Wo
w (x)
f (x)

Fig. 10

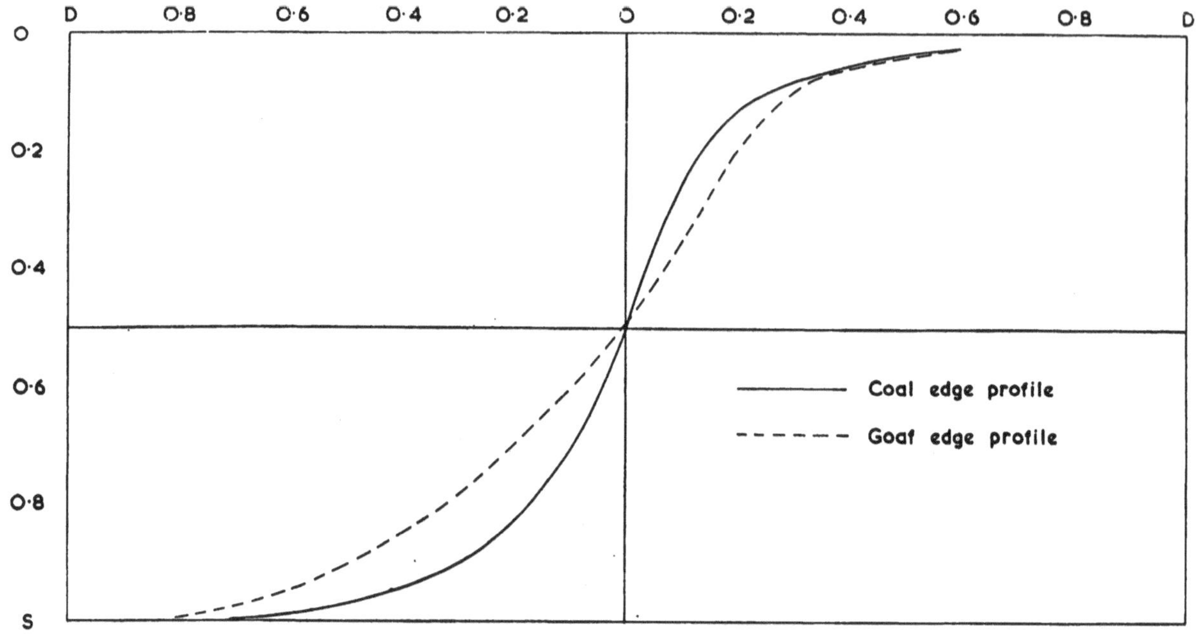

Fig. 11

coal edge profile = Schnitt durch die Kohlenkante = profil de l'arête de charbon = разрез по границе разработки

goaf edge profile = Schnitt durch die Versatzkante = profil de l'arête du remblai = разрез по границе закладки

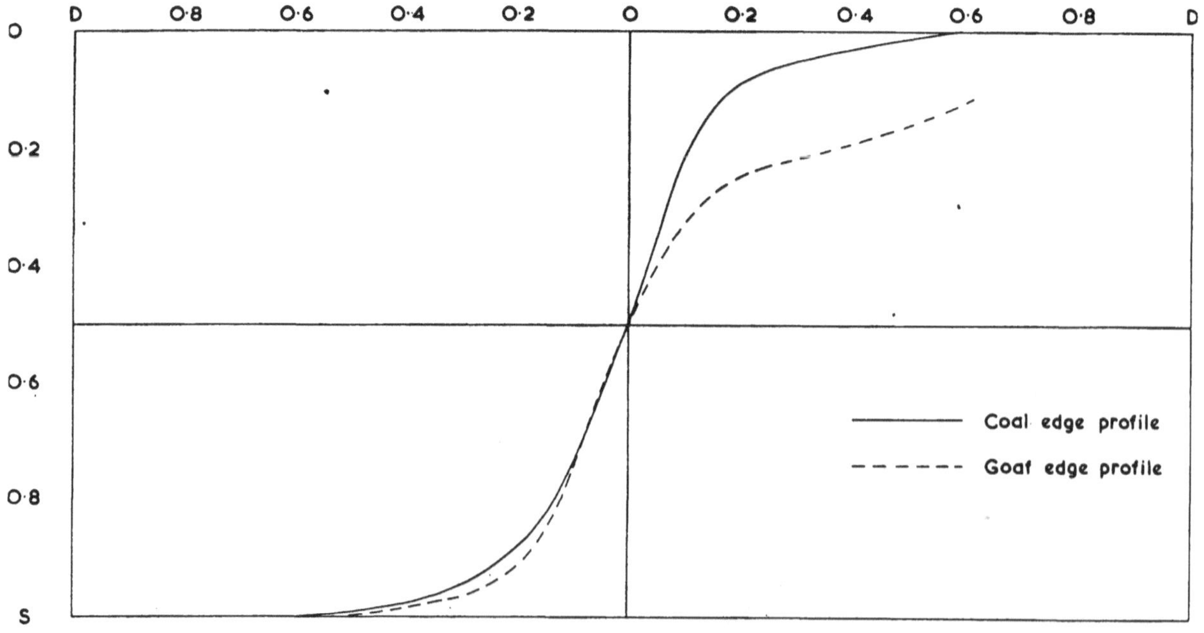

Fig. 12

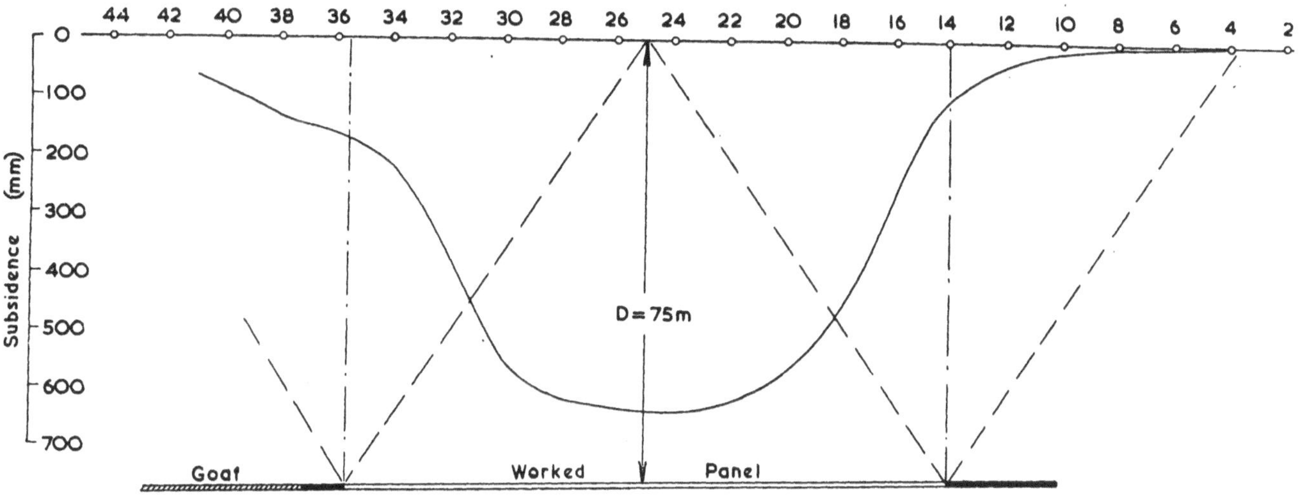

Fig. 13
subsidence = Senkung = affaissement = оседание
goaf = Versatz = remblai = закладка
worked panel = abgebautes Feld = panneau exploité = отработанный участок

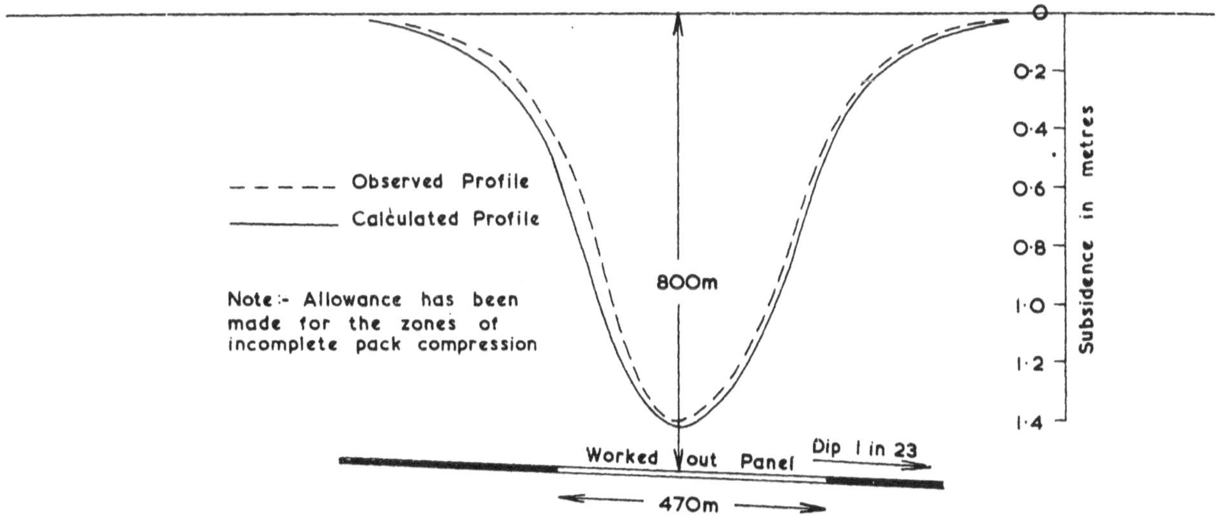

Fig. 14
observed profile = beobachtetes Profil = profil observé = измеренная кривая оседания
calculated profile = berechnetes Profil = profil calculé = расчетная кривая оседания
Note:
Bemerkung: Die Zone ungenügender Versatzdichte wurde angenommen
Remarque: La zone de la compression incomplète du remblai fut estimée
Примечание: Ширина зоны неполного уплотнения закладки была принята по приближенным данным
worked out panel = abgebaute Feld = panneau exploité = отработанный участок
subsidence in metres = Senkung in m = affaissement en m = оседание в м

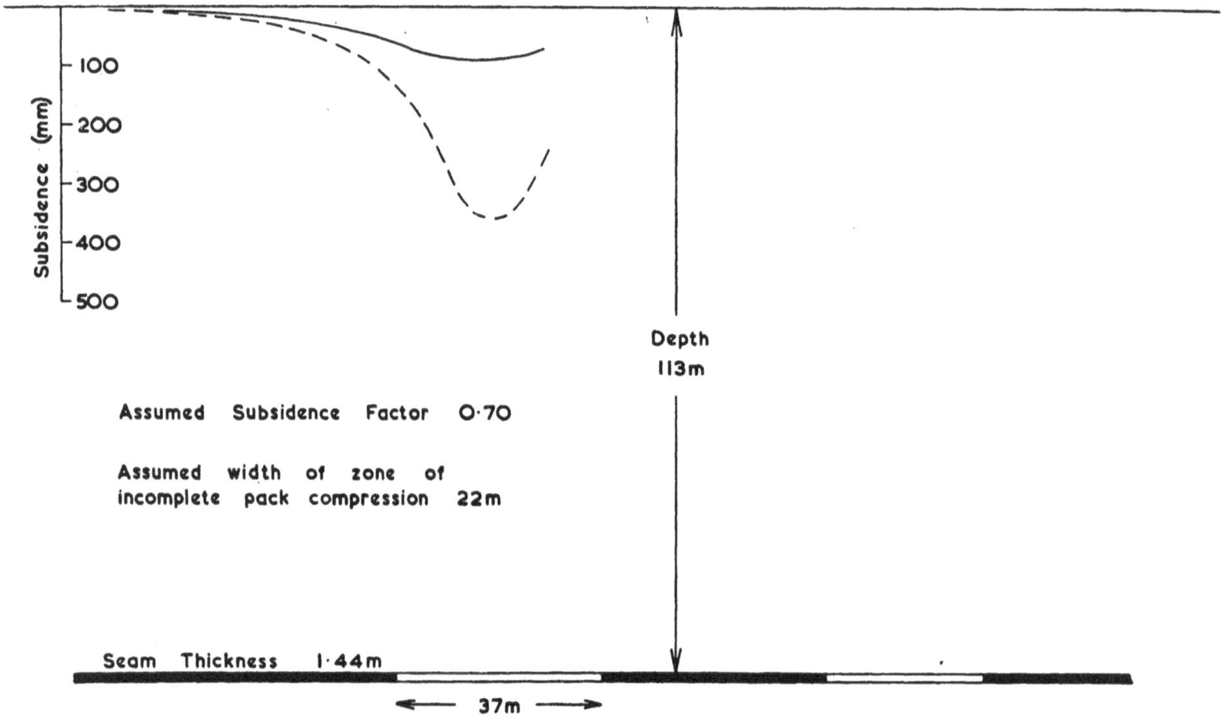

Fig. 15
subsidence = Senkung = affaissement = оседание
depth = Teufe = profondeur = глубина
seam thickness = Flözmächtigkeit = épaisseur de la veine = мощность пласта
assumed subsidence factor 0.70 = angenommener Absenkungsfaktor 0,70 = facteur d'affaissement estimé 0,70 = принятый фактор оседания 0,70
assumed width of zone of incomplete pack compression 22 m = angenommene Breite der Zone ungenügender Versatzdichte 22 m = largeur estimée du remblai incomplètement comprimé 22 m = ширина зоны неполного уплотнения закладки равна 22 м

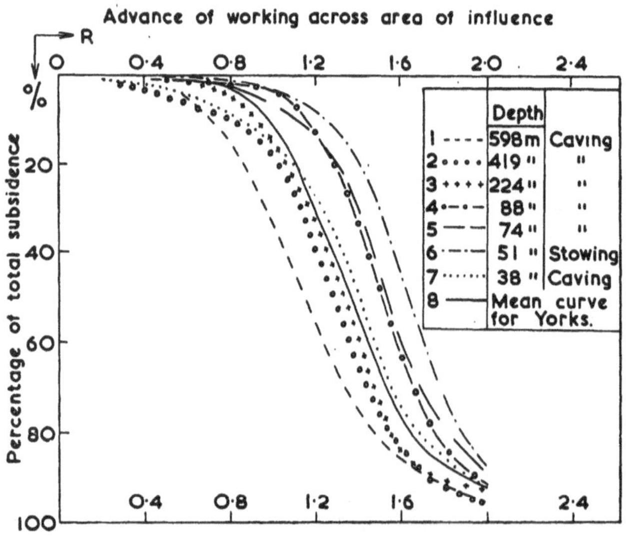

Fig. 16
advance of working across area of influence = Vorrücken des Abbaues über den Einwirkungsbereich = avancement de l'abatage à travers l'aire d'influence = подвигание лавы за пределы зоны полной подработки
percentage of total subsidence = Prozentsatz der Gesamtsenkung = pourcentage de l'affaissement total = проценты от полного оседания
depth = Teufe = profondeur = глубина
caving = Bruchbau = foudroyage = разработка с обрушением кровли
stowing = Versatz = remblai = закладка
mean curve for Yorkshire = mittlere Kurve für Yorkshire = courbe moyenne pour Yorkshire = кривая средних значений для Иоркшира

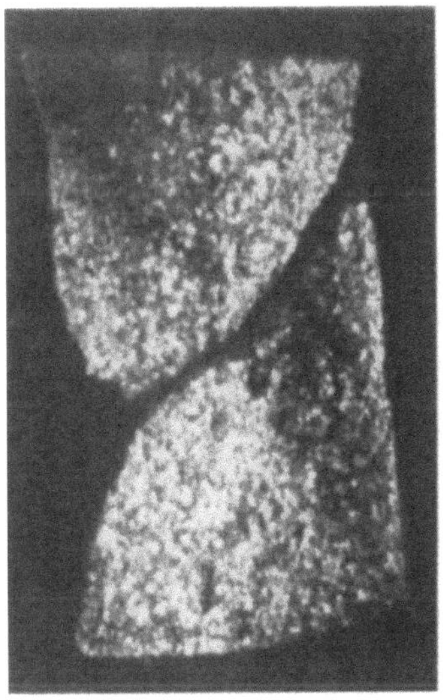

a)

b)

Fig. 1

a) Sandsteinprobe, deren Zerstörung durch Spaltungsriß (Gleitungsbruch) erfolgte
Sandstone specimen broken under shear fracture
Eprouvette de grès détruite par rupture glissante
Образец песчаника, разрушение которого происходило постепенно (разрушние от скольжения)

b) Marmorprobe, deren Bruch durch Bruchriß (Trennungsbruch) erfolgte. Die Probe wurde zwischen Bleiplatten eingespannt
Marble specimen broken under fragile cracking. The sample had been clamped between two plates of lead
Eprouvette de marbre détruite par rupture déchirante; cette éprouvette fut serrée entre deux plaques de plomb
Образец мармора, разрушение которого произошло мгновенно (разрушение от разрыва). Образец был зажат между свинцовыми плитами

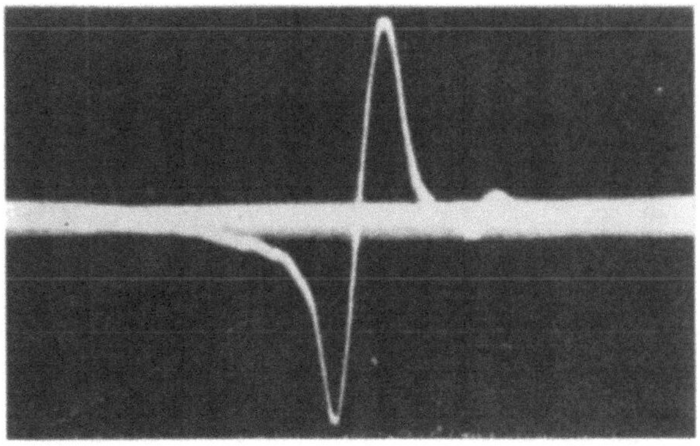

Fig. 2

a) Die Form des beobachteten Impulses (Gleitungsbruch)
Pattern of the recorded pulse (shear fracture)
La forme de l'impulsion observée (rupture glissante)
Форма наблюдаемого импульса (разрушение от скольжения)

b) Das Frequenzspektrum des Impulses
Pulse frequency spectrum
Le spectre de fréquence de l'impulsion
Спектр частот импульса

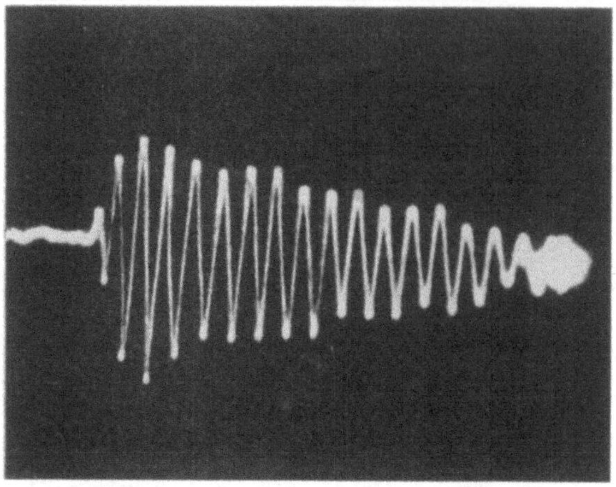

Fig. 3

a) Die Form des beobachteten Impulses (Trennungsbruch)
Pattern of the recorded pulse (fragile crakking)
La forme de l'impulsion observée (rupture déchirante)
Форма наблюдаемого импульса (разрушение от разрыва)

b) Das Frequenzspektrum des Impulses
Pulse frequency spectrum
Le spectre de fréquence de l'impulsion
Спектр частот импульса

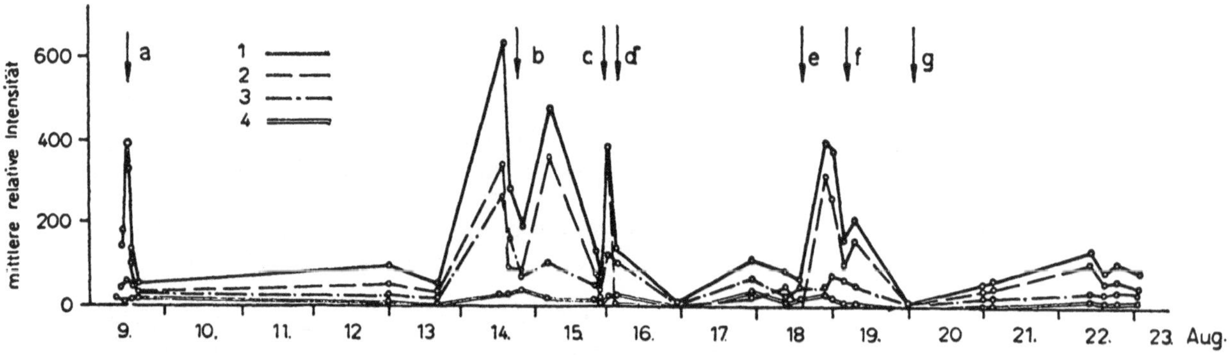

Fig. 4

a) Akustische Aktivität im Kohleflöz bei verschiedener Entfernung zwischen Streb und Meßpunkt
Sonic activity in coal seam under various spacing between test point and longwall face
Activité acoustique dans la veine houillère à distance différente entre la taille et le point de mesurage
Акустическая активность в угольном пласте при различных растояниях между лавой и измерительной точкой

1 · Gesamtimpulsenergie = total pulse energy = énergie d'impulsion totale = общая энергия импульсов
2 · Impulse schwacher Energie = pulses of low energy = impulsions à l'énergie faible = слабые импульсы
3 Impulse mittlerer Energie = pulses of medium energy = impulsions à l'énergie moyenne = импульсы со средней энергией
4 · starke Impulse = strong pulses = impulsions fortes = сильные импульсы

ordinate: medium relative intensity
ordonnée: intensité relative moyenne
ордината: средняя относительная интенсивность

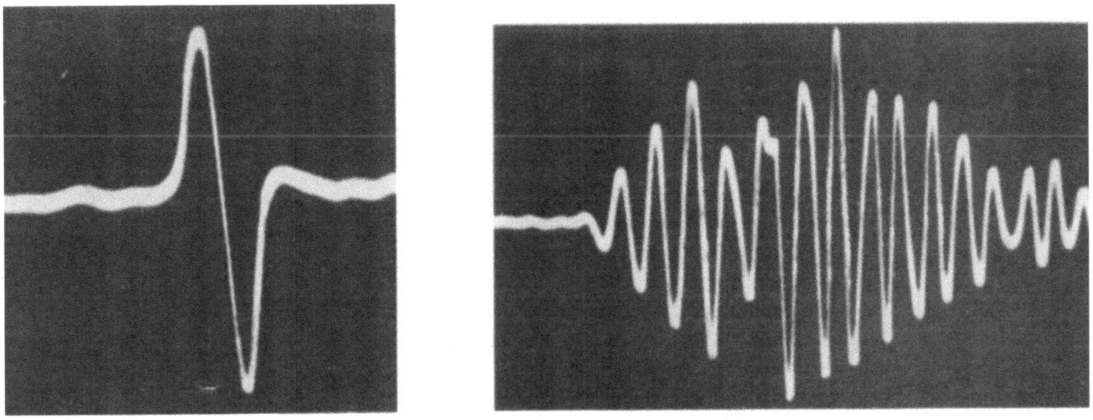

Fig. 4 b, c

Die Form der im Kohlenflöz registrierten Impulse

The pattern of the pulses recorded in the coal seam

La forme des impulsions enregistrées dans la veine

Форма регистрируемых в пласте импульсов

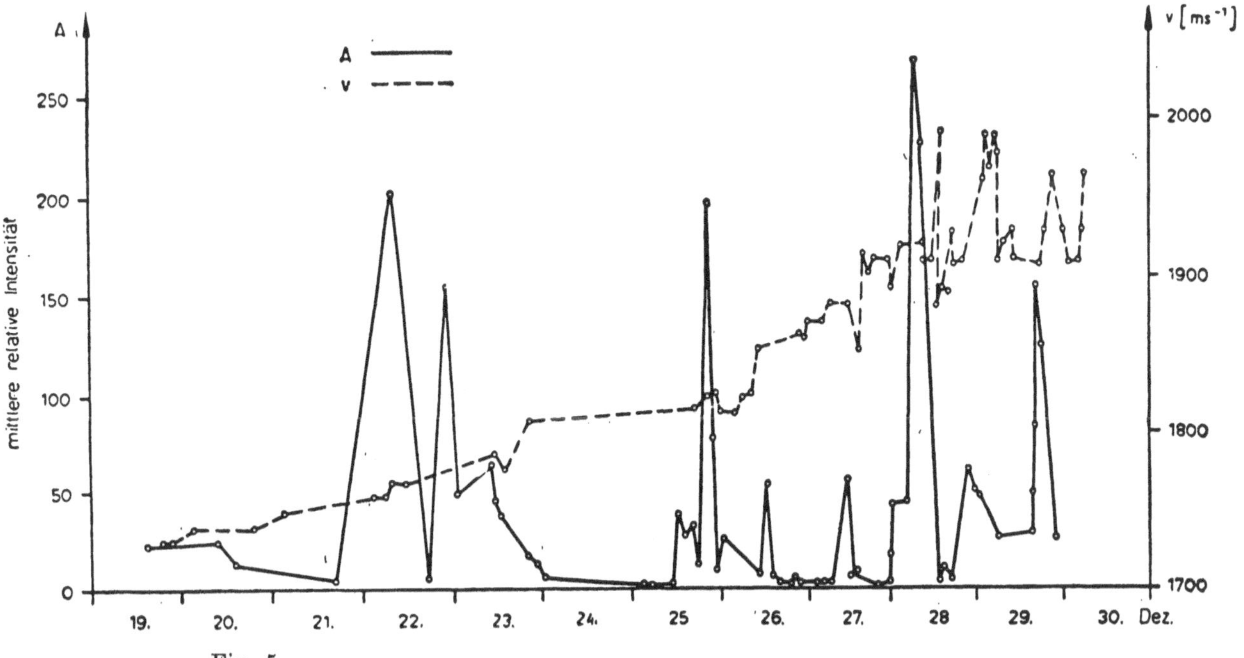

Fig. 5

Die Geschwindigkeitsänderung elastischer Wellen sowie die Intensitätsänderung der akustischen Erscheinungen beim Herannahen des Strebes. Beobachtungsort blieb unverändert

Variation in velocity of elastic waves and intensity alteration of sonic phenomena with the approaching longwall face. Invariant observation stand

L'altération de velocité des ondes élastiques de même que la variation d'intensité des phénomènes acoustiques avec la taille s'approchante. Poste d'observation n'a pas été déplacé

Изменение скорости распространения упругих волн, а также интенсивности акустических явлений при подходе лавы

Место, на котором производились наблюдения, не изменилось

Fig. 6

Die bei veränderlicher Belastung im Seismoskop registrierten Seismogramme einer Durchschallung von Sandsteinproben

a) bei stetiger Belastungsänderung bis zum Höchstwert und zurück
b) bei sprunghafter Belastungsänderung bis auf den Anfangswert

Seismogrammes of sonic propagation through sandstone specimens recorded under variable load in the seismoscope

a) with steadily varying load up to maximum and reverse
b) with abrupt varying load down to initial value

Séismogrammes d'un passage acoustique à travers des éprouvettes de grès, enregistrés par le séismographe sous charges variées

a) altération de charge continue jusqu'au maximum et retour
b) altération de charge brusque jusqu'à la valeur initiale

Сейсмограммы, регистрируемые в сейсмоскопе при меняющейся нагрузке и пропускании звука через образцы песчаника

a) с постепенным изменением нагрузки до максимальной и обратно
b) с бысрым изменением нагрузки

a)

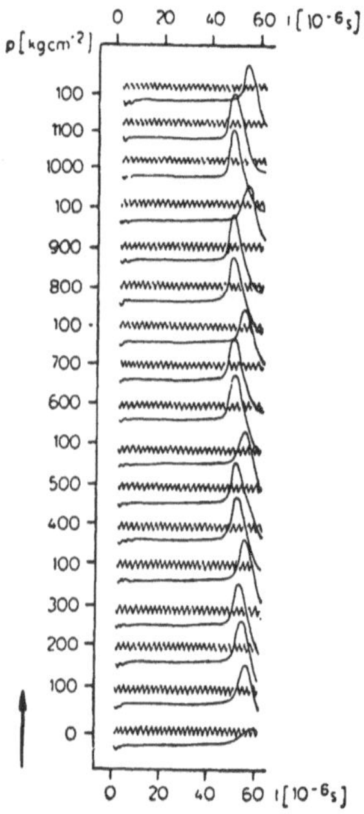

b)

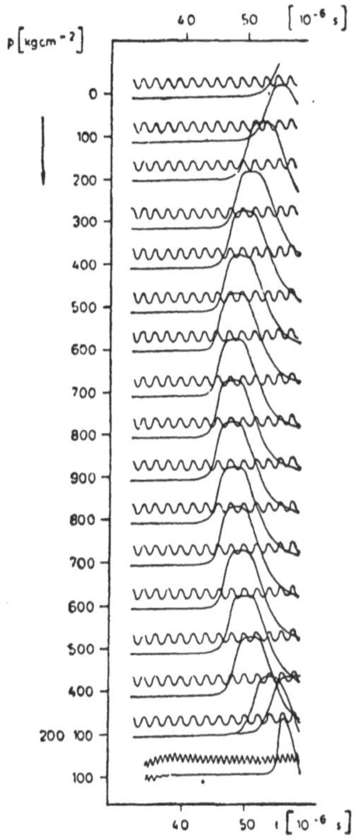

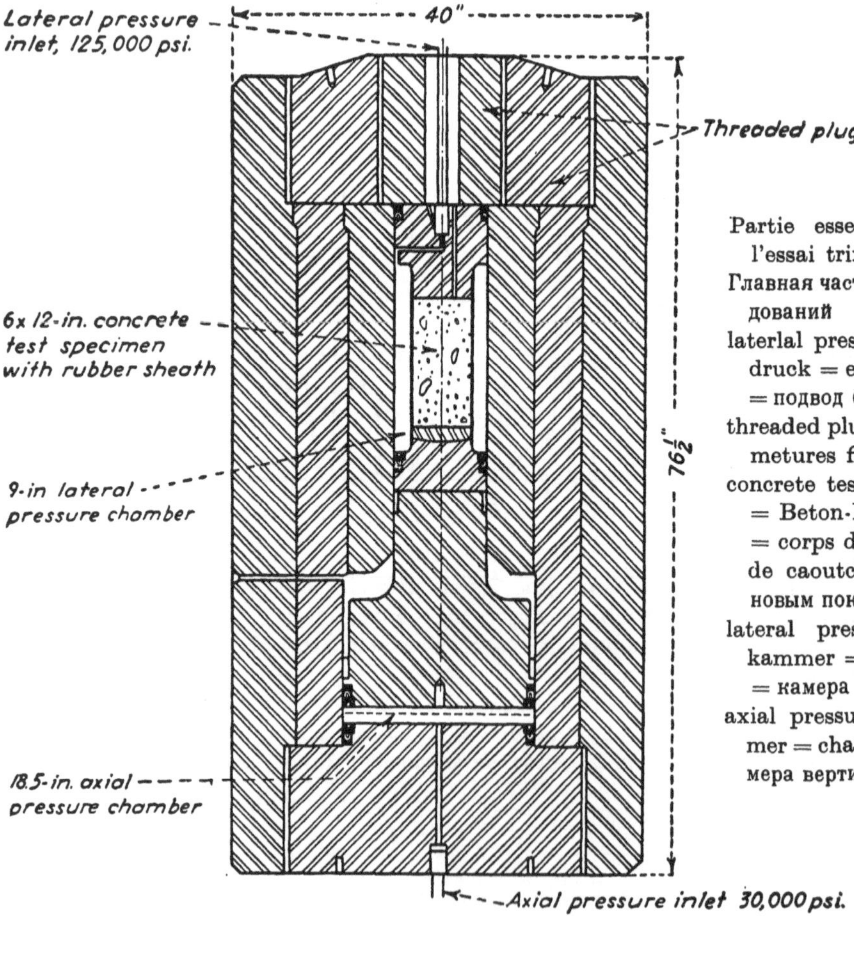

Fig. 7

Hauptteil der Prüfmaschine für triaxiale Untersuchungen

Main unit of the tri-axial testing machine

Partie essentielle de l'appareillage pour l'essai trix-axial

Главная часть прибора для трехосных исследований

laterlal pressure inlet = Einlaß für Manteldruck = entrée de la pression latérale = подвод бокового давления

threaded plugs = Gewindeverschlüsse = fermetures filetées = специальные гайки

concrete test specimen with rubber sheath = Beton-Prüfkörper mit Gummihaut = corps d'essai en béton avec enveloppe de caoutchouc = образец бетона с резиновым покрытием

lateral pressure chamber = Seitendruckkammer = chambre de pression latérale = камера бокового давления

axial pressure chamber = Axialdruckkammer = chambre de pression axiale = камера вертикального давления

Fig. 8

Schematische Darstellung der Meßanordnung mit hydraulischem Polster im Schnitt

Schematic of a section through measuring system using hydraulic pillow
Vue schématique en profil du système de mesure avec coussin hydraulique
Схематичное изображение измерений гидравлической подушкой (разрез)

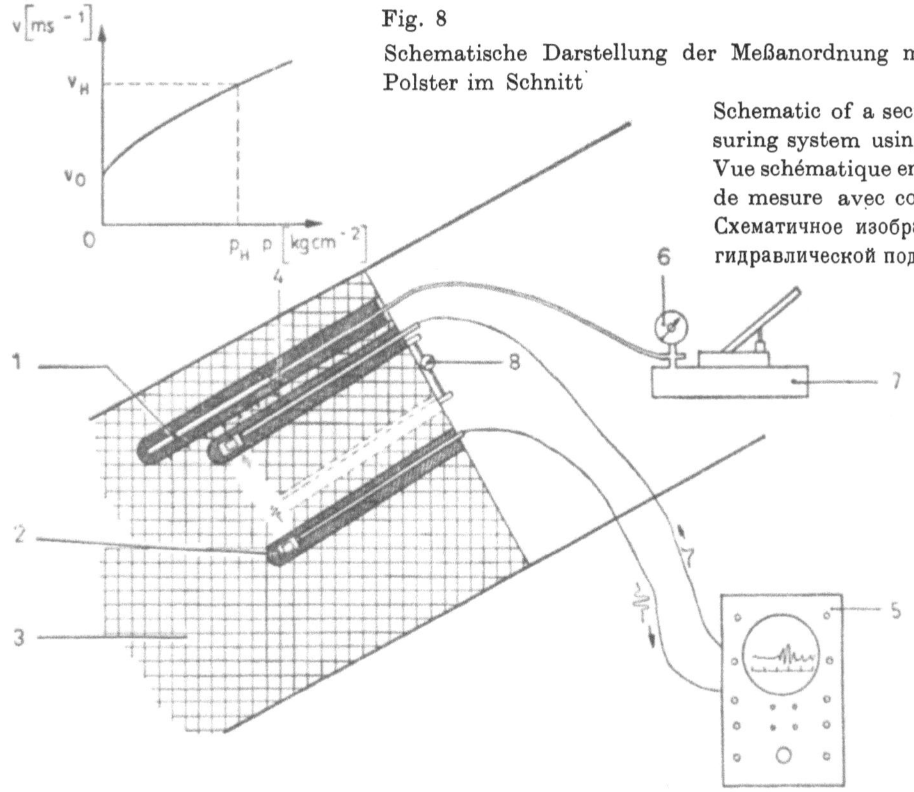

1 — Hydraulisches Polster = hydraulic pillow = coussin hydraulique = гидроподушка
2 — Piezogeber = piezo transmitter = transmetteur piézo-électrique = пьезоисточник
3 — Kohleflöz = coal seam = veine houillère = угольный пласт
4 — Zementverguß = cement filling = remplissage à ciment = цемент
5 — Seismoskop = seismoscope = сейсмоскоп
6 — Manometer = pressure gauge = manomètre = манометр
7 — Pumpe = pump = pompe = насос
8 — Indikator = индикатор

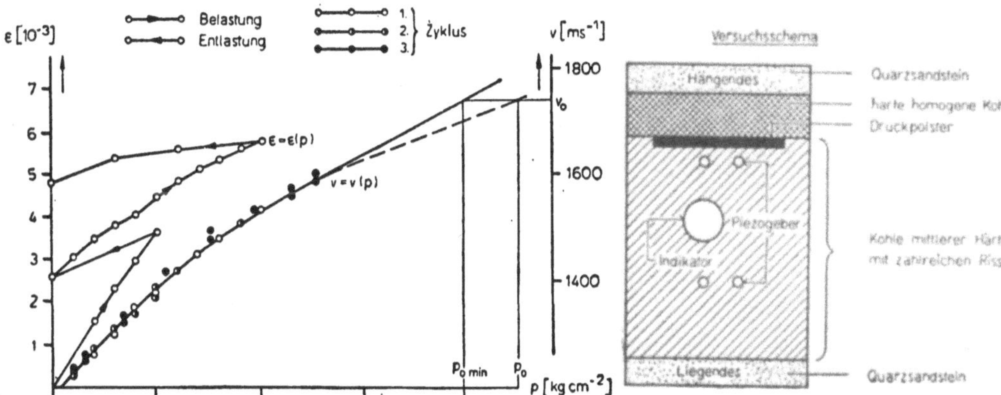

Fig. 9

Abhängigkeit der Schallgeschwindigkeit und der Deformation in Druckrichtung von der Belastung
Sound velocity and deformation in direction of pressure in their dependence on load
Dépendance de la vitesse du son et de la déformation en direction de pression de la charge
Зависимость скорости распространения звука и деформации по направлению действующего давления от нагрузки

Belastung = loading = mise en charge = нагружение
Liegendes = floor = mur = лежачий бок
Entlastung = discharging = détente = разгружение
Versuchsschema = test schematic = schéma d'essai = схема опытной установки
Quarzsandstein = quartz sandstone = grès de quartz = кварцовый песчаник
harte homogene Kohle = hard homogeneous coal = charbon dur homogène = твердый однопородный уголь
Druckpolster = compressive pillow = coussin compressif = гидравличесная подушка
Kohle mittlerer Härte mit zahlreichen Rissen = medium hard coal with numerous fissures = charbon à dureté moyenne et beaucoup de fissures = уголь средней крепости разбитый трещинами

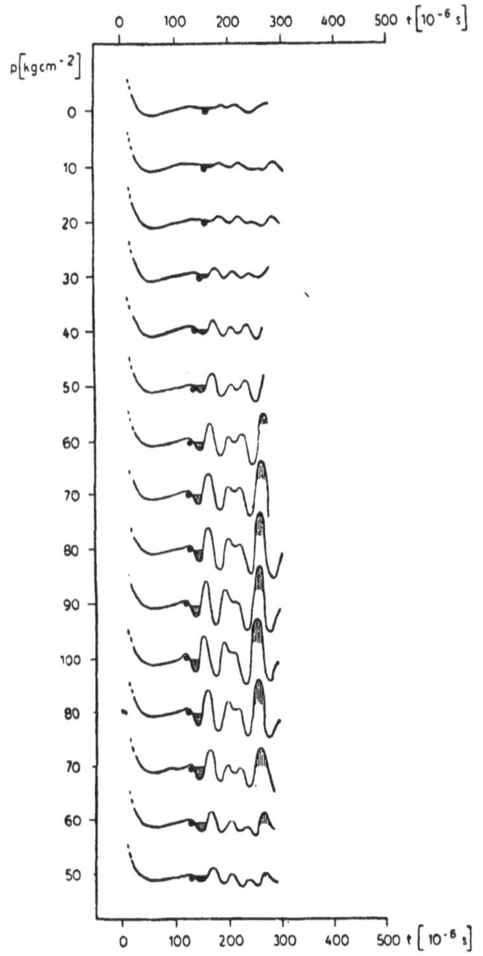

Fig. 10

Die bei veränderlicher Belastung registrierten Seismogramme einer Durchschallung im Kohlenflöz

Seismogrammes of sonic propagation recorded in coal seam under variable load

Les séismogrammes obtenus d'un passage acoustique à travers la veine houillère sous charge variée

Сейсмограммы, регистрируемые при пропускании звуковых волн через угольный пласт при меняющейся нагрузке

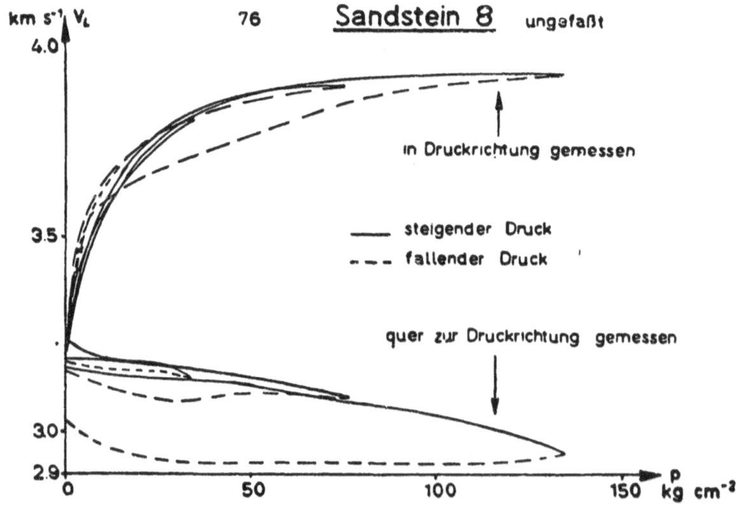

Fig. 11

Schallgeschwindigkeitsmessung an einer Sandsteinprobe bei steigendem und fallendem Druck parallel und senkrecht zur Belastungsrichtung

Measuring sound velocity on sandstone specimen under increasing and decreasing pressure parallel and vertical to direction of load

Mesure de la vitesse du son sur une éprouvette de grès avec la pression croissante et décroissante en parallèle et en vertical vers la direction de charge

Измерение скорости распространения звука в образце песчаника при увеличении и уменьшении давления параллельно и перпендикулярно к направлению приложенной нагрузки

Sandstein = sandstone = grès = песчаник
ungefaßt = not-encased = pas enveloppé = образец, не зажатый в обоймы
in Druckrichtung gemessen = measured in direction of pressure = mesuré en direction de la pression = измерено по направлению давления
steigender Druck = increasing pressure = pression croissante = увеличивающееся давление
fallender Druck = decreasing pressure = pression décroissante = уменьшающееся давление
quer zur Druckrichtung gemessen = measured in right angle to the direction of pressure = mesuré à l'aplomb la direction de la pression = измерено по нормали к давлению

Fig. 12

Schallgeschwindigkeitsmessung an einer ummantelten Steinsalzprobe bei steigendem und fallendem Druck parallel zur Belastungsrichtung gemessen

Measuring sound velocity on an encased rock salt specimen under increasing and decreasing pressure recorded in parallel to the load direction

Mesure de la vitesse du son sur un échantillon de sel gemme enveloppé avec la pression croissante et décroissante en parallèle vers la direction de la charge

Измерение скорости распространения звука в об — разце каменной соли, зажатого в обоймы, при увеличении и уменьшении давления параллельно направлению приложенной нагрузки

Steinsalz = NaCl

gefaßt = encased = enveloppé = образец, зажатый в обоймы

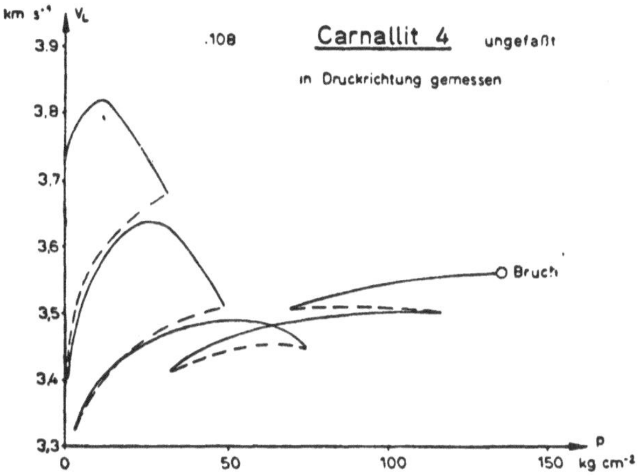

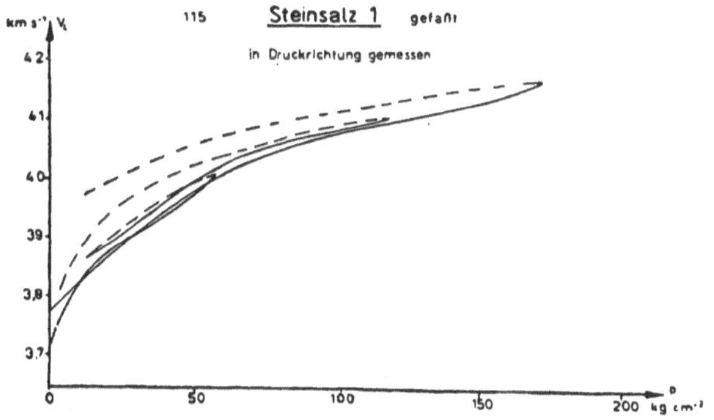

Fig. 13

Schallgeschwindigkeitsmessung an einer Carnallitprobe bei steigendem und fallendem Druck parallel zur Belastungsrichtung gemessen

Measuring sound velocity on a carnallite specimen under increasing and decreasing pressure recorded in parallel to the direction of load

Mesure de la vitesse du son sur un échantillon de carnallite avec la pression croissante et décroissante enregistrée en parallèle à la direction de la charge

Измерения скорости распространения звуковых волн в образце карналлита при увеличении и уменьшении давления параллельно направлению приложенной нагрузки

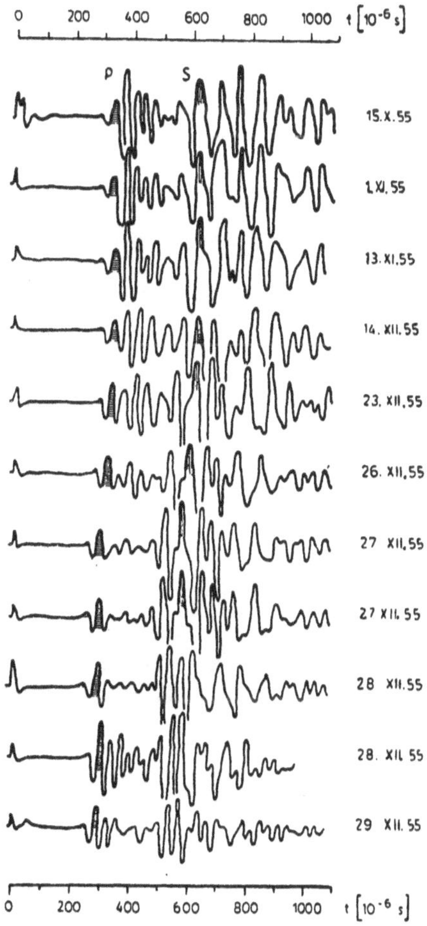

Fig. 14

Vergleichsseismogramm der elastischen Welle bei ihrem Durchgang durch das Kohleflöz in Abhängigkeit von der Entfernung des Strebes

Reference seismogramme of elastic wave passage through coal seam in dependence on the distance from the longwall face

Séismogramme de réference de l'onde élastique pendant son passage à travers la veine en dépendance de la distance de la taille

Сравнительная сейсмограмма упругой волны при ее прохождении через угольный пласт в зависимости от удаления лавы

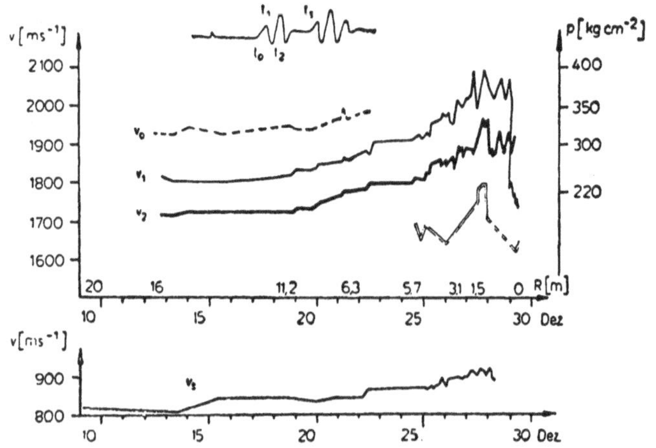

Fig. 15

Abhängigkeit der Geschwindigkeit von Longitudinal- und Transversalwellen im Kohleflöz von der Entfernung zwischen Streb und Meßpunkt (Grubentiefe 800 m, die Druckskala wurde nach den Messungen mit der hydraulischen Druckvorrichtung ermittelt)

Velocity of longitudinal and transversal waves in coal seam as depending on the distance of longwall face from measuring point (depth 800 metres, the pressure range was stipulated upon the measurements performed with the hydraulic pressure apparatus)

Dépendance de la vitesse des ondes longitudinales et transversales dans la veine de la distance entre la taille et le point de mesurage (profondeur 800 m, la gamme de pression fût déterminée d'après les mesurages au moyen de l'appareillage de pression hydraulique)

Зависимость скорости распространения продольных и поперечных волн в угольном пласте от расстояния между лавой и измерительной точкой (глубина разработки 800 м, шкала давлений была определена по измерениям гидравлической подушки)

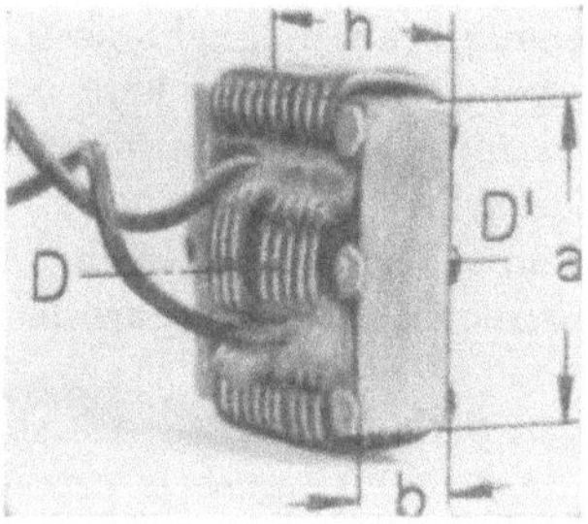

Fig. 16

Labornickelgeber

Laboratory-type nickel transmitter

Transmetteur-nickel, type laboratoire

Лабораторный никелевый источник звука

a)

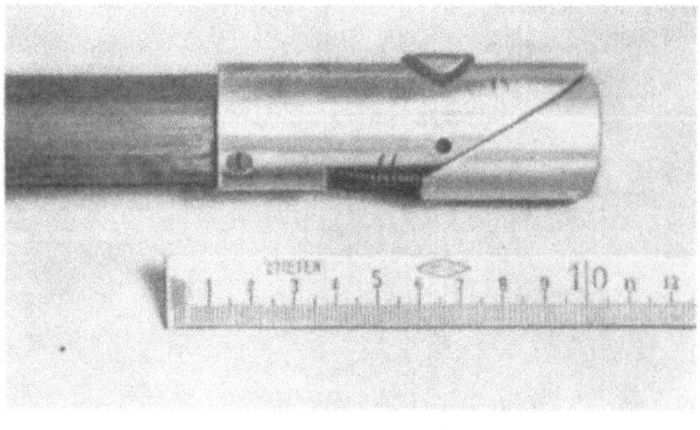

b)

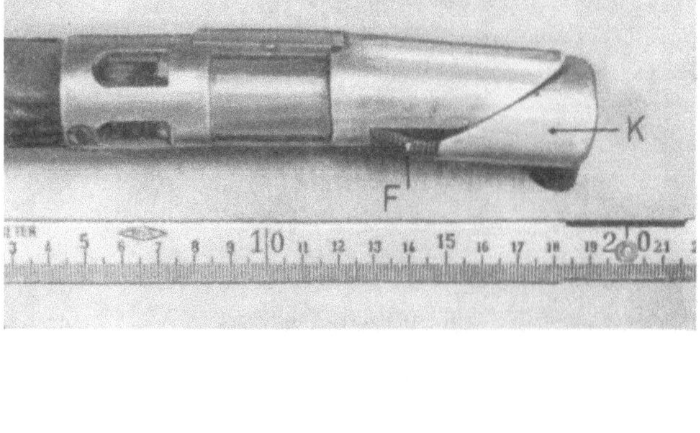

Fig. 17

a) Bohrlochseismometer
b) Schallkopf des Bohrlochgebers
a) Borehole seismometer
b) Acoustic cell of borehole transmitter
a) Séismomètre destiné aux trous forés
b) Tête acoustique du transmetteur de sondage
a) Сейсмометр для измерений в шпурах
b) Звукоголовка источника звука в шпуре

Fig. 18

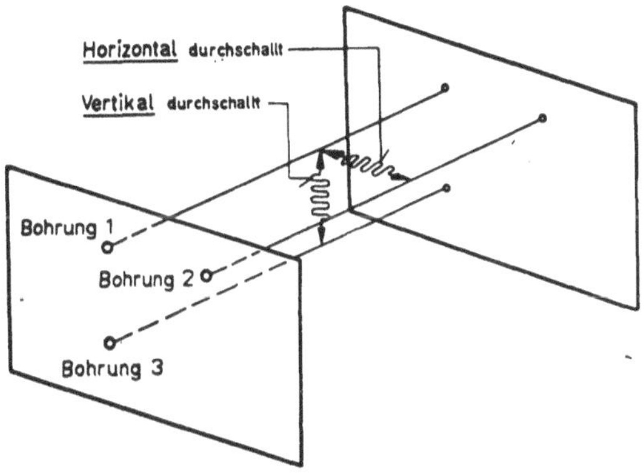

Bohrlochanordnung im Pfeiler zur Bestimmung der Schallgeschwindigkeitsprofile
Borehole positioning in pillar for determination of sound velocity patterns
Disposition des trous dans le pilier pour la détermination des profils de la vitesse du son
Распределение шпуров в целике для определения профилей скорости распространения звука
horizontal durchschallt = horizontal sonic propagation = propagation sonique en sens horizontal = пропускание звуковых волн в гориз. направлении
vertikal durchschallt = vertical sonic propagation = propagation sonique en sens vertical = пропускание звуковых волн в верт. направлении

Fig. 19

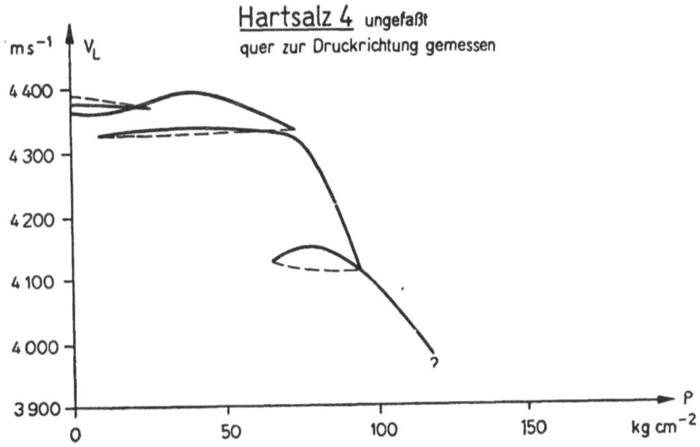

Geschwindigkeitsdruckkurven bei einachsiger Belastung
Velocity-pressure curves under uniaxial load
Courbes vitesse-pression sous charge uniaxe
Кривые скорости и давления при одноосном нагружении

Fig. 20

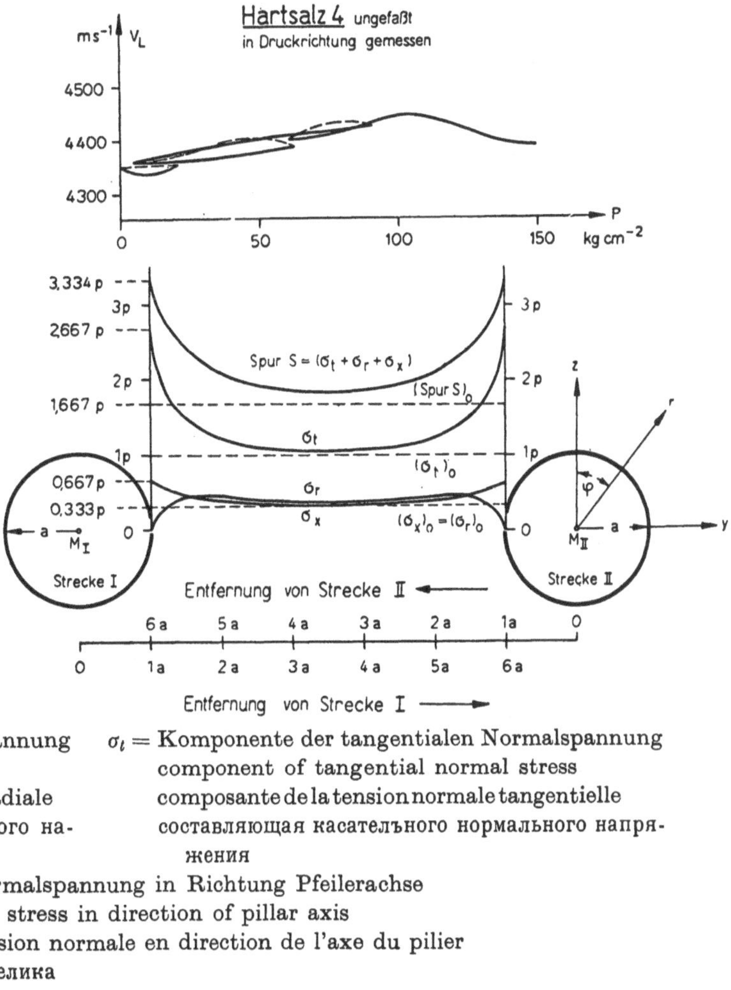

Spannungsverlauf in einem sehr breiten Abbaupfeiler zwischen kreisförmigen Strecken (die gestrichelten Geraden stellen die Werte der jeweiligen Größe — Index Null — im ungestörten Falle dar)
Stress distribution within a very large extraction pillar between circular roadways (the dashed straight lines represent the given magnitude — index zero — for the non-disturbed condition)
Distribution de la contrainte dans un pilier d'exploitation très large situé entre voies annulaires (les lignes droites en traits interrompus représentent les valeurs de la quantité donnée — index zéro — en cas non accidenté)
Характер распределения напряжений в очень широком целике между штреками цилиндрическогос сечения (пунктирные линии изображают значения рассматриваемой в данный момент величины — с индексом нуль — при ненарушенном состоянии).

σ_r = Komponente der radialen Normalspannung
component of radial normal stress
composante de la tension normale radiale
составляющая радиального нормального напряжения

σ_t = Komponente der tangentialen Normalspannung
component of tangential normal stress
composante de la tension normale tangentielle
составляющая касателъного нормального напряжения

σ_x = Komponente der Normalspannung in Richtung Pfeilerachse
component of normal stress in direction of pillar axis
composante de la tension normale en direction de l'axe du pilier
направленная к оси целика

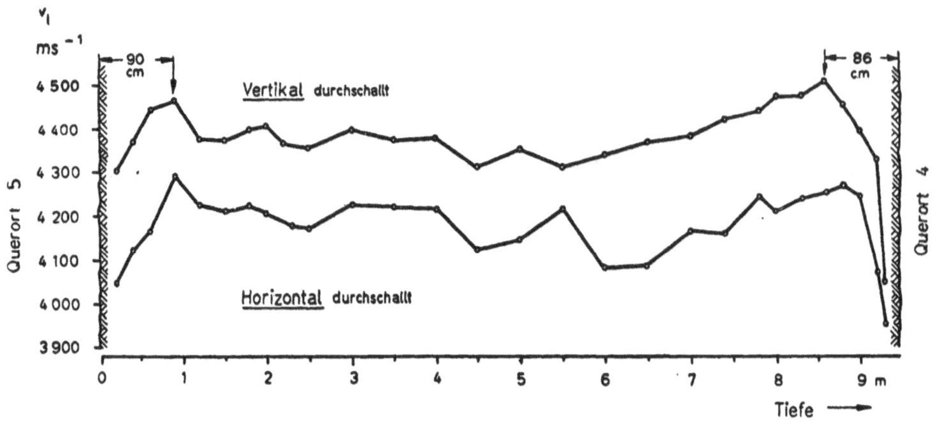

Fig. 21

Kaliwerk „Ernst Thälmann“ I, Merkers; Meßstelle ME_1 3; 1. nördl. Abtlg. Osten, Abbaustrecke 36, Querort 4/5; Teufe: 360 m; Standdauer: Querort 4: 12 Monate; Querort 5: 7 Monate; Pfeilerbreite: 9,50 m; Abbaubreite: 22 m; Abbauhöhe 3 m

Potash mine „Ernst Thälmann“ I, Merkers; measuring point ME_1 3; 1st northern district east, gate-road 36, cross-head 4/5; depth 360 metres; standing time: cross-head 4: 12 months, cross-head 5: 7 months; width of pillar 9.5 metres; width worked: 22 metres; thickness extracted: 3 metres

Mine de potasse „Ernst Thälmann“ I, Merkers; station de mesure ME_1 3; 1ere section nord de l'est, voie d'abatage 36, recoupe 4/5; profondeur 360 m; maintien en place: recoupe 4: 12 mois, recoupe 5: 7 mois; largeur de pilier: 9,5 m; largeur exploitée: 22 m; puissance exploitée: 3 m

Калийная шахта 1 им. Эрнста Тельмана в Меркерсе; измерительная точка ME_1 3; первый северо-восточный участок, подготовительный штрек № 36, просек 4/5; глубина 360 м; время стояния: просек 4 — 12 мес. просек 5 — 7 мес., ширина целика 9,5 м, ширина камеры 22 м, высота 3 м

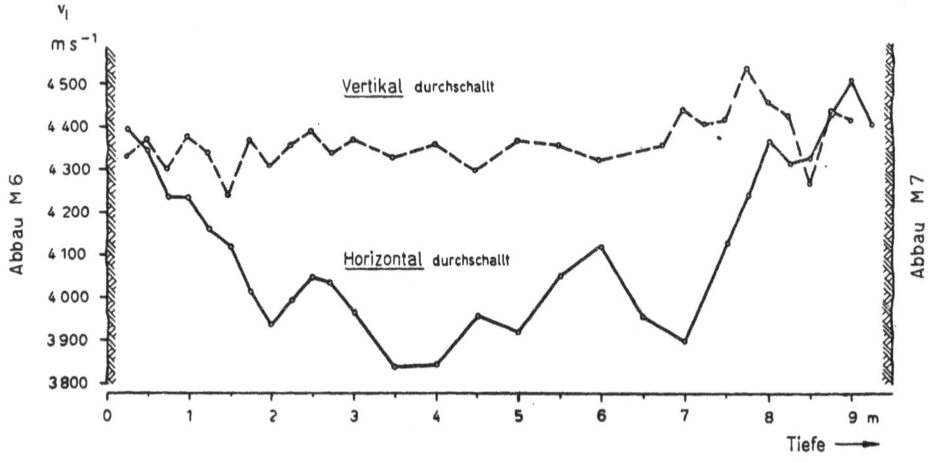

Fig. 22

Kaliwerk „Karl Liebknecht“, Bleicherode; Meßstelle BL 3; IV. Abtlg. Abbaustrecke I, Abbau M 6/7; Teufe 600 m; Standdauer: etwa 40 Monate; Pfeilerbreite: 9,40 m; Abbaubreite: 12 m; Abbauhöhe: 8 m

Potash mine „Karl Liebknecht“, Bleicherode; measuring point BL 3; IVth district, gate-road L, working M 6/7; depth 600 metres; standing time approx. 40 months; width of pillar: 9.40 metres; width worked: 12 metres; thickness extracted: 8 metres

Mine de potasse „Karl Liebknecht“, Bleicherode; station d'observation BL 3; section IV, voie d'abatage L, travaux M 6/7; profondeur: 600 m; maintien en place 40 mois environ; largeur de pilier: 9,40 m; largeur exploitée: 12 m; puissance exploitée: 8 m

Калийная шахта им. Карла Либкнехта в Блейхероде; измерительная точка BL 3; четвертый участок, подготовительный штрек L, очистной забой M 6/7; глубина 600 м; время стояния около 40 мес.; ширина целика 9,4 м, ширина камеры 12 м, высота камеры 8 м

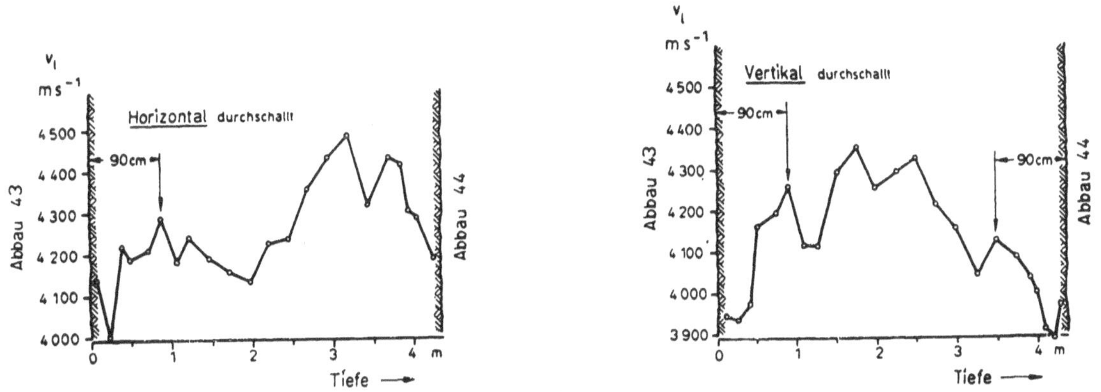

a)

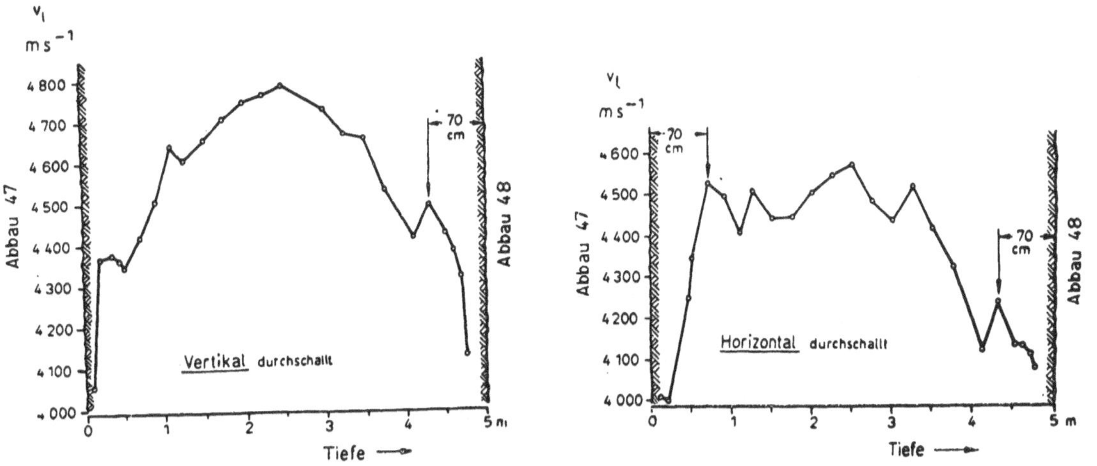

b)

Fig. 23

a) Kaliwerk „Thomas Müntzer", Bischofferode; Meßstelle BI 1; Strecke B-Nord-II; Abbau 43/44; Teufe 560 m; Standdauer: 21 Monate; Pfeilerbreite: 4,40 m; Abbaubreite: 9,50 m; Abbauhöhe: 10 m

Potash mine „Thomas Müntzer", Bischofferode; measuring point BI 1; road B-North-II, working 43/44; depth 560 metres; standing time: 21 months; width of pillar 4.40 metres; width worked: 9.5 metres; thickness extracted: 10 metres

Mine de potasse „Thomas Müntzer", Bischofferode; station d'observation BI 1; voie B-nord-II; travaux 43/44; maintien en place: 21 mois; largeur de pilier: 4,40 m; largeur exploitée: 9,50 m; puissance exploitée: 10 m

Калийная шахта им. Томаса Мюнцера в Бишофферode; измерительная точка BI1; штрек B северный II; очистной забой 43/44; глубина 560 м; время стояния 21 мес.; ширина целика 4,4 м, камеры – 9,5 м, высота камеры 10 м.

b) Kaliwerk „Thomas Müntzer", Bischofferode; Meßstelle BI 2; Strecke B-Nord-II; Abbau 47/48; Teufe: 560 m; Standdauer: 16 Monate; Pfeilerbreite: 5 m; Abbaubreite: 9,50 m; Abbauhöhe: 10 m

Potash mine „Thomas Müntzer", Bischofferode; measuring point BI 2; road B-North-II, working 47/48; depth 560 metres; standing time: 16 months; width of pillar: 5 metres; width worked: 9.5 metres; thickness extracted: 10 metres

Mine de potasse „Thomas Müntzer", Bischofferode; station d'observation BI 2; voie B-nord-II; travaux 47/48; profondeur: 560 m; maintien en place: 16 mois; largeur de pilier: 5 m; largeur exploitée: 9,50 m; puissance exploitée 10 m

Калийная шахта им. Томаса Мюнцера в Бишофферode; измерительная точка B I 2; штрек B северный II; очистной забой 47/48; глубина 560 м; время стояния 16 мес.; ширина целика; 5 м, камеры – 9,5 м, высота камеры 10 м

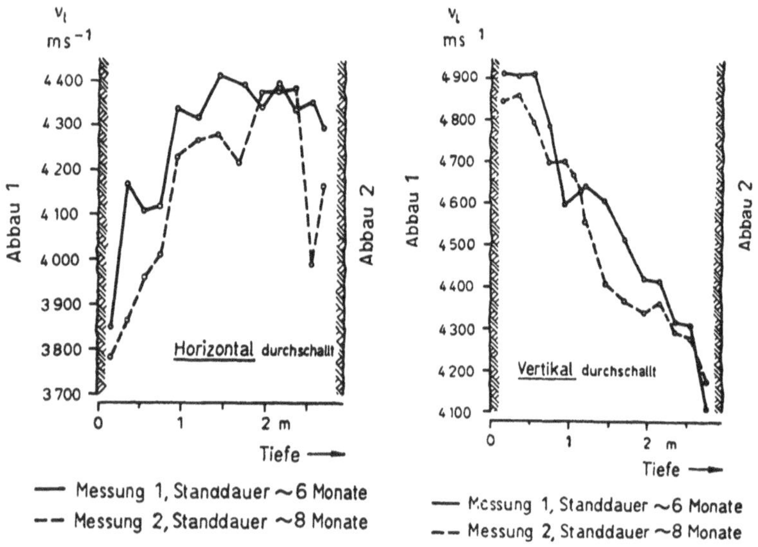

Fig. 24

Kaliwerk „Karl Marx“, Schachtanlage Sollstedt; Meßstelle SO 1, Abbau 1/2 aus B-Strecke; Teufe 880 m; Pfeilerbreite: 3 m; Abbaubreite: etwa 8 m; Abbauhöhe: 10 m

Potash mine „Karl Marx“, Sollstedt pit; measuring point SO 1; working 1/2 of road B; depth: 880 metres; width of pillar: 3 metres; width worked: approx. 8 metres; thickness extracted: 10 metres

Mine de potasse „Karl Marx“, département de Sollstedt; station d'observation SO 1; travaux 1/2 de la voie B; profondeur: 880 m; largeur de pilier: 3 m; largeur exploitée: 8 m environ; puissance exploitée: 10 m

Калийная шахта им. Карла Маркса, шахта «Зольштедт»; измерительная точка S O 1; очистной забой 1/2 исходя из штрека B; глубина 880 м; ширина целика 3 м, камеры – 8 м, высота камеры 10 м

a) b)

Fig. 25

Schäden an einem Pfeiler (vgl. Fig. 24)

a) nach 15 Monaten Standdauer

b) nach 23 Monaten Standdauer

Pillar deterioration (cf. Fig. 24)

a) after 15 months standing time

b) after 23 months standing time

Dégâts sur un pilier (voir Fig. 24)

a) après 15 mois de maintien en place

b) après 23 mois de maintien en place

Разрушение целика (см. фиг. 24)

a) после 15 мес. стояния

b) после 23 мес. стояния

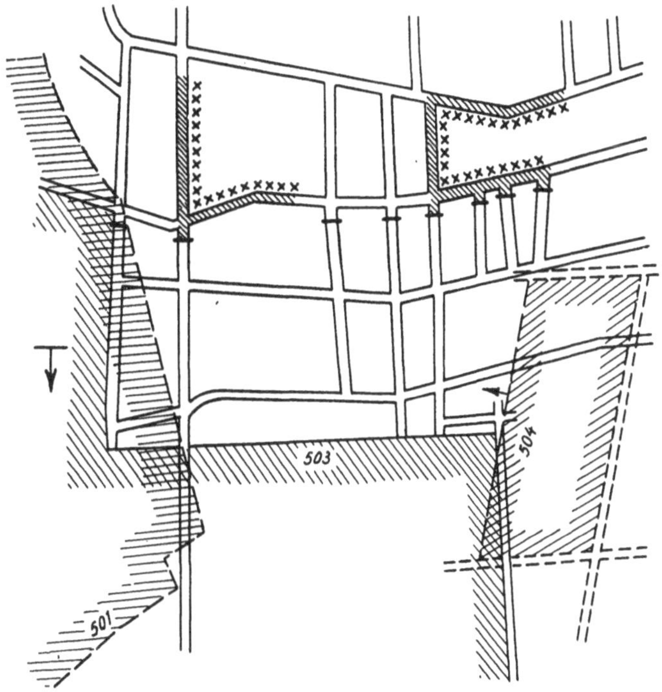

Fig. 1

Lageplan zum Gebirgsschlag auf Grube „Centrum“ am 2. 2. 50

Plan view relating to the rockburst in the „Centrum“ Mine on February 2, 1950

Plan d'ensemble se rapportant au coup de charge dans la mine „Centrum“, le 2 février 1950

План участка шахты «Центрум», на котором 2/II–1950 года произошел горный удар

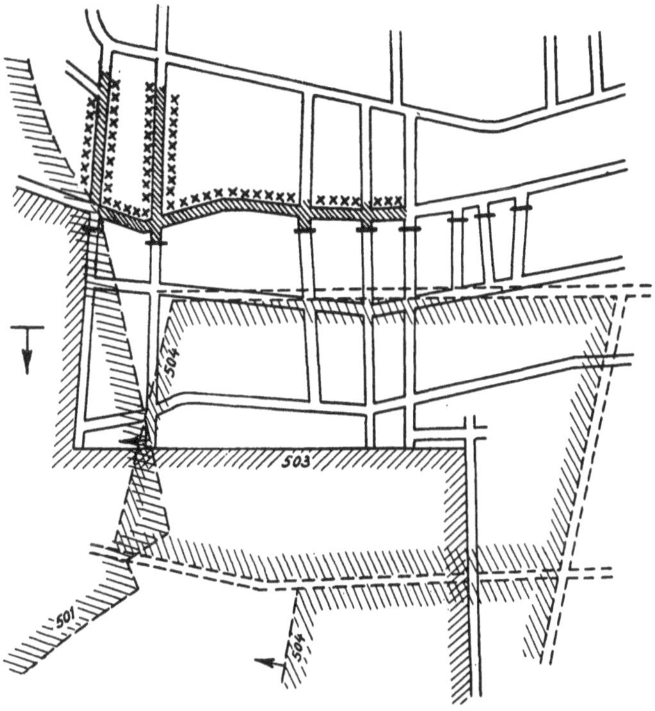

Fig. 2

Lageplan zum Gebirgsschlag auf Grube „Centrum“ am 28. 5. 50

Plan view relating to the rockburst in the „Centrum“ Mine on May 28, 1950

Plan d'ensemble se rapportant au coup de charge dans la mine „Centrum“, le 28 Mai 1950

План участка шахты «Центрум», на котором 28/V–1950 года произошел горный удар

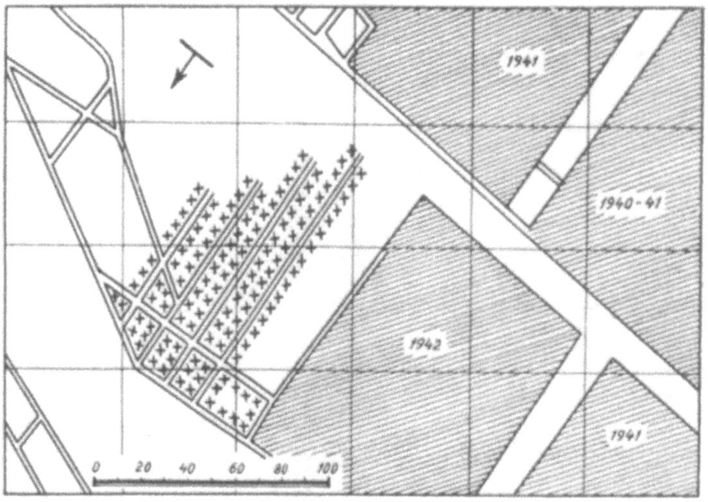

Fig. 3

Lageplan zum Gebirgsschlag auf Grube ,,Wanda Lech" am 4. 5. 50

Plan view relating to the rockburst in the ,,Wanda Lech" Mine on May 4, 1950

Plan d'ensemble se rapportant au coup de charge dans la mine ,,Wanda Lech", le 4 mai 1950

План участка шахты «Ванда Лех», на котором 4/V–1950 года произошел горнний удар

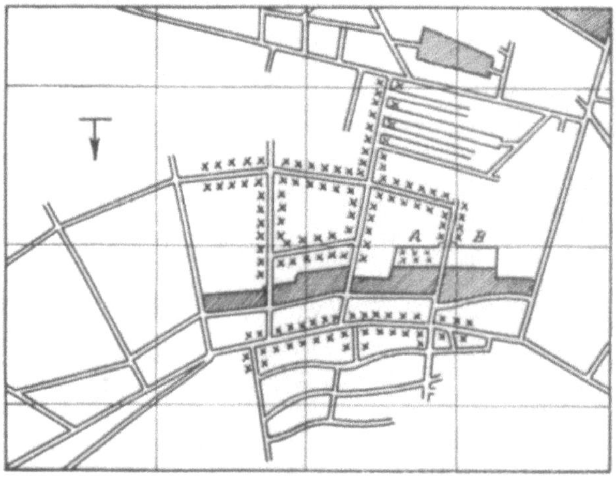

Fig. 4

Lageplan zum Gebirgsschlag auf Grube ,,Mikulczyce" am 22. 12. 55

Plan view relating to the rockburst in the ,,Mikulczyce" Mine on December 22, 1955

Plan d'ensemble se rapportant au coup de charge dans la mine ,,Mikulczyce" le 22 décembre 1955

План участка шахты «Микульчице», на котором 22/XII 1955 года произошел горный удар

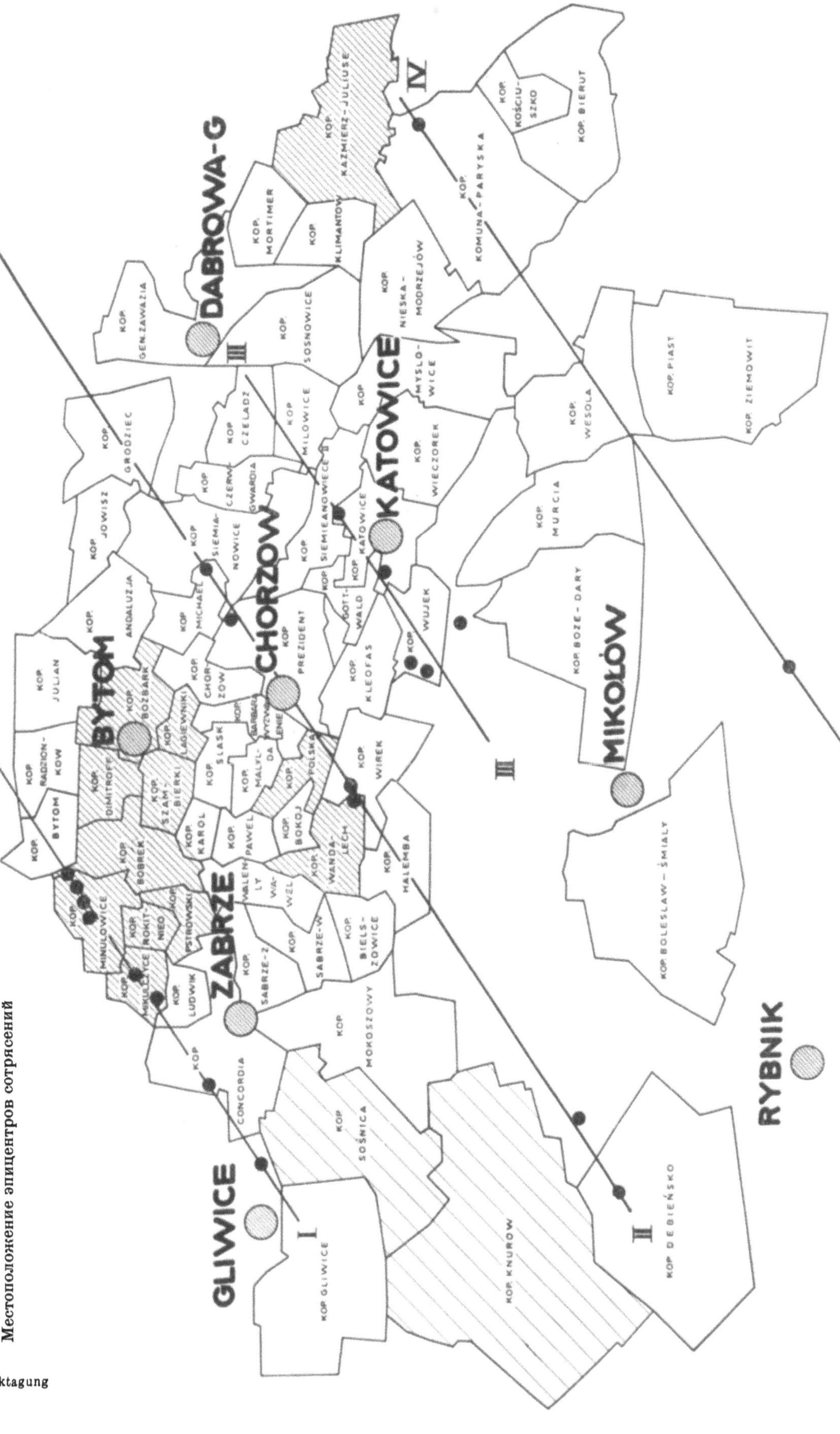

Fig. 5
Lage der Epizentren der Erschütterungen
Position of the concussion epicenters
Position des epicentres des secousses
Местоположение эпицентров сотрясений

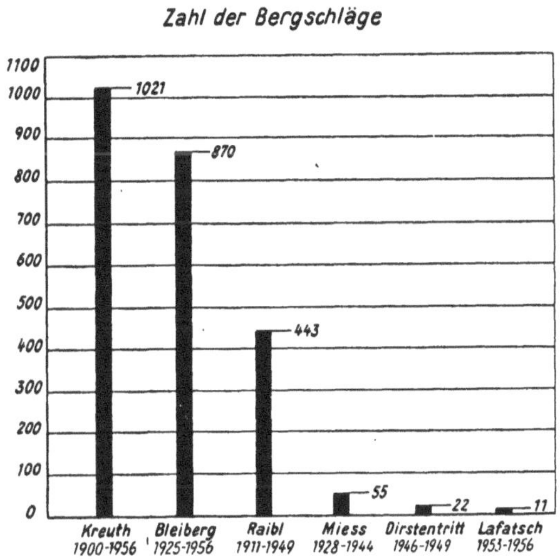

Fig. 1
Zahl der Bergschläge
Number of rock bursts
Nombre des coups de charge
Количество горных ударов

Fig. 2
Verteilung der Bergschläge nach der Tageszeit
Distribution of rock bursts as per the day time
Répartition des coups de charge d'après le temps journalier
Распределение горных ударов в течение суток
Anzahl der Bergschläge = number of rock bursts = nombre des coups de charge = количество горных ударов
Frühschicht = day-shift = poste du matin = утренняя смена
Nachmittagschicht = afternoon-shift = poste d'après-midi = дневная смена
Nachtschicht = night-shift = poste de nuit = ночная смена

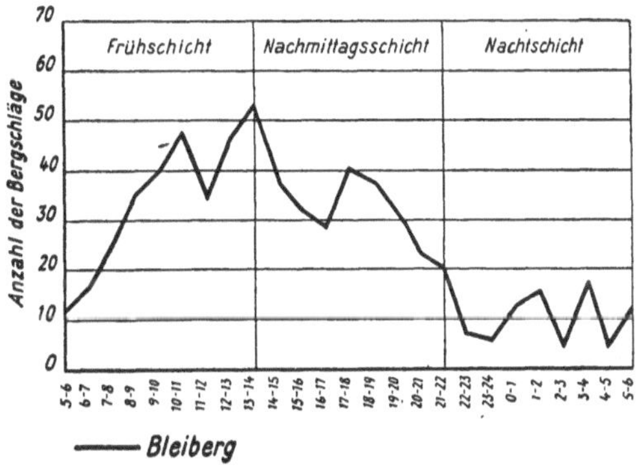

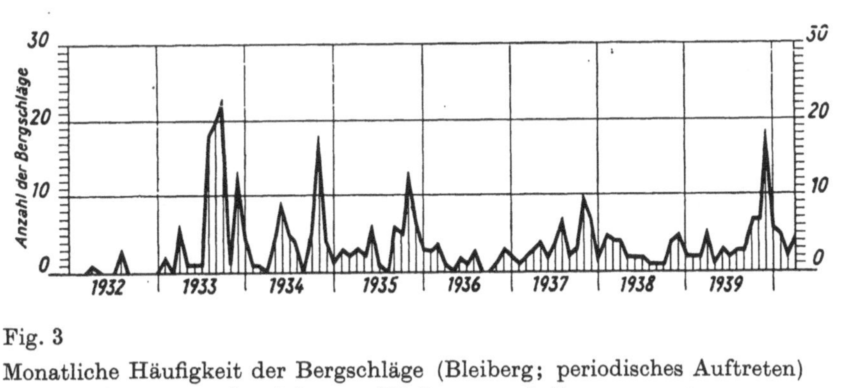

Fig. 3
Monatliche Häufigkeit der Bergschläge (Bleiberg; periodisches Auftreten)
Monthly frequency of rock bursts (Bleiberg; periodic occurence)
Fréquence mensuelle des coups de charge (Bleiberg; apparitions périodiques)
Количество горных ударов в месяц в Блейберге (периодическое возникновение)

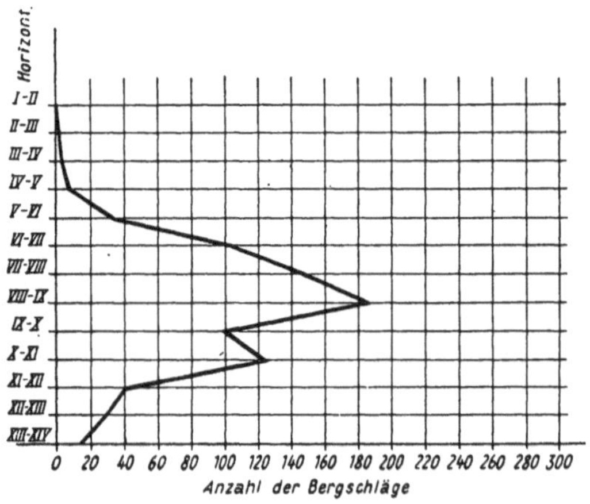

Kreuth, 1900—1956

Fig. 4
Tiefenlage der Bergschläge (Kreuth)
Depth of rock bursts (Kreuth)
Profondeur des coups de charge (Kreuth)
Глубина мест горных ударов (Кройт)

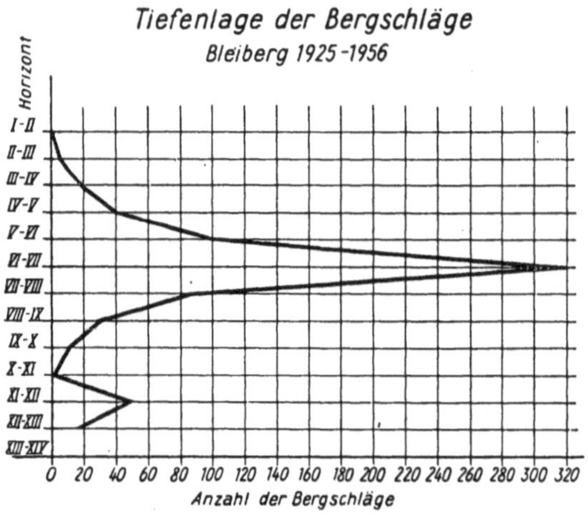

Fig. 5
Tiefenlage der Bergschläge (Bleiberg)
Depth of rock bursts (Bleiberg)
Profondeur des coups de charge (Bleiberg)
Глубина мест горных ударов (Блейберг)

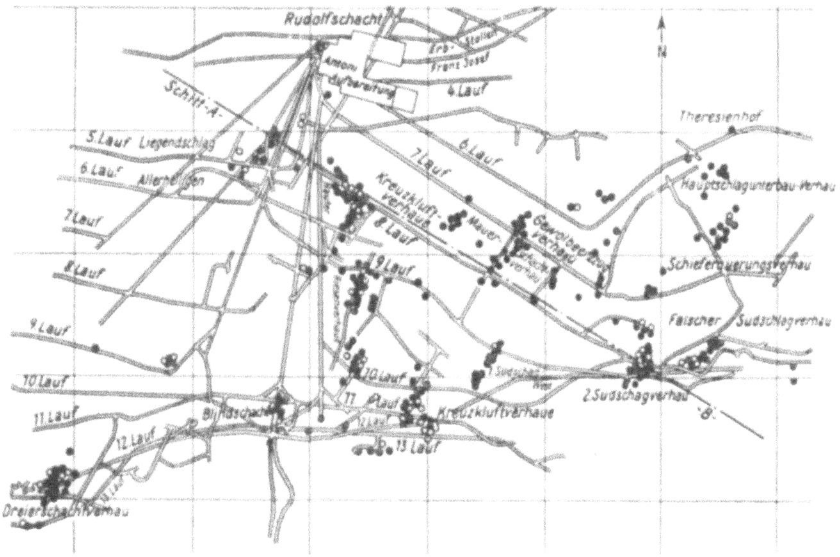

Fig. 6

Verteilung der Spannungsauslösungen (Kreuth-Ostrevier; Grundriß)

Distribution of stress releasing points (Kreuth-Eastern district; ground-plan)

Répartition des déclenchements de tension (Kreuth, quartier d'est; projection horizontale)

Распределение горных ударов в плане (участок восток в Кройте)

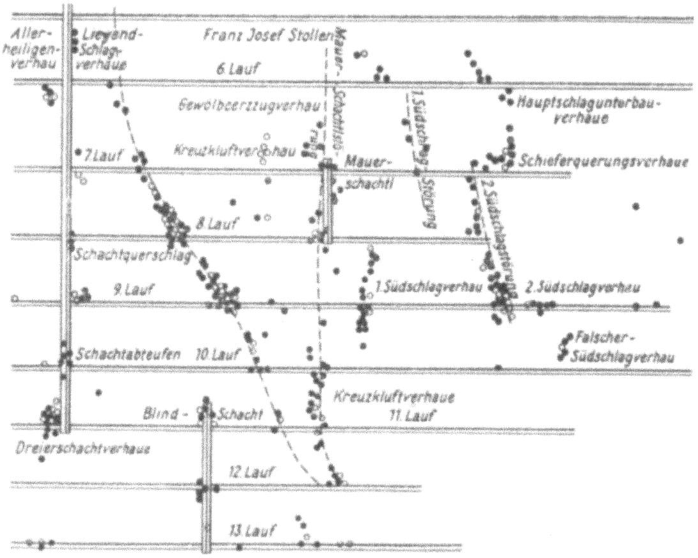

Fig. 7

Verteilung der Spannungsauslösungen (Kreuth-Ostrevier; Aufriß)

Distribution of stress releasing points (Kreuth-eastern district; section)

Répartition des déclenchements de tension (Kreuth, quartier d'est; projection verticale)

Распределение горных ударов в разрезе (участок восток в Кройте)

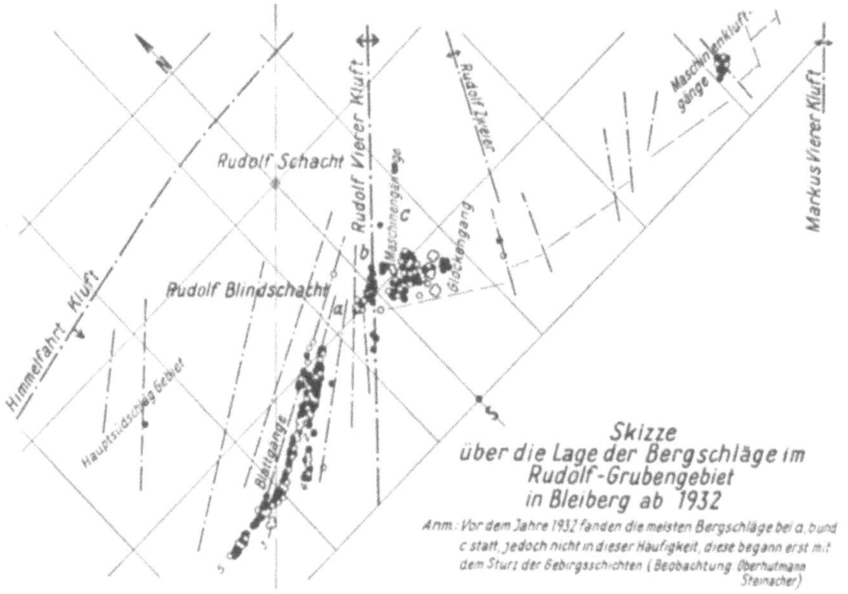

Fig. 8

Lage der Bergschläge im „Rudolf"-Grubengebiet

Location of rock bursts in the "Rudolf" mining district

Emplacements des coups de charge dans la mine «Rudolf»

Г аспределение горных ударов в шахте Рудольф (план)

Note: Before 1932 most rock bursts occured at *a*, *b* and *c*, however, not in this frequency which only has been stated, since the strata began to fall (observation by Oberhutmann Steinacher)

Remarque: Le plus grand nombre des coups de charge se produisirent dans *a*, *b* et *c* avant 1932 mais pas à cette fréquence. Celle-ci apparût dès la chute des strates (observation de Oberhutmann Steinacher)

Примечание: до 1932 года большинство горных ударов произошло у a, b и c, однако, не в таком количестве. Учащение наступило после опрокидывания слоев (наблюдатель – оберхутманн Штейнахер)

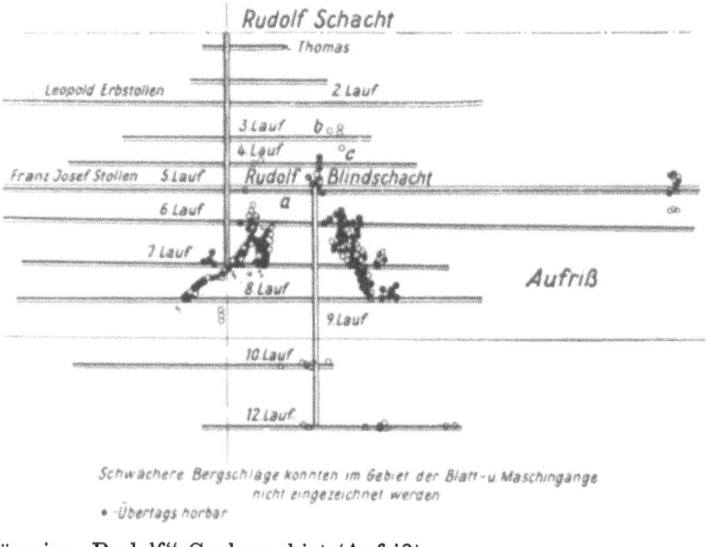

Fig. 9

Lage der Bergschläge im „Rudolf"-Grubengebiet (Aufriß)

Location of rock bursts in the "Rudolf" mining district (section)

Emplacement des coups de charge dans la mine «Rudolf» (projection verticale)

Распределение горных ударов в шахте Рудольф (разрез)

● = audible on the surface = perceptible à la surface = слышные на земной поверхности

minor rock bursts could not be plotted in the section

les coups de charge faibles ne purent pas être enrégistrés dans la projection

более слабые горные удары в районе машинных и блатт-жил не могли быть зафиксированы

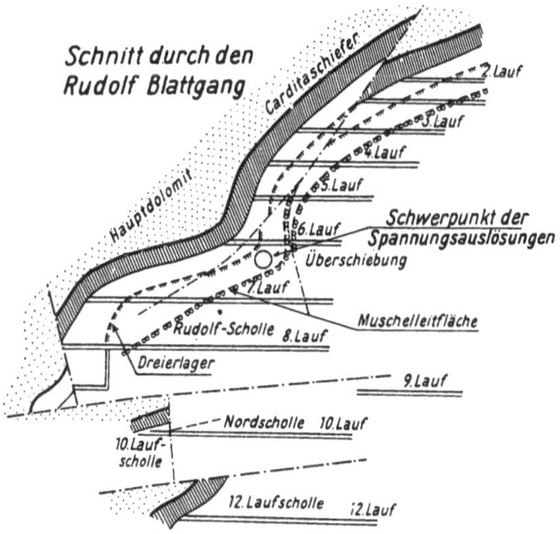

Fig. 10

Schnitt durch den „Rudolf"-Blattgang
Section of the "Rudolf"-dyke
Coupe de filon «Rudolf»
Pазрез жилы Рудольф
Schwerpunkt der Spannungsauslösungen = center of the stress releasing points = centre de gravité des déclenchements de tension = центр горных ударов

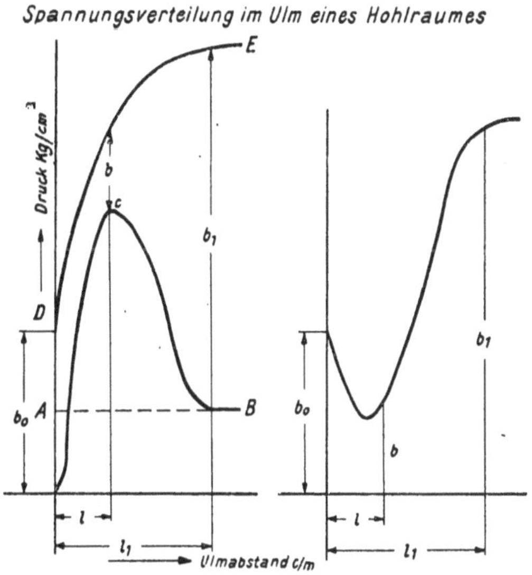

Fig. 11 Fig. 12

Spannungsverteilung im Ulm eines Hohlraumes
Distribution of stress in the sides of an excavation
Répartition des tensions dans les parois d'un vide
Распределение напряжений в боках горной выработки
Druck = pressure = pression = давление
Ulmabstand = distance from the sides = distance du paroi = расстояние от бока выработки

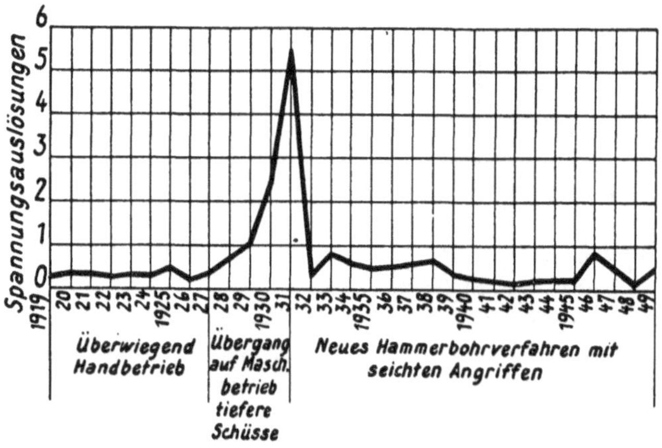

Fig. 13

Einfluß des Maschinenbetriebes auf die Zahl der Bergschläge
Spannungsauslösungen/1000 t Haufwerk
Influence of mechanical operation on the number of rock bursts
stress releasings/1000 t broken ground
Influence d'une exploitation mécanique sur les coups de charge
déclenchements/1000 t des déblais
Влияние механизированной разработки на количество горных ударов
размыкание напряжений / 1000 т груз
überwiegend Handbetrieb = manual operation preponderating = prépondérance du travail manuel = преимущественно ручная разработка
Übergang auf Maschinenbetrieb, tiefere Schüsse = change to machine-operated working, deeper boreholes = transition à l'exploitation mécanique, trous de mine plus profonds = переход к механизированной разработке, более глубокие шпуры
Neues Hammerbohrverfahren mit seichten Angriffen = new hammer-drill working method with only short boreholes = nouveau procédé de perforation à attaques peu profondes = новый способ бурения с менее глубокими шпурами

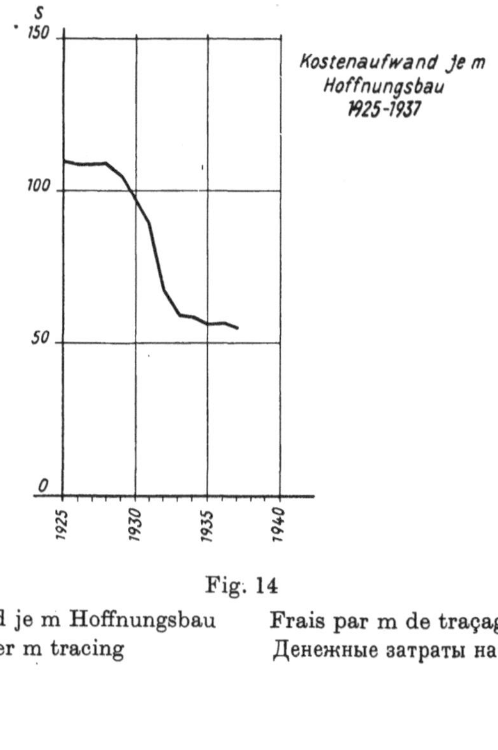

Fig. 14

Kostenaufwand je m Hoffnungsbau
Expenditure per m tracing
Frais par m de traçage
Денежные затраты на погонный метр

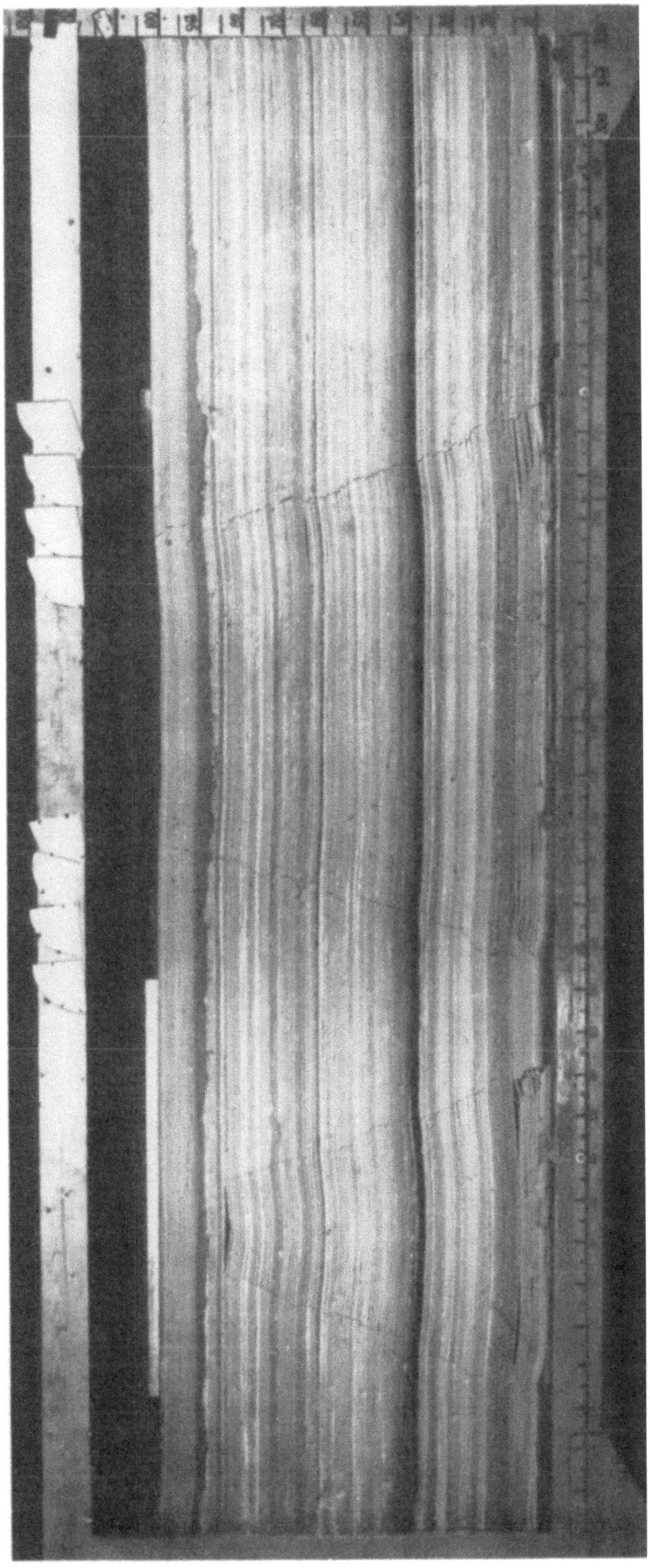

Fig. 1

Общий вид модели при разработке горизонтального пласта двумя смежными очистными забоями

Modell des Abbaues eines horizontalen Flözes durch zwei benachbarte Abbaustöße

Model of exploiting a horizontal seam through two adjacent fronts

Modèle d'abatage d'une couche horizontale à travers de deux chantiers

Fig. 2

Общий вид модели при разработке пласта, залегающего под углом 15°

Modell des Abbaues eines mit 15° einfallenden Flözes

Model of working a seam inclined by 15°

Modèle d'abatage d'une couche inclinée par 15°

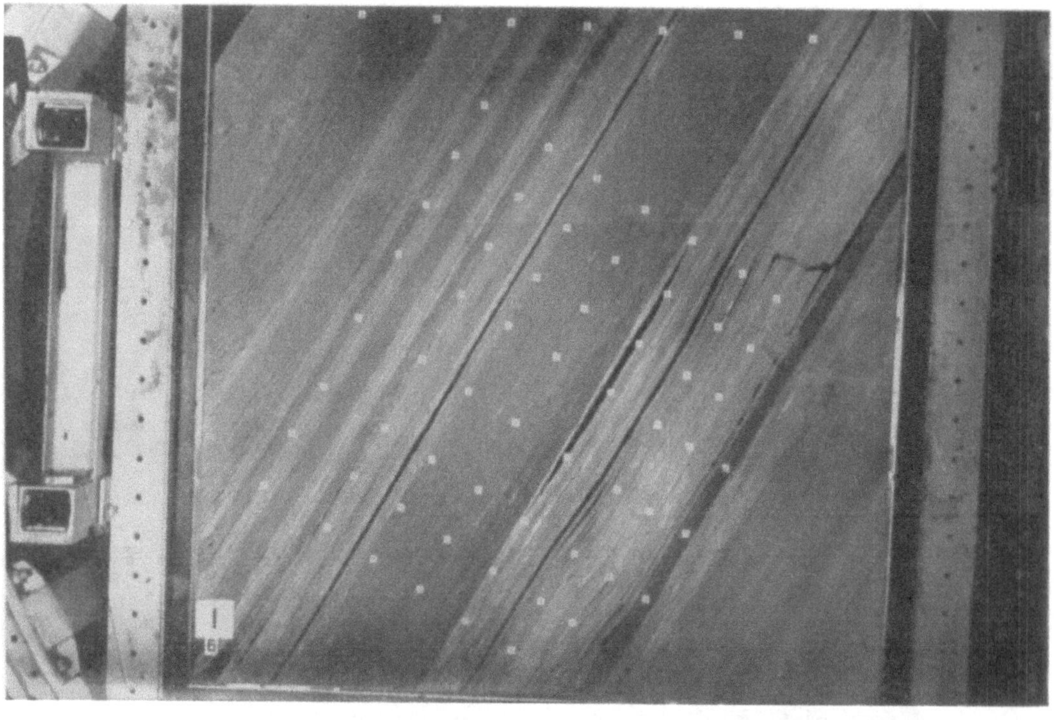

Fig. 3

Общий вид модели при разработке пласта, залегающего под углом 60°

Modell des Abbaues eines mit 60° einfallenden Flözes

Model of working a seam inclined by 60°

Modèle d'abatage d'une couche inclinée par 60°

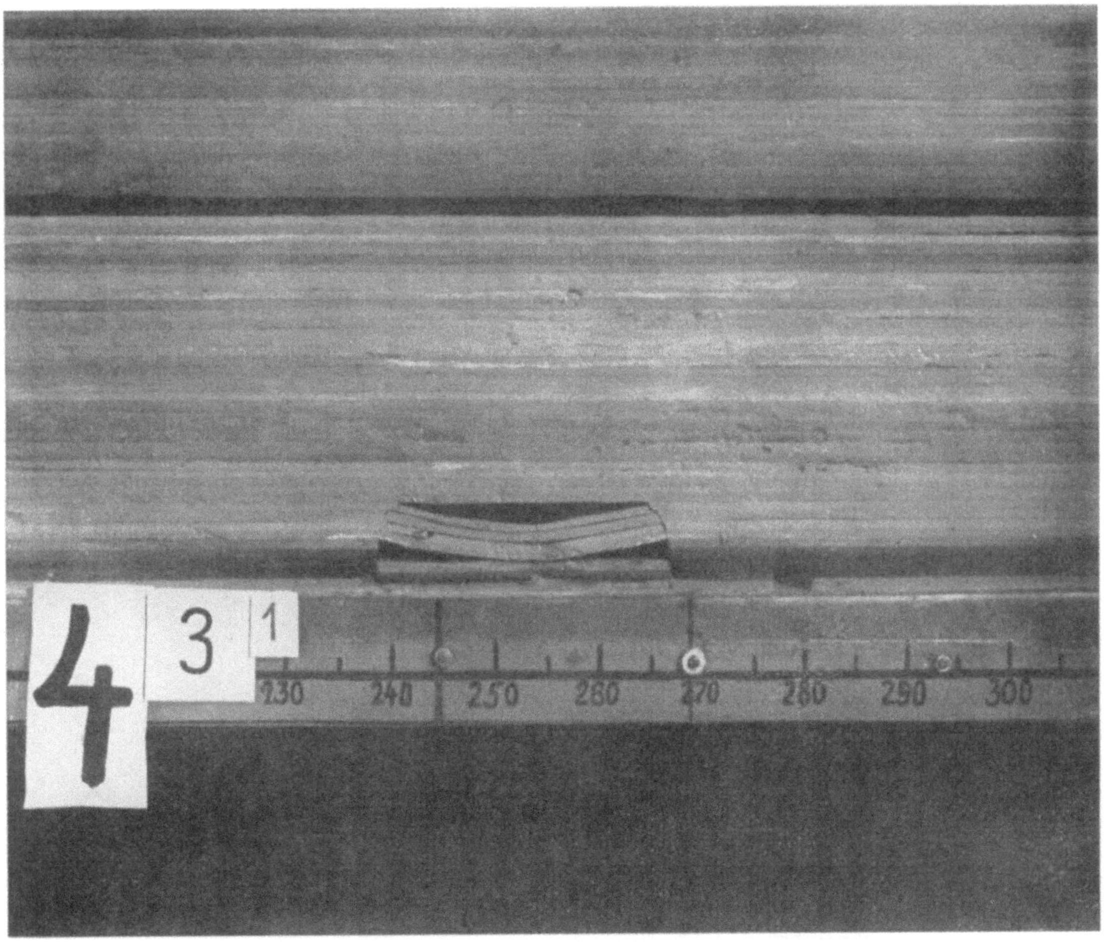

Fig. 4

Вид модели при разработке пласта коротким очистным забоем

Modell des Abbaues des Flözes mit einer geringen abgebauten Breite

Model of working a seam with a short worked width

Modèle d'abatage d'une couche à une largeur exploitée courte

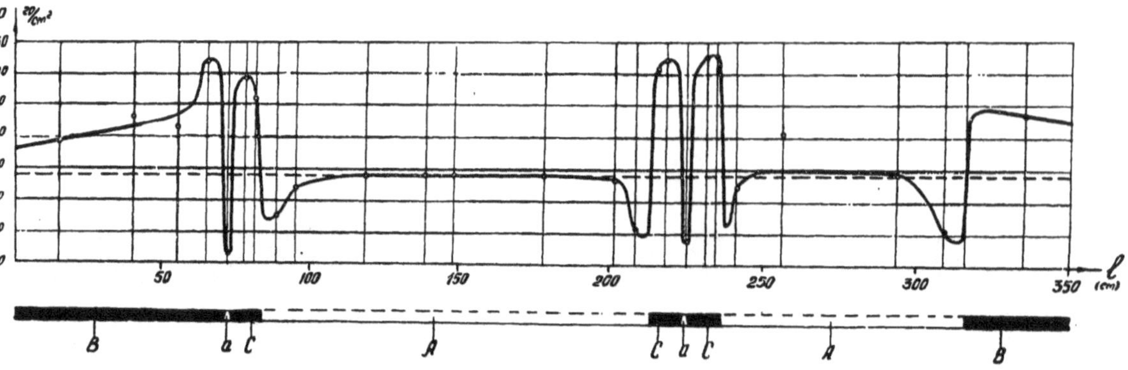

Fig. 5

Диаграмма перераспределения горного давления в почве разрабатываемого пласта
Spannungsverteilung im Liegenden des abgebauten Flözes
Diagram of stress distribution in the floor of the worked seam
Diagramme de la répartition de la pression de terrains dans le mur de la couche exploitée

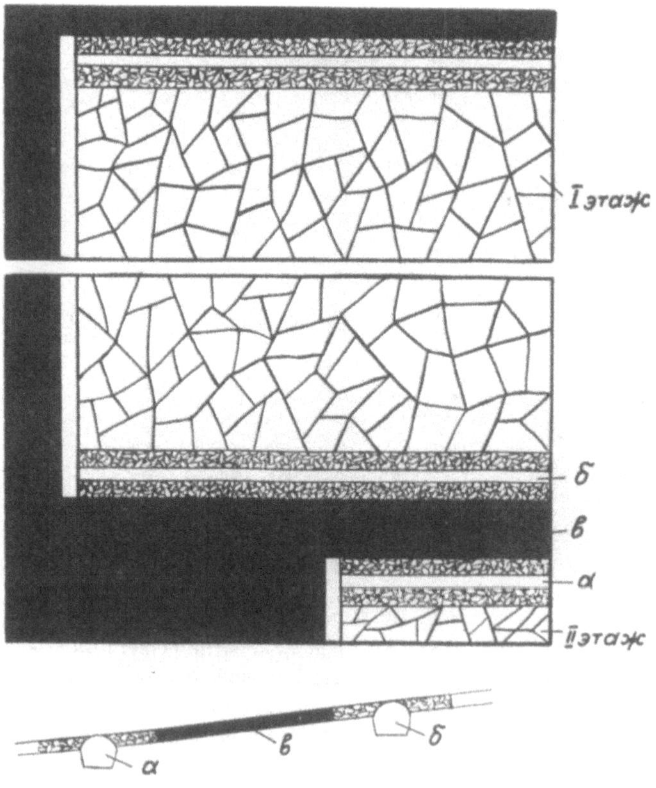

Fig. 6

Способ охраны от горного давления откаточного и вентиляционного штреков при прямом порядке отработки пластов

Verfahren zum Schutze der Fuß- und Kopfstrecke vor Gebirgsdruckeinwirkungen beim Vorwärtsbau

Method for protecting the base and top roads against rock pressure with advancing working

Méthode pour protéger les voies de tête et de base contre la pression des terrains en cas d'exploitation anvançante

а – вентиляционный штрек = Kopfstrecke (Wetterstrecke) = top road = voie de tête

б – откаточный штрек = Fußstrecke (Förderstrecke) = base road = voie de base

в – межэтажный целик угля = Pfeiler zwischen den Sohlen = pillar between the levels = pilier entre les étages

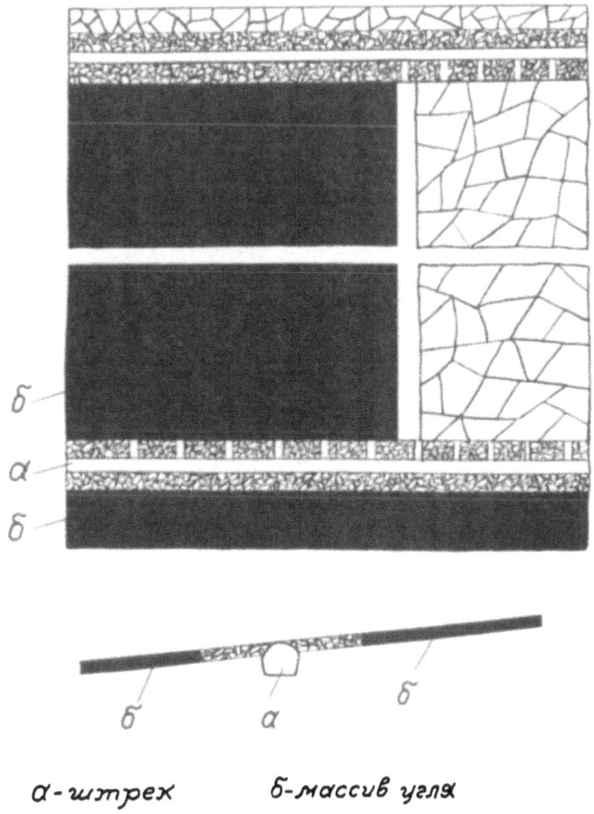

Fig. 7

Способ охраны от горного давления откаточного штрека при обратном порядке отработки пластов

Verfahren zum Schutze der Fußstrecke vor Gebirgsdruckeinwirkungen beim Rückbau

Method for protecting the base road against rock pressure with retreat working

Méthode pour protéger les voies de base contre la pression des terrains en cas d'exploitation rabattante

а – штрек = Strecke = road = voie

б – массив угля = anstehende Kohle = unworked coal = charbon non-exploité

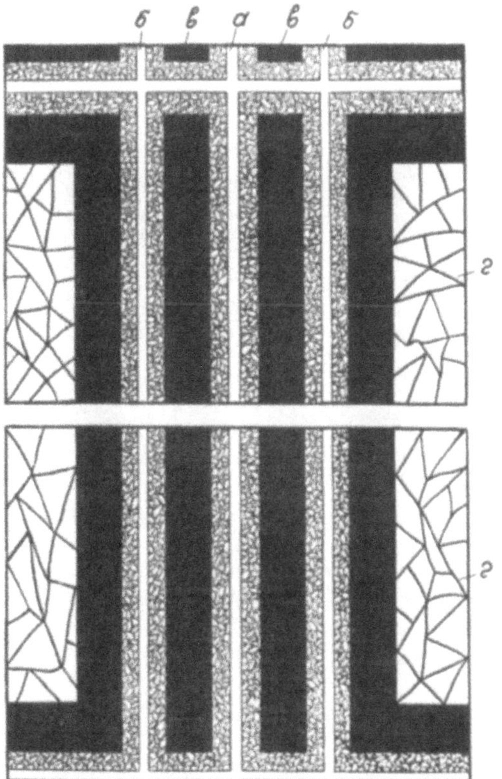

Fig. 8

Способ охраны от горного давления наклонных выработок

Verfahren zum Schutze geneigter Grubenbaue vor Gebirgsdruckeinwirkungen

Method for protecting inclined workings against rock pressure

Méthode pour la protection des travaux inclinés contre l'action des pressions de terrains

а – бремсберг (Уклон) = Bremsberg = incline = incliné

б – ходок = Fahrung = travelling road = circulation

в – предохранительный целик = Kohlenpfeiler = coal pillar = pilier de charbon

г – выработанное пространство = abgebautes Feld = worked panel = panneau exploité

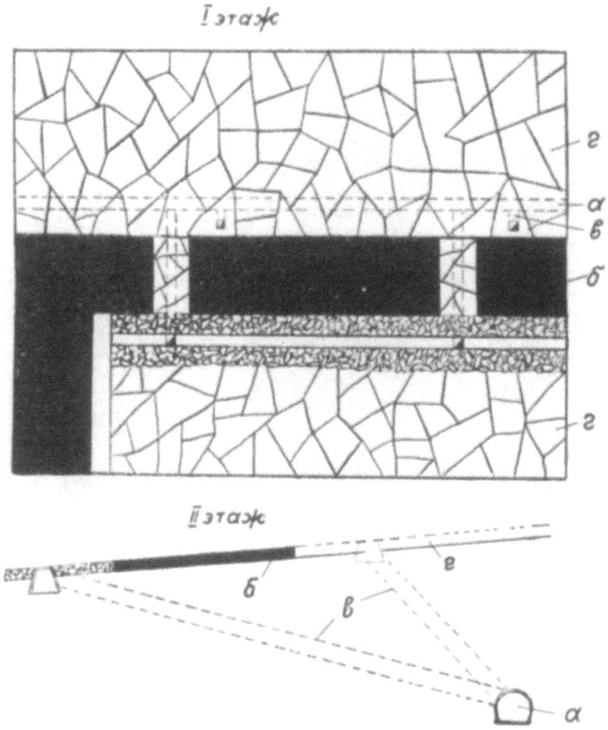

Fig. 9

Способ расположения и охраны от горного давления полового штрека

Lage der Richtstrecke und ihr Schutz vor Gebirgsdruckeinwirkungen

Position of the level-drift and its protection against rock pressure

Position du champ de galerie et sa protection contre les effets de la pression de terrains

а – полевой штрека = Richtstrecke = level-drift = galerie

б – межэтажный целик = Pfeiler zwischen den Sohlen = pillar between the levels = pilier entre les étages

в – наклонные гезенки (скаты) = Rolllöcher = shutes = cheminées

г – выработанное пространство = abgebautes Feld = worked panel = panneau exploité

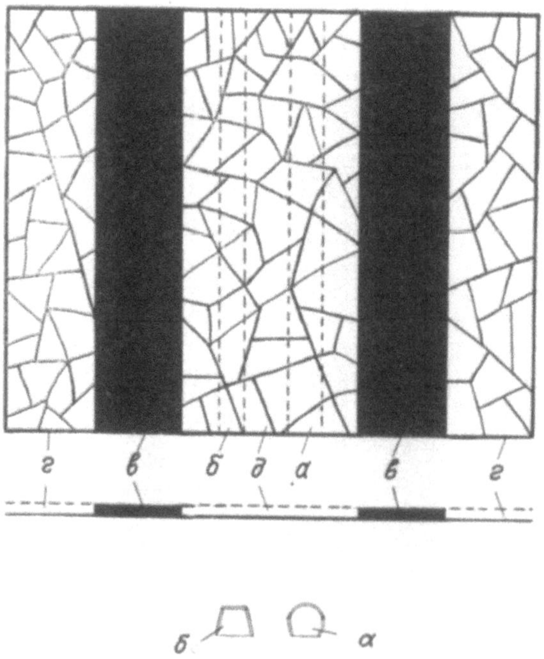

Fig. 10

Способ охраны от горного давления полевых наклонных выработок

Verfahren zum Schutze von im Nebengestein aufgefahrenen geneigten Grubenbauen

Method for protecting inclined workings driven in the surrounding rocks

Procédé de protection pour les travaux inclinés creusés dans les terrains encaissants

а – полевой бремсберг (уклон) = Bremsberg im Nebengestein = incline in the surrounding rock = plan incliné dans les terrains encaissants

б – полевой ходок = Fahrung = travelling road = circulation

в – предохранительный целик = Kohlenpfeiler = coal pillar = pilier de charbon

г – выработанное пространство = abgebautes Feld = worked panel = panneau exploité

д – полоса вынутого угля = abgebauter Kohlenstreifen = coal strip worked = bande de charbon exploitée

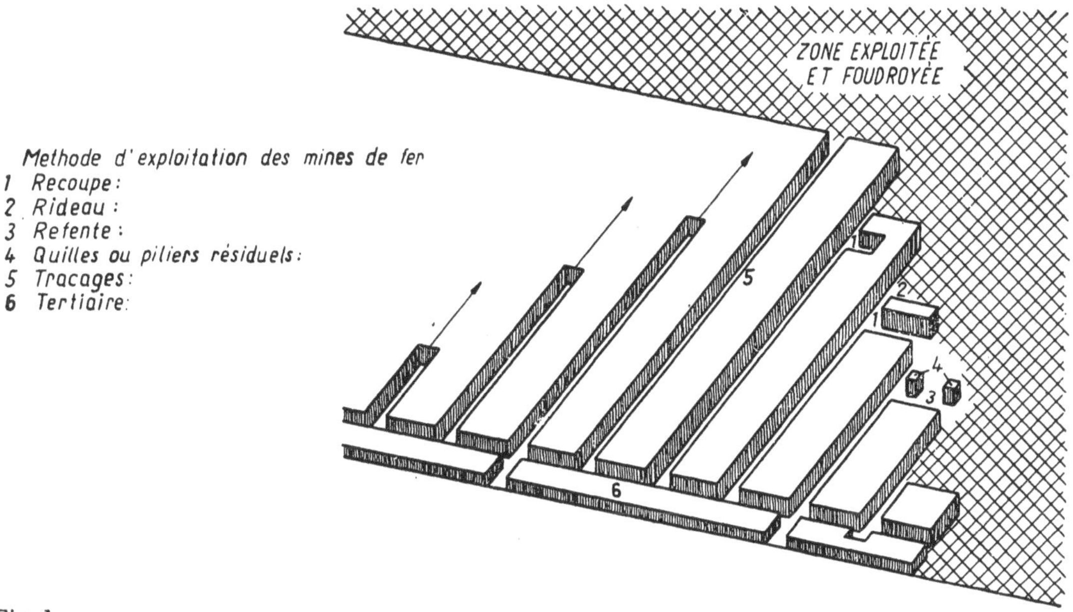

Fig. 1
Méthode d'exploitation des mines de fer
Abbaumethode der Eisenerzgruben
Working method of the iron ore mines
Система разработки, применяемая в железорудных шахтах
1 — Querort = cross face = заходка
2 — Ortspfeiler = face pillar = столб
3 — Durchhieb = cut-through = просек
4 — Restpfeiler = residual pillar = целик
5 — Pfeilerstrecke = pillar board = (подготовительный) столбовой штрек
6 — Abteilungsstrecke = section road = участковый штрек
zone exploitée et foudroyée = abgebautes und verbrochenes Feld = field worked and totally caved = выработанное и обрушенное пространство

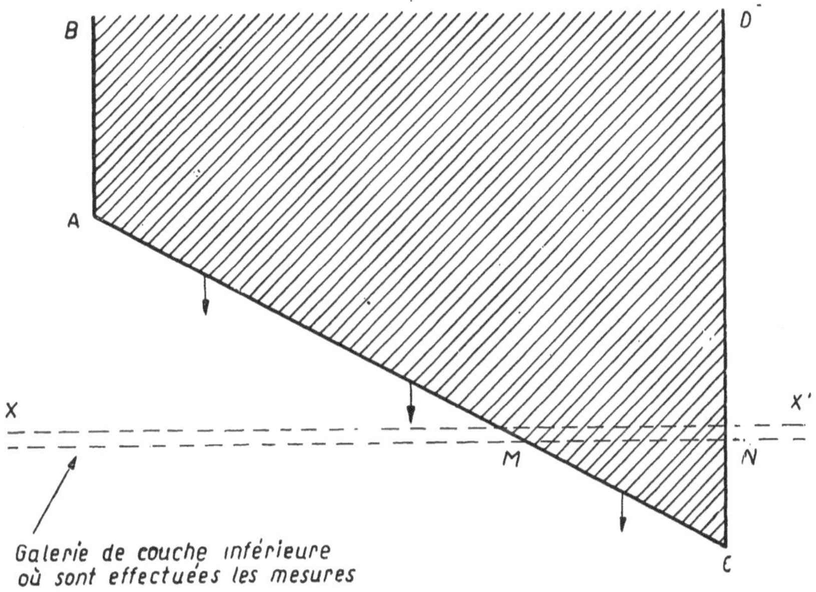

Fig. 2
Schéma d'exploitation
Abbauschema
Working scheme
Схема разработки
Text in Fig. 2
Strecke des unteren Flözes, in der die Messungen durchgeführt wurden
Road of the lower seam in which the measurements were taken
Штрек нижнего пласта, в котором производились измерения

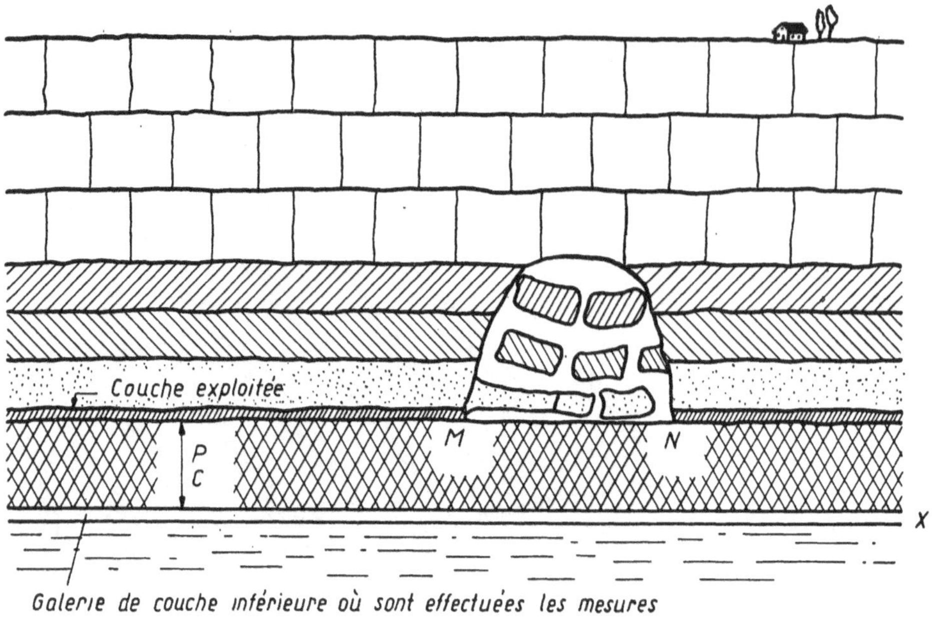

Fig. 3

Coupe verticale de l'exploitation

Vertical section through the working

Senkrechter Schnitt durch den Abbau

Вертикальный разрез разрабатываемых пластов

couche exploitée = gebautes Flöz = worked seam = разработанный пласт

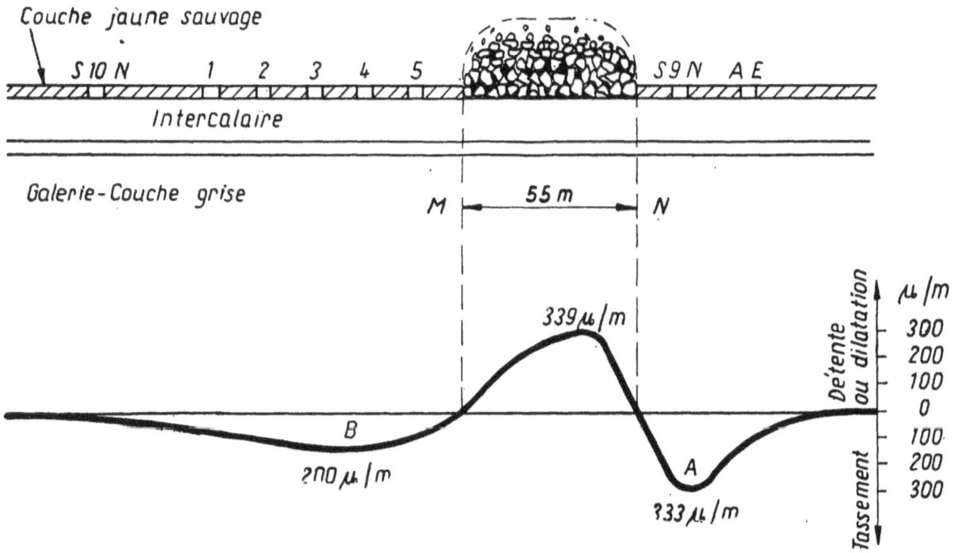

Fig. 4

Répartition des déformations mesurées dans une galerie XX' tracée dans une couche non encore exploitée se trouvant sous la couche exploitée. Coupe suivant l'axe de la galerie en couche «Grise»

Verteilung der Verformungen in Strecke XX' im noch nicht abgebauten Flöz unterhalb des gebauten Flözes. Schnitt durch die Streckenachse von Flöz „Grise"

Distribution of measured deformations in road XX' in the lower not worked seam below the worked seam. Section according the road axis in the seam "Grise"

Распределение измеренных деформаций по штреку XX' при ширине зоны обрушения в верхнем пласте, равной 50 м. Разрез по оси штрека в пласте «Гриз»

Couche «Jaune sauvage» = Flöz „Jaune sauvage" = seam "Jaune sauvage" = пласт «Жон соваж»

intercalaire = Zwischenmittel = intermediate layer = породная прослойка

détente ou dilatation = Entspannung oder Dehnung = stress-relieving or extension = напражение или растяжение

tassement = Senkung = subsidence = оседание

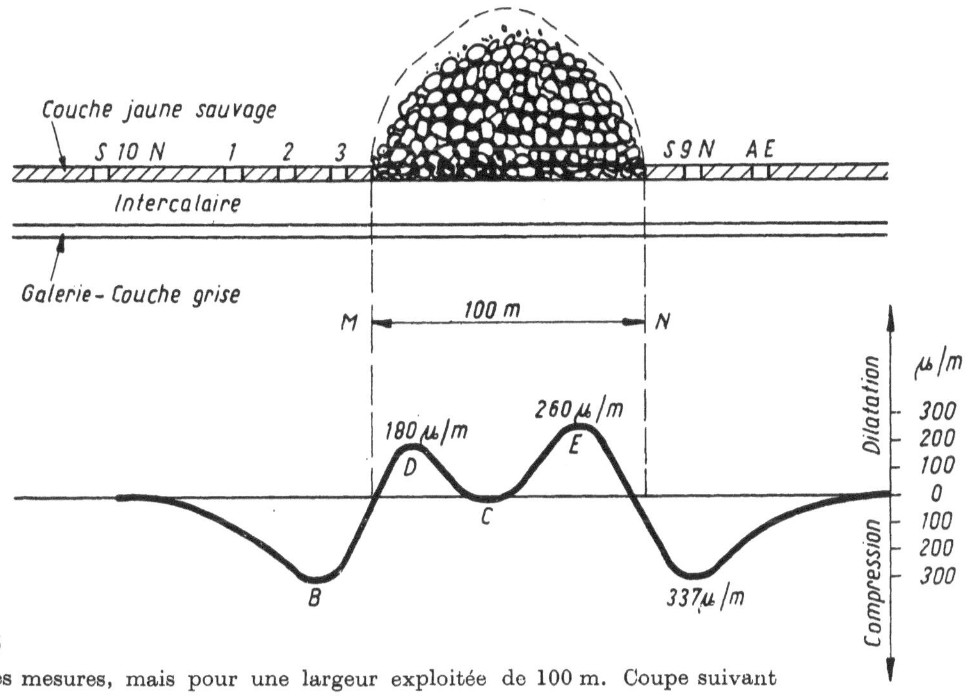

Fig. 5

Mêmes mesures, mais pour une largeur exploitée de 100 m. Coupe suivant l'axe de la galerie de couche «Grise»

Gleiche Messungen, jedoch für eine abgebaute Breite von 100 m. Schnitt entsprechend der Streckenachse von Flöz „Grise"

The same measurings for a worked width of 100 m. Section according to the road axis of seam "Grise"

Распределение измеренных деформаций по штреку XX' при ширине зоны обрушения в верхнем пласте, равной 100 м. Разрез по оси штрека в пласте «Гриз»

dilatation = Dehnung = extension = растяжение

compression = Zusammendrückung = compression = сжатие

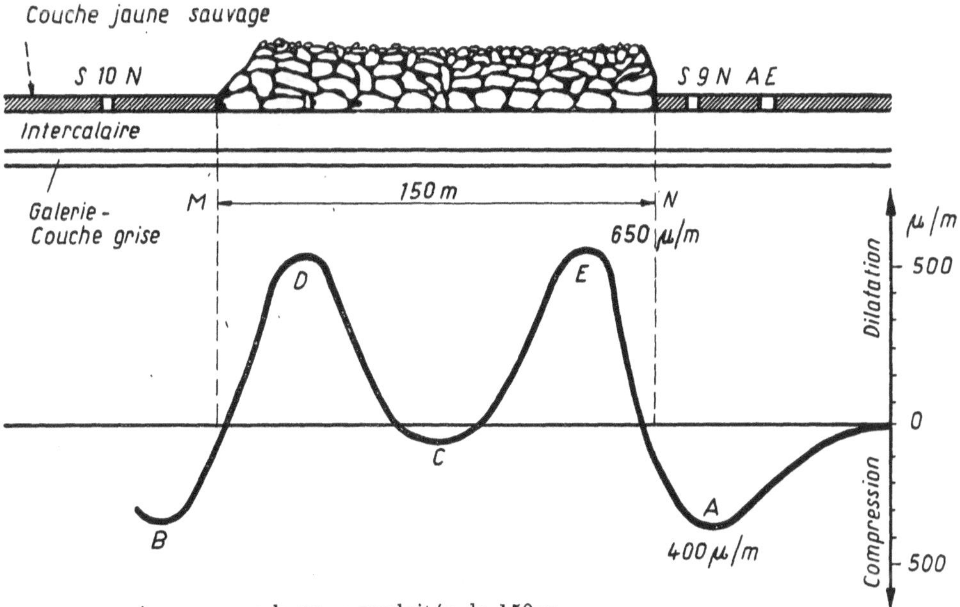

Fig. 6

Mêmes mesures mais pour une largeur exploitée de 150 m

Gleiche Messungen, jedoch für eine abgebaute Breite von 150 m

The same measurings for a worked width of 150 metres

Распределение измеренных деформаций по штреку XX' при ширине зоны обрушения в верхнем пласте, равной 150 м. Разрез по оси штрека в пласте «Гриз»

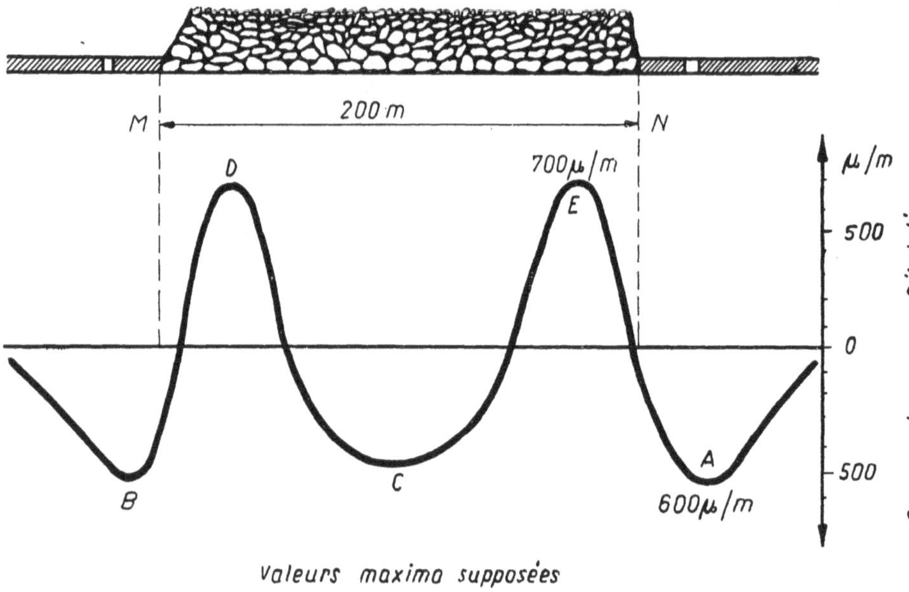

Fig. 7

Mêmes mesures mais pour une largeur exploitée M N de 200 m

Gleiche Messungen, jedoch für eine abgebaute Breite M N von 200 m

The same measurings for a worked width M N of 200 metres

Распределение измеренных деформаций по штреку XX' при ширине зоны обрушения в верхнем пласте, равной 200 м

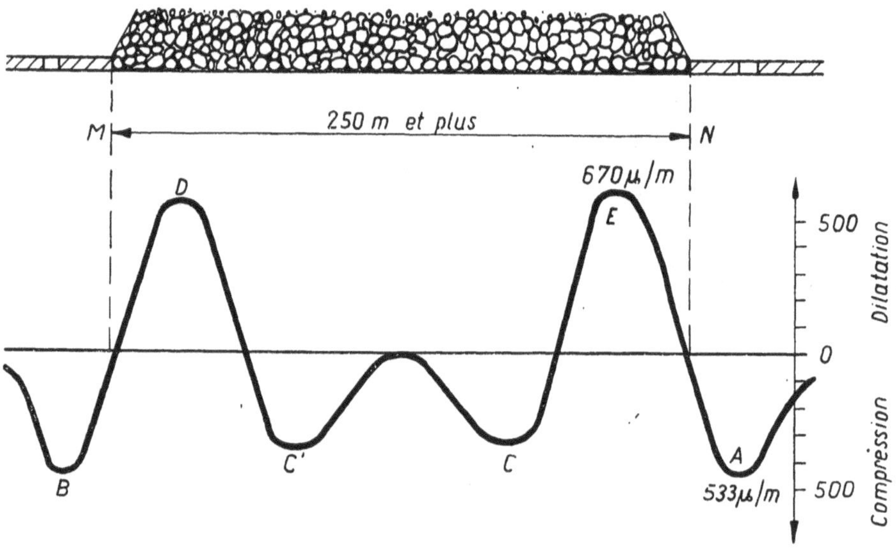

Fig. 8

Mêmes mesures mais pour une largeur exploitée M N de 250 mètres

Gleiche Messungen, jedoch für eine abgebaute Breite M N von 250 m

The same measurings for a worked width M N of 250 metres

Распределение измеренных деформаций по штреку XX' при ширине зоны обрушения в верхнем пласте, равной 250 м и больше

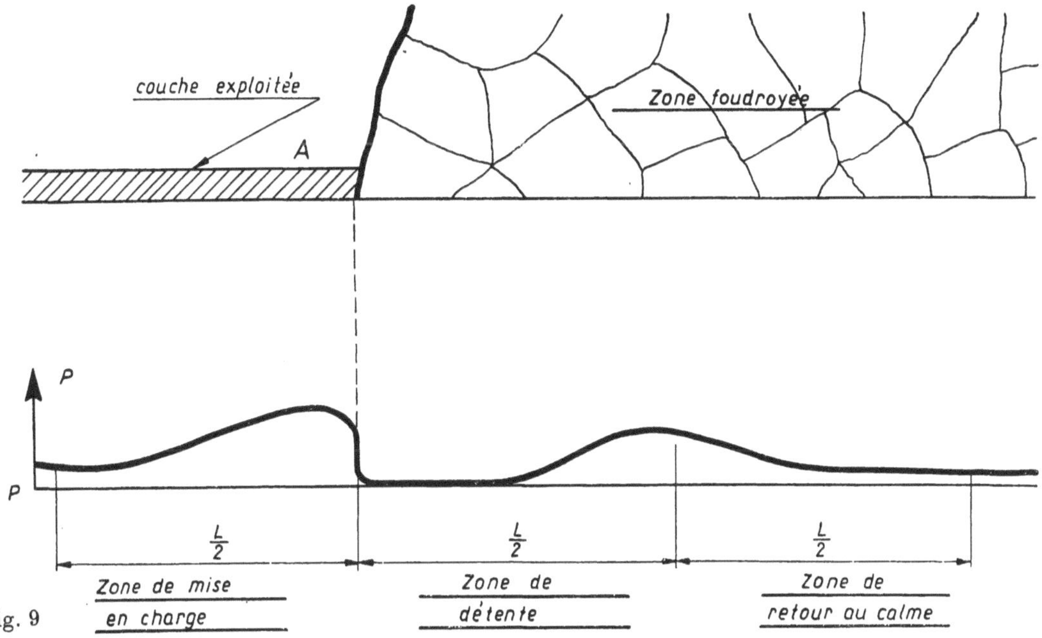

Fig. 9

couche exploitée = gebautes Flöz = worked seam = разработанный пласт

zone foudroyée = Bruchzone = fracture zone = зона обрушения

zone de mise en charge = Belastungszone = loading zone = зона высокого давления

zone de détente = Entspannungszone = relaxation zone = зона пониженных напряжений

zone de retour au calme = Beruhigungszone = re-calming zone = зона затухания

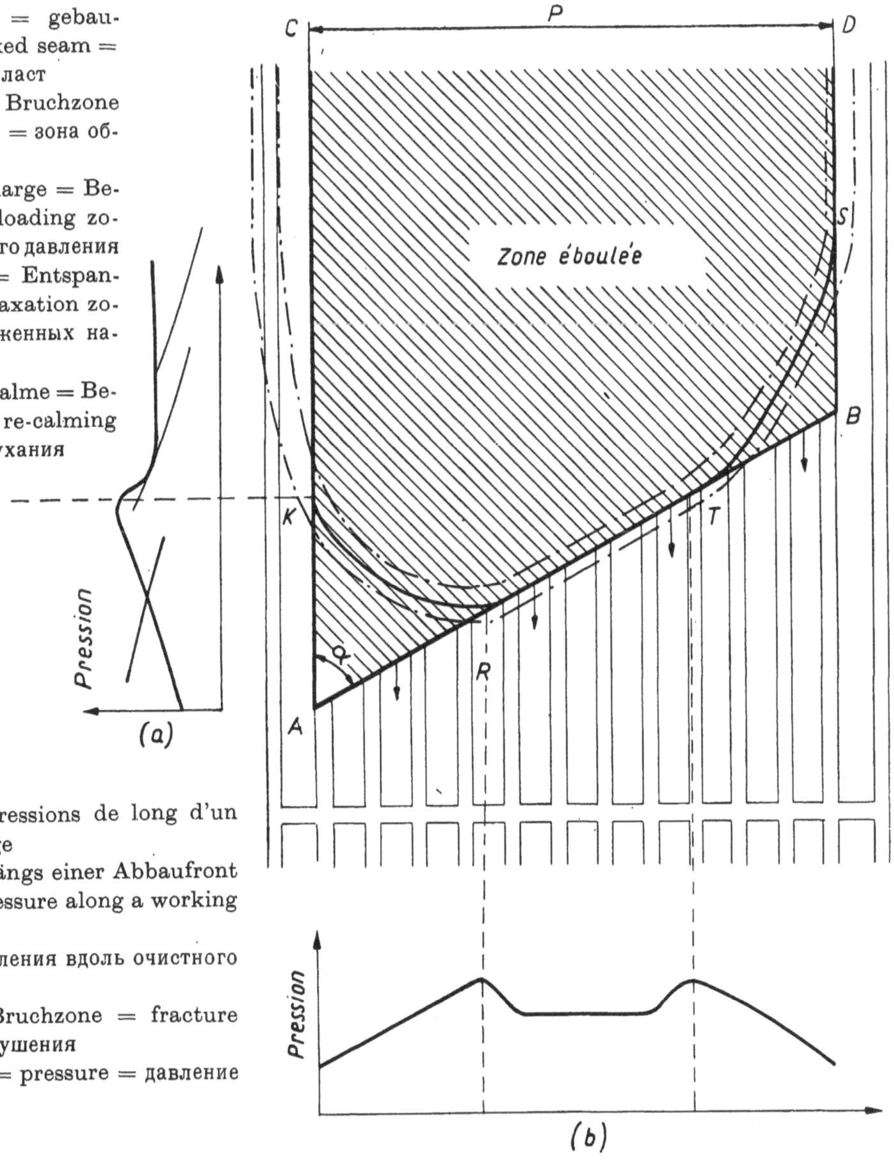

Fig. 10

Répartition des pressions de long d'un front de dépilage

Druckverteilung längs einer Abbaufront

Distribution of pressure along a working front

Распределение давления вдоль очистного забоя

zone éboulée = Bruchzone = fracture zone = зона обрушения

pression = Druck = pressure = давление

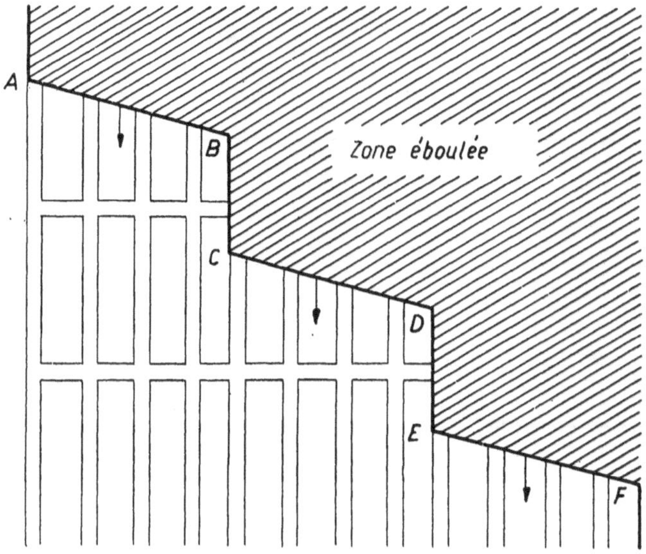

Fig. 11
Fronts de dépilage décalés
Abgesetzte Abbaufronten
Stepped working fronts
Уступный очистной забой

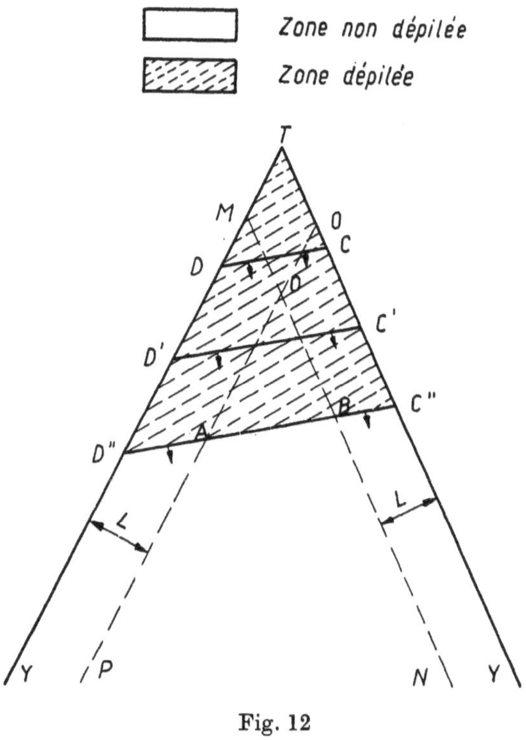

Fig. 12

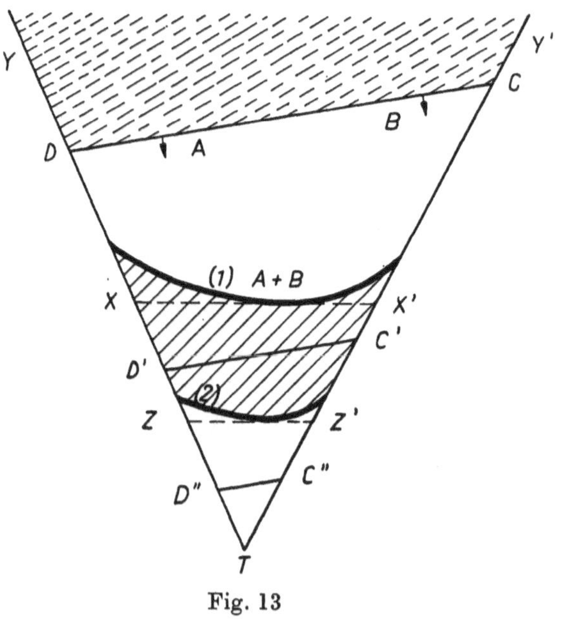

Fig. 13

Zones de fortes pressions dans l'exploitation de fronts se terminant ou commençant dans les angles
Zonen starken Druckes bei Abbaufronten, die in Ecken an- oder auslaufen
Zones of high pressure on working fronts starting or ending in angles
Зоны высокого давления при очистных забоях клинообразной формы
zone non dépilée = nicht abgebaute Zone = zone not worked = неразработанная зона
zone dépilée = abgebaute Zone = worked zone = разработанная зона

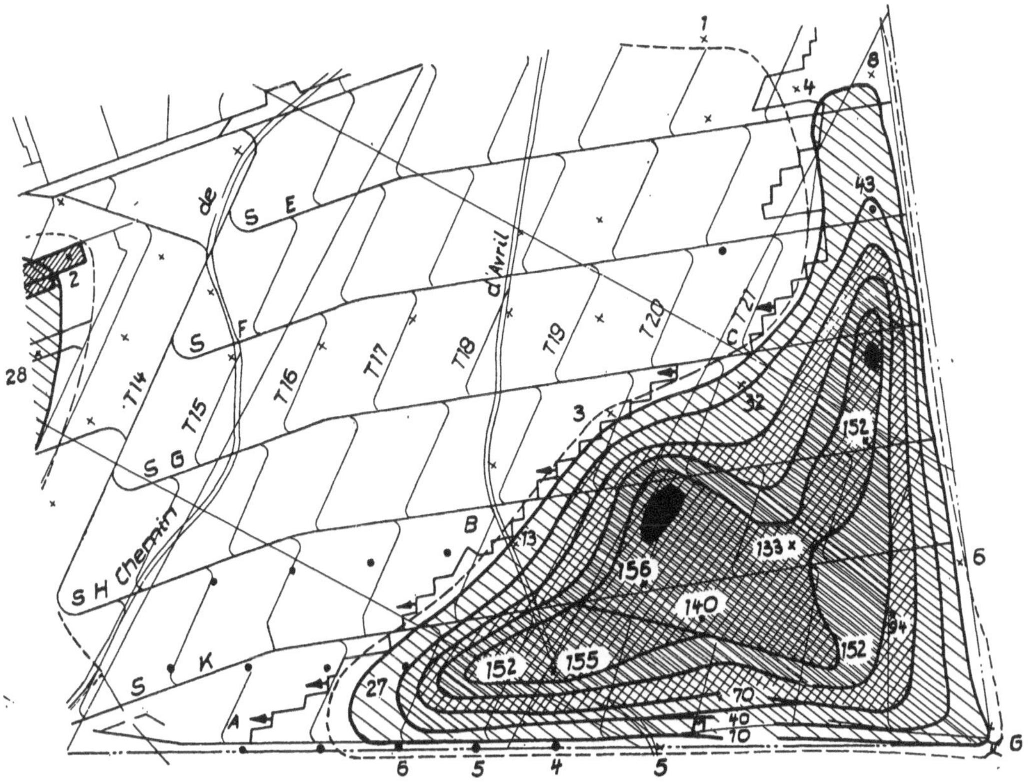

Fig. 14

Courbes d'iso-affaissement relevées sur un front en activité. Le front en activité est formé par la ligne brisée *A—B—C* .... On voit que les courbes d'iso-affaissement ne pénètrent pas dans l'angle *A* où le front est en activité. Elles pénètrent dans l'angle *G* où l'activité a cessé depuis vingt ans. Echelle environ = 1 : 10000

Kurven gleicher Absenkung ermittelt über einer im Vorrücken befindlichen Abbaufront. Die im Vorrücken befindliche Abbaufront wird durch die gebrochene Linie *A—B—C* ... gebildet. Man sieht, daß die Kurven gleicher Absenkung nicht in die Ecke *A* eindringen, wenn die Abbaufront vorrückt. Sie dringen jedoch in die Ecke *G* ein, wo die Abbautätigkeit seit 20 Jahren aufgehört hat. Maßstab etwa 1 : 10000

Curves of equal subsidence plotted for an advancing working front. The advancing working front is formed by the broken line *A—B—C* .... On can see that the curves of equal subsidence do not penetrate into the angle *A* where the working front is advancing. But they penetrate into the angle *G* where working operations have been stopped twenty years ago. Scale: about 1 : 10000

Изолинии оседаний над движущимся очистным забоем. Забой расположен по линии А—В—С—... Видно, что изолиний оседаний нет над углом А движущегося забоя, но они есть над углом Г забоя, остановленного 20 лет тому назад. Масштаб примерно 1:10000

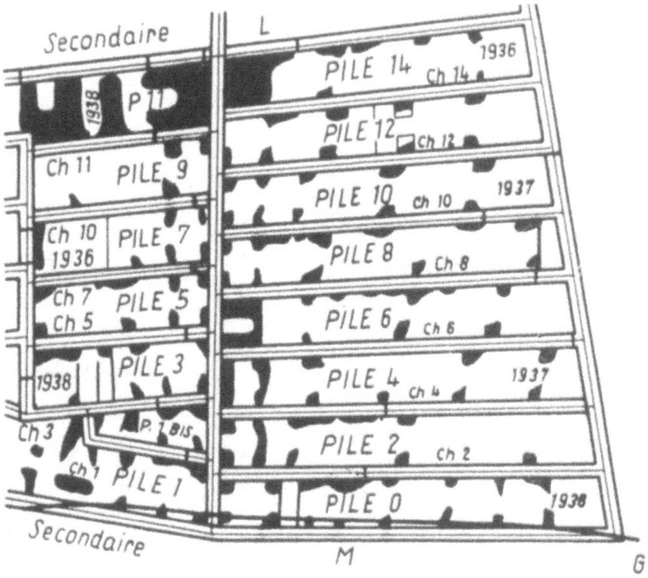

Fig. 15

Proportion des piliers abandonnés (en noir) dans les zones de forte pression par comparaison avec une exploitation normale. Front démarrant dans un angle de sommet *G*. Les gros piliers abandonnés dans la pile 11 correspondent au point 0 de la figure 12

Ausmaß aufgegebener Pfeiler (in schwarz) in Zonen sarken Druckes im Vergleich mit einem normalen Abbau. Die Abbaufront lief in einer Ecke mit der Spitze *G* an. Die großen aufgegebenen Pfeiler im Pfeilerabschnitt 11 entsprechen dem Punkt 0 in Fig. 12

Proportion of abandoned pillars (in black) in zones of strong pressure in comparision with a normal working. The working front started in a summet angle *G*. The big abandoned pillars in the pillar section 11 are corresponding to the point 0 in fig. 12

Размеры брошенных (недоработанных) столбов (черная окраска) в зонах высокого давления по сравнению с нормальными размерами. Очистной забой начался с точки Г (острый угол клина). Брошенные столбы на участке 11 соответствуют точке О на фиг. 12

secondaire = Hilfsstrecke = subsidiary road = вспомогательный штрек

pile = Pfeiler = pillar = столб

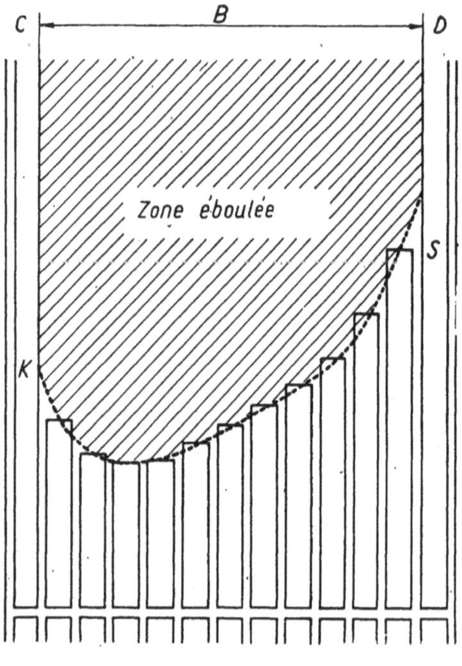

Fig. 16

zone éboulée = Bruchzone = fractured zone = зона обрушения

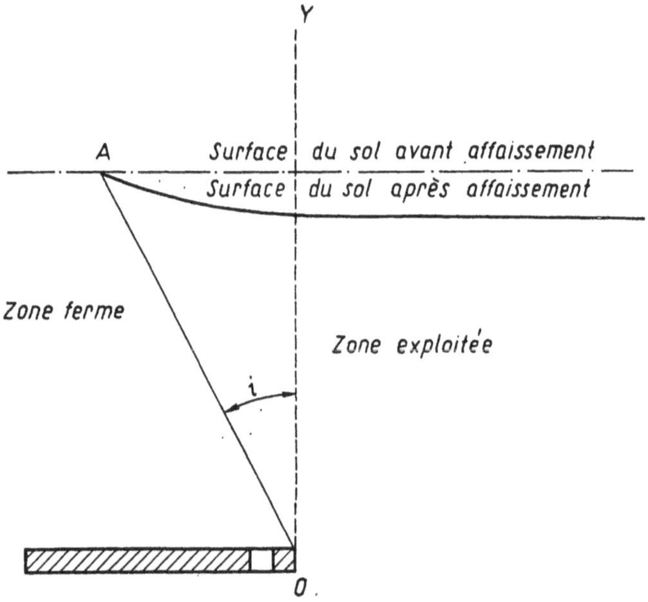

Fig. 17

zone ferme = unverritzte Zone = virgin zone = нетронутый массив

zone exploitée = abgebaute Zone = worked zone = разработанная зона

surface du sol avant (après) affaissement = Tagesoberfläche vor (nach) dem Absenken = surface before (after) subsiding = земная поверхность до (после) оседания

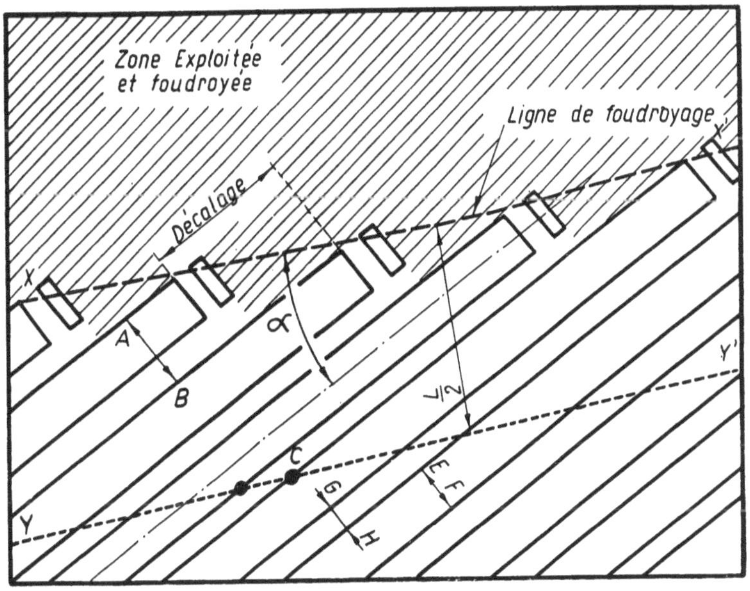

Fig. 18

zone exploitée et foudroyée = abgebaute und zu Bruch geworfene Zone = zone worked and totally caved = разработанная и обрушенная зона

ligne de foudroyage = Bruchkante = waste edge = граница обрушения

decalage = Abstufung = stepping = уступность

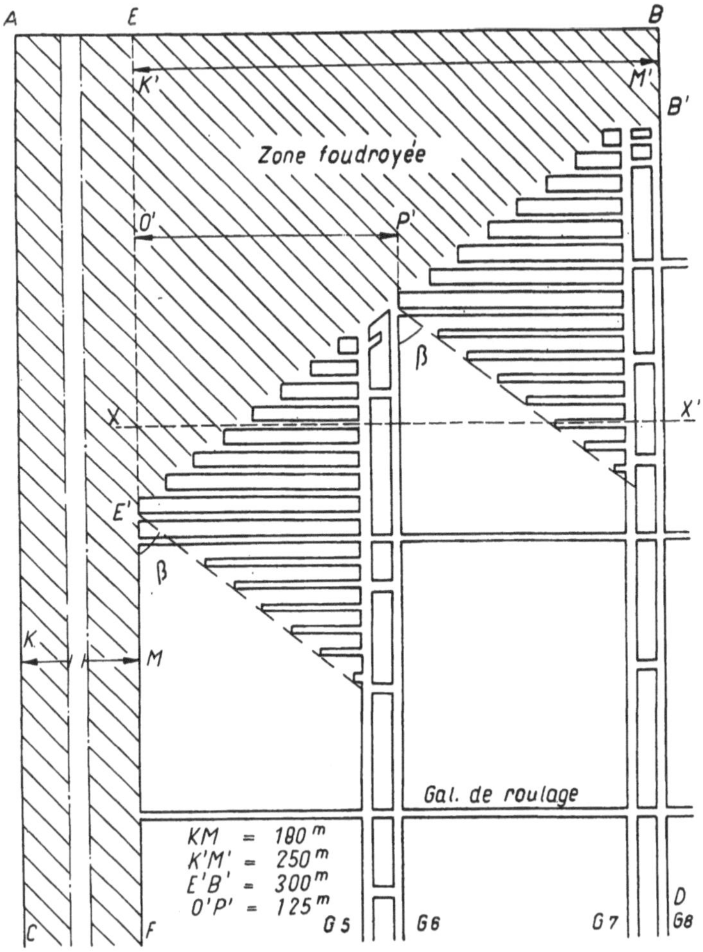

Fig. 19

Plan d'exploitation du quartier-type. Exploitation de la deuxième bande

Hauteur du recouvrement:	220 mètres
Largeur critique:	200 mètres
Puissance de la couche:	4 mètres

Abbauschema des Abteilungs-Types. Abbau des zweiten Streifens

Mächtigkeit des Deckgebirges:	220 m
Kritische Breite:	200 m
Flözmächtigkeit:	4 m

Working scheme of the unit type. Working of the second band

Thickness of the overlying rock:	220 metres
Critical width:	200 metres
Thickness of the seam:	4 metres

Схема системы разработки участкового типа. Разработка второй полосы

Мощность покрывающей толщи	– 220 м
Критическая ширина	– 200 м
Мощность пласта	– 4 м

zone foudroyée = Bruchzone = fracture zone = зона обрушения

gal. de roulage = Förderstrecke = haulage way = откаточный штрек

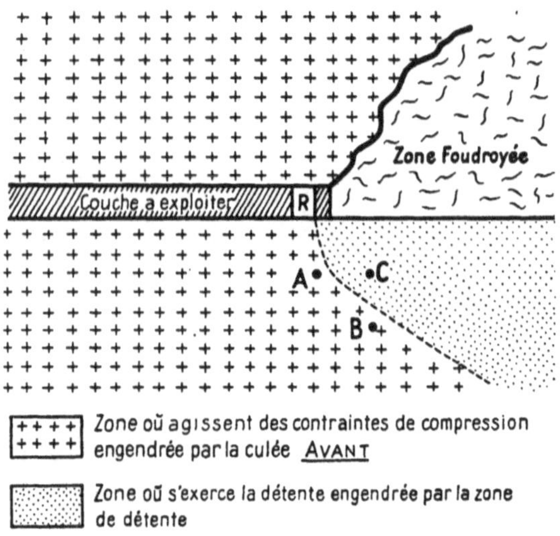

Fig. 20

couche à exploiter = Abbaufeld = panel to be worked = отрабатываемое пространство

zone foudroyée = Bruchfeld = caved goaf = зона обрушения

zone où agissent des contraintes de compression engendrée par la culée AVANT = Wirkungsbereich der Druckspannungen des vorderen Widerlagers = spehre of action of the compressive stresses caused by the front abutment = зона влияния напряжений передней опоры

zone où s'exerce la détente engendrée par la zone de détente = Wirkungsbereich der Entspannungszone = sphere of action of the relaxation zone = район влияния зоны расслабления

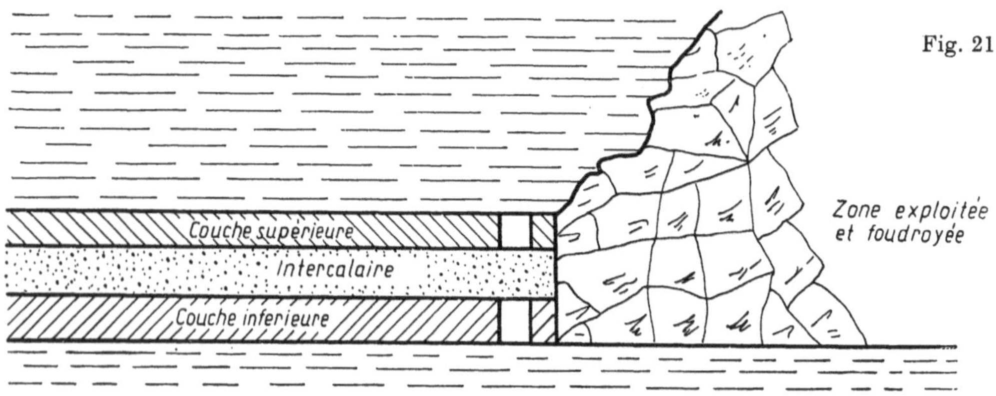

Fig. 21

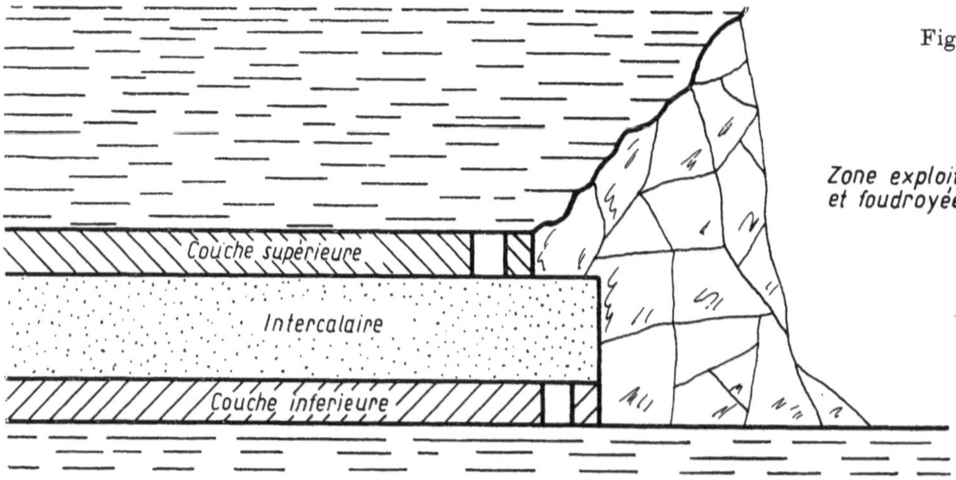

Fig. 22

couche supérieure = oberes Flöz = upper seam = верхний пласт
couche inférieure = unteres Flöz = lower seam = нижний пласт
intercalaire = Zwischenmittel = dirt band = породная прослойка
zone exploitée et foudroyée = abgebaute und zu Bruch geworfene Zone = zone worked and totally caved = разработанная и обрушенная зона

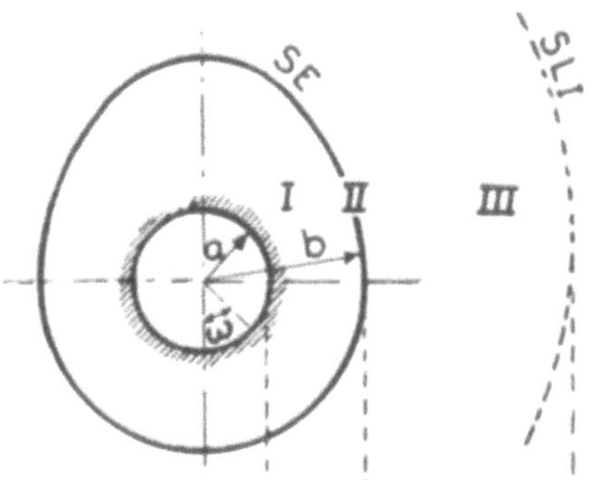

Fig. 1

s. Tabelle im Text
cf. the table within the text
voir le tableau dans le texte
См. таблицу в тексте

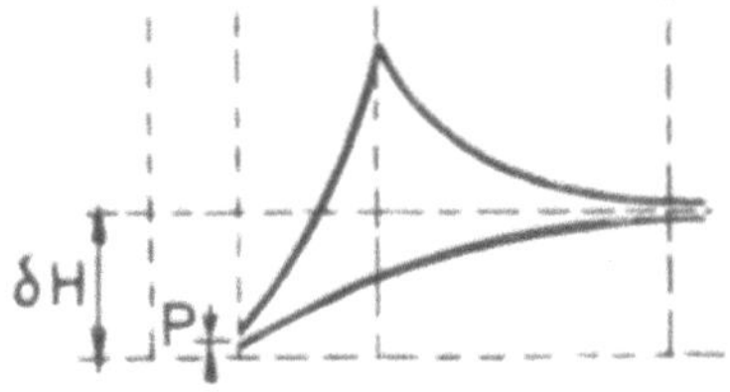

Fig. 2

Spannungsverteilung um eine Strecke
Stress distribution around a roadway
Distribution de tension autour d'une voie
Распределение напряжений вокруг штрека

Fig. 3

Strecke in Waldenburg
Roadway in Waldenburg district
Galerie à Waldenburg
Штрек в Вальденбурге
Sandschiefer = sandy shale = schiste gréseux = песчаный сланец
Schieferton = slate = schiste argileux = глинистый сланец
Sandstein = sandstone = grès = песчаник

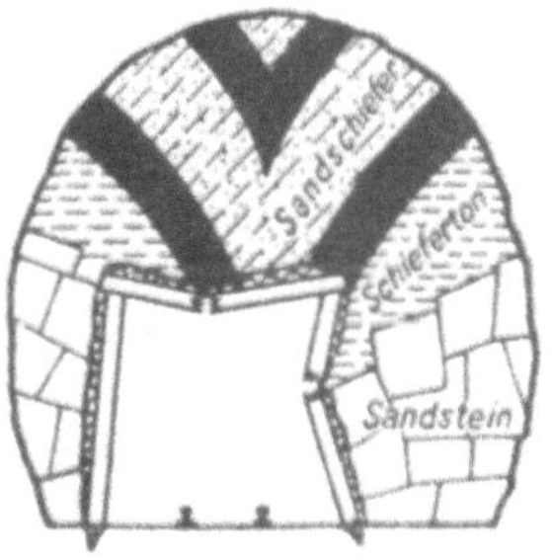

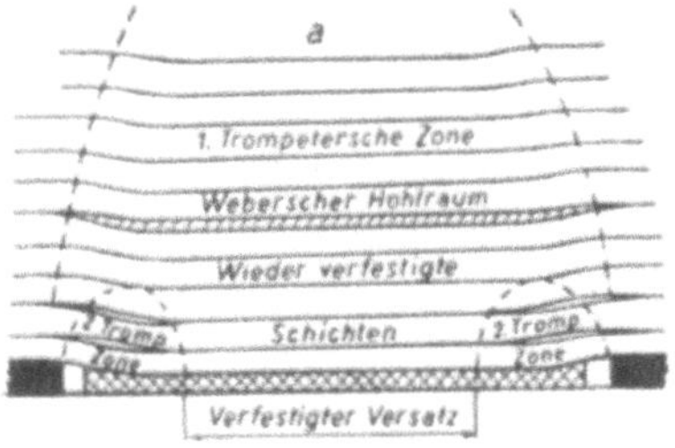

Fig. 4

Zwei Trompetersche Zonen
Two Trompeter-zones
Deux zones de Trompeter
Две зоны Тромпетера
1. Trompetersche Zone = 1st Trompeter-zone = 1ère zone de Trompeter = 1-я зона Тромпетера
Weberscher Hohlraum = Weber's cavity = vide de Weber = Веберово пустое пространство
Wieder verfestigte Schichten = re-consolitated strata = bancs ré-consilidés = вторично уплотненные слои
verfestigter Versatz = consolidated stowing = remblai consolidé = уплотненная закладка

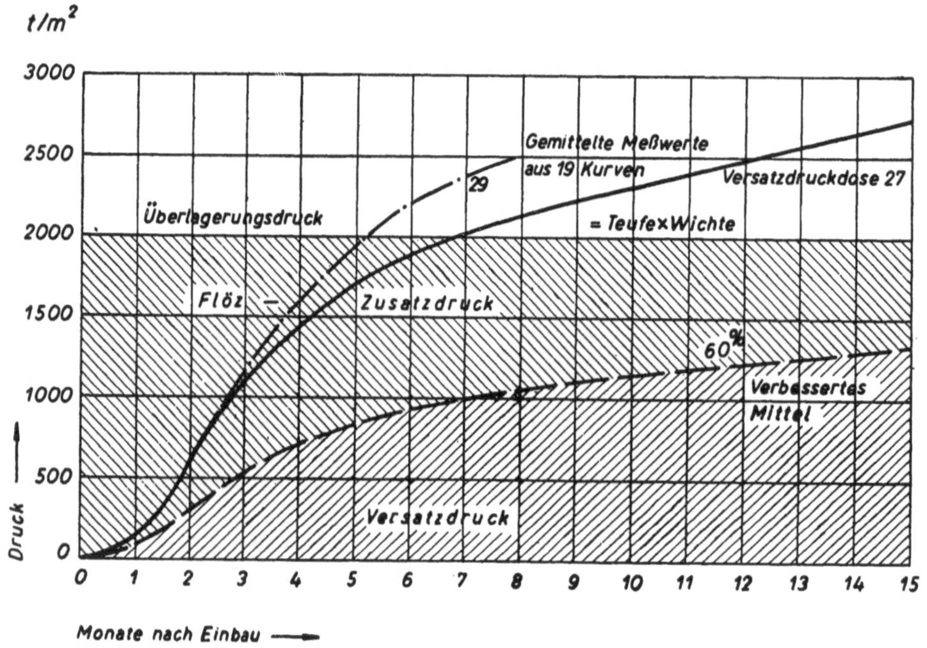

Fig. 5

Druck auf Flöz und Versatz
Pressure upon seam and stowing
Pression sur la couche et le remblai
Давление на целик угля и на закладку
Druck = pressure = pression = давление

Monate nach Einbau = months after installation = mois après installation = месяцы после встроения
Überlagerungsdruck = Teufe × Wichte = overlying pressure = depth × spec. gravity = pression sus-jacente = profondeur × poids spézcifique = давление вышележащих слоев-глубина х объемный вес
Flöz-Zusatzdruck = additional pressure upon seam = pression additionelle sur la couche = опорное давление на пласт
Versatzdruck = pressure upon stowing = pression sur le remblai = давление на закладку
Gemittelte Meßwerte aus 19 Kurven = measured average value from 19 curves = valeurs de mesure moyennes résumées de 19 courbes = средние значения из 19 кривых
Versatzdruckdose = pack pressure dynamometer = capsule pour mesurer la pression dans le remblai = динамометр для измерения давления в закладку
verbesserte Mittel = improved average = moyen amélioré = улучшенное среднее

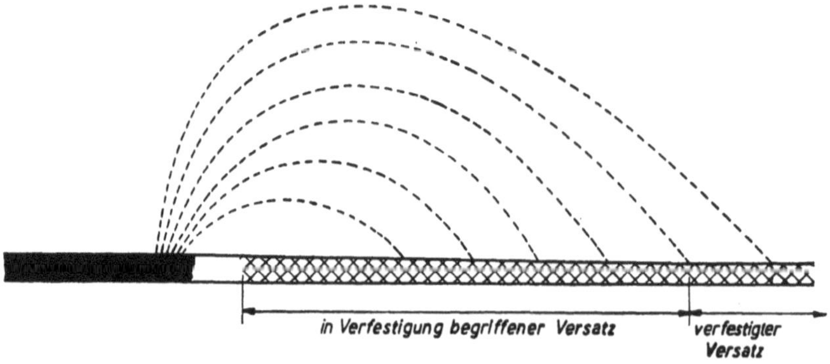

Fig. 6

Druckverteilung im Versatz
Stress distribution in the stowing
Distribution de la pression dans le remblai
Распределение давления в закладке

in Verfestigung begriffener Versatz = consolidating stowing = remblai en état de consolidation = закладка в стадии ее уплотнения
verfestigter Versatz = consolidated stowing = remblai consolidé = окончательно уплотненная закладка

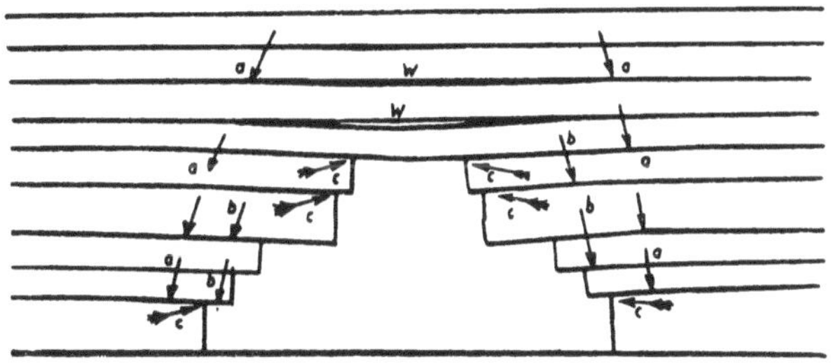

Fig. 7

Scheingewölbe
Apparent arch
Voûte apparente
Кажущийся свод равновесия

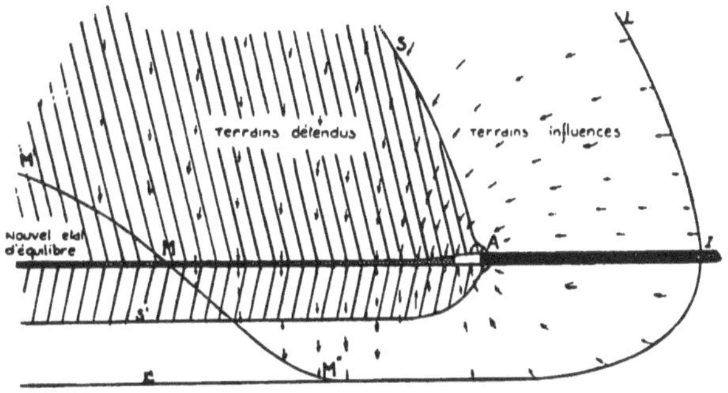

Fig. 8

Spannungen am Strebstoß
Stresses at the longwall face
Contraintes à la front de taille
Напряжения в груди лавы
Nouvel état d'equilibre = Neuer Gleichgewichtszustand = new state of equilibrium = новое состояние равновесия
Terrains détendus = entspanntes Gebirge = relaxed rocks = разгруженный массив
Terrains influencés = beeinflußtes Gebirge = affected rocks = массив, находящийся под влиянием разработки

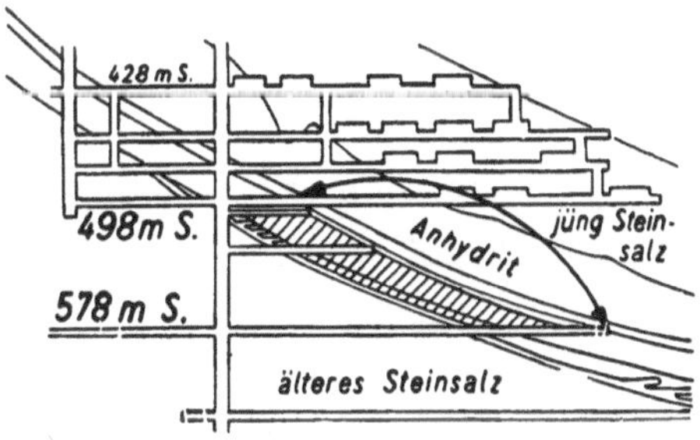

Fig. 9

Gewölbebildung über Abbauen auf Kaliwerk „Ludwig II"
Build-up of arch above workings of potash mine "Ludwig II"
Voutes développées au-dessus des vides d'exploitation pans la minede potasse «Ludwig II»
Образование свода над выработанным пространством на калийной шахте Лудвиг II
jüng. Steinsalz = younger NaCl = sel gemme jeune = верхняя каменная соль
Anhydrit = anhydride = anhydride = ангидрид
älteres Steinsalz = older NaCl = sel gemme vieux = нижняя каменная соль

Fig. 10

Gewölbebildung über Abbauen auf Kaliwerk „Ludwig II"
Build-up of arch above workings of potash mine "Ludwig II"
Voûtes développées au-dessus des vides d'exploitation dans la mine de potasse «Ludwig II»
Образование свода над выработанным пространством на калийной шахте Лудвиг II